中国国家标准汇编

2008年修订-47

中国标准出版社　编

中国标准出版社
北京

图书在版编目（CIP）数据

中国国家标准汇编：2008年修订．47/中国标准出版社编．—北京：中国标准出版社，2009

ISBN 978-7-5066-5488-3

Ⅰ．中…　Ⅱ．中…　Ⅲ．国家标准-汇编-中国-2008
Ⅳ．T-652.1

中国版本图书馆CIP数据核字（2009）第182812号

中国标准出版社出版发行
北京复兴门外三里河北街16号
邮政编码：100045

网址 www.spc.net.cn
电话：68523946　68517548
中国标准出版社秦皇岛印刷厂印刷
各地新华书店经销

*

开本 880×1230　1/16　印张 39.75　字数 1 179 千字
2009年12月第一版　2009年12月第一次印刷

*

定价 200.00 元

出 版 说 明

1.《中国国家标准汇编》是一部大型综合性国家标准全集。自1983年起，按国家标准顺序号以精装本、平装本两种装帧形式陆续分册汇编出版。它在一定程度上反映了我国建国以来标准化事业发展的基本情况和主要成就，是各级标准化管理机构，工矿企事业单位，农林牧副渔系统，科研、设计、教学等部门必不可少的工具书。

2.《中国国家标准汇编》收入我国每年正式发布的全部国家标准，分为"制定"卷和"修订"卷两种编辑版本。

"制定"卷收入上年度我国发布的、新制定的国家标准，顺延前年度标准编号分成若干分册，封面和书脊上注明"20××年制定"字样及分册号，分册号一直连续。各分册中的标准是按照标准编号顺序连续排列的，如有标准顺序号缺号的，除特殊情况注明外，暂为空号。

"修订"卷收入上年度我国发布的、被修订的国家标准，视篇幅分设若干分册，但与"制定"卷分册号无关联，仅在封面和书脊上注明"20××年修订-1,-2,-3,……"字样。"修订"卷各分册中的标准，仍按标准编号顺序排列(但不连续)；如有遗漏的，均在当年最后一分册中补齐。需提请读者注意的是，个别非顺延前年度标准编号的新制定的国家标准没有收入在"制定"卷中，而是收入在"修订"卷中。

读者配套购买《中国国家标准汇编》"制定"卷和"修订"卷则可收齐上一年度我国制定和修订的全部国家标准。

3. 由于读者需求的变化，自1996年起，《中国国家标准汇编》仅出版精装本。

4. 2008年制修订国家标准共5946项。本分册为"2008年修订-47"，收入新制修订的国家标准45项。

中国标准出版社
2009年10月

目　　录

ICS 67.040
X 04

中华人民共和国国家标准

GB/T 8875—2008
代替 GB/T 8875—1988

粮油术语 碾米工业

Terminology of grain and oils—Rice milling

2008-11-04 发布 2009-01-01 实施

中华人民共和国国家质量监督检验检疫总局
中国国家标准化管理委员会 发布

前　言

本标准代替 GB/T 8875—1988《碾米工业名词术语》。

本标准与 GB/T 8875—1988 相比的主要变化如下：

——修订了脱壳率波动度等定义；

——增加了糙米调质、糙米精选、低温升碾米机等术语和定义。

本标准由国家粮食局提出。

本标准由全国粮油标准化技术委员会归口。

本标准负责起草单位：国家粮食储备局武汉科学研究设计院、吉林省得春米业集团有限责任公司。

本标准主要起草人：王杭、刘化、谢健、朱永义、刘英、杨喜华、李德春、刘鼎越。

本标准所代替标准的历次版本发布情况为：

——GB/T 8875—1988。

粮油术语　碾米工业

1　范围

本标准规定了碾米工业中工艺、设备、物料、技术参数和技术经济指标的术语和定义。

本标准适用于碾米工业的生产、科研、教学及其他有关领域。

2　规范性引用文件

下列文件中的条款通过本标准的引用而成为本标准的条款。凡是注日期的引用文件，其随后所有的修改单(不包括勘误的内容)或修订版均不适用于本标准，然而，鼓励根据本标准达成协议的各方研究是否可使用这些文件的最新版本。凡是不注日期的引用文件，其最新版本适用于本标准。

GB/T 22515　粮油名词术语　粮食、油料及其加工产品

GB/T 8874　粮油通用技术、设备名词术语

3　工艺

3.1

清理　cleaning

清理工段通用术语见 GB/T 8874。

3.1.1

打芒　beard beating

使稻芒脱落的工序。

3.1.2

除穗　ear removing

从稻谷中除去稻穗的工序。

3.1.3

分粒加工　processing separately according to kernel size

将谷物按粒度大小进行分级，然后分别进行加工的方法。

3.2

水热处理 hydro-thermal treatment

加工蒸谷米的一道重要工序。在一定的条件下，用热水或蒸汽对净稻进行加热，使淀粉部分或全部糊化，然后进行干燥、冷却的处理过程。

3.2.1

浸泡　steeping

将稻谷置于水中吸收水分的工序。

3.2.2

蒸谷　parboiling

用蒸汽对浸泡过的稻谷进行加热的工序。

3.2.3

加压蒸谷法　pressurized parboiling methed

在蒸煮器内对浸泡过的稻谷进行加压、加热的方法。

3.2.4

干燥与冷却　drying and cooling

将蒸煮后的稻谷进行降水和降温处理的工序。

3.2.5

热谷缓苏　hot grain tempering

蒸煮过的稻谷加热干燥至一定的含水量，停止干燥若干时间的工序。

3.3

砻谷　rice husking，shelling

脱去谷类粮粒颖壳的工序。

3.3.1

挤压搓撕脱壳　husking by differential extruding and ripping

粮粒两侧受一对相向转动具有不同运动速度的工作面的挤压、搓撕而脱去颖壳的方法。典型的应用机械有胶辊砻谷机等。

3.3.2

端压搓撕脱壳　husking by end pressing and ripping

粮粒两端（长度方向）受一对不等速运动的工作面的挤压、搓撕而脱去颖壳的方法。典型的应用机械有砂盘砻谷机等。

3.3.3

撞击脱壳　husking by impact

高速运动的粮粒与固定工作面撞击而脱去颖壳的方法，典型的应用机械有离心砻谷机等。

3.4

谷壳分离　husk separation

从砻下物中分出已脱下颖壳的工序。

3.5

谷壳收集　husk collecting

收集谷壳分离出来的颖壳的工序。

3.6

谷糙分离　husked rice separation，paddy separation

亦称“选糙”。将谷糙混合物中糙米和谷粒分开的工序。

3.7

糙米精选　brown rice purifying

去除糙米中糙碎、未成熟粒等的工序。

3.8

糙米调质　brown rice conditioning

改善糙米品质的工序。

3.9

碾米　rice whitening

碾去糙米皮层的工序。

3.9.1

一（二、多）机碾白　whitening through single（double，multiple）passage

糙米经过一（二、多）道碾米碾成一定精度白米的工艺。

3.9.1.1

擦离作用　frictional action

亦称“摩擦擦离作用”。碾白室内，借摩擦力的作用，使糙米皮层沿着胚乳的表面产生相对滑动，并被拉断、擦除的作用。

3.9.1.2

碾削作用　abrasive action

碾白室内，借高速运动的、坚硬锐利的密集金刚砂粒的锋刃削除米粒表皮的作用。

3.9.1.3

米流　rice stream

在碾白室内流动的米粒群体。

3.9.2

稻出白　white rice milled from paddy directly

稻谷不经脱壳直接进入碾米机碾成一定精度白米的工艺。

3.9.3

喷风碾米　jet-air rice milling

碾米时不断地向碾白室内喷入空气流的碾米方法。

3.9.4

着水碾米　wet rice milling

碾米时加入适量的水，以润湿米皮，增大摩擦力，提高碾米效果的碾米方法。

3.9.5

溶剂浸提碾米　solvent extraction rice milling

先用米糠油软化糙米皮层，再在米糠油和正己烷混合液中进行湿法机械碾制，最终产品为白米、脱脂米糠和米糠油的碾米方法。

3.10

抛光　polishing

去除米粒表面粘附的糠粉，提高米粒表面光泽的工序。

3.11

擦米　rice polishing

擦除粘附在白米表面的糠粉的工序。

3.12

凉米　rice cooling

降低米温的工序。

3.13

白米分级　white rice grading

将白米分成不同含碎等级的工序。

3.14

色选　colour sorting, colour selecting

根据被处理物料颜色的差异进行分离的工序。

3.15

白米精选　broken rice separating, length grading

按照米粒的长度将碎米从白米中分开的工序。

3.16

配米　dosing of rice

将多种大米按需求进行搭配混合的工序。

3.17

糠粞分离　floury products grading, floury produet separation

将碾米机、抛光机等设备排出的糠粞混合物进行分离的工序。

3.18

稻壳提粮　getting grain from rice husk

从稻壳中回收粮粒的工序。

3.19

碾米流程　rice milling flow

亦称“米路”。将碾米及成品整理等各个工序组合起来，对净糙米按成品米的标准进行加工的生产工艺过程。

3.20

碾米工艺流程图　rice milling flow sheet

亦称“米路图”。表示碾米流程的示意图。

3.21

稻谷碾米　rice milling

把稻谷加工成大米的工艺过程，主要有清理、砻谷、砻下物分离、糙米精选、糙米调质、碾米、成品整理和副产品整理等工序。

3.22

高粱碾米　sorghum rice milling

把高粱加工成高粱米的工艺过程，主要有清理、碾米、成品整理和副产品整理等工序。

3.23

粟碾米　foxtail millet milling

把粟加工成粟米的工艺过程，主要有清理和分粒、脱壳与粟糙分离、碾米和成品整理、下脚和副产品整理等工序。

4　设备

4.1

除穗机　ear remover

从稻谷中除去稻穗的机械。

4.2

打芒机　beard cutting machine, awner

使稻芒脱落的机械。

4.3

罐组式浸泡器　tank steeper

将若干个罐组合起来，对净稻进行间歇浸泡的设备。

4.4

平转式浸泡器　rotary steeper

转动体绕立轴转动，可以对净稻进行连续浸泡的设备。

4.5

蒸谷筒　parboiling tank

用薄钢板焊接而成的筒状连续蒸谷设备。

4.6

立式蒸煮器　vertical steamer

罐体为垂直状，能自动控制进料、出料、进气、排气，但不能连续蒸谷的设备。

4.7

卧式蒸谷干燥器　horizontal parboiling dryer

罐体为水平状，可进行蒸谷和干燥的两用设备。

4.8

带式蒸汽烘谷机　steam belt drier

主要运行机构为连续运行的输送带，(以蒸汽为热源)对蒸煮后的稻谷进行干燥的机械。

4.9

喷动床　jetting-bed,hot air jet drying bed

主要工作构件为薄钢板制成的锥形筒体,(利用热风)对蒸煮后的稻谷进行干燥的设备。

4.10

蒸谷辊筒烘干机　rotary drum drier

主要工作构件为同心滚筒,(用远红外辐射加热和间接加热相结合的)对蒸煮后的稻谷进行干燥的机械。

4.11

冷却塔　colling tower

利用空气直接与稻谷接触,进行冷却的设备。

4.12

砻谷机　husker,sheller

脱去谷粒颖壳的设备。

4.12.1

辊压调节机构　roll pressure-adjusting mechanism

能调节两辊之间的压力,以满足脱壳需要;能让偶然落入两辊间的硬物通过并迅速恢复正常辊间压力的机构。

4.12.1.1

压砣紧辊机构　weight balanced roll-engagement mechanism

利用重砣、杠杆控制辊筒之间压力的机构。

4.12.1.2

液压紧辊机构　hydraclic roll-engagement mechanism

利用液压装置控制辊间压力的机构。

4.12.1.3

气压紧辊机构　pneumatic roll-engagement mechanism

利用气压装置控制辊间压力的机构。

4.12.2

胶辊　rubber roll

亦称“橡胶辊筒”。在金属圆柱辊筒表面覆盖橡胶后制成的砻谷机辊筒,是胶辊砻谷机的主要工作构件。

4.12.3

聚氨酯辊　polyurethane roll

在金属圆柱辊筒表面覆盖聚氨酯弹性体制成的砻谷机辊筒。

4.12.3.1

胶辊缺陷　defect of roll

胶辊在使用中由于操作不当或其他原因造成辊体表面的损伤或形状不正的现象。

4.12.3.1.1

大小头　differ in roll end diameters

胶辊两端直径大小不一的现象。

4.12.3.1.2

起边　flange forming(at roll ends)

快、慢辊端面不在同一平面上或喂料不均等,致使辊端部产生边缘凸起的现象。

4.12.3.1.3

失圆　out of circularity

因机械振动或使用不当而引起胶辊不圆的现象。

4.12.3.1.4

起槽　groove forming(on rubber roll surface)

胶辊表面产生凹凸槽纹,表面不平的现象。

4.12.3.1.5

云斑　cloudy speckle(on rubber roll surface)

由于使用不当或胶辊质量不好,在胶辊表面产生鱼鳞状斑纹。

4.12.3.1.6

麻点　pits(on rubber roll surface)

由于使用不当或胶辊质量不好,在胶辊表面产生的粒状凹点。

4.12.3.1.7

光洁程度　smoothness or evenness(on rubber roll surface)

胶辊使用后表面所产生的沟槽、云斑、麻点等不平整的程度。

4.12.4

喂料淌板　feed shedding plate

置于胶辊砻谷机喂料斗下方,与水平面成可调角度,可将净谷整流、均匀准确地导入两辊轧距之间;长淌板兼有加速喂料的作用。

4.12.5

砻下物淌板　shedding plate

胶辊砻谷机中促使砻下物自动分级的筛板或薄板。

4.12.6

撇谷板　shriveling paddy skimming plate

设置在胶辊砻谷机谷糙混合物出口处,用以提取瘪谷的隔板。

4.13

胶辊砻谷机　rubber roll husker,rubber roll sheller

以一对并列的、相向转动且有一定速差的胶辊为主要工作构件的砻谷机。

4.14

压砣紧辊砻谷机　husker with weight balanced roll-engagement

利用重砣、杠杆机构控制辊筒之间压力的砻谷机。

4.15

液压紧辊砻谷机　husker with hydraulic roll-engagement

利用液压装置控制辊间压力的砻谷机。

4.16

气压紧辊砻谷机　husker with pneumatic roll-engagement

利用气压装置控制辊间压力的砻谷机。

4.17

齿轮变速砻谷机　gear box husker

利用齿轮变速箱变换快、慢辊转速的砻谷机。

4.18

砂盘砻谷机　disc husker emery sheller,emery disk husker

亦称“砂砻”、“金刚砂砻谷机”。以上、下两片金钢砂盘为主要工作构件的砻谷机。

4.18.1

砂盘　emery disc

砂盘砻谷机中由金刚砂烧结、浇结或烘结而成的圆盘状工作面。

4.18.2

砂面宽度　width of emery surface

砂盘砻谷机砂盘外半径与内半径之差。

4.18.3

砂面制作　emery surface making

用金刚砂和粘合材料制作砂盘工作面的过程，有浇结、烧结或烘结几种方法。

4.18.4

錾修砂面　emery surface dressing

为使砂盘砻谷机的砂盘工作面保持平整、锋利而由人工进行的錾、凿、敲、修的工作。

4.19

离心砻谷机　centrifugal husker

以高速旋转的甩盘为主要工作构件，并在甩盘外面围有固定冲击圈的砻谷机。

4.19.1

甩盘　projecting disc，throwing disc

离心砻谷机中用以甩出谷粒的盘式工作面。

4.19.2

撞击圈　impact ring

离心砻谷机中承受谷粒撞击的工作圈。

4.20

谷壳分离器(装置)　husk aspirator

用于分离谷壳的风选设备(装置)。

4.21

谷糙分离筛　paddy separator

利用谷糙之间粒度的差别，用筛面进行谷糙分离的机械。

4.22

谷糙分离溜筛　static screen paddy separator

筛面静止的谷糙分离筛。有单层和多层等的形式。

4.23

谷糙分离平转筛　plansifter for paddy separation

筛体作水平回转运动的谷糙分离筛。

4.24

巴基机　paddy separator with compartments

利用谷粒与糙米具有不同的表面摩擦系数、相对密度、粒度和弹性进行谷糙分离的机械。

4.25

重力谷糙分离机　gravity paddy separator

利用谷糙之间的相对密度、粒度及表面摩擦系数的差别，借双向倾斜、往复运动的工作板作用，增加自动分级来进行谷糙分离的机械，有单体和双体等形式。

4.26

糙米精选机　brown rice grader

亦称“厚度分级机”。根据颗粒厚度的差异，除去糙米中糙碎、未成熟粒等的机械。

4.27

糙米调质机　brown rice conditioner

改善糙米品质的机械。

4.28

碾米机　rice whitener, rice whitening machine, rice milling machine

碾去糙米皮层的机械。简称米机。

4.28.1

碾白室　whitening chamber

碾米机进行碾白的主要工作部位,一般由螺旋推进器、碾辊、米筛、米刀等组成。

4.28.2

螺旋推进器　screw iron roll

装在米机碾辊前端,用来推进米粒的螺旋输送装置。

4.28.3

碾辊　whitening cylinder

碾米机中随主轴一同旋转、用于碾去糙米皮层的圆柱形或截锥形辊筒。有铁辊、砂辊、砂铁结合辊等种类。

4.28.3.1

碾筋　ridge on milling roll

碾辊表面凸起的筋,起推进米粒、翻动米粒并增加局部压力的作用。

4.28.3.2

碾槽　groove on milling roll

碾辊表面斜向的凹槽,其作用同碾筋。

4.28.4

米筛　screen

亦称"瓦筛"。装置在米机碾辊下方或四周,用于排糠的筛板。

4.28.5

米刀　huller blade, resistance piece, steel brake

在碾白室内壁轴向设置的可调节的长条形扁铁或硬橡胶板。主要作用是使碾白室内产生局部压力。

4.28.6

擦米室　polishing chamber

碾米机中进行擦米的工作部位,由螺旋输送器、擦米铁辊(或皮条、刷子)、米筛等组成。

4.29

立式碾米机　vertical rice whitening machine

碾辊竖直的碾米机的统称。

4.30

卧式碾米机　horizontal rice whitening machine

碾辊水平的碾米机的统称。

4.31

铁辊碾米机　iron roll rice whitener, tamping machine

碾辊为铁辊的碾米机的统称。

4.31.1

铁辊　iron roll, iron ribbed rotor

由白口铸铁制成的碾辊。

4.32

砂辊碾米机　emery roll whitening machine, abrasive type rice whitening machine

碾辊为砂辊的碾米机的统称。

4.32.1

砂辊　emery roll

用金刚砂烧结或在铁芯上浇结制成的碾辊。

4.33

铁筋砂辊碾米机　emery roll with iron ridge rice whitener

亦称“广式米机”。碾辊为截锥形铁筋砂辊(表面上凸出几条铁筋)的碾米机。

4.33.1

铁筋砂辊　emery roll with iron ridge

砂面上有若干条铁筋的碾辊。

4.34

喷风碾米机　jet-air whitening machine

碾米时从碾辊内部向碾白室喷入气流的碾米机。

4.34.1

喷风槽　jet-air slot

亦称“喷风口”。喷风米机碾辊上的出风槽孔。

4.34.2

轴向进风　axial air inlet,air inlet through hollow shaft

喷风米机的气流通过米机轴的中心孔道轴向进入碾白室的进气方式。

4.34.3

径向进风　radial air inlet,air inlet through roll end

喷风米机的气流从碾辊端面通过辊、轴之间的环隙径向进入碾白室的进气方式。

4.35

低温升碾米机　low temperature increment whitener

出机米比普通碾米机的出机米温度低 3 ℃以上的碾米机。

4.36

多辊碾米机　multi-roll rice whitener

碾辊为两根及以上的碾米机,如双辊米机、三辊米机等。

4.37

擦离型米机　friction type rice whitener

亦称“压力型米机”。碾白室内压力较大,主要利用摩擦擦离作用碾去皮层的碾米机。

4.38

碾削型米机　abrasive type rice whitener

亦称“速度型米机”。碾白室内压力较小,碾辊线速较高,主要利用碾削作用碾去皮层的碾米机。

4.39

混合型米机　combined abrasive and friction whitening machine

同时利用擦离和碾削两种作用碾去皮层的碾米机。

4.40

组合米机　combined rice mill

碾米机与擦米、糠粞分离等作业机构组合成一体的设备。

4.41

砻碾组合米机　combined husker and whitener united rice mill

砻谷机、碾米机组合为一体的大米加工机械。

4.42

成套碾米设备　complete set rice mill equipment

清理、砻谷、碾米等设备生产能力、性能都相互匹配的碾米设备。

4.43

组合碾米设备　combined rice mill equipment

两种以上不同作用的设备,其生产能力、设备性能都相互配合,连同辅助设备一起组合成一台或几台的碾米设备。

4.44

抛光机　rice polisher,white rice polisher

去除米粒表面粘附的糠粉,提高米粒表面光泽的机械。

4.45

擦米机　polisher

亦称“刷米机”。擦除粘附在白米表面的糠粉的机械。

4.46

凉米器　rice cooler

降低米温的设备。

4.47

白米分级筛　white rice separater

将白米分成不同含碎等级的设备。

4.48

色选机　colour selector

根据被处理物料颜色的差异进行分离的机械。

4.49

白米精选机　white rice grader

亦称“长度分级机”。按照整米和碎米的长度不同利用袋孔进行分级的机械。

4.50

配米器　dosing scale

按需求称取大米进行搭配的设备。

4.51

糠粞分离器　floury products separator

根据米糠和米粞悬浮速度的差异进行分离的设备。

4.52

糠粞分离方筛　square sifter for floury products grading

用于糠粞分离的层数较少的平筛。

4.53

稻壳提粮器　seprator of husk and grain

根据稻壳和稻谷悬浮速度的差异进行分离,从稻壳中回收粮粒的设备。

5　物料

5.1

毛谷　raw paddy,rough rice

未经清理的稻谷。

5.2

净谷　cleaned paddy

经清理,含杂符合加工要求的稻谷。

5.3

开边米　splited rice

砂盘砻谷机砻谷时产生的部分胚乳劈开的糙米。

5.4

砻下物　post-husking materials

砻谷机出来的混合物料(包含糙米、糙碎、开边粒、谷粒、谷壳等)。

5.5

谷糙混合物　mixture of paddy and husked rice

砻下物分离稻壳后,主要为糙米和未脱壳谷粒的混合物。

5.6

回砻谷　re-husking paddy,unhusked rice

由谷糙分离设备分出的,需回砻谷机再次脱壳的稻谷。

5.7

糙米　husked rice,brown rice

见 GB/T 22515。

5.8

净糙　clean husked rice

含杂、含谷符合加工要求的糙米。

5.9

糙碎　raw brokens,broken brown rice

不足正常整粒平均长度四分之三的糙米碎粒。

5.10

大米　rice

见 GB/T 22515。

5.11

白米　white rice,polished rice

经碾米后的在制品米的统称。

5.12

红线米　rice kernel with red bran line

指米粒表面任何一边留有红色线条(皮层)的米粒。

5.13

糙白不均粒　processed rice kernel with uneven whiteness

白米样品中比标准米样的精度上下差一级以上的米粒。

5.14

糙米发黑　husked rice stained with black rubber

亦称"染色"。砻谷过程中糙米表面沾染黑色橡胶的现象。

5.15

糙米起毛　surface roughened husked rice

砻谷过程中糙米表面皮层破损的现象。

6　技术参数

6.1

搓撕长度　ripping distance,length of ripping

谷粒在受轧时间内,快辊超前慢辊的长度。

6.2

辊间压力　pressure between rolls

亦称"胶辊压力"。快慢辊之间的压力,按胶辊单位接触长度计算,以"N/cm"表示。

6.3

胶辊线速　peripheral speed of rubber roll

胶辊的圆周速度。分快辊线速和慢辊线速，以“m/s”表示。

6.4

胶辊线速差　rubber roll's differential in peripheral speed

胶辊砻谷机快、慢辊线速之差，以“m/s”表示。

6.5

胶辊线速和　sum of roll's peripheral speeds

胶辊砻谷机快、慢辊线速之和，以“m/s”表示。

6.6

胶辊线速比　ratio of roll peripheral speeds

胶辊砻谷机快、慢辊线速之比。

6.7

胶辊硬度　hardness of rubber roll

胶辊胶层的硬度。常以邵氏硬度表示。

6.8

间隙　clearance between the roll and the screen

亦称“存气”。碾辊与米筛或米机盖之间的距离。

6.9

碾白压力　whitening pressure

米粒在碾白室内各个部位所受的压力。

6.9.1

轴向压力　axial pressure

米粒在碾白室内受到的轴向作用力。

6.9.2

周向压力　circumferential pressure

米粒在碾白室内受到的周向作用力。

6.9.3

径向压力　radial pressure

米粒在碾白室内受到的径向作用力。

6.9.4

局部压力　local pressure

米粒在碾白室内局部地方所受到的剧增压力。

6.10

碾白运动面积　whitening movement area

单位时间内，碾辊表面所转过的面积，以“m^2/s”表示。

6.11

单位产量碾白运动面积　whitening movement area per unit capacity

碾制单位产量白米所用的碾白运动面积，以“m^2/kg”表示。

6.12

碾白室轴向截面积收缩率　axial reduction rate of cross-sectional area in whitening chamber

碾白室轴向截面积的变化率。轴向截面积由进口到出口逐渐收缩。

6.13

碾白室径向截面变化率　radial variation rate of cross-sectional area in whitening chamber

碾白室径向截面积顺着碾辊的转向收缩和扩大的程度。

7 技术经济指标

7.1

砻谷机流量　loadings of husker，loadings of sheller

单位时间内流经每台砻谷机的物料量，以“kg/(台·h)”表示。

7.2

砻谷机产量　capacity of husker

每台砻谷机单位时间内加工成糙米的稻谷数量，可以下式表示：

稻谷砻谷机产量[kg/(台·h)]＝流量×脱壳率×(1－进口含糙)

换算成糙米产量为：

糙米砻谷机产量[kg/(台·h)]＝砻谷机产量(稻谷)×出糙率

7.3

辊筒单位长度产量　capacity per unit length of rubber roll，specified rubber roll surface，specific rubber roll surface

胶辊砻谷机辊筒单位接触长度单位时间内的产量，等于胶辊砻谷机产量除以辊筒接触长度，以“kg 糙米/(cm·h)”或“kg 稻谷/(cm·h)”表示。

7.4

砂盘单位面积产量　capacity per unit area of emery disc

砂盘砻谷机砂盘单位接触面积单位时间内的产量，等于砂盘砻谷机产量除以砂盘接触面积，以“kg 糙米/(m^2·h)”或“kg 稻谷/(m^2·h)”表示。

7.5

胶耗　consumption of rubber，rubber consumption

胶辊砻谷机每加工 100 kg 净谷所耗胶辊橡胶质量，以“g 橡胶/100 kg 净谷 ”表示。

7.6

脱壳率　husking yield

稻谷经砻谷机一次脱壳后，已脱壳稻谷占入砻稻谷的质量分数，可用下式计算：

脱壳率(近似值)＝糙米质量÷(未脱壳稻谷质量×出糙率＋糙米质量)×100%

7.7

脱壳率稳定性　stability of husking yield

在一定时间内砻谷机的脱壳率稳定程度，用脱壳率波动度进行衡量。

7.8

脱壳率波动度　fluctuation of husking yield

砻谷机在脱壳过程中，实际脱壳率与目标脱壳率的偏离程度。用下式计算：

$$\eta_t = \sqrt{\frac{1}{n}\sum_{i=1}^{n}(x_i - x_0)^2}$$

式中：η_t 为脱壳率波动度；n 为取样次数；x_i 为第 i 次取样时的脱壳率；x_0 为目标脱壳率。

7.9

砻谷电耗　power consumption of husking

生产 1 t 糙米砻谷机所耗用的电量，以“kW·h/t”表示。

7.10

糙碎率　percentage of raw broken

砻下谷糙混合物中所含糙碎的质量占已脱壳粮粒(包括整粒糙米和碎米)质量分数。

7.11

开边米率　percentage of splited rice

砂盘砻谷机砻下谷糙混合物中所含开边米的质量占已脱壳粮粒(包括整粒糙米和开边米)质量

分数。

7.12

含稻壳率　percentage of husk content

砻下物经谷壳分离后的混合物中，稻壳占试样的质量分数。

7.13

谷糙分离设备产量　capacity of husked rice-separator

单位时间内分选出的净糙量，以“kg 糙米/(台·h)”表示。

7.14

谷糙分离设备单位面积产量　capacity per unit area of husked rice separator

单位时间内，单位筛选和分级名义总面积上分选出的净糙量，以“kg 糙米/(m^2·h)”表示。

7.15

回流量　capacity of returns

经谷糙分离设备分出的还需循环分选的谷糙混合物的流量，以“kg/h”表示。

7.16

回流比　returns ratio

回流量与净糙产量的质量分数。

7.17

回砻量　capacity of returns to husker

经选糙设备分出的回砻谷流量。以“kg/h”表示。

7.18

净糙含谷　paddy content in clean husked rice

净糙的质量指标，每千克净糙中含未脱壳稻谷的粒数。

7.19

回砻谷含糙率　percent husked rice in paddy returns to sheller

回砻谷中含糙米的质量分数，是回砻谷纯度指标。

7.20

米机产量　capacity of whitening machine

亦称“台时产量”。每台米机每小时加工出白米的量，可用下式表示。

米机产量[kg/(台·h)]＝白米质量÷(加工时间×该道碾米工序的米机数)

7.21

出机米含碎　broken rice contained in milled rice

出机米中含碎米的质量分数。

7.22

出机米增碎　broken rice increment in milled rice

出机米中的碎米率较进机米中碎米率的增加量。

7.23

含糠率　rate of bran content

在白米或大米试样中，糠粉占试样总量的质量分数。

7.24

糙白不均率　rate of kernels with uneven whiteness

在白米或成品米试样中，比标准米样精度上下差一级(含)以上的米粒占试样米粒的粒数百分数。

7.25

留胚率　rate of kernels with remained germ

在白米或成品米试样中留有全部或部分米胚的米粒占试样的粒数百分数。

7.26

色选带出比　ratio of colour separated

经过色选后，其剔除料中的异色颗粒数与正常物料颗粒数之比。

7.27

色选精度　precision of colour separation

经过色选后，其正常物料颗粒数占试样的粒数百分数。

7.28

谷壳含粮　grain content in husk

亦称“大糠含粮”。分离出的谷壳中所含饱满粮粒（稻谷、糙米）的数量，以“粒/100 kg 谷壳”表示。

7.29

米糠含粮率　grain content in rice bran

米糠中所含糙米、白米及碎米占米糠试样的质量分数。

7.30

加工损耗率　processing loss

加工后，毛谷数量与成品米、碎米、异色粒、米糠、米粞、下脚等总质量的差值，占毛谷的质量分数。

中 文 索 引

英 文 索 引

D

E

F

G

H

I

J

L

M

O

P

R

S

T

U

V

W

ICS 97.020
Y 60

中华人民共和国国家标准

GB 8877—2008
代替 GB 8877—1988

家用和类似用途电器安装、使用、维修安全要求

Safety requirements for the installation, operation and maintenance of household and similar electrical appliances

2008-12-15 发布　　　　2010-01-01 实施

中华人民共和国国家质量监督检验检疫总局
中国国家标准化管理委员会　发布

前 言

本标准的全部技术内容为强制性。

本标准代替 GB 8877—1988《家用电器安装、使用、检修安全要求》。

本标准与 GB 8877—1988 的主要差异如下：

——第 1 章　范围。按照 GB/T 1.1—2000 的书写规范书写；

——第 2 章　规范性引用文件。增加与家用电器安装、使用、维修相关的若干标准；

——第 3 章　术语和定义。删除与引用文件中相同的术语，增加“安装”“维修”两个术语；

——第 5 章　由于本部分不属于本标准范围，将该章删除；

——第 6 章　由于本部分不属于本标准范围，将该章删除；

——第 8 章　对电源和建筑物中的电气装置的要求。改为“器具的安装、使用条件”，并放在第 4 章之后；

——第 7 章、第 9 章、第 10 章的大部分内容根据国家标准及行业内部最新情况进行修改。

本标准由中国轻工业联合会提出。

本标准由全国家用电器标准化技术委员会(SAC/TC 46)归口。

本标准主要起草单位：中国家用电器研究院、海尔集团顾客服务经营公司、博西华电器(江苏)有限公司、海信科龙电器股份有限公司、珠海格力电器股份有限公司、中国家用电器维修协会、中国质量认证中心、中国消费者协会。

本标准主要起草人：马德军、季晓健、高益宏、朱焰、吴蒙、迟九虹、张桃、郭赤兵、闵静、韩华胜。

本标准所代替标准的历次版本的发布情况为：

——GB 8877—1988。

家用和类似用途电器安装、使用、维修安全要求

1 范围

本标准规定了家用和类似用途电器在安装、使用、维修时的安全要求。

本标准适用于家用和类似用途电器。

对特殊环境中使用的器具可能需要附加要求。

2 规范性引用文件

下列文件中的条款通过本标准的引用而成为本标准的条款。凡是注日期的引用文件,其随后所有的修改单(不包括勘误的内容)或修订版均不适用于本标准,然而,鼓励根据本标准达成协议的各方研究是否可使用这些文件的最新版本。凡是不注日期的引用文件,其最新版本适用于本标准。

GB 1002 家用和类似用途单相插头插座型式、基本参数和尺寸

GB 2099.1 家用和类似用途插头插座 第1部分:通用要求(GB 2099.1—2008,IEC 60884-1:2006,MOD)

GB/T 3187 可靠性、维修性术语(GB/T 3187—1994,IEC 60050-191:1991,IDT)

GB 4208 外壳防护等级(IP代码)(GB 4208—2008,IEC 60529:2001,IDT)

GB 4706.1 家用和类似用途电器的安全 第1部分:通用要求(GB 4706.1—2005,IEC 60335-1:2001,IDT)

3 术语和定义

下列术语和定义适用于本标准。

3.1

安装 installation

结合用户的具体环境情况,将器具固定到位并进行正确的组合、连接、调试,以实现其预定使用功能的完整活动。

3.2

维修 maintenance

为保持或恢复产品处于能执行规定功能的状态所进行的所有技术和管理,包括监督的活动。

3.3

带电部分 live part

正常使用时被通电的导体或导电部分,它包括中性导体,但按惯例,不包括保护中性导体(PEN导体)。

注:此术语不一定意味着触电危险。

3.4

外露导电部分 exposed live part

器具能被触及的导电部分。它在正常时不带电,但在故障情况下可能带电。

注:在故障情况下,通过外露导电部分才能带电的器具的导电部分不被认为是外露导电部分。

3.5

外部导电部分 external live part

易引入电位(通常是地电位)的导电部分。

3.6

中性导体 neutral conductor

与系统中性点连接用来传输电能的导体。

注：在某些场合，中性导体和保护接地的作用在规定条件下可以合并，使用同一导体。

3.7

保护接地 protective grounding

某些防触电保护措施所要求的用来与下列任一部分作电气连接的导线。

外露导电部分；

外部导电部分；

主接线端子；

接地极；

电源接地点或人工中性点。

注：保护接地以符号⏚或PE表示，并用规定的颜色加以区别。

3.8

没有间接触电危险的场所 place without hazard of indirect electric shock

在该场所中的人，本身不可能同时触及某一电器的外露导电部分和任一外部导电部分(包括地面和墙体)，也不可能同时触及两个电器的外露导电部分。在该场所中严禁有保护接地。

3.9

专业人员 qualified person

受过专业规范培训、具有专业知识和技能，能够识别出其所安装和维修的器具可能出现危险的人员；或具有职业资质的人员。

4 器具的分类

4.1 按防触电的保护方式分类

0类器具

0Ⅰ类器具

Ⅰ类器具

Ⅱ类器具

Ⅲ类器具

4.2 按外壳防护等级分类

各等级的具体要求见GB 4208外壳防护等级的分类。对家用和类似用途电器产品推荐采用如下等级：

IP20-IP24

IP30-IP34

IP41-IP44

5 器具的安装、使用条件

5.1 额定电压为220 V/50 Hz和380 V/50 Hz的器具的电源电压允许偏移范围为±10%，额定电压为42 V及以下的器具的电源电压允许偏移范围为±10%。

5.2 使用0Ⅰ类、Ⅰ类器具场所的电气线路必须设置专用保护接地。且保护接地以及保护装置(熔断器、低压断路器、漏电电流动作保护器等)必须满足电气工程设计标准中的相应规定。

5.3 室内应设置符合配置供电线路负荷容量、满足使用数量要求的电源插座。

6 器具的安装

6.1 使用说明中要求专业人员安装的器具应由专业人员负责安装或拆装。

6.2 0类器具只能安装在没有间接触电危险的场所。

6.3 Ⅰ类器具的接地系统必须可靠连接至建筑物中固定设置的保护接地上。导线连接处如为不同金属时，应采取防止电化腐蚀的措施。

6.4 工作时产生高温的器具不得安装在易燃易爆物品附近。

6.5 高处作业，安装人员必须系牢安全带，并应遵照相应的作业规程进行操作。

6.6 器具安装前应检查安装部位的强度，确保器具可靠固定。

6.7 器具安装过程中应确保不会因安装工具和安装部件坠落而发生意外。

6.8 安装时，首先应对用户的安全用电情况进行检查，检查主要项目有：电源插座火线和零线正确、可靠连接，接地系统的可靠性、开关、电表容量、供电线路负荷及线路材料规格选用是否符合标准要求等。如发现存在安全隐患，应立即向用户提出，并建议用户尽快采取解决措施。如需改装电源，应征得用户同意并由具备电工作业资质的人员实施。

6.9 器具需要对墙壁进行钻孔的，安装前要充分检查和了解安装墙体的水管、电线走向，打孔位置避开墙体的水管、电线位置，不破坏房屋承重结构。

6.10 器具安装过程中，不应在安装现场进行金属焊接与切割作业。

6.11 器具安装完毕后，应对安装的器具及电源进行电气安装检查。

7 器具的使用

7.1 器具的使用者应详细阅读和了解使用说明，并按照使用说明的要求使用器具。

7.2 器具的电源插头应完全插入固定的电源插座中，且保证电源插头与电源插座接触良好。

7.3 当需要使用电源插座接线板时，应使用符合GB 2099.1要求的电源插座接线板，所接器具的总额定电流值，不应超过原固定插座或线路的额定电流值。

7.4 不应从带插座的灯头上引接电源供给器具。

7.5 对无自动控制的器具，人员离开现场时，应将电源切断。

7.6 工作时产生高温的器具不应放在易燃易爆物品附近或类似环境中使用。

7.7 器具出现异常噪声、气味、温度或故障时，应立即停止使用，关闭开关，切断电源。

7.8 使用者不应拆卸器具，不应变更内部接线、部件和保护装置。

7.9 从插座上拔下插头时，应直接用手握持插头，不应对电源线施加拉力。

7.10 禁止以普通导电体或超出规定电流容量的熔断体替换器具和电源的熔断体。

7.11 使用者不应自行改变低压断路器或漏电电流动作保护器的整定值。

8 器具的维修

8.1 从事器具维修的单位或个人应具有相应的职业资质。

从事器具维修的单位应具有必要的维修设备，维修用仪器仪表的精度应符合标准要求。

8.2 应建立严格的安全作业规程和维修作业规程，维修后的器具，应符合器具安全标准的要求。

8.3 应建立规范的维修记录，应保证维修者和用户各存一份。

维修记录主要内容有：

a) 维修日期；

b) 维修器具的型号、生产日期或批号或产品编号；

c) 维修内容；

d) 维修者姓名及签字；

e） 保修期限。

8.4 制造商应按规定向维修者提供维修所需的合格零部件及维修指南(至少应包括电气线路图、拆装方法、可替换的零部件规格型号等)。维修者应及时向制造商或销售商反馈产品质量信息。

8.5 器具在安全使用年限内进行维修时，维修者未经制造商同意不得改变原设计性能和参数、结构，也不得采用低于原用材料性能的代用材料和与原规格不符的零部件。超过安全使用年限的器具维修，应保持原有的防触电保护类型和外壳防护等级。

8.6 维修者应按安全作业规程和维修作业规程进行操作。维修后要对器具进行相关检查。

8.7 维修器具时，如发现绝缘损坏，软缆或软线护套破裂，保护线脱落，插头、插座、开关等部件出现安全隐患时，应告知消费者，在征得消费者同意后修复，以消除不安全隐患。

8.8 器具在维修后，应进行绝缘电阻的检查，必要时应做电气强度试验。

ICS 67.180.20
X 11

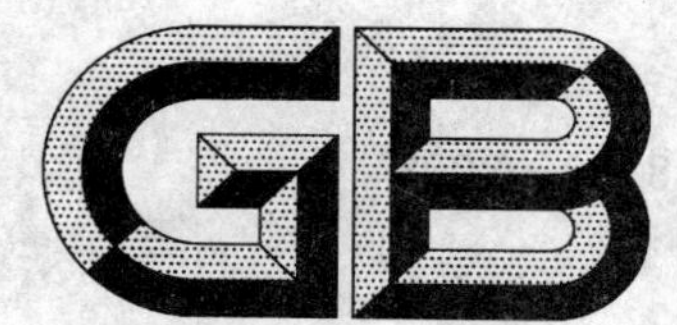

中华人民共和国国家标准

GB/T 8883—2008
代替 GB/T 8883—1988

食用小麦淀粉

Edible wheat starch

2008-08-28 发布　　　　　　2009-03-01 实施

中华人民共和国国家质量监督检验检疫总局
中国国家标准化管理委员会　发布

前言

本标准代替 GB/T 8883—1988《食用小麦淀粉》。

本标准与 GB/T 8883—1988 相比主要差异如下：

——根据食品安全卫生要求和国际惯例，增加了微生物指标；

——增加了检验规则；

——感官要求修订为外观和气味，取消口感和杂质两项；

——各等级水分统一修订为不超过 14.0%；

——酸度修订为：优级品不超过 2.00°T、一级品不超过 2.50°T、二级品不超过 3.50°T；

——灰分修订为：二级品不超过 0.40%；

——斑点修订为：一级品不超过 3.0 个/cm^2、二级品不超过 4.0 个/cm^2；

——细度修订为：一级品不小于 99.0%、二级品不小于 98.0%；

——白度修订为：优级品不小于 93.0%、一级品不小于 92.0%、二级品不小于 91.0%；

——粘度修订为：优级品不小于 50.0 mPa·s；

——感官试验、蛋白质、脂肪、二氧化硫检验方法均按照 GB/T 12309《工业玉米淀粉》执行；

——酸度、砷、铅检验方法分别按照 GB/T 5009.53《淀粉类制品卫生标准的分析方法》、GB/T 5009.11《食品中总砷及无机砷的测定》和 GB/T 5009.12《食品中铅的测定》执行；

——标志按 GB/T 191《包装储运图示标志》执行，标签按 GB 7718《预包装食品标签通则》执行；

——包装、运输、贮存按本标准中规定执行。

本标准由全国食品工业标准化技术委员会提出并归口。

本标准由农业部谷物品质监督检验测试中心负责起草。

本标准主要起草人：林夕、武力、李静梅、杨秀兰、王步军。

本标准所代替标准的历次版本发布情况为：

——GB/T 8883—1988。

食用小麦淀粉

1 范围

本标准规定了食用小麦淀粉的要求、检验方法、检验规则，以及标签、标志、包装、运输、贮存等要求。

本标准适用于以小麦粉为原料生产的食用淀粉。

2 规范性引用文件

下列文件中的条款通过本标准的引用而成为本标准的条款。凡是注日期的引用文件，其随后所有的修改单(不包括勘误的内容)或修订版均不适用于本标准，然而，鼓励根据本标准达成协议的各方研究是否可使用这些文件的最新版本。凡是不注日期的引用文件，其最新版本适用于本标准。

GB/T 191 包装储运图示标志(GB/T 191—2008，ISO 780：1997，MOD)

GB/T 4789.3 食品卫生微生物学检验 大肠菌群测定

GB/T 4789.15 食品卫生微生物学检验 霉菌和酵母计数

GB/T 5009.11 食品中总砷及无机砷的测定

GB/T 5009.12 食品中铅的测定

GB/T 5009.53—2003 淀粉类制品卫生标准的分析方法

GB 7718 预包装食品标签通则

GB/T 12086 淀粉灰分测定方法

GB/T 12087 淀粉水分测定 烘箱法

GB/T 12095 淀粉斑点测定方法

GB/T 12096—1989 淀粉细度测定方法

GB/T 12097—1989 淀粉白度测定方法

GB/T 12098 淀粉粘度测定方法

GB/T 12309—1990 工业玉米淀粉

3 要求

3.1 感官要求

应符合表1规定。

表 1 感官要求

项 目	指 标		
	优级品	一级品	二级品
外观	白色粉末		
气味	具有小麦淀粉固有的气味，无异味		

3.2 理化要求

应符合表2规定。

表 2 理化要求

项目		指标		
		优级品	一级品	二级品
水分/%	≤	14.0		
酸度(干基)/°T	≤	2.00	2.50	3.50
灰分(干基)/%	≤	0.25	0.30	0.40
蛋白质(干基)/%	≤	0.30	0.40	0.50
脂肪(干基)/%	≤	0.07	0.10	0.15
粘度/(mPa·s)	≥	50.0	45.0	45.0
斑点/(个/cm^2)	≤	2.0	3.0	4.0
细度/%	≥	99.8	99.0	98.0
白度/%	≥	93.0	92.0	91.0

3.3 卫生要求

应符合表 3 规定。

表 3 卫生指标

项目		指标		
		优级品	一级品	二级品
二氧化硫/(mg/kg)	≤	30.0		
砷(以 As 计)/(mg/kg)	≤	0.5		
铅(以 Pb 计)/(mg/kg)	≤	1.0		
大肠菌群/(MPN/100g)	≤	70		
霉菌/(CFU/g)	≤	100		

4 检验方法

4.1 感官指标

按 GB/T 12309—1990 中 4.2 执行。

4.2 水分

按 GB/T 12087 执行。

4.3 酸度

按 GB/T 5009.53—2003 中 4.6 执行。

4.4 灰分

按 GB/T 12086 执行。

4.5 蛋白质

按 GB/T 12309—1990 中 4.3.6 执行(氮换算成蛋白质的系数为 5.7)。

4.6 脂肪

按 GB/T 12309—1990 中 4.3.7 执行。

4.7 粘度

按 GB/T 12098 执行。

4.8 斑点

按 GB/T 12095 执行。

4.9 细度

按 GB/T 12096—1989 执行。其中 4.2 按以下规定执行：使用筛孔为 0.15 mm 的实验筛。

4.10 白度

按 GB/T 12097—1989 执行。其中 4.1 按以下规定执行：白度仪波长在 420 nm～470 nm 之间，有适合的样品盒及标准白板，能精确到 0.1。

4.11 二氧化硫

按 GB/T 12309—1990 中 4.3.8 执行。

4.12 砷

按 GB/T 5009.11 执行。

4.13 铅

按 GB/T 5009.12 执行。

4.14 大肠菌群

按 GB/T 4789.3 执行。

4.15 霉菌

按 GB/T 4789.15 执行。

5 检验规则

5.1 批次和抽样

5.1.1 批次

同一批原料、同一生产日期、同一生产线生产的包装完好的同一品种、同一规格产品为一组批。

5.1.2 抽样

每一批次抽样方案按式(1)计算：

$$n = \sqrt{\frac{N}{2}} \qquad (1)$$

式中：

n——抽取的包装单位数，单位为袋；

N——批量的总包装单位数，单位为袋。

5.2 出厂检验

出厂检验项目为感官要求和理化指标，检验合格后方可出厂。

5.3 型式检验

5.3.1 型式检验包括技术要求中全部项目。

5.3.2 产品在正常生产时每半年检验一次，出现下列情况时应及时检验：

a) 新产品定型鉴定时；

b) 更改关键工艺和设备时；

c) 停产半年以上，重新开始生产时；

d) 出厂检验结果与上次型式检验有较大差异时；

e) 国家质量监督机构或主管部门提出进行型式检验要求时。

5.4 判定规则

5.4.1 判定规则

卫生指标有一项不合格，该批次产品为不合格。

5.4.2 复验规则

标志标签、包装不合格者，允许进行整改后申请复验一次，以复验结果为准。感官要求、理化指标有一项不合格，可加倍抽样进行复验，以复验结果为准。

6 标签、标志、包装、运输、贮存

6.1 标签、标志

标签按 GB 7718 执行，标志应符合 GB/T 191 要求。

6.2 包装

包装材料应干燥、清洁、牢固，符合食品包装材料的卫生要求。

6.3 运输

运输设备应清洁卫生，无强烈刺激味；不得与有毒、有害、有腐蚀性物品混装、混运；运输中应保持干燥、清洁。

6.4 贮存

6.4.1 产品贮存在阴凉、干燥、通风、无污染的环境下，不应露天堆放。

6.4.2 产品保质期不少于 18 个月。

ICS 67.180.20
X 11

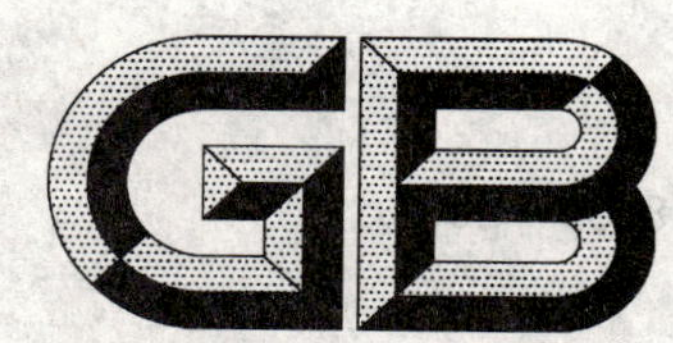

中华人民共和国国家标准

GB/T 8885—2008
代替 GB/T 8885—1988

食用玉米淀粉

Edible corn starch

2008-08-05 发布　　　　2009-02-01 实施

中华人民共和国国家质量监督检验检疫总局
中国国家标准化管理委员会　发布

前　言

本标准代替 GB/T 8885—1988《食用玉米淀粉》。

本标准与 GB/T 8885—1988 相比主要差异如下：

——根据食品安全卫生要求和国际惯例，增加了微生物指标；

——增加了检验规则；

——感官要求修订为：外观和气味，取消口感和杂质两项；

——色泽、白度不再按白玉米、黄玉米定值；

——各等级水分统一修订为不超过 14.0%；

——酸度修订为：优级品不超过 1.50 °T、一级品不超过 1.80 °T、二级品不超过 2.00 °T；

——灰分修订为：二级品不超过 0.18%；

——蛋白质修订为：优级品不超过 0.35%、一级品不超过 0.45%、二级品不超过 0.60%；

——斑点修订为：一级品不超过 0.7 个/cm^2、二级品不超过 1.0 个/cm^2；

——细度修订为：优级品不小于 99.5%、一级品不小于 99.0%、二级品不小于 98.5%；

——脂肪修订为：优级品不超过 0.10%、一级品不超过 0.15%、二级品不超过 0.20%；

——白度修订为：优级品不小于 88.0%、一级品不小于 87.0%、二级品不小于 85.0%；

——感官试验、蛋白质、脂肪、二氧化硫检验方法均按照 GB/T 12309《工业玉米淀粉》执行；

——酸度、砷、铅检验方法分别按照 GB/T 5009.53《淀粉类制品卫生标准的分析方法》、GB/T 5009.11《食品中总砷及无机砷的测定》和 GB/T 5009.12《食品中铅的测定》执行；

——标志按 GB/T 191《包装储运图示标志》执行，标签按 GB 7718《预包装食品标签通则》执行；

——包装、运输、贮存按本标准中的规定执行。

本标准由全国食品工业标准化技术委员会提出并归口。

本标准由农业部谷物品质监督检验测试中心负责起草，玉米深加工国家工程研究中心参加起草。

本标准主要起草人：林夕、武力、李静梅、佟毅、赵国兴、杨秀兰、王步军。

本标准代替标准的历次版本发布情况为：

——GB/T 8885—1988。

食用玉米淀粉

1 范围

本标准规定了食用玉米淀粉的要求、检验方法、检验规则、标签、标志、包装、运输和贮存等要求。

本标准适用于以玉米为原料(原料应符合食用标准)而生产的食用淀粉。

2 规范性引用文件

下列文件中的条款通过本标准的引用而成为本标准的条款。凡是注日期的引用文件,其随后所有的修改单(不包括勘误的内容)或修订版均不适用于本标准,然而,鼓励根据本标准达成协议的各方研究是否可使用这些文件的最新版本。凡是不注日期的引用文件,其最新版本适用于本标准。

GB/T 191 包装储运图示标志

GB/T 4789.3 食品卫生微生物学检验 大肠菌群测定

GB/T 4789.15 食品卫生微生物学检验 霉菌和酵母计数

GB/T 5009.11 食品中总砷及无机砷的测定

GB/T 5009.12 食品中铅的测定

GB/T 5009.53—2003 淀粉类制品卫生标准的分析方法

GB 7718 预包装食品标签通则

GB/T 12086 淀粉灰分测定方法

GB/T 12087 淀粉水分测定 烘箱法

GB/T 12095 淀粉斑点测定方法

GB/T 12096—1989 淀粉细度测定方法

GB/T 12097—1989 淀粉白度测定方法

GB/T 12309—1990 工业玉米淀粉

3 要求

3.1 感官要求

应符合表1规定。

表1 感官要求

项目	指标		
	优级品	一级品	二级品
外观	白色或微带浅黄色阴影的粉末,具有光泽		
气味	具有玉米淀粉固有的特殊气味,无异味		

3.2 理化要求

应符合表2规定。

表2 理化要求

项目	指标		
	优级品	一级品	二级品
水分/% ≤	14.0		
酸度(干基)/°T ≤	1.50	1.80	2.00

表 2（续）

项　目		指　标		
		优　级　品	一　级　品	二　级　品
灰分(干基)/%	≤	0.10	0.15	0.18
蛋白质(干基)/%	≤	0.35	0.45	0.60
斑点/(个/cm²)	≤	0.4	0.7	1.0
脂肪(干基)/%	≤	0.10	0.15	0.20
细度/%	≥	99.5	99.0	98.5
白度/%	≥	88.0	87.0	85.0

3.3　卫生要求

应符合表 3 规定。

表 3　卫生要求

项　目		指　标		
		优　级　品	一　级　品	二　级　品
二氧化硫/(mg/kg)	≤		30.0	
砷(以 As 计)/(mg/kg)	≤		0.5	
铅(以 Pb 计)/(mg/kg)	≤		1.0	
大肠菌群/(MPN/100 g)	≤		70	
霉菌/(CFU/g)	≤		100	

4　检验方法

4.1　感官

按 GB/T 12309—1990 中 4.2 执行。

4.2　水分

按 GB/T 12087 执行。

4.3　酸度

按 GB/T 5009.53—2003 中 4.6 执行，同时做空白试验。

4.4　灰分

按 GB/T 12086 执行。

4.5　蛋白质

按 GB/T 12309—1990 中 4.3.6 执行。

4.6　斑点

按 GB/T 12095 执行。

4.7　脂肪

按 GB/T 12309—1990 中 4.3.7 执行。

4.8　细度

按 GB/T 12096—1989 执行。其中 4.2 按以下规定执行：0.15 mm 实验筛。

4.9 白度

按 GB/T 12097—1989 执行。其中 4.1 按以下规定执行：白度仪：波长在 420 nm～470 nm 之间，有适合的样品盒及标准白板，能精确到 0.1。

4.10 二氧化硫

按 GB/T 12309—1990 中 4.3.8 执行。

4.11 砷

按 GB/T 5009.11 执行。

4.12 铅

按 GB/T 5009.12 执行。

4.13 大肠菌群

按 GB/T 4789.3 执行。

4.14 霉菌

按 GB/T 4789.15 执行。

5 检验规则

5.1 批次和抽样

5.1.1 批次

同一批原料、同一生产日期、同一生产线生产的包装完好的同一品种、同一规格产品为一组批。

5.1.2 抽样

每一批次抽样方案按式(1)计算：

$$n = \sqrt{N/2} \quad \cdots\cdots(1)$$

式中：

n——抽取的包装单位数，单位为袋；

N——批量的总包装单位数，单位为袋。

5.2 出厂检验

出厂检验项目为感官要求和理化指标，检验合格后方可出厂。

5.3 型式检验

5.3.1 型式检验包括技术要求中全部项目。

5.3.2 产品在正常生产时每半年检验一次，出现下列情况时应及时检验：

a) 新产品定型鉴定时；

b) 更改关键工艺和设备时；

c) 停产半年以上，重新开始生产时；

d) 出厂检验结果与上次型式检验有较大差异时；

e) 国家质量监督机构或主管部门提出进行型式检验要求时。

5.4 判定规则

5.4.1 卫生指标有一项不合格，该批次产品为不合格。

5.4.2 复验：标志标签、包装不合格者，允许进行整改后申请复检一次，以复检结果为准。感官要求、理化指标有一项不合格，可加倍抽样进行复验，以复检结果为准。

6 标签、标志、包装、运输和贮存

6.1 标签、标志

标签按 GB 7718 执行，标志应符合 GB/T 191 的要求。

6.2 包装

包装材料应干燥、清洁、牢固，符合食品包装材料的卫生要求。

6.3 运输

运输设备应清洁卫生，无强烈刺激味；不得与有毒、有害、有腐蚀性物品混装、混运；运输中要保持干燥、清洁。

6.4 贮存

6.4.1 产品贮存在阴凉、干燥、通风无污染的环境下，不应露天堆放。

6.4.2 产品保质期为18个月。

ICS 29.220.10
K 82

中华人民共和国国家标准

GB/T 8897.1—2008
代替 GB/T 8897.1—2003

原电池　第1部分：总则

Primary batteries—Part 1：General

(IEC 60086-1：2007，MOD)

2008-12-30 发布　　　　2009-09-01 实施

中华人民共和国国家质量监督检验检疫总局
中国国家标准化管理委员会　发布

前　言

GB/T 8897《原电池》分为以下5个部分：

——GB/T 8897.1　原电池　第1部分：总则；

——GB/T 8897.2　原电池　第2部分：外形尺寸和电性能要求；

——GB/T 8897.3　原电池　第3部分：手表电池；

——GB 8897.4　原电池　第4部分：锂电池的安全要求；

——GB 8897.5　原电池　第5部分：水溶液电解质电池的安全要求。

本部分是GB/T 8897的第1部分。

本部分修改采用IEC 60086-1:2007《原电池　第1部分：总则》。

本部分与IEC 60086-1:2007的主要技术性差异如下：

——在4.1.6标志中增加了含汞量、执行标准编号等内容，以符合我国相关法规的要求；

——在表3中增加了对"W"电化学体系的标准化。

本部分代替GB/T 8897.1—2003《原电池　第1部分：总则》。

本部分与GB/T 8897.1—2003相比，主要变化如下：

——增加了"6.6　检验条件公差"；

——在表3中增加了对"Z"和"W"电化学体系的标准化。

本部分的附录A至附录E为规范性附录。

本部分的附录F和附录G为资料性附录。

本部分由中国轻工业联合会提出。

本部分由全国原电池标准化技术委员会(SAC/TC 176)归口。

本部分主要起草单位：国家轻工业电池质量监督检测中心、福建南平南孚电池有限公司、广州市虎头电池集团有限公司、中银(宁波)电池有限公司、四川长虹新能源科技有限公司、嘉兴恒威电池有限公司、力佳电源科技(深圳)有限公司。

本部分参加起草单位：广东正龙股份有限公司、广西梧州新华电池有限公司、浙江野马电池有限公司、广州市番禺华力电池有限公司、嘉善宇河电池有限公司。

本部分主要起草人：林佩云、张清顺、刘煦、陈国标、金苗、王胜兵、汪海、王建、黄伟杰、黎旗明、吴立柔、张超明、律永成。

本部分所代替标准历次版本发布情况如下：

——GB/T 8897—1988、GB/T 8897—1996、GB/T 8897.1—2003。

原电池　第1部分:总则

1　范围

GB/T 8897 的本部分规定了原电池的电化学体系、尺寸、命名法、极端结构、标志、检验方法、性能、安全和环境等方面的要求。

注:符合附录 A 的电池方可进入或保留在 GB/T 8897《原电池》系列标准中。

制定本部分的目的,是为了确保不同制造商生产的电池具有标准化的形状、配合和功能,能互换。

2　规范性引用文件

下列文件中的条款通过 GB/T 8897 的本部分的引用而成为本部分的条款。凡是注日期的引用文件,其随后所有的修改单(不包括勘误的内容)或修订版均不适用于本部分,然而,鼓励根据本部分达成协议的各方研究是否可使用这些文件的最新版本。凡是不注日期的引用文件,其最新版本适用于本部分。

GB/T 6378(所有部分)　计量抽样检验程序(ISO 3951(所有部分))

GB/T 8897.2—2008　原电池　第2部分:外形尺寸和电性能要求(IEC 60086-2:2007,MOD)

GB/T 8897.3　原电池　第3部分:手表电池(GB/T 8897.3—2006,IEC 60086-3:2004,MOD)

GB 8897.4—2008　原电池　第4部分:锂电池的安全要求(IEC 60086-4:2007,IDT)

GB 8897.5—2006　原电池　第5部分:水溶液电解质电池的安全要求(GB 8897.5—2006,IEC 60086-5:2005,MOD)

IEC 60410　计数抽样检验的设计和程序

IEC 61429　使用国际回收符号 ISO 7000-1135 的蓄电池标志

ISO/IEC 指南　第1部分:技术工作程序

3　术语和定义

下列术语和定义适用于本部分。

3.1

应用检验　application test

模拟电池某种实际应用的检验。

3.2

(原电池的)放电　discharge (of a primary battery)

电池向外电路输出电流的过程。

3.3

干(原)电池　dry (primary) battery

其电解液不能流动的(原)电池。

3.4

直流等效内阻　effective internal resistance-DC method

通过计算电元件两端的电压降 ΔU 与通过该元件的电流变化 Δi 的比率来确定的任何电元件的电阻。$R=\Delta U/\Delta i$。

注:与此相似,任何电化学体系电池的直流内阻由下式定义:

$$R_i(\Omega)=\frac{\Delta U(\mathrm{V})}{\Delta i(\mathrm{A})} \qquad \cdots\cdots(1)$$

直流内阻用图1说明：

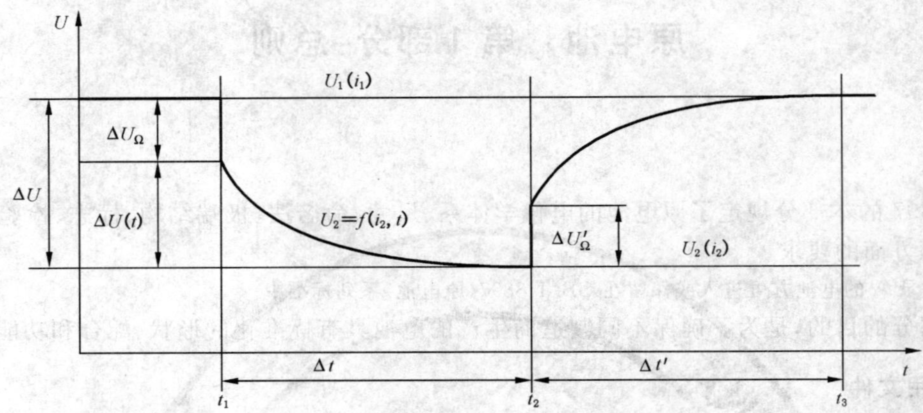

图 1　瞬间电压示意图

从图1可以看出，两部分的电压降性质不同，有如下关系：

$$\Delta U = \Delta U_\Omega + \Delta U(t) \quad \cdots\cdots(2)$$

第一部分 ΔU_Ω（在 $t=t_1$ 时）与时间无关，它是由电流增大而引起的，符合如下关系：

$$\Delta U_\Omega = \Delta i \times R_\Omega \quad \cdots\cdots(3)$$

式中，R_Ω 为纯欧姆电阻。第二部分 $\Delta U(t)$ 与时间有关，而且是由电化学原因引起的。

3.5

终止电压　end-point voltage

EV

规定的电池放电终止时的闭路电压。

3.6

泄漏　leakage

电解液、气体或其他物质意外地从电池漏出。

3.7

最小平均放电时间　minimum average duration

MAD

电池样品放电时应该达到的最小平均时间。

注：放电检验按照规定的方法或标准进行，用以证明相关型号的电池符合其适用的标准。

3.8

原电池的标称电压　nominal voltage of a primary battery

V_n

用以标识原电池电压的适当的近似值。

3.9

闭路电压　closed-circuit voltage

CCV

电池在放电时正负两极端间的电压。

3.10

开路电压　open-circuit voltage

OCV

放电电流为零时电池的电压。

3.11

原电池　primary battery

装配有使用所必需的装置(如外壳、极端、标志及保护装置)的、由一个或多个单体原电池构成的电池。

3.12

[单体]原电池　primary cell

按不可以充电设计的、直接把化学能转变为电能的电源基本功能单元。由电极、电解质、容器、极端、通常还有隔离层组成。

3.13

(原电池的)放电量　service output (of a primary battery)

电池在规定的放电条件下的放电时间、容量或能量输出。

3.14

放电量检验　service output test

用以测定电池放电量的检验。

注：在下列情况下可规定做放电量检验,例如：

a)　应用检验过于复杂,难以重复进行；

b)　应用检验的放电时间不适用于例行检验。

3.15

贮存寿命　storage life

规定条件下电池的贮存时间。在该贮存期结束时,电池仍具有规定的放电量。

3.16

(原电池的)极端　terminals (of a primary battery)

电池的导电部件,用以实现电池与外部导体的电连接。

4　要求

4.1　通则

4.1.1　设计

原电池主要在民用市场上销售,近几年来,原电池在电化学性能和结构上更加完善,例如,提高了容量和放电能力,不断满足以电池作电源的新型用电器具技术发展的需求。

在设计原电池时,应该考虑上述需求,特别要注意电池尺寸的一致性和稳定性、电池的外形和电性能,同时确保电池在正常使用和可预见的误用条件下的安全性。

有关电器具设计的信息见附录 B。

4.1.2　电池尺寸

各型号电池的尺寸在 GB/T 8897.2—2008 和 GB/T 8897.3 中给出。

4.1.3　极端

极端应符合 GB/T 8897.2—2008 中第 7 章的规定。

极端的外形应设计成能确保电池在任何时候都能形成并保持良好的电接触。

极端应由具有适当导电性和抗腐蚀性的材料制成。

4.1.3.1　抗接触压力

在 GB/T 8897.2—2008 电池技术要求中提到的抗接触压力是指：

将 10 N 的力通过直径为 1 mm 的钢球持续作用于电池的每个接触面的中央 10 秒钟,不应出现可能导致妨碍电池正常工作的明显变形。

注：例外情况见 GB/T 8897.3。

4.1.3.2　帽与底座型极端

此类极端用于按 GB/T 8897.2—2008 中图 1 和图 2 规定尺寸的电池，电池的圆柱面与正、负极端相绝缘。

4.1.3.3　帽与外壳型极端

此类极端用于按 GB/T 8897.2—2008 中图 3 和图 4 规定尺寸的电池，电池的圆柱面构成电池正极端的一部分。

4.1.3.4　螺栓型极端

此类接触件由金属螺杆和金属螺母组合而成，或由金属螺杆和绝缘的金属螺母组合而成。

4.1.3.5　平面接触型极端

此类接触件为基本扁平的金属面，用适合的接触机构压在其上形成电接触。

4.1.3.6　平面弹簧或螺旋弹簧型极端

由金属片或绕制成螺旋状的金属线构成、其形状能形成压力接触。

4.1.3.7　插座型极端

由金属接触件组件安装在绝缘的壳体或固定件中构成，与之配套的插头可插入其中。

4.1.3.8　子母扣型极端

由作为正极端的无弹性的子扣和作为负极端的有弹性的母扣组成。

该极端应由合适的金属制成，使其与外电路相应部件连接时能形成良好的电接触。

4.1.3.8.1　子母扣间距

子扣和母扣间的中心距见表 1。子扣总是作为电池的正极，母扣总是作为负极。

表 1　子母扣间距

标称电压 V	标准型 mm	小型 mm
9	35±0.4	12.7±0.25

4.1.3.8.2　无弹性的子扣

子扣(见图 2)的尺寸要求见表 2，未规定的尺寸不受限制。应选择适当的形状使子扣尺寸符合规定的要求。

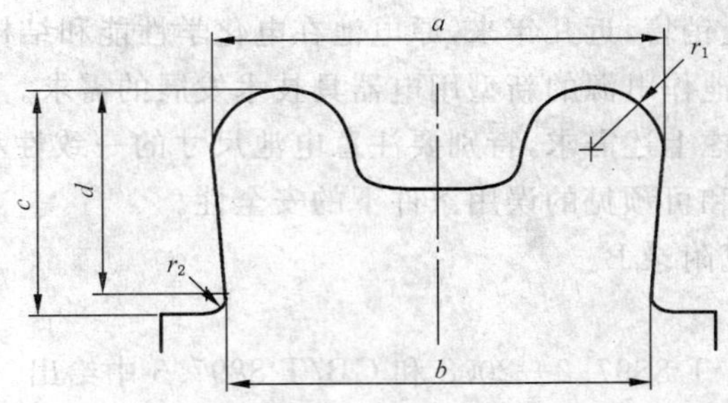

图 2　子扣

表 2　子扣连接件

	标准型 mm	小型 mm
a	7.16±0.05	5.72±0.05
b	$6.65^{+0.07}_{-0.05}$	5.38±0.05
c	3.20±0.1	3.00±0.1

表 2（续）

	标准型 mm	小型 mm
d	2.67±0.05	2.54±0.05
r_1	$0.61^{+0.05}_{-0.08}$	$0.9^{+0.1}_{-0.3}$
r_2	$0.4^{+0.3}_{0}$	$0.3^{+0.2}_{0}$

4.1.3.8.3 **有弹性的母扣**

尺寸和要求：

对子母扣的弹性部分（母扣）的尺寸不作规定，母扣应具有的性质是：

a) 适当的弹性，以确保与标准化子扣的配合良好；

b) 能保持良好的电接触。

4.1.3.9 **导线**

导线应当是带绝缘层的单股或多股可弯曲的镀锡铜导线。导线的绝缘层可以是棉质编织层或合适的塑料，正极端导线的外套应为红色，负极端为黑色。

4.1.3.10 **其他类型的弹簧式接触件或弹簧夹**

当不能准确知道外电路上的相应连接件是何种状态时，电池通常采用此类接触件。此类接触件应由黄铜弹簧片或具有相似性质的其他材料制成。

4.1.4 **分类（电化学体系）**

原电池按其电化学体系分类。

除了“锌-氯化铵、氯化锌-二氧化锰”体系外，每一个体系用一个字母来表示。

迄今为止已标准化了的电化学体系见表 3。

表 3 已标准化的电化学体系

字母	负极	电解质	正极	标称电压 V	最大开路电压 V
无字母	锌(Zn)	氯化铵，氯化锌	二氧化锰(MnO_2)	1.5	1.725
A	锌(Zn)	氯化铵，氯化锌	氧(O_2)	1.4	1.55
B	锂(Li)	有机电解质	一氟化碳聚合物$(CF)_x$	3.0	3.7
C	锂(Li)	有机电解质	二氧化锰(MnO_2)	3.0	3.7
E	锂(Li)	非水无机物	亚硫酰氯($SOCl_2$)	3.6	3.9
F	锂(Li)	有机电解质	二硫化铁(FeS_2)	1.5	1.83
G	锂(Li)	有机电解质	氧化铜(Ⅱ)(CuO)	1.5	2.3
W	锂(Li)	有机、无机 混合电解质	二氧化硫(SO_2)	2.8	3.0
L	锌(Zn)	碱金属氢氧化物	二氧化锰(MnO_2)	1.5	1.65
P	锌(Zn)	碱金属氢氧化物	氧(O_2)	1.4	1.68
S	锌(Zn)	碱金属氢氧化物	氧化银(Ag_2O)	1.55	1.63
Z	锌(Zn)	碱金属氢氧化物	羟基氧化镍(NiOOH)	1.5	1.78

注 1：标称电压值是不可检测的，仅供参考。

注 2：最大开路电压按 5.5 和 6.8.1 的规定测量。

注 3：当表示一个电化学体系时，一般先列出负极，再列出正极，比如：锂-二硫化铁。

4.1.5 型号

原电池的型号是根据原电池的外形尺寸参数、电化学体系以及必要时再加上修饰符来确定的。

型号体系(命名法)详见附录C。

4.1.6 标志

4.1.6.1 通则

除小电池外，每个电池上均应标明以下内容：

a) 型号；

b) 生产时间(年和月)和保质期，或建议的使用期的截止期限；

c) 正负极端的极性(适用时)；

d) 标称电压；

e) 制造厂或供应商的名称和地址；

f) 商标；

g) 执行标准编号；

h) 安全使用注意事项(警示说明)；

i) 含汞量("低汞"或"无汞")(适用时)；

注：4.1.6.1 的 b)、e)、g)、h)、i)可标在电池的销售包装上(如对装、四个装、挂卡等)。

4.1.6.2 小电池的标志

a) 当本条款被引用于 GB/T 8897.2—2008 时，主要适用于第三类和第四类电池，：4.1.6.1 a)和 4.1.6.1 c)应标在电池上；4.1.6.1 的 b)、d)、e)、f)、g)、h)和 i)可标在电池的直接包装(销售包装)上而不标在电池上。

b) 对于 P-体系电池，4.1.6.1 a)可标在电池、密封条或包装上；4.1.6.1 c)可标在电池的密封条上和/或电池上，4.1.6.1 的 b)、d)、e)、f)、g)、h)和 i)可标在电池的直接包装(销售包装)上而不标在电池上。

c) 应有防止误吞小电池的注意事项。见 GB 8897.4—2008 的 7.2 m)和 9.2 以及 GB 8897.5—2006 的 7.1 l)和 9.2。

d) 扣式电池的生产时间(年和月)可用编码表示，编码方法见 GB/T 8897.3。

4.1.6.3 关于废电池处理方法的标志

废电池处理方法的标志应符合我国法规的要求，需要时可参照 IEC 61429。

4.1.7 电池电压的可互换性

目前在《原电池》系列标准中已经标准化了的原电池可按其标准放电电压 U_s[1] 分类。对于一个新的电池体系，按下式确定其电压的可互换性：

$$n \times 0.85\,U_r \leqslant m \times U_s \leqslant n \times 1.15 U_r$$

式中：

n——以参考电压 U_r 为依据的串联单体电池数；

m——以标准放电电压 U_s 为依据的串联单体电池数；

目前，已经确定了符合上述公式的两个电压范围，是通过参考电压 U_r，即相应的电压范围的中点电压来确定的。

电压范围 1，$U_r = 1.4$ V：即标准放电电压 $m \times U_s$ 等于或者介于 $n \times 1.19$(V)到 $n \times 1.61$(V)之间的电池。

电压范围 2，$U_r = 3.2$ V：即标准放电电压 $m \times U_s$ 等于或者介于 $n \times 2.72$(V)到 $n \times 3.68$(V)之间的电池。

1) 标准放电电压 U_s 是根据可检验性的原理而引用的。标称电压和最大开路电压不符合这个要求。

标准放电电压的定义、相应的值及其确定方法参见附录 F。

注：对于由一个单体电池组成的电池，以及由多个相同电压范围的单体电池组成的电池，其 m 和 n 是相等的；而对于由多个不同电压范围的单体电池组成的电池组，其 m 和 n 值则不同于那些已标准化了的电池组。

电压范围 1 包含迄今已标准化的、标称电压为 1.5 V 左右的电池，即“无字母”体系、“A”、“F”、“G”、“L”、“P”、“S”和“Z”体系的电池。

电压范围 2 包含迄今已标准化的标称电压为 3 V 左右的电池，即“B”、“C”和“E”体系的电池。

因为电压范围 1 和电压范围 2 的电池具有明显不同的放电电压，所以它们的外形应设计成不可互换的。在对一个新的电化学体系标准化之前，应根据附录 F 给出的方法确定其标准放电电压，以判定它的电压可互换性。

警示：若不能符合这一要求，会给电池使用者带来安全方面的危害，如起火，爆炸，漏液和/或损坏器具。此要求从安全角度和使用角度来说都是必要的。

4.2 性能

4.2.1 放电性能

原电池的放电性能要求在 GB/T 8897.2—2008 和 GB/T 8897.3 中规定。

4.2.2 尺寸稳定性

电池在本部分规定的标准条件下检验时，其尺寸应始终符合 GB/T 8897.2—2008 和 GB/T 8897.3 中的相关规定。

注 1：B、C、G、L、P 和 S 体系的扣式电池，如果放电低于终止电压，会出现高度增加 0.25 mm 的情况。

注 2：连续放电时，C 和 B 体系的某些扣式电池的高度可能会减小。

4.2.3 泄漏

在本部分规定的标准条件下贮存和放电时，电池不应出现泄漏。

4.2.4 开路电压极限值

电池的最大开路电压应不超过 4.1.4 表 3 中给出的值。

4.2.5 放电量

电池初始期和贮存期的放电时间应符合 GB/T 8897.2—2008 和 GB/T 8897.3 的要求。

4.2.6 安全性

设计原电池时，应考虑 GB 8897.4—2008 和 GB 8897.5—2006 中所述的电池在指定使用和可预见的误用条件下的安全要求。

5 性能检验

5.1 通则

消费品性能测试标准方法(SMMP)的制定，参见附录 G。

5.2 放电检验

本部分中的放电检验分为两类：

——应用检验；

——放电量检验。

两种检验的放电负荷电阻都应符合 6.4 的规定。

负荷电阻和检验条件按以下方法确定：

5.2.1 应用检验

应用检验应按如下步骤进行：

a) 由电器具工作时的平均工作电压和平均电流计算出等效电阻；

b) 从所有测得的电器具的数据中得出实用终止电压和等效电阻值；

c) 规定这一数据的中值作为放电试验的电阻值和终止电压；

d) 如果测得的数据集中成两组或分散成更多组，则需再做一次以上的试验；

e) 在选择确定每天放电时间时，要考虑电器具每周的总使用时间。

每天放电时间应选择 6.5 中的规定值，且最接近于每周总使用时间的七分之一。

注 1：尽管在特定的情况下，采用恒电流或恒功率的检验方法更能代表实际的应用情况，但选择采用恒电阻的检验方法却可简化设计并确保检测设备其可靠性。

在将来，出现负荷条件交替变化的情况将不可避免；随着技术的发展，出现某种类型的电器具的负载特性随时间而变化的情况亦将不可避免。

要精确测定电器具的实用终止电压并非总是可能的，所确定的放电条件不过是所选择的一种折衷的方法，用来代表具有广泛分散特性的某一类电器具。

尽管有这些局限性，但按上述方法确定的应用检验的方法仍然是评价用于某类电器具的电池性能的最佳的方法。

注 2：为了减少应用检验的项目数，所规定的这些检验应当代表市售该型号电池 80％的实际用途。

5.2.2 放电量检验

进行放电量检验，应选择阻值适当的负荷电阻，使放电时间大约为 30 天。

如果在所要求的时间内不能获得电池的全部容量，则应选择 6.4 中阻值更高的负荷电阻，以便延长放电时间，但延长的时间应尽可能短。

5.3 放电性能/最小平均放电时间的符合性检验

为了检验电池放电性能的符合性，可选择 GB 8897.2—2008 和 GB/T 8897.3 中规定的任何应用检验或放电量检验。

检验应按如下步骤进行：

a) 检验九个电池；

b) 不排除任何结果计算平均值；

c) 如果平均值大于或等于规定值，而且放电时间小于规定值之 80％的电池数不大于 1，则电池的放电量符合要求；

d) 如果平均值小于规定值和(或)小于规定值之 80％的电池数大于 1，则另取九个样品电池再做检验并计算平均值；

e) 如果第二次检测的平均值大于或等于规定值，而且放电时间小于规定值之 80％的电池数不大于 1，则电池的放电量符合要求；

f) 如果第二次检验的平均值小于规定值和(或)小于规定值之 80％的电池数大于 1，则认为电池的放电量不符合要求，并且不允许再进行检验。

注：原电池的放电性能在 GB/T 8897.2—2008 中规定。

5.4 最小平均放电时间规定值的计算方法

见附录 D。

5.5 开路电压检验

用 6.8.1 规定的电压测量仪表测量电池的开路电压。

5.6 电池尺寸测量

用 6.8.2 规定的量具测量电池的尺寸。

5.7 泄漏和变形检验

电池在规定的环境条件下进行放电检验之后，以相同的方法继续放电，直到电池的闭路电压首次降至低于其标称电压之 40％。电池应满足 4.1.3、4.2.2 和 4.2.3 的要求。

注：手表电池应根据 GB/T 8897.3 中适用条款的规定目视检验泄漏情况。

6 性能检验的条件

6.1 放电前环境条件

除非另有规定，电池应在表4规定的条件下进行放电前贮存和放电检验。表中的放电条件又称为标准条件。

表4 放电前贮存及放电检验条件

检验类型	贮存条件			放电条件	
	温度 ℃	相对湿度[d] %	贮存时间	温度 ℃	相对湿度[d] %
初始期放电检验	20±2[a]	60±15	最长为生产后60天	20±2	60±15
贮存期放电检验	20±2[a]	60±15	贮存期限 （至少12个月）	20±2	60±15
高温贮存后放电检验[b]	45±2[c]	50±15	13周	20±2	60±15

a 短时间内，贮存温度可偏离上述要求但不可超过20℃±5℃。

b 当要求作高温贮存检验时进行该项检验，电池性能要求由供需双方商定。

c 打开电池包装贮存。

d “P”体系电池的相对湿度为(60±10)%。

6.2 贮存后放电检验的开始

贮存结束至开始放电检验的时间不应超过14天，在此期间电池应在20℃±2℃和60%±15% RH（“P”体系电池为60%±10% RH）的环境中保存。

高温贮存结束后，电池至少应在上述环境中放置一天再开始放电检验，以使电池和环境温湿度达到平衡。

6.3 放电检验的条件

电池应按GB/T 8897.2—2008的规定进行放电，直至电池的闭路电压首次低于规定的终止电压。放电量可用放电时间、安时或瓦时来表示。

当GB/T 8897.2—2008规定了一种以上的放电检验时，电池应满足所有的放电检验要求方可判为符合本部分。

6.4 负荷电阻

负荷电阻（包括外电路所有部分）的阻值应为GB/T 8897.2—2008中规定的值，阻值与规定值之间的误差应不大于±0.5%。

拟定新的检验项目时，负荷电阻的阻值应尽可能是表5所列阻值之一，包括它们的十进位倍数和约数。

表5 新检验项目的负荷电阻

单位为欧姆

1.00	1.10	1.20	1.30	1.50	1.60	1.80	2.00
2.20	2.40	2.70	3.00	3.30	3.60	3.90	4.30
4.70	5.10	5.60	6.20	6.80	7.50	8.20	9.10

6.5 每天放电时间

每天放电时间按GB/T 8897.2—2008的规定。

拟定新的检验项目时，每天的放电时间应尽可能采用表6所列的时间之一：

表 6　新项目的每天放电时间

1 min	5 min	10 min	30 min
1 h	2 h	4 h	24 h(连续放电)

6.6　检验条件允许偏差

除非另有规定，允许偏差应符合表 7 的规定。

表 7　检验条件允许偏差

<table>
<tr><td>参数</td><td colspan="2">允许偏差</td></tr>
<tr><td>温度</td><td colspan="2">±2 ℃</td></tr>
<tr><td>负荷</td><td colspan="2">±0.5%</td></tr>
<tr><td>电压</td><td colspan="2">±0.5%</td></tr>
<tr><td>相对湿度</td><td colspan="2">±15%(“P”体系为±10%)</td></tr>
<tr><td rowspan="4">时间</td><td>放电时间 t_d</td><td>允许偏差</td></tr>
<tr><td>$0<t_d\leqslant 2$ s</td><td>±5%</td></tr>
<tr><td>2 s$<t_d\leqslant 100$ s</td><td>±0.1 s</td></tr>
<tr><td>$t_d>100$ s</td><td>±0.1%</td></tr>
</table>

6.7　“P”体系电池的激活

从电池激活到开始进行电性能测量，至少应间隔 10 分钟时间。

6.8　测量仪器和器具

6.8.1　电压测量

测量电压的仪器准确度应不低于 0.25%，精密度应不低于最后一位有效数值的 50%，内阻应不小于 1 MΩ。

6.8.2　尺寸测量

测量器具的准确度应不低于 0.25%，精密度应不低于最后一位有效数值的 50%。

7　抽样和质量保证

由供需双方商定抽样方案或产品质量指数。当双方无协议时，可选用 7.1 和/或 7.2 的方案。

7.1　抽样

7.1.1　计数抽样检验

需要进行计数抽样检验时，应按 IEC 60410 的规定选择抽样方案，规定检验项目和接收质量限(AQL)(同型号的电池至少检验 3 只)。

7.1.2　计量抽样检验

需要进行计量抽样检验时，应按 GB/T 6378 的规定选择抽样方案，规定检验项目、样本大小和接收质量限(AQL)。

7.2　产品质量指数

建议使用以下指数之一作为评价和保证产品质量的方法。

7.2.1　能力指数 C_p

C_p 是表征过程能力的一个指数。它说明了在样本过程标准差为 σ' 范围内允许偏差有多大。定义为 $C_p=(USL-LSL)/$ 过程宽度，式中的过程宽度用 $6\bar{R}/d_2$ 表示。如果 $C_p\geqslant 1$ 并趋中，则表明该过程产品符合要求。但是当 $C_p=1$ 时，有 2 700×10^{-6} 件不合格。

注：USL 为上规格限；LSL 为下规格限；R 为过程宽度的平均值；d_2 为与 R 相关的公共统计系数。

7.2.2 能力指数 C_{pk}

C_{pk}是另一个表征过程能力的指数，它说明了过程是否符合允许的偏差以及过程是否以目标值为中心。

和 C_p 一样，它是在假定样本来自一个稳定的过程且误差是随机变量的前提下，在样品变量范围为 $\overline{R}/d_2$ 时测得的。由控制图可知 $\sigma' = \overline{R}/d_2$。

$$C_{pk} \text{ 是} \frac{USL - \overline{X}}{3\sigma'} \text{ 或} \frac{\overline{X} - LSL}{3\sigma'} \text{ 两者之中较小之值。}$$

7.2.3 性能指数 P_p

P_p 是一个过程性能指数，它说明了在系统的总误差范围内的允许偏差有多大。它是系统实际性能的测定，因为所有的误差来源都包含在 σ'_T 中。σ'_T 是通过将所有的观察数据作为一个大的样本计算得出的。P_p 定义为 $(USL - LSL)/6\sigma'_T$。

7.2.4 性能指数 P_{pk}

P_{pk}是另一个过程性能指数。它和 P_p 一样，也是对系统实际性能的测定。但它又和 C_{pk} 一样，说明了过程的趋中程度。

$$P_{pk} \text{ 是} \frac{USL - \overline{X}}{3{\sigma'}_T} \text{ 或} \frac{\overline{X} - LSL}{3{\sigma'}_T} \text{ 两者之中较小之值。}$$

式中的 σ'_T 包含了系统所有的误差来源。

8 电池包装

电池包装、运输、贮存、使用和处理的实用规程见附录 E。

附　录　A
（规范性附录）
电池标准化指南

符合下列要求的电池方可进入或保留在 GB/T 8897《原电池》系列标准中：

a)　电池批量生产；

b)　电池在世界上几个市场有售；

c)　当前至少有两家独立的制造厂生产该电池，其专利权所有者应符合 ISO/IEC 指南　第 1 部分 2.14 中涉及专利的相关条款的要求；

d)　电池至少在两个不同的国家生产，或者电池由其他独立的国际制造商购买并以它们公司的商标销售。

对任何新的电池进行标准化时，新工作提案应包括：

a)　电池符合上述 a)至 d)项的声明；

b)　型号和电化学体系；

c)　尺寸(包括附图)；

d)　放电条件；

e)　最小平均放电时间。

附 录 B
（规范性附录）
电器具的设计

B.1 技术联系

建议生产以电池作电源的电器具公司与电池行业保持紧密联系，从设计开始就应考虑现有的各种电池的性能。只要有可能，应尽量选择 GB/T 8897.2—2008、GB/T 8897.3 以及我国的其他原电池国家标准和行业标准中已有型号的电池。电器具上应永久性标明能提供最佳性能的电池的型号和类型。

B.2 电池舱

电池舱应当方便好用，使电池能很方便地装入又不容易掉出来。设计电池舱及其正负极接触件的结构和尺寸时，应当使符合本部分的电池可以装入。即使有的国家标准或电池制造厂规定的电池公差比本部分要小，电器具的设计者也决不能忽视本部分规定的公差。

设计电池舱负极接触件的结构时应注意允许电池负极端有凹进。

供儿童使用的电器具的电池舱应坚固耐敲击。

应清楚标明所用电池的类型、正确的极性排列和装入的方向。

利用电池正极（+）和负极（−）极端形状和尺寸的不同来设计电池舱，防止电池倒置。与电池正负极接触的连接件的形状应明显不同，以避免装入电池时出错。

电池舱应与电路绝缘，且应位于适当的位置，使受损坏和受伤害的风险降至最低限度。只有电池的极端才能和电路形成物理接触。在选择极端接触件的材料和结构时，应确保在使用条件下，极端接触件能与电池形成并保持有效的电接触，即使是使用本部分允许的极限尺寸的电池也应如此。电池的极端和电器具的接触件应使用性能相似、低电阻值的材料。

不主张电池舱采用并联形式连接电池，因为在并联状况下，如果有电池装反就会具备充电条件。

使用“A”或“P”体系的空气去极化电池作为电源的器具，须有适当的空气入口。“A”体系电池在正常工作时最好处于直立位置。符合 GB/T 8897.2—2008 中图 4 的“P”体系电池，其正极电接触件应当安排在电池的侧面，这样才不会堵住空气入口。

尽管电池的耐漏性能有了很大的改善，但泄漏偶尔还会发生。当无法将电池舱与器具完全隔开时，应将电池舱安排在适合的位置，使器具受损的可能性降到最小。

电池舱上应永久而清晰地标明电池的正确朝向。引起麻烦的最常见原因之一，就是一组电池中有一个电池倒置，可能导致电池泄漏、爆炸、着火。为了把这种危害性降到最小程度，电池舱应设计成一旦有电池倒置就不能形成电路。

电路只能与电池的电接触面相连接，不能与电池的任何其他部分形成物理接触。

强烈建议电器具的设计者们在设计电器具时参阅 GB 8897.4—2008 和 GB 8897.5—2006，对安全性作全面的考虑。

B.3 截止电压

为了防止因电池反极而造成泄漏，电器具的截止电压不应低于电池生产厂的推荐值。

附 录 C
（规范性附录）
电池的型号体系（命名法）

该电池型号体系（命名法）尽可能明确地表征电池的外形尺寸、形状、电化学体系和标称电压，必要时还包括极端类型、放电能力及特性。

本附录分为两部分：

C.1 1990 年 10 月以前使用的型号体系（命名法）；

C.2 1990 年 10 月以后及现在和将来使用的型号体系（命名法）。

C.1 1990 年 10 月前使用的电池型号体系

本条款适用于 1990 年 10 月前已经标准化的所有电池，这些电池仍保留原来的型号。

C.1.1 单体电池

单体电池的型号用一个大写字母后跟一个数字来表示。字母 R、F、S 分别表示圆柱形、扁平形（叠层结构）和方形的单体电池。这个字母与其后的数字[2)]一起表示电池的标称尺寸。

对于由一个单体电池（cell）构成的电池（battery），表 C.1、表 C.2 和表 C.3 列出的是电池（battery）的最大尺寸而不是单体电池（cell）的标称尺寸。需要注意的是，表 C.1、表 C.2 和表 C.3 中不包含电化学体系的信息（无字母体系除外）或其他修饰符。电化学体系信息及其他信息见随后的 C.1.2、C.1.3 和 C.1.4。表 C.1、表 C.2 和表 C.3 仅提供单个的单体电池（cell）或单个的电池（battery）的外形尺寸代码。

表 C.1 圆柱形单体电池和电池的外形型号和尺寸 单位为毫米

外形和尺寸型号	单体电池（cell）的标称尺寸		电池（battery）的最大尺寸	
	直径	高度	直径	高度
R06	10	22	—	—
R03	—	—	10.5	44.5
R01	—	—	12.0	14.7
R0	11	19	—	—
R1	—	—	12.0	30.2
R3	13.5	25	—	—
R4	13.5	38	—	—
R6	—	—	14.5	50.5
R9	—	—	16.0	6.2
R10	—	—	21.8	37.3
R12	—	—	21.5	60.0
R14	—	—	26.2	50.0
R15	24	70	—	—
R17	25.5	17	—	—
R18	25.5	83	—	—
R19	32	17	—	—

表 C.1（续）

单位为毫米

外形和尺寸型号	单体电池(cell)的标称尺寸		电池(battery)的最大尺寸	
	直径	高度	直径	高度
R20	—	—	34.2	61.5
R22	32	75	—	—
R25	32	91	—	—
R26	32	105	—	—
R27	32	150	—	—
R40	—	—	67.0	172.0
R41	—	—	7.9	3.6
R42	—	—	11.6	3.6
R43	—	—	11.6	4.2
R44	—	—	11.6	5.4
R45	9.5	3.6	—	—
R48	—	—	7.9	5.4
R50	—	—	16.4	16.8
R51	16.5	50.0	—	—
R52	—	—	16.4	11.4
R53	—	—	23.2	6.1
R54	—	—	11.6	3.05
R55	—	—	11.6	2.1
R56	—	—	11.6	2.6
R57	—	—	9.5	2.7
R58	—	—	7.9	2.1
R59	—	—	7.9	2.6
R60	—	—	6.8	2.15
R61	7.8	39	—	—
R62	—	—	5.8	1.65
R63	—	—	5.8	2.15
R64	—	—	5.8	2.70
R65	—	—	6.8	1.65
R66	—	—	6.8	2.60
R67	—	—	7.9	1.65
R68	—	—	9.5	1.65
R69	—	—	9.5	2.10
R70	—	—	5.8	3.6

注：电池的完整尺寸在 GB/T 8897.2—2008 和 GB/T 8897.3 中给出。

表 C.2 扁平形单体电池的外形型号和标称尺寸

单位为毫米

外形和尺寸型号	直径	长度	宽度	厚度
F15	23	14.5	14.5	3.0
F16		14.5	14.5	4.5
F20		24	13.5	2.8
F22		24	13.5	6.0
F24		—	—	6.0
F25		23	23	6.0
F30		32	21	3.3
F40		32	21	5.3
F50		32	32	3.6
F70		43	43	5.6
F80		43	43	6.4
F90		43	43	7.9
F92		54	37	5.5
F95		54	38	7.9
F100		60	45	10.4
注：电池的完整尺寸在 GB/T 8897.2—2008 中给出。				

表 C.3 方形单体电池和电池的外形型号和尺寸

单位为毫米

外形和尺寸型号	单体电池(cell)的标称尺寸			电池(battery)的最大尺寸		
	长	宽	高	长	宽	高
S4	—	—	—	57.0	57.0	125.0
S6	57	57	150	—	—	—
S8	—	—	—	85.0	85.0	200.0
S10	95	95	180	—	—	—
注：电池的完整尺寸在 GB/T 8897.2—2008 中给出。						

某些在 GB/T 8897.2—2008 中不使用的，但在其他国家的标准中使用的单体电池的尺寸也列在以上各表中。

C.1.2 电化学体系

除了锌-氯化铵、氯化锌-二氧化锰体系外，在字母 R、F、S 之前再加上一个字母表示电化学体系，这些字母见表 3。

C.1.3 电池

如果一个电池由一个单体电池构成，电池就使用这个单体电池的型号。

如果一个电池由一个以上的单体电池串联而成，则在单体电池的型号前加上串联的单体电池的个数。

如果单体电池并联相连，则在该单体电池的型号之后加上连字符“-”，再加上并联的单体电池的个数。

如果一个电池包含几个部分，则每个部分分别命名，各型号之间用斜线(“/”)隔开。

C.1.4 修饰符

为了明确表征电池的类型，通过在电池基本型号后另加字母 X 或 Y 来区分其变型，表示电池的排列或极端的差异；在电池基本型号后另加字母 P 或 S 表示不同的电性能特征。

C.1.5 示例

R20 由一个 R20 尺寸的锌-氯化铵、氯化锌-二氧化锰体系的单体电池构成的电池。

LR20 由一个 R20 尺寸的锌-碱金属氢氧化物-二氧化锰体系的单体电池构成的电池。

3R12 由三个 R12 尺寸的锌-氯化铵、氯化锌-二氧化锰体系的单体电池串联组成的电池。

4R25X 由四个 R25 尺寸的锌-氯化铵、氯化锌-二氧化锰体系的单体电池串联组成的电池、电池的极端为螺旋状弹簧接触件。

C.2 1990 年 10 月后使用的电池型号体系

本条款适用于 1990 年 10 月后标准化的所有电池。

该型号体系(命名法)的基本原则是通过电池型号来表达电池的基本概念。对所有电池,包括圆柱形(R)和非圆柱形(P)的,均用表征圆柱体的直径和高度来表示。

本条款适用于由一个单体电池构成的电池和由多个单体电池串联和/或并联构成的电池。

例如:最大直径为 11.6 mm,最大高度为 5.4 mm 的电池,其外形尺寸型号为 R1154,在这个型号的前面再加上表示电池电化学体系的字母代码。

C.2.1 圆柱形电池

C.2.1.1 直径和高度小于 100 mm 的圆柱形电池

直径和高度小于 100 mm 的圆柱形电池的型号命名方法见图 C.1。

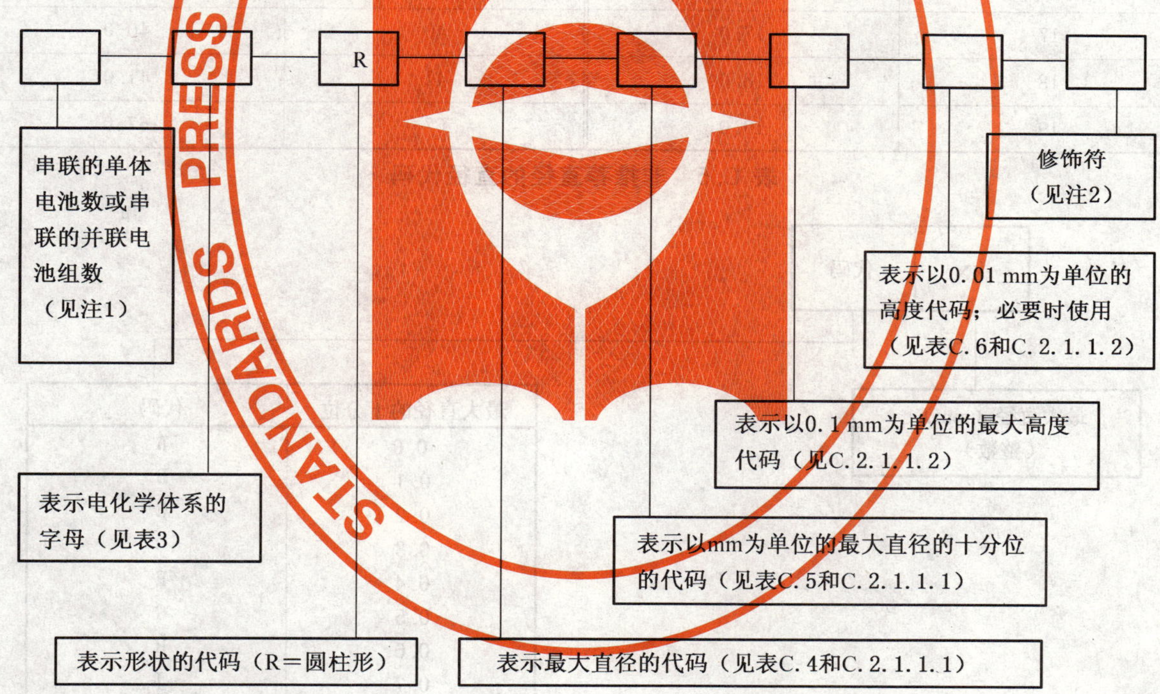

注 1:并联连接的单体电池数或电池组数不注明。

注 2:修饰符用来表示特殊极端结构、负载能力和其他特性。

图 C.1 直径和高度小于 100 mm 的圆柱形电池的型号体系

C.2.1.1.1 确定直径代码的方法

直径代码由最大直径确定。

直径代码为:

a) 推荐直径的代码按表 C.4 确定;

b) 非推荐直径的代码按表 C.5 确定。

表 C.4 推荐直径的直径代码

单位为毫米

代　码	推荐最大直径	代　码	推荐最大直径
4	4.8	20	20.0
5	5.8	21	21.0
6	6.8	22	22.0
7	7.9	23	23.0
8	8.5	24	24.5
9	9.5	25	25.0
10	10.0	26	26.2
11	11.6	28	28.0
12	12.5	30	30.0
13	13.0	32	32.0
14	14.5	34	34.2
15	15.0	36	36.0
16	16.0	38	38.0
17	17.0	40	40.0
18	18.0	41	41.0
19	19.0	67	67.0

表 C.5 非推荐直径的直径代码

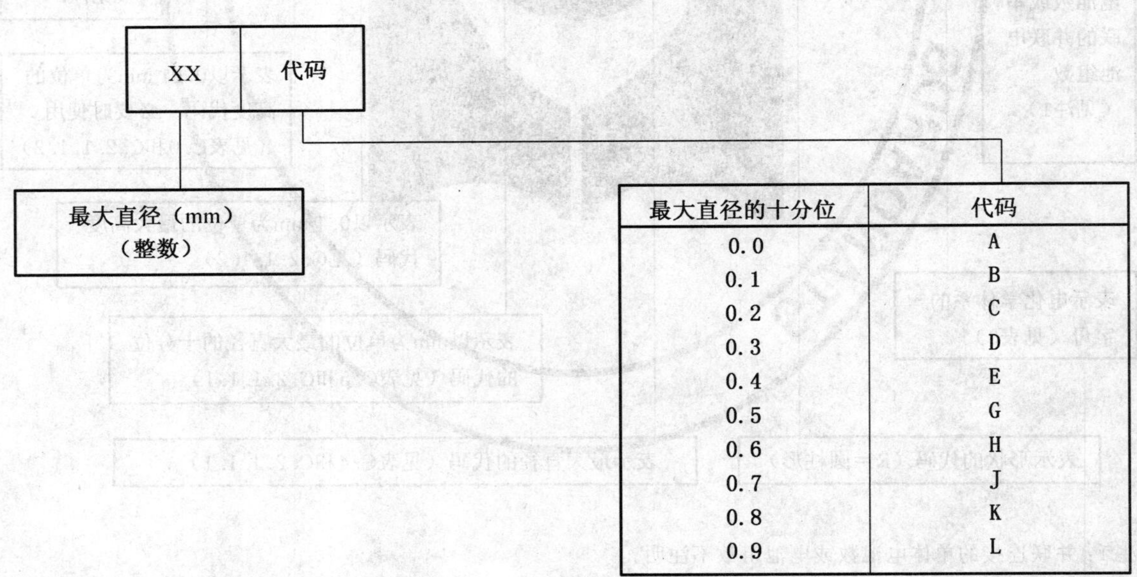

最大直径的十分位	代码
0.0	A
0.1	B
0.2	C
0.3	D
0.4	E
0.5	G
0.6	H
0.7	J
0.8	K
0.9	L

C.2.1.1.2 确定高度代码的方法

高度代码是数字，以十分之一毫米为单位的电池最大高度的整数部分来表示（如：最大高度为3.2 mm，表示为32）。

最大高度规定如下：

a) 平面接触型极端的电池，其最大高度是包括极端在内的总高度。

b) 其他极端类型的电池,其最大高度为不包括极端在内的总高度(即从电池的台肩部到台肩部的距离)。

如果需要说明高度中毫米百分位部分,可按表 C.6 用一个代码来表示。

表 C.6 表示高度(mm)的百分位代码

最大高度（毫米的十分位）	代码

高度（mm）的百分位	代码
0.00	A
0.01	B
0.02	C
0.03	D
0.04	E
0.05	G
0.06	H
0.07	J
0.08	K
0.09	L

注:百分位的代码仅在必要时才用。

示例 1:

LR1154 由一个圆柱形单体电池或由一组并联连接的圆柱形单体电池构成的锌-碱金属氢氧化物-二氧化锰体系的电池,最大直径为 11.6 mm(表 C.4),最大高度为 5.4 mm。

示例 2:

LR27A116 由一个圆柱形单体电池或由一组并联连接的圆柱形单体电池构成的锌-碱金属氢氧化物-二氧化锰体系的电池,最大直径为 27 mm(表 C.5),最大高度为 11.6 mm。

示例 3:

LR2616J 由一个圆柱形单体电池或由一组并联连接的圆柱形单体电池构成的锌-碱金属氢氧化物-二氧化锰体系的电池,最大直径为 26.2 mm(表 C.4),最大高度 1.67 mm(表 C.6)。

C.2.1.2 直径和/或高度为 100 mm 或超过 100 mm 的圆柱形电池

直径和/或高度为 100 mm 或超过 100 mm 的圆柱形电池的型号命名方法见图 C.2。

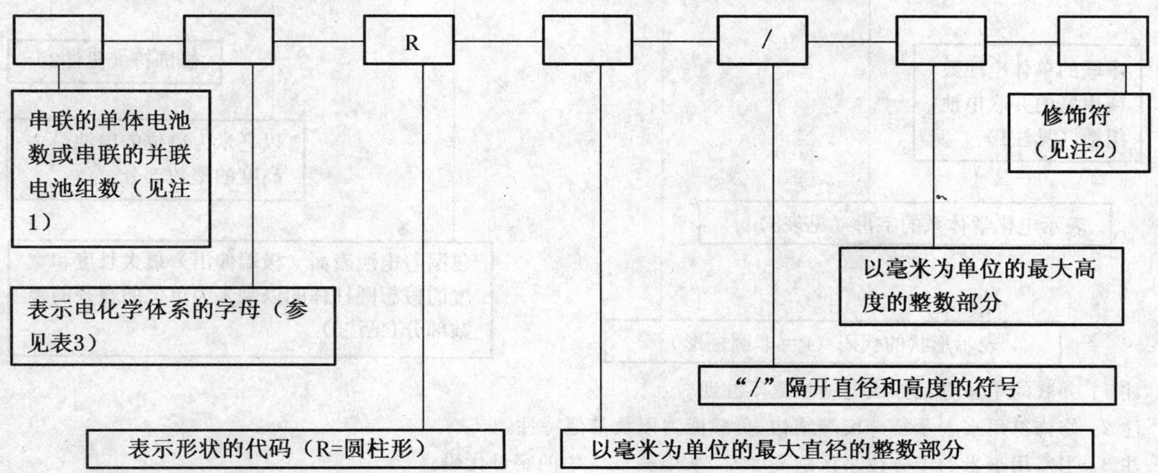

注 1:并联的单体电池或电池组数不注明。

注 2:修饰符用来表示特殊极端结构、负载能力和其他特性。

图 C.2 直径和/或高度为 100 mm 或超过 100 mm 的圆柱形电池型号体系

C.2.1.2.1 **确定直径代码的方法**

直径代码由最大直径确定。

直径代码是以毫米表示的电池最大直径的整数部分。

C.2.1.2.2 **确定高度代码的方法**

高度代码是以毫米表示的电池最大高度的整数部分。

最大高度规定如下：

a) 平面接触型极端的电池(如 GB/T 8897.2—2008 中图 1～图 4 所示电池)，其最大高度是包括极端在内的高度。

b) 其他极端类型的电池，其最大高度为不包括极端在内的总高度(即从电池台肩部到台肩部的距离)。

示例：

5R184/177：由 5 个单体电池或由 5 个并联电池组串联构成的锌-氯化铵、氯化锌-二氧化锰体系的圆柱形电池，直径为 184.0 mm，电池台肩部到台肩部的总高度为 177.0 mm。

C.2.2 **非圆柱形电池**

非圆柱形电池的型号如下命名：

假想一个圆柱形外壳，包围着非圆柱形电池除极端之外的整个表面(极端伸出该假想电池壳体)。

按电池的最大长度和宽度尺寸计算对角线，即假想圆柱的直径。

用圆柱体的以毫米为单位的直径整数部分和以毫米为单位的最大高度整数部分来命名电池的型号。

最大高度规定如下：

a) 平面接触型极端的电池，最大高度为包括极端在内的总高度。

b) 对于其他类型极端的电池，最大高度为不包括极端在内的总高度(即从电池台肩部到台肩部的距离)。

注：当电池不同的面上有两个或两个以上的极端伸出时，适用于电压最高的那个极端。

C.2.2.1 **尺寸小于 100 mm 的非圆柱形电池**

尺寸小于 100 mm 的非圆柱形电池的型号命名方法见图 C.3。

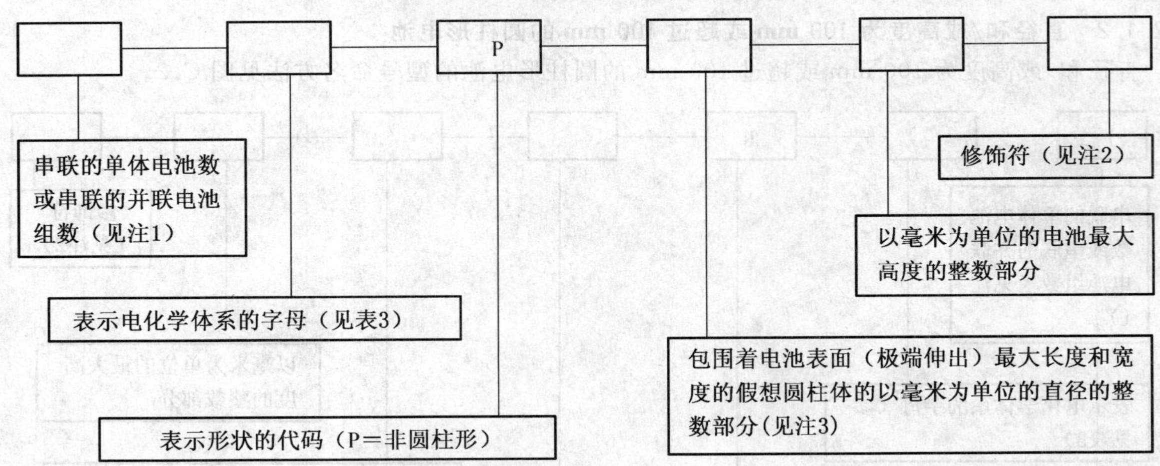

注 1：并联的单体电池数或电池组数不注明。

注 2：修饰符用来表示特殊极端结构、负载能力以及其他特性。

注 3：当需用毫米的十分位来区别高度时，采用表 C.7 中的字母代码。

图 C.3 尺寸小于 100 mm 的非圆柱形电池的型号体系

示例：

6LP3146：由锌-碱金属氢氧化物-二氧化锰体系的 6 个单体电池或 6 个并联的电池组相串联构成的电池，其最大长度为 26.5 mm,最大宽度为 17.5 mm,最大高度为 46.4 mm。

该电池表面(l 和 w)的直径的整数部分可按下式计算：

$$\sqrt{l^2+w^2}=31.8\ \text{mm};\quad 整数部分为 31$$

C.2.2.2 尺寸为 100 mm 或超过 100 mm 的非圆柱形电池

尺寸为 100 mm 或超过 100 mm 的非圆柱形电池的型号命名方法见图 C.4。

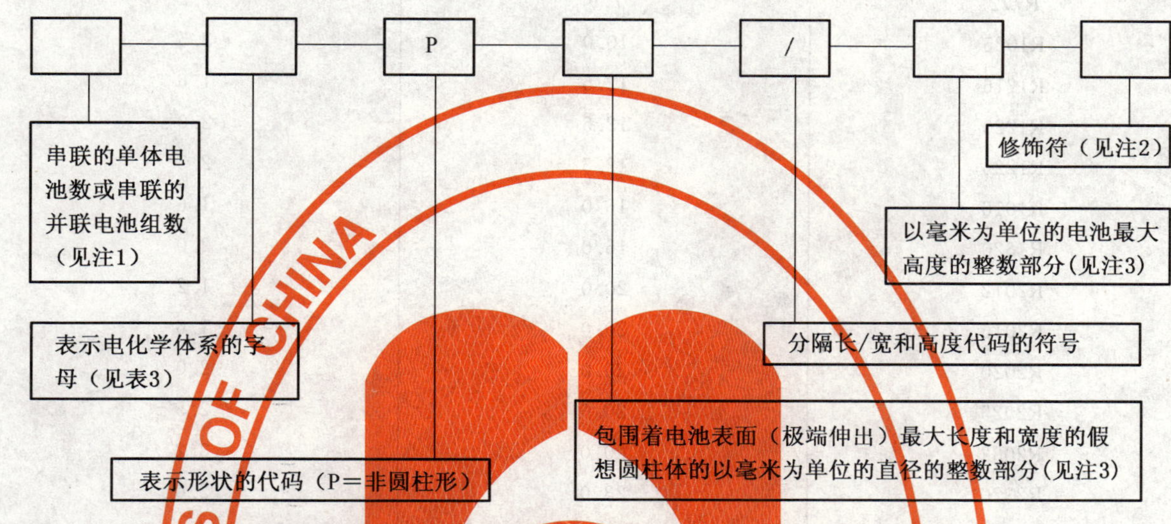

注 1：并联的单体电池数或电池组数不注明。

注 2：修饰符用来表示特殊极端结构、负载能力以及其他特性。

注 3：当需用毫米的十分位来区别高度时，采用表 C.7 中的字母代码。

图 C.4 尺寸为 100 mm 或超过 100 mm 的非圆柱形电池的型号体系

表 C.7 表示高度(mm)的十分位代码

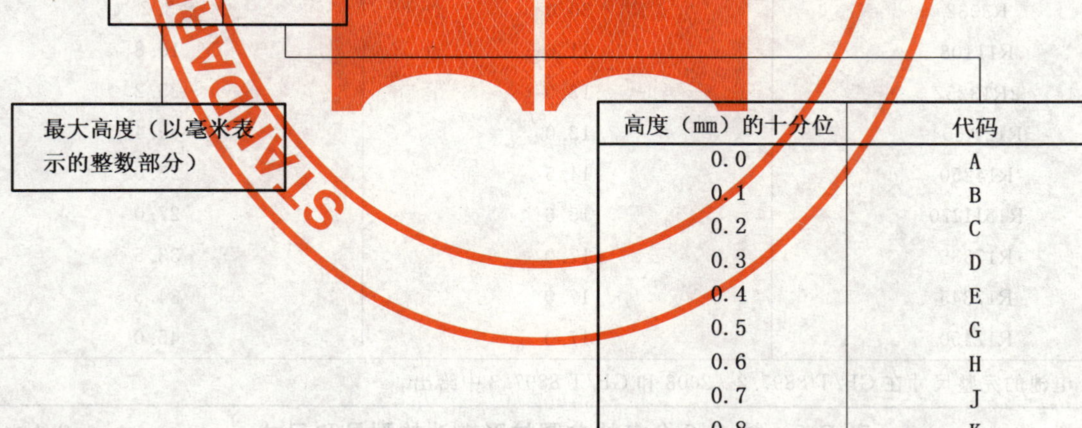

高度（mm）的十分位	代码
0.0	A
0.1	B
0.2	C
0.3	D
0.4	E
0.5	G
0.6	H
0.7	J
0.8	K
0.9	L

注：毫米的十分位代码仅在必需时用。

示例：6P222/162：由锌-氯化锌、氯化铵-二氧化锰体系的 6 个单体电池或 6 个并联电池组串联构成的电池，其最大长度 192 mm，最大宽度 113 mm，最大高度 162 mm。

C.2.3 型号重复

万一出现两种或多种电池的假想包围圆柱同时具有相同的直径和高度，那么第二种电池的命名方法是在相同的电池型号后面加上“—1”，其余类推。

按C.2命名的圆柱形和非圆柱形电池的型号和尺寸见表C.8、表C.9。

表C.8 按C.2命名的圆柱形电池的型号和尺寸 单位为毫米

外形和尺寸型号	电池(battery)最大尺寸/mm	
	直径	高度
R772	7.9	7.2
R1025	10.0	2.5
R1216	12.5	1.6
R1220	12.5	2.0
R1225	12.5	2.5
R1616	16.0	1.6
R1620	16.0	2.0
R2012	20.0	1.2
R2016	20.0	1.6
R2020	20.0	2.0
R2025	20.0	2.5
R2032	20.0	3.2
R2320	23.0	2.0
R2325	23.0	2.5
R2330	23.0	3.0
R2354	23.0	5.4
R2420	24.5	2.0
R2425	24.5	2.5
R2430	24.5	3.0
R2450	24.5	5.0
R3032	30.0	3.2
R11108	11.6	10.8
2R13252	13.0	25.2
R12A604	12.0	60.4
R14250	14.5	25.0
R15H270	15.6	27.0
R17335	17.0	33.5
R17345	17.0	34.5
R17450	17.0	45.0

注:电池的完整尺寸在GB/T 8897.2—2008和GB/T 8897.3中给出。

表C.9 按C.2命名的非圆柱形电池的型号和尺寸 单位为毫米

外形和尺寸型号	原来的型号	电池最大尺寸		
		长	宽	高
2P3845	2R5	34.0	17.0	45.0
2P4036	R-P2	35.0	19.5	36.0

注1:由于这两种型号早在电池标准化之前就已经使用和认可,所以电池实际使用的型号仍为2R5和R-P2。

注2:电池的完整尺寸在GB/T 8897.2—2008中给出。

附　录　D
（规范性附录）
电池最小平均放电时间指标的计算方法

按以下方法计算电池的“最小平均放电时间”值：

a) 准备好随机选取的至少 10 周的放电数据；

b) 计算每组中 9 个样品电池的放电时间（X）的平均放电值（$\overline{X}$）；

注：如果在一组中有 X 值超出 3σ 的，则在计算（$\overline{X}$）时剔除这些值。

c) 计算各组平均值（$\overline{X}$）的平均值（$\overline{\overline{X}}$）和 σ_X；

最小平均放电时间由各个国家提出：

$$A:(\overline{\overline{X}}) - 3\sigma_X$$

$$B:(\overline{\overline{X}}) \times 0.85$$

计算 A 值和 B 的值，取两者中较大者确定为“最小平均放电时间”值。

附 录 E
（规范性附录）
原电池的包装、运输、贮存、使用和处理的实用规则

原电池用户的高满意度源自电池生产、配送和使用过程中良好习惯和做法所产生的总效果。

本规则概括地阐述一些好的实践经验，以建议的形式提供给电池生产厂、批发商和用户。

E.1 包装

包装应恰当，以避免电池在运输、装卸和堆放过程中损坏。应选择适当的包装材料和包装设计，防止电池发生意外导电、极端腐蚀、受潮。

E.2 运输和装卸

应尽量使电池少受冲击和振动。例如不应从卡车上将电池箱抛下堆放处；不应将电池箱堆放得过高而超过底部箱子的承荷限度；应保护电池不受恶劣天气的影响。

E.3 存放和库存周转

存放区应清洁、凉爽、干燥、通风，不受气候的影响。

正常存放时，温度应在＋10 ℃～＋25 ℃，不可超过＋30 ℃。应避免长时间处于极端湿度（相对湿度高于 95％和低于 40％），因为这种湿度对于电池和包装都有害。因此，电池不应存放在散热器或锅炉旁，也不应直接置于阳光下。

虽然在室温下电池的贮存寿命比较长，但在采取了特殊的预防措施后，存放在更低温度下（－10 ℃～＋10 ℃或低于－10 ℃的深度冷藏），贮存寿命可进一步改善。电池应密封在特殊保护包装中（如密封塑料袋之类），在温度回升至室温过程中仍应保留此包装，以保护电池避免受冷凝水影响。快速回升温度是有害的。

冷藏后恢复至室温的电池应尽快使用。

如果电池生产厂认为合适的话，电池可以安放在电器具中或放在包装中存放。

电池堆放高度显然取决于包装箱的强度。一般规定，纸质包装箱的堆放高度不应超过 1.5 m，木箱不应超过 3 m。

上述建议也适用于电池在长途运输中的存放条件。因此，电池应存放在远离船舶发动机的地方，夏季不应长期滞留在不通风的金属棚车（集装箱）内。

生产出的电池应立即发送，由批发售中心周转到用户，可实行按顺序周转（先入库的电池先出库）。贮存区和陈列区应当规划好并在包装上作好标记。

E.4 销售点的陈列

打开电池包装后，应注意避免电池损伤和电接触，例如，不应将电池乱堆在一起。

供出售的电池不可长时间暴露于阳光直射的橱窗中。

电池生产厂应提供足够的信息，使零售商能正确地为用户选配电池，为新购置的电器具首次选配电池时尤为重要。

测量仪表不能对不同牌号或不同厂家生产的好电池的性能进行可靠的比较，但是确实能检测出电池的严重缺陷。

E.5 选购、使用和处理

E.5.1 购买

应购买最适合于预期用途的、尺寸和类型合适的电池。许多电池生产厂提供各种尺寸的多种类型的电池。在销售点和电器具上应有说明或标明该器具最适用的电池类型。

当不能获得指定牌号、尺寸和类型的电池时，可根据表明电化学体系和尺寸的电池型号来选择替代电池。电池标签上应标明型号，还应清楚标明电压、生产商或供货商的名称或商标、生产日期（年和月）或保质期的截止期限以及电池的极性（“+”和“−”）等。对于某些电池，上述信息中的一部分可标注在包装上（见4.1.6.2）。

E.5.2 安装

在电池装入电器具的电池舱之前，应检查电池和电器具的接触部件是否清洁、电池极性方向是否正确。必要时用湿布擦净，待干燥后再装入电池。

装电池时，极性（“+”和“−”）方向的正确性极为重要。应仔细阅读电器具的说明书（电器具应附有说明书），使用说明书推荐的电池；否则有可能发生电器具故障，电器具和/或电池的损坏。

E.5.3 使用

勿在严酷的条件下使用电器具，比如将电器具放在散热器旁或置于停放在阳光下的汽车里等等。

及时地将电池从已不能正常工作的电器具或长期不用的电器具（如摄像机、照相闪光灯等）中取出是有益的。

确保在电器具使用后关闭电源。

电池应贮存在阴凉、干燥以及避免阳光直射的地方。

E.5.4 更换

应同时更换一组电池中所有的电池，新购电池不应和已部分耗电的电池混用，不同电化学体系、类型或牌号的电池不要混用；无视这些警告会使一组电池中的一些电池在使用中处于过放电状态，从而增加漏液的可能性。

E.5.5 处理

在不违背我国相关法规的情况下，原电池可作为公共垃圾处理。

锂原电池处理的注意事项详见GB 8897.4—2008。

水溶液电解质原电池处理的注意事项详见GB 8897.5—2006。

附 录 F
（资料性附录）
标准放电电压——定义和确定方法

F.1 定义

对于一个给定的电化学体系，其标准放电电压 U_s 是特定的。它是与电池大小和内部结构无关的特性电压，仅与电池的电荷迁移反应有关。标准放电电压 U_s 用公式（F.1）定义。

$$U_s = \frac{C_s}{t_s} \times R_s \qquad \text{(F.1)}$$

式中：

U_s——标准放电电压；

C_s——标准放电容量；

t_s——标准放电时间；

R_s——标准放电电阻。

F.2 确定方法

F.2.1 总则：C/R 图

通过 C/R 图（其中 C 为电池的放电容量，R 为放电电阻）来确定放电电压 U_d。见图 F.1，它表示了在正常情况下的放电容量 C 对放电电阻 R_d[2] 的关系曲线，即 $C(R_d)/C_p$ 为 R_d 的函数。R_d 值较小时，$C(R_d)$ 值也较小，反之亦然。随着 R_d 逐渐增大，放电容量 $C(R_d)$ 也逐渐增大，直至最终达到一个平台，此时 $C(R_d)$ 成为常数[3]：

$$C_p = 常数 \qquad \text{(F.2)}$$

这意味着 $C(R_d)/C_p=1$，如图 F.1 中的水平线所示。它进而表明容量 $C=f(R_d)$ 和终止电压 U_c 有关：U_c 值越大，放电过程中不能获得的那部分——ΔC 也越大。

注：在平台区，容量 C 和 R_d 无关。

放电电压由公式（F.3）确定。

$$U_d = \frac{C_d}{t_d} R_d \qquad \text{(F.3)}$$

公式（F.3）中 C_d/t_d 的比值代表在给定的终止电压 U_c＝常数的条件下，电池通过放电电阻 R_d 放电时的平均电流 i（平均）。这一关系可写作：

$$C_d = i(平均) \times t_d \qquad \text{(F.4)}$$

当 $R_d=R_s$（标准放电电阻）时，公式（F.3）变为公式（F.1），相应的公式（F.4）变为：

$$C_s = i(平均) \times t_s \qquad \text{(F.4a)}$$

i（平均）和 t_s 的确定方法见 F.2.3 和图 F.2。

2）下标 d 表示该电阻有别于 R_s，见公式（F.1）

3）由于电池内部的自放电，当放电时间非常长时，C_p 有可能降低。对于高自放电的电池（如每月高达 10%或以上），这种现象更为显著。

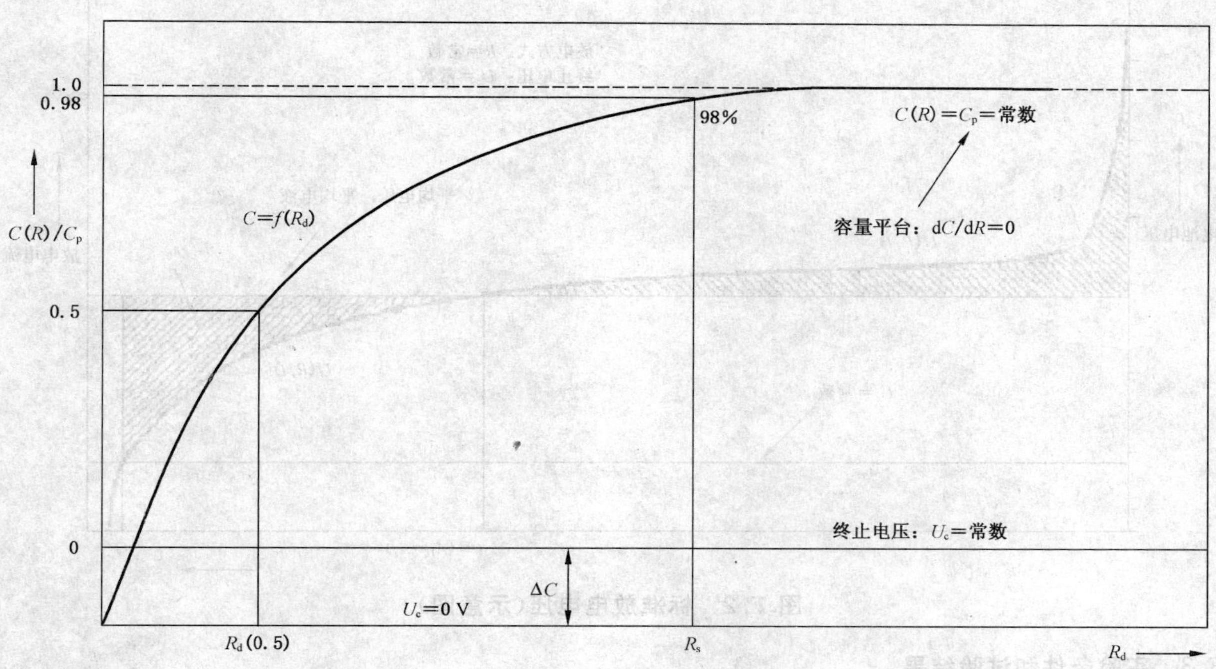

图 F.1　标准 *C*/*R* 图(示意图)

F.2.2　标准放电电阻 R_s 的确定

U_s 的确定最好是通过能获得 100%放电量的放电电阻 R_d 来实现。但是这种放电的放电时间会很长。为减少时间,可通过公式(F.5)得到的 U_s 的一个不错的近似值。

$$C_s(R_s) = 0.98C_p \qquad \text{(F.5)}$$

这个公式表明:用获得的 98%的放电量来确定标准放电电压 U_s 已具有足够的准确度,即让电池通过标准放电电阻 R_s 来放电。由于 $R_s \leqslant R_d$,U_s 实际为常数,所以系数为 0.98 或更大并不重要。在这种条件下,准确获得 98%的放电量并非十分重要。

F.2.3　标准放电量 C_s 和标准放电时间 t_s 的确定

图 F.2 是一个电池的放电曲线图。

图 F.2 标出放电曲线之下的面积 A_1 和放电曲线之上的面积 A_2。

$$A_1 = A_2 \qquad \text{(F.6)}$$

时的电流为平均放电电流 i(平均)。公式(F.6)所描述的条件并非是放电中点(如图 F.2 所示)。放电时间 t_d 由图中 $U(R,t)=U_c$ 处的交点确定。放电容量由公式(F.7)求出:

$$C_d = i(\text{平均}) \times t_d \qquad \text{(F.7)}$$

当 $R_d=R_s$ 时,放电容量为标准放电量 C_s,公式(F.7)变为公式(F.7a):

$$C_s = i(\text{平均}) \times t_s \qquad \text{(F.7a)}$$

这种通过实验来确定标准放电容量 C_s 和标准放电时间 t_s 的方法,在确定标准放电电压时也用到(见公式(F.1))。

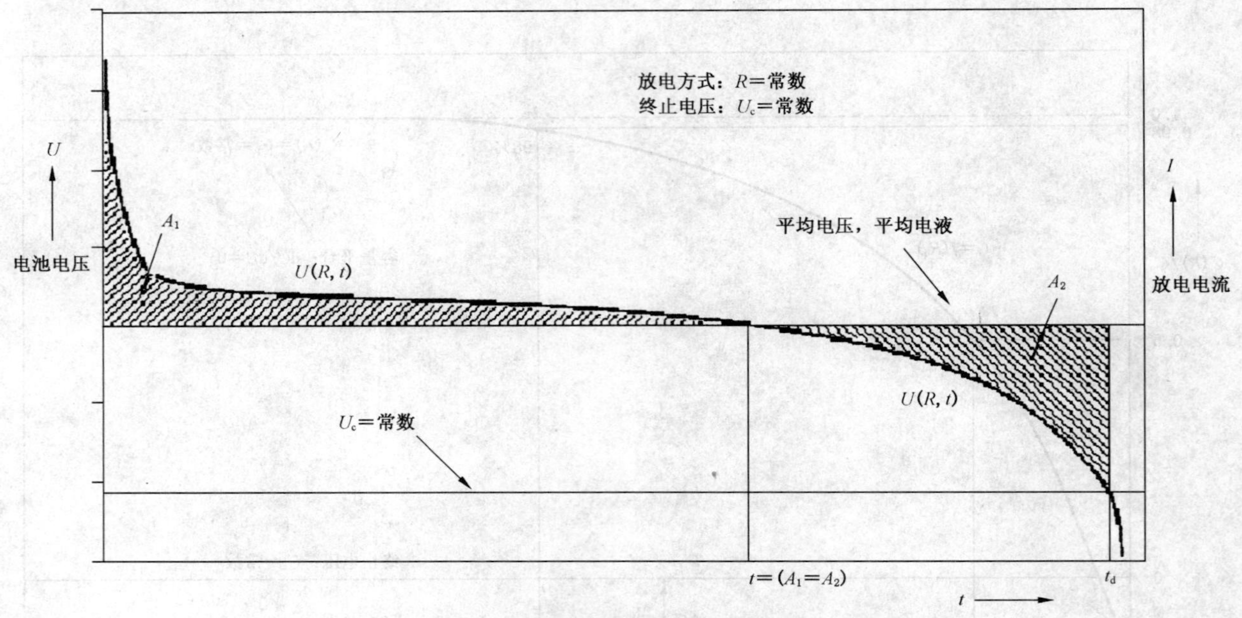

图 F.2 标准放电电压(示意图)

F.3 实验条件和试验结果

实验制作 C/R 图时，建议使用 10 个独立的放电结果。每个放电结果为九只电池的放电平均值，这些数据将均匀分布在 C/R 图中所期望的范围。建议第一个放电值落在图 F.1 中的大约 0.5 C_p 处，最后一个实验值落在大约 $R_d \approx 2 \times R_s$ 处。所有的数据合起来用如图 F.1 的一个 C/R 曲线来表示。由此图在大约 98% C_p 处可确定 R_d 值。获得 98%放电容量时的标准放电电压 U_s 比获得 100%放电容量时的标准放电电压偏低 50 mV。这个毫伏范围内的电压差只是所研究体系的电荷迁移反应所造成的。

按照 F.2.3 确定 C_s 和 t_s 时，采用的终止电压与 GB/T 8897.2—2008 的规定的一致：

电压范围 1：U_c＝0.9 V；　　　　电压范围 2：U_c＝2.0 V

下表给出的经实验测出的标准放电电压 U_s(SDV)仅供感兴趣的专家核对其重现性。

表 F.1 不同体系的标准放电电压

体系字母	—	C	E	F	L	S	Z
标准放电电压 U_s(V)	1.30	2.90	3.50	1.48	1.30	1.55	1.56

对 A、B、G 和 P 体系的 U_s 的测定正在研究之中。P 体系是个特例，因为它的 U_s 值与氧气还原的催化剂类型有关。由于 P 体系是一个对大气开放的体系，环境湿度以及体系激活后吸收的 CO_2 也会产生附加影响。对于 P 体系，其 U_s 值可达 1.37 V。

附 录 G
（资料性附录）
消费品性能检验标准方法(SMMP)的制定

注：本附录引自 ISO/IEC 指南 36:1982 消费品性能检验标准方法(SMMP)的制定(1998 年废止)。

G.1 引言

对消费者有益的消费品性能信息是建立在具有重现性的产品性能检验标准方法基础上的(即检验方法测得的结果与产品在实际应用中的性能具有明显的关系，检验方法也是提供给消费者，让消费者了解产品性能特征的信息的基础)。

规定检验方法时，应尽可能考虑检测设备、费用和时间等条件的限制。

G.2 性能特性

在制定一个 SMMP(性能检验标准方法)时，首先要尽可能完整地列出在 G.1 中提到的产品特征。

注：在列出产品特征时，应考虑选取消费者在决定购买时最注重的产品特性。

G.3 制定检验方法的准则

对所列出的每种特性应提出检验方法并且应考虑以下各点：

a) 按规定方法检验的结果应尽可能与消费者对产品的实际使用结果一致；

b) 检验方法必须客观，能得出有意义且可重现的检验结果；

c) 应从最有益于消费者的立场出发制定检验方法的细节，应考虑产品价值和测试费用的比例；

d) 当需要采用快速检验程序，或采用仅与产品的实际使用有间接关系的检验方法时，技术委员会应提供必要的指导，对检验结果与产品的常规使用的关系做出正确解释。

参 考 文 献

[1] GB/T 2900.41—2008 电工术语 原电池和蓄电池(IEC 60050(482):2003,IDT)

[2] GB 21966 锂原电池和蓄电池在运输中的安全要求(GB 21966—2008,IEC 62281:2004,IDT)

[3] ISO 7000 在设备上使用的图形符号 索引及大纲

ICS 29.220.10
K 82

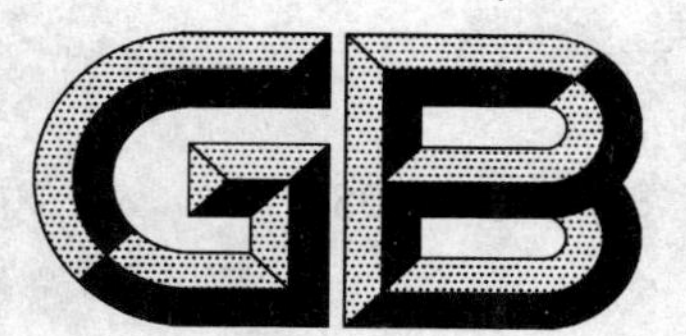

中华人民共和国国家标准

GB/T 8897.2—2008
代替 GB 8897.2—2005

原电池 第2部分：外形尺寸和电性能要求

Primary batteries—Part 2：Physical and electrical specifications

（IEC 60086-2：2007，MOD）

2008-12-30 发布　　　　2009-09-01 实施

中华人民共和国国家质量监督检验检疫总局
中国国家标准化管理委员会　发布

前 言

《原电池》分为以下5个部分：

——GB/T 8897.1《原电池　第1部分：总则》

——GB/T 8897.2《原电池　第2部分：外形尺寸和电性能要求》

——GB/T 8897.3《原电池　第3部分：手表电池》

——GB 8897.4《原电池　第4部分：锂电池的安全要求》

——GB 8897.5《原电池　第5部分：水溶液电解质电池的安全要求》

本部分是《原电池》的第2部分。

本部分修改采用IEC 60086-2:2007《原电池　第2部分：外形尺寸和电性能要求》(第11版)。本部分与IEC 60086-2:2007相比更为严格，附录E给出了本部分与IEC 60086-2:2007的技术性差异及其原因的一览表，以供参考。

本部分代替GB 8897.2—2005《原电池　第2部分：外形尺寸和技术要求》。

本部分与GB 8897.2—2005相比，主要变化如下：

——删除了强制性条款电池汞含量的要求及电池含汞量的检验方法(另行制定标准)；

——修改了对电池贮存期限内的电性能要求；

——修改了检验规则；

——删除型号R6C、R14C、R20C、BR17345、PR43、3R12C，增加型号CR15H270；

——修改了电池的电性能检验项目和要求。

本部分的附录A、附录B、附录C和附录E均为资料性附录，附录D为规范性附录。

本部分由中国轻工业联合会提出。

本部分由全国原电池标准化技术委员会(SAC/TC 176)归口。

本部分主要起草单位：国家轻工业电池质量监督检测中心、中银(宁波)电池有限公司、广州市虎头电池集团有限公司、福建南平南孚电池有限公司、力佳电源科技(深圳)有限公司、浙江永高电池股份有限公司、四川长虹新能源科技有限公司、嘉兴恒威电池有限公司。

本部分参加起草单位：重庆电池总厂、浙江野马电池有限公司、上海白象天鹅电池有限公司、广西梧州新华电池有限公司、广东正龙股份有限公司、常州达立电池有限公司、广州市番禺华力电池有限公司、嘉善宇河电池有限公司。

本部分主要起草人：林佩云、金苗、谢红卫、邱士洲、黄星平、王建、成红、王胜兵、汪海、杨林、吴立柔、龚志刚、黎旗明、黄伟杰、徐平国、张超明、律永成。

本部分所代替标准历次版本发布情况如下：

——GB/T 7112—1986、GB/T 7112—1994、GB/T 7112—1998；

——GB 8897.2—2005。

原电池
第2部分:外形尺寸和电性能要求

1 范围

本部分规定了电池的外形尺寸、放电检验条件、放电性能要求、检验规则、检验方法、抽样和质量保证、标志。

本部分适用于所有电化学体系已标准化了的原电池。

2 规范性引用文件

下列文件中的条款通过本部分的引用而成为本部分的条款。凡是注日期的引用文件,其随后所有的修改单(不包括勘误的内容)或修订版均不适用于本部分,然而,鼓励根据本部分达成协议的各方研究是否可使用这些文件的最新版本。凡是不注日期的引用文件,其最新版本适用于本部分。

GB/T 1182—2008 产品几何技术规范(GPS) 几何公差 形状、方向、位置和跳动公差标准(ISO 1101:2004,IDT)

GB/T 8897.1—2008 原电池 第1部分:总则(IEC 60086-1:2007,MOD)

3 术语和定义

下列术语和定义适用于本部分。

3.1

应用检验 application test

模拟电池的某种实际应用的检验。

3.2

终止电压 end-point voltage

规定的电池放电终止时的闭路电压。

3.3

最小平均放电时间 minimum average duration;MAD

样品电池应符合的最小的平均放电时间。

注:按规定的方法进行放电检验,以证明电池符合其适用的标准。

3.4

标称电压 nominal voltage

用以标识电池电压的适当的近似值。

3.5

闭路电压 closed-circuit voltage

电池在放电时正负极端间的电压。

3.6

开路电压 open-circuit voltage

放电电流为零时电池的电压。

3.7

原电池 primary battery

装配有使用所必需的装置(如外壳、极端、标志及保护装置)的、由一个或多个单体原电池构成的电池。

3.8

[单体]原电池　primary cell

按不可以充电设计的、直接把化学能转变为电能的电源基本功能单元。由电极、电解质、容器、极端、通常还有隔离层组成。

3.9

(原电池的)放电量　service output (of a primary battery)

电池在规定的放电条件下的放电时间、容量或能量输出。

3.10

放电量检验　service output test

用以测定电池放电量的检验。

注：在下列情况下可规定做放电量检验，例如：

a) 应用检验过于复杂，难以重复进行。

b) 应用检验的放电时间不适用于例行检验。

3.11

贮存寿命　storage life

规定条件下电池的贮存时间。在该贮存期结束时，电池仍具有规定的放电量。

3.12

(原电池的)极端　terminals (of a primary battery)

电池的导电部件，用以实现电池与外部导体的电连接。

4　符号及缩写

MAD：最小平均放电时间。

5　电池尺寸符号

用来表示各种尺寸的符号是：

A：电池的最大总高度；

B：正、负极接触面之间的最小距离；

C：负极接触面的最小外径；

D：负极接触面的最大内径；

E：负极接触面的最大凹进值；

F：在规定的凸起高度内，正极接触面的最大直径；

G：正极接触面凸起的最小值；

K：负极接触面凸起的最小值；

L：在规定的凸起高度内，负极接触面的最大直径；

M：负极接触面的最小直径；

N：正极接触面的最小直径；

Φ：电池的最大和最小直径；

ΦP：正极接触件的同心度。

形状如图1a)所示的电池，允许由尺寸C和D所确定的负极接触面有凹进。如果将电池首尾相接串联放置，使之相互电接触，并且接触间隔为单个电池的接触间隔的整数倍，必须满足下列条件：

$$C>F$$

$$N>D$$

$$G>E$$

6 电池技术要求分类表的构成说明

6.1 按电池的外形分类列表。

6.2 在每一类中，具有相同外形但属于不同电化学体系的电池列在一起，按序排列。

6.3 电池按标称电压大小升序排列。标称电压相同的，按体积大小升序排列。

6.4 每组电池共用一张外形图。

6.5 同组电池的型号、标称电压、尺寸、放电条件、最小平均放电时间和应用归纳在一张表中。

6.6 当一张外形图只代表一种型号的电池时，电池的尺寸直接标在图上。

6.7 电池分成以下几类：

a) 第一类：圆柱形电池（图 1）
R1、R03、R6P、R6S
R14P、R14S
R20P、R20S、2R10、LR8D425、LR1
LR03、LR6、LR14、LR20
CR12A604

b) 第二类：圆柱形电池（图 2）
CR14250、CR15H270、CR17345、CR17450、BR17335

c) 第三类：圆柱形电池（图 3）
LR9、LR53、CR11108

d) 第四类：圆柱形电池（图 4）
PR70、PR41、PR48、PR44
LR41、LR55、LR54、LR43、LR44
SR62、SR63、SR65、SR64、SR60、SR67、SR66、SR58、SR68、SR59、SR69、SR41、SR57、SR55、SR48
SR56、SR54、SR42、SR43、SR44
CR1025、CR1216、CR1220、CR1616、CR2012、CR1620、CR2016、CR2025、CR2320、CR2032、CR2330、CR2430、CR2354、CR3032、CR2450
BR1225、BR2016、BR2020、BR2320、BR2325、BR3032

e) 第五类：其他杂类圆柱形电池
R40
4LR44、2CR13252、4SR44
5AR40

f) 第六类：杂类非圆柱形电池
S4
3R12P、3R12S、3LR12
4LR61
BR-P2(2BP4036)、CR-P2(2CP4036)
2CR5(2CP3845)
2EP3863
4R25X、4LR25X
4R25Y
4R25-2、4LR25-2
6AS4

6AS6

6F22、6LR61

6F100

6.8 图1、图2、图3和图4的圆柱形电池图由相应的原始图缩小或放大制成，其他图由示意图缩小或放大制成。

这两种方法制成的图均表示了相应电池的形状，电池的尺寸在各表中给出。

注：可参见附录A、附录B和附录C以便于查找各种型号的电池。

7 外形尺寸和电性能要求

7.1 第一类电池

7.1.1 第一类电池——外形尺寸图和开路电压要求

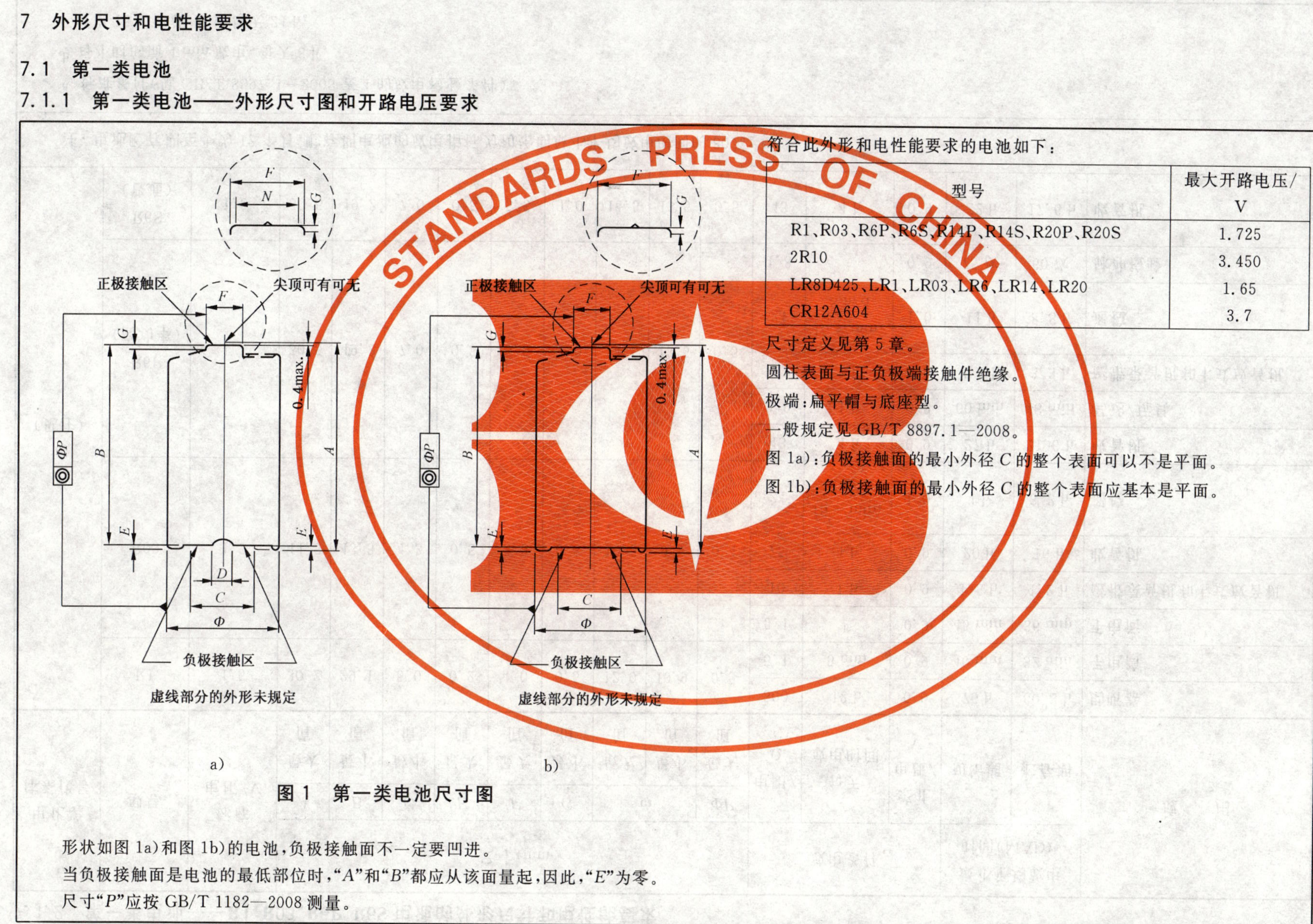

图 1 第一类电池尺寸图

符合此外形和电性能要求的电池如下：

型号	最大开路电压/V
R1、R03、R6P、R6S、R14P、R14S、R20P、R20S	1.725
2R10	3.450
LR8D425、LR1、LR03、LR6、LR14、LR20	1.65
CR12A604	3.7

尺寸定义见第 5 章。

圆柱表面与正负极端接触件绝缘。

极端：扁平帽与底座型。

一般规定见 GB/T 8897.1—2008。

图 1a)：负极接触面的最小外径 C 的整个表面可以不是平面。

图 1b)：负极接触面的最小外径 C 的整个表面应基本是平面。

形状如图 1a)和图 1b)的电池，负极接触面不一定要凹进。

当负极接触面是电池的最低部位时，"A"和"B"都应从该面量起，因此，"E"为零。

尺寸"P"应按 GB/T 1182—2008 测量。

7.1.2 第一类电池——R1、R03、R6P、R6S 电池的外形尺寸和电性能要求

电化学体系代号	型号	标称电压/V	尺寸/mm									放电条件			最小平均放电时间(MAD)[a]		应用
			A	B	C	E	F	G	Φ		ΦP	电阻/Ω	每天放电时间	终止电压/V	初始期	贮存期	
			最大值	最小值	最小值	最大值	最大值	最小值	最大值	最小值	最大值						
无（见注）	R1	1.5	30.2	29.1	5.0	0.2	4.0	0.5	12.0	10.9	0.5	300	12 h	0.9	76 h	60.8 h	助听器
												5.1	5 min	0.9	40 min	32 min	手电筒
	R03	1.5	44.5	43.3	4.3	0.5	3.8	0.8	10.5	9.5	0.4	5.1	[b]	0.9	45 min	36 min	手电筒
												10	1 h	0.9	1.5 h	1.2 h	磁带录音机和卡式放音机
												75	4 h	0.9	20 h	16 h	收音机
												24	15 s/min，8 h/d	1.0	4 h	3.2 h	遥控
	R6P（高功率）	1.5	50.5	49.2	7.0	0.5	5.5	1.0	14.5	13.5	0.5	43	4 h	0.9	27 h	21.6 h	收音机
												3.9	1 h	0.8	60 min	48 min	马达/玩具
												10	1 h	0.9	4.1 h	3.3 h	磁带录音机和卡式放音机
												24	15 s/min，8 h/d	1.0	11 h	8.8 h	遥控
												1.8	[c]	0.9	75 次	60 次	脉冲检验
	R6S（普通）	1.5	50.5	49.2	7.0	0.5	5.5	1.0	14.5	13.5	0.5	43	4 h	0.9	22 h	17.6 h	收音机

注：电池贮存期至少为 12 个月，贮存期电池的放电指标为初始期最小平均放电时间的 80%。

[a] 标准条件(见 GB/T 8897.1—2008 表 4 的放电检验条件)。

[b] 每小时的前 4 min 放电，每天 8 h。

[c] 放电 15 s，停放 45 s，每天 24 h。

7.1.3 第一类电池——R14P、R14S 电池的外形尺寸和电性能要求

电化学体系代号	型号	标称电压/V	尺寸/mm									放电条件			最小平均放电时间(MAD)[a]		应用
			A	*B*	*C*	*E*	*F*	*G*	*Φ*		*ΦP*	电阻/Ω	每天放电时间	终止电压/V	初始期	贮存期	
			最大值	最小值	最小值	最大值	最大值	最小值	最大值	最小值	最大值						
无(见注)	R14P(高功率)	1.5	50.0	48.6	13.0	0.9	7.5	1.5	26.2	24.9	1.0	3.9	[b]	0.9	270 min	216 min	手电筒
												6.8	1 h	0.9	9 h	7.2 h	磁带录音机
												20	4 h	0.9	27 h	21.6 h	收音机
												3.9	1 h	0.8	3 h	2.4 h	玩具
	R14S(普通)	1.5	50.0	48.6	13.0	0.9	7.5	1.5	26.2	24.9	1.0	3.9	[b]	0.9	120 min	96 min	手电筒
												6.8	1 h	0.9	3 h	2.4 h	磁带录音机
												20	4 h	0.9	15 h	12 h	收音机
												3.9	1 h	0.8	1.5 h	1.2 h	玩具

注：电池贮存期至少为 12 个月，贮存期电池的放电指标为初始期最小平均放电时间的 80%。

[a] 标准条件(见 GB/T 8897.1—2008 表 4 的放电检验条件)。

[b] 每小时的前 4 min 放电，每天 8 h。

7.1.4 第一类电池——R20P、R20S、2R10、LR8D425、LR1 电池的外形尺寸和电性能要求

电化学体系代号	型号	标称电压/V	尺寸/mm									放电条件			最小平均放电时间(MAD)[a]		应用
			A	B	C	E	F	G	Φ		ΦP	电阻/Ω	每天放电时间	终止电压/V	初始期	贮存期	
			最大值	最小值	最小值	最大值	最大值	最小值	最大值	最小值	最大值						
无(见注 1)	R20P(高功率)	1.5	61.5	59.5	18.0	1.0	9.5	1.5	34.2	32.3	1.0	2.2	[b]	0.9	320 min	256 min	手电筒(1)
												3.9	1 h	0.9	11 h	8.8 h	磁带录音机
												10	4 h	0.9	32 h	25.6 h	收音机
												2.2	1 h	0.8	5 h	4.0 h	玩具
												1.5	4 min/15 min,8 h/d	0.9	135 min	108 min	手电筒(2)
	R20S(普通)	1.5	61.5	59.5	18.0	1.0	9.5	1.5	34.2	32.3	1.0	2.2	[b]	0.9	150 min	120 min	手电筒(1)
												3.9	1 h	0.9	5 h	4 h	磁带录音机
												10	4 h	0.9	18 h	14.4 h	收音机
												2.2	1 h	0.8	2.5 h	2 h	玩具
												1.5	4 min/15min,8 h/d	0.9	32 min	26 min	手电筒(2)
	2R10	3.0	74.6	71.5	9.0	0.8	6.8	1.0	21.8	20.0		6.8	5 min	1.8	85 min	68 min	手电筒
L(见注 2)	LR8D425	1.5	42.5	41.5	2.3[c]	0.1	3.8	0.7	8.3	7.7	0.1	5.1	5 min	0.9	90 min	81 min	照明设备
												75	1 h	1.1	22 h	19.8 h	激光指示棒
												75	1 h	0.9	27 h	24.3 h	放电量检验

7.1.4 (续)

电化学体系代号	型号	标称电压/V	尺寸/mm									放电条件			最小平均放电时间(MAD)[a]		应用
			A	B	C	E	F	G	Φ		ΦP	电阻/Ω	每天放电时间	终止电压/V	初始期	贮存期	
			最大值	最小值	最小值	最大值	最大值	最小值	最大值	最小值	最大值						
L (见注2)	LR1	1.5	30.2	29.1	5.0	0.2	4.0	0.5	12.0	10.9	0.5	300	12 h	0.9	130 h	117 h	助听器
												5.1	5 min	0.9	94 min	84.6 min	手电筒
												背景负载：3 000[d] 脉冲负载：10	5 s/h,24 h/d	0.9	888 h	799.2 h	寻呼机检验

注1：电池贮存期至少为12个月，贮存期电池的放电指标为初始期最小平均放电时间的80%。

注2：电池贮存期至少为12个月，贮存期电池的放电指标为初始期最小平均放电时间的90%。

[a] 标准条件(见GB/T 8897.1—2008表4的放电检验条件)。

[b] 每小时的前4 min放电，每天8 h。

[c] 由于结构原因，该电池不符合 $C>F$ 的要求。

[d] 10 Ω的脉冲负载是有效负载，它应单独加载在电池上，而不是并联或串联在3 000 Ω的背景负载上。见下图：

示例

背景负载
脉冲负载
背景放电

背景负载
脉冲负载
脉冲放电

背景负载
脉冲负载
不放电

7.1.5 第一类电池——LR03、LR6、LR14、LR20 电池的外形尺寸和电性能要求

电化学体系代号	型号	标称电压/V	尺寸/mm									放电条件			最小平均放电时间(MAD)[a]		应用
			A	*B*	*C*	*E*	*F*	*G*	*Φ*		*ΦP*	电阻/Ω	每天放电时间	终止电压/V	初始期	贮存期	
			最大值	最小值	最小值	最大值	最大值	最小值	最大值	最小值	最大值						
L (见注)	LR03	1.5	44.5	43.3	4.3	0.5	3.8	0.8	10.5	9.5	0.4	5.1	b	0.9	145 min	130 min	手电筒
												24	15 s/min, 8 h/d	1.0	14.5 h	13.0 h	遥控
												10	1 h	0.9	6 h	5.4 h	磁带录音机和卡式放音机
												75	4 h	0.9	50 h	45 h	收音机
												电流 600 mA	c	0.9	140 次	126 次	照相闪光灯
	LR6	1.5	50.5	49.2	7.0	0.5	5.5	1.0	14.5	13.5	0.5	43	4 h	0.9	65 h	58.5 h	收音机
												3.9	1 h	0.8	4.5h	4.0 h	马达/玩具
												10	1 h	0.9	15 h	13.5 h	磁带录音机和卡式放音机
												电流 250 mA	1 h	0.9	4.5 h	4.0 h	CD/MD/电子游戏机
												电流 1 000 mA	c	0.9	200 次	180 次	照相闪光灯
												功率 1 500 mW 650 mW 0 mW	5 min[d] 55 min	1.05	40 次	36 次	数码相机
												24	15 s/min, 8 h/d	1.0	31 h	27.9 h	遥控

7.1.5 （续）

电化学体系代号	型号	标称电压/V	尺寸/mm									放电条件			最小平均放电时间(MAD)[a]		应用
			A	B	C	E	F	G	Φ		ΦP	电阻/Ω	每天放电时间	终止电压/V	初始期	贮存期	
			最大值	最小值	最小值	最大值	最大值	最小值	最大值	最小值	最大值						
L（见注）	LR14	1.5	50.0	48.6	13.0	0.9	7.5	1.5	26.2	24.9	1.0	3.9	b	0.9	770 min	693 min	手电筒
												电流 400 mA	2 h	0.9	8 h	7.2 h	随身听
												20	4 h	0.9	77 h	69.3 h	收音机
												3.9	1 h	0.8	12 h	10.8 h	玩具
	LR20	1.5	61.5	59.5	18.0	1.0	9.5	1.5	34.2	32.3	1.0	2.2	b	0.9	810 min	729 min	手电筒(1)
												电流 600 mA	2 h	0.9	11 h	9.9 h	随身听
												10	4 h	0.9	81 h	72.9 h	收音机
												2.2	1 h	0.8	15 h	13.5 h	玩具
												1.5	4 min/15 min，8 h/d	0.9	450 min	405 min	手电筒(2)

注：电池贮存期至少为 12 个月，贮存期电池的放电指标为初始期最小平均放电时间的 90%。

[a] 标准条件（见 GB/T 8897.1—2008 表 4 的放电检验条件）。

[b] 每小时的前 4 min 放电，每天 8 h。

[c] 放电 10 s，停放 50 s，每天 1 h。

[d] 1 500 mW 放电 2 s，650 mW 放电 28 s，重复 10 次后停放 55 min；如此重复至终止电压 1.05 V。

7.1.6 第一类电池——CR12A604 电池的外形尺寸和电性能要求

电化学体系代号	型号	标称电压/V	尺寸/mm									放电条件			最小平均放电时间(MAD)[a]		应用
			A	B	C	E	F	G	Φ		ΦP	电阻/Ω	每天放电时间	终止电压/V	初始期	贮存期	
			最大值	最小值	最小值	最大值	最大值	最小值	最大值	最小值	最大值						
C（见注）	CR12A604[b]	3.0	60.4	58.0	4.8	—	4.5	0.3	12.0	10.7	—	2 000	24 h	2.0	840 h	823.2 h	放电量检验

注：电池贮存期至少为 12 个月，贮存期电池的放电指标为初始期最小平均放电时间的 98%。

[a] 标准条件（见 GB/T 8897.1—2008 表 4 的放电检验条件）。

[b] 标志：按 GB/T 8897.1—2008 中的 4.1.6.2。

7.2 第二类电池

7.2.1 第二类电池——外形尺寸图和开路电压要求

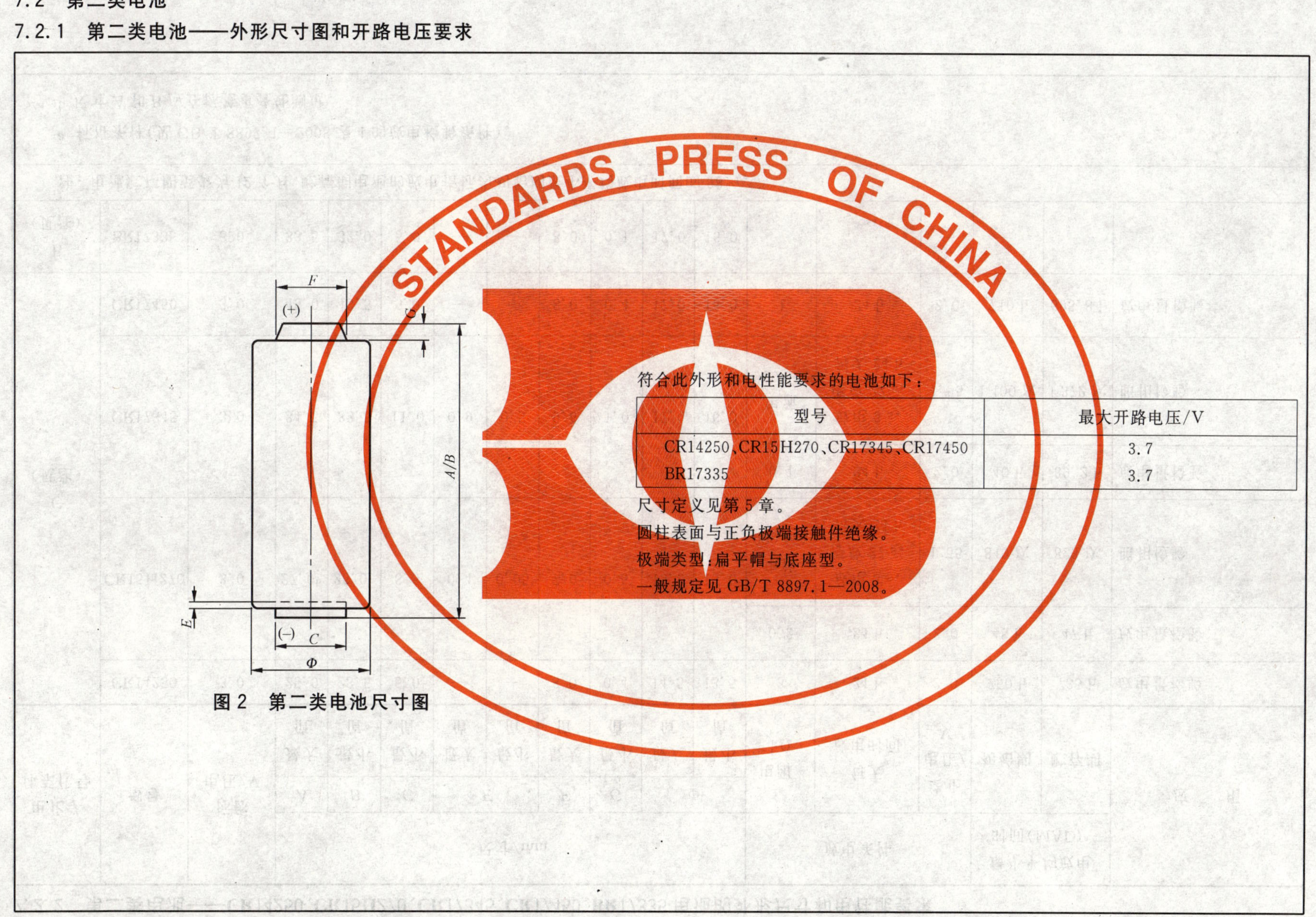

图 2 第二类电池尺寸图

符合此外形和电性能要求的电池如下：

型号	最大开路电压/V
CR14250、CR15H270、CR17345、CR17450	3.7
BR17335	3.7

尺寸定义见第 5 章。

圆柱表面与正负极端接触件绝缘。

极端类型：扁平帽与底座型。

一般规定见 GB/T 8897.1—2008。

7.2.2 第二类电池——CR14250、CR15H270、CR17345、CR17450、BR17335 电池的外形尺寸和电性能要求

电化学体系代号	型号	标称电压/V	尺寸/mm									放电条件			最小平均放电时间(MAD)[a]		应　用
			A	B	C	E		F	G	Φ		电阻/kΩ	每天放电时间	终止电压/V	初始期	贮存期	
			最大值	最小值	最小值	最大值	最小值	最大值	最小值	最大值	最小值						
C（见注）	CR14250	3.0	25.0	23.5	5.0	—	—	8.0	0.4	14.5	13.5	3	24 h	2.0	750 h	735 h	放电量检验
	CR15H270	3.0	27.0[b]	26.0[b]	8.5	0.4	0.05	7.0	0.6	15.6	15.0	0.2	24 h	2.0	48 h	47 h	放电量检验
												电流 900 mA	放电 3 s，停放 27 s，每天 24 h	1.55	840 次	823 次	照相检验
	CR17345	3.0	34.5	33.5	11.0	0.9	0.5	9.6	1.0	17.0	16.0	0.1	24 h	2.0	40 h	39.2 h	放电量检验
												电流 900 mA	放电 3 s，停放 27 s，每天 24 h	1.55	1 400 次	1 372 次	照相检验
	CR17450	3.0	45.0	43.5	5.0	—	—	8.0	0.4	17.0	16.0	1	24 h	2.0	710 h	695.8 h	放电量检验
B（见注）	BR17335	3.0	33.5	32.0	5.0	—	—	8.0	0.1	17.0	16.0	—	—	—	—	—	—

注：电池贮存期至少为 12 个月，贮存期电池的放电指标为初始期最小平均放电时间的 98%。

[a] 标准条件（见 GB/T 8897.1—2008 表 4 的放电检验条件）。

[b] 尺寸 A 和 B 应在标签重叠处测量。

7.3 第三类电池

7.3.1 第三类电池——外形尺寸图和开路电压要求

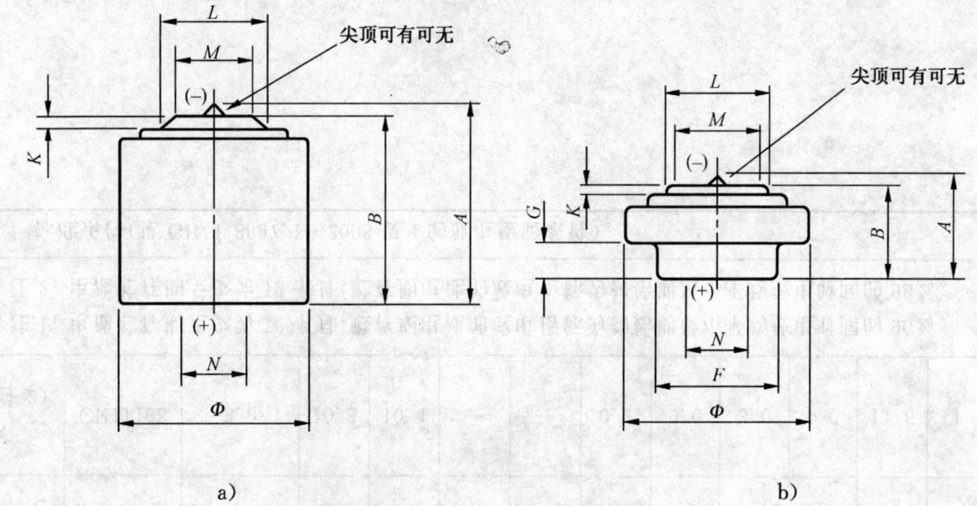

图 3 第三类电池尺寸图

电池的其他部分不应高于正极接触面。

标志：按 GB/T 8897.1—2008 中 4.1.6.2。

符合此外形和电性能要求的电池如下：

型号	最大开路电压/V
LR9、LR53	1.65
CR11108	3.7

尺寸定义见第 5 章。

圆柱表面与正极端相连。

极端类型：扁平帽与外壳型。

一般规定见 GB/T 8897.1—2008。

7.3.2 第三类电池——LR9、LR53、CR11108 电池的外形尺寸和电性能要求

电化学体系代号	型号	标称电压/V	尺寸/mm										放电条件			最小平均放电时间(MAD)[a]		应用
			A	B	F	G	K	L	M	N	Φ		电阻/Ω	每天放电时间	终止电压/V	初始期	贮存期	
			最大值	最小值	最大值	最小值	最小值	最大值	最小值	最小值	最大值	最小值						
L（见注 1）	LR9	1.5	6.2	5.6	13.5	2.0	0.2	12.5	10.0	10.0	16.0	15.2	390	24 h	0.9	48 h	43.2 h	放电量检验
	LR53	1.5	6.1	5.4	20.9	2.1	0.2	21.0	15.3	18.7	23.2	22.6	470	24 h	0.9	50 h	45 h	放电量检验
C（见注 2）	CR11108	3.0	10.8	10.4	—	—	0.2	9.0	3.0	9.0	11.6	11.4	15 000	24 h	2.0	620 h	607.6 h	放电量检验

注 1：电池贮存期至少为 12 个月，贮存期电池的放电指标为初始期最小平均放电时间的 90%。

注 2：电池贮存期至少为 12 个月，贮存期电池的放电指标为初始期最小平均放电时间的 98%。

[a] 标准条件（见 GB/T 8897.1—2008 表 4 的放电检验条件）。

7.4 第四类电池

7.4.1 第四类电池——外形尺寸图和开路电压要求

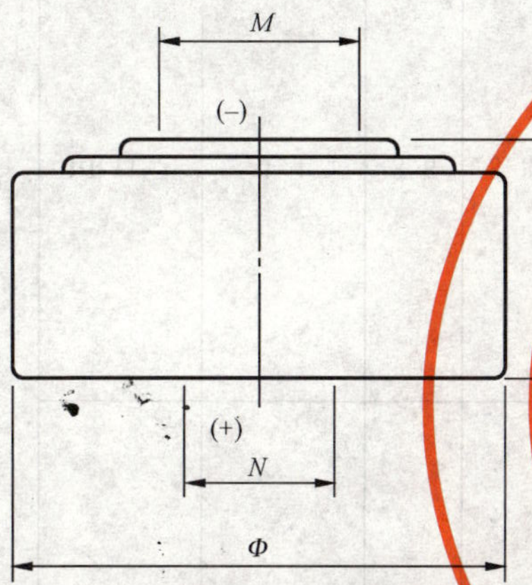

图 4 第四类电池尺寸图

电池总高度与正负接触面间距之差不应超过 0.1 mm。
电池的任何部分不应凸出于正极接触面。
标志参见 GB/T 8897.1—2008 中 4.1.6.2。

符合此外形和电性能要求的电池如下：

型号	最大开路电压/V
PR70、PR41、PR48、PR44	1.68
LR41、LR55、LR54、LR43、LR44	1.65
SR62、SR63、SR65、SR64、SR60、SR67、SR66、SR58、SR68、SR59、SR69、SR41、SR57、SR55、SR48、SR56、SR54、SR42、SR43、SR44	1.63
CR1025、CR1216、CR1220、CR1616、CR2012、CR1620、CR2016、CR2025、CR2320、CR2032、CR2330、CR2430、CR2354、CR3032、CR2450	3.7
BR1225、BR2016、BR2020、BR2320、BR2325、BR3032	3.7

尺寸定义见第 5 章。
圆柱表面与正极端相连，正极接触应在电池侧面形成，也可在电池底部形成。
极端类型：扁平帽与外壳型。
负极接触面必须凸起。
抗接触压力见 GB/T 8897.1—2008 中 4.1.3.1。
一般规定见 GB/T 8897.1—2008。

7.4.2 第四类电池——PR70、PR41、PR48、PR44 电池的外形尺寸和电性能要求

电化学体系代号	型号	标称电压/V	尺寸/mm						放电条件			最小平均放电时间(MAD)[a]		应用
			A/B		M	N	Φ		电阻/kΩ 电流/mA	每天放电时间	终止电压/V	初始期	贮存期	
			最大值	最小值	最小值	最小值	最大值	最小值						
P(见注)	PR70[b,c]	1.4	3.6	3.3	—	—	5.8	5.55	3	12 h	0.9	90 h	85.5 h	助听器
									背景负载：3 脉冲负载：0.510	放电 1 s,停放 3 s,每天 12 h[d]	1.0	45 h	42.8 h	高功率放电量检验
									背景负载：0.7 mA 脉冲负载：3 mA	[e]	1.05	85 h	80.8 h	标准助听器
									背景负载：1 mA 脉冲负载：5 mA	[e]	1.05	50 h	47.5 h	高功率助听器
	PR41[b,c]	1.4	3.6	3.3	3.0	3.8	7.9	7.55	1.5	12 h	0.9	100 h	95 h	助听器
									背景负载：1.5 脉冲负载：0.160	放电 1 s,停放 3 s,每天 12 h[d]	1.0	25 h	23.8 h	高功率放电量检验
									背景负载：1.2 mA 脉冲负载：5 mA	[e]	1.05	95 h	90.2 h	标准助听器
									背景负载：2 mA 脉冲负载：10 mA	[e]	1.05	55 h	52.2 h	高功率助听器
	PR48[b,c]	1.4	5.4	5.0	3.0	3.8	7.9	7.55	1.5	12 h	0.9	195 h	185.2 h	助听器
									背景负载：1.5 脉冲负载：0.110	放电 1 s,停放 3 s,每天 12 h[d]	1.0	30 h	28.5 h	高功率放电量检验
									背景负载：2 mA 脉冲负载：6 mA	[e]	1.05	82 h	77.9 h	标准助听器
									背景负载：3 mA 脉冲负载：12 mA	[e]	1.05	55 h	52.2 h	高功率助听器

7.4.2 （续）

电化学体系代号	型号	标称电压/V	尺寸/mm						放电条件			最小平均放电时间(MAD)[a]		应用
			A/B		M	N	Φ		电阻/kΩ 电流/mA	每天放电时间	终止电压/V	初始期	贮存期	
			最大值	最小值	最小值	最小值	最大值	最小值						
P（见注）	PR44 [b,c]	1.4	5.4	5.0	3.8	3.8	11.6	11.25	0.620	12 h	0.9	195 h	185.2 h	助听器
									背景负载:0.620 脉冲负载:0.043	放电 1 s,停放 3 s,每天 12 h[d]	1.0	38 h	36.1 h	高功率放电量检验
									背景负载:5 mA 脉冲负载:15 mA	[e]	1.05	69 h	65.6 h	标准助听器
									背景负载:8 mA 脉冲负载:24 mA	[e]	1.05	45 h	42.8 h	高功率助听器

注：电池贮存期至少为 12 个月，贮存期电池的放电指标为初始期最小平均放电时间的 95%。

[a] 标准条件(见 GB/T 8897.1—2008 表 4 的放电检验条件)。

[b] 电池激活到电性能测量之间至少间隔 10 min。

[c] 用电器具设计者应将正极接触置于电池侧面，以免堵住“P”体系电池的空气入口。

[d] 脉冲负载是有效负载，它应单独加载在电池上，而不是并联或串联在背景负载上。见下图：

[e] 加载大电流 100 ms，加载小电流 119 min 59 s 900 ms，循环重复，每天 12 h。

示例：

7.4.2 （续）

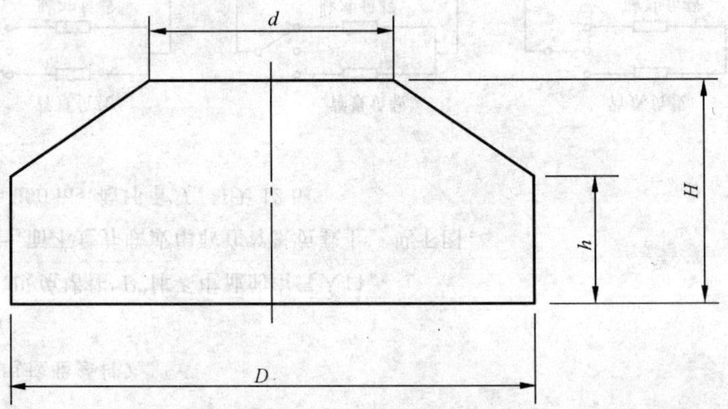

图5　第四类电池量规

本表中规定的电池应能自由通过外形如上图的量规，量规的尺寸如下：

电化学体系代号	型号	标称电压/V	量规尺寸/mm							
			D		*d*		*H*		*h*	
			最大值	最小值	最大值	最小值	最大值	最小值	最大值	最小值
P	PR70	1.4	5.814	5.805	4.652	4.643	3.612	3.604	3.031	3.023
	PR41	1.4	7.914	7.905	6.314	6.305	3.612	3.604	2.808	2.802
	PR48	1.4	7.914	7.905	6.314	6.305	5.412	5.404	4.612	4.604
	PR44	1.4	11.617	11.606	9.614	9.605	5.412	5.404	4.412	4.404

7.4.3 **第四类电池——LR41、LR55、LR54、LR43、LR44 电池的外形尺寸和电性能要求**

电化学体系代号	型号	标称电压/V	尺寸/mm						放电条件			最小平均放电时间(MAD)[a]		应用
			A/B		M	N	Φ		电阻/kΩ	每天放电时间	终止电压/V	初始期	贮存期	
			最大值	最小值	最小值	最小值	最大值	最小值						
L(见注)	LR41	1.5	3.6	3.3	3.0	3.8	7.9	7.55	22	24 h	1.2	300 h	270 h	放电量检验
	LR55	1.5	2.1	1.85	3.8	3.8	11.6	11.25	22	24 h	1.2	275 h	247.5 h	放电量检验
	LR54	1.5	3.05	2.75	3.8	3.8	11.6	11.25	15	24 h	1.2	350 h	315 h	放电量检验
	LR43	1.5	4.2	3.8	3.8	3.8	11.6	11.25	10	24 h	1.2	359 h	323.1 h	放电量检验
	LR44	1.5	5.4	5.0	3.8	3.8	11.6	11.25	6.8	24 h	1.2	340 h	306 h	放电量检验

注：电池贮存期至少为 12 个月，贮存期电池的放电指标为初始期最小平均放电时间的 90%。

[a] 标准条件(见 GB/T 8897.1—2008 表 4 的放电检验条件)。

7.4.4 第四类电池——SR62、SR63、SR65、SR64、SR60、SR67、SR66、SR58、SR68、SR59、SR69、SR41、SR57、SR55、SR48 电池的外形尺寸和电性能要求

电化学体系代号	型号	标称电压/V	尺寸/mm						放电条件			最小平均放电时间(MAD)[a]		应用
			A/B		M	N	Φ		电阻/kΩ	每天放电时间	终止电压/V	初始期	贮存期	
			最大值	最小值	最小值	最小值	最大值	最小值						
S（见注）	SR62	1.55	1.65	1.45	2.5	3.8	5.8	5.55	82	24 h	1.2	390 h	351 h	放电量检验
	SR63	1.55	2.15	1.9	2.5	3.8	5.8	5.55	68	24 h	1.2	560 h	504 h	放电量检验
	SR65	1.55	1.65	1.45	3.0	—	6.8	6.6	100	24 h	1.2	810 h	729 h	放电量检验
	SR64	1.55	2.7	2.4	2.5	3.8	5.8	5.55	56	24 h	1.2	—	—	放电量检验
	SR60	1.55	2.15	1.9	3.0	3.8	6.8	6.5	68	24 h	1.2	685 h	616.5 h	放电量检验
	SR67	1.55	1.65	1.45	3.0	—	7.9	7.65	68	24 h	1.2	820 h	738 h	放电量检验
	SR66	1.55	2.6	2.4	3.0	—	6.8	6.6	47	24 h	1.2	680 h	612 h	放电量检验
	SR58	1.55	2.1	1.85	3.0	3.8	7.9	7.55	47	24 h	1.2	518 h	466.2 h	放电量检验
	SR68	1.55	1.65	1.45	3.8	—	9.5	9.25	47	24 h	1.2	680 h	612 h	放电量检验
	SR59	1.55	2.6	2.3	3.0	3.8	7.9	7.55	33	24 h	1.2	530 h	477 h	放电量检验
	SR69	1.55	2.1	1.85	3.8	—	9.5	9.25	33	24 h	1.2	663 h	596.7 h	放电量检验
	SR41	1.55	3.6	3.3	3.0	3.8	7.9	7.55	22	24 h	1.2	450 h	405 h	放电量检验
	SR57	1.55	2.7	2.4	3.8	3.8	9.5	9.15	22	24 h	1.2	500 h	450 h	放电量检验
	SR55	1.55	2.1	1.85	3.8	3.8	11.6	11.25	22	24 h	1.2	450 h	405 h	放电量检验
	SR48	1.55	5.4	5.0	3.0	3.8	7.9	7.55	1.5	12 h	0.9	40 h	36 h	助听器
									15	24 h	1.2	580 h	522 h	放电量检验
注：电池贮存期至少为 12 个月，贮存期电池的放电指标为初始期最小平均放电时间的 90%。														
[a] 标准条件(见 GB/T 8897.1—2008 表 4 的放电检验条件)。														

7.4.5 第四类电池——SR56、SR54、SR42、SR43、SR44 电池的外形尺寸和电性能要求

电化学体系代号	型号	标称电压/V	尺寸/mm						放电条件			最小平均放电时间(MAD)[a]		应用
			A/B		M	N	Φ		电阻/kΩ	每天放电时间	终止电压/V	初始期	贮存期	
			最大值	最小值	最小值	最小值	最大值	最小值						
S(见注)	SR56	1.55	2.6	2.3	3.8	3.8	11.6	11.25	15	24 h	1.2	490 h	441 h	放电量检验
	SR54	1.55	3.05	2.75	3.8	3.8	11.6	11.25	15	24 h	1.2	580 h	522 h	放电量检验
	SR42	1.55	3.6	3.3	3.8	3.8	11.6	11.25	15	24 h	1.2	670 h	603 h	放电量检验
	SR43	1.55	4.2	3.8	3.8	3.8	11.6	11.25	10	24 h	1.2	620 h	558 h	放电量检验
	SR44	1.55	5.4	5.0	3.8	3.8	11.6	11.25	6.8	24 h	1.2	620 h	558 h	放电量检验
									背景负载：5.6[d] 脉冲负载:0.039	[b]	0.9	450 h	405 h	[c]
注：电池贮存期至少为 12 个月，贮存期电池的放电指标为初始期最小平均放电时间的 90%。														

[a] 标准条件(见 GB/T 8897.1—2008 表 4 的放电检验条件)。

[b] 每天 24 h，外加 39 Ω 放电，每 6 s 放电 1 s，每天 5 min。

[c] 自动照相机的加速应用检验。

[d] 脉冲负载是有效负载，它应单独加载在电池上，而不是并联或串联在背景负载上，见下图。

示例：

背景负载 脉冲负载 背景放电

背景负载 脉冲负载 脉冲放电

背景负载 脉冲负载 不放电

7.4.6 第四类电池——CR1025、CR1216、CR1220、CR1616、CR2012、CR1620、CR2016、CR2025、CR2320、CR2032、CR2330、CR2430、CR2354、CR3032、CR2450 电池的外形尺寸和电性能要求

电化学体系代号	型号	标称电压/V	尺寸/mm						放电条件			最小平均放电时间(MAD)[a]		应用
			A/B		M	N	Φ		电阻/kΩ	每天放电时间	终止电压/V	初始期	贮存期	
			最大值	最小值	最小值	最小值	最大值	最小值						
C(见注)	CR1025	3.0	2.5	2.2	3.0	—	10.0	9.7	68	24 h	2.0	630 h	617.4 h	放电量检验
	CR1216	3.0	1.6	1.4	4.0	—	12.5	12.2	62	24 h	2.0	480 h	470.4 h	放电量检验
	CR1220	3.0	2.0	1.8	4.0	—	12.5	12.2	62	24 h	2.0	700 h	686 h	放电量检验
	CR1616	3.0	1.6	1.4	5.0	—	16.0	15.7	30	24 h	2.0	480 h	470.4 h	放电量检验
	CR2012	3.0	1.2	1.0	8.0	—	20.0	19.7	30	24 h	2.0	530 h	519.4 h	放电量检验
	CR1620	3.0	2.0	1.8	5.0	—	16.0	15.7	47	24 h	2.0	900 h	882 h	放电量检验
	CR2016	3.0	1.6	1.4	8.0	—	20.0	19.7	30	24 h	2.0	675 h	661.5 h	放电量检验
	CR2025	3.0	2.5	2.2	8.0	—	20.0	19.7	15	24 h	2.0	540 h	529.2 h	放电量检验
	CR2320	3.0	2.0	1.8	8.0	—	23.0	22.6	15	24 h	2.0	590 h	578.2 h	放电量检验
	CR2032	3.0	3.2	2.9	8.0	—	20.0	19.7	15	24 h	2.0	920 h	901.6 h	放电量检验
	CR2330	3.0	3.0	2.7	8.0	—	23.0	22.6	15	24 h	2.0	1 320 h	1 293.6 h	放电量检验
	CR2430	3.0	3.0	2.7	8.0	—	24.5	24.2	15	24 h	2.0	1 300 h	1 274 h	放电量检验
	CR2354	3.0	5.4	5.1	8.0	—	23.0	22.6	7.5	24h	2.0	1 260 h	1 234.8 h	放电量检验
	CR3032	3.0	3.2	2.9	8.0	—	30.0	29.6	7.5	24 h	2.0	1 250 h	1 225 h	放电量检验
	CR2450	3.0	5.0	4.6	8.0	—	24.5	24.2	7.5	24 h	2.0	1 200 h	1 176 h	放电量检验

注：电池贮存期至少为 12 个月，贮存期电池的放电指标为初始期最小平均放电时间的 98%。

[a] 标准条件(见 GB/T 8897.1—2008 表 4 的放电检验条件)。

7.4.7　第四类电池——BR1225、BR2016、BR2020、BR2320、BR2325、BR3032 电池的外形尺寸和电性能要求

电化学体系代号	型号	标称电压/V	尺寸/mm						放电条件			最小平均放电时间(MAD)[a]		应　用
			A/B		M	N	Φ		电阻/kΩ	每天放电时间	终止电压/V	初始期	贮存期	
			最大值	最小值	最小值	最小值	最大值	最小值						
C (见注)	BR1225	3.0	2.5	2.2	4.0	—	12.5	12.2	30	24 h	2.0	395 h	387.1 h	放电量检验
	BR2016	3.0	1.6	1.4	8.0	—	20.0	19.7	30	24 h	2.0	636 h	623.3 h	放电量检验
	BR2020	3.0	2.0	1.8	8.0	—	20.0	19.7	15	24 h	2.0	490 h	480.2 h	放电量检验
	BR2320	3.0	2.0	1.8	8.0	—	23.0	22.6	15	24 h	2.0	468 h	458.6 h	放电量检验
	BR2325	3.0	2.5	2.2	8.0	—	23.0	22.6	15	24 h	2.0	696 h	682.1 h	放电量检验
	BR3032	3.0	3.2	2.9	8.0	—	30.0	29.6	7.5	24 h	2.0	1 310 h	1 283.8 h	放电量检验

注：电池贮存期至少为 12 个月，贮存期电池的放电指标为初始期最小平均放电时间的 98%。

[a] 标准条件(见 GB/T 8897.1—2008 表 4 的放电检验条件)。

7.5 第五类电池

7.5.1 第五类电池——外形尺寸和电性能要求

7.5.1.1 第五类电池——R40电池的外形尺寸和电性能要求

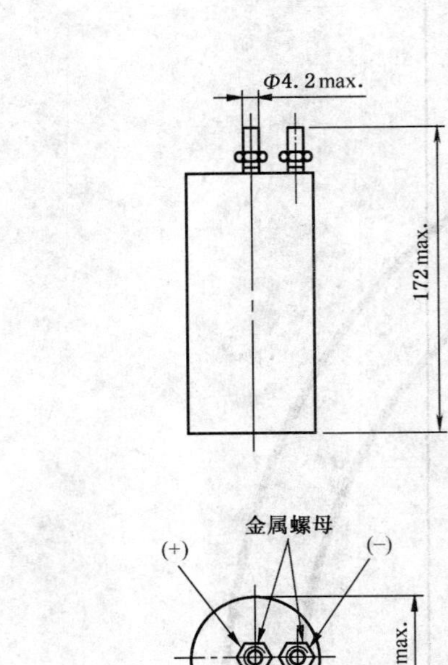

图6 R40电池尺寸图

型号	最大开路电压/V
R40	1.725

尺寸:mm。

极端类型:螺栓极端。

一般规定见GB/T 8897.1—2008。

电化学体系代号	型号	标称电压/V	放电条件			最小平均放电时间(MAD)[a]		应用
			电阻/Ω	每天放电时间	终止电压/V	初始期	贮存期	
无(见注)	R40	1.5	6.8	[b]	0.93	200 d	160 d	工业设备1
			2.7	[c]	0.85	60 h	48 h	工业设备2
			10	24 h	0.85	280 h	224 h	工业设备3
			51	24 h	0.9	80 d	64 d	电围栏控制器

注:电池贮存期至少为12个月,贮存期电池的放电指标为初始期最小平均放电时间的80%。

[a] 标准条件(见GB/T 8897.1—2008表4的放电检验条件)。

[b] 每天放电10 h,每周前6 d中,每小时的前4 min放电;第7 d,每2 h的前4 min放电。

[c] 放电1 h,停放6 h,再放电1 h,停放16 h。

7.5.1.2 第五类电池——4LR44、2CR13252、4SR44 电池的外形尺寸和电性能要求

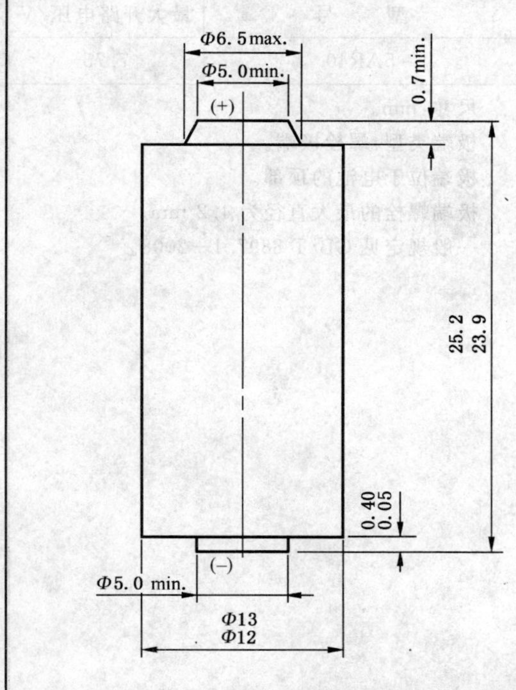

型 号	最大开路电压/V
4LR44	6.60
2CR13252	7.4
4SR44	6.52

尺寸:mm。

圆柱表面应与正负极接触面绝缘。

极端类型:平面极端。

一般规定见 GB/T 8897.1—2008。

图 7 4LR44、2CR13252 和 4SR44 电池尺寸图

电化学体系代号	型 号	标称电压/V	放电条件			最小平均放电时间(MAD)[a]		应 用
			电阻/kΩ	每天放电时间	终止电压/V	初始期	贮存期	
L (见注 1)	4LR44	6.0	27	[b]	3.6	310 h	279 h	[c]
			27	24 h	3.6	420 h	378 h	放电量检验
			0.1	[d]	3.6	950 次	855 次	脉冲检验
C (见注 2)	2CR13252	6.0	30	24 h	4.0	620 h	607.6 h	放电量检验
S (见注 1)	4SR44	6.2	背景负载[e]27 脉冲负载 0.160	[b]	3.6	570 h	513 h	[c]
			27	24 h	3.6	620 h	558 h	放电量检验
			0.1	[d]	3.6	1 000 次	900 次	脉冲检验

注 1：电池贮存期至少为 12 个月,贮存期电池的放电指标为初始期最小平均放电时间的 90%。

注 2：电池贮存期至少为 12 个月,贮存期电池的放电指标为初始期最小平均放电时间的 98%。

[a] 标准条件(见 GB/T 8897.1—2008 表 4 的放电检验条件)。

[b] 每天 24 h,外加 160 Ω 放电,每 6 s 放电 1 s,每天 5 min。

[c] 自动照相机的加速应用检验。

[d] 每天 24 h,放电 2 s,停放 1 s。

[e] 脉冲负载是有效负载,它应单独加载在电池上,而不是并联或串联在背景负载上,见下图。

示例

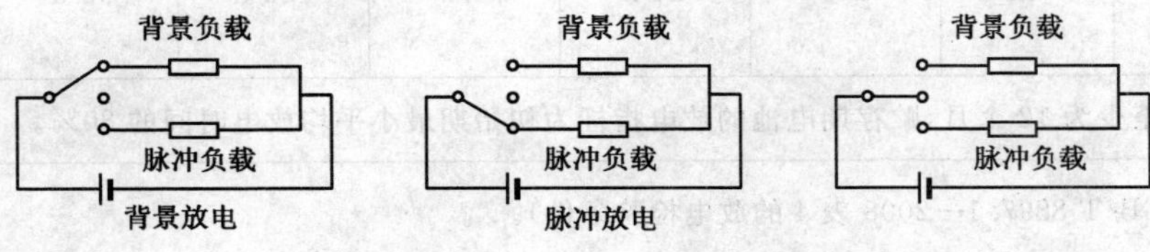

7.5.1.3 第五类电池——5AR40电池的外形尺寸和电性能要求

型号	最大开路电压/V
5AR40	7.75

尺寸:mm。

极端类型:螺栓极端。

极端位于电池的顶部。

极端螺栓的最大直径为4.2 mm。

一般规定见GB/T 8897.1—2008。

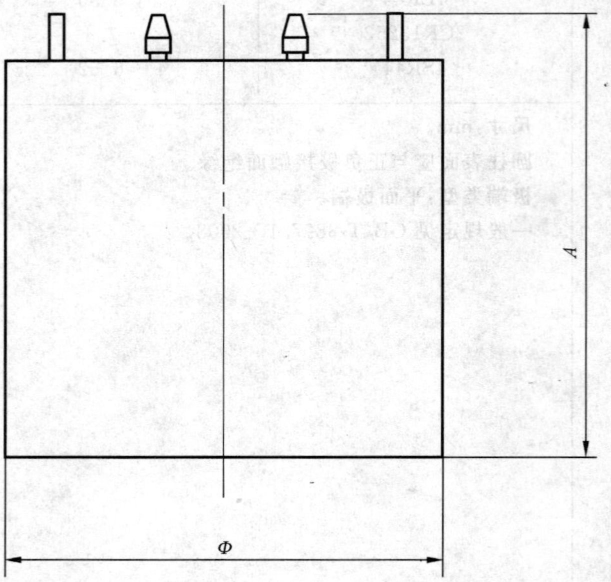

图8 5AR40电池尺寸图

尺寸	最大值
A	190.0
Φ	184.0

电化学体系代号	型号	标称电压/V	放电条件			最小平均放电时间(MAD)[a]		应用
			电阻/Ω	每天放电时间	终止电压/V	初始期	贮存期	
A (见注)	5AR40[b]	7.0	240	24 h	4.5	120 d	96 d	电围栏控制器

注:电池贮存期至少为12个月,贮存期电池的放电指标为初始期最小平均放电时间的80%。

a 标准条件(见GB/T 8897.1—2008表4的放电检验条件)。

b 电器具设计者应注意确保"A"体系电池的空气入口通畅。

7.6 第六类电池

7.6.1 第六类电池——外形尺寸和电性能要求

7.6.1.1 第六类电池——S4 电池的外形尺寸和电性能要求

型　　号	最大开路电压/V
S4	1.725

尺寸:mm。

极端类型:

——负极:导线自由长度约 90 mm;

——正极:螺栓极端(金属螺母)。

一般规定见 GB/T 8897.1—2008。

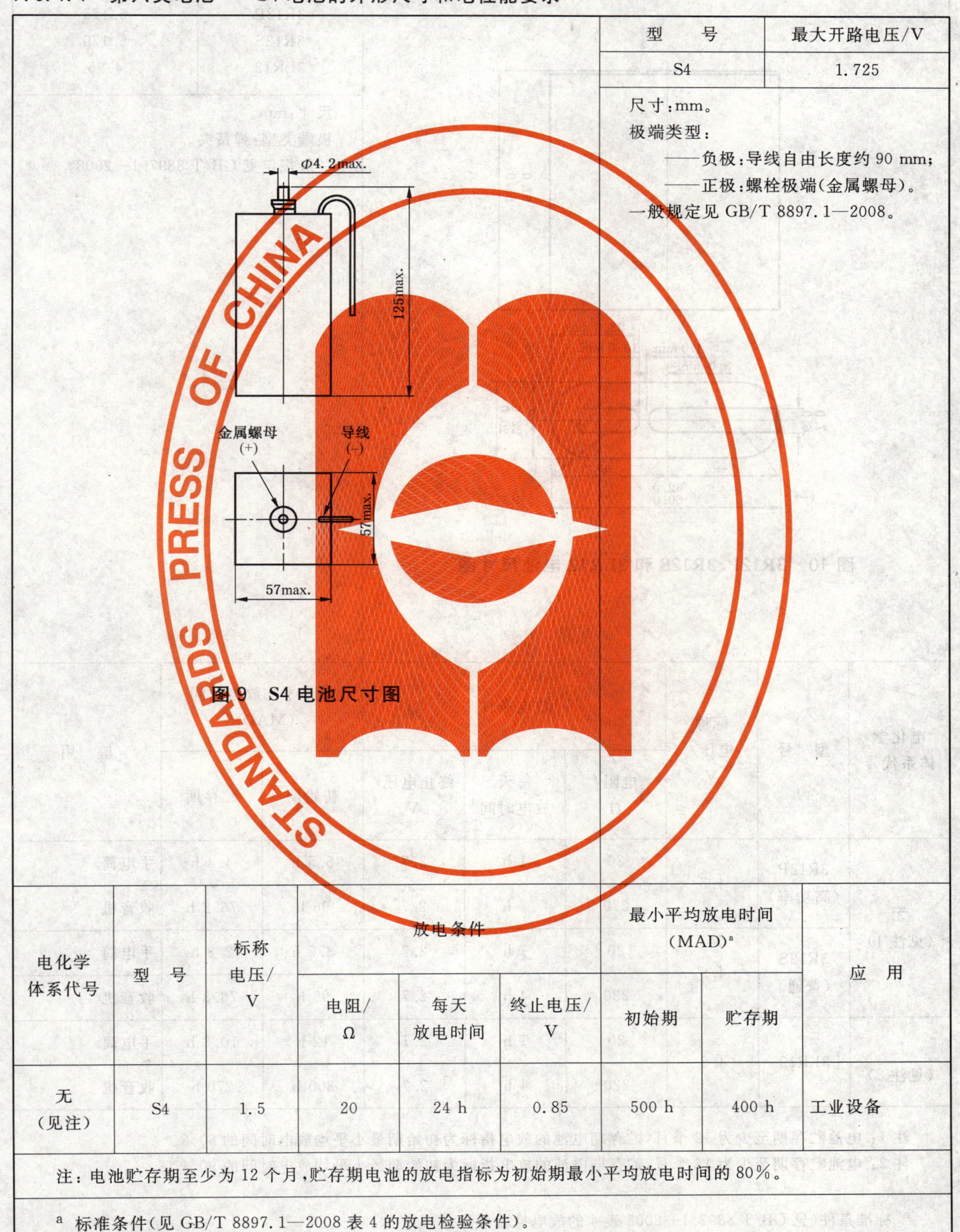

图 9　S4 电池尺寸图

电化学体系代号	型　号	标称电压/V	放电条件			最小平均放电时间(MAD)[a]		应　用
			电阻/Ω	每天放电时间	终止电压/V	初始期	贮存期	
无(见注)	S4	1.5	20	24 h	0.85	500 h	400 h	工业设备

注:电池贮存期至少为 12 个月,贮存期电池的放电指标为初始期最小平均放电时间的 80%。

[a] 标准条件(见 GB/T 8897.1—2008 表 4 的放电检验条件)。

7.6.1.2 第六类电池——3R12P、3R12S、3LR12 电池的外形尺寸和电性能要求

型号	最大开路电压/V
3R12P	5.175
3R12S	5.175
3LR12	4.95

尺寸：mm。

极端类型：弹簧夹。

一般规定见 GB/T 8897.1—2008。

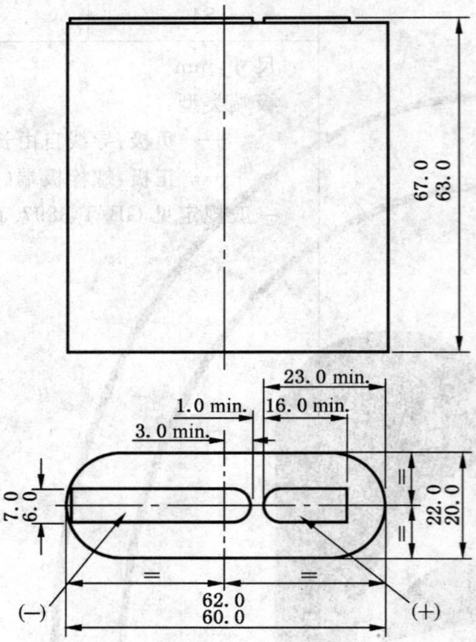

图 10 3R12P、3R12S 和 3LR12 电池尺寸图

电化学体系代号	型号	标称电压/V	放电条件			最小平均放电时间(MAD)[a]		应用
			电阻/Ω	每天放电时间	终止电压/V	初始期	贮存期	
无（见注 1）	3R12P（高功率）	4.5	20	1 h	2.7	5.5 h	4.4 h	手电筒
			220	4 h	2.7	96 h	76.8 h	收音机
	3R12S（普通）	4.5	20	1 h	2.7	3.5 h	2.8 h	手电筒
			220	4 h	2.7	96 h	76.8 h	收音机
L（见注 2）	3LR12	4.5	20	1 h	2.7	12 h	10.8 h	手电筒
			220	4 h	2.7	300 h	270 h	收音机

注 1：电池贮存期至少为 12 个月，贮存期电池的放电指标为初始期最小平均放电时间的 80％。

注 2：电池贮存期至少为 12 个月，贮存期电池的放电指标为初始期最小平均放电时间的 90％。

[a] 标准条件（见 GB/T 8897.1—2008 表 4 的放电检验条件）。

7.6.1.3 第六类电池——4LR61 电池的外形尺寸和电性能要求

型　号	最大开路电压/V
4LR61	6.60

尺寸：mm。

极端类型：平面接触

一般规定见 GB/T 8897.1—2008。

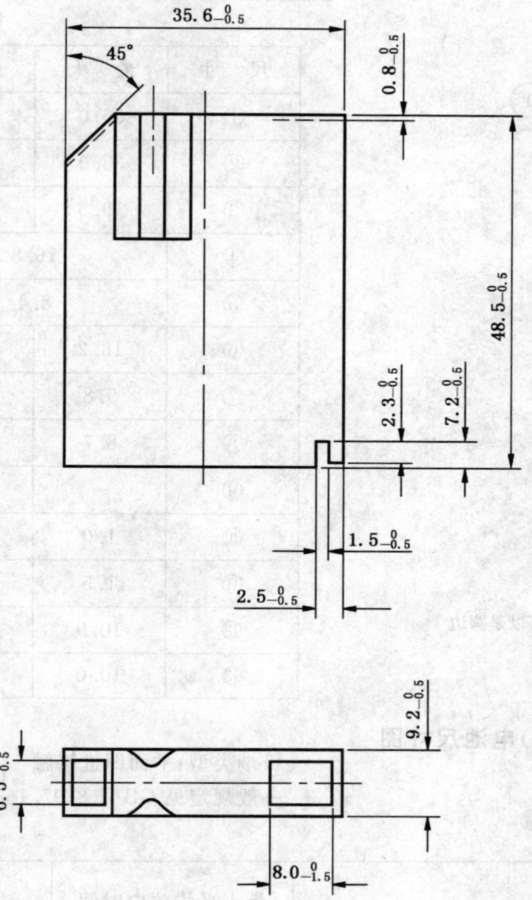

图 11　4LR61 电池尺寸图

电化学体系代号	型　号	标称电压/V	放电条件			最小平均放电时间(MAD)[a]		应　用
			电阻/kΩ	每天放电时间	终止电压/V	初始期	贮存期	
L (见注)	4LR61	6.0	0.33	24 h	3.6	24 h	21.6 h	电子设备
			6.8	24 h	3.6	700 h	630 h	放电量检验

注：电池贮存期至少为 12 个月，贮存期电池的放电指标为初始期最小平均放电时间的 90%。

[a] 标准条件(见 GB/T 8897.1—2008 表 4 的放电检验条件)。

7.6.1.4 第六类电池——CR-P2(2CP4036)、BR-P2(2BP4036)电池的外形尺寸和电性能要求

型　号	最大开路电压/V
CR-P2(2CP4036) BR-P2(2BP4036)	7.4 7.4

尺寸:mm

尺　寸	最　大	最　小
①	36.0	34.5
②	35.0	32.5
③	19.5	18.5
④	16.8	
⑤	8.4	
⑥	16.2	15.3
⑦	9.8	9.2
⑧	8.7	7.5
⑨	—	1.3
⑩	1.0	0.1
⑪	1.5	0.7
⑫	10.0	7.4
⑬	10.0	7.4

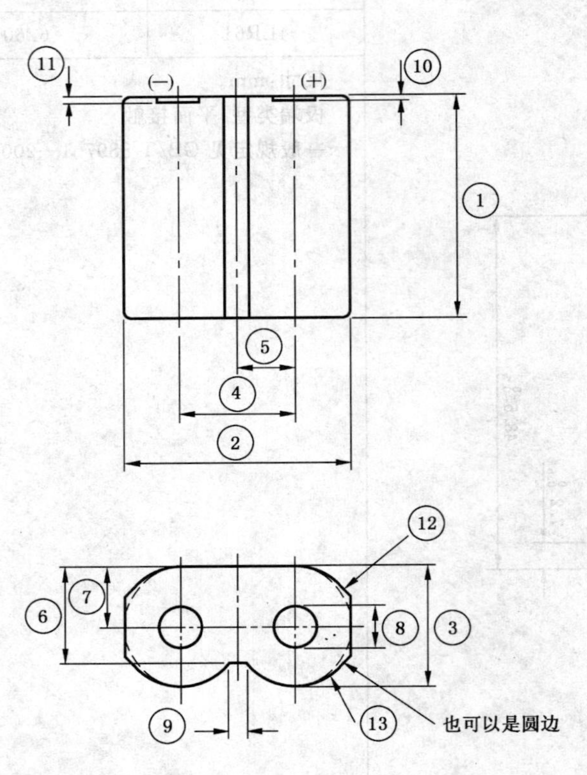

图 12 CR-P2(2CP4036)和BR-P2(2BP4036)电池尺寸图

极端类型:平面凹进接触

一般规定见 GB/T 8897.1—2008。

电化学体系代号	型　号	标称电压/V	放电条件			最小平均放电时间(MAD)[a]		应　用
			电阻/Ω	每天放电时间	终止电压/V	初始期	贮存期	
C(见注)	CR-P2(2CP4036)	6.0	200	24 h	4.0	40 h	39.2 h	放电量检验
			900 mA(电流)	放电 3 s,停放 27 s,每天 24 h	3.1	1 400 次	1 372 次	照相检验
B(见注)	BR-P2(2BP4036)	6.0	200	24 h	4.0	40 h	39.2 h	放电量检验
			900 mA(电流)	放电 3 s,停放 27 s,每天 24 h	3.1	1 000 次	980 次	照相检验

注:电池贮存期至少为 12 个月,贮存期电池的放电指标为初始期最小平均放电时间的 98%。

[a] 标准条件(见 GB/T 8897.1—2008 表 4 的放电检验条件)。

7.6.1.5 第六类电池——2CR5(2CP3845)电池的外形尺寸和电性能要求

型　号	最大开路电压/V
2CR5(2CP3845)	7.4

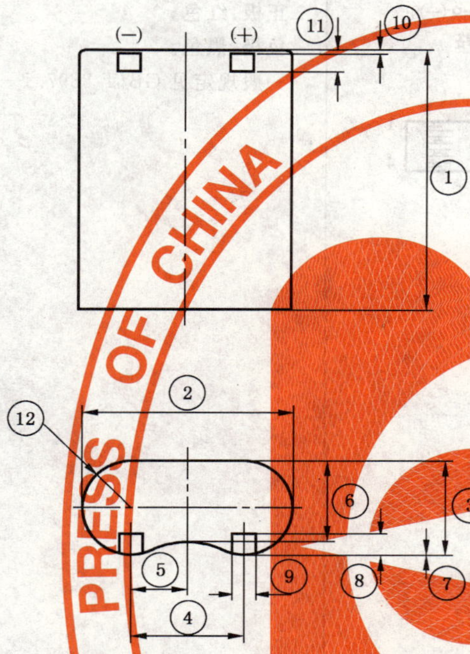

尺寸:mm

尺　寸	最　大	最　小
①	45.0	43.0
②	34.0	32.5
③	17.0	16.0
④	16.0	
⑤	8.0	
⑥	15.5	—
⑦	1.0	0.2
⑧	4.5	3.5
⑨	4.6	3.5
⑩	0.9	0.1
⑪	4.5	3.5
⑫	9.0	8.0

图 13　2CR5 电池尺寸图

极端类型:平面接触

一般规定见 GB/T 8897.1—2008。

电化学体系代号	型　号	标称电压/V	放电条件			最小平均放电时间(MAD)[a]		应　用
			电阻/Ω	每天放电时间	终止电压/V	初始期	贮存期	
C(见注)	2CR5(2CP3845)	6.0	200	24 h	4.0	40 h	39.2 h	放电量检验
			900 mA(电流)	放电 3 s,停放 27 s,每天 24 h	3.1	1 400 次	1 372 次	照相检验
注:电池贮存期至少为 12 个月,贮存期电池的放电指标为初始期最小平均放电时间的 98%。								
[a] 标准条件(见 GB/T 8897.1—2008 表 4 的放电检验条件)。								

7.6.1.6 第六类电池——2EP3863 电池的外形尺寸和电性能要求

紧固件:① 环孔。

② 钩扣:密度为(75～85)/cm²。

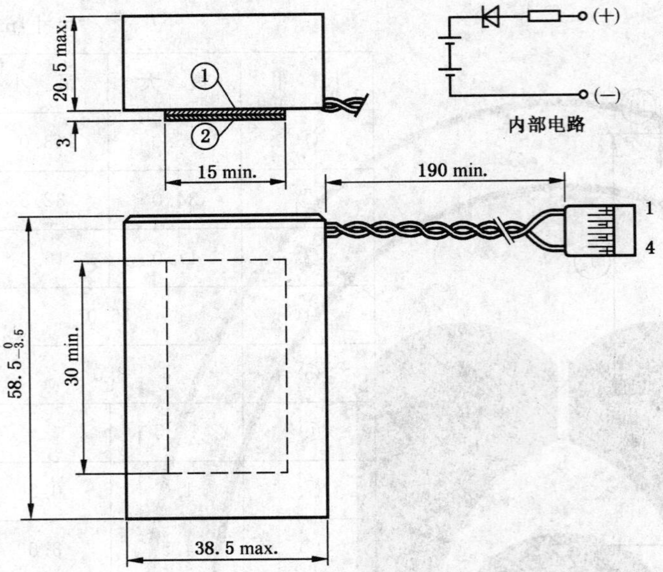

型　　号	最大开路电压/V
2EP3863	7.8

尺寸:mm。

极端类型:两股可弯曲的导线与连接器相接

正极:红色;

负极:黑色。

一般规定见 GB/T 8897.1—2008。

图 14 2EP3863 电池尺寸图

四孔连接器:

1.负极端

2.空脚

3.极性键

4.正极端

特点:双金属触头,镍镀金。

配合参数:

——针距:2.54 mm。

——针粗:0.64 mm(方形或圆形针)。

——标称针长:5.84 mm。

电化学体系代号	型　号	标称电压/V	放电条件			最小平均放电时间(MAD)[a]		应　用
			电阻/kΩ	每天放电时间	终止电压/V	初始期	贮存期	
E	2EP3863	6.0	3.3	24 h	3.0	650 h	—	放电量检验

[a] 标准条件(见 GB/T 8897.1—2008 表 4 的放电检验条件)。

7.6.1.7 第六类电池——4R25X、4LR25X 电池的外形尺寸和电性能要求

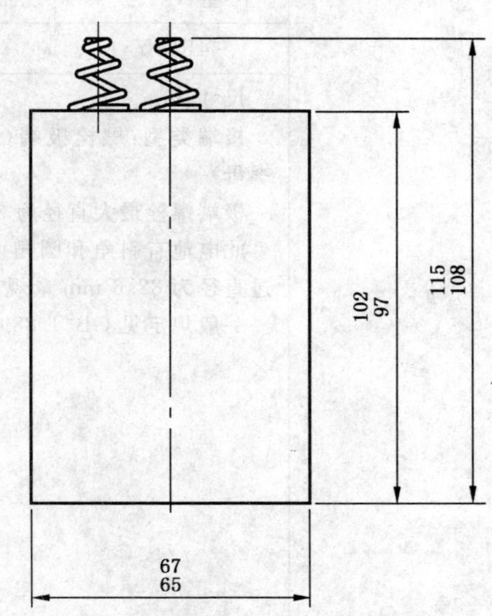

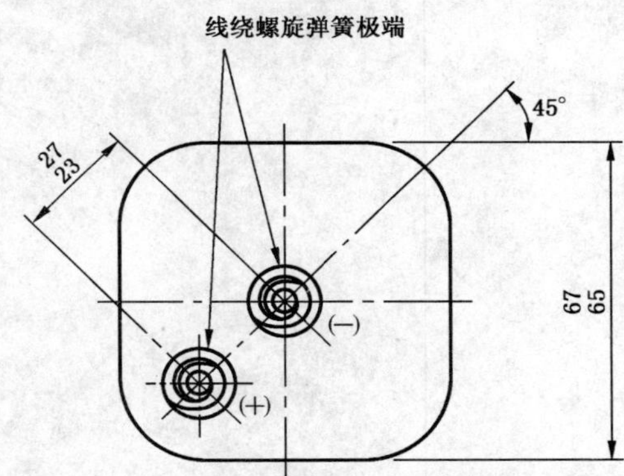

图 15 4R25X 和 4LR25X 电池尺寸图

型　号	最大开路电压/V
4R25X	6.90
4LR25X	6.60

尺寸：mm。

极端类型：至少绕了 3 圈的螺旋弹簧极端，可压至离电池盒平面 3 mm 以内。

此电池有圆角和斜角两种，应能自由通过直径为 82.6 mm 量规。

一般规定见 GB/T 8897.1—2008。

电化学体系代号	型　号	标称电压/V	放电条件			最小平均放电时间(MAD)[a]		应　用
			电阻/Ω	每天放电时间	终止电压/V	初始期	贮存期	
无 (见注 1)	4R25X	6.0	8.2	30 min	3.6	350 min	280 min	手电筒(1)
			9.1	[b]	3.6	270 min	216 min	手电筒(2)
			110	12 h	3.6	155 h	124 h	道路警灯
L (见注 2)	4LR25X	6.0	8.2	30 min	3.6	900 min	810 min	手电筒(1)
			9.1	[b]	3.6	1 020 min	918 min	手电筒(2)
			110	12 h	3.6	310 h	279 h	道路警灯

注 1：电池贮存期至少为 12 个月，贮存期电池的放电指标为初始期最小平均放电时间的 80%。

注 2：电池贮存期至少为 12 个月，贮存期电池的放电指标为初始期最小平均放电时间的 90%。

[a] 标准条件(见 GB/T 8897.1—2008 表 4 的放电检验条件)。

[b] 每小时的前 30 min 放电，每天 8 h。

7.6.1.8 第六类电池——4R25Y 电池的外形尺寸和电性能要求

型　号	最大开路电压/V
4R25Y	6.90

尺寸：mm。

极端类型：螺栓极端（绝缘螺母或金属螺母）

极端螺栓最大直径为 3.5 mm。

此电池有斜角和圆角两种，应能自由通过直径为 82.6 mm 量规。

一般规定见 GB/T 8897.1—2008。

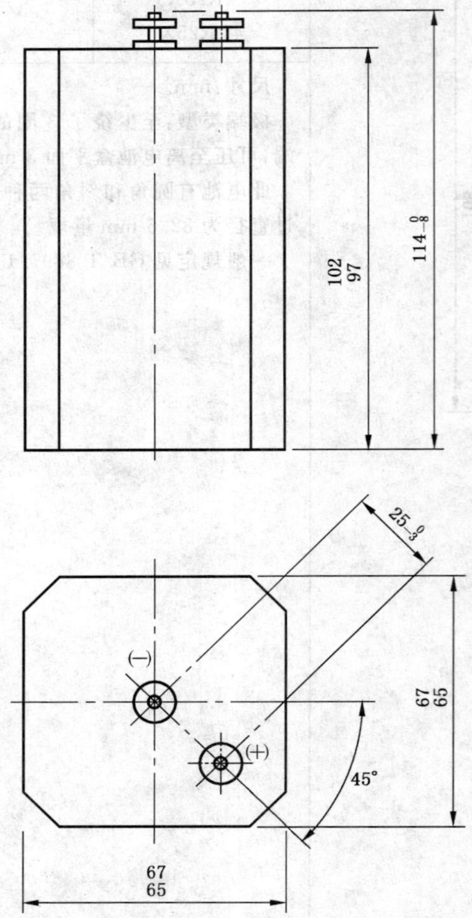

图 16　4R25Y 电池尺寸图

电化学体系代号	型　号	标称电压/V	放电条件			最小平均放电时间 (MAD)[a]		应　用
			电阻/Ω	每天放电时间	终止电压/V	初始期	贮存期	
无（见注）	4R25Y	6.0	8.2	30 min	3.6	350 min	280 min	手电筒(1)
			9.1	[b]	3.6	270 min	216 min	手电筒(2)
			110	12 h	3.6	155 h	124 h	道路警灯

注：电池贮存期至少为 12 个月，贮存期电池的放电指标为初始期最小平均放电时间的 80%。

a　标准条件（见 GB/T 8897.1—2008 表 4 的放电检验条件）。

b　每小时的前 30 min 放电，每天 8 h。

7.6.1.9 第六类电池——4R25-2、4LR25-2 电池的外形尺寸和电性能要求

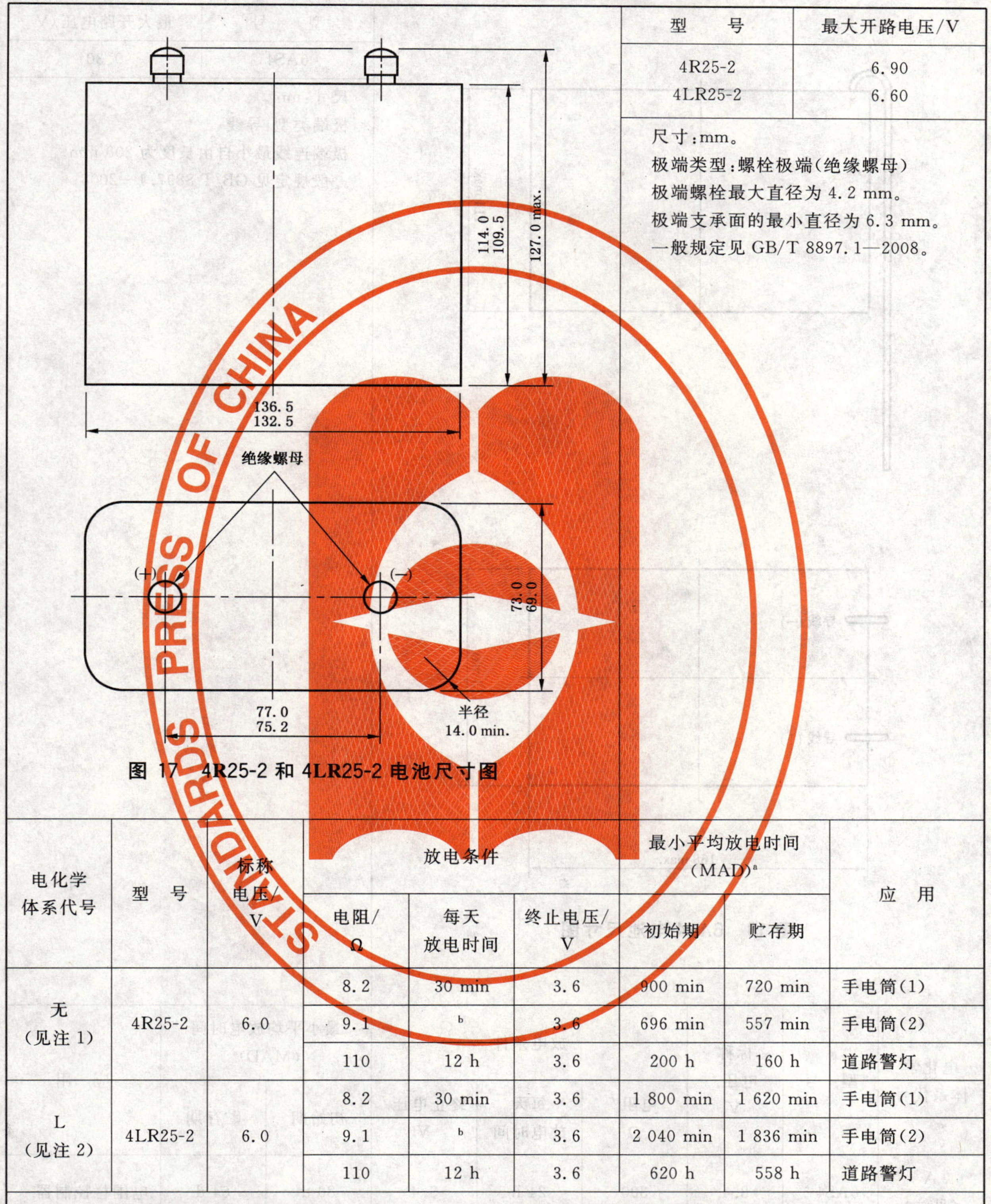

图 17 4R25-2 和 4LR25-2 电池尺寸图

型号	最大开路电压/V
4R25-2	6.90
4LR25-2	6.60

尺寸：mm。

极端类型：螺栓极端（绝缘螺母）

极端螺栓最大直径为 4.2 mm。

极端支承面的最小直径为 6.3 mm。

一般规定见 GB/T 8897.1—2008。

电化学体系代号	型号	标称电压/V	放电条件			最小平均放电时间(MAD)[a]		应用
			电阻/Ω	每天放电时间	终止电压/V	初始期	贮存期	
无(见注 1)	4R25-2	6.0	8.2	30 min	3.6	900 min	720 min	手电筒(1)
			9.1	[b]	3.6	696 min	557 min	手电筒(2)
			110	12 h	3.6	200 h	160 h	道路警灯
L(见注 2)	4LR25-2	6.0	8.2	30 min	3.6	1 800 min	1 620 min	手电筒(1)
			9.1	[b]	3.6	2 040 min	1 836 min	手电筒(2)
			110	12 h	3.6	620 h	558 h	道路警灯

注 1：电池贮存期至少为 12 个月，贮存期电池的放电指标为初始期最小平均放电时间的 80%。

注 2：电池贮存期至少为 12 个月，贮存期电池的放电指标为初始期最小平均放电时间的 90%。

[a] 标准条件（见 GB/T 8897.1—2008 表 4 的放电检验条件）。

[b] 每小时的前 30 min 放电，每天 8 h。

7.6.1.10 第六类电池——6AS4电池的外形尺寸和电性能要求

型　号	最大开路电压/V
6AS4	9.30

尺寸:mm。

极端类型:导线

极端连线最小自由长度为200 mm。

一般规定见GB/T 8897.1—2008。

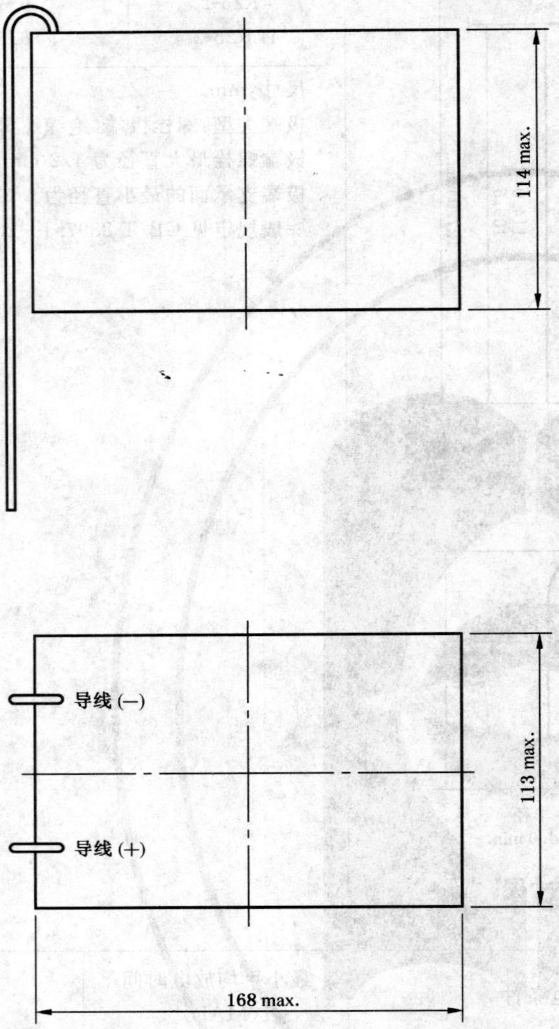

图18　6AS4电池尺寸图

电化学体系代号	型　号	标称电压/V	放电条件			最小平均放电时间(MAD)[a]		应　用
			电阻/Ω	每天放电时间	终止电压/V	初始期	贮存期	
A(见注)	6AS4[b]	8.4	300	24 h	5.4	80 d	64 d	电围栏控制器

注:电池贮存期至少为12个月,贮存期电池的放电指标为初始期最小平均放电时间的80%。

a　标准条件(见GB/T 8897.1—2008表4的放电检验条件)。

b　电器具设计者应注意确保“A”体系电池的空气入口通畅。

7.6.1.11 **第六类电池——6AS6 电池的外形尺寸和电性能要求**

型　　号	最大开路电压/V
6AS6	9.30

尺寸:mm。

极端类型:导线

极端连线最小自由长度为 200 mm。

连线末端可与专用极端相接。

一般规定见 GB/T 8897.1—2008。

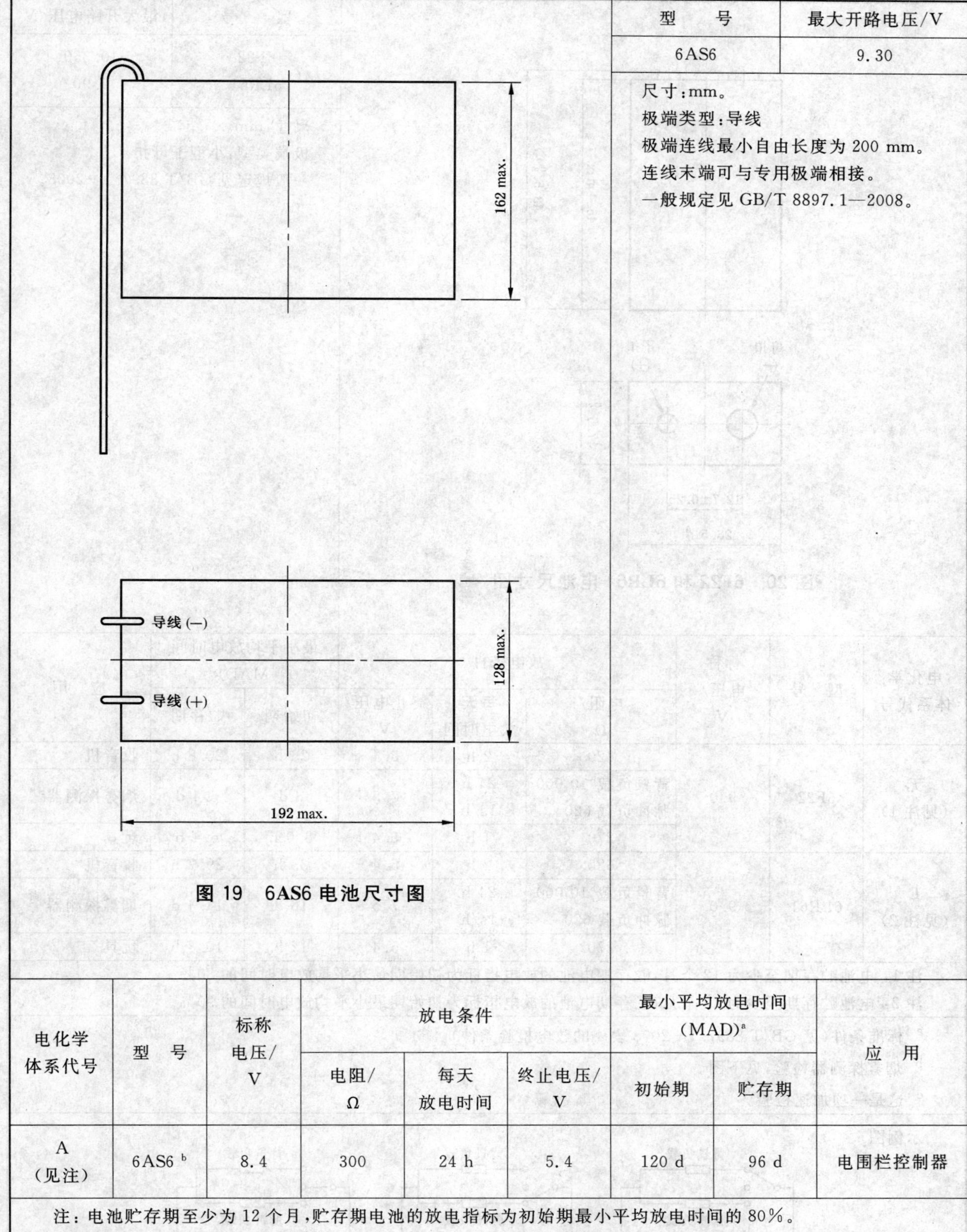

图 19　6AS6 电池尺寸图

电化学体系代号	型　号	标称电压/V	放电条件			最小平均放电时间(MAD)[a]		应　用
			电阻/Ω	每天放电时间	终止电压/V	初始期	贮存期	
A (见注)	6AS6 [b]	8.4	300	24 h	5.4	120 d	96 d	电围栏控制器
注:电池贮存期至少为 12 个月,贮存期电池的放电指标为初始期最小平均放电时间的 80%。								

[a] 标准条件(见 GB/T 8897.1—2008 表 4 的放电检验条件)。

[b] 电器具设计者应注意确保“A”体系电池的空气入口通畅。

7.6.1.12 第六类电池——6F22、6LR61电池的外形尺寸和电性能要求

型　号	最大开路电压/V
6F22 6LR61	10.350 9.90

尺寸：mm。
极端类型：小型子母扣
一般规定见 GB/T 8897.1—2008。

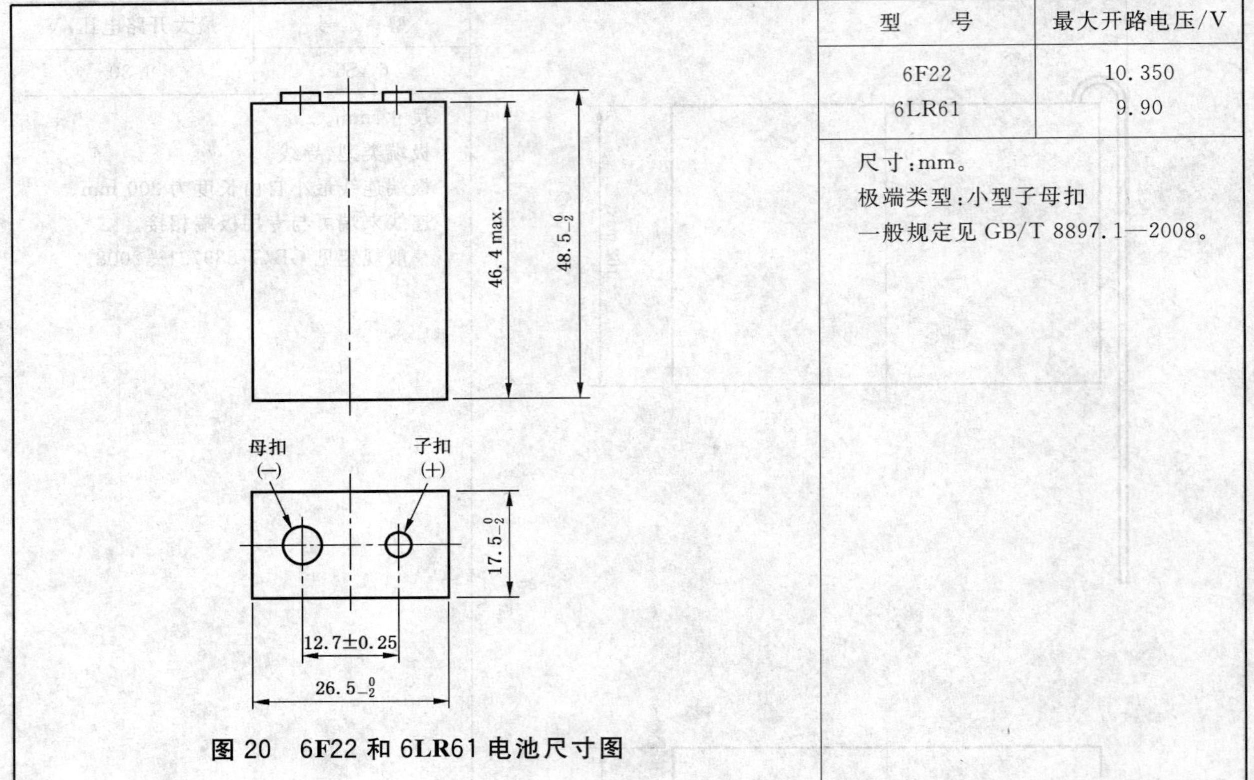

图 20　6F22 和 6LR61 电池尺寸图

电化学体系代号	型　号	标称电压/V	放电条件			最小平均放电时间（MAD）[a]		应　用
			电阻/Ω	每天放电时间	终止电压/V	初始期	贮存期	
无 （见注 1）	6F22	9.0	620	2 h	5.4	26 h	20.8 h	收音机
			背景负载[b]10 000 脉冲负载 620	24 h 1s/h	7.5	8 d	6.4 d	烟雾探测器[c]
			270	1 h	5.4	8.0 h	6.4 h	玩具
L （见注 2）	6LR61	9.0	620	2 h	5.4	33 h	29.7 h	收音机
			背景负载[b]10 000 脉冲负载 620	24 h 1s/h	7.5	16 d	14.4 d	烟雾探测器[c]
			270	1 h	5.4	12 h	10.8 h	玩具

注 1：电池贮存期至少为 12 个月，贮存期电池的放电指标为初始期最小平均放电时间的 80%。
注 2：电池贮存期至少为 12 个月，贮存期电池的放电指标为初始期最小平均放电时间的 90%。

[a] 标准条件（见 GB/T 8897.1—2008 表 4 的放电检验条件）。
[b] 烟雾探测器检验，见下图。
[c] 这是一项加速检验。

示例图

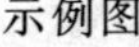

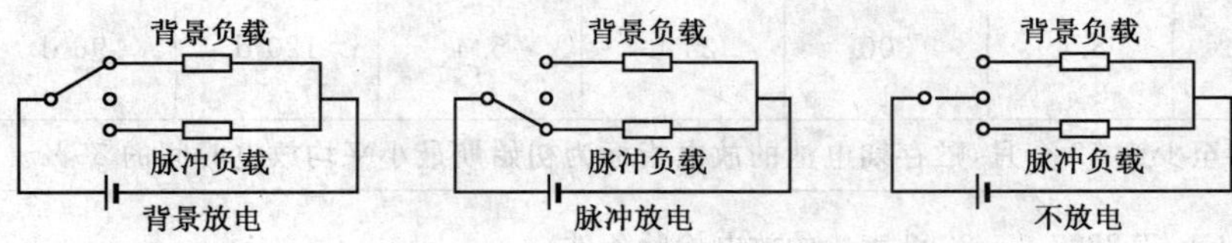

注：620 Ω 的脉冲负载是有效负载，它应单独加载在电池上，而不是并联或串联在 10 000 Ω 的背景负载上。

7.6.1.13 第六类电池——6F100 电池的外形尺寸和电性能要求

型号	最大开路电压/V
6F100	10.350

尺寸：mm。
极端类型：标准子母扣
一般规定见 GB/T 8897.1—2008。

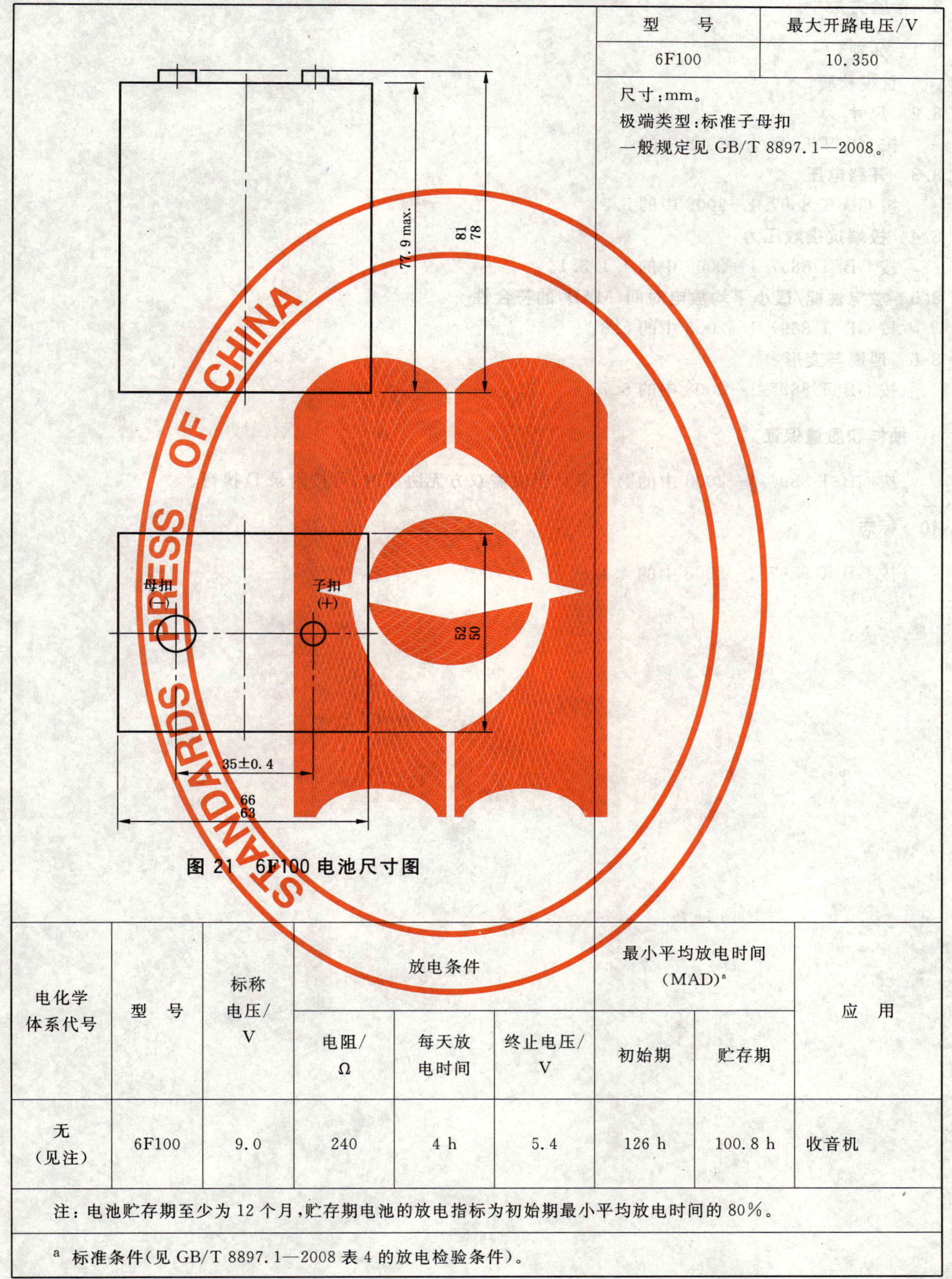

图 21 6F100 电池尺寸图

电化学体系代号	型 号	标称电压/V	放电条件			最小平均放电时间(MAD)[a]		应 用
			电阻/Ω	每天放电时间	终止电压/V	初始期	贮存期	
无（见注）	6F100	9.0	240	4 h	5.4	126 h	100.8 h	收音机

注：电池贮存期至少为 12 个月，贮存期电池的放电指标为初始期最小平均放电时间的 80%。

[a] 标准条件（见 GB/T 8897.1—2008 表 4 的放电检验条件）。

8 检验方法

8.1 外观

目视检验。

8.2 尺寸

按 GB/T 8897.1—2008 中的 5.6。

8.3 开路电压

按 GB/T 8897.1—2008 中的 5.5。

8.4 极端抗接触压力

按 GB/T 8897.1—2008 中的 4.1.3.1。

8.5 放电性能/最小平均放电时间(MAD)的符合性

按 GB/T 8897.1—2008 中的 5.3。

8.6 泄漏与变形

按 GB/T 8897.1—2008 中的 5.7。

9 抽样和质量保证

按 GB/T 8897.1—2008 中的第 7 章。当供需双方无协议时,可按附录 D 执行。

10 标志

按 GB/T 8897.1—2008 中的 4.1.6。

附 录 A
（资料性附录）
按应用检验分类的电池分类表

下列各表列出了本部分中有相同应用检验的所有电池。

表中，电池按标称电压升序排列，标称电压相同时，按体积大小升序排列。

表 A.1 道路警灯

型 号	标称电压/V
4R25X	6.0
4LR25X	6.0
4R25Y	6.0
4R25-2	6.0
4LR25-2	6.0

表 A.2 工业设备

型 号	标称电压/V
S4	1.5
R40	1.5

表 A.3 电围栏控制器

型 号	标称电压/V
R40	1.5
5AR40	7.0
6AS4	8.4
6AS6	8.4

表 A.4 收音机

型 号	标称电压/V
R03	1.5
LR03	1.5
R6P	1.5
R6S	1.5
LR6	1.5
R14P	1.5
R14S	1.5
LR14	1.5
R20P	1.5
R20S	1.5
LR20	1.5
3R12P	4.5
3R12S	4.5
3LR12	4.5
6F22	9.0
6LR61	9.0
6F100	9.0

表 A.5 电子设备

型 号	标称电压/V
CR15H270	3.0
4LR61	6.0

表 A.6 寻呼机

型 号	标称电压/V
LR1	1.5

表 A.7 助听器

型 号	标称电压/V
R1	1.5
LR1	1.5
PR41	1.4
PR44	1.4
PR48	1.4
PR70	1.4
SR48	1.55

表 A.8 照相机

型 号	标称电压/V
CR15H270	3.0
CR17345	3.0
BR-P2(2BP4036)	6.0
CR-P2(2CP4036)	6.0
2CR5(2CP3845)	6.0

表 A.9 手电筒

型 号	标称电压/V
LR8D425	1.5
R1	1.5
LR1	1.5
R03	1.5
LR03	1.5
R14P	1.5
R14S	1.5
LR14	1.5
R20P	1.5
R20S	1.5
LR20	1.5
2R10	3.0
3R12P	4.5
3R12S	4.5
3LR12	4.5
4R25X	6.0
4LR25X	6.0
4R25Y	6.0
4R25-2	6.0
4LR25-2	6.0

表 A.10 烟雾探测器

型 号	标称电压/V
6F22	9.0
6LR61	9.0

表 A.11 玩具(马达)

型 号	标称电压/V
R6P	1.5
LR6	1.5
R14P	1.5
R14S	1.5
LR14	1.5
R20P	1.5
R20S	1.5
LR20	1.5
6F22	9.0
6LR61	9.0

表 A.12 自动照相机

型 号	标称电压/V
SR44	1.55
4LR44	6.0
4SR44	6.2

表 A.13 磁带录音机(卡式放音机)

型 号	标称电压/V
R03	1.5
LR03	1.5
R6P	1.5
LR6	1.5
R14P	1.5
R14S	1.5
LR14	1.5
R20P	1.5
R20S	1.5
LR20	1.5

附 录 B
（资料性附录）
相互对照索引

具有相同外形尺寸的电池也可属于不同的电化学体系。

为了对不同电化学体系的外形尺寸上可互换的电池作比较，给出下表。

电池按类列表，同一类电池分别按其电化学体系和外形尺寸分类。

电池按标称电压大小升序排列，标称电压相同的按体积大小升序排列。

表 B.1 第一类电池 圆柱形电池[外形如图 1 a)，图 1 b)]

按电化学体系分类	按外形尺寸分类
R1、R03、R6P、R6S、R14P、R14S、R20P、R20S、2R10 LR8D425、LR1、LR03、LR6、LR14、LR20 CR12A604	LR8D425 R1、LR1 R03、LR03 R6P、R6S、LR6 R14P、R14S、LR14 R20P、R20S、LR20 CR12A604 2R10

表 B.2 第二类电池 圆柱形电池（外形如图 2）

按电化学体系分类	按外形尺寸分类
CR14250、CR15H270、CR17345、CR17450 BR17335	CR14250 CR15H270 BR17335 CR17345 CR17450

表 B.3 第三类电池 圆柱形电池（外形如图 3）

按电化学体系分类	按外形尺寸分类
LR9、LR53 CR11108	CR11108[图 3a)] LR9[图 3a)] LR53[图 3b)]

表 B.4　第四类电池　圆柱形电池(外形如图 4)

按电化学体系分类	按外形尺寸分类
PR70、PR41、PR48、PR44 LR41、LR55、LR54、LR43、LR44 SR62、SR63、SR65、SR64、SR60、SR67、SR66、SR58、SR68、SR59、SR69、SR41、SR57、SR55、SR48、SR56、SR54、SR42、SR43、SR44 CR1025、CR1216、CR1220、CR1616、CR2012、CR1620、CR2016、CR2025、CR2320、CR2032、CR2330、CR2430、CR2354、CR3032、CR2450 BR1225、BR2016、BR2020、BR2320、BR2325、BR3032	SR62 SR63 SR65 SR64 SR60 SR67 SR66 PR70 SR58 SR68 SR59 SR69 PR41、LR41、SR41 SR57 CR1025 CR1216 LR55、SR55 CR1220 PR48、SR48 SR56 BR1225 CR1616 LR54、SR54 CR2012 SR42 CR1620 LR43、SR43 CR2016、BR2016 PR44、LR44、SR44 BR2020 CR2025 CR2320、BR2320 CR2032 BR2325 CR2330 CR2430 CR2354 CR3032、BR3032 CR2450

表 B.5　第五类电池　其他杂类圆柱形电池

按电化学体系分类	按外形尺寸分类
R40 4LR44 2CR13252 4SR44 5AR40	4LR44、2CR13252、4SR44 R40 5AR40

表 B.6　第六类电池　杂类非圆柱形电池

按电化学体系分类	按外形尺寸分类
S4、3R12P、3R12S、4R25X、4R25Y、4R25-2、6F22、6F100 3LR12、4LR61、4LR25X、4LR25-2、6LR61 6AS4、6AS6 CR-P2(2CP4036)、2CR5(2CP3845) BR-P2(2BP4036) 2EP3863	4LR61 6F22、6LR61 CR-P2(2CP4036)、BR-P2(2BP4036) 2CR5(2CP3845) 2EP3863 3R12P、3R12S、3LR12 6F100 S4 4R25X、4LR25X 4R25Y 4R25-2、4LR25-2 6AS4 6AS6

附 录 C
（资料性附录）
索 引

本索引（见表C.1）提供了特定的电池与其外形尺寸及应用检验和放电容量检验等技术要求所处页码之间的对应关系。

在本索引中，电池按其型号中字母之后的数字部分升序排列，如果数值相同，则按其字母的顺序排列，若两种电池按这两个规则仍不能明确区分，则再以其型号中字母部分之前的数字升序排列。

表 C.1 索引

附 录 D
（规范性附录）
检验规则

D.1 交收检验

按 GB/T 8897.1—2008 中的 7.1.1 或 7.1.2 进行。

D.2 型式检验

型式检验按表 D.1。

表 D.1 型式检验

<table>
<tr><th>序号</th><th>检 验 项 目</th><th>检验方法</th><th>技术要求</th><th>样本大小 n</th><th colspan="2">允许不合格电池数</th></tr>
<tr><td>1</td><td>外观</td><td>8.1</td><td>清洁、无漏液、无锈蚀、标志清晰</td><td>20</td><td colspan="2">0</td></tr>
<tr><td>2</td><td>尺寸
直径、总高度(圆柱形电池)
长、宽、高(非圆柱形电池)</td><td>8.2</td><td>第 7 章</td><td>20</td><td colspan="2">1</td></tr>
<tr><td>3</td><td>开路电压</td><td>8.3</td><td>第 7 章</td><td>20</td><td colspan="2">0</td></tr>
<tr><td>4</td><td>极端抗接触压力[a]</td><td>8.4</td><td>GB/T 8897.1—2008 中的4.1.3.1</td><td>20</td><td colspan="2">0</td></tr>
<tr><td>5</td><td>放电性能(MAD 符合性)</td><td>第 7 章；8.5[b]</td><td>第 7 章</td><td rowspan="3">$N\times 9$
（N：本标准规定的放电项目数）</td><td colspan="2">按 GB/T 8897.1—2008 中的 5.3[c]</td></tr>
<tr><td rowspan="2">6</td><td rowspan="2">泄漏和变形</td><td rowspan="2">8.6</td><td rowspan="2">GB/T 8897.1—2008 中的 4.2.2 和 4.2.3</td><td>泄漏</td><td>0</td></tr>
<tr><td>变形</td><td>$n<20$ 时，0
$20<n<40$ 时，1
$n>40$ 时，2</td></tr>
</table>

[a] 该项目仅适用于第四类电池。

[b] 放电条件按 GB/T 8897.1—2008 中的 6.1、6.2 和 6.3。

[c] 电池必须满足所有放电检验要求方可判为符合本部分(见 GB/T 8897.1—2008 中的 6.3)。

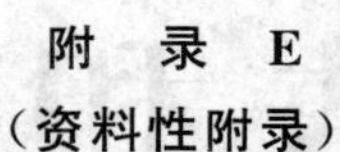

附　录　E
（资料性附录）
本部分与 IEC 60086-2 的技术性差异及其原因

本部分与 IEC 60086-2 的技术性差异及其原因见表 E.1。

本部分与 IEC 60086-2 在电池最小平均放电时间（MAD）指标上的差异见表 E.2。

表 E.1　本部分与 IEC 60086-2 的技术性差异及其原因

本部分章条号	技术性差异	原　因
1;8;9	增加了检验方法及抽样和质量保证	目的是列出在 GB/T 8897.1—2008 中规定的相应检验方法及抽样和质量保证的条款号，以方便标准使用者对应查找
1;附录 D	增加了检验规则	IEC 60086 未规定具体的检验或验收规则，为适合我国的国情，保证电池质量，维护消费者利益，本部分增加了附录 D 检验规则
7	提高了一些电池的最小平均放电时间指标（MAD）（详见表 E.2）	我国这些电池的实际放电时间已大大高于 IEC 60086-2 中的指标

表 E.2　本部分与 IEC 60086-2 在电池最小平均放电时间（MAD）指标上的差异

型号	放电条件			初始期 最小平均放电时间（MAD）		应　用
	电阻/ Ω	每天 放电时间	终止电压/ V	IEC 60086-2	本部分	
R1	5.1	5 min	0.9	30 min	40 min	手电筒
R6P	10	1 h	0.9	4.0 h	4.1 h	磁带录音机和卡式放音机
	1.8	放电 15 s，停放 45 s，每天 24 h	0.9	60 次	75 次	脉冲检验
R20S	2.2	每小时的前 4 min 放电，每天 8 h	0.9	100 min	150 min	手电筒(1)
	3.9	1 h	0.9	4 h	5.0 h	磁带录音机
	2.2	1 h	0.8	2 h	2.5 h	玩具
LR03	5.1	每小时的前 4 min 放电，每天 8 h	0.9	130 min	145 min	手电筒
	10	1 h	0.9	5 h	6.0 h	磁带录音机和卡式放音机
	75	4 h	0.9	44 h	50 h	收音机
LR6	43	4 h	0.9	60 h	65 h	收音机
	3.9	1 h	0.8	4 h	4.5 h	马达/玩具
	10	1 h	0.9	11.5 h	15 h	磁带录音机和卡式放音机
6F22	620	2 h	5.4	24 h	26 h	收音机
	270	1 h	5.4	7 h	8.0 h	玩具

ICS 29.220.10
K 82

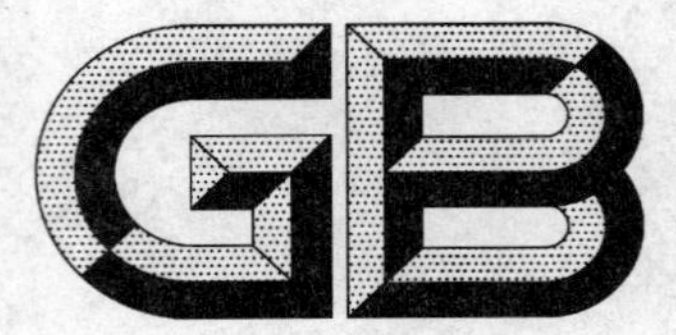

中华人民共和国国家标准

GB 8897.4—2008/IEC 60086-4:2007
代替 GB 8897.4—2002

原电池 第4部分:锂电池的安全要求

Primary batteries—Part 4: Safety of lithium batteries

(IEC 60086-4:2007,IDT)

2008-12-30 发布 2010-03-01 实施

中华人民共和国国家质量监督检验检疫总局
中国国家标准化管理委员会 发布

前　　言

本部分的第4章、第5章、第6章、第9章为强制性的，其余为推荐性的。

《原电池》分为以下5个部分：

——GB/T 8897.1《原电池　第1部分：总则》

——GB/T 8897.2《原电池　第2部分：外形尺寸和电性能要求》

——GB/T 8897.3《原电池　第3部分：手表电池》

——GB 8897.4《原电池　第4部分：锂电池的安全要求》

——GB 8897.5《原电池　第5部分：水溶液电解质电池的安全要求》

本部分是《原电池》的第4部分。

本部分等同采用IEC 60086-4:2007《原电池　第4部分：锂电池的安全要求》(第3版)。

本部分与IEC 60086-4:2007相比，仅做下述编辑性修改：

——"规范性引用文件"中的引用标准替换为我国相应的国家标准；

——用小数点符号"."代替小数点符号","；

——用"本标准"代替"本国际标准"；

——用"本部分"代替"本国际标准本部分"；

——删除国际标准中资料性概述要素(包括封面、目次、前言)。

本部分代替GB 8897.4—2002《原电池　第4部分：锂电池的安全要求》。

本部分与GB 8897.4—2002的主要技术性差异参见附录D。

本部分的附录A、附录B、附录C、附录D均为资料性附录。

本部分由中国轻工业联合会提出。

本部分由全国原电池标准化技术委员会(SAC/TC 176)归口。

本部分主要起草单位：国家轻工业电池质量监督检测中心、福建南平南孚电池有限公司、成都建中锂电池有限公司、吴江出入境检验检疫局、常州达立电池有限公司、力佳电源科技(深圳)有限公司。

本部分参加起草单位：武汉力兴(火炬)电源有限公司、广东正龙股份有限公司、广州市番禺华力电池有限公司。

本部分主要起草人：林佩云、刘燕、黄星平、吴一帆、王彩娟、徐平国、王建、王传义、黄伟杰、张超明。

本部分所代替标准历次版本发布情况如下：

——GB 8897.4—2002。

引　言

安全的概念与保护人民生命财产不受损害密切相关。本部分规定了锂电池的检验方法和要求。本部分所采用的 IEC 60086-4 第 3 版是在依据 ISO/IEC 导则,同时参考了所有适用的国家标准和国际标准的基础上制定的。

锂电池不同于传统的使用水溶液电解质的原电池,因为它们含有易燃物质。

因此,在设计、生产、销售、使用和处理锂电池时认真考虑安全性是重要的。基于锂电池的特殊性,作为消费品的锂电池最初是小尺寸和低功率的,而高功率电池被用于特殊工业和军事上,这类电池必须由专业人员进行更换。IEC/TC 35 当时就是在这种背景下起草了 IEC 60086-4 的第 1 版。

然而,从 20 世纪 80 年代开始,高功率的锂电池开始广泛应用于消费领域,主要用作照相机的电源。随着对高功率电池需求的显著增长,不同的生产厂开始生产高功率锂电池。在这种情况下,IEC 60086-4 第 2 版中增加了对高功率锂电池的安全要求。

本部分(采用 IEC 60086-4 第 3 版)的主要目标是使本部分的锂电池运输检验项目与 GB 21966 协调一致。

附录 A 是锂电池安全设计指南。附录 B 是以锂电池作电源的电器具的安全设计指南。附录 A 和附录 B 是依据参考文献[18]、同时考虑了照相机用锂电池的使用经验而制定的。

安全就是避免不可接受的风险。没有绝对的安全:风险总是存在的。因此产品、过程或服务只可能有相对的安全。安全就是在“理想的绝对安全”和“满足需求并考虑其他因素”之间寻求最佳平衡点的情况下将风险降低到可以接受的程度。(“满足需求”指产品、过程或服务满足要求;“其他因素”指用户利益、适用性、成本效率和社会公约等因素。)

安全会形成不同的问题,因此不可能提出一套适用于所有情况的精确的规定和建议。但是,当明智地遵循“适合时采用”时,本部分将是相当协调的安全规范。

原电池　第4部分:锂电池的安全要求

1　范围

本部分规定了锂原电池的检验项目和要求,以保证锂原电池在预期的使用以及可合理预见的误使用情况下安全工作。

注:GB/T 8897.2 中已标准化的锂原电池应符合本部分中所有适用的要求。不言而喻,本部分也可以用来检测和/或保证未标准化的锂原电池的安全性。但是无论属于上述的哪种情况,都不声明或者保证符合(或不符合)本部分要求的电池能够满足(或不能满足)用户的任何特殊用途或需求。

2　规范性引用文件

下列文件中的条款通过本部分的引用而成为本部分的条款。凡是注日期的引用文件,其随后所有的修改单(不包括勘误的内容)或修订版均不适用于本部分,然而,鼓励根据本部分达成协议的各方研究是否可使用这些文件的最新版本。凡是不注日期的引用文件,其最新版本适用于本部分。

GB/T 8897.1　原电池　第1部分:总则(GB/T 8897.1—2008,IEC 60086-1:2007,MOD)

GB/T 8897.2　原电池　第2部分:外形尺寸和电性能要求(GB/T 8897.2—2008,IEC 60086-2:2007,MOD)

3　术语和定义

下列术语和定义适用于本部分。

3.1

总锂量　aggregate lithium content

一个电池中包含的所有单体电池的总的锂含量。

3.2

原电池　primary battery

装配有使用所必需的装置(如外壳、极端、标志及保护装置)的、由一个或多个单体原电池构成的电池。

3.3

扣式单体电池　button cell

总高度小于直径的圆柱形单体电池,形似纽扣或硬币。

3.4

[单体]原电池　primary cell

按不可以充电设计的、直接把化学能转变为电能的电源基本功能单元。由电极、电解质、容器、极端、通常还有隔离层组成。

3.5

单元电池　component cell

装入一个电池内的单体电池。

3.6

圆柱形单体电池　cylindrical cell

总高度等于或大于直径的圆柱形单体电池。

3.7

放电深度 depth of discharge

电池放出的容量占额定容量的百分比。

3.8

完全放电 fully discharge

电池放电深度为100％时的荷电状态。

3.9

伤害 harm

对人体健康的损伤或危害，或对财产或环境的损害。

3.10

危害性 hazard

造成伤害的潜在源。

3.11

预期的使用 intended use

按供方提供的信息对产品、过程或服务的使用。

3.12

大电池 large battery

总锂量超过 500 g 的电池。

3.13

单体大电池 large cell

总锂量超过 12 g 的单体电池。

3.14

单体锂电池 lithium cell

负极为锂或含锂的非水电解质单体电池。

3.15

标称电压 nominal voltage

用来标识某单体电池、电池或电化学体系的一个适当的电压近似值。

3.16

开路电压 open circuit voltage

放电电流为零时电池的电压。

3.17

矩形的 prismatic

描述各面均为矩形的平行六面体形状的电池。

3.18

保护装置 protective devices

诸如保险丝、二极管或其他电气或电子的限流装置，用来切断电流、阻断某个方向的电流或限制电路中电流。

3.19

额定容量 rated capacity

在规定的条件下测得的并由制造商声明的电池容量。

3.20

可合理预见的误使用 reasonably foreseeable misuse

未按供方的规定对产品、过程或服务的使用，但这种结果是由很容易预见的人为活动所引起的。

3.21

风险 risk

对发生伤害的可能性及伤害的严重性的综合衡量。

3.22

安全 safety

没有不可接受的风险。

3.23

未放电的 undischarged

电池放电深度为0%时的荷电状态。

4 安全要求

4.1 设计

锂电池按其化学组成(阳极、阴极和电解质)、内部结构(碳包式和卷绕式)以及实际形状(圆柱形、扣式、矩形)来分类。在电池的设计阶段就必须考虑各个方面的安全问题,要认识到不同的锂体系、不同的容量和不同的电池结构其安全性有很大的差异。

以下有关安全的设计理念对所有的锂电池均适用:

a) 通过设计防止温度异常升高超过制造商规定的临界值;

b) 通过设计限制电流,从而控制电池的温度升高;

c) 锂电池应设计成能释放电池内部过大的压力或能排除在运输、预期的使用和可合理预见的误使用情况下的严重破裂。

锂电池安全指南见附录A。

4.2 质量计划

制造商应制定质量计划,规定在生产过程中对材料、零配件、单体电池和电池的检验程序,并在电池生产的整个过程中加以实施。

5 抽样

5.1 总则

按照公认的统计学方法在产品批中抽取样品。

5.2 检验样品

检验的样品数见表1。用相同的样品按顺序进行检验A至检验E。从检验F至检验M每一项检验都要求用新的电池。

注:检验G和检验F两项中选做一项,如何选择取决于哪一项更适合模拟受检电池类型的内部短路。

表1 电池样品数

	单体电池和由一个单体电池构成的电池		由多个多单体电池构成的电池	
检验A至检验E的样品数	未放电的电池	完全放电的电池	未放电的电池	完全放电的电池
	10	10	4[a]	4[a]
检验F至检验G的样品数	未放电的电池	完全放电的电池	电池不需要进行该检验,但其中的单元电池应已先行通过该检验。	
	5(扣式和圆柱形电池) 10(矩形电池)	5(扣式和圆柱形电池) 10(矩形电池)		
检验H的样品数	未放电的电池	完全放电的电池	电池不需要进行该检验,但其中的单元电池应已先行通过该检验。	
	不适用	10		

表 1（续）

	单体电池和由一个单体电池构成的电池		由多个多单体电池构成的电池	
检验 I 至检验 K 的样品数	未放电的电池	完全放电的电池	未放电的电池	完全放电的电池
	5	不适用	5	不适用
检验 L 的样品数	未放电的电池	完全放电的电池	不适用	
	5(+15)[b]	不适用		
检验 M 的样品数	50%放电深度的电池	75%放电深度的电池	不适用	
	5(+15)[b]	5(+15)[b]		

[a] 在检验电池时，除非它们的单元电池或由这些单元电池组成的电池先行检验过，那么被检电池的数量应当这样确定：这些电池中所包含的单元电池的数量至少应等于该检验项目所要求检测的单体电池的数量。

示例 1：假如检验一个内含 2 个单元电池的电池，那么检验所需的电池数为 5，如果这些单元或由这些单元电池组成的电池先前已检验过，那么所需检验的电池数为 4。

示例 2：假如检验内含 3 个或更多个单元电池的电池，那么检验所需的电池数为 4。

[b] 括号中是未放电的附加电池。

6 检验和要求

6.1 总则

6.1.1 检验项目

检验项目见表 2。

表 2 检验项目

电池构成类型	检验项目												
	A	B	C	D	E	F	G	H	I	J	K	L	M
	高空模拟	热冲击	振动	冲击	外部短路	重物冲击	挤压	强制放电	非正常充电	自由跌落	热滥用	不正确安装	过放电
单个	√	√	√	√	√	√	√	√	√	√	√	√[a]	√[b]
多个	√	√	√	√	√	不适用[c]	不适用[c]	不适用[c]	√	√	√	不适用	不适用

注：电池构成类型

单个：单体电池(cell)或由一个单体电池构成的电池(battery)

多个：由多个单体电池(cell)构成的电池(battery)

[a] 只适用于 CR17345、CR15H270 和具有卷绕式结构的、有可能发生不正确安装并被充电的相似类型的电池。

[b] 只适用于 CR17345、CR15H270 和具有卷绕式结构的、有可能过放电的相似类型的电池。

[c] 电池不需要进行该项检验，但其单元电池应已通过该项检验。

6.1.2 安全注意事项

警示：

要采取适当的防护措施，按程序进行检验，否则有可能造成伤害。

拟定这些检验项目时，是假定检验是由有资格、有经验的技术人员在采取适当的防护措施下进行的。

6.1.3 环境温度

除非另有规定，检验均在环境温度为(20±5)℃下进行。

6.1.4 参数测量误差

所有控制值的准确度(相对规定值而言)或测量值准确度(相对实际参数而言)应在以下误差范围内：

a) 电压：±1%；

b) 电流：±1%；

c) 温度：±2 ℃；

d) 时间：±0.1%；

e) 尺寸：±1%；

f) 容量：±1%。

以上的误差由测量仪器、所采用的测量技术以及检验过程中所有其他的误差综合组成。

6.1.5 预放电

当检验要求进行预放电时，应采用能获得其额定容量的电阻性负载、或采用制造商规定的电流将受检电池放电至相应的放电深度。

6.1.6 附加电池

当检验需要附加电池时，应使用和受检电池同类型的、而且最好是同批次的电池。

6.2 检验结果的判定标准

6.2.1 短路

电池在检验后开路电压低于检验前开路电压的90%的情况。

此要求不适用于完全放电态的受检电池。

6.2.2 过热

在检验中电池的外壳温度升高到170 ℃以上。

6.2.3 泄漏

在检验中电池以非设计预期的形式漏出电解质、气体或其他物质。

6.2.4 质量损失

在检验中，电池质量的损失量超过表3所给出的质量损失最大极限值。电池的质量损失 $\Delta m/m$ 按下式计算：

$$\Delta m/m = \frac{m - m_1}{m} \times 100\%$$

式中：

m——检验前电池的质量；

m_1——检验后电池的质量。

表3 质量损失最大极限值

电池的质量 m	质量损失限($\Delta m/m$)/%
$m \leqslant 1$ g	0.5
1 g $< m \leqslant 5$ g	0.2
$m > 5$ g	0.1

6.2.5 泄放

在检验中，电池通过专门设计的功能部件泄出气体以释放内部过大的压力。气体中可能裹挟着各种物质。

6.2.6 着火

在检验中被检电池发出火焰。

6.2.7 破裂

在检验中，由于单体电池的容器或电池外壳的损坏，导致气体排出、液体溢出或固体的喷出，但未发生爆炸。

6.2.8 爆炸

在检验中，源自电池任何部件的固体物质穿破如图1所示的金属网罩。电池放在钢板的中央，罩上网罩，该网罩用直径为0.25 mm的退火铝丝编织而成，网格密度为每厘米(6～7)根铝丝。

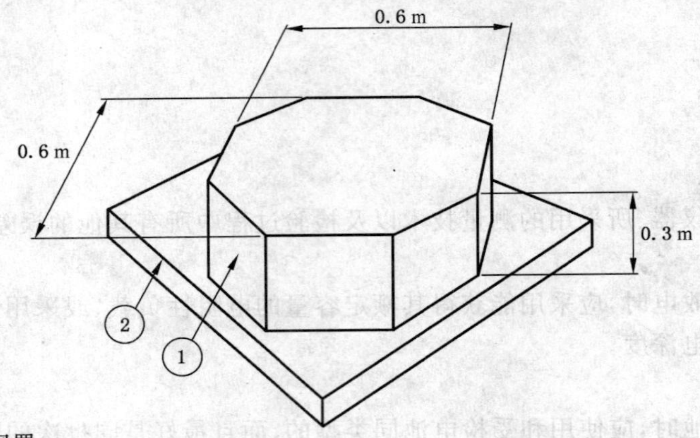

①——八边形的铝丝网罩；

②——钢板。

图1 网罩示意图

6.3 检验及要求一览表

本部分规定了锂电池在预期的使用情况下的安全检验项目(检验A至D)和可合理预见的误使用情况下的安全检验项目(检验E至M)。

表4 检验和要求

检验项目代号		项目名称	要求
预期的使用检验	A	高空模拟	无质量损失、不泄漏、不泄放、不短路、不破裂、不爆炸、不着火
	B	热冲击	无质量损失、不泄漏、不泄放、不短路、不破裂、不爆炸、不着火
	C	振动	无质量损失、不泄漏、不泄放、不短路、不破裂、不爆炸、不着火
	D	冲击	无质量损失、不泄漏、不泄放、不短路、不破裂、不爆炸、不着火
可合理预见的误使用检验	E	外部短路	不过热、不破裂、不爆炸、不着火
	F	重物撞击	不过热、不爆炸、不着火
	G	挤压	不过热、不爆炸、不着火
	H	强制放电	不爆炸、不着火
	I	非正常充电	不爆炸、不着火
	J	自由跌落	不泄放、不爆炸、不着火
	K	热滥用	不爆炸、不着火
	L	不正确安装	不爆炸、不着火
	M	过放电	不爆炸、不着火
用相同的电池依次进行检验A至检验E。 检验F和检验G两项中选做一项，由制造商决定哪一项检验更适合模拟相关类型的电池内部短路。			
注：检验结果的判定标准详见6.2。			

6.4 预期的使用检验

6.4.1 检验 A:高空模拟

a) 目的

模拟低气压环境下的空运。

b) 检验方法

在环境温度下,被检电池在不大于 11.6 kPa 的压力下至少放置 6 h。

c) 要求

电池在检验中应无质量损失、不泄漏、不泄放、不短路、不破裂、不爆炸、不着火。

6.4.2 检验 B:热冲击

a) 目的

通过温度循环的方法来评价电池的整体密封性能和内部的电连接性能。

b) 检验方法

被检电池在温度为 75 ℃的环境下至少放置 6 h,然后在 −40 ℃的环境下至少放置 6 h。不同温度的转换时间应不超过 30 min。每个被检电池进行 10 个循环后,在环境温度下至少放置 24 h。

大电池在检验温度下的存放时间应至少为 12 h 而非 6 h。

用做过高空模拟检验的电池来进行该项检验。

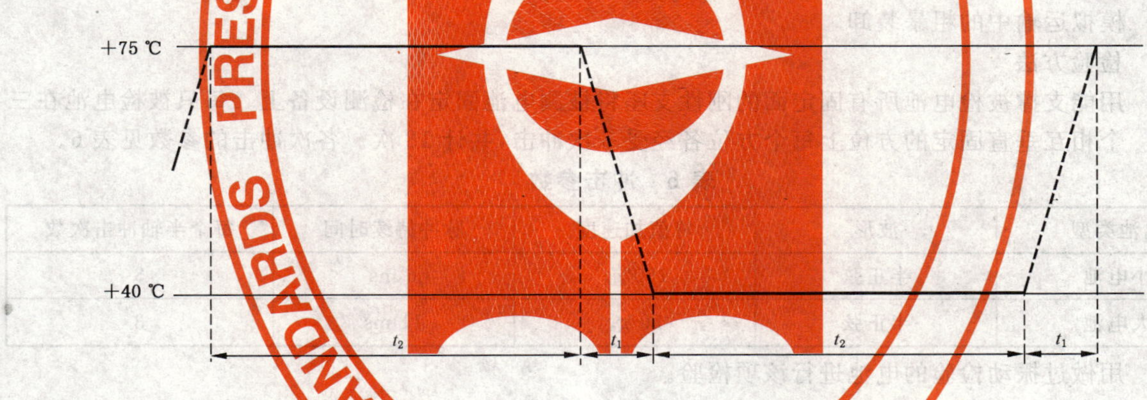

注:$t_1 \leqslant 30$ min;

$t_2 \geqslant 6$ h(对于大电池则为 12 h);

图形显示的是 10 次循环中一个循环。

图 2 热冲击步骤

c) 要求

电池在检验中应无质量损失、不泄漏、不泄放、不短路、不破裂、不爆炸、不着火。

6.4.3 检验 C:振动

a) 目的

模拟在运输中的振动。本检验条件基于 ICAO[2]所规定的振动范围。

b) 检验方法

以能如实传递振动但不致电池变形的方式将被检电池牢牢地固定在振动设备的振动平台上。按表 5 的规定对被检电池进行正弦波振动。在三个相互垂直固定的方位上每个方位各进行 12 次循环,每个方位循环时间共计 3 h。其中的一个方位应垂直于电池的极端面。

用做过热冲击检验的电池做该项检验。

表 5 振动波形(正弦曲线)

频率范围		幅值	对数扫频循环时间 (7 Hz-200 Hz-7 Hz)	轴向	循环次数
从	到				
$f_1=7$ Hz	f_2	$a_1=1\ g_n$	15 min	X	12
f_2	f_3	$s=0.8$ mm		Y	12
f_3	$f_4=200$ Hz	$a_2=8\ g_n$		Z	12
最后回到 $f_1=7$ Hz				总计	36
注:振动幅值是位移或加速度的最大绝对值。例如:0.8 mm 的位移幅值相当于 1.6 mm 的峰-峰值位移。					
表中: f_1,f_4——下限、上限频率 f_2,f_3——交越点频率($f_2\approx17.62$ Hz,$f_3\approx49.84$ Hz) a_1,a_2——加速度幅值 s——位移幅值					

c) 要求

电池在检验中应无质量损失、不泄漏、不泄放、不短路、不破裂、不爆炸、不着火。

6.4.4 检验 D:冲击

a) 目的

模拟运输中的粗暴装卸。

b) 检验方法

用能支撑被检电池所有固定面的刚性支座将被测电池固定在检测设备上。每只被检电池在三个相互垂直固定的方位上每个方位各经受 3 次冲击,共计 18 次。各次冲击的参数见表 6。

表 6 冲击参数

电池类型	波形	峰值加速度	脉冲持续时间	每个半轴冲击次数
小电池	半正弦	150 g_n	6 ms	3
大电池	半正弦	50 g_n	11 ms	3

用做过振动检验的电池进行该项检验。

c) 要求

电池在检验中应无质量损失、不泄漏、不泄放、不短路、不破裂、不爆炸、不着火。

6.5 可合理预见的误使用检验

6.5.1 检验 E:外部短路

a) 目的

模拟导致外部短路的条件。

b) 检验方法

在被检单体电池或电池的外壳温度稳定在 55 ℃后,在此温度下对电池进行外部短路,外电路的总阻值应小于 0.1 Ω,持续短路至电池外壳温度回落到 55 ℃后至少再继续短路 1 h。

继续观察被检样品 6 h。

用做过冲击检验的电池进行该项检验。

c) 要求

电池在检验之中以及在 6 h 的观察期内应不过热、不破裂、不爆炸、不着火。

6.5.2 检验 F:重物撞击

a) 目的

模拟电池内部短路。

注：为了和联合国关于《危险货物运输建议　检验和标准手册》[17]中的运输检验相协调，GB 21966 已经包含了重物撞击检验。IEC 认为将该项检验描述为误用检验比运输检验更合适。重物撞击是否能真正模拟电池内部短路还未经证实。对某些类型的单体电池来说，挤压检验更能模拟电池内部短路的情形。因此，挤压检验可作为模拟电池内部短路的检验方法之一。重物撞击和挤压两项检验中可任选一项。

b) 检验方法

将被检的单体电池或单元电池放在一平板上，在样品中央横放一根直径为 15.8 mm 的钢棒，使一 9.1 kg 的重物从 61 cm±2.5 cm 的高度落在此钢棒上。

圆柱形或矩形电池在经受重物撞击时，其纵轴应平行于平板，同时又垂直于放在样品上中央位置的钢棒的纵轴。矩形电池还应绕其纵轴旋转 90°，以保证其宽、窄两面均经受重物撞击。扣式电池在经受重物撞击时，其扁平面应平行于平板，钢棒横放在电池的中心。

每个被检的单体电池或单元电池只经受一次重物撞击。

继续观察被检样品 6 h。

用未做过其他检验的单体电池或单元电池进行该项检验。

当此项检验不适合模拟电池内部短路时，则不应进行此项检验。

c) 要求

电池在检验之中以及在 6 h 的观察期内应不过热、不爆炸、不着火。

6.5.3 检验 G：挤压

a) 目的

模拟电池内部短路。

注：对某些类型的电池来说，挤压检验比重物撞击检验更适合模拟电池内部短路，因此该项检验是模拟电池内部短路的备选项目之一。

b) 检验方法

通过台钳或具有圆柱形活塞的液压油缸施加压力，使受检的单体电池或单元电池在两个平面之间被挤压。从最初的接触点开始，以约 1.5 cm/s 的速度持续进行挤压，直至挤压力达到大约为 13 kN 立即释压。

例：可通过活塞直径为 32 mm 的液压油缸产生压力，直至压力达到 17 MPa(约 13 kN)。

对于圆柱形电池，挤压时电池的长轴应平行于挤压装置的挤压面；对于矩形电池，挤压力应施加于垂直于电池长轴的两个轴向中的一个，下次再挤压另一轴向；对于扣式电池，则挤压其平面。

每一个单体电池或单元电池只挤压一次。

观察电池至少 6 h 以上。

用未做过其他检验的单体电池或单元电池进行该项检验。

只有当检验 F：重物撞击不适用于模拟电池内部短路时，才进行该项检验。

c) 要求

电池在检验之中以及在 6 h 的观察期内应不过热、不爆炸、不着火。

6.5.4 检验 H：强制放电

a) 目的

评价单体电池耐强制放电的能力。

b) 检验方法

单体电池在环境温度下与 12 V 直流电源串联连接，以电池制造商规定的最大持续放电电流作为初始电流强制放电。

将一个大小和功率合适的负载电阻与被检单体电池以及直流电源串联以获得规定的放电电流。

每一个单体电池被强制放电的时间 t_d 等于：

$$t_d = \frac{C_r}{I_i}$$

式中：

t_d——放电时间；

C_r——电池的额定容量；

I_i——放电初始电流。

用完全放电的电池进行该项检验。

在强制放电结束后，观察受检电池 7 d。

c) 要求

电池在检验中和 7 d 的观察期内应不爆炸，不着火。

6.5.5 检验 I：非正常充电

a) 目的

模拟在电器具中的电池经受外电源的反向电压的情形，例如，装了有缺陷的二极管的存储器备份设备（见 7.1.1）。该检验条件基于 UL 1642[15]。

b) 检验方法

每个电池反向接于一直流电源上，经受三倍于制造商规定的非正常充电电流 I_c。除非该直流电源可以设定电流，则应当在电池上串联一个阻值和功率恰当的电阻器来获得规定的充电电流。

检验时间由下式算得：

$$t_d = 2.5 \times C_n / (3 \times I_c)$$

式中：

t_d——检验时间。为了加快检验，允许调整检验参数，使得检验时间 t_d 不超过 7 d；

C_n——标称容量；

I_c——由制造商规定的进行该项检验的非正常充电电流。

c) 要求

电池在检验中不爆炸，不着火。

6.5.6 检验 J：自由跌落

a) 目的

模拟电池意外跌落的情形，该检验条件基于 GB/T 2423.8/IEC 60068-2-32[7]。

b) 检验方法

受检电池从 1 m 的高度跌落在混凝土表面上，每个电池应跌落 6 次，矩形电池的六个面朝下各一次，圆柱形电池在三个轴向上（如图 3 所示），每个轴向各两次，然后将受检电池放置 1 h。

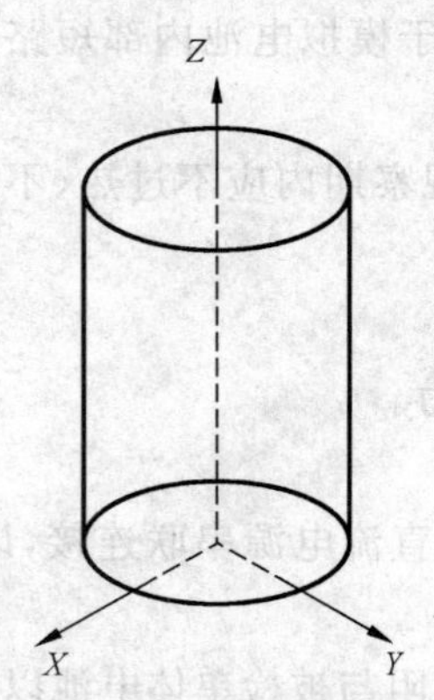

图 3 自由跌落的轴向

用未放过电的电池进行该项检验。

c) 要求

电池在检验中及 1 h 的观察期内应不泄放，不爆炸，不着火。

6.5.7 **检验 K：热滥用**

a) 目的

模拟电池遭受极端高温的情形。

b) 检验方法

将检验电池置于烘箱内，以 5 ℃/min 的速度升温至 130 ℃并在此温度下保持 10 min。

c) 要求

电池在检验中不爆炸，不着火。

6.5.8 **检验 L：不正确安装**

a) 目的

模拟内含一个单体电池的电池被倒装的情形。

b) 检验方法

一个受检电池和 3 个未放过电的、相同型号的内含一个单体电池的附加电池以如图 4 所示的方式串联连接，受检电池与其他电池反向连接。

回路的电阻应不大于 0.1 Ω。

接通该电路 24 h，或者直至电池外壳的温度恢复到环境温度。

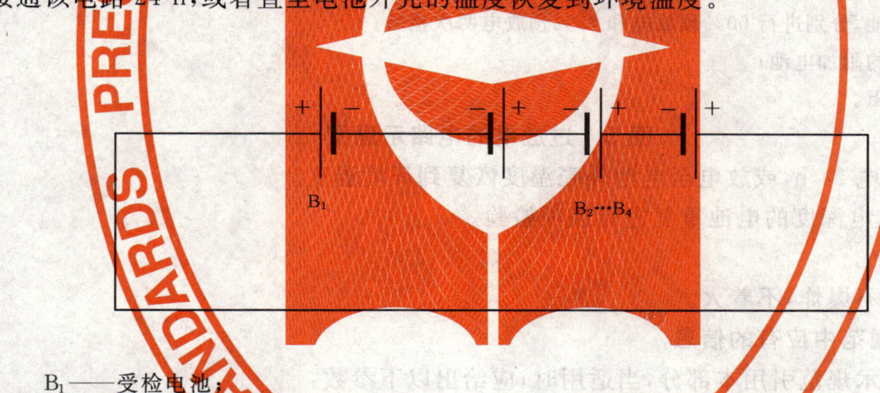

B_1——受检电池；

$B_2 \cdots B_4$——未放电的附加电池。

图 4 不正确安装的电路

c) 要求

电池在检验中应不爆炸，不着火。

6.5.9 **检验 M：过放电**

a) 目的

模拟一个已放过电的电池与其他未放过电的电池（均为内含一个单体电池的电池）串联相接的情形，进而模拟电池用于马达驱动的装置，通常需 1 A 以上的电流。

注：CR17345 和 CR15H270 电池普遍用于电流为 1 A 以上马达驱动的装置。对于非标准化的电池，其电流可能不同。

b) 检验方法

被检电池预放 50% 放电深度后和三个同型号、未放电的电池串联连接。

电阻 R_1 按图 5 与电池组串联，R_1 的阻值见表 7。

表 7　过放电的负载电阻

电池型号	负载电阻 R_1/Ω
CR17345	8.20
CR15H270	8.20

注：当其他卷绕式的电池标准化后，该表将被修订和扩充。

示例：在对 CR17345 和 CR15H270 电池标准化时，R_1 的值是根据图 5 中电池组的终止电压并按下列公式计算得出的：

$$R = 4 \times 2.0\ \mathrm{V}/1\ \mathrm{A}$$

式中：

2.0——GB/T 8897.2 中规定的该电池的终止电压；

1 A——检验电流。

R 值经舍入后最接近于 GB/T 8897.1—2008 中表 5 的某个值确定为 R_1 值。

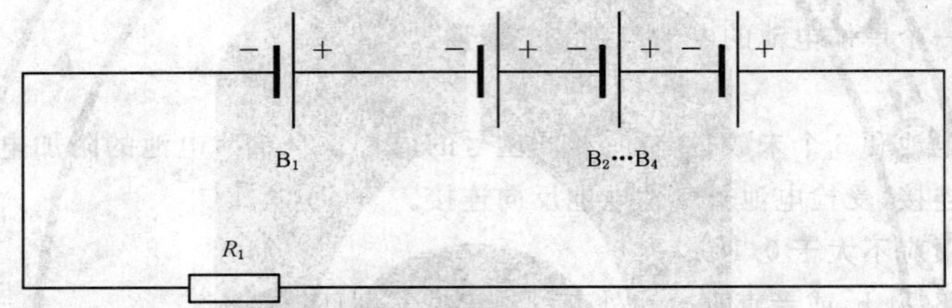

B_1——受检电池，分别进行 50％预放电和 75％预放电两次检验；

$B_2 \cdots B_4$——未放电的附加电池；

R_1——负载电阻。

图 5　过放电的电路示意图

将被检电池放电 24 h，或放电至电池外壳温度恢复到环境温度。

用预放 75％放电深度的电池重复进行该项检验。

c)　要求

电池在检验中不爆炸，不着火。

6.6　在相关技术规范中应有的信息

若在相关的技术规范引用本部分，当适用时，应给出以下参数：

对应的条款

a)　制造商规定的预放电电流值；　6.1.5

b)　确定“重物撞击”和“挤压”两项检验哪一项更适合模拟电池内部短路的情形；　6.5.2 和 6.5.3

c)　制造商规定的进行检验 H：强制放电的最大的连续放电电流值；　6.5.4

注 1：当一个电池和其他电池串联时，或者当电池没有旁路二极管对它进行保护时，电池可能被强制放电。当适用时，应在技术规范中对此加以说明。

d)　制造商规定的进行检验 I 的非正常充电电流值。　6.5.5

注 2：当一个电池和其他电池串联连接并且这个电池反接时，或者当一个电池与一个电源并联连接并且其保护装置不能正常工作时，这个电池就可能被非正常充电。当适用时，应在技术规范中对此加以说明。

6.7　评价和报告

发出的检验报告应考虑包含下列内容：

a)　检验机构的名称和地址；

b)　申请者的名称和地址（适用时）；

c） 检验报告的唯一性标识；

d） 检验报告日期；

e） 被检电池的特征(见4.1)；

f） 检验情况描述、检验结果及6.6提及的参数；

g） 报告签发者的姓名及身份。

7 安全信息

7.1 电器具设计安全注意事项(参见附录B)

7.1.1 充电保护

当一个存储器备份电路中包含锂原电池时，应该用一个阻断二极管和限流电阻或其他保护装置来防止主电源对电池充电(见图6)。

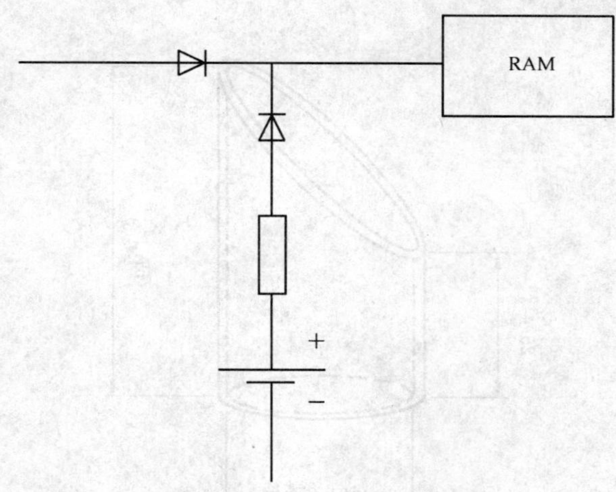

图6 充电保护安全线路示意图

7.1.2 并联连接

在设计电池舱时应避免电池并联连接。但如果确实需要并联连接，应听取电池制造商的意见。

7.2 使用电池的安全注意事项

正确使用时，锂电池是安全可靠的电源。但如果误用或滥用，则可能发生泄漏或泄放，极端情况下还会爆炸和/或着火。

在使用锂电池时应注意以下事项：

a） 注意电池和电器具上"+"和"−"标志，将电池正确装入电器具。如果电池反装，电池有可能被充电或短路，从而导致电池过热、泄漏、泄放、破裂、爆炸、着火和人身伤害。

b） 不要将电池短路。当电池的正极(+)和负极(−)相互连接时，电池就短路了。例如：随意将电池放在装有钥匙或硬币的口袋里时，电池就可能会发生短路，从而导致泄放、泄漏、爆炸、着火和人身伤害。

c） 不要对电池充电。试图对不可再充电的电池(原电池)进行充电会使电池内部产生气体和/或热量，导致泄漏、泄放、爆炸、着火和人身伤害。

d） 不要使电池强制放电。当电池被外电源强制放电时，电池电压将被强制降至设计值以下，使电池内部产生气体，可能导致泄漏、泄放、爆炸、着火和人身伤害。

e） 不要将新旧、不同型号或品牌的电池混用。更换电池时，要用同一品牌、同一型号的新电池同时更换全部电池。不同品牌、不同型号的电池或新旧电池混用时，由于存在电压或容量的差异，可能会使某些电池过放电或强制放电，从而导致泄漏、泄放、爆炸、着火和人身伤害。

f） 应立即从电器具中取出耗尽电能的电池并妥善处理。如果放过电的电池长时间留在电器具中,有可能发生电解质泄漏,导致电器具的损坏和/或人身伤害。

g) 不要使电池过热。电池过热,可能会导致泄漏、泄放、爆炸、着火和人身伤害。

h) 不要直接焊接电池。焊接电池的热量可能会导致电池泄漏、泄放、爆炸、着火和人身伤害。

i) 不要拆解电池。拆解电池,接触电池内的部件是有害的,可能导致人身伤害或着火。

j) 不要使电池变形。电池不能被挤压、穿刺或遭受其他类型破坏。这些陋习会导致泄漏、泄放、爆炸、着火和人身伤害。

k) 不要用焚烧方式处理电池。焚烧电池时,积聚的热量可能会导致电池爆炸、着火和人身伤害。除了可采用被认可的可控制的焚烧炉外,不能焚烧电池。

l) 外壳损坏的锂电池不能与水接触。金属锂遇水会产生氢气、着火、爆炸和/或造成人身伤害。

m) 电池应远离儿童。尤其要将易被吞下的电池放在儿童拿不到的地方,特别是那些能放入图 7 所示的吞咽量规的电池。误吞电池应马上就医。

单位为毫米

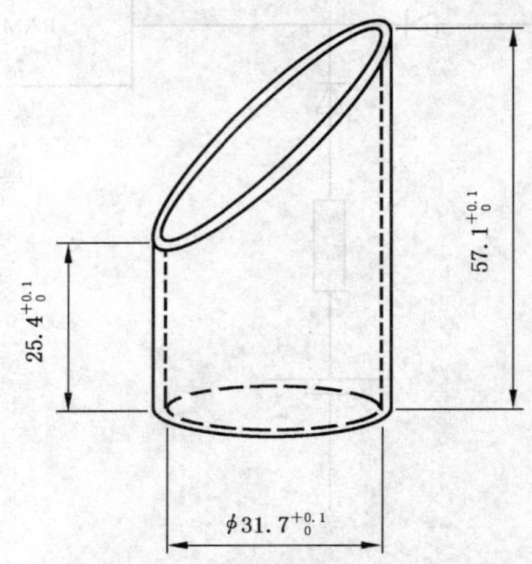

注:此量规用以界定可被吞下的部件,ISO 8124-1[14]对此量规做了定义。

图 7 吞咽量规示意图

n) 无成人监护时不允许儿童更换电池。

o) 不要密封和/或改装电池。将电池密封或进行其他改装后,电池的安全泄放装置有可能被堵塞而引起爆炸并造成人身伤害。如果必须要对电池进行改装,应当征求电池制造商的意见。

p) 不用的电池应存放在原始包装中,远离金属物体。假如包装已打开,不要将电池混在一起。去掉包装的电池容易和金属物体混在一起,使电池发生短路,导致泄漏、泄放、爆炸、着火和人身伤害。防止这类情况发生的最好的方法之一是将不用的电池存放在原始包装中。

q) 如果长时间不使用电池,应将电池从电器具中取出(应急用途除外)。立即从已不能正常工作的电器具或预计长期不用的电器具(如摄像机、照相闪光灯)中取出电池是有益的。虽然现在市场上的大部分锂电池有良好的耐泄漏性,但是已部分放电或完全放电的电池比未用过的电池容易泄漏。

7.3 包装

电池应适当包装,以避免电池在运输、装卸及推放过程中损坏。应选择合适的包装材料及设计,防止电池意外导电、短路、移位、极端腐蚀及免受环境的影响。

7.4 电池纸板箱的装卸

电池纸板箱应小心装卸,粗暴装卸可能导致电池短路或受损,从而导致泄漏、爆炸或着火。

7.5 运输

7.5.1 总则

锂电池运输的检验和要求见 GB 21966[11]。

根据联合国关于危险货物运输的建议[16]制定锂电池国际运输规则。

运输规程会被修订,因此运输锂电池应参考下列规则的最新版本。

7.5.2 空运

锂电池的空运规程在国际民航组织(ICAO)出版的《危险货物航空运输安全技术导则》[2]和国际航空协会(IATA)出版的《危险货物规则》[1]中规定。

7.5.3 海运

锂电池的海运规程在国际海运组织(IMO)出版的《国际海运危险货物规则》(IMDG)[12]中规定。

7.5.4 陆运

锂电池道路和铁路运输规则由一国或多国制定。虽然越来越多的管理者采用联合国的《规章范本》,仍然建议在货运之前应参考所在国制定的运输规则。

7.6 陈列和贮存

锂电池陈列和贮存的相关要求如下:

a) 电池应贮存在通风、干燥和凉爽的环境中。高温或高湿有可能导致电池性能下降和/或电池表面腐蚀。

b) 电池箱堆叠的高度不可超过制造商规定的高度。假如太多的电池箱堆叠在一起,最下层箱中的电池有可能受损并导致电解质泄漏。

c) 勿将电池陈列或贮存在阳光直射或遭受雨淋之处。当电池受潮时,电池的绝缘性能会降低,有可能发生电池自放电和腐蚀;高温会导致电池性能下降。

d)电池应保存在原包装中。若拆开包装将电池混在一起,电池有可能短路或损坏。

详见附录C附加信息。

7.7 处理

在不违反我国法规的情况下,锂原电池可作为公共垃圾处理。

处理电池时,在运输、贮存和装卸的过程中要注意以下安全事项:

a) 不要拆解电池。锂电池中的某些成分是易燃、有害的,会造成伤害、着火、破裂或爆炸。

b) 除可采用被认可的可控制的焚烧炉外,不能焚烧电池。锂会剧烈燃烧,锂电池在火中会爆炸。锂电池燃烧后的产物是有毒的、有腐蚀性的。

c) 将回收的锂电池存放在干净、干燥的环境中,避免阳光直射,远离极端热源。污物和潮湿可能造成电池短路和发热。发热可能引起易燃气体的泄漏,从而导致着火、破裂或爆炸。

d) 将回收的电池存放在通风良好的地方。使用过的电池可能还有剩余电荷。如果电池被短路、非正常的充电或强制放电,会造成易燃气体的泄漏。从而导致着火、破裂或爆炸。

e) 不要将回收的电池和其他材料混在一起。使用过的电池可能还有剩余的电荷。如果电池被短路、非正常的充电或强制放电,所产生的热量会点燃易燃的废物,如油腻的破布、纸张或木头,从而导致着火。

f) 保护电池的极端。应采用绝缘材料对电池极端进行保护,尤其是对高电压的电池。不保护极端会发生短路、非正常充电和强制放电。从而导致泄漏、着火、破裂或爆炸。

8 使用说明

使用说明如下:

a) 要正确选择尺寸和类型最合适的电池作预期的使用。应保留随电器具提供的信息资料,用作选择电池的参考。

b) 更换电池时应同时更换一组电池中的所有电池。

c) 电池装入电器具前,应清洁电池和电器具的接触件。

d) 确保装入电池时极性(+ 和—)正确。

e) 立即从电器具中取出电能已耗尽的电池。

9 标志

9.1 总则

除小电池外(见9.2),每个电池上应标标明以下内容:

a) 型号;

b) 生产时间(年和月)和保质期,或建议的使用期的截止期限;

c) 正负极端的极性(适用时);

d) 标称电压;

e) 制造厂或供应商的名称和地址;

f) 商标;

g) 执行标准编号;

h) 安全使用注意事项(警示说明);

i) 防止误吞小电池的警告[可参见7.2中的m)]。

9.2 小电池

电池外表面过小,不能标下9.1规定的各项信息时,电池上应标明9.1a)型号和9.1c)极性。9.1中规定的其他各项应标在电池的直接包装上。

扣式电池的生产时间(年和月)可用编码表示。

附 录 A
（资料性附录）
锂电池安全指南

设计民用高功率锂电池应遵循下列安全指南。该指南为参考资料。

表 A.1 电池设计指南

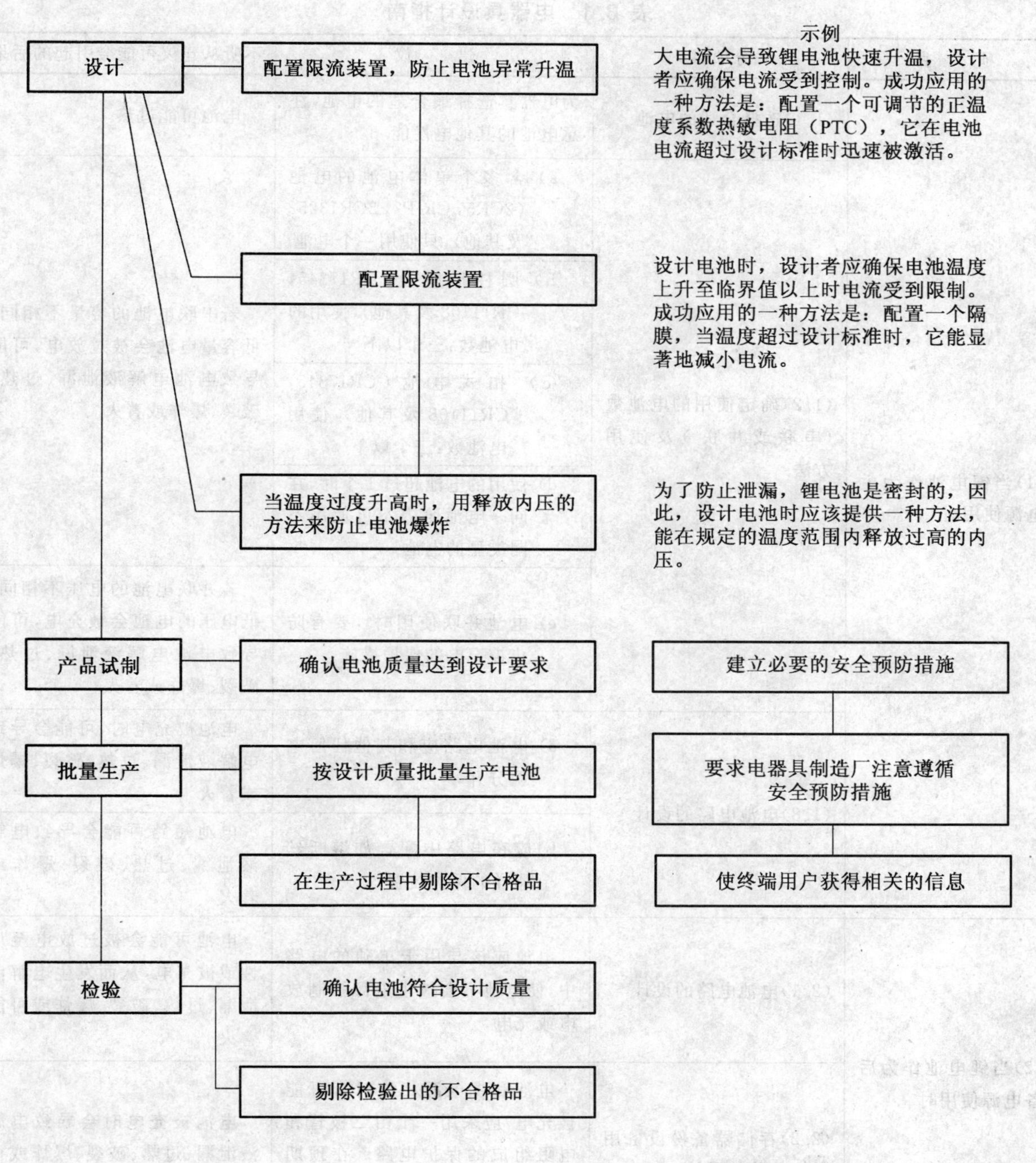

附　录　B
（资料性附录）
用锂电池作电源的电器具设计者指南

表 B.1 是供用锂电池作电源的电器具设计者使用的指南（也可参见 GB 8897.5—2006 附录 B 电池舱设计指南[19]）。

表 B.1　电器具设计指南

<table>
<tr><th>项　目</th><th>分项目</th><th>建　议</th><th>不听从建议可能会引起的后果</th></tr>
<tr><td rowspan="8">(1)当锂电池作为主电源使用时</td><td>(1.1)选择合适的电池</td><td>为电器具选择最合适的电池，注意电池的其他电性能</td><td>电池可能过热</td></tr>
<tr><td rowspan="5">(1.2)确定使用的电池数(串联或并联[a])及使用方法</td><td>a) 含多个单体电池的电池(2CR5，CR-P2，2CR13252 及其他)，只使用一个电池</td><td rowspan="4">若串联电池的容量不相同，低容量电池会被过放电，可能导致电池电解液泄漏、过热、破裂、爆炸或着火</td></tr>
<tr><td>b) 圆柱形电池(CR17345，CR11108 及其他)，使用的电池数：三个以下</td></tr>
<tr><td>c) 扣式电池(CR17345，CR11108 及其他)，使用电池数：三个以下</td></tr>
<tr><td>d) 使用的电池超过 1 个时，在同一电池舱内不可使用不同类型的电池</td></tr>
<tr><td>e) 电池并联使用时[a]，要有防止被充电的保护措施</td><td>若并联电池的电压不相同，低电压的电池会被充电，可能导致电池电解液泄漏、过热、破裂、爆炸或着火</td></tr>
<tr><td rowspan="2">(1.3)电池电路的设计</td><td>a) 电池电路应和其他任何电源分开</td><td>电池被充电时，可能会导致电解液泄漏、过热、破裂、爆炸或着火</td></tr>
<tr><td>b)应在电路中配置如熔断丝那样的保护装置</td><td>电池短路可能会导致电解液泄漏、过热、破裂、爆炸或着火</td></tr>
<tr><td rowspan="2">(2)当锂电池作为后备电源使用时</td><td>(2.1)电池电路的设计</td><td>电池应该与用于单独的电路中，使电池不会被主电源强制放电或充电</td><td>电池可能会被过放电至反性或被充电，从而发生电解液泄漏、过热、破裂、爆炸或可能着火</td></tr>
<tr><td>(2.2)存储器备份设备用电池电路的设计</td><td>电池和主电源相连时有可能被充电，应采用一个由二极管和电阻组成的保护电路。在预期的电池寿命期间，二极管漏电电流的总量应低于电池容量的 2%</td><td>电池被充电时会导致电解液泄漏、过热、破裂、爆炸或可能着火</td></tr>
</table>

表 B.1（续）

项　　目	分项目	建　　议	不听从建议可能会引起的后果
(3)电池夹具和电池舱		a) 电池舱应设计成当电池倒装时电路就开路。电池舱上应清晰永久地标明电池的正确方向	若不采取措施防止电池倒装，可能发生的电池电解液泄漏、过热、破裂、爆炸或着火会损坏电器具
		b) 电池室应设计成只允许规定尺寸的电池能装入并形成电接触	电器具可能会损坏或无法工作
		c) 电池室应设计成允许产生的气体排出	由于气体的产生使电池内压过高时，电池舱有可能受损
		d) 电池室应设计成能够防水	
		e) 电池室应设计成在密封的情况下能防爆	
		f) 电池舱应和电器具产生热量的相隔离	过热可能会使电池变形、电解液泄漏
		g) 电池室应被设计成不易被儿童打开	儿童可能会取出并吞下电池
(4)电接触件和极端		a) 电接触件和极端的材料及形状应合适，使之能形成并保持有效的电接触	接触不良时电接触件会产生热量
		b) 应设计辅助电路防止电池倒装	电器具可能会被损坏或无法工作
		c) 电接触件和极端应设计成能防止电池倒装	电器具可能会损坏。电池可能发生电解液泄漏、过热、破裂、爆炸或着火
		d) 应避免直接焊接电池	电池可能会泄漏、过热、破裂、爆炸或着火
(5)标明必要的注意事项	(5.1)标在器具上	电池舱上应清晰地标明电池的方向(极性)	电池倒装后被充电会导致电解液泄漏、过热、破裂、爆炸或着火
	(5.2)写在使用手册上	应写明正确使用电池的注意事项	可能会因不正确使用电池发生事故

[a] 见 7.1.2。

附　录　C

(资料性附录)

关于电池陈列和贮存的附加信息

本附录是对“7.6 锂电池陈列和贮存”的详细补充。

贮存区应清洁、凉爽、干燥、通风、能防风避雨。

正常的贮存温度应在+10 ℃～+25 ℃之间,不能超过+30 ℃。应避免长时间处于极端湿度(相对湿度高于95%或低于40%)下,因为这样的湿度对于电池和电池包装都有害。因此,电池不应贮存在暖气片或锅炉旁,也不应直接置于阳光下。

尽管在室温下电池的贮存寿命很长,但是在采取特殊预防措施后存放在的较低温度下时电池的贮存寿命更长。电池应密封在特殊的保护性的包装中(如密封包装袋或其他包装),在电池温度回升至室温过程中仍应保留包装,以免电池上出现冷凝水。加速回升温度是有害的。

冷藏后恢复至室温的电池即可使用。

如果电池制造厂认可的话,电池可装在电器具内或放在包装内贮存。

电池可堆放的高度显然取决于包装箱的强度。一般规定,纸质包装箱堆放高度不得超过1.5 m,木箱不超过3 m。

上述建议也适用于电池在长途运输中的存放。电池应存放在远离船舶发动机的地方。夏季不应长期放在不通风的金属棚车(集装箱)内。

生产出的电池应立即配送,由配送中心周转到用户。为了实行存货按次序周转(先进的先出),应妥善安排好贮存和陈列区域,并在包装上作好标记。

附 录 D
（资料性附录）
本部分与 2002 年版相比的主要技术性差异

与 2002 年版相比，本部分的主要技术性差异为：

——检验项目和检验方法与 GB 21966 相协调；

——增加了检验项目 F：重物撞击和检验项目 H：强制放电。增加检验项目 F 是为了和 GB 21966 相协调，检验项目重新编号，部分检验项目被修订或删除，带括号的项目其检验方法有较大的变化。详见表 D.1。

表 D.1 本版与 2002 年版检验项目及项目编号对比一览表

检验项目	项目编号	
	2002 年版	本版
高空模拟	C-3	A
热冲击	(C-1)	B
振动	B-1	C
冲击	B-2	D
外部短路	D-1	E
重物撞击		F
挤压	E-2	G
强制放电		H
非正常充电	D-4	I
自由跌落	E-1	J
热滥用	F-1	K
不正确安装	D-3	L
过放电	D-6	M

参 考 文 献

[1] IATA,国际航空运输协会(IATA),魁北克:《危险货物规则》(每年修订)

[2] 国际民航组织(ICAO),蒙特利尔:《危险货物航空安全运输技术导则》

[3] IEC 60050-482:2004 国际电工词汇 第482部分:原电池和蓄电池

[4] IEC 60027-1:1992 电技术使用的字母符号 第1部分:总则

[5] GB/T 2423.10—2008 环境检验 第2部分:检验方法 检验Fc:振动(正弦曲线)(IEC 60068-2-6:1995,IDT)

[6] GB/T 2423.5—1995 环境检验 第2部分:检验方法 检验Ea和导则:冲击(IEC 60068-2-27:1987,IDT)

[7] GB/T 2423.8—1995 环境检验 第2部分:检验方法 检验Ed:自由跌落(IEC 60068-2-32:1990,IDT)

[8] IEC 60617(所有部分) 图表制作符号

[9] IEC 62133 含碱性或其他非酸性电解质的蓄电池 便携式密封单体蓄电池和由这些单体蓄电池组成的电池的安全要求

[10] IEC 61960 碱性或其他非酸性电解质蓄电池 便携式锂蓄电池

[11] GB 21966 锂原电池和蓄电池在运输中的安全要求(GB 21966—2008,IEC 62281:2004,IDT)

[12] 国际海事组织(IMO),伦敦:《国际海运危险货物规则》

[13] ISO/IEC 指南51:1999 安全方面 标准中涉及安全条款的编写指南

[14] ISO 8124-1 玩具安全要求 第1部分:涉及机械和物理性能的安全要求

[15] UL 1642 UL实验室 《锂电池标准》

[16] 联合国,纽约和日内瓦:《危险货物建议 规章范本》(每两年修订一次)

[17] 联合国,纽约和日内瓦:2003《危险货物运输建议 检验和标准手册》第38.3章

[18] 日本电池协会《照相机用锂电池安全设计和生产指南》(第2版,1998年3月)

[19] GB 8897.5—2006 原电池 第5部分:水溶液电解质电池的安全要求(IEC 60086-5:2005,MOD)

ICS 25.140.10
J 48

中华人民共和国国家标准

GB/T 8910.4—2008/ISO 8662-4:1994

手持便携式动力工具 手柄振动测量方法 第4部分:砂轮机

Hand-held portable power tools—Measurement of vibrations at the handle—Part 4:Grinders

(ISO 8662-4:1994,IDT)

2008-07-09 发布　　2009-02-01 实施

中华人民共和国国家质量监督检验检疫总局
中国国家标准化管理委员会　发布

前　言

GB/T 8910《手持便携式动力工具　手柄振动测量方法》分为如下几部分：

——第1部分：总则；

——第2部分：铲和铆钉机；

——第3部分：凿岩机和回转锤；

——第4部分：砂轮机；

——第5部分：建筑工程用路面破碎机和镐；

——第6部分：冲击钻；

——第7部分：冲击、脉冲、棘轮扳手，气螺刀和螺母旋具；

——第8部分：抛光机、回转式有轨迹和无轨迹磨光机；

——第9部分：捣固机；

——第10部分：冲剪和剪；

——第11部分：打钉机；

——第12部分：往复式锯和锉、摆式和回转式锯；

——第13部分：模具砂轮机；

——第14部分：采石用工具和针束除锈器。

本部分为GB/T 8910的第4部分。

本部分等同采用ISO 8662-4:1994《手持便携式动力工具　手柄振动测量方法　第4部分：砂轮机》(英文版)。

本部分等同翻译ISO 8662-4:1994(E)。

本部分与ISO 8662-4:1994的技术内容相同，但作了如下编辑性修改：

——删除了国际标准的“前言”和“引言”；

——将“ISO 8662的本部分”一词改为“本部分”；

——用小数点“.”代替作为小数点的逗号“,”。

本部分的附录A为资料性附录。

本部分由中国机械工业联合会提出。

本部分由全国凿岩机械与气动工具标准化技术委员会(SAC/TC 173)归口。

本部分起草单位：天水凿岩机械气动工具研究所。

本部分主要起草人：孙必武、侯志恩、朱洵慧。

本部分为首次发布。

手持便携式动力工具 手柄振动测量方法 第4部分:砂轮机

1 范围

GB/T 8910 的本部分规定了机动手持式砂轮机手柄振动测量的试验方法,确定了被测工具在安装有指定试验轮的状态下运转时,其手柄部位振动大小的型式试验程序。

本部分适用于以气动或其他方式驱动的砂轮机。典型的砂轮机在图 1 中举例说明。

本部分不适用于模具砂轮机。

其测得的结果用于同一种型式中不同型号的砂轮机间的比较,即砂轮机使用同样的砂轮(直径相同,最大线速度相同)时的比较。如果要评价振动暴露,则要求在工作状态下进行测试。

2 规范性引用文件

下列文件中的条款通过 GB/T 8910 的本部分的引用而成为本部分的条款。凡是注日期的引用文件,其随后所有的修改单(不包括勘误的内容)或修订版均不适用于本部分,然而,鼓励根据本部分达成协议的各方研究是否可使用这些文件的最新版本。凡是不注日期的引用文件,其最新版本适用于本部分。

GB/T 8910.1—2004 手持便携式动力工具 手柄振动测量方法 第 1 部分:总则(ISO 8662-1:1988,IDT)

GB 17957—2005 凿岩机械与气动工具 安全要求

3 测量的量

以下为测量的量:

——GB/T 8910.1—2004 中 3.1 规定的均方根(r.m.s)加速度和 GB/T 8910.1—2004 中 3.3 规定的计权加速度;

——回转速度;

——向下的推力。

4 使用的仪器

4.1 通则

使用仪器的技术要求应符合 GB/T 8910.1—2004 中 4.1～4.6 的规定。

4.2 传感器

传感器的技术要求应符合 GB/T 8910.1—2004 中 4.1 的规定。

4.3 机械滤波器

按照本部分进行测量时,一般不需要机械滤波器(见 GB/T 8910.1—2004 中 3.2)。

4.4 传感器的固定

4.4.1 传感器的固定应符合 GB/T 8910.1—2004 中 4.2 的规定。小的传感器可用适当的粘结剂粘到手柄平面上。一般情况下,传感器的固定应当按照传感器生产厂家的说明进行(见图 2)。

4.4.2 如果手柄有软质弹性套,应用一个管箍将其牢牢夹紧,并将传感器装在管箍上,或者可使用一个专用接头，将传感器固定在手柄上。

4.4.3 如果手柄为弹性手柄，检测报告中则应注明采取的措施，如使用的管箍或是接头等。

4.5 辅助仪器

4.5.1 压气的压力应使用压力表来测定。

4.5.2 回转速度应使用精度至少在1%以内的转速表来测定。

4.6 校准

校准应按GB/T 8910.1—2004中4.8的规定进行。

5 测量的方向和位置

5.1 测量方向

测量应在两个操作手柄上沿 Z 轴方向进行（见图1）。对于直柄式砂轮机，Z 轴方向与回转轴线垂直；对于角式或端面砂轮机，Z 轴方向平行于回转轴线。

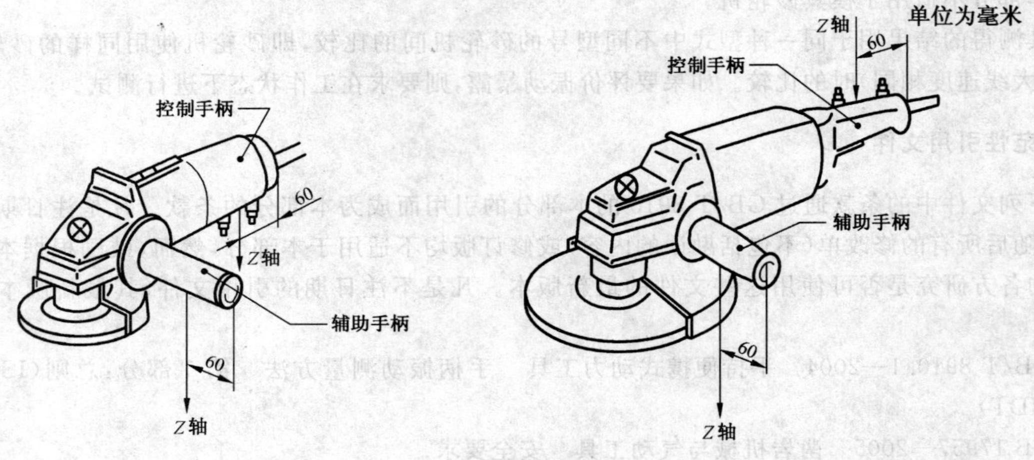

a) 角式砂轮机

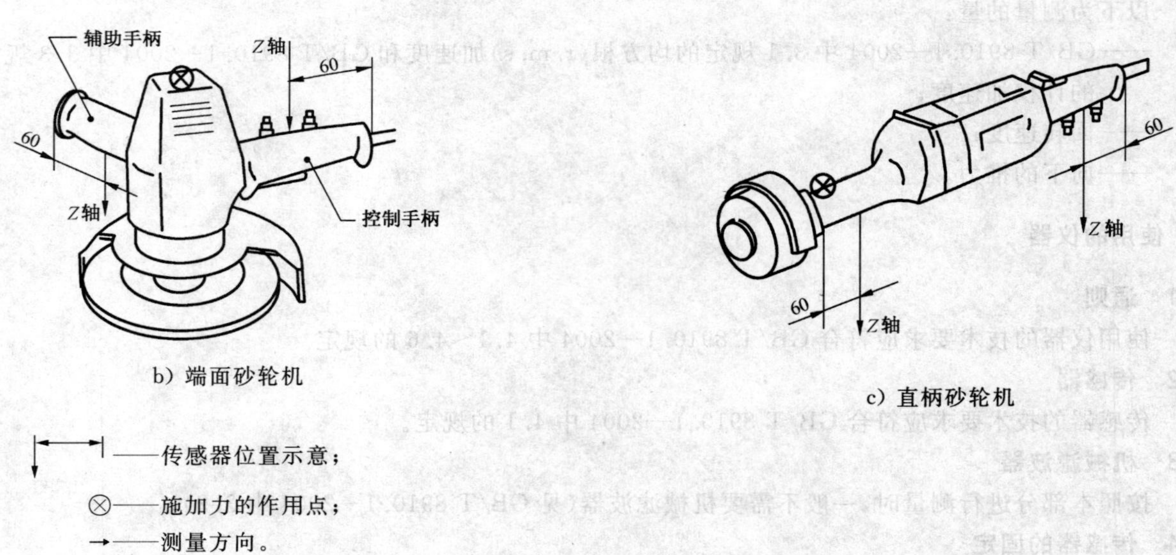

b) 端面砂轮机

c) 直柄砂轮机

——传感器位置示意；

⊗——施加力的作用点；

→——测量方向。

图1 测量方向、传感器位置和施加力作用点的示意图

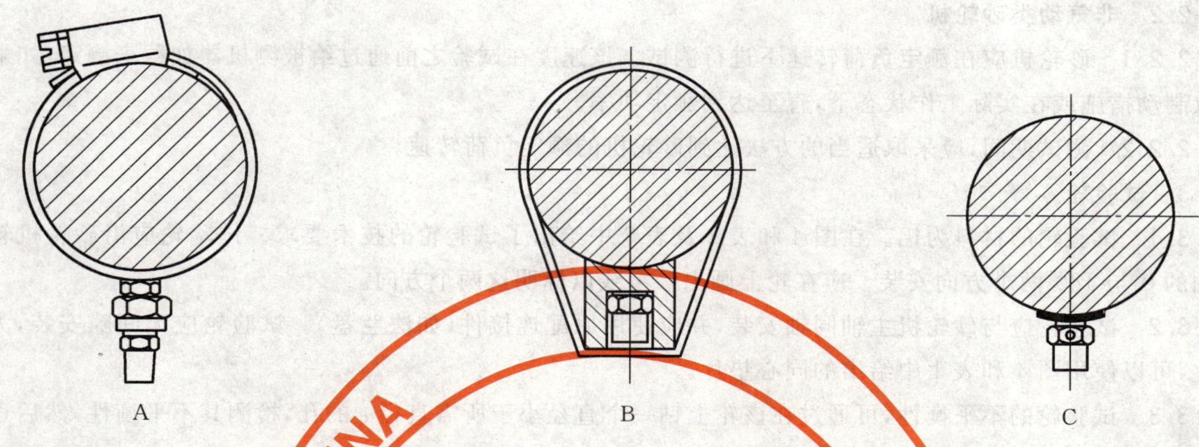

A——在管箍上采用铜焊或电焊的方式焊接一个块体。

B——将传感器拧紧在一个接头上，将接头用塑料扎带扎在手柄上。

C——将传感器用合适胶粘剂或蜡粘在平整的面上。

图 2 传感器的固定

5.2 测量位置

5.2.1 手柄可以刚性连接到待检机器上，也可以为了消减振动，使用弹性连接。

5.2.2 对于刚性连接的手柄（运动中心在机壳内部），测量振动时，传感器最好装在手柄正下方、距柄体端缘 60 mm 的夹紧面中心点上（见图 1）。

5.2.3 设计成减振装置的手柄可弹性地连接在机器上。在这种情况下，机器和手柄振动可能不同步，仅用一个传感器不能准确测量振动。对于这种手柄，测试时应使用 2 个传感器，对称地装在距上述中心点约 100 mm 处。

5.2.4 传感器应垂直安装在手柄表面，即使该表面不完全垂直于理想轴线。手柄表面与理论轴的允许偏差小于等于±15°，如果大于±15°，则应使用合适的垫片来校正。

5.2.5 尽管本部分规定了手柄振动的测量位置，但在手柄其他位置上的振动值可能会高一些，这种情况是允许的。对型式检验来说，明确规定传感器的位置是重要的。

6 操作规程

6.1 总则

6.1.1 应对润滑良好，运转正常的新制工具进行测量。

6.1.2 测试期间，应以类似于磨削时的方式握持机器。

6.2 砂轮机的运转

6.2.1 气动砂轮机

6.2.1.1 应将压气用长度至少为 2 m 的软管通入砂轮机，软管与砂轮机的连接接头应按 GB/T 17957—2005 的规定，用管夹可靠连接。

6.2.1.2 气动砂轮机应在额定负荷转速下测试，如：

——对不带调速器的砂轮机，其额定负荷转速为空转转速的(50±5)%；

——对带调速器的砂轮机，其额定负荷转速为空转转速的(80±5)%。

6.2.1.3 额定负荷转速是通过调节压气压力来获得的。如果砂轮机的振动特性受压气压力的影响，则额定负荷转速应通过其他适当的方式获得，但这种方法不应改变砂轮机内部的不平衡性。

注：对带悬挂式手柄的角式砂轮机（即手柄设计成可减少手传振动的结构），为了检验手柄的传递特性，有必要沿着与手柄横截面相切的轴，在多个不同频率下进行测量。要强调的是，通过降低压气压力而达到额定负荷转速的方法，有可能改变这种手柄的振动特性。

6.2.2 非气动类砂轮机

6.2.2.1 砂轮机应在额定负荷转速下进行测试。该速度在试验之前通过给被测机器加载来测定，如采取制动措施或在实际工作状态下，直至达到额定功率。

6.2.2.2 测试期间，应采取适当的方法达到砂轮机的额定负荷转速。

6.3 试验轮

6.3.1 试验轮的材料为铝。在图 4 和表 2 及表 3 中给出了试验轮的技术要求。试验轮应沿砂轮机轮轴的 0°与 180°两个方向安装。应在轮上画出参考线以标明这两个方向。

6.3.2 试验轮应与砂轮机主轴同轴安装，并应使用原配连接件(如法兰盘)。试验轮应无间隙安装，为此，可以使用图 4 和表 1 中给出的同心垫片。

6.3.3 试验轮的不平衡性，可通过在该轮上钻一个直径小于所需直径 e 的孔，检测其不平衡性，然后逐步增大孔的尺寸，直至达到要求的不平衡性的方法来实现。

6.3.4 制作试验轮的铝的密度应为 $\rho=2\ 720\ \text{kg/m}^3 \pm 20\ \text{kg/m}^3$。对应于材料密度的偏差，不平衡性的偏差应在±5%以内。

6.3.5 如砂轮机配备砂轮罩，应装上砂轮罩，并应使用与砂轮罩相匹配的最大直径的试验轮。

6.3.6 对于设计为仅使用特殊轮(如金刚石切削轮)的砂轮机，则应使用该特殊轮而不用试验轮进行检测。该轮的静态不平衡性应进行检测并在试验报告中注明。

6.4 推进力

6.4.1 在砂轮机的作用点上施加的作用力应为表 4 所给定的推进力加上等于砂轮机重量的力。该作用力的作用点应尽可能靠近实际磨削时静态力的作用点。

6.4.2 将砂轮机悬挂在一根绳子上，通过一个重物对砂轮机施加力(见图 3)，也可以在绳子上装一个测力计。

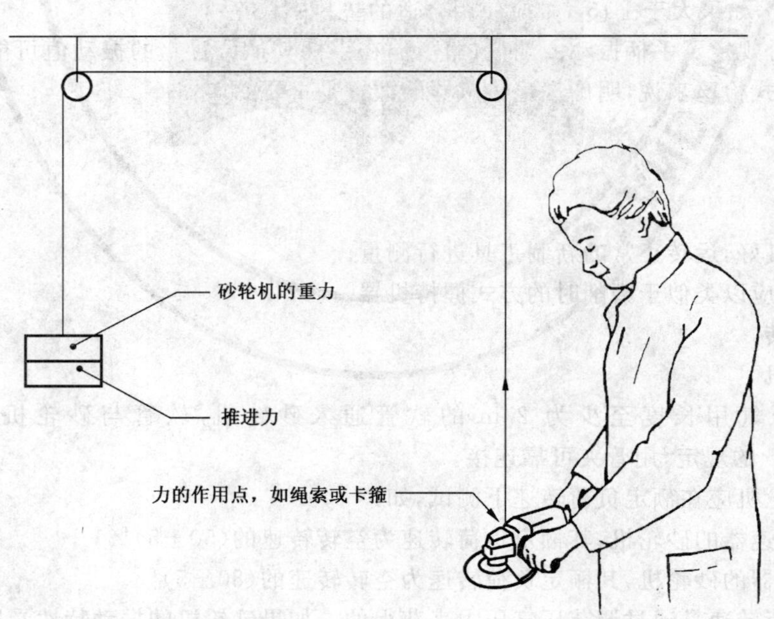

图 3 砂轮机与操作者的位置

7 测量程序和测量的有效性

7.1 动力源

气动工具的进气压力应使用压力表进行测定。

单位为毫米
表面粗糙度单位为微米

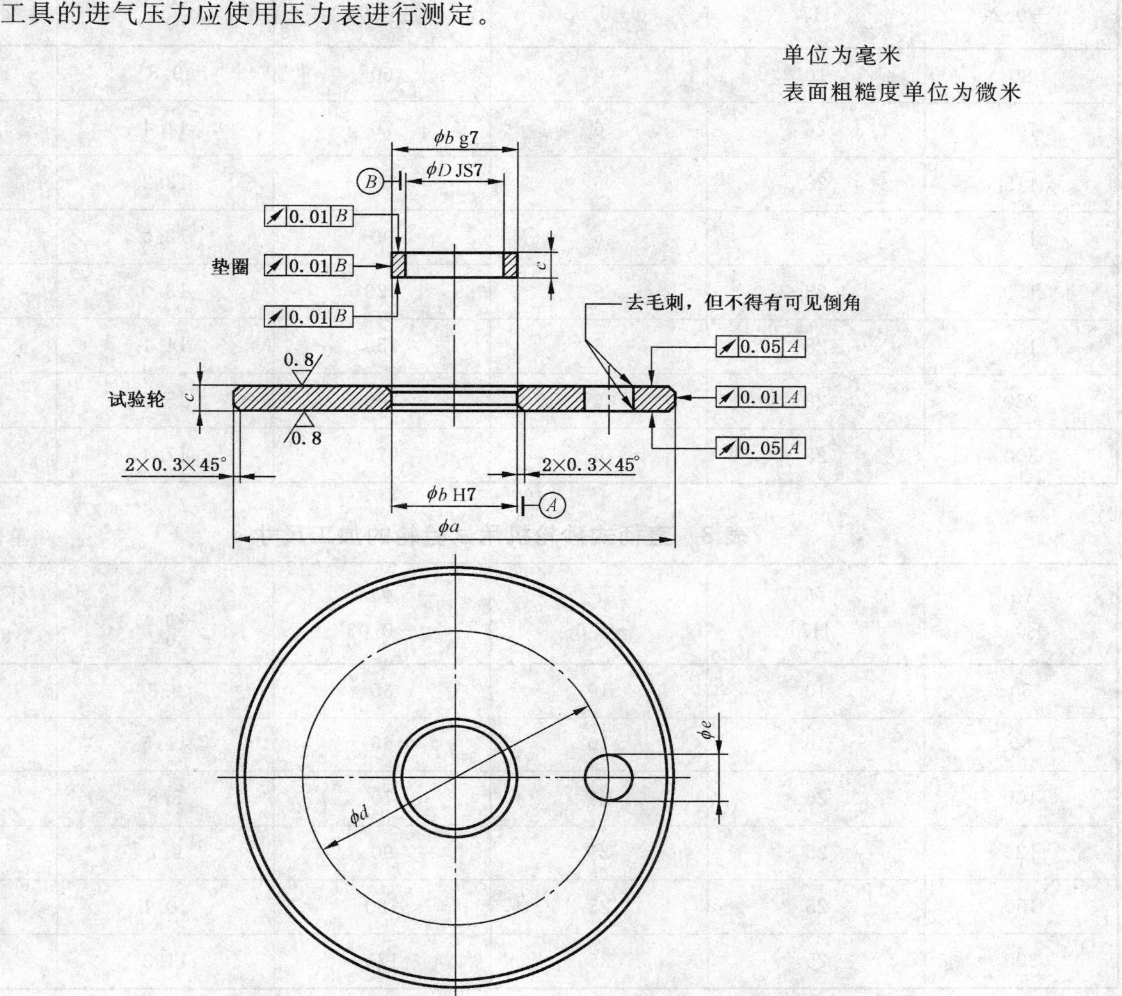

图 4 试验轮及垫圈的技术要求

表 1 垫圈的尺寸

单位为毫米

φb g7	c ±0.05	φD JS7	φb g7	c ±0.05	φD JS7	φb g7	c ±0.05	φD JS7	φb g7	c ±0.05	φD JS7
10	10	3.76	16	6	(9.76)[a]	25	25	18.76	28	6	(22.00)
		3.80			(9.80)			18.80			(22.04)
		3.84			(9.84)			18.84			(22.08)
		3.88			9.88			18.88			22.12
		3.92			9.92			18.92			22.16
		3.96			9.96			18.96			22.20
		4.00			10.00			19.00			

[a] 括号里的值是非优先值。

表 2　非直柄式砂轮机用试验轮的加工尺寸

单位为毫米

ϕa ±0.2	ϕb H7	c ±0.05	ϕd ±0.02	ϕe $^{+0.05}_{0}$	不平衡性/(gf·mm)
80	16	6	60	9.8	37
100	28	6	70	11.4	58
115	28	6	80	12.2	76
125	28	6	90	12.5	90
150	28	6	120	13.0	130
180	28	6	150	14.1	190
230	28	6	200	15.5	305
300	28	6	270	17.4	520

表 3　直柄式砂轮机用试验轮的加工尺寸

单位为毫米

ϕa ±0.2	ϕb H7	c ±0.05	ϕd ±0.02	ϕe $^{+0.05}_{0}$	不平衡性/(gf·mm)
50	10	10	35	9.8	36
80	10	10	65	11.5	92
100	25	25	70	8.8	145
125	25	25	90	9.7	225
150	25	25	120	10.1	325
200	25	25	170	11.3	575

表 4　推进力

砂轮直径/mm	50	80	100	115	125	150	180	200	230	300
推进力/N　±5N	15	15	40	40	40	40	60	60	60	60

7.2　测量程序

7.2.1　应由三名熟练的操作者分别完成一组试验，每组试验应在拆卸和重新上紧试验轮(顺序应为0°、180°、0°、180°)后，在每个方向上进行两次测量。

7.2.2　此外，砂轮机应在不安装试验轮、以试验速度(见 6.2.1 和 6.2.2)空转时进行一次测量。

7.2.3　每次测试期间，当机器运转处于稳定状态时，读数的时间应不少于 8 s。

7.3　测量的有效性

为了证实测试结果的有效性，测试应当连续进行，直到在不平衡轮(即试验轮)同一方向上测得的最大值与最小值之比(对每只传感器)小于 1.4 为止。

7.4　结果的评价

应计算出每只传感器及每个操作者的四个值的算术平均值。对每个手柄，根据三名操作者所得的结果计算综合算术平均值。

8 检测报告

除 GB/T 8910.1—2004 第 7 章的要求外，检测报告中还应给出下列信息：

a) 砂轮机的外形尺寸；

b) 试验轮的尺寸(如果使用了试验轮)；

c) 测试中使用的试验轮的静态不平衡性；

d) 气压或涉及动力源的其他数据；

e) 回转速度；

f) 施加的推力；

g) 测试结果(见 7.4)。

附录 A 给出了一个检测报告的格式。

附 录 A
(资料性附录)
砂轮机手柄振动试验报告格式

<table>
<tr><td>根据 GB/T 8910.1—2004《手持便携式动力工具　手柄振动测量方法　第 1 部分　总则》和GB/T 8910.4—2008《手持便携式动力工具　手柄振动测量方法　第 4 部分:砂轮机》的规定,进行了本次试验</td></tr>
<tr><td>总则
检测者:________________　报告人:________________
检测日期:____________</td></tr>
<tr><td>检测对象
产品型号:__________　制造厂:________________
产品编号:__________　序列号:________________
产品质量:__________ kg　空转转速:__________ r/s</td></tr>
<tr><td>试验轮
试验轮直径:__________ mm　试验轮的不平衡性:__________ gf · mm</td></tr>
<tr><td>工作条件:
转速:__________ r/s　气压:__________ MPa
推进力:__________ N　每次测试持续时间:__________ s</td></tr>
<tr><td>检测仪器
加速度计型号:__________　加速度计的生产厂:________________
机械滤波器型号:__________　机械滤波器的生产厂:________________
放大器型号:__________　放大器的生产厂:________________
分析仪型号:__________　分析仪的生产厂:________________
磁带记录仪型号:__________　磁带记录仪的生产厂:________________</td></tr>
<tr><td>传感器和机械滤波器的固定
尽可能详细地描述传感器和机械滤波器的固定方法;说明测量的方向</td></tr>
<tr><td>信号处理
说明频谱分析仪的信号积分型式以及测定计权加速度的方法</td></tr>
<tr><td>附加说明
记录磁带记录仪的型号(如使用),倍频程或 1/3 倍频程中心频率的校正系数;记录其他与测量有关的细节</td></tr>
</table>

检测结果记录在下列表中：

操作者 A 均方根值(r.m.s) 单位为米每二次方秒

<table>
<tr><td rowspan="3">试验轮的方向</td><td colspan="4">传感器</td></tr>
<tr><td colspan="2">控制手柄</td><td colspan="2">辅助手柄</td></tr>
<tr><td>1</td><td>2[a]</td><td>3</td><td>4[a]</td></tr>
<tr><td>0°
180°
0°
180°</td><td colspan="4"></td></tr>
<tr><td>算术平均值</td><td colspan="4"></td></tr>
<tr><td colspan="5">[a] 适用于减振型手柄(见 5.2)。</td></tr>
</table>

操作者 B 均方根值(r.m.s) 单位为米每二次方秒

<table>
<tr><td rowspan="3">试验轮的方向</td><td colspan="4">传感器</td></tr>
<tr><td colspan="2">控制手柄</td><td colspan="2">辅助手柄</td></tr>
<tr><td>1</td><td>2[a]</td><td>3</td><td>4[a]</td></tr>
<tr><td>0°
180°
0°
180°</td><td colspan="4"></td></tr>
<tr><td>算术平均值</td><td colspan="4"></td></tr>
<tr><td colspan="5">[a] 适用于减振型手柄(见 5.2)。</td></tr>
</table>

操作者 C 均方根值(r.m.s) 单位为米每二次方秒

<table>
<tr><td rowspan="3">试验轮的方向</td><td colspan="4">传感器</td></tr>
<tr><td colspan="2">控制手柄</td><td colspan="2">辅助手柄</td></tr>
<tr><td>1</td><td>2[a]</td><td>3</td><td>4[a]</td></tr>
<tr><td>0°
180°
0°
180°</td><td colspan="4"></td></tr>
<tr><td>算术平均值</td><td colspan="4"></td></tr>
<tr><td colspan="5">[a] 适用于减振型手柄(见 5.2)。</td></tr>
</table>

将操作者 A、B、C 测得的三个算术平均值(对于减振型手柄为 6 个值)进行综合平均：

控制手柄的振动均方根值：________________ m/s^2

辅助手柄的振动均方根值：________________ m/s^2

未安装试验轮时的振动均方根值(见 7.2.2)：

控制手柄：________________ m/s^2

辅助手柄：________________ m/s^2

ICS 25.140.10
J 48

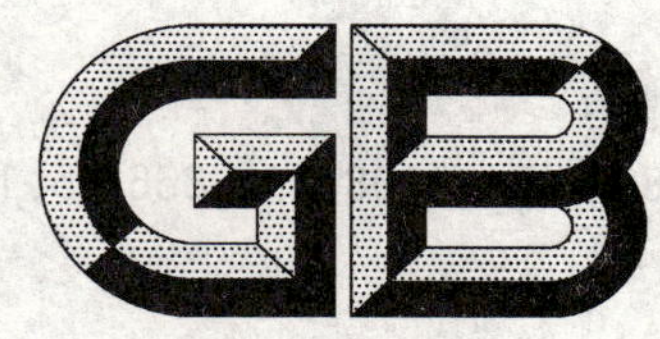

中华人民共和国国家标准

GB/T 8910.5—2008/ISO 8662-5:1992

手持便携式动力工具　手柄振动测量方法　第5部分:建筑工程用路面破碎机和镐

Hand-held portable power tools—Measurement of vibrations at the handle—Part 5:Pavement breakers and hammers for construction work

(ISO 8662-5:1992,IDT)

2008-07-09 发布　　　　2009-02-01 实施

中华人民共和国国家质量监督检验检疫总局
中国国家标准化管理委员会　发布

前　言

GB/T 8910《手持便携式动力工具　手柄振动测量方法》分为如下几部分：

——第1部分：总则；

——第2部分：铲和铆钉机；

——第3部分：凿岩机和回转锤；

——第4部分：砂轮机；

——第5部分：建筑工程用路面破碎机和镐；

——第6部分：冲击钻；

——第7部分：冲击、脉冲、棘轮扳手、气螺刀和螺母旋具；

——第8部分：抛光机、回转式有轨迹和无轨迹磨光机；

——第9部分：捣固机；

——第10部分：冲剪和剪；

——第11部分：打钉机；

——第12部分：往复式锯和锉、摆式和回转式锯；

——第13部分：模具砂轮机；

——第14部分：采石用工具和针束除锈器。

本部分为GB/T 8910的第5部分。

本部分等同采用ISO 8662-5:1992《手持便携式动力工具　手柄振动测量方法　第5部分：建筑工程用路面破碎机和镐》(英文版)，包括其修正案ISO 8662-5/Amd.1:1999(E)。

本部分等同翻译ISO 8662-5:1992(E)。

本部分与ISO 8662-5:1992的技术内容相同，但作了如下编辑性修改：

——删除国际标准的"前言"和"引言"。

——将"ISO 8662的本部分"一词改为"本部分"；

——用小数点"."代替作为小数点的逗号"，"；

本部分的附录A为规范性附录，附录B为资料性附录。

本部分由中国机械工业联合会提出。

本部分由全国凿岩机械与气动工具标准化技术委员会(SAC/TC 173)归口。

本部分起草单位：天水凿岩机械气动工具研究所。

本部分主要起草人：孙必武、高学径、朱洵慧。

本部分为首次发布。

手持便携式动力工具　手柄振动测量方法
第5部分:建筑工程用路面破碎机和镐

1　范围

GB/T 8910 的本部分规定了手持便携式动力工具在建筑工程用路面破碎机和镐手柄振动测量的实验室方法。这种型式试验方法用于测定在特定负载下运转时的动力工具的手柄振动量。

本部分适用于以电动、气动、液压或以内燃机为动力的建筑工程用路面破碎机和镐。

本部分的目的是可以使用所获得的结果对不同的动力工具或同类动力不同型式的工具进行比较。虽然在模拟工作状态下检测,但可以评估真实工作状态下产品的振动性能。

2　规范性引用文件

下列文件中的条款通过 GB/T 8910 的本部分的引用而成为本部分的条款。凡是注日期的引用文件,其随后所有的修改单(不包括勘误的内容)或修订版均不适用于本部分,然而,鼓励根据本部分达成协议的各方研究是否可使用这些文件的最新版本。凡是不注日期的引用文件,其最新版本适用于本部分。

GB/T 5621—2008　凿岩机械与气动工具　性能试验方法(ISO 2787:1984,Rotary and percussive pnaumatic tools—Performance tests,MOD)

GB/T 8910.1—2004　手持便携式动力工具　手柄振动测量方法　第1部分:总则(ISO 8662-1:1988,IDT)

GB/T 14790—1993　人体手传振动的测量与评价方法(eqv ISO 5349:1986)

3　测量的量

以下为测量的量:

——GB/T 8910.1—2004 中 3.1 规定的均方根(r.m.s)加速度;

——GB/T 8910.1—2004 中 3.3 提出的计权加速度;

——GB/T 8910.1—2004 中 3.2 规定的频率分析;

注:如果用其他方法能证明不存在重复信号,则可不作频率分析。

——电压、压气压力或液压油压力;

——冲击频率;

——推进力。

4　使用的仪器

4.1　总则

使用仪器的技术要求应符合 GB/T 8910.1—2004 中 4.1～4.6 的规定。

4.2　传感器

4.2.1　传感器的技术要求应符合 GB/T 8910.1—2004 中 4.1 的规定。

4.2.2　对于诸如塑料制成的轻质手柄,应注意尽量使用质量最小的传感器。

4.2.3　如果手柄本身即作为机械滤波器,则可将轻型传感器直接粘合在手柄的固定面上,且其质量应小于 5 g。

4.3 传感器的固定

4.3.1 传感器和机械滤波器的固定应符合 GB/T 8910.1—2004 中 4.2 的规定(见图 1)。

4.3.2 对于塑料手柄,可不必使用机械滤波器(见 GB/T 8910.1—2004 的 4.3)。

4.4 辅助仪器

4.4.1 应使用测量均方根值的仪表来测定电动工具的电源电压。

4.4.2 应使用精密压力表来测定压气或液压油的压力。

4.4.3 可使用测力秤来测定推进力(见 6.3)。

4.5 校准

校准应按 GB/T 8910.1—2004 中 4.8 的规定进行。

5 测量的方向和位置

5.1 测量方向

测量应在平行于冲击的方向上进行,即 Z 向(见图 1)。基本中心坐标系的定义见附录 A。

注:振动辐射的测量按 GB/T 14790—1993 进行,可在附录 A 确定的基本中心坐标系三个方向上进行测量。

5.2 测量位置

5.2.1 测量位置应设在操作者正常握持并施加推进力的主手柄上。

5.2.2 传感器的正常位置应在主柄长度的 1/2 处。对于闭式及开式弓形手柄或柱形手柄,开关位置可能阻碍传感器的固定,这时传感器宜尽可能在靠近人手的拇指与食指间固定(见图 1)。

5.2.3 对于有两个手柄的动力工具,传感器应固定在没有开关的手柄上。

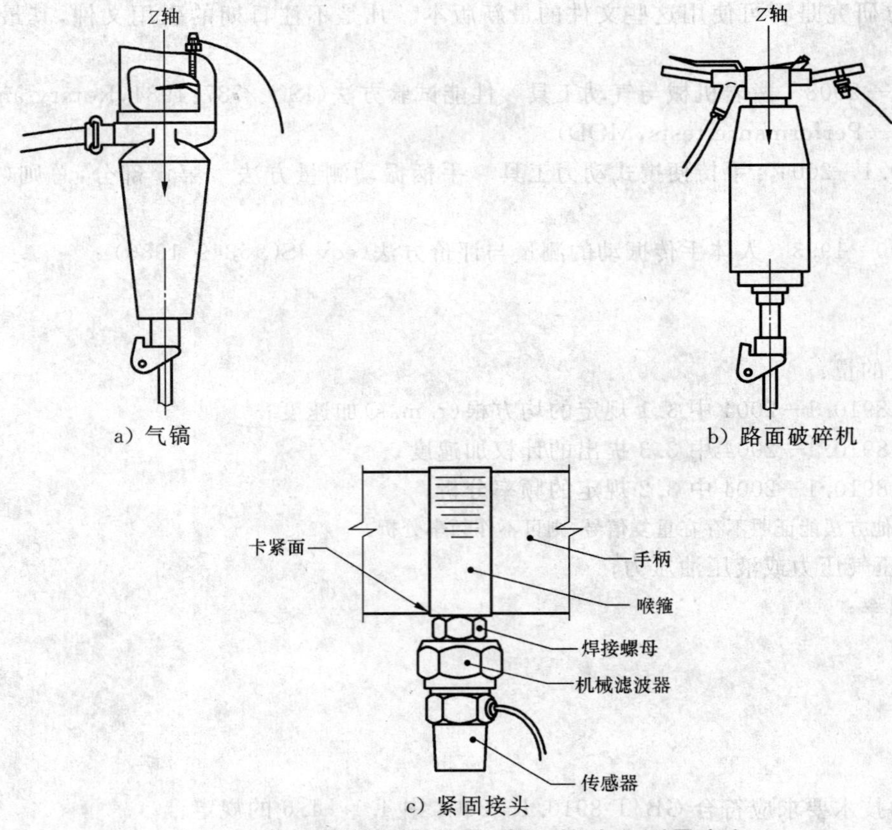

图 1 传感器的固定位置、紧固接头和测量方向

6 操作规程

6.1 总则

6.1.1 应对润滑良好、运转正常的新制工具进行测量。

6.1.2 测量前，预先将电动、液压或内燃工具运转约 10 min，而气动工具则无必要。

6.1.3 在整个测量期间，动力工具应在额定功率下运转，如额定电压或气压，并应按制造厂的规定予以使用。另外，还应保证工具运转平稳。

6.1.4 测量时应定位好吸能器，以便使操作者能以直立姿势并垂直向下操作工具(见图 2 和图 3)。

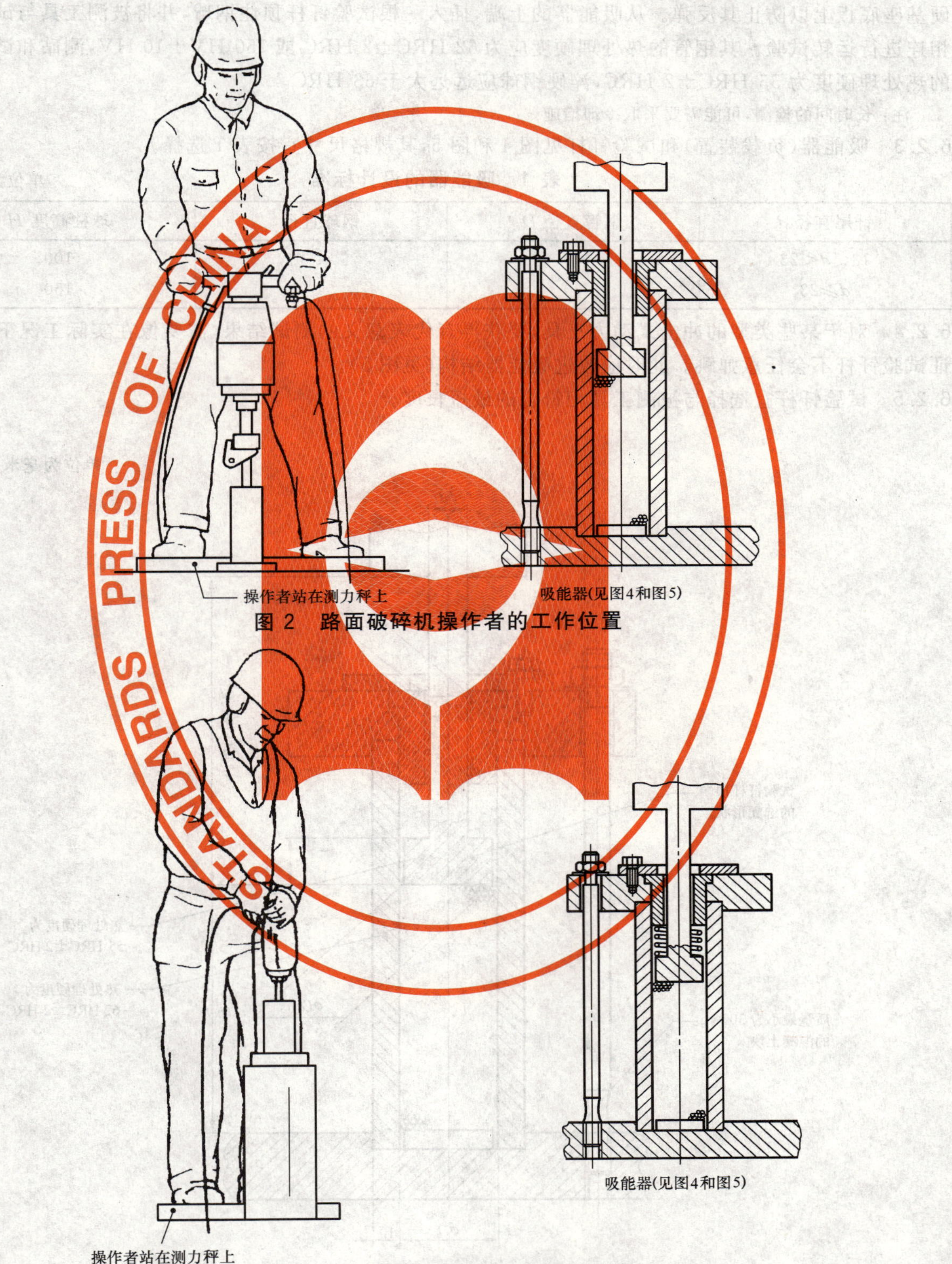

图 2 路面破碎机操作者的工作位置

图 3 气镐操作者的工作位置

6.2 吸能器

6.2.1 负载装置是一个模拟实际作业情况的钢球吸能器。吸能器适当地吸收冲击波并反射入射波能量15%～20%的能量(类似实际工况)。

6.2.2 吸能器由一个内装淬硬钢球的钢管组成。该钢管被牢牢地固定在一块质量至少为300 kg的坚硬基座底板上以防止其反弹。从吸能器的上端,插入一根试验钎杆顶住钢球,并将被测工具与试验钎杆相连进行运转试验。其钢管的热处理硬度应为62 HRC±2 HRC或750 HV±10 HV,测砧和试验钎杆的热处理硬度为55 HRC±2 HRC,淬硬钢球应远远大于63 HRC。

注:长时间的检测,可能需要采取冷却措施。

6.2.3 吸能器(负载装置)和试验钎杆见图4和图5,其规格尺寸宜按表1选择。

表 1 吸能器的设计标准

单位为毫米

钎尾直径 d	钢管直径 D	钢球直径	球柱高度 H
$13 \leqslant d < 23$	40	4	100
$d \geqslant 23$	60	4	150

6.2.4 对于某些类型的冲击式动力工具,要获得有代表意义的测试结果,需要像在实际工况下那样保证试验钎杆不会任意弹跳。此时应改进吸能器结构(见图5)。

6.2.5 试验钎杆宜选择与被测工具相符合的最短长度。

单位为毫米

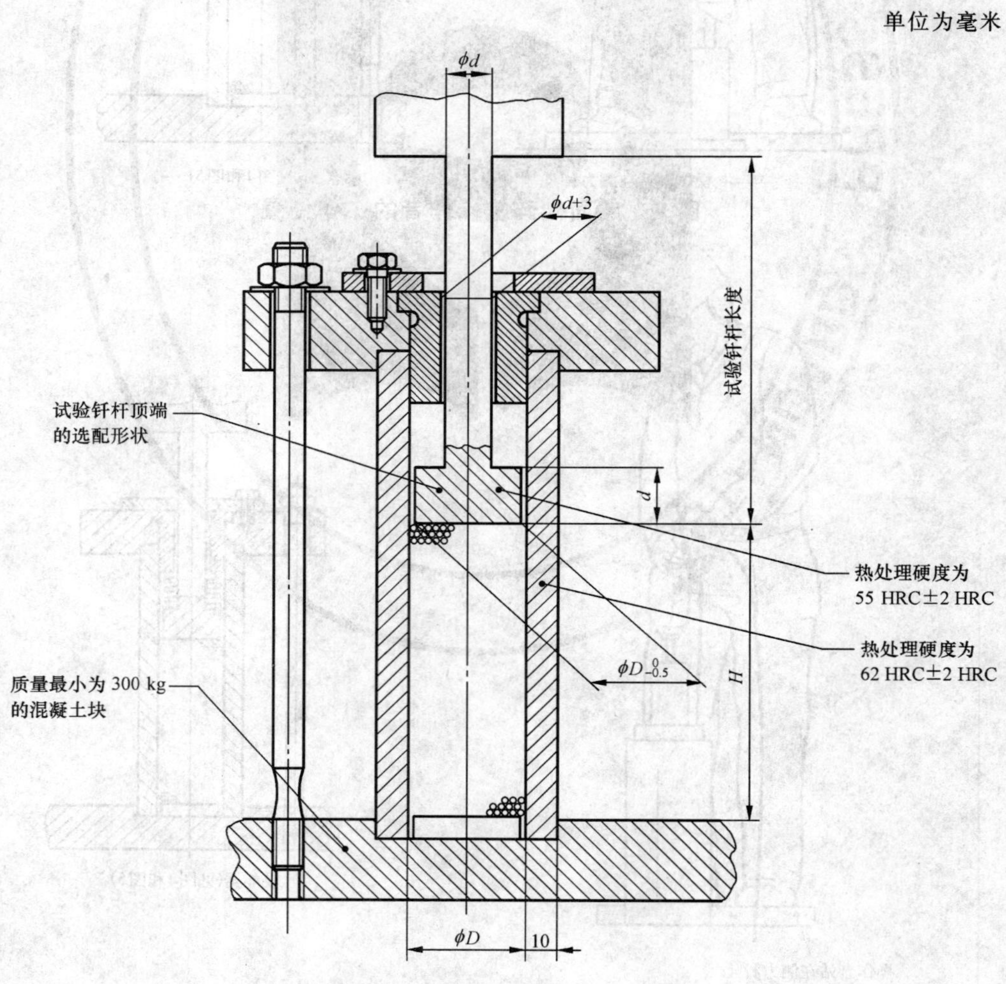

图 4 钢球吸能器

单位为毫米

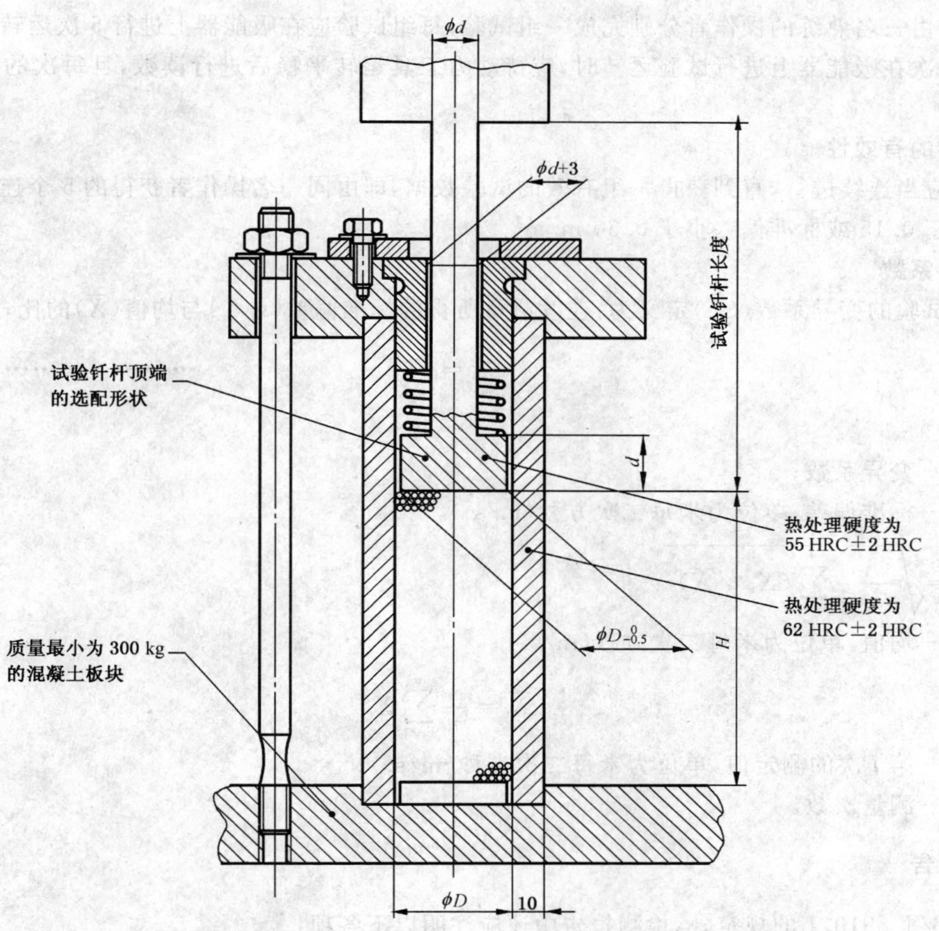

图 5　带弹簧的钢球吸能器

6.3　推进力

6.3.1　除动力工具本身的重量外，所施加的推进力应确保动力工具在正常的性能水平下运行，即动力工具运转应平稳，试验钎杆不与吸能器的固定套筒相接触。要达到这样的要求，所施加的推进力 F_A（牛顿，N）约为被测工具质量（千克，kg）的 15 倍、且不应大于 200 N。如工具的质量为 12 kg 时，则推进力宜约 180 N。

6.3.2　在试验期间，推进力 F_A 可由操作者站在测力称上来控制，此时推进力等于操作者的体重减去测力称的读数。

7　测量程序和测量的有效性

7.1　动力源

7.1.1　电动工具的电源电压应使用测量均方根值的仪表来测定。

7.1.2　气动工具的气压应按 GB/T 5621—2008 的规定进行测量，并在整个测量期间始终保持制造厂规定的压力值不变。

7.1.3　液压压力应予以测定，并按制造厂的要求保持不变。

7.1.4　以上技术要求同样适用于以其他动力（如内燃机）驱动的工具。

7.1.5　试验期间动力工具的冲击频率可利用振动传感器传出的信号，通过电子滤波器或其他适宜的方法来测定。

7.2 试验程序

7.2.1 应由三名熟练的操作者分别完成一组试验，每组试验应在吸能器上进行 5 次运转测量。

7.2.2 每次在吸能器上进行试验运转时，应待动力工具运转平稳后进行读数，且每次的读数时间不应少于 8 s。

7.3 测量的有效性

测量应当连续进行，直到获得一组有效的试验数据，即由同一名操作者获得的 5 个连续计权值的变异系数小于 0.15 或标准偏差小于 0.30 m/m²。

7.4 变异系数

一组试验的变异系数(C_V)定义为：连续测量所得的标准偏差(s_{n-1})与均值($\overline{X}$)的比，公式表示为：

$$C_V = \frac{s_{n-1}}{\overline{X}} \qquad \cdots\cdots(1)$$

式中：

C_V——变异系数；

s_{n-1}——标准偏差，单位为米每二次方秒(m/s²)，

$$s_{n-1} = \sqrt{\frac{1}{n-1}\sum_{i=1}^{n}(X_i - \overline{X})^2}$$

$\overline{X}$——均值，单位为米每二次方秒(m/s²)；

$$\overline{X} = \frac{1}{n}\sum_{i=1}^{n}X_i$$

X_i——第 i 次的测定值，单位为米每二次方秒(m/s²)；

n——测量次数。

8 检测报告

除 GB/T 8910.1 的规定外，检测报告中还应注明以下各项：

a) 试验钎杆的尺寸；

b) 吸能器的尺寸；

c) 电压、工作压力或与动力源有关的其他数据；

d) 冲击频率；

e) 推进力。

附录 B 给出了一种检测报告的样式。

附　录　A
（规范性附录）
基本中心坐标的确定

A.1　Z 向：与冲击方向平行的方向。

A.2　Y 向：以手柄和 Z 轴线为几何平面，并与 Z 轴成直角的方向。

A.3　X 向：与 Y 轴和 Z 轴都垂直的方向。

A.4　在正交平面内，利用机械滤波器进行测量时，传感器的感振方向应与需要测试的方向重合，并且必须确保机械滤波器的上限截止频率达到 1 250 Hz。

附 录 B
（资料性附录）
建筑工程用路面破碎机和镐检测报告样式

根据GB/T 8910.1—2004《手持便携式动力工具 手柄振动测量方法 第1部分：总则》和GB/T 8910.5—2008《手持便携式动力工具 手柄振动测量方法 第5部分：建筑工程用路面破碎机和镐》的规定，进行了本次试验。

总则

检测者：__________ 报告人：__________

检测日期：__________

检测对象

产品型号：__________ 制造厂：__________

产品编号：__________ 序列号：__________

产品质量：__________kg

试验钎杆：

钎杆直径：__________mm 钎杆质量：__________kg

吸能器

钢管直径：__________mm 钢球直径：__________mm

球柱高度：__________mm

运转状况

冲击频率：__________Hz 压力(MPa)或电压(V)：__________

液压流量：__________L/s 每次测试运转的持续时间：__________s

推进力：__________N

检测仪器

加速度计型号：__________ 加速度计的生产厂：__________

加速度计的质量：__________g

机械滤波器的型号：__________ 机械滤波器生产厂：__________

机械滤波器的质量：__________g

放大器的型号：__________ 放大器的生产厂：__________

分析仪的型号：__________ 分析仪的生产厂：__________

磁带记录仪的型号：__________ 磁带记录仪的生产厂：__________

传感器和机械滤波器的固定

尽可能描述传感器和机械滤波器的固定方法；

说明测量的方向

信号处理

说明频谱分析仪的积分型式以及计权加速度的确定方法

附加说明

记录磁带记录仪的型号(如使用)，倍频程或1/3倍频程中心频率的校正系数；

记录其他测量中的有关细节

检测结果

在下表中记录倍频程值及计权值的检测结果：

操作者 A 均方根值(r. m. s)　　单位为米每二次方秒

倍频程中心频率/Hz	检测次数					均方根值(r. m. s)的算术平均值
	1	2	3	4	5	
8 16 31.5 63 125 250 500 1 000						
计权值						

操作者 B 均方根值(r. m. s)　　单位为米每二次方秒

倍频程中心频率/Hz	检测次数					均方根值(r. m. s)的算术平均值
	1	2	3	4	5	
8 16 31.5 63 125 250 500 1 000						
计权值						

操作者 C 均方根值(r. m. s)　　单位为米每二次方秒

倍频程中心频率/Hz	检测次数					均方根值(r. m. s)的算术平均值
	1	2	3	4	5	
8 16 31.5 63 125 250 500 1 000						
计权值						

平均计权值：＿＿＿＿＿＿＿＿＿＿ m/s^2

ICS 25.220.10
A 29

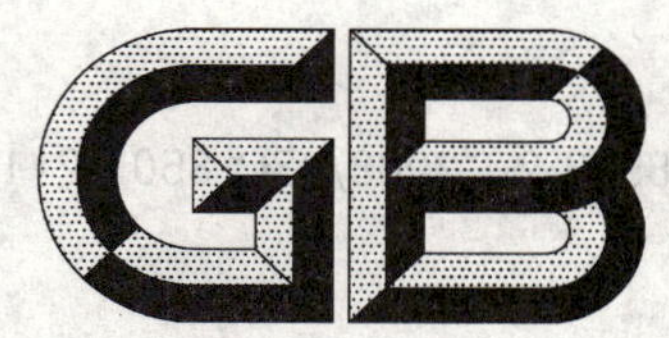

中华人民共和国国家标准

GB/T 8923.2—2008/ISO 8501-2:1994

涂覆涂料前钢材表面处理 表面清洁度的目视评定 第2部分:已涂覆过的钢材表面局部清除原有涂层后的处理等级

Preparation of steel substrates before application of paints and related products—Visual assessment of surface cleanliness—Part 2: Preparation grades of previously coated steel substrates after localized removal of previous coatings

(ISO 8501-2:1994,IDT)

2008-04-01 发布 2008-09-01 实施

中华人民共和国国家质量监督检验检疫总局
中国国家标准化管理委员会 发布

前　言

GB/T 8923《涂覆涂料前钢材表面处理　表面清洁度的目视评定》分为下列几部分：

——第1部分：未涂覆过的钢材表面和全面清除原有涂层后的钢材表面的锈蚀等级和处理等级；

——第2部分：已涂覆过的钢材表面局部清除原有涂层后的处理等级；

——第3部分：焊缝、切割边缘和其他区域的表面缺陷的处理等级；

——第4部分：与高压水喷射处理有关的初始表面状态、处理等级和除锈等级。

本部分为GB/T 8923的第2部分。

本部分等同采用ISO 8501-2:1994《涂覆涂料前钢材表面处理　表面清洁度的目视评定　第2部分：已涂覆过的钢材表面局部清除原有涂层后的处理等级》(英文版)。

本部分等同翻译ISO 8501-2:1994。

为便于使用，本部分做了下列编辑性修改：

——"本国际标准"一词改为"本部分"；

——用顿号"、"代替作为分述的逗号"，"；

——删除国际标准的前言和引言；

——由于删除了国际标准的引言，其中的"注1"随之被删除，因此，修改了正文中的注号；

——为清楚可见，在4.2、4.3和4.4中添加二级条号，并相应添加了4.2.1、4.3.1、4.4.1的条题"概述"，在第5章和5.1、5.2、5.3中，将开头部分悬置段添加条号和条题，其后条号相应顺延修改；

——增加了参考书目作为资料性附录A。

本部分由中国船舶工业集团公司提出。

本部分由全国涂料和颜料标准化技术委员会涂漆前金属表面处理及涂漆工艺分技术委员会归口。

本部分起草单位：中国船舶工业综合技术经济研究院、中国船舶工业第十一研究所、山东开泰金属磨料股份有限公司。

本部分主要起草人：宋艳媛、刘冰扬、傅建华、刘如伟、王瑞国、刘春博。

涂覆涂料前钢材表面处理 表面清洁度的目视评定 第2部分:已涂覆过的钢材表面局部清除原有涂层后的处理等级

1 范围

GB/T 8923 的本部分规定了一系列局部清除原有涂层后钢材表面的处理等级。各种处理等级通过文字叙述(见第4章)和 ISO 8501-1 中给出的典型样板照片共同定义。此外,给出了显示 P Sa2½ 和 P Ma 处理等级的照片样本。

GB/T 8923 的本部分适用于通过诸如喷射清理、手工和动力工具清理以及机械打磨等方式进行涂覆涂料前处理的钢材表面。

GB/T 8923 的本部分以钢材的目视外观来表示其表面清洁度。在多数情况下,这足以满足要求,但对于很可能要置于恶劣环境,如浸水环境和连续冷凝环境下的涂层,应考虑用物理和化学方法来检测肉眼看上去是清洁表面上的可溶性盐类和其他观察不到的污染物,具体检测方法见 ISO 8502 各部分的规定。表面粗糙度特性也应参考 ISO 8503 的规定。

2 规范性引用文件

下列文件中的条款通过 GB/T 8923 的本部分的引用而成为本部分的条款。凡是注日期的引用文件,其随后所有的修改单(不包括勘误的内容)或修订版均不适用于本部分,然而,鼓励根据本部分达成协议的各方研究是否可使用这些文件的最新版本。凡是不注日期的引用文件,其最新版本适用于本部分。

GB/T 5210—2006 色漆和清漆 拉开法附着力试验(ISO 4624:2002[1],IDT)

ISO 2409:1992[2] 色漆和清漆 划格试验

ISO 4627:1981 色漆和清漆 涂料与被涂覆表面的适应性评定 试验方法

ISO 4628-1:1982[3] 色漆和清漆 漆膜老化的评定 一般类型缺陷的程度、数量和大小的评定 第1部分:总则和等级表

ISO 4628-2:1982 色漆和清漆 漆膜老化的评定 一般类型缺陷的程度、数量和大小的评定 第2部分:起泡等级的评定

ISO 4628-3:1982 色漆和清漆 漆膜老化的评定 一般类型缺陷的程度、数量和大小的评定 第3部分:锈蚀等级的评定

ISO 4628-4:1982 色漆和清漆 漆膜老化的评定 一般类型缺陷的程度、数量和大小的评定 第4部分:开裂等级的评定

ISO 4628-5:1982 色漆和清漆 漆膜老化的评定 一般类型缺陷的程度、数量和大小的评定 第5部分:脱落等级的评定

1) 在 ISO 8501-2:1994 中,此标准为 ISO 4624:1987。而 ISO 4624:2002 代替 ISO 4624:1987。

2) GB/T 9286—1998 为等效于 ISO 2409:1992。

3) GB/T 1766—1995 为非等效于 ISO 4628-1~4628-5:1980。

ISO 4628-6:1990 色漆和清漆 漆膜老化的评定 一般类型缺陷的程度、数量和大小的评定 第6部分:粉化等级的胶贴带评定法

ISO 8501-1:1988[4] 涂覆涂料前钢材表面处理 表面清洁度的目视评定 第1部分:未涂覆过的钢材表面和全面清除原有涂层后的钢材表面的锈蚀等级和处理等级

3 待清理的已涂覆表面状况

已涂覆表面的涂层的缺陷程度应按ISO 4628第1部分至第6部分的规定来评定。

如果有可能,应给出与原有涂层有关的补充性资料,包括涂层体系类型、涂覆次数、制造厂名、腐蚀性污染物、附着力和涂膜厚度。

4 处理等级

4.1 总则

本部分规定了表示不同表面处理方法和清洁程度的若干处理等级。处理等级通过描述处理后表面外观情况的文字来定义(见4.2、4.3及4.4)。

每一处理等级用代表相应处理方法类型的字母“Sa”、“St”或“Ma”表示。置于Sa、St或Ma前面的字母P表示只是局部清除原有涂层。字母后面的数字,表示清除氧化皮、铁锈和原有涂层的程度。

应当认识到各种处理方法并没有给出可比较的结果。处理等级应与重新涂覆涂料采用的涂层体系所属类型相适应。

4.2和4.3中涉及的ISO 8501-1中的照片是处理等级的典型照片样本。

注1:4.2、4.3和4.4中使用的“外来杂质”包括水溶性盐类和残留焊剂。采用干法喷射清理、手工或动力工具清理及机械打磨,不可能从表面完全清除的杂质,可采用湿法喷射清理。

注2:若氧化皮、铁锈或涂料可用钝的油灰刀刮掉,则视为附着不牢。

注3:本部分所附的典型照片显示一些钢材局部清理前后的典型照片样本。

4.2 已涂覆表面的局部喷射清理 P Sa

4.2.1 概述

对局部喷射清理的表面处理,用字母“P Sa”表示。

喷射清理前应铲除全部厚锈层。可见的油、脂和污物也应清除掉。

喷射清理后,应清除表面的浮灰和碎屑。

注:对表面喷射清理处理方法的说明,包括喷射清理前后的处理程序,见ISO 8504-2。

4.2.2 彻底的局部喷射清理 P Sa2

牢固附着的涂层应完好无损。表面的其他部分,在不放大的情况下观察时,应无可见的油、脂和污物,无疏松涂层,几乎没有氧化皮、铁锈和外来杂质。任何残留污染物应牢固附着(见4.1中注2)。为了比较,见ISO 8501-1中给出的照片C Sa2和D Sa2。选择哪一个,取决于腐蚀凹坑的程度。

4.2.3 非常彻底的局部喷射清理 P Sa2½

牢固附着的涂层应完好无损,表面的其他部分,在不放大的情况下观察时,应无可见的油、脂和污物,无疏松涂层、氧化皮、铁锈和外来杂质。任何污染物的残留痕迹应仅呈现为点状或条状的轻微污斑。为了比较,见ISO 8501-1中给出的照片C Sa2½和D Sa2½。选择哪一个,取决于腐蚀凹坑的程度。

本部分给出了显示表面处理等级P Sa2½的典型照片样本。

4.2.4 局部喷射清理到目视清洁钢材 P Sa3

牢固附着的涂层应完好无损,表面的其他部分,在不放大的情况下观察时,应无可见的油、脂和污

---

4) GB/T 8923—1988为等效于ISO 8501-1:1988。

物，无疏松涂层、氧化皮、铁锈和外来杂质。应具有均匀的金属色泽。为了比较，见 ISO 8501-1 中给出的照片 C Sa3 和 D Sa3。选择哪一个，取决于腐蚀凹坑的程度。

注：本部分不包括处理等级 P Sa1，因为这个等级的表面不适合于涂覆涂料。

4.3 已涂覆表面的局部手工和动力工具清理[5] P St

4.3.1 概述

对局部手工和动力工具清理的表面处理，如刮、刷、磨，用字母“P St”表示。

手工和动力工具清理前，应清除任何锈层及可见的油、脂和污物。

手工和动力工具清理后，应清除表面的浮灰和碎屑。

注：对手工和动力工具清理表面处理的说明，包括手工和动力工具清理前后的处理程序，见 ISO 8504-3。

4.3.2 彻底的局部手工和动力工具清理 P St2

牢固附着的涂层应完好无损，表面的其他部分，在不放大的情况下观察时，应无可见的油、脂和污物，无附着不牢的氧化皮、铁锈、涂层和外来杂质(见 4.1 中注 2)。为了比较，见 ISO 8501-1 中给出的照片 C St2 和 D St2。选择哪一个，取决于腐蚀凹坑的程度。

4.3.3 非常彻底的局部手工和动力工具清理 P St3

同 P St2，但被清理表面应处理得更彻底，金属基底要有金属光泽。为了比较，见 ISO 8501-1 中给出的照片 C St3 和 D St3。选择哪一个，取决于腐蚀凹坑的程度。

注 1：处理等级 P St2 和 P St3 与使用特定的手工和动力工具毫无关系，完全由借助于典型照片样本说明的处理等级定义来决定。

注 2：本部分不包括处理等级 P St1，因为这个等级的表面不适合于涂覆涂料。

4.4 已涂覆表面的局部机械打磨 P Ma

4.4.1 概述

对局部机械打磨清理的表面处理，用字母“P Ma”表示。它包括彻底机械打磨清理(例如用砂纸研磨盘)或专门的旋转钢丝刷清理，可与针状喷枪一起使用。

机械打磨前，应清除任何厚锈层及可见的油、脂和污物。

机械打磨后，应清除表面的浮灰和碎屑。

4.4.2 局部机械打磨 P Ma

牢固附着的涂层应完好无损，表面的其他部分，在不放大的情况下观察时，应无可见的油、脂和污物，无疏松涂层、氧化皮、铁锈和外来杂质(见 4.1 中注 2)。任何污染物的残留痕迹应仅呈现为点状或条状的轻微污斑。为了比较，见本部分给出的显示处理等级 P Ma 的典型照片样本。

注：处理等级 P Ma 与使用特定的工具毫无关系，完全由借助于典型照片样本说明的处理等级定义来决定。

4.5 遗留涂层的处理

再次涂覆前，原有涂层的遗留部分，包括表面处理后任何牢固附着的底漆和配套的底层涂层，应无疏松物和污染物，若有必要，应使其粗糙到确保有良好的附着性。遗留涂层的附着力可按 ISO 2409 的规定进行划格试验测定，或按 GB/T 5210—2006 的规定采用便携式附着力测试仪进行附着力拉开试验测定，或采用其他适当的检验方法进行测定。

与打磨或喷射清理区域交界的原有完好涂层应修成斜面，形成完好和牢固的附着边缘，新涂层应与原有涂层相配套。ISO 4627 给出了评定相容性的建议。

5 照片

5.1 总则

本部分给出的典型照片样本是重新涂覆涂料前局部处理前后的典型区域外观(放大 5 倍～6 倍)。

---

5) 机械打磨除外，见 4.4。

为了便于制造，印有照片的塑料纸上不标页码。为了便于使用，照片按图1所示顺序排列。每一页上，上面的照片显示表面处理前的表面状况，下面的照片显示表面处理后的表面状况。

表面处理区域的详细说明见5.2～5.4。

5.2 非常彻底的局部喷射清理(P Sa2½)的典型实例

5.2.1 概述

第一张和第二张样本照片及5.2.2和5.2.3是实践中遇到的两个典型实例及其解释。

5.2.2 氧化铁红车间底漆(第一张样本照片)

照片显示一个涂有氧化铁红车间底漆的表面，喷射清理前后的情形。在照片的左边，可见一锈蚀的焊接连接处，同时，右上方也显出了锈蚀的焊缝。

5.2.3 防腐体系(第二张样本照片)

照片显示一个防腐体系(红丹/云母氧化铁)已暴露较长时间的表面，喷射清理前后的情形。在照片的上方，可见一个广泛分布的生锈区域和完好的涂层区域。在表面全部重新涂覆涂料前，完好的涂层区域应进行清理并使之达到一定的粗糙度。

5.3 非常彻底的局部喷射清理(P Sa2½)的极端实例

5.3.1 概述

第三张和第四张样本照片及5.3.2和5.3.3是处理等级P Sa2½的可能适用范围的极端实例及其解释。

5.3.2 一个完好的涂层(第三张样本照片)

照片显示一个涂层总体完好、对点蚀处经局部喷射清理的实例，该涂层只需局部修补，也可采用打磨、刮或刷来处理损坏的涂层。

5.3.3 一个不合适的涂层(第四张样本照片)

照片显示一个只有轻微可见锈斑，但必须全部重新涂覆的涂层，也应考虑将涂层全面清除到表面处理等级Sa2½。

5.4 局部机械打磨(P Ma)的典型实例

5.4.1 概述

第五、第六和第七张样本照片及5.4.2和5.4.3是实践中遇到的三个典型实例及其解释。

5.4.2 修理工作

5.4.2.1 一个舱口盖的上表面(第五张样本照片)

照片显示一个涂有两道红丹底漆(桔红色和棕色)，两道灰色合成树脂面漆，并使用了约15a的防腐体系。由于表面已用蒸汽喷射清理过，涂层体系涂刷痕迹的风化，在上方的照片中清晰可见。

照片显示了再次处理(锈蚀区域通过砂盘机械打磨，然后采用刷子除锈)前后的表面。

5.4.2.2 一个钢梁的上表面(第六张样本照片)

照片显示一个涂有两道底漆(桔红色和棕色)，两道灰色合成树脂面漆.使用年代未知的防腐体系。表面已局部机械损坏。

照片显示了再次处理(锈蚀区域通过砂盘机械打磨，然后采用刷子除锈)前后的表面。

5.4.3 新建工厂：动力厂管道(第七张样本照片)

安装之前，管道的所有外表面均喷射清理到表面处理等级Sa2½，焊缝处除外。然后涂覆两道环氧树脂/铬酸锌(淡红色-棕色)的底漆，再加上环氧树脂(红色/桔红色)中间涂层。

照片显示再次处理前后的一个管子表面(锈蚀区域和焊接处通过机械打磨，然后采用刷子除锈，并清除全部残留杂质)。

图 1　典型样本照片的布局和顺序

见 5.2.2

P Sa2½

图 1（续）

见 5.2.3

P Sa2½

图 1(续)

见 5.3.2

P Sa2½

图 1（续）

见5.3.3

P Sa2½

图 1(续)

见 5.4.2.1

P Ma

图 1(续)

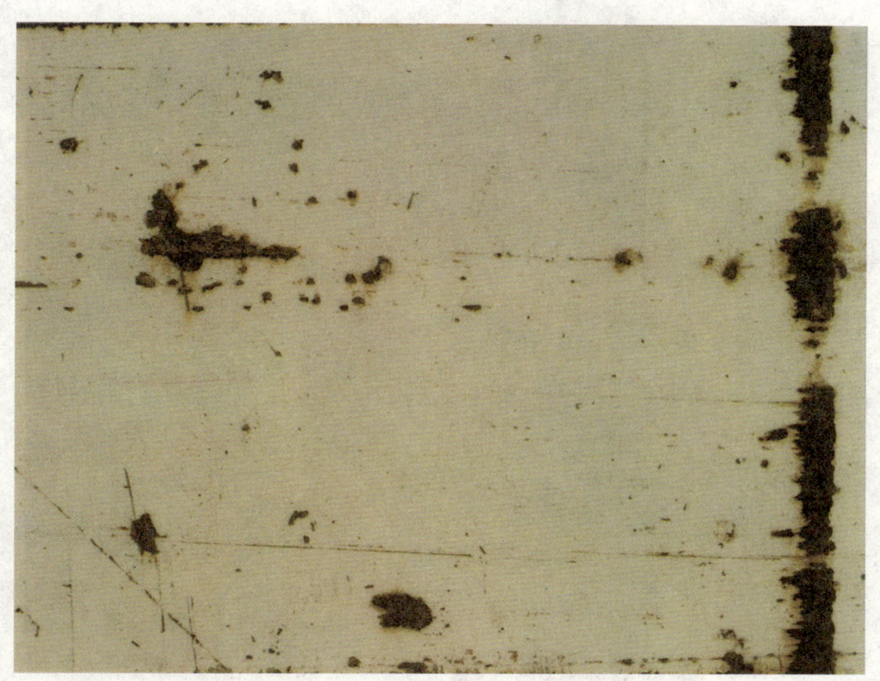

见 5.4.2.2

P Ma

图 1（续）

见 5.4.3

P Ma

图 1（续）

附　录　A
（资料性附录）
参考书目

GB/T 13288—1991　涂装前钢材表面粗糙度等级的评定(比较样块法)(ISO 8503:1985,REF)

GB/T 18570.2—2001　涂覆涂料前钢材表面处理　表面清洁度的评定试验　第2部分:清理过的表面上氯化物的实验室测定(ISO 8502-2:1992,MOD)

GB/T 18570.3—2005　涂覆涂料前钢材表面处理　表面清洁度的评定试验　第3部分:涂覆涂料前钢材表面的灰尘评定(压敏粘带法)(ISO 8502-3:1992,IDT)

GB/T 18570.4—2001　涂覆涂料前钢材表面处理　表面清洁度的评定试验　第4部分:涂覆涂料前凝露可能性的评定导则(ISO 8502-4:1993,MOD)

GB/T 18570.5—2005　涂覆涂料前钢材表面处理　表面清洁度的评定试验　第5部分:涂覆涂料前钢材表面的氯化物测定(离子探测管法)(ISO 8502-5:1998,IDT)

GB/T 18570.6—2005　涂覆涂料前钢材表面处理　表面清洁度的评定试验　第6部分:可溶性杂质的取样　Bresle法(ISO 8502-6:1995,IDT)

GB/T 18570.8—2005　涂覆涂料前钢材表面处理　表面清洁度的评定试验　第8部分:湿气的现场折射测定法(ISO 8502-8:2001,IDT)

GB/T 18570.9—2005　涂覆涂料前钢材表面处理　表面清洁度的评定试验　第9部分:水溶性盐的现场电导率测定法(ISO 8502-9:1998,IDT)

GB/T 18570.10—2005　涂覆涂料前钢材表面处理　表面清洁度的评定试验　第10部分:水溶性氯化物的现场滴定测定法(ISO 8502-10:1999,IDT)

GB/T 18839.2—2002　涂覆涂料前钢材表面处理　表面处理方法　磨料喷射清理(ISO 8504-2:2000,MOD)

GB/T 18839.3—2002　涂覆涂料前钢材表面处理　表面处理方法　手工和动力工具清理(ISO 8504-3:1993,MOD)

ICS 75.180.30
E 30

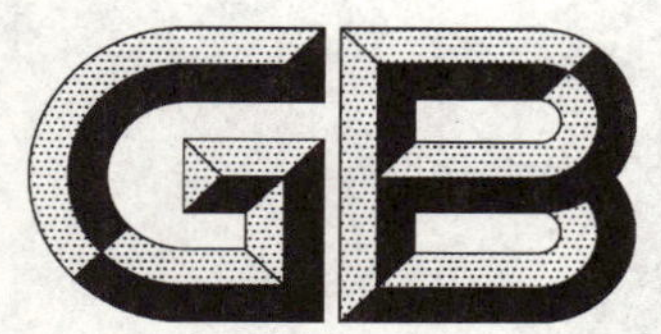

中华人民共和国国家标准

GB/T 8927—2008
代替 GB/T 8927—1988

石油和液体石油产品温度测量 手工法

Petroleum and liquid petroleum products—Temperature measurement—Manual methods

(ISO 4268:2000,MOD)

2008-02-13 发布 2008-09-01 实施

中华人民共和国国家质量监督检验检疫总局
中国国家标准化管理委员会 发布

前言

本标准修改采用ISO 4268:2000《石油和液体石油产品温度测量——手工法》(英文版),同时也参照采用了《美国石油计量标准手册　第7章——温度测量》的技术内容。

本标准根据ISO 4268:2000重新起草。在附录A中列出了本标准章条编号与ISO 4268:2000章条编号的对照一览表。

考虑到我国的国情,在采用ISO 4268:2000时,本标准做了一些技术性修改。本标准与ISO 4268:2000的主要差异为:

——在适用范围中,补充了"在取样法中应优先使用充溢盒温度计测量温度"的内容;

——作为引用文件,ISO 4266已经分为六个部分,本标准也作出了相应修改。其中的第4部分用GB/T 21451.4代替,其他五个部分尚未制定国家标准,仍引用国际标准;

——将引用标准ISO 386:1977、ISO 3170:1988和ISO 4512分别用GB/T 514、GB/T 4756和GB/T 13894代替,同时增加GB/T 19779作为引用标准;

——在特殊安全措施关于苯的条款中增加"对于有毒有害的其他液体石化产品,也应采取同样的措施。";

——对于玻璃温度计的准确度和分辨力,本标准直接在正文中明确"玻璃温度计的分辨力不低于0.2℃";

——明确温度计应按国家规定的校准周期进行校准,以适合于我国的实际情况;

——将国际标准中7.5.4 d)中的"当指示温度稳定在0.1%达30 s时,则平衡建立。"改为"当指示温度的变化稳定在0.1℃以内达到30 s时,则平衡建立。";

——将国际标准7.5.6 h)中"在计算平均值以前,应在中间液深位置获得附加的温度测量数据。"改为"否则,应在相邻两点中间的液深位置再依次补测温度,而后再计算平均温度。";

——参照美国石油计量标准手册,对玻璃温度计露出液柱的修正理由进行了补充说明;

——增加"读数与报告"作为本标准的第5章,将国际标准各章条有关温度计的读数和平均温度的报告作为本章的内容;

——将表3中的"15℃密度"改为"20℃密度",同时去掉所在条款中"木背杯盒温度计"的"木背"两字;

——参照美国石油计量标准手册,对于常温常压下铁路罐车的温度测量,增加了如何选择部分罐车进行温度测量的内容;

——对于常温常压下的油船测量,参照美国石油计量标准手册,增加了船舱底油或残油的测温方法;

——参照美国石油计量标准手册,增加了"附录B　环境温度的测定"。

本标准代替GB/T 8927—1988《石油和液体石油产品温度测量法》。

本标准与GB/T 8927—1988相比的主要变化表现在以下几个方面:

——参照标准由API 2543《石油和液体石油产品温度测量法》变为ISO 4268《石油和液体石油产品温度测量——手工法》;

——技术内容包括测温仪器、技术规格、仪器检验、测量方法、测量工况等更详实具体;

——将便携式电子温度计作为首选温度计测量油品温度;

——固定式平均温度计测量油品温度和管线手工测温不再作为本标准的内容;

——补充了用便携式电子温度计检验固定式温度计的技术内容;

——调整了油罐内油品的测温位置及其选择方式;

——提高了测温仪器的分辨力和准确度,改进了平均温度的计算方法,计算结果准确至 0.1℃。

本标准的附录 A 和附录 B 为资料性附录。

本标准由全国石油产品和润滑剂标准化技术委员会提出。

本标准由中国石油化工股份有限公司石油化工科学研究院归口。

本标准负责起草单位:中国石油化工股份有限公司石油化工科学研究院。

本标准参加起草单位:中国石油化工股份有限公司安庆分公司、中国石油化工股份有限公司北京燕山分公司炼油厂、中国石油天然气股份有限公司管道秦京输油气分公司、中国石油天然气股份有限公司兰州石化分公司。

本标准主要起草人:薄艳红、魏进祥、张安军、胡志敏、陈龙、吴立颖。

本标准首次发布于1988年。

引　言

在涉及石油和石油产品数量的所有计算中，无论用标准温度下的体积表示，还是用质量或空气中的表观质量表示，都需要确定油品的平均温度。本标准提出的储罐中油品温度的测量方法有助于测量已知条件下最可靠的平均温度，相关的储罐也包括了公路罐车、铁路油罐和油船舱。

温度测量误差构成石油和液体石油产品数量测量总误差的较大部分，这一点无论怎样强调都不过分，因此在温度测量设备的选择和使用中应该特别仔细。如果要使最终的计量结果具有最小的误差，则应认真按标准的规定去做。

在本标准的应用中，应对测量温度的计量员进行全面培训，指导他们报告无法避免的任何偏差。

石油和液体石油产品温度测量　手工法

1　范围

本标准规定了手工测量储罐内石油和石油产品温度的方法、步骤和设备。

本标准规定优先选用4.1中给出的便携式电子温度计测量温度，同时也可以使用其他方法。这些方法包括用固定式单点温度计测量温度和通过取样法使用杯盒温度计、充溢盒温度计以及按GB/T 4756采样后放入样品瓶内的温度计测量温度，但在取样法中应优先使用充溢盒温度计测量温度。

本标准只包括了测量温度的手工法，不包括构成自动计量系统一部分的平均温度计。用固定式自动平均温度计测量常压罐内油品温度的内容见GB/T 21451.4，测量油船舱内和带压罐内油品温度的内容见ISO 4266[1)]的相应部分。

2　规范性引用文件

下列文件中的条款通过本标准的引用而成为本标准的条款。凡是注日期的引用文件，其随后所有的修改单（不包括勘误的内容）或修订版均不适用于本标准，然而，鼓励根据本标准达成协议的各方研究是否可使用这些文件的最新版本。凡是不注日期的引用文件，其最新版本适用于本标准。

GB/T 514　石油产品试验用玻璃液体温度计技术条件

GB/T 4756　石油液体手工取样法（GB/T 4756—1998，ISO 3170：1988，MOD）

GB/T 13894　石油和液体石油产品液位测量法（手工法）

GB/T 19779　石油和液体石油产品油量计算　静态计量

GB/T 21451.4　石油和液体石油产品　储罐中液位和温度自动测量法　第4部分：常压罐中的温度测量（GB/T 21451.4—2008，ISO 4266-4：2002，MOD）

ISO 4266-1　石油和液体石油产品——储罐中液位和温度自动测量法——第1部分：常压罐中的液位测量

ISO 4266-2　石油和液体石油产品——储罐中液位和温度自动测量法——第2部分：油船舱中的液位测量

ISO 4266-3　石油和液体石油产品——储罐中液位和温度自动测量法——第3部分：带压罐中的液位测量

ISO 4266-5　石油和液体石油产品——储罐中液位和温度自动测量法——第5部分：油船舱中的温度测量

ISO 4266-6　石油和液体石油产品——储罐中液位和温度自动测量法——第6部分：带压罐中的温度测量

3　措施

3.1　概述

本章给出了测量储油容器内油品温度应该采取的一般性措施。为强调重点，将测量措施和安全措施分开陈述，既确保了测量温度的可靠性，又确保了计量人员和油库的安全。采用规定设备所必需采取的特殊措施在与该设备有关的条款中作出规定。

1）　ISO 4266的其他部分即将转化为国家标准，转化后可直接引用。

3.2 测量措施

a) 在油品输转前后，应采用相同的方法测量罐内液体温度。

注1：为减小测量的不确定度，建议输转前后采用相同的计量设备。

b) 当温度测量数据用于参比目的时，应该有经验丰富的计量人员现场监督。在计量员和计量设备离开储油容器前，需要得到相关各方的确认，并立即记录读数。

c) 读数时，应立即记录在罐内液位各测量点上获得的温度计读数、日期和时间。计量口（包括检尺口或蒸气闭锁阀）的位置和每次测温的液位（或采集样品的位置）也应清晰记录在记录本上。

d) 温度测量应通过可直接接触罐内散装油品的计量口进行。除非是本标准规定，否则不使用导向管或温度套管。

注2：如果通过导向管测量温度，则必须在导向管的整个工作长度上打孔，以确保测量温度能代表罐内液体的温度。

e) 在温度测量前，应首先按 GB/T 13894 测量罐内液体（包括罐内游离水）高度，按照扣除游离水高度后的实际油高确定测量温度的正确液位（见表2）。

f) 如果液体温度计使用了金属护套[见4.2.6、图1a)和图1b)]，计量员应使温度计的感温泡充分接触油品，并为观察刻度作好充分准备。对此，温度计在读数前必须在油品内保持足够长的时间，以测量具有代表性的油品温度。

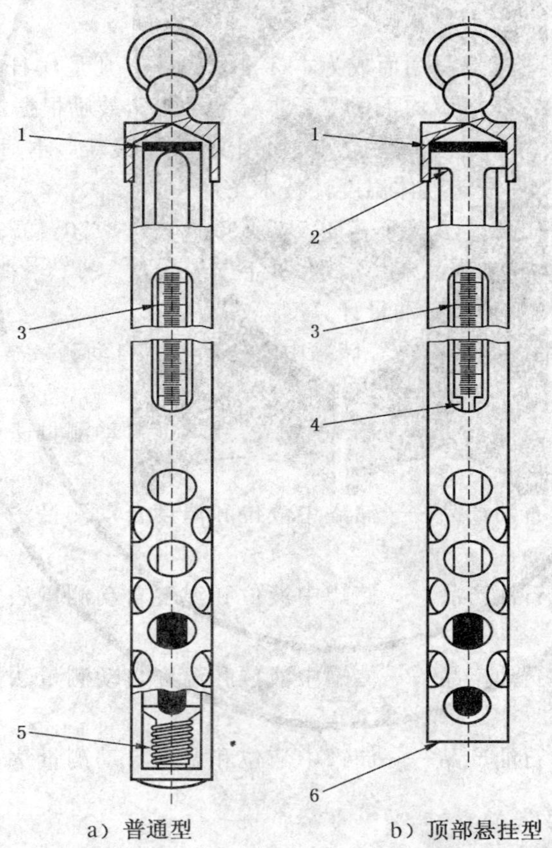

a）普通型　　b）顶部悬挂型

1——软木塞；
2——温度计的纽扣顶；
3——标准油罐温度计；
4——温度计固定夹；
5——保护温度计感温泡的弹簧；
6——开口端。

图1　固定杆管温度计的保护套

g) 如果油罐配备了不止一个计量口，则每个计量口应具有一个数字编码或其他识别码，并且清晰标记在其上或附近。在所有温度测量记录中，应清楚记录获得温度数据的计量口。

注3：为避免外界温度的影响，不应在立式圆筒形油罐内距罐壁500 mm以内的区域测量温度。对于建造时间较长的立式圆筒罐，计量口和顶部人孔可能定位在罐壁附近。对于这种情况，应考虑在一个更好的位置建立新的计量口。对于新建罐，建议将计量口定位在离罐壁不小于500 mm的位置，并远离罐底附件。

注4：当可以从不止一个计量口获得温度测量数据时，罐内液位应只从与罐容表相关的计量口进行测量。

3.3 安全措施

3.3.1 概述

在3.3.2和3.3.3中给出了行之有效的安全措施，但还应结合与石化行业有关的安全法规进行领会理解。在本标准与国家或行业的安全法规发生冲突时，应遵循后者；否则，应遵守本标准的安全措施。

3.3.2 一般安全措施

a) 严格遵守进入危险区域的所有规定。

b) 通往计量口的扶梯和平台应牢固可靠。

c) 油库及其所属设备要经常维护，建议由专业人员进行定期检查。

d) 计量员应配备工具箱，以便能空出一只手扶住梯子。

e) 手提灯和电筒应符合确认的防爆类型。

f) 在易燃蒸气可能出现的区域，不能穿可能产生火花的鞋、鞋罩和衣服(例如尼龙工作服)。

注1：鞋罩和手套应充分导电，以安全消除静电。

g) 打开油罐计量口，对于可能带压的蒸气密闭罐，要特别小心。如果使用密闭或限制性的便携式电子温度计或某种取样法测量油品温度，在打开阀门前，本设备应提前连接到蒸气闭锁阀上。如果需要打开计量口进行计量，则应放松卡在计量口上的夹子但应保持在该位置，直到完全泄压。罐顶人员应远离蒸气排泄的位置或在上风头处站立。

h) 在打开计量口前、测量期间并直到计量口关闭，小心谨慎，确保作为计量设备的金属部件能有效接地。如果使用绳子将测温设备放入罐内，则这根绳子应由天然纤维而不是合成材料制成，目的是降低静电危害。

i) 为使人体上的静电接地，计量员在计量操作前应预先接触罐体的接地部分。

j) 当进行检尺、取样或测温操作时，一次只能打开一个计量口。在雷雨期间，不应进行此项操作，应关闭所有计量口。需要特别注意的是，能够点燃石油蒸气的放电在各种并非雷雨的气候条件下也可能发生，这可能与打开的计量口有关。

注2：对于活动罐内有静电累积的油品，当罐内温度高于油品闪点时，强烈建议在油品输入罐内时以及输送停止后至少30 min以内，不应进行油罐计量。这需要为可能出现在液体表面的静电荷的消散和油面静止留出一定时间。如果通过固定焊接接到罐壁的导向管(计量管)进行计量，则不受这种情况的限制。

注3：强烈建议对计量员进行全面的气体安全培训，包括救援设备的使用和限制。

注4：对装有非挥发性产品的油罐，建议在罐顶的检尺口附近提供收集器或其他容器来保存使用后的设备，防止测温设备附带的油品流洒在罐顶上。

k) 在易燃气体中可能使用的测温设备不应由铝或铝合金制成(预防铝热反应导致易燃蒸气燃烧所带来的风险)。

l) 计量人员在冬季上罐时要采取防滑措施。

3.3.3 特殊安全措施

3.3.3.1 含铅燃料

严格遵守关于含铅燃料处理的有关规定。

3.3.3.2 液化石油气

液化石油气能造成人身的严重冻伤，因此应小心谨慎，防止液体与皮肤接触。

3.3.3.3 压力罐和蒸气密闭罐

a) 在设计用于压力罐上的所有计量设备时，其承受压力等于工作压力加足够的安全余量(通常为最大工作压力设计值的1.5倍)。

b) 只能通过蒸气闭锁阀或蒸气闭锁进行测量。这种系统可用于各种范围的操作压力，但测量设备不能用于高于设计压力的油罐。

3.3.3.4 浮顶罐

浮顶罐通常在检尺台进行计量，但对于例外情况，可能必须下到浮顶上。有毒且易燃的蒸气可能聚集到浮顶上部，如果计量员必须要下到浮顶上，则应由顶部检尺台的另一位操作员对他进行现场监护。计量员下到浮顶之前，必须先对浮顶区域进行有毒有害气体检测，配备安全带和安全绳。在如下情况下，计量员和监护人应该备有呼吸器械：

a) 罐内产品可能含有挥发性硫醇或硫化氢；

b) 浮顶静止在支架上或位于油罐浮顶的起浮临界区间；

c) 浮顶不圆或已知浮顶密封失效；

d) 有危险浓度蒸气存在的其他情况。

3.3.3.5 苯

苯是已知的致癌物。因此，当对含有苯的油罐进行测量或取样时，应使用个人防护设备或密闭测量和取样设备来降低蒸气吸入和(或)皮肤接触的风险。对于有毒有害的其他液体石化产品，也应采取同样的防护措施。

4 设备

4.1 便携式电子温度计(PET)

4.1.1 概述

有多种便携式电子温度计，将其传感元件通过现有的计量口放入罐内，可用来测量罐内任何位置的温度。电阻式和半导体式的感应元件适合作为电子温度计的传感元件，但也可使用满足准确度要求的其他传感元件。

4.1.2 准确度和分辨力

PET 的最低分辨力应为0.1℃。

电子温度计应比对标准温度计进行校准(见4.1.5.3)，确保在－10℃～35℃范围内的准确度在±0.2℃以内，在－25℃～－10℃以及35℃～100℃范围内的准确度在±0.3℃以内(应用标准温度计的校准修正值)，标准温度计应由具有资质的实验室校准合格。

4.1.3 传感元件

4.1.3.1 电阻温度计

绕镍电阻传感元件的有效范围为－200℃～350℃，绕铂电阻传感元件的有效范围为－200℃～600℃。绕铜电阻元件也可使用，但有效范围限制在－40℃～175℃。

为保护传感元件，应为其提供合适的保护套，并仔细密封连接导线，防止水气侵入。

必须确保电阻的有效变化只发生在温度敏感元件上。通常用电路对其进行调整。该电路可以对电阻温度计所有其他部分的电阻变化进行精确平衡和自动补偿。在不引入读数误差的情况下，测量仪器可以定位在离传感元件足够远的位置。

注：通常使用缩写词 RTD(电阻式温度传感器)，它与术语“电阻温度计”具有相同的意思。铂 RTDs 也通常称为 Pt100 s，表明其在冰点下的电阻为100 Ω。

4.1.3.2 半导体温度计

对于便携式电子温度计，可以将半导体温度计作为电阻温度计的替代产品。半导体温度计可能存在零点漂移，误差可能会由半导体自动发热引起。因此，基于半导体的便携式电子温度计通常配有零点调整装置。

4.1.4 电气安全

便携式电子温度计应该适用于所使用的危险区域，具有本质安全或防爆特性，可以通过计量口或蒸气闭锁阀接地。

4.1.5 便携式电子温度计的选用

4.1.5.1 概述

便携式电子温度计可以作为精确的测量装置使用，测量罐内一个或几个点的油品温度。它也可作为标准温度计使用，检验其他温度测量装置(固定安装的)的准确度。

4.1.5.2 规格

4.1.5.2.1 范围

温度计应该具备合适的测温范围，覆盖预期测量的最低和最高温度。为温度计提供一个双度盘和范围变化开关，可以使其能够覆盖预期测量的最大范围。

4.1.5.2.2 准确度

便携式电子温度计的准确度应符合4.1.2的规定。

4.1.5.2.3 分辨力

如果是数字式显示，其最低分辨力应为0.1℃。显示器的数字应清晰醒目，即使存在光线散射的局部故障或其他原因，也不至于误判读数。

4.1.5.2.4 仪器箱

为保护便携式电子温度计，应该将它装在一个配套的仪器箱里。仪器箱应坚固耐用，并具有足够轻的重量，计量员在提运时不至于过度劳累。

4.1.5.2.5 电缆/卷尺

感温元件到测量仪器的连接电缆或尺带应该可以长期浸泡在石油产品中，长度足以覆盖可能使用温度计的整个油罐深度。它可以按每米间隔标记或按毫米刻度，有助于降落到需要测温的液深位置。

注：为方便起见，电缆或尺带应绕在一个线轴上。

4.1.5.2.6 校验装置

校准电阻可用于校验PET的电子电路。通过校验插头可以把它们并入设备或接入电路。对于其他类型的便携式电子温度计，也可以用其他替代装置进行检查。

4.1.5.2.7 充电器

如果使用充电电池，则应该提供一个适合于使用电压的电池充电器，而且必须在安全区域为电池充电。

4.1.5.3 初始校准

便携式电子温度计在使用前，应该由有资质的校准实验室校准合格。校准完成后，为其签发校准证书。在校准证书上应注明测量的不确定度以及到国家基准的可溯源性，同时还应注明校准日期和便携式电子温度计的唯一系列号。

校准实验室应在期望测量范围内的几个不同的温度对便携式电子温度计进行整体校准(即传感器、电缆/尺带、电子电路和显示器)。当两个传感器都浸在恒温水浴的相同位置时，通过与标准温度计直接对比进行校准。要使便携式电子温度计获得0.2℃的不确定度，与之比较的标准温度计至少要精确到

0.05℃,分辨力不低于0.02℃,并且可以溯源到国家基准。

注:如果便携式电子温度计使用电阻式温度元件,校准实验室也可以通过具有精确电阻值的电阻箱检查传感元件的电子电路和显示器的运行情况。标准电阻的不确定度至少应好于便携式电子温度计所需不确定度的5倍。

4.1.5.4 启用检查

在便携式电子温度计首次使用前,应进行如下检验:

a) 检查便携式电子温度计是否符合温度计的规格要求,表面有无损伤。

b) 检查电池状态,必要时应更换电池或重新充电。

c) 用已经校准过的标准温度计检查PET。如果PET配备了校验装置,按下校验按钮或插入校准电阻。

d) 检查温度计的响应时间。当指示温度的变化稳定在0.1℃达30 s时,则平衡建立。检查温度计的实际响应时间,即温度计响应已知温度梯度变化所用的秒数。

注:考虑到对油罐计量的适用性,响应时间通常应少于15 s。

4.1.5.5 存放措施

为避免电缆/尺带的纠缠和折弯,应将它们缠绕在卷线轴上。

注:当暂时不用时,可充电仪器应进行及时充电。非充电仪器在长期储存之前,应卸掉电池。

4.1.5.6 操作步骤

当使用PET时,应按如下步骤进行测量:

a) 在打开计量口或蒸气闭锁阀之前,将PET的壳体放到罐体上接地。

b) 在每次用于交接计量前后,检查电池的电量。

c) 在可能的情况下,使用随机配带的校验装置检查电子电路和显示器。

d) 把传感探头降落到第一个预定的液深位置,见6.1.4.1和表2。重要的是将PET传感器浸入到正确深度,通过观察尺带或电缆上的刻度可以简化操作。预定液深应该按照6.1.4进行计算。

e) 在预定液深上下大约0.3 m的区间高度内,上下缓慢提拉传感器,使传感器与周围液体迅速达到温度平衡。

注1:当指示温度的变化稳定到0.1℃达到30 s时,就应该建立了平衡状态。

注2:当指示温度在30 s内的变化不超过0.1℃时,就可认为温度计与周围液体达到了平衡。

f) 在确保读数稳定后,读取记录温度计的读数,作为该点的测量温度。

g) 如果需要多点温度,则在其他液深位置重复上面的步骤d)~f)。

h) 如果测量记录了多个液位温度而且最高和最低的温度之差在1.0℃以内,则可直接计算平均温度;否则,应在相邻两点中间的液深位置再依次补测温度,而后再计算平均温度。

i) 在用PET校验一套固定式油罐平均温度计时,应该将固定式平均温度计的读数直接与PET在多个液位测量的平均温度进行比较(见第7章)。在用PET校验固定式单传感器的油罐温度计时,应按相同的方式评价其提供油罐平均温度的适用性,但同时还应将PET传感器浸入到尽可能接近固定式油罐温度计传感器的相同深度和位置,作进一步的比较(见第7章和第8章)。

4.1.5.7 准确度的期间核查

4.1.5.7.1 工作核查

工作核查是PET与标准温度计进行的直接比对。将两个温度传感器浸入到液体温度约为PET预计测量温度的恒温浴内,并放在相同的液深位置,PET的读数和标准温度计的读数在通过校准证书进行必要的修正后,二者之差不应超过0.3℃。核查内容也包括随温度计提供的校验系统。对用于交接计量的PET,最好每天进行一次工作核查;如果不是经常使用,可在每次测量前进行一次工作核查。

4.1.5.7.2 校验核查

校验核查是对温度计的定期(通常每月一次)校验,或者是质疑读数时的随时校验。这项校验应该是工作温度计与校准合格的标准温度计在至少两个温度点(对应测温范围20%和80%)进行的直接比对。在PET的整个测温范围内,PET的读数和标准温度计的读数按照校准证书进行必要的修正后,二者之差应不超过0.3℃。

注:如果差值超过0.3℃,应对PET进行调整(在有调整装置的情况下)和重新校准。

4.1.5.7.3 重新校准

重新校准需要按照国家规定的周期将温度计送到有资质的检验机构,对整个量程进行一次校准。重新校准方法与4.1.5.3规定的初始校准方法相同,最终应为其签发新的校准证书。

4.2 液体玻璃温度计

4.2.1 概述

如果没有可供使用的PET,液体玻璃温度计也可以优先替代它测量温度(见4.3和4.4)。此外,也可以使用固定式单点温度计法(见4.5)。4.2.2～4.2.6中描述了用于温度测量的液体玻璃温度计。4.2.7～4.2.9给出了选用液体玻璃温度计的注意事项。

注:出于健康和安全考虑,可以优先使用酒精玻璃温度计代替水银玻璃温度计,但用户首先应满意其测量的准确度和分辨力达到实际需要。

4.2.2 准确度和分辨力

在作为固定式单点温度计组成部件的温度套管中,其内部使用的液体玻璃温度计的准确度和分辨力应与4.1中对PET的规定一致。

在油罐取样法中组合使用的液体玻璃温度计,其准确度和分辨力也应与对PET的规定一致。然而,当温度计所测量的温度与环境温度有明显不同时,即便采用更高分辨力的温度计可能也达不到其应有的测量精度。综合考虑,温度计的分辨力应不低于0.2℃。

注1:实际上,对于油罐取样法使用的温度计,在油品温度小于40℃时,其分辨力应达到0.1℃,在40℃和80℃之间时应达到0.25℃,在大于80℃时应达到0.5℃。

注2:对于油罐取样法使用的温度计,在－10℃～35℃的范围内时,准确度应达到±0.1℃;在－40℃～－10℃和35℃～80℃的范围内时应达到±0.25℃;在80℃～120℃的范围内时应达到±0.5℃。

液体玻璃温度计在作为标准温度计(检验PET或工作用液体玻璃温度计)使用时,其准确度应不低于±0.05℃,分辨力应不低于0.02℃,而且可以溯源到相应的国家基准(见4.1.5.3)。

4.2.3 规格

在油罐取样法中组合使用来测量散装油品温度(4.3和4.4)或定位于油罐温度套管内的所有液体玻璃温度计(4.5)应符合4.2中给出的规格要求。

表1中给出了各种工况条件下的建议温度范围。

表1 温度计的建议温度范围

油品特性和环境条件	温度范围/℃
寒冷气候下的非加热油品	－40～30
温暖气候下非加热油品	－15～40
酷热气候下的非加热油品	10～65
加热油品	35～120
船上的非加热和加热油品	0～80

4.2.4 液体玻璃温度计的一般要求

液体玻璃温度计应该符合如下要求:

a) 所有液体玻璃温度计应为固体杆管充气(非空气)型(棒式)。

b) 温度计的杆管应由合适的玻璃管制成而且有一个釉质背面。

c) 温度计感温泡应由经过选材和处理过的测温玻璃制成,使成品温度计能表现出 GB/T 514 所规定的性能。

d) 管径扩张部分(例如膨胀和收缩室)距刻度部分应大于 10 mm。

e) 刻度标记应清晰蚀刻而且具有一致的线宽,不超过 0.15 mm。刻线应垂直于温度计中心轴。当从前面并且在一个垂直位置观察温度计时,所有标记应终止于一条线,即平行于温度计轴线的左侧标尺基线。

f) 每支温度计应标注所使用的浸液深度,例如“60 mm 浸液”。

g) 每支温度计应标记唯一的系列号。在每次校准时,该系列号应登记在校准证书上。

h) 通过热处理降低玻璃中的应力。热处理的水平应足以使由机械或热冲击引起的破碎可能性减到最小。

i) 在刻度之前,通过适当的热处理使温度计人为老化,确保其稳定性。

j) 准备作为标准温度计使用的温度计应由溯源到国家基准的上级校准机构校准合格。标准温度计的最低准确度和分辨力应符合 4.2.2 中给出的有关规定。

4.2.5 液体玻璃温度计的期间核查

4.2.5.1 工作核查

工作核查是一项基本检查,它是用工作温度计和校准合格的标准温度计同时测量一个已知点的温度,检查两者的读数是否在规定的允差之内。该允差应不超过 0.5℃。

4.2.5.2 校验核查

校验核查是对温度计的定期校验,或者是质疑读数时的随时校验。这项校验应该是工作温度计与校准合格的标准温度计在至少两个温度点(对应测温范围 20%和 80%)的比对。两支温度计的读数差应不超过 0.5℃。

注:如果该读数差超过此数,应报废这支温度计。如果感温液体为水银,当报废温度计时,应采取措施安全地保存水银,避免这种毒性材料对健康、安全和/或环境造成影响。

4.2.5.3 重新校准

重新校准需要按照国家规定的周期将温度计送到有资质的计量校准机构,对其工作量程进行一次重新校准。重新校准相当于对 PET 的初始校准(4.1.5.3),而且涉及到与量程有关的三到五个温度点的比对。液体玻璃温度计重新校准的周期应不超过 5 年。

4.2.6 液体玻璃温度计的保护套

4.2.6.1 概述

保护套应由薄壁金属管制成,内径尺寸能够容纳所保护的液体玻璃温度计。保护套不应采用铝或铝合金制成。

注:金属保护套延长了温度计达到温度平衡所需要的时间,如果用于取样瓶法中(6.3.3.4),它也可能会影响到样品温度。在参比测量或交接计量中使用的温度计,不应配带保护套。

4.2.6.2 结构

保护套切口部分的几何尺寸应使温度计的全部刻度清晰可见。封闭温度计感温泡的护套部分应钻出足够数量的孔,其尺寸可以使油品自由接触温度计的感温泡,又不至于降低护套的有效强度。

4.2.6.3 保护套的类型

一种典型的简易护套如图 1a)所示,图 1b)中又给出了保护套的一种替代类型。后一种保护套的主要缺陷是需要一个用偏平旋钮盖固定的特殊温度计,然而由于其减小了油品绕温度计感温泡流动的阻力，因此优先于一般类型的保护套。

4.2.7 温度计的选择

4.2.7.1 只能使用符合4.2.2～4.2.3中规定规格或国家同等标准的温度计。

4.2.7.2 在选择温度计时，预计的测量温度应该在两终端刻线的范围内，而且到任一终端刻线的温度数在1℃以上。避免使用刻板对面有大量釉面磨损的温度计。这种温度计应该报废或用合适的釉面漆重新填补。在任何情况下，都不应使用需要进行热处理的釉面漆。

4.2.7.3 液体玻璃温度计的使用应符合如下规定：

a) 为避免由视差引起的误差，读数时应抓住温度计，使视线与杆管基本垂直。温度计的感温泡应始终浸泡在液体中，读数时应按温度计校准时的浸液深度将液柱部分浸入液体中。

b) 当温度计不在校准的浸液条件下使用时，为获得正确的读数，应按4.2.9中的规定进行露出液柱的修正。

4.2.8 液体玻璃温度计中误差的检测和预防

4.2.8.1 突然加热或冷却液体玻璃温度计可能会影响其测量精度，而且当温度计在高温下使用时，它可能产生因玻璃泡轻微软化和变形所引起的永久误差。温度计应与校准过的参比温度计进行定期比对。比对周期取决于温度计的使用情况，但对于使用温度超过50℃的温度计，比对的时间间隔不应超过一年。建议进行更频繁的检查。日常使用的温度计应按照4.2.5.1中给出的方法每月一检。校验核查应使用4.2.5.2中给出的方法。

4.2.8.2 在每次使用液体玻璃温度计前，应仔细检查。如果发现有缺陷存在，则应放弃使用并改用其他温度计。可能遇到的缺陷包括：破碎的液柱，部分分离液柱进入到温度计顶部的膨胀室，或者运输期间因误操作导致气泡陷在感温泡里。

4.2.9 杆管露出部分的修正

在精确校准温度计时，拥有液柱的杆管部分通常要全部浸入浴中，而在实际使用时，其拥有液柱的杆管部分有时不得不露到温度套管或被测液体之外。在这种情况下，其露出部分的杆管和水银温度会不同于感温泡的温度，造成使用状态不同于校准状态，从而导致测量温度的误差。除非进行局部浸入的校准，否则温度计在液柱露出下使用时，应进行温度计的读数修正。温度计读数的修正值可由式(1)估算：

$$露出液柱时的读数修正值 = n\alpha(t - t_F) \quad \cdots\cdots (1)$$

式中：

t——温度计的观测读数；

n——油面(或温度套管的嘴部)与观测读数之间的分度数；

t_F——露出杆管的平均温度；

α——从液体体膨胀系数中减去玻璃体膨胀系数获得的玻璃相对于感温液体的表观体膨胀系数。对于水银玻璃温度计，在采用摄式温度时，α约为0.000 16。

4.3 油罐取样法测温装置

4.3.1 杯盒温度计

典型的杯盒温度计如图2所示。杯盒可以由涂过漆的硬木或不打火花的防腐材料制成，拥有一个容量至少为100 mL的杯子，其几何尺寸能保证感温泡到杯壁的最近距离不小于10 mm，感温泡底部在杯底以上25 mm±5 mm的位置。

杯盒内玻璃温度计的准确度和分辨力应符合4.2.2中的要求。

4.3.2 充溢盒温度计

4.3.2.1 设备综述

典型的充溢盒温度计如图3所示。

单位为毫米

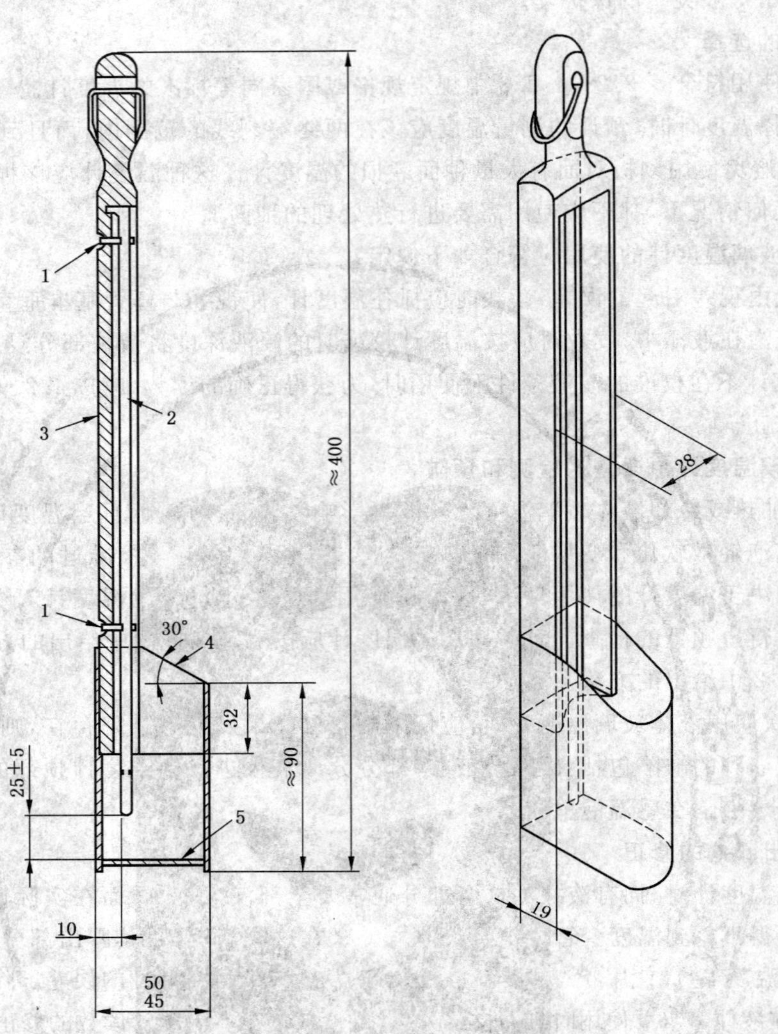

1——固定夹；

2——温度计；

3——硬木或金属框；

4——耐腐蚀的金属杯，100 mL；

5——密封底。

图 2 典型的杯盒温度计

充溢盒应由至少 200 mL 容量的圆筒和刚性连接到筒体的温度计保护管构成。充溢盒和保护管不应由铝或铝合金制成。温度计应连接到充溢盒上，感温泡底部应在盒底以上大约 25 mm±3 mm 的位置。

筒体应由合适的能充分耐油的保温材料制成，或者配带某种能延迟热量损失的保温套。筒体的顶部和底部应该有一种能快速启闭的密封盖。在打开位置时，可以确保液体自由流过筒体内部及温度计的感温泡；在关闭位置时，密封盖应能够保存一满罐液体。

该设备的设计应该能够通过悬吊绳的急拉或某种合适的遥控来控制密封盖的开启和关闭。

该装置的材质和结构应使油品温度测定所需要的时间不超过规定的充溢时间。

4.3.2.2 充溢盒的温度计

由于读数时的温度计杆管未全部浸入油中，因此应对温度计进行局部浸入状态下的校准。

充溢盒中温度计的准确度和分辨力应符合 4.2.2 中的规定。

单位为毫米

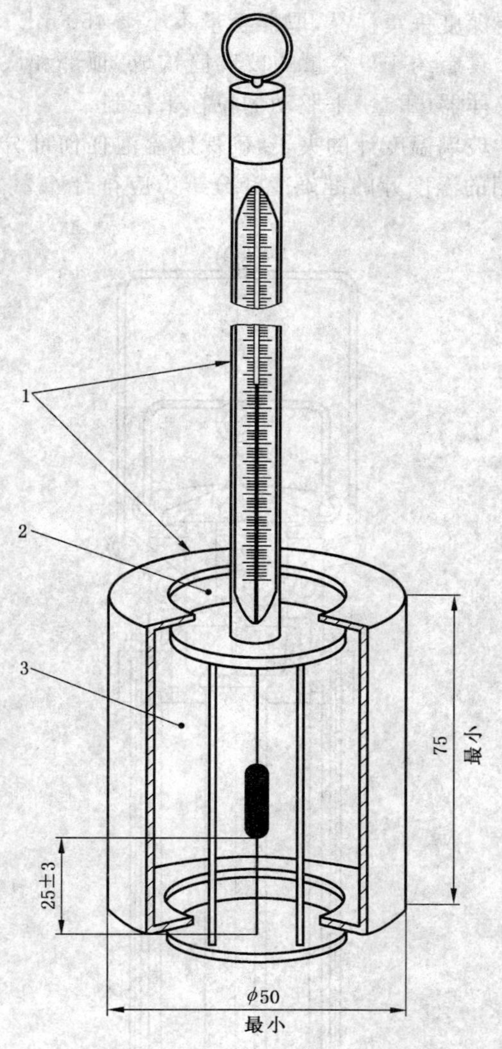

1——不打火花的金属；

2——开启和关闭机构的某种设计；

3——至少 200 mL 的容积。

图 3　典型的充溢盒温度计

4.3.3　取样瓶法

将液体玻璃温度计插入按照 GB/T 4756 和 6.3.3.4 中规定方法采集的油样中，由样品温度可以获得取样位置的油品温度。在加重的取样笼中使用的取样瓶应具有足够深度，以容纳温度计达到其所规定的部分浸液深度。取样瓶也应具有足够的容量，确保样品一旦从罐内散装液体中移出时，样品温度不至于快速变化。在通常情况下，取样瓶的容量应该不小于 500 mL。

注：建议不使用金属材质的样品瓶，见 6.3.3.4。

样品瓶中使用的温度计的准确度和分辨力应符合 4.2.2 中的要求。

4.4　蒸气闭锁取样器及配套温度计

4.4.1　压力罐上的蒸气闭锁

在设计蒸气闭锁装置时，应该能够使压力罐在最高的工作压力下进行计量或取样。

注：本装置通常已被通过蒸气闭锁阀使用的 PET 所取代(见 4.1)，但在特定的情况下仍然可以使用。

4.4.2　设备简介

杯盒或充溢盒温度计可以通过蒸气闭锁来使用，或者将液体玻璃温度计集成到一种特殊的充溢盒取样器中替代使用。一种典型的取样器如图 4 所示，然而也可以使用与蒸气闭锁配套的其他类似设备。蒸气闭锁可以满足在任何规定深度采集样品，取样容量不小于 450 mL。

如图所示的取样器由一个具有约 1 L 容量的玻璃筒构成，顶部和底部由一个采用拉销定位的阀门封闭。阀门由两组通过提拉取样器(重量)来驱动的拉杆来控制。

玻璃筒内配置了固定液体玻璃温度计的夹子，确保感温泡任何部分到取样器内壁和底部的距离不小于 10 mm。在取样器内使用的温度计的准确度和分辨力应符合 4.2.2 中的要求。

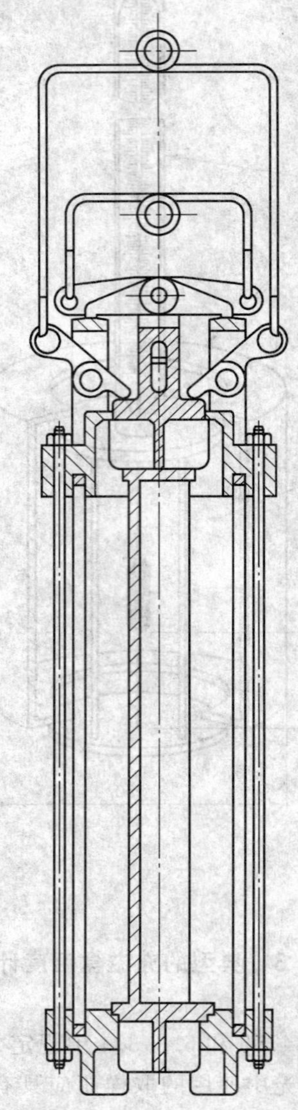

注：未显示集成的温度计。

图 4　经蒸气闭锁使用的特殊取样器示例

4.5　固定式单点温度计

4.5.1　角杆温度计

角杆温度计是杆管刻度部分与其余杆管及感温泡成一定角度的温度计。当主杆管和感温泡水平(或接近水平的一定角度)插入穿过罐壁的温度套管时，可以方便地读取竖直杆管的刻度。为减小温度计杆管罐外部分的破裂风险，可以对其进行适当加固。

根据在温度套管内包含的感温泡和杆管的有效长度，对角杆温度计进行部分浸入的校准。

一种典型设备如图 5 所示。

在装配角杆温度计及其温度套管时，温度计感温泡到罐壁的距离不应小于 500 mm。

注 1：温度计感温泡应优先放置在离罐壁不小于 900 mm 的位置。

注 2：工业型的角杆温度计不适于安装在体积式校准罐或其他流量计的校准设备上。在这种情况下，规定使用特殊的高精度温度计。

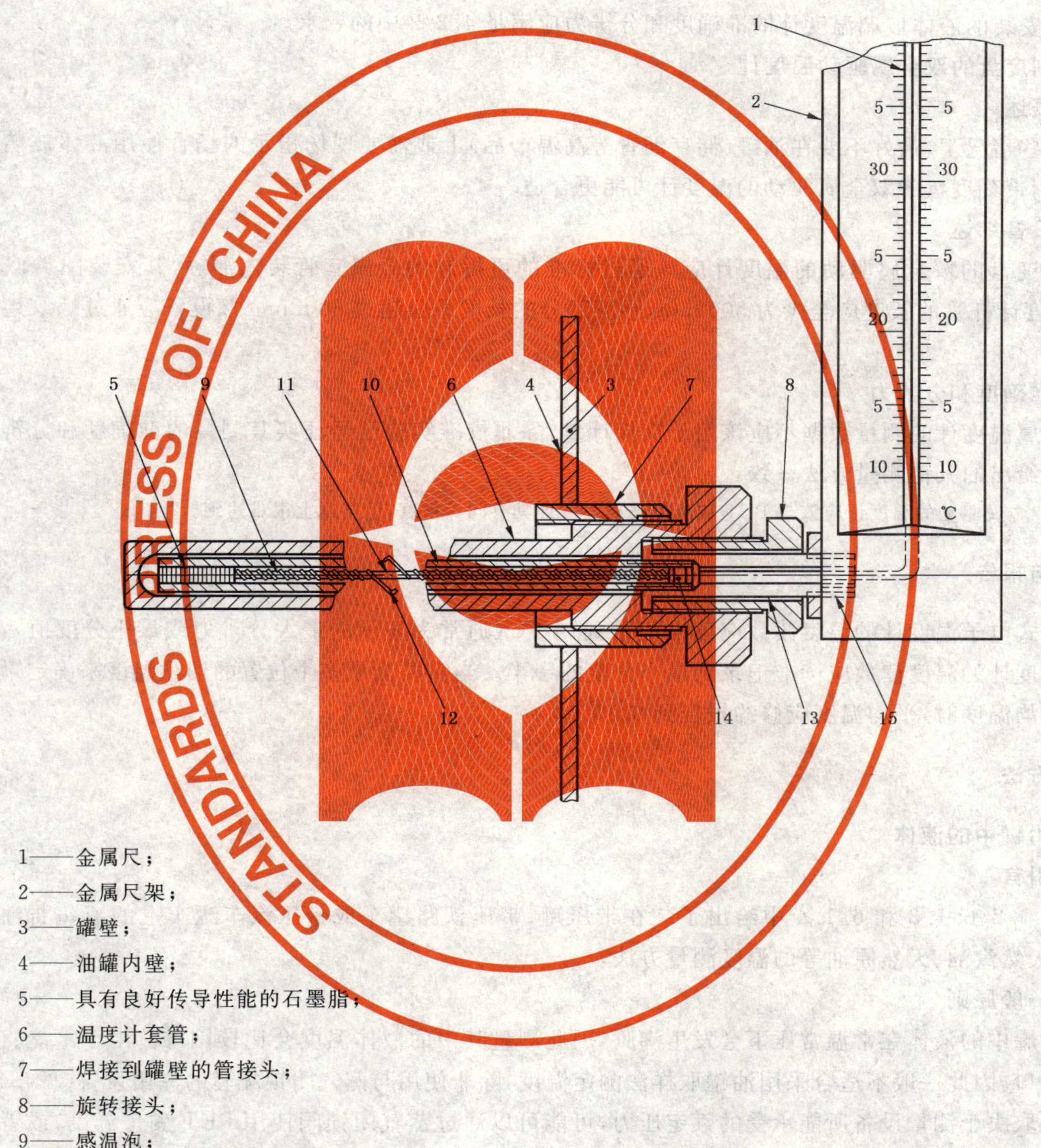

1——金属尺；
2——金属尺架；
3——罐壁；
4——油罐内壁；
5——具有良好传导性能的石墨脂；
6——温度计套管；
7——焊接到罐壁的管接头；
8——旋转接头；
9——感温泡；
10——温度计尾部；
11——水银玻璃温度计；
12——耐热捆扎线；
13——套管；
14——两垫圈之间由合适密封材料构成的密封件；
15——插口。

图 5　典型的角杆温度计

4.5.2 罐底液体玻璃温度计

罐底液体玻璃温度计的长度通常为1.3 m，直径为10 mm。温度计被放在插入罐壁至少900 mm的水平或稍微倾斜的温度套管内，一般固定安装在油罐的较低部位。

为确保温度套管与温度计之间有较好的热接触，应在温度套管内装入低黏度油品（例如煤油或柴油）。

4.5.3 准确度和分辨力

固定安装的液体玻璃温度计的准确度和分辨力应满足4.2.2中的要求。

4.6 带刻度盘的双金属驱动温度计

4.6.1 概述

在某些情况下，最好不要在油罐（储存沥青等高温产品）上或需要现场指示的场合使用液体玻璃温度计，采用带刻度盘的双金属驱动的温度计可能更合适。

4.6.2 设备综述

带刻度盘的双金属驱动的温度计应该通过标准的可拆卸的金属套管装入油罐，其安装图类似于图5。温度计杆管的长度应至少为500 mm，感应部分的长度不应超过60 mm。该设备应通过螺纹连接到套管上。

4.6.3 准确度和分辨力

双金属温度计的测量数据不应该用于交接计量，除非校准实验已经证实其测量的准确度和分辨力与本标准给出的其他测量方法一致。

注：双金属驱动的温度计应该与PET和液体玻璃温度计具有同等精度，但实际上很难达到。

5 读数与报告

便携式电子温度计的温度读数应读准记录到0.1℃（通常为显示的最大分辨力或最小分度值），液体玻璃温度计的温度读数应读准记录到最小分度的一半。当需要测量多个位置的油品温度来确定罐内油品的平均温度时，平均温度应修约报告到0.1℃。

6 测量方法

6.1 压力罐中的液体

6.1.1 引言

在6.1.2、6.1.3和6.1.4中给出了装在带压罐、带压铁路罐车或带压汽车罐车上的液化石油气（LPG）、天然汽油、天然原油等的温度测量方法。

6.1.2 一般原则

压力罐中的液体在常温常压下会发生沸腾，因此测量其中的液体温度会比较困难。由于不能直接打开计量口，因此一般不适合采用油罐取样法测定温度，除非使用与蒸气闭锁配套的专用设备（见4.4）。测温方法取决于测量设备所能承受的额定压力，可能可以通过蒸气闭锁阀使用PET测量温度，或者可以优先使用插在温度套管里的温度计测量温度。此外，也可以使用ISO 4266-6中的固定式平均温度计测量压力罐内的液体温度。

6.1.3 测量设备

采用经蒸气闭锁阀进入油罐的PET可以测量压力罐的液体温度（6.1.4.1），但必须是能够承受足够压力的密闭式PET，作为辅助设备的蒸气闭锁阀，需要预先安装在计量口上；作为另一种选择，可能必须采用深入罐内液体中的温度套管里的温度计测量温度。

为避免罐壁局部位置的温度影响，在油罐侧面安装的温度套管伸入罐内的长度应至少为500 mm，而且最好为900 mm。对于球形和椭球形罐,采用自罐顶向下沿罐高安装的温度套管内的电子温度计也可以取得较好的测温结果。

对于LPG罐,应在蒸气空间安装温度测量设备。

采用温度套管的温度计应把感温元件装在温度套管内,并借助一层煤油或柴油油膜使感温元件能灵敏感应温度套管内壁温度的变化。电子温度计的感温元件不应与温度套管直接连接。在水平方向安装的温度套管应稍微倾斜,以保持热传导的介质。

注1:对于水平(或稍微倾斜)装入温度套管的油罐,应至少安装四个套管。一个位于低容量标记以上大约600 mm的高度,另一个位于高容量标记以下1.2 m的位置,在两者之间的中间高度再均匀分布至少两个温度套管。对于小罐,结合油罐尺寸可以使用较少的温度套管,但相邻温度套管的间隔不应超过3 m。

注2:当环境温度与罐内液体温度相差较大时,固定式单点温度计或双金属驱动温度计可能会给出不准确的读数,但在不产生重大误差时,也允许使用。

注3:固定式电子温度计的感温元件一般放置在一个密封套管里,即带有外部延伸段和连接头的温度套管(一般要防止渗漏),因此应把它们完全密封好。该结构应确保温度传感器不受外部环境温度的影响。

注4:在高压罐上安装的计量玻璃管中,有时要插入一个或多个温度计。然而,这种温度计只用来确定在计量玻璃管读数之前,管内液体与罐内液体温度一致或接近的程度。在任何情况下,这些温度计的指示温度都不该用于确定罐内液体的平均温度。

6.1.4 测量方法

6.1.4.1 便携式电子温度计

只要PET的额定压力足以承受油罐的额定压力,那么将PET经过蒸气闭锁阀直接放入罐内就可进行测温。当油罐的额定压力超过PET时,应当在合适的温度套管内进行测量。

根据罐内的液体深度,参照表2选择需要的最少测量点数。

按4.1.5.6所述将PET接地并进行测量。

6.1.4.2 温度套管中的其他温度计

按规定读取记录各位置的温度计读数。计算油罐蒸气空间内所有温度计读数的平均值,作为蒸气空间的平均温度。计算液面以下所有温度计读数的平均值,作为液体的平均温度。

注:通常还需要测量蒸气空间的压力,应将其读准并记录到10 kPa。

6.1.4.3 立式圆筒罐、球罐和椭球罐

温度测量的位置和最少数目取决于罐内的液体深度,相关规定见表2。

表2 不同油深下的温度测量位置和最少数目

油品深度/m	最少测量点数	测量位置
>4.5	3	上部、中部和下部
3.0~4.5	2	上部和下部
<3.0	1	中部

按照相当于油品深度的6/5、1/2和1/6依次计算油品的上部、中部和下部位置。在油面以下小于150 mm的位置或液层底部以上小于150 mm的位置,不应进行温度测量。用PET或温度套管里的温度计测量各位置的温度,按规定读取记录各位置的温度读数,取各位置测量温度的算术平均值,作为罐内油品的平均温度。

注1:如果液体深度远超过4.5 m,应考虑在6.4、第7章和第8章所描述的同比例高度进行补充测量。

注2:油罐在配备机械搅拌器的情况下,在搅拌之后,测量一个点的温度可能就足够了,但是应通过具有可比性的测量数据来检验(见第8章)。

注3:如果怀疑油品存在温度分层,可以适当增加测温点数。

6.1.4.4 卧式圆筒形罐

在充满或接近充满的卧式圆筒形罐中,应在相当于油品深度5/6、1/2和1/6的上、中、下三个高度

进行温度测量。测量记录如上三点的温度,按照3倍的上部测量温度、4倍的中部测量温度和3倍的下部测量温度之和的1/10计算加权平均温度。

部分充满的卧式圆筒罐需要在对应总油品体积的5/6、1/2和1/6的高度进行测量。对应高度可以通过油罐容积表查到。按规定读取记录各点的温度读数,取各点温度的算术平均值,作为罐内液体的平均温度。当罐内液体深度小于2 m时,只需在对应油品体积一半的高度测量一点温度,取该点温度作为罐内液体的平均温度。

6.1.4.5 球缺罐

对于装满到3.5 m以上的球缺罐,在对应罐内液体体积5/6、1/2和1/6的高度依次测量温度,对应高度由油罐容积表查到。按规定读取记录这三点温度。如果中部温度与平均温度相差不超过0.5℃,则将三个温度的算术平均值作为罐内液体的平均温度;如果差值超过0.5℃,则应在三个测量点之间以及上部以上和下部以下区间体积的中间位置进行补充测量,取所有测量温度的算术平均值作为罐内液体的平均温度。如果油品深度小于3.5 m,则只在对应罐内油品体积的3/4和1/4的两个高度进行测量,将两个测量数据的平均值作为罐内液体的平均温度。当罐内油品深度不超过2 m时,可在对应一半液体体积的液位测量一点温度,作为罐内液体的平均温度。

6.1.4.6 带压的铁路罐车和汽车罐车

对于带压的铁路罐车和汽车罐车,当采用秤重方式测量罐内液体数量时,一般不需要测量温度。如果需要温度数据,采用便携式电子温度计和液体玻璃温度计通过罐车顶盖上安装的垂直温度套管可以测量温度。温度套管应装有低黏度油品(如煤油或柴油),目的是确保温度套管与温度计之间具有较好的热接触。

在使用非固定安装的液体玻璃温度计测量温度时,应将其放入套管中与罐内液体体积中心对应的位置,并在这个位置保持至少10 min,确保达到温度平衡。在读数时,温度计的感温泡应保持在套管中。如果采用便携式电子温度计测量温度,测温探头也应放在罐内液体体积中心对应的高度。读取记录该点温度,作为罐内液体的平均温度。

6.2 蒸气密闭罐中的液体

6.2.1 概述

在6.2.2、6.2.3、6.2.4和6.2.5中给出了在保持较小正压的蒸气密闭罐中的原油、汽油和其他挥发性油品的温度测量方法。

6.2.2 一般原则

储罐中的液体温度经常是不均匀的,因此必须在油品中足够多的位置测量温度,从而计算出有代表性的平均温度。除了安装自动平均温度计(见GB/T 21451.4、ISO 4266-5或ISO 4266-6)的储罐以外,一般将PET或4.3中给出的测温装置与蒸气闭锁阀或蒸气闭锁组合使用来测量罐内液体温度。在压力允许时,应优先使用密闭或受限式的PET测量蒸气密闭罐的温度。

6.2.3 测量设备

便携式电子温度计应符合4.1中的规定,配套使用的液体玻璃温度计应符合4.2中的规定,其他固定式温度计也应具有相同的分辨力和准确度。蒸气闭锁阀也是油罐需要预装的测温辅助设备。

6.2.4 蒸气密闭罐的测量方法

6.2.4.1 便携式电子温度计

在蒸气闭锁阀打开之前,将PET连接到它的上面,确保测量期间持续接地。按4.1.5.6中规定的步骤进行测量。

6.2.4.2 温度套管中的温度计

除了不需测量蒸气空间的温度以外,液体的温度测量应采用6.1.4.2规定的方法。

6.2.4.3 集成液体玻璃温度计的蒸气闭锁取样器

确保蒸气闭锁和油罐间的阀门关闭,打开蒸气密闭门窗,将处于打开状态的取样器(4.4)挂到绕线齿轮上，同时注意温度计的位置和窗口的清洁度，保证透过窗口能够读出温度计的读数。关紧蒸气闭锁门，打开阀门，将取样器放到罐内液体的测温位置。

在大约 0.3 m 的高度区间内反复提放取样器，使其充溢至少 2 min。关闭取样器，将其迅速提升到观察窗口。在注意避免视觉误差的前提下，按规定读取记录玻璃温度计的读数。

此后，操作绕线齿轮放空取样器。放空的另一种替代方法是可能必须从闭锁中取出取样器。为此在开门取出取样器进行放空和复位前，应关闭阀门并为闭锁泄压。

6.2.4.4 **杯盒温度计法**

只要能将杯盒温度计经蒸气闭锁放入油罐（在内部读数），就可以将其用于蒸气密闭罐。除了蒸气闭锁中的阀门在读取温度计前应关闭以外，还应遵守 6.3.3.2 的规定。在罐内多个位置测量温度时，取各位置测量温度的平均值作为罐内液体的平均温度。

6.2.4.5 **充溢盒温度计法**

只要能将充溢盒温度计经蒸气闭锁放入油罐（在内部读数），就可以将其用于蒸气密闭罐。除了蒸气闭锁中的阀门在读取温度计前应关闭以外，还应遵守 6.3.3.3 的规定。在罐内多个位置测量温度时，取各位置测量温度的平均值作为罐内液体的平均温度。

6.3 **常压罐中接近环境温度的液体**

6.3.1 **引言**

当油品温度与环境温度相差不超过 15℃时，下述方法适合于常压罐中的所有原油和液体石油产品的温度测量，而且通常也适合于与环境温度无关的常压保温罐。

6.3.2 **测量设备**

温度测量应使用 4.1 中所述的 PET 或 4.3 中所述的使用液体玻璃温度计的某种取样法。

注：由于测温设备与周围油品存在预平衡不够的风险和/或读取温度计读数时罐顶不利气候条件的影响，因此三种液体玻璃温度计法（6.3.3.2、6.3.3.3 和 6.3.3.4）可能带来重大误差。对此，建议首选便携式电子温度计或固定式自动油罐温度计测量温度。

如果试验证明用固定式单点温度计测量温度可以接受（第 8 章），则也可以使用 4.5 或 4.6 中规定的测温设备。

6.3.3 **测量方法**

6.3.3.1 **便携式电子温度计**

按照 4.1.5.6 中的规定测量温度，但不必再使用蒸气闭锁阀，PET 也可以是开放式的。

6.3.3.2 **杯盒温度计**

杯盒温度计的使用步骤是：

a) 将杯盒温度计放到按表 2 选择的第一个液深位置。

b) 让杯盒在该位置保持足够长的时间，使其与周围油品达到温度平衡。

注 1：必要的浸没时间取决于油品黏度、杯盒的热传导性以及油品与杯盒之间的温差。杯盒温度计达到热平衡所花费的时间应该通过实际试验评估温度计随周围环境温度梯度变化的响应来确定。在大约 0.3 m 的区间高度内反复提放杯盒温度计，可以减少浸没时间。在表 3 中给出的是杯盒温度计的建议浸没时间。

c) 从油品中提出杯盒温度计，应注意保护，避免受到不利气候条件的影响（将杯盒保持在检尺口以下，可以起到一定的保护作用），按规定读取记录温度计的读数及取样高度。

注 2：当取出杯盒组件读取温度时，杯盒应保持在充满状态，而且读数时间应尽可能短。

d) 在按表 2 选择的上数下一个液深位置，重复 a)～c)，直到完成所有位置的温度测量。

e) 按照 6.1.4.3～6.1.4.5 计算所有测量温度的平均值，作为罐内液体的平均温度。

注 3：在用于原油或燃料油后，温度计及杯盒应当用煤油或汽油清洗并用布擦干，防止形成重油隔热膜。

表 3 杯盒温度计的建议浸没时间

油品的标准密度/(kg/m³)	杯盒运动时的浸没时间/min	杯盒静止时的浸没时间/min
<775	5	10
775～825	5	15
825～875	12	25
875～925	20	45
>925	45	80

6.3.3.3 充溢盒温度计

充溢盒温度计的使用步骤是：

a) 在充溢盒的液体进出口能自由开闭(其开口有的需提前打开)的前提下,将其放入油罐。

b) 充溢盒在入油时先进行初步充溢,然后将其放到按表 2 选择的上数第一个液深位置。当放到该位置时,在大约 0.3 m 的区间高度内反复提放充溢盒,充溢至少 2 min。

注 1：在提放期间,应注意避免急拉操作绳,防止充溢盒过早关闭。

c) 当充溢盒温度计与周围液体达到温度平衡时,急拉操作绳关闭充溢盒(或操作遥控关闭机构)。收回充满油样的充溢盒,应尽可能避免不利气候条件的影响(将充溢盒保持在检尺口以下,可以起到一定的保护作用),按规定读取记录温度计的读数和取样高度。

d) 在按表 2 选择的上数下一个液深位置,重复 a)～c),直到完成所有位置的温度测量。

e) 按照 6.1.4.3 到 6.1.4.5 计算所有测量温度的平均值,作为罐内液体的平均温度。

注 2：在用于原油或燃料油后,温度计和充溢盒应该用煤油或汽油清洗并用布擦干,防止形成重油隔热膜。

6.3.3.4 取样瓶法

用取样瓶测量油品温度的建议步骤是：

a) 将玻璃样品瓶放入加重的取样笼中,关闭样品瓶,防止油品过早流入瓶内。

注 1：玻璃瓶应优先于金属瓶使用,原因是玻璃瓶有更好的保温性能,而金属瓶在罐内液体静压下还可能变形。

b) 将装有样品瓶的取样笼放到按表 2 选择的上数第一个液深位置。

c) 将样品瓶在该位置保持至少 2 min(最好 3 min),在大约 0.3 m 的区间高度内缓慢提放取样笼,能够加快温度平衡。

d) 急速拉绳(或操作相应机构)打开瓶塞,将样品采集到已达温度平衡的样品瓶内。

e) 给出一定的时间使瓶子充满,然后将瓶子提到罐顶。

f) 将液体玻璃温度计插入样品中,缓慢搅拌直到获得温度平衡,即温度保持恒定(在最小分度的一半以内)达 20 s。为避免不利气候条件的影响,在温度计读数前及读数期间,样品瓶应尽可能放在检尺口里面(或采取其他保护方式)。

注 2：由于存在气候条件影响测量温度的风险,因此平衡时间应缩短为 20 s。在就地进行温度测量的情况下(温度测量不受计量点气候条件的影响),规定的平衡时间为 30 s(见 4.2.5)。

g) 当温度计达到油样的平衡时间时,迅速读取记录温度计的读数和采样高度。

h) 在按表 2 选定的上数下一个液深位置,重复 a)～g),直到完成所有位置的温度测量。

i) 按照 6.1.4.3～6.1.4.5 计算所有测量温度的平均值,作为罐内液体的平均温度。

6.3.4 立式圆筒形固定顶罐

6.3.4.1 按照 6.3.3 中规定的某种方法测量温度。温度测量的点数和位置取决于罐内的液位,表 2 中规定了最少的测量点数和测量位置。

注 1：在特定条件下,希望在一个以上的计量口测量温度,由此改善罐内液体平均温度的准确度。这种情况可能源于：

a) 当油罐相对两面暴露给不同的天气条件时(例如风或阳光直射)；

b) 在将某一温度的大量油品泵入装有温度明显不同油品的油罐之后；

c) 通常在有理由怀疑罐内液体有显著分层或不规则温度变化时。

6.3.4.2 充分处理好上述情况的可能性及采用的方法取决于油罐是否配置更多数目的计量口以及计量口的分布。通常的分布有：

a) 只有一个计量口，或

b) 一个中心口加上几个外围口。

6.3.4.3 当只使用一个计量口时，将该计量口修约至0.1℃的平均温度作为油罐液体的平均温度。当使用一个中心口加几个外围口时，在不修约的情况下，首先依次计算出中心口平均温度与每个外围口平均温度的算术平均值。将这些算术平均值的总和除以平均值的个数，结果修约至0.1℃，作为罐内液体的平均温度。

6.3.5 立式圆筒形浮顶罐

按照6.3.3规定的某种方法，通过打过孔的计量管或导向管测量温度。如果没有打过孔的计量管或导向管，则应该从靠近检尺台的检尺口，打开压盖，用温度计测量温度。

注：在浮顶经受强烈阳光照射的情况下，特别是当浮顶属于老式的盘式顶或单甲板浮船顶时，接触浮顶的油品温度将大大高于罐内油品的平均温度，上层油品的实际密度将小于平均温度指示的密度和罐内油品的标准密度。由平均密度和标准密度计算浮顶排液量的修正将产生误差。因此，为了计算浮顶排液量的修正，采用的油品密度应修正到浮顶以下使浮顶浮起的液体层实际温度。出于这个理由，在需要计算浮顶排液量时，计量员应记录上层液体的温度。

6.3.6 卧式圆筒形罐

按照6.3.3规定的某种方法测量温度。测温的位置和点数以及平均温度的算法应符合6.1.4.4的规定。

注：当有理由怀疑油罐两端之间存在温度变化而且配备了适当的计量口时，应在油罐的每一端分别测量上、中、下温度。按6.1.4.4计算油罐每一端的平均温度，将如此得到的两个平均温度的算术平均值作为罐内油品的平均温度。

6.3.7 汽车罐车和铁路罐车

按照6.3.3规定的某种方法测量温度。在测量只运载一个油罐的车辆时，经协商一致，测量中部一点(即一半液体体积所对应的液深)一般就足够了。按规定读取记录温度计的读数，该温度通常就作为车载容器内液体的平均温度。

如果运载车辆分成若干个罐，通常应在每个罐的中部位置测量温度(按如上所述)。然而，当为多个罐车装载来自同一油罐的非加热油品时，经协商一致，可以随机选择至少10%(最少3个罐车)的罐车测量温度，但所有油罐车应具有相同的标称容量，并且全部为保温罐或裸罐，用玻璃温度计测量时，所有油罐车还应处于相同的环境条件下。当为方便寒冷气候下卸油而对罐车进行加热时，每个罐都应在检尺的同时测量温度。

在所有罐装有同种油品时，可以采用每个罐测量的平均温度单独计量，也可以使用体积加权法计算总平均温度，进行整体计量。体积加权法就是将每罐液体的平均温度乘以它所装的体积，再将它们加在一起，然后除以总体积。由此计算的体积加权平均值修约到0.1℃，作为该批油品的平均温度。

6.3.8 油船

油船的所有油罐或油舱都要按6.3.3规定的某一方法测量温度。温度测量的位置和最小数目取决于油品深度，同样按表2确定。经贸易双方协商一致，温度测量的点数也可以根据油品温度的分层情况适当增加。各点测量温度的算术平均值通常作为油舱内液体的平均温度。

如果船上的底油(OBQ)或残油(ROB)量(见GB/T 19779)不允许进行温度测量，那么可以假设油品温度等于标准温度。大量OBQ或ROB的温度(如倾斜状态)应在油层的中部进行测量。

6.4 常压裸罐中与环境温度相差超过 15 ℃的液体

6.4.1 引言

当罐内油品与环境温度相差超过 15℃时，在 6.4.2、6.4.3 和 6.4.4 中规定的方法适合于常压裸罐中液体油品的温度测量。

6.4.2 一般原则

当油品温度与环境温度相差超过 15℃时，为获得具有代表性的平均温度，可能必须在超过表 2 规定的最少点数的更多位置进行温度测量。因此，最好使用便携式电子温度计测量温度。

注 1：如果没有可供使用的 PET，则也可以使用本标准规定的其他方法，但所需要的测量时间可能过长。对此，应考虑安装符合 GB/T 21451.4 的固定式油罐平均温度计系统。在可能的情况下，应使用便携式电子温度计检查分层情况并按 4.1.5.6 中的 h)和(或)6.3.4.3 在中间位置进行补充测量。当必须使用 6.3.3.2、6.3.3.3 和 6.3.3.4 规定的某种取样法测温时，实际时间限制可能使它更难于测定加热油罐内具有代表性的油品平均温度。甚至当加热管线已经运行足够时间使油罐液体达到一个“稳定”温度时，由于油品内的对流，要获得准确的温度可能还会遇到一些困难。经验表明这种对流达到最小时，才能获得最可靠的温度，而且这通常发生在加热管线被关闭后 2 h～6 h 的时间内。如果加热管已经关闭较长时间，反向对流可能又变得比较严重。罐内液体的循环、内部搅拌器的搅拌和/或加热可能有助于解决这些难题，但是对于后一种情况，在试图测温之前，一定要有足够的时间使罐内液体达到一个新的稳定温度，然后再停止加热。由于油罐的加热和冷却速率取决于油罐的尺寸形状、加热布局和环境条件，因此不可能为其规定通用的时间间隔。

无论如何，都不应该在离加热管 300 mm 以内的区域内测量温度。

注 2：加热管的安装应远离计量口对应的底部基准点位置。

6.4.3 测量设备

6.4.3.1 装有非沥青产品的非加热和加热的裸罐

通常使用便携式电子温度计测量温度。当没有可供使用的 PET 时，应该使用 6.3.3.2、6.3.3.3 和 6.3.3.4 中给出的油罐取样法测温，必要时要延长平衡/充溢时间(见 6.4.4)。

6.4.3.2 装有加热沥青的罐

沥青罐通常要配备固定安装的温度测量设备，因为采用手工法测量温度通常是不切实际的。如果使用固定安装的设备，其安装方法应符合 GB/T 21451.4 的规定。

6.4.4 测量方法

6.4.4.1 便携式电子温度计

根据罐内液体的深度，参照表 2 选择所需要的最少测量点数和测量位置。

按 4.1.5.6 的规定将 PET 接地并进行后续测量。

6.4.4.2 杯盒温度计

当使用杯盒温度计时，应遵守 6.3.3.2 所规定的原则，但是在测温位置采集样品前，杯盒组件开始应至少浸入两次(每次浸没后倒空杯盒)，有助于在每次测温前使杯盒温度计尽快从环境温度达到罐内油品温度。

注：在用于高黏度的油品后，杯盒应该用煤油或汽油全面冲洗，防止形成隔热层。

6.4.4.3 充溢盒温度计

按照 6.3.3.3 的规定测量温度，但开始时应该用罐内油品冲洗充溢盒至少两次。当用于加热到 60℃以上的黏性油品时，连续充溢时间应增加到 5 min，确保充溢盒温度计与罐内油品有足够的平衡时间。

注 1：当用于黏性油品时，可能需要对控制充溢室关闭的弹簧张力做一定调整。如果调整得过于灵敏，当装置进入油面时，充溢室可能过早关闭。另一方面，如果张力增加得太大，操作者会很难充分控制绳子的急拉和感觉充溢室的关闭。

注 2：在用于黏性油品后，充溢盒应该用煤油或汽油全面冲洗并擦干，特别是温度计的护套。

6.4.4.4 取样瓶法

按照6.3.3.4的规定测量温度，但是在控制瓶子采集油品前，取样瓶和取样笼在每个取样位置应平衡5 min（在大约0.3 m的区间高度内缓慢提放取样笼）。

7 固定式油罐温度计的校验方法

7.1 概述

本章给出了用手工参比测量校验固定式油罐温度计测量数据的方法，适用于固定式单点温度计（4.5和4.6）和油罐自动式平均温度计系统的校验（GB/T 21451.4、ISO 4266-5、ISO 4266-6）。

7.2 标准温度计的规格

标准温度计应该使用在4.1中规定的PET，测量分辨力不低于0.1℃，采用分辨力不低于0.02℃的可溯源的温度基准进行过校准，测量不确定度在其预期测量范围内的任何一点不应超过0.1℃（在应用相应的修正值之后）。校准证书应注明校准到国家基准的可溯源性。

7.3 立式圆筒形罐的校验步骤

7.3.1 选择最合适的油罐温度测量点，测量位置到罐壁的距离应该在500 mm以上。

注：选择进行参比测量的测量点，应位于固定式单点温度计传感器的相同高度和离它1 m的水平距离内。

7.3.2 测量罐内油品的液位（见GB/T 13894或ISO 4266-1、ISO 4266-2、ISO 4266-3）。如果油罐底部存在一层独立的游离水和/或沉淀物，则应测量油品和底层之间的界面高度。如果液位测量基于实高测量，则应从油罐参比高度（检尺口总高）中减去实高值，将实高换算为等效空高。

7.3.3 确定罐内油品的总高度（从相当于界面液位的空高中减去油品空高）。

7.3.4 将油品的总高度除以10，然后计算总油品高度的1/10、3/10、5/10、7/10和9/10所对应的距离。将这些距离加到油品的空高中，由此计算出这5个位置的等效空高。

7.3.5 将PET的感温探头放到7.3.4确定的上数第一个位置。在大约0.3 m高度范围内缓慢升降感温探头，直到读数稳定达30 s。记录温度读数和测量位置的空高。

7.3.6 将PET的感温探头放到上数下一个位置，按7.3.5测量该点油品温度，直到5个位置的温度全部测完。通过校准修正值（由PET校准证书）对温度读数进行必要的修正。

7.3.7 如果5个参比温度的变化范围（即最大和最小读数之差）不超过1.0℃，则按照5个参比读数的算术平均值计算罐内液体的总平均参比温度，结果修约到0.1℃。

如果5个参比温度的变化范围超过1.0℃，则证明罐内油品温度分层，应进行更多点的测量。计算油品总高的1/20、3/20、5/20、7/20、9/20、11/20、13/20、15/20、17/20和19/20所对应的空高，用PET测量每个位置的参比温度。按照10个参比读数的算术平均值计算罐内液体的总平均参比温度，结果修约到0.1℃。

7.3.8 如果用PET检验的是固定式平均温度计的读数，则应将油罐平均温度计的读数与总平均参比温度（由7.3.7）对比，记录用于油罐平均温度计读数偏差修正的数值和符号。

如果用PET检验的是一个或更多的固定式单点温度计的读数，则应将由固定式单点温度计获得的读数与总平均参比温度（由7.3.7）对比，并且按第8章所述评估使用固定式单点温度计是否可行。此外也可以将PET的感温探头浸入到每个固定式单点温度计的相同高度（尽可能靠近）测量温度进行补充比对。如果检验证明了参比测量数据的变化范围不超过1.0℃，则应记录每个点温计偏差修正的数值和符号。

7.4 垂向横截面积不一致油罐的检验

测量罐内油品的液位，参照油罐容积表确定总油品体积1/10、3/10、5/10、7/10和9/10对应的罐内液体空高。按照7.3中所述的同样方法，但应在相等体积间隔的位置进行参比温度测量。如果测量表明罐内液体存在温度分层，则应按照1/20均匀分布的体积位置重新进行参比测量。

8 固定式单点温度计的使用方法

8.1 概述

在符合8.2到8.5规定的情况下，采用4.5所述类型的固定式单点温度计测量温度可以接受。

注：这种温度计应只安装在储运单一油品的罐内，并假设采用某种操作方法可以防止连续批次、名义上相同质量油品的分层。油罐通常需要搅拌或再循环设备，确保罐内液体能充分混合，由固定式单点温度计能获得具有代表性的油品温度。

8.2 固定式单点温度计的位置

温度计应该安装在水平或稍微倾斜的温度套管中，使感温泡或感温元件距罐壁不小于500 mm，距罐底不小于1 m。

注：在可能的情况下，温度套管最好应伸入罐内900 mm。

8.3 温度计的规格

温度计应具有合适的尺寸，在不必将温度计从温度套管中部分移出的情况下，可以便利地读出温度计的读数。当用于贸易计量时，其分辨力和准确度应符合4.2.2中的规格要求。

8.4 测量数据的代表性检验

8.4.1 在使用固定式单点温度计前，应进行油罐温度的截面检验，目的是检验在典型的冬天和夏天的运行条件下，当通常数量的油品进入油罐时，罐内油品是否存在温度分层。用校准过的PET按照7.3（或7.4）规定的步骤进行参比测量。如果5个等间隔参比测量数据的变化范围超过1.0℃或固定式单点温度计与PET参比测量数据的平均值之差超过0.5℃，则固定式单点温度计不适合作为贸易计量使用。

8.4.2 如果已经证明能够从固定式单点温度计获得代表性的测量数据，则应以不超过5年的间隔或按照油罐服务的变化时间（即储存油品的品种改变或来源变化时）重复8.4.1规定的截面检验。

注：如果检验数据超过了8.4.1规定的允差，则固定式单点温度计不得用于贸易计量。替代方法就是分别使用4.1.5.6所述的PET或6.3.3.2～6.3.3.4中的某种取样法测量多点温度。

8.5 使用固定式单点温度计的方法

只要油罐各截面的温度检验证明了单点测量数据的代表性，则可以直接读取固定式单点温度计的读数作为罐内油品的平均温度。

注：可以应用裸露杆管的修正值，见4.2.9。

附 录 A
（资料性附录）
本标准章条编号与 ISO 4268:2000 章条编号对照

表 A.1 给出了本标准章条编号与 ISO 4268:2000 章条编号对照一览表。

表 A.1 本标准章条编号与 ISO 4268:2000 章条编号对照

本标准章条编号	对应的国际标准章条编号
3	3
3.1	第 3 章第 1 段
3.2	4
3.3	5
3.3.1	5.1
3.3.2	5.2
3.3.3	5.3
3.3.3.1	5.3.1
3.3.3.2	5.3.2
3.3.3.3	5.3.3
3.3.3.4	5.3.4
3.3.3.5	5.3.5
4	6
4.1	7
4.1.1	7.1
4.1.2	7.2
4.1.3	7.3
4.1.3.1	7.3.1
4.1.3.2	7.3.2
4.1.4	7.4
4.1.5	7.5
4.1.5.1	7.5.1
4.1.5.2	7.5.2
4.1.5.2.1	7.5.2.1
4.1.5.2.2	7.5.2.2
4.1.5.2.3	7.5.2.3
4.1.5.2.4	7.5.2.4
4.1.5.2.5	7.5.2.5
4.1.5.2.6	7.5.2.6
4.1.5.2.7	7.5.2.7

表 A.1(续)

本标准章条编号	对应的国际标准章条编号
4.1.5.3	7.5.3
4.1.5.4	7.5.4
4.1.5.5	7.5.5
4.1.5.6	7.5.6
4.1.5.7	7.5.7
—	7.5.7.1
4.1.5.7.1	7.5.7.2
4.1.5.7.2	7.5.7.3
4.1.5.5.3	7.5.7.4
4.2	8
4.2.1	8.1
4.2.2	8.2
4.2.3	8.3
	8.3.1
4.2.4	8.4
4.2.5	8.5
—	8.5.1
4.2.5.1	8.5.2
4.2.5.2	8.5.3
4.2.5.3	8.5.4
4.2.6	8.6
4.2.6.1	8.6.1
4.2.6.2	8.6.2
4.2.6.3	8.6.3
—	9
4.2.7	9.1
4.2.7.1	9.1.1
4.2.7.2	9.1.2
4.2.7.3	9.1.3
4.2.8	9.2
4.2.8.1	9.2.1
4.2.8.2	9.2.2
4.2.9	9.3
4.3	10
4.3.1	10.1

表 A.1(续)

本标准章条编号	对应的国际标准章条编号
4.3.2	10.2
4.3.2.1	10.2.1
4.3.2.2	10.2.2
4.3.2.3	10.2.3
4.3.3	10.3
4.4	11
4.4.1	11.1
4.4.2	11.2
4.5	12
4.5.1	12.1
4.5.2	12.2
4.5.3	12.3
4.6	13
4.6.1	13.1
4.6.2	13.2
4.6.3	13.3
5	—
6	14
6.1	15
6.1.1	15.1
6.1.2	15.2
6.1.3	15.3
6.1.4	15.4
6.1.4.1	15.4.1
6.1.4.2	15.4.2
6.1.4.3	15.4.3
6.1.4.4	15.4.4
6.1.4.5	15.4.5
6.1.4.6	15.4.6
6.2	16
6.2.1	16.1
6.2.2	16.2
6.2.3	16.3
6.2.3.1	16.3.1
6.2.3.2	16.3.2

表 A.1(续)

本标准章条编号	对应的国际标准章条编号
6.2.4	16.4
6.2.4.1	16.4.1
6.2.4.2	16.4.2
6.2.4.3	16.4.3
6.2.4.4	16.4.4
6.2.4.5	16.4.5
6.3	17
6.3.1	17.1
6.3.2	17.2
6.3.3	17.3
6.3.3.1	17.3.1
6.3.3.2	17.3.2
6.3.3.3	17.3.3
6.3.3.4	17.3.4
6.3.4	17.4
6.3.4.1	17.4.1
6.3.4.2	17.4.2
—	17.4.3
6.3.4.3	17.4.3.1 和 17.4.3.2
6.3.5	17.5
6.3.5.1	17.5.1
6.3.5.2	17.5.2
6.3.6	17.6
6.3.7	17.7
6.3.8	17.8
6.4	18
6.4.1	18.1
6.4.2	18.2
6.4.3	18.3
6.4.3.1	18.3.1
6.4.3.2	18.3.2
6.4.4	18.4
6.4.4.1	18.4.1
6.4.4.2	18.4.2
6.4.4.3	18.4.3

表 A.1(续)

本标准章条编号	对应的国际标准章条编号
6.4.4.4	18.4.4
7	19
7.1	19.1
7.2	19.2
7.3	19.3
7.3.1	19.3.1
7.3.2	19.3.2
7.3.3	19.3.3
7.3.4	19.3.4
7.3.5	19.3.5
7.3.6	19.3.6
7.3.7	19.3.7
7.3.8	19.3.8
7.4	19.4
8	20
8.1	20.1
8.2	20.2
8.3	20.3
8.4	20.4
8.4.1	20.4.1
8.4.2	20.4.2
8.5	20.5
附录 A	—
附录 B	—
注：表中未注明的本标准的其他章条编号与 ISO 4268:2000 其他章条编号相同且对应。	

附 录 B
（资料性附录）
环境温度的测定

由于环境温度和油品温度的变化，油罐要发生膨胀和收缩。只要能测量出罐壁温度，油罐体积的膨胀和收缩就可以计算出来。油罐在按照 GB/T 13235.1～13235.3 标定以后，其给出的容积表是基于规定的罐壁温度，我国通常规定为 20℃。如果罐壁的实际测量温度不同于罐容表规定的罐壁温度，则应对由容积表查出的容积进行相应的修正。为此，必须测量罐壁温度。

非保温罐的罐壁温度是液体温度和环境温度的函数。由于非保温罐容易受到自然环境的影响，因此当按照 GB/T 19779 计算温度对罐壁影响的修正系数时，环境空气温度必须和液体温度一起考虑，并按式(B.1)计算罐壁温度：

$$t_S = [(7 \times t_L) + t_a]/8 \qquad \cdots\cdots\cdots\cdots (B.1)$$

式中：

t_S——罐壁温度；

t_L——液体温度；

t_a——环境温度。

环境温度是罐区附近具有代表性的大气温度。储罐周围的环境气体温度总是一个变动的而且通常是变动范围较大的参数。因此很难确定一个最好的位置对其进行测量。仅仅是这个理由，其测量的不确定度就可以达到±2.5℃。然而，环境温度只占总罐壁温度(t_S)的 1/8。因此，测量环境温度(t_a)所需要的精度不像液体温度(t_L)所需要的那么高。

测量环境温度的建议方法有：

——由计量员将测温装置带入罐区，立即在油罐计量前测量温度。在背光区域至少测量一点温度。如果测量多点温度，应取多个温度的平均值。

——固定安装在油罐区的可背光的温度计。

——当地的气象站。

温度测量点应定在离障碍物或地面 1 m 以上的位置。此外，应给出足够的时间使温度读数稳定。

温度计的精度(最大允许误差)应不低于 1℃，且每三个月检验一次。

在报告环境温度时，应精确到整数度。

ICS 75.140
E 43

中华人民共和国国家标准

GB/T 8928—2008
代替 GB/T 8928—1988

固体和半固体石油沥青密度测定法

Standard test method for density of semi-solid and solid asphalt

2008-02-13 发布　　2008-09-01 实施

中华人民共和国国家质量监督检验检疫总局
中国国家标准化管理委员会　发布

前　言

本标准与美国材料与试验协会标准 ASTM D70-03《半固体沥青材料密度测定法(比重瓶法)》(英文版)和 ASTM D2320-98(2003)《固体煤焦油沥青密度(相对密度)测定法(比重瓶法)》(英文版)的一致性程度为非等效。

本标准与 ASTM D70-03 和 ASTM D2320-98(2003)的主要差异如下:

——ASTM D70-03 中比重瓶有圆筒形和锥形两种,本标准采用圆筒形比重瓶而不采用锥形比重瓶;

——本标准采用国际单位制,删除 ASTM D2320-98(2003)中非国际单位制;

——本标准统一了固体和半固体石油沥青相对密度的计算式;

——本标准规定了半固体石油沥青密度的精密度,不采用 ASTM D70-03 规定的精密度。

本标准代替 GB/T 8928—1988《石油沥青比重和密度测定法》。本标准与 GB/T 8928—1988 相比主要变化如下:

——将标准名称由《石油沥青比重和密度测定法》改为《固体和半固体石油沥青密度测定法》;

——增加了第 2 章规范性引用文件、第 5 章意义与用途、6.2 天平、6.6 真空泵或水流泵和第 7 章取样。

本标准由全国石油产品和润滑剂标准化技术委员会(SAC/TC 280)提出。

本标准由中国石油大学(华东)重质油研究所归口。

本标准负责起草单位:中国石油大学(华东)重质油研究所。

本标准主要起草人:刘国祥、孔宪明、符玉。

本标准于 1988 年 4 月首次发布,本次修订为第 1 次修订。

固体和半固体石油沥青密度测定法

1 范围

本标准规定了采用比重瓶法测定固体和半固体石油沥青密度的试验方法。本标准不适用于测定相对密度小于1.000的固体石油沥青。

本标准未涉及有关使用的安全规定，标准使用者有责任在使用前制定合适的安全应用规程。

2 规范性引用文件

下列文件中的条款通过本标准的引用而成为本标准的条款。凡是注日期的引用文件，其随后所有的修改单(不包括勘误的内容)或修订版均不适用于本标准，然而，鼓励根据本标准达成协议的各方研究是否可使用这些文件的最新版本。凡是不注日期的引用文件，其最新版本适用于本标准。

GB/T 11147 石油沥青取样法

3 术语和定义

下列术语和定义适用于本标准。

3.1

密度 density

标准试验温度下质量除以体积，记作 ρ。

3.2

相对密度 relative density

标准试验温度下给定体积材料的质量与相同体积水的质量之比值，记作 D。

注：相对密度即为比重。

4 方法概要

采用比重瓶，在规定的温度下，分别测定同体积石油沥青和水的质量，根据公式计算出石油沥青的相对密度和密度。

5 意义与用途

用于体积与质量互相换算。

6 仪器与材料

6.1 比重瓶：玻璃材质，瓶口和瓶塞经仔细研磨，配合严密。瓶塞直径为22 mm～26 mm，以其轴线为中心，中间有直径为1.0 mm～2.0 mm小孔，瓶塞的上表面光滑平整，下表面为凹面，以便空气自孔中逸出，凹陷部分中心处高度4.0 mm～6.0 mm。盖上瓶塞后比重瓶容积24 mL～30 mL，质量不超过40 g。比重瓶示意见图1。

6.2 天平：感量0.000 5 g。

6.3 水浴：能保持水温在试验温度±0.1℃。

6.4 温度计：玻璃温度计，全浸式，最小刻度0.1℃，分度值为1℃，测量范围0℃～30℃。满足精度和灵敏度要求的其他测温设备均可用。

单位为毫米

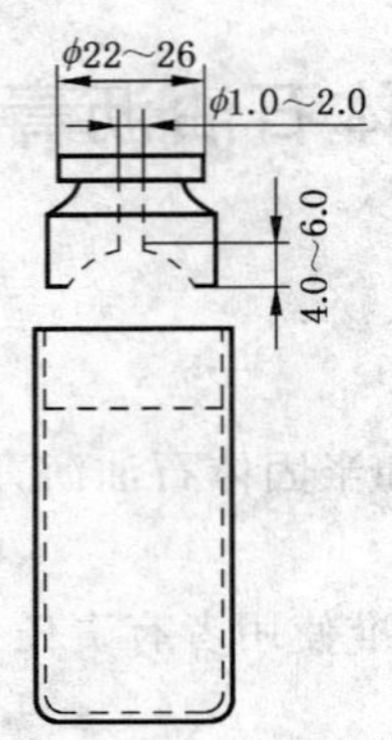

图1 比重瓶示意图

6.5 筛:筛孔分别为0.3 mm～0.5 mm、0.6 mm和2.5 mm的金属筛。

6.6 真空泵或水流泵:能达到2.7 kPa的真空。

6.7 玻璃烧杯:600 mL～800 mL。

6.8 新煮沸并冷却的蒸馏水或去离子水。

6.9 润湿剂:可用质量分数为1%的烷基苯磺酸钠水溶液或其他润湿剂的溶液。

7 取样

按GB/T 11147取样。

8 仪器准备

8.1 在600 mL～800 mL的烧杯中注入新煮沸过并冷却的蒸馏水或去离子水,水的液面应超过比重瓶顶部40 mm。

8.2 将烧杯放入恒温至25℃±0.1℃水浴,浸入深度不少于100 mm,烧杯口高出水浴水面。烧杯在水浴中应能方便的固定和取出。

9 比重瓶标定

9.1 称量清洁、干燥的比重瓶。测定半固体沥青时称准至0.001 g,测定固体沥青时称准至0.000 5 g。此质量记作m_1。

9.2 从水浴中移出烧杯,将烧杯中的水注满比重瓶,塞上瓶塞,将比重瓶放进烧杯,塞紧瓶塞,将烧杯放回水浴。

注:比重瓶应在试验温度下标定,在某一温度下标定的比重瓶数据不能用于另一不同的温度。

9.3 比重瓶在水中保持30 min以上,取出比重瓶,立即用干软布或滤纸擦一次瓶塞顶部,然后迅速擦干比重瓶外周,立即称重。试样为半固体沥青时称准至0.001 g,试样为固体沥青时称准至0.000 5 g。此质量记作m_2。

注:即使因膨胀形成小水珠,也不要再次擦干瓶塞顶部。如果在称量时潮气在比重瓶上凝结,记录质量前迅速重新擦干比重瓶的外面(不包括顶部)。

10 试验步骤

10.1 测定半固体石油沥青的相对密度

10.1.1 如试样含有水分,应小心加热试样或采用其他合适的方式脱出水分;如试样含有机械杂质应用筛孔为0.3 mm～0.5 mm的筛滤出杂质。

10.1.2 小心加热试样,搅拌以防局部过热,直至试样有足够流动性能注入比重瓶为止。加热温度不能超过其估计软化点110℃,加热时间不得超过60 min,并避免在试样中混入气泡。

10.1.3 将足量的试样注入洁净、干燥、预热并恒重的比重瓶中,注入量约为比重瓶容量的3/4,不得使试样粘附在瓶口和液面上方的瓶壁上,并防止夹杂气泡。将盛有试样的比重瓶立即移入温度在高于试样估计软化点100℃~110℃的烘箱内,保持20 min~30 min。

10.1.4 从烘箱中取出装有试样的比重瓶,在室温下冷却40 min以上,然后与瓶塞一起称量,称准至0.001 g,记录比重瓶和试样的质量为m_3。

10.1.5 从水浴中移出恒温至25℃±0.1℃的烧杯,将烧杯中的水注满盛有试样的比重瓶,注意比重瓶中不允许有气泡,塞上瓶塞。将比重瓶放进烧杯,塞紧瓶塞,再将烧杯放回水浴。

10.1.6 使比重瓶在烧杯中保持30 min以上。取出比重瓶,按9.3所述的方法擦干比重瓶并立即称量,称准至0.001 g,记录水、试样和比重瓶的总质量为m_4。

10.2 测定固体石油沥青的相对密度

10.2.1 如果试样表面潮湿,试验前需干燥试样。可用清洁干燥的空气吹干,或将试样放在50℃的强制通风的烘箱内烘干。

10.2.2 将50 g~100 g干燥的试样破碎,注意不能研磨。筛取粒度为0.6 mm~2.5 mm的试样。将不少于5 g的试样放入干燥清洁并已恒重的比重瓶,带瓶塞一起称量,精确到0.000 5 g,记此质量为m_3。

10.2.3 取下瓶塞,从水浴中取出烧杯,将烧杯中的水注入比重瓶,使水平面高于试样约10 mm,同时加入几滴润湿剂,摇动比重瓶使试样下沉并使吸附在试样表面的空气逸出。注意摇动时不可将试样摇出瓶外。

10.2.4 将不带瓶塞的比重瓶放入真空干燥器中,启动真空装置,以不发生突沸或暴沸的速率抽真空,维持真空干燥器内残压为2.7 kPa~3.3 kPa至少15 min以排出气泡。如仍有气泡,应重复上述操作,直至没有可见气泡,之后再抽真空15 min。

10.2.5 将烧杯从水浴中移出,用烧杯中的水装满比重瓶,轻轻塞上瓶塞,注意比重瓶中不允许有气泡,将比重瓶放入烧杯,塞紧瓶塞,将烧杯放回水浴。

10.2.6 比重瓶在温度为25℃±0.1℃的烧杯中保持30 min以上,然后取出比重瓶,按9.3所述的方法擦干比重瓶并立即称量,精确到0.000 5 g,记此质量为m_4。

11 计算

11.1 试样的相对密度按式(1)计算:

$$D_{25}^{25}=\frac{m_3-m_1}{(m_2-m_1)-(m_4-m_3)} \qquad (1)$$

式中:

m_1——比重瓶质量的数值,单位为克(g);

m_2——比重瓶和水质量的数值,单位为克(g);

m_3——比重瓶和试样质量的数值,单位为克(g);

m_4——比重瓶、水和试样质量的数值,单位为克(g)。

11.2 密度ρ_{25}按式(2)计算:

$$\rho_{25}=0.997\,1\times D_{25}^{25} \qquad (2)$$

式中:

ρ_{25}——试样在25℃时的密度的数值,单位为克每立方厘米(g/cm³);

0.997 1——水在25℃时的密度的数值,单位为克每立方厘米(g/cm³)。

12 精密度

12.1 相对密度的精密度

半固体沥青相对密度的重复性为 0.002,再现性为 0.005。

固体石油沥青相对密度的重复性为 0.007,再现性为 0.011。

12.2 密度的精密度

半固体沥青 25℃时的密度的重复性为 0.002 g/cm^3,再现性为 0.005 g/cm^3。

固体石油沥青 25℃时的密度的重复性为 0.007 g/cm^3,再现性为 0.011 g/cm^3。

13 报告

可以根据需要同时报告相对密度和密度,也可以单独报告其中任一项。

13.1 相对密度的报告

取平行测定两次结果的算术平均值(精确到小数点后第 3 位)作为试样相对密度的测试结果。如果两个结果超出重复性规定,则试验作废,应重新试验。

13.2 密度的报告

如相对密度符合重复性规定,则根据式(2)得出的数值(精确到 0.001 g/cm^3)作为试样在 25℃时的密度。

ICS 85.060
Y 32

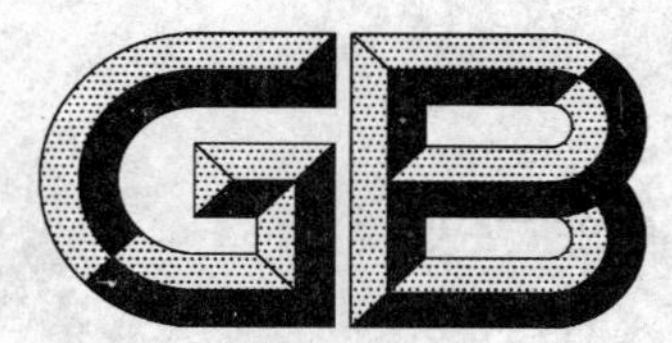

中华人民共和国国家标准

GB/T 8938—2008
代替 GB/T 8938—1988

打 字 纸

Typewriting paper

2008-08-19 发布 2009-05-01 实施

中华人民共和国国家质量监督检验检疫总局
中国国家标准化管理委员会 发布

前 言

本标准是对 GB/T 8938—1988《打字纸》的修订。

本标准代替 GB/T 8938—1988。

本标准与 GB/T 8938—1988 相比，主要变化如下：

——增加了规范性引用文件；

——将原标准中产品分为 A、B、C 三等改为优等品、一等品和合格品三个等级；

——亮度和尘埃度指标进行了调整；

——裂断长调整为抗张指数；

——增加了色差指标。

本标准由中国轻工业联合会提出。

本标准由全国造纸工业标准化技术委员会归口。

本标准起草单位：中国制浆造纸研究院。

本标准主要起草人：邱文伦。

本标准所代替标准的历次版本发布情况为：

——GB/T 8938—1988。

本标准委托全国造纸工业标准化技术委员会负责解释。

打　字　纸

1　范围

本标准规定了打字纸的产品分类、技术要求、试验方法、检验规则及标志、包装、运输、贮存。

本标准适用于配以复写纸进行多份打印用的打字纸和复写、信笺等用纸。

2　规范性引用文件

下列文件中的条款通过本标准的引用而成为本标准的条款。凡是注日期的引用文件，其随后所有的修改单(不包括勘误的内容)或修订版均不适用于本标准，然而，鼓励根据本标准达成协议的各方研究是否可使用这些文件的最新版本。凡是不注日期的引用文件，其最新版本适用于本标准。

GB/T 450　纸和纸板　试样的采取及试样纵横向、正反面的测定(GB/T 450—2008，ISO 186：2002，MOD)

GB/T 451.1　纸和纸板尺寸及偏斜度的测定

GB/T 451.2　纸和纸板定量的测定(GB/T 451.2—2002，eqv ISO 536：1995)

GB/T 451.3　纸和纸板厚度的测定(GB/T 451.3—2002，idt ISO 534：1988)

GB/T 455　纸和纸板撕裂度的测定(GB/T 455—2002，eqv ISO 1974：1990)

GB/T 460　纸　施胶度的测定

GB/T 462　纸、纸板和纸浆　分析试样水分的测定(GB/T 462—2008，ISO 287：1985，ISO 638：1978，MOD)

GB/T 1541　纸和纸板　尘埃度的测定

GB/T 2828.1　计数抽样检验程序　第1部分：按接收质量限(AQL)检索的逐批检验和抽样计划(GB/T 2828.1—2003，ISO 2859-1：1999，IDT)

GB/T 7974　纸、纸板和纸浆亮度(白度)的测定　漫射/垂直法(GB/T 7974—2002，neq ISO 2470：1999)

GB/T 7975　纸和纸板　颜色的测定(漫反射法)

GB/T 10342　纸张的包装和标志

GB/T 10739　纸、纸板和纸浆试样处理和试验的标准大气条件(GB/T 10739—2002，eqv ISO 187：1990)

GB/T 12914　纸和纸板　抗张强度的测定(GB/T 12914—2008，ISO 1924-1：1992，ISO 1924-2：1992，MOD)

3　产品分类

3.1　打字纸按质量分为优等品、一等品、合格品三个等级。

3.2　打字纸一般为白色，按订货合同规定也可生产各种颜色的打字纸。

4　技术要求

4.1　打字纸的技术指标应符合表1或合同规定。

表 1

指标名称			单　位	规定		
				优等品	一等品	合格品
定量			g/m^2	26.0　28.0　30.0　32.0		
定量偏差			%	±5		
紧度		≥	g/cm^3	0.60	0.60	0.55
亮度(白度)		≥	%	70.0		
施胶度		≥	mm	0.25		
抗张指数(纵横平均)		≥	N·m/g	33.0	30.0	27.0
撕裂指数(纵向)		≥	$mN\cdot m^2/g$	3.85	3.55	3.00
尘埃度	$0.2\ mm^2\sim0.5\ mm^2$	≤	个$/m^2$	70	100	150
	$>0.5\ mm^2\sim1.0\ mm^2$	≤		2	5	8
	$>1.0\ mm^2$			不应有	不应有	不应有
交货水分			%	5.0～8.0		
注：彩色打字纸不考核亮度(白度)。						

4.2　打字纸的纤维组织应均匀，纸面应平整，不应有褶子、破损、斑痕、鼓泡、硬质块及明显条痕等外观缺陷。打字纸的切边应整齐、洁净，同批纸的色差 ΔE^* 应不大于 2.0。

4.3　打字纸一般为平板纸，尺寸为：787 mm×109 2 mm、880 mm×1 230 mm，尺寸偏差应不超过±3 mm，偏斜度应不超过 3 mm。也可根据用户要求，按合同生产其他尺寸的打字纸。

5　试验方法

5.1　试样的采取按 GB/T 450 进行，试样的处理和试验的标准大气条件按 GB/T 10739 进行。

5.2　尺寸及偏斜度按 GB/T 451.1 测定。

5.3　定量按 GB/T 451.2 测定。

5.4　紧度按 GB/T 451.2 和 GB/T 451.3 测定。

5.5　亮度(白度)按 GB/T 7974 测定。

5.6　施胶度按 GB/T 460—2008 测定，采用墨水划线法。

5.7　抗张指数按 GB/T 12914 测定，仲裁时采用恒速拉伸法。

5.8　撕裂指数按 GB/T 455 测定。

5.9　尘埃度按 GB/T 1541 测定。

5.10　交货水分按 GB/T 462 测定。

5.11　同批纸的色差按 GB/T 7975 测定。

5.12　外观检验采用目测。

6　检验规则

6.1　以一次交货的数量为一批，但每批应不多于 280 件(卷)。

6.2　供方应保证打字纸的质量符合本标准或合同规定。每件(卷)纸内应附有一份产品合格证。

6.3　计数抽样检验程序应按 GB/T 2828.1 规定进行。平板纸样本单位为件，卷筒纸样本单位为卷。接收质量限(AQL)：撕裂指数、抗张指数 AQL=4.0；定量、紧度、施胶度、亮度(白度)、尘埃度、交货水分、色差、尺寸及偏斜度、外观质量 AQL=6.5。抽样方案采用正常检验二次抽样方案，检查水平为特殊检查水平 S-2(见表 2)。

表 2

<table>
<tr><td rowspan="2">批量/
件或卷</td><td colspan="3">正常检验二次抽样方案　检查水平 S-2</td></tr>
<tr><td>样本量</td><td>AQL＝4.0
Ac　Re</td><td>AQL＝6.5
Ac　Re</td></tr>
<tr><td rowspan="2">2～150</td><td>3</td><td>0　1</td><td>—　—</td></tr>
<tr><td>2</td><td>—　—</td><td>0　1</td></tr>
<tr><td rowspan="2">151～1 200</td><td>3</td><td>0　1</td><td>—　—</td></tr>
<tr><td>5
5(10)</td><td>—　—
—　—</td><td>1　2
1　2</td></tr>
</table>

6.4　可接收性的确定:第一次检验的样品数量应等于该方案给出的第一样本量。如果第一样本中发现的不合格品数小于或等于第一接收数,应认为该批是可接收的;如果第一样本中发现的不合格品数大于或等于第一拒收数,应认为该批是不可接收的。如果第一样本中发现的不合格品数介于第一接收数与第一拒收数之间,应检验由方案给出样本量的第二样本并累计在第一样本和第二样本中发现的不合格品数。如果不合格品累计数小于或等于第二接收数,则判定该批是可接收的;如果不合格品累计数大于或等于第二拒收数,则判定该批是不可接收的。

6.5　需方若对产品质量有异议,应在到货后 1 个月内通知供方对该产品进行共同检验,如不符合本标准或合同的规定,则判为批不合格,由供方负责处理;如符合本标准的规定,则判为批合格,由需方负责处理。

7　标志、包装、运输、贮存

7.1　打字纸的标志、包装应符合 GB/T 10342 或按订货合同的规定。

7.2　打字纸运输时应使用有篷而洁净的运输工具,不应将纸件从高处扔下。

7.3　应妥善贮存和保管打字纸,并防止雨雪和地面湿气的影响。

ICS 85.080
Y 39

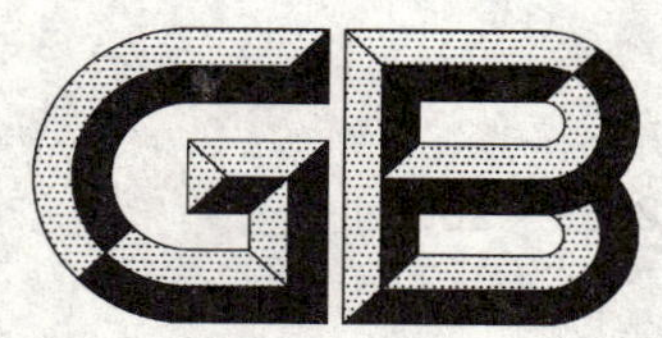

中华人民共和国国家标准

GB/T 8939—2008
代替 GB 8939—1999

卫生巾(含卫生护垫)

Sanitary absorbent pads (including pantiliner)

2008-01-04 发布　　　　2008-09-01 实施

中华人民共和国国家质量监督检验检疫总局
中国国家标准化管理委员会　发布

前　言

本标准代替 GB 8939—1999《卫生巾(含卫生护垫)》,本标准是对 GB 8939—1999 的修订。

本标准与 GB 8939—1999 相比主要变化如下:

——本标准由条文强制性改为推荐性国家标准,卫生要求引用强制性国家标准 GB 15979—2002《一次性使用卫生用品卫生标准》;

——增加了按产品面层材料分类和按产品功能分类两种分类方法,并对产品类型进行规范定义;

——取消了质量等级分类及对卫生巾及卫生护垫有效长度的要求;

——根据生产企业实际情况,修改了抽样方法及判定规则;

——取消了正面横向渗扩宽度项目;

——对技术要求中的检验项目标准值进行了调整;

——增加了卫生巾每片独立包装的要求;

——对渗入量、吸水倍率、pH、背胶粘合强度等测试方法进行部分调整;

——背胶粘合强度由定性考核改为定量考核,但不作为合格与否的判定依据;

——对水分检验方法进行了调整;

——对销售标志及包装进行了修改;

——附录 D 由提示性附录改为规范性附录。

本标准的附录 A、附录 B、附录 C、附录 D 均为规范性附录。

本标准由中国轻工业联合会提出。

本标准由全国造纸工业标准化技术委员会归口。

本标准负责起草单位:中国制浆造纸研究院;参加起草单位:广州宝洁有限公司、湖北丝宝股份有限公司、福建恒安集团有限公司、金佰利(中国)有限公司、山东益母妇女用品有限公司、上海尤妮佳有限公司、强生(中国)有限公司。

本标准主要起草人:卢宝荣、王振、刘俊杰、高君。

本标准由全国造纸工业标准化技术委员会负责解释。

本标准所代替标准的历次版本发布情况为:

——GB 8939—1999。

卫生巾(含卫生护垫)

1 范围

本标准规定了卫生巾(含卫生护垫)的技术要求、试验方法、检验规则及标志、包装、运输、贮存等要求。

本标准适用于由面层、内吸收层、防渗底膜等组成,经专用机械成型供妇女经期(卫生巾)、非经期(卫生护垫)使用的外用生理卫生用品。

2 规范性引用文件

下列文件中的条款通过本标准的引用而成为本标准的条款。凡是注日期的引用文件,其随后所有的修改单(不包括勘误的内容)或修订版均不适用于本标准,然而,鼓励根据本标准达成协议的各方研究是否可使用这些文件的最新版本。凡是不注日期的引用文件,其最新版本适用于本标准。

GB/T 462 纸和纸板 水分的测定(GB/T 462—2003,ISO 287:1985,MOD)

GB/T 10739 纸、纸板和纸浆试样处理和试验的标准大气条件(GB/T 10739—2002,eqv ISO 187:1990)

GB 15979 一次性使用卫生用品卫生标准

3 产品分类

3.1 按产品面层材料分为棉柔、干爽网面和纯棉三类。棉柔类指面层采用各类非织造布材料制成的产品;干爽网面类指面层采用各种打孔膜为原料制成的产品;纯棉类指面层采用纯棉材料制成的产品。

3.2 按产品功能分为普通型和功能型。普通型指除卫生巾本身的功能外,没有其他功能的产品。功能型指为了达到某种功能,在产品中加入对人体健康有益成分的产品。

3.3 按产品性能分为卫生巾、卫生护垫等。

4 技术要求

4.1 卫生巾技术指标应符合表1要求,或按订货合同的规定。

表 1

指标名称			规　定
偏差/%	全长		±5
	全宽		±8
	条质量		±12
吸水倍率/倍		≥	7.0
渗入量/g		≥	1.8
pH			4.0～9.0
水分/%		≤	10.0
背胶粘合强度[a]/s		≥	8

a 背胶粘合强度为参考数据,不作为合格与否的判定依据。

4.2 卫生护垫技术指标应符合表2要求,或按订货合同的规定。

表 2

指标名称			规　定
偏差/%	全长		±5
	全宽		±8
吸水倍率/倍		≥	2.0
pH			4.0～9.0
水分/%		≤	10.0

4.3　卫生巾(含卫生护垫)卫生要求执行 GB 15979 的规定。

4.4　卫生巾(含卫生护垫)不应使用废弃回用的原材料,产品应洁净、无污物、无破损。

4.5　卫生巾(不含卫生护垫)应采用每片独立包装。

4.6　卫生巾(含卫生护垫)两端封口应牢固,在吸水倍率试验时不应破裂。

4.7　卫生巾(含卫生护垫)产品在常规使用时应不产生位移,与内衣剥离时不应损伤衣物,且不应有明显残留。防粘纸不应自行脱落,并能自然完整撕下。

5　试验方法

5.1　预处理

试验前试样的预处理按 GB/T 10739 规定进行。

5.2　全长、全宽、条质量偏差

5.2.1　偏差的测定

5.2.1.1　全长

用直尺测量试样的全长(从试样最长处量取),量准至 1 mm,每种同规格样品测量 10 条试样。取 10 条试样中测量的最大值、最小值和平均值,按式(1)、式(2)计算全长偏差,结果精确至 1%。

5.2.1.2　全宽

用直尺测量试样的全宽(从试样最窄处量取),量准至 1 mm,每种同规格样品测量 10 条试样。取 10 条试样中测量的最大值、最小值和平均值,按式(1)、式(2)计算全宽偏差,结果精确至 1%。

5.2.1.3　条质量

用感量 0.01 g 天平分别称量同规格 10 条试样的净重(含离型纸),取 10 条试样中测量的最大值、最小值和平均值,按式(1)、式(2)计算条质量偏差,结果精确至 1%。

5.2.2　偏差的计算

$$\text{上偏差} = \frac{\text{最大值} - \text{平均值}}{\text{平均值}} \times 100\% \qquad \cdots\cdots(1)$$

$$\text{下偏差} = \frac{\text{最小值} - \text{平均值}}{\text{平均值}} \times 100\% \qquad \cdots\cdots(2)$$

5.3　吸水倍率

取一条试样,撕去离型纸,适当剪去护翼,用感量 0.01 g 天平称其质量(吸前质量)。用夹子夹住样品的一端封口,并使夹子夹口与试样纵向处于垂直状态,不应夹住内置吸收层。将试样连同夹子浸入约 10 cm深的(23±1)℃蒸馏水中,试样的使用面朝上。轻轻压住试样,使其完全浸没 60 s,然后提起夹子,使试样完全离开水面,垂直悬挂 90 s后,称其质量(吸后质量),之后按式(3)计算吸水倍率。按同样方法测试 5 条试样,取 5 条试样的平均值作为测定结果,精确至一位小数。

$$\text{吸水倍率} = \frac{\text{吸后质量} - \text{吸前质量}}{\text{吸前质量}} \qquad \cdots\cdots(3)$$

5.4 渗入量测定

按附录A的规定进行。

5.5 pH测定

按附录C的规定进行。

5.6 水分测定

按GB/T 462的规定进行。

取样方法：同种样品取2条，分别来自2个包装，每条取样量为2 g(不应含有背胶及离型纸部分)，将样品剪成块状，并充分混匀，取两组试样做平行试验，两次测定值间的绝对误差应不超过1.0%，取其算术平均值表示测定结果。应尽量缩短取样时间，一般应不超过2 min。

5.7 卫生指标的测定

按GB 15979的规定进行。

5.8 背胶粘合强度的测定

按附录D的规定进行。

6 检验规则

6.1 检验批的规定

以一次交货为一批，检验样本单位为箱，每批不超过5 000箱。

6.2 抽样方法

从一批产品中，随机抽取3箱产品。从每箱中抽取5包样品，其中3包用于微生物检验，6包用于微生物检验复查，3包用于存样，3包(按每包10片计)用于其他性能检验。

6.3 判定规则

当偏差、吸水倍率、渗入量、pH、水分及微生物指标全部合格时，则判为批合格；当这些检验项目中任一项出现不合格时，则判为批不合格。

6.4 质量保证

生产厂应保证产品质量符合本标准的要求，产品经检验合格并附质量合格标识方可出厂。

7 标志、包装、运输、贮存

7.1 产品销售标志及包装

7.1.1 产品销售包装上应标明以下内容：

a) 产品名称、执行标准编号、商标；

b) 企业名称、地址、联系方式；

c) 品种规格、内装数量；

d) 生产日期和保质期或生产批号和限期使用日期；

e) 主要生产原料；

f) 消毒级产品应标明消毒方法与有效期限，并在包装主视面上标注“消毒级”字样。

7.1.2 产品的销售包装应能保证产品不受污染，销售包装上的各种标识信息应清晰且不易褪去。

7.2 产品运输和贮存

7.2.1 已有销售包装的成品放置于包装箱中。包装箱上应标明产品名称、企业(或经销商)名称和地址、内装数量等。包装箱上应标明运输及贮存条件。

7.2.2 产品在运输过程中应使用具有防护措施的洁净的工具，防止重压、尖物碰撞及日晒雨淋。

7.2.3 成品应保存在干燥通风，不受阳光直接照射的室内，防止雨雪淋袭和地面湿气的影响，不应与有污染或有毒化学品共存。

7.2.4 超过保质期的产品，经重新检验合格后方可限期使用。

附　录　A
（规范性附录）
渗入量的测定

A.1　仪器与测试溶液

A.1.1　仪器

a)　天平，最大量程 200 g，感量 0.01 g；

b)　卫生巾渗透性能测试仪（以下简称测试仪，见图 A.1）；

c)　60 mL 放液漏斗（以下简称漏斗）；

d)　10 mL 刻度移液管；

e)　烧杯；

f)　钢板直尺。

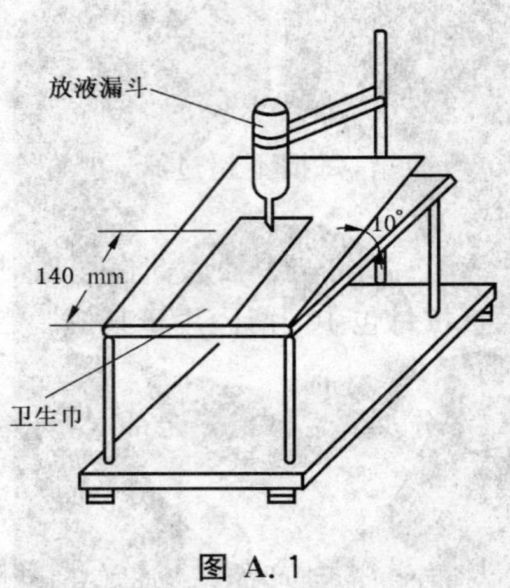

图 A.1

A.1.2　测试溶液

测试溶液是渗透性能测试专用的标准合成试液，配方见附录 B，测试时测试溶液的温度应保持在（23±1）℃。仲裁检验时应在标准大气条件，即（23±1）℃、（50±2）%相对湿度下处理试样及进行测试。

A.2　试验程序

A.2.1　先将测试仪放于水平位置，调节上面板与下面板之间的角度约为 10°，再调节漏斗的下口，使其中心点的投影距测试仪斜面板的下边缘为（140±2）mm；漏斗下口开口面向操作者。将适量的测试溶液倒入漏斗中，使漏斗润湿，并用该溶液洗漏斗两遍，然后放掉漏斗中的溶液。

A.2.2　取待测试样一条，称其质量（g），揭去其背后的离型纸放在一旁。将试样平整地轻粘于斜面板上，使试样的有效长度（透过卫生巾吸收表面所见的内置吸收层如绒毛浆等的长度）的下边缘与斜面板的下边缘对齐，并将长出的边缘向斜面板的底部折回。调节漏斗高度，使其下口的最下端距试样表面 5 mm～10 mm，然后在测试仪斜面板的下方放一个烧杯，接经试样渗透后流下的溶液。

A.2.3　用移液管准确移取测试溶液 5 mL 于调节好的漏斗中，然后迅速打开漏斗节门至最大，使溶液自由地流到试样的表面上，并沿着斜面往下流动；溶液流完后，将漏斗节门关闭，然后将试样取下，将离型纸贴回，再次放在天平上称量。若试液从试样侧面流走，则该试样作废，另取一条重新测试。若同种样品的 2 个以上试样有此现象时，其结果可以保留，但应在报告中注明。

A.3 试验结果的计算

卫生巾的渗入量以吸收测试溶液的质量(g)来表示，每个样品测8条，分别按式(A.1)计算每条卫生巾的渗入量。

渗入量(g) = 卫生巾吸收后的质量(g) − 该条卫生巾吸收前的质量(g) ………(A.1)

去掉8条测试结果中的最大值和最小值，取其余6条的算术平均值作为其最终测试结果，精确至0.1 g。如果5 mL的测试溶液全部渗入所测试样中，则不必再称量，可直接记为5.1 g。

附 录 B
（规范性附录）
卫生巾渗透性能测试用标准合成试液的配方

B.1 原理

该标准合成试液系根据动物血(猪血)的主要物理性能配制，具有与其相似的流动性及吸收特性。

B.2 配方

a) 蒸馏水或去离子水：860 mL；

b) 氯化钠：10.00 g；

c) 碳酸钠：40.00 g；

d) 丙三醇(甘油)：140 mL；

e) 苯甲酸钠：1.00 g；

f) 颜色(食用色素)：适量；

g) 羧甲基纤维素钠：约5 g；

h) 标准媒剂：1%(体积分数)。

以上试剂均为分析纯。

B.3 标准合成试液的物理性能

在(23±1)℃时，密度为(1.05±0.05) g/cm³，粘度为(11.9±0.7) s(用4号涂料杯测)，表面张力为(36±4) mN/m。

附 录 C
（规范性附录）
pH的测定

C.1 仪器和试剂

C.1.1 仪器

a) 带复合电极的pH计；

b) 天平，最大量程500 g，感量0.1 g；

c) 精确度为±0.1℃的水银温度计；

d) 容量为100 mL的烧杯；

e) 容量为100 mL和50 mL的量筒；

f) 1 000 mL容量瓶；

g) 不锈钢剪刀。

C.1.2 试剂

C.1.2.1 蒸馏水或去离子水，pH为6.5～7.2；

C.1.2.2 标准缓冲溶液：25℃时pH为6.86的缓冲溶液（磷酸二氢钾和磷酸氢二钠混合液）。所用试剂应为分析纯，缓冲溶液至少一个月重新配制一次。

配制方法：称取磷酸二氢钾（KH_2PO_4）3.39 g和磷酸氢二钠（Na_2HPO_4）3.54 g，置于1 000 mL容量瓶中，用蒸馏水溶解并稀释至刻度，摇匀即可。

C.2 试验步骤

在常温下，抽取一片试样，剪去不干胶条后从其中部称取1 g试样，置于一个100 mL烧杯内，加入去离子水（或蒸馏水）（卫生巾加入100 mL，卫生护垫加入50 mL），用玻璃棒搅拌，10 min后将复合电极放入烧杯中读取pH数值。

C.3 试验结果的计算

每种样品测试两份试样（取自两个包装），取其算术平均值作为测定结果，准确至0.1pH单位。

C.4 注意事项

每次使用pH计前均应使用标准缓冲溶液对仪器进行校准，详见仪器使用说明书。每个试样测试完毕后，应立即用去离子水（或蒸馏水）洗净电极。

附 录 D
（规范性附录）
背胶粘合强度的测定方法（180°剥离强度）

D.1 原理

用180°剥离方法施加一定的应力，使试样背胶与纯棉汗布粘接处剥离，通过计时剥离一定长度所需的时间，反映其粘接强度。

D.2 装置与工具

a) 试验夹：上夹应能悬挂于任一支架上，并保证其夹挂的试样能与水平垂直，夹缝平齐；下夹配重砝码应使其总质量达到40 g，夹缝平齐。

b) 配重砣：面积62 mm×80 mm，质量为500 g（可使用相同面积的玻璃配以平衡重量代替）。

c) 秒表。

d) 恒温箱：可保持温度（37±2）℃。

e) 剪刀、直尺、平盘（也可用玻璃代替）。

f) 标准汗布：未漂染色精纺32支纱，无后处理120 g/m²，标准品牌，尺寸为65 mm×80 mm。

D.3 操作

D.3.1 取卫生巾一条，使其尽量平整。将正面向下放在平面上，垂直于长度方向相隔40 mm画两条直线B和C，一侧直线外相隔10 mm再画一条直线A，如图D.1：

图 D.1

D.3.2 将上述备好的试样放于平盘内，撕去离型纸，将标准汗布对准试样正面向上（即反面对胶）轻轻放置于试样上，不得用手压，然后将配重砣平压于汗布上。

D.3.3 立即将平盘移入恒温箱开始计时，箱内温度（37±2）℃，1 h后取出于（23±1）℃下放置20 min。

D.4 测试

取D.3.3放置后的试样，将汗布与试样底层轻轻剥离一定距离至线A处，用试样夹的上夹沿线A夹齐，挂起，使试样的长度方向与水平面垂直；下夹平行于上夹夹住汗布，放手，使汗布在下夹的重力下呈与胶面 180°剥离的状态，待剥离点至线 B 处开始计时，剥至线 C 处停止计时，即得到该样品的剥离时间。

D.5　测试结果

测试结果取 5 个试样测试值的算术平均值，时间数据大于 1 h 的精确到分，1 min 以内精确到秒。

ICS 85.060
Y 30

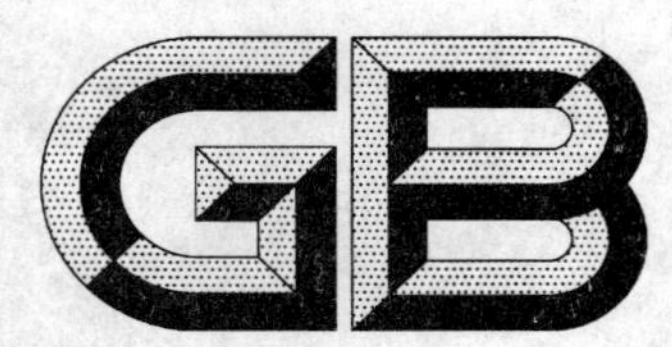

中华人民共和国国家标准

GB/T 8943.1—2008
代替 GB/T 8943.1—1988

纸、纸板和纸浆 铜含量的测定

**Paper, board and pulp—
Determination of copper content**

(ISO 778:2001, MOD)

2008-01-04 发布 2008-09-01 实施

中华人民共和国国家质量监督检验检疫总局
中国国家标准化管理委员会 发布

前　言

GB/T 8943 分为四个部分：

——GB/T 8943.1《纸、纸板和纸浆　铜含量的测定》；

——GB/T 8943.2《纸、纸板和纸浆　铁含量的测定》；

——GB/T 8943.3《纸、纸板和纸浆　锰含量的测定》；

——GB/T 8943.4《纸、纸板和纸浆　钙、镁含量的测定》。

本部分为 GB/T 8943 的第 1 部分，对应国际标准 ISO 778：2001《纸、纸板和纸浆　铜含量的测定》。

本部分是对 GB/T 8943.1—1988《纸浆、纸和纸板铜含量的测定法》的修订。

本部分修改采用国际标准 ISO 778：2001

本部分与国际标准 ISO 778：2001 相比有如下变化：

——增加了新的试验方法(见本部分的第 3 章)。

本部分与 ISO 778：2001 的技术性差异在附录 A 中列出。

本部分与 ISO 778：2001 的结构对比在附录 B 中列出。

本部分代替 GB/T 8943.1—1988。

本部分与 GB/T 8943.1—1988 相比有如下变化：

——增加了警告语；

——增加了规范性引用文件；

——修改了部分叙述语句。

本部分的附录 A 和附录 B 均为资料性附录。

本部分由中国轻工业联合会提出。

本部分由全国造纸工业标准化技术委员会归口。

本部分由浙江省纸张质量监督检验站负责起草。

本部分主要起草人：潘勇、余德清、干海华。

本部分所代替标准的历次版本发布情况为：

——GB/T 8943.1—1961；GB/T 8943.1—1981；GB/T 8943.1—1988。

本部分由全国造纸工业标准化技术委员会负责解释。

纸、纸板和纸浆　铜含量的测定

警告！在 GB/T 8943 的本部分所规定的方法中，需要使用某些危险的化学药品以及与空气可以形成爆炸性混合物的气体，因此必须注意保证遵守有关的安全预防措施。

1　范围

GB/T 8943 的本部分规定了两个方法，即二乙基二硫代氨基甲酸钠分光光度法（方法 A）和火焰原子吸收分光光度法（方法 B），测定纸浆、纸和纸板中铜的含量，仲裁时应采用火焰原子吸收分光光度法（方法 B）。

本部分适用于各种纸浆、纸和纸板中铜含量的测定。

2　规范性引用文件

下列文件中的条款通过 GB/T 8943 的本部分的引用而成为本部分的条款。凡是注日期的引用文件，其随后所有的修改单（不包括勘误的内容）或修订版均不适用于本部分，然而，鼓励根据本部分达成协议的各方研究是否可使用这些文件的最新版本。凡是不注日期的引用文件，其最新版本适用于本部分。

GB/T 450　纸和纸板　试样的采取（GB/T 450—2002，eqv ISO 186:1994）

GB/T 462　纸和纸板　水分的测定（GB/T 462—2003，ISO 287:1985，MOD）

GB/T 740　纸浆　试样的采取（GB/T 740—2003，ISO 7213:1991，IDT）

GB/T 741　纸浆　分析试样水分的测定（GB/T 741—2003，ISO 638:1978，MOD）

GB/T 742　纸、纸板和纸浆　残余物（灰分）的测定（900℃）（GB/T 742—2003，ISO 2144:1997，MOD）

3　方法 A　二乙基二硫代氨基甲酸钠分光光度法

3.1　原理

将样品灰化，然后将残余物（灰分）溶解于盐酸中，在氨性溶液中，铜离子与二乙基二硫代氨基甲酸钠作用生成黄棕色胶态络合物，其颜色深浅与铜离子浓度成正比。利用淀粉作保护胶体，可使这种黄棕色胶态络合物形成一种稳定的胶体悬浮液。用分光光度法，在 435 nm 波长下，对此有色溶液进行光度测定。

3.2　试剂

分析时，应使用分析纯的试剂和蒸馏水或相当纯度的水。蒸馏水的铜含量应低于 0.01 mg/kg。

3.2.1　0.1 g/L 标准铜溶液Ⅰ：将 0.100 g 纯的电解金属铜溶解于约 5 mL 的硝酸（密度为 1.4 g/mL）中，将溶液煮沸，以便驱除亚硝烟。待冷却后，将全部溶液移入 100 mL 容量瓶中，再用蒸馏水稀释至容量瓶刻度，并混合均匀。1 mL 该标准溶液中含有 0.1 mg 铜。

3.2.2　0.01 g/L 标准铜溶液Ⅱ：移取 100 mL 标准铜溶液Ⅰ于 1 000 mL 容量瓶中，用蒸馏水稀释至容量瓶刻度，混合均匀。1 mL 该标准溶液中含有 0.01 mg 铜。此溶液不稳定，使用时间不应超过 24 h。

3.2.3　二乙基二硫代氨基甲酸钠溶液：约 1 g/L。将 0.1 g 二乙基二硫代氨基甲酸钠 $[(C_2H_5)_2NCSSNa \cdot 3H_2O]$ 溶解于 100 mL 蒸馏水中（如混浊，则应过滤）。用棕色玻璃瓶贮存，置于暗处。此溶液可保持大约一周不变。

3.2.4 酒石酸钾钠溶液:约 50 g/L。将 50 g 酒石酸钾钠溶解于水,并稀释至 1 000 mL。

3.2.5 淀粉溶液:约 2.5 g/L。将 0.25 g 可溶性淀粉溶解于 100 mL 蒸馏水中,煮沸并待冷却后备用。

3.2.6 盐酸溶液:约 6 mol/L。

3.2.7 氨水:1∶5 的氢氧化铵溶液。将 1 体积浓氨水(密度 0.91g/mL)与 5 体积蒸馏水混合。

3.3 仪器

一般实验室的仪器和分光光度计。

3.4 样品采取和制备

纸浆试样的采取按 GB/T 740 进行,纸和纸板试样的采取按 GB/T 450 进行。

将风干样品撕成适当大小的碎片,但不应采用剪切、冲孔或其他可能发生金属污染的工具制备样品。

3.5 试验步骤

3.5.1 标准曲线的绘制

3.5.1.1 空白参比溶液

在测定试样的同时,应进行空白试验。空白试验应采用与测定试样时的相同步骤和相同数量的所有试剂,但不放试样。

3.5.1.2 标准比色溶液的制备

分别向 5 个 100 mL 烧杯中注入 20 mL 盐酸溶液(3.2.6),加入浓氨水(密度 0.91 g/mL)(3.2.7)至中性,加热浓缩至约 20 mL,然后分别移入 5 个 50 mL 容量瓶中。用少量蒸馏水漂洗烧杯,洗液也倾入容量瓶中。按表 1 列出的体积向各容量瓶中加入标准铜溶液Ⅱ(3.2.2),混合后,分别加入 1 mL 酒石酸钾钠溶液(3.2.4),5 mL 氨水(3.2.7),1 mL 新配制的淀粉溶液(3.2.5),混合均匀后,加入 5 mL 二乙基二硫代氨基甲酸钠(3.2.3)溶液,加蒸馏水稀释至容量瓶刻度,摇匀。倾出一定量溶液于光距 1 cm 比色皿中,立即进行吸收值测量。

表 1

标准铜溶液Ⅱ体积/mL	相当铜的质量/mg
0[a]	0
2.0	0.02
5.0	0.05
7.0	0.07
10.0	0.10

[a] 空白参比溶液。

3.5.1.3 吸收值的测量

将可见分光光度计的波长调至 435 nm,用空白参比溶液将仪器的吸收值调节为 0,然后分别测定其他溶液的吸收值。

3.5.1.4 绘制曲线

以铜的质量(mg)为横坐标,以相应的吸光值为纵坐标绘制标准曲线。

3.5.2 样品的测定

3.5.2.1 试样的称取和灰化

每个样品称取两份 10 g(称准至 0.01 g)试样,如果试样的铜含量已知超过 10 mg/kg,则只称取 5 g。同时称取两份试样按 GB/T 741 或 GB/T 462 测定试样的水分。

将称好的试样放在瓷蒸发皿(最好采用带盖有柄蒸发皿)或坩埚内,试样按 GB/T 742 灼烧成残余物(灰分)。

3.5.2.2 残余物(灰分)的溶解和试样溶液的制备

仔细向含有试样残余物(灰分)的蒸发皿内加入5 mL盐酸溶液(3.2.6),并在蒸汽浴上蒸发至干,如此重复操作一次。然后用20 mL盐酸溶液(3.2.6)处理残渣,并在蒸汽浴上加热5 min。稍冷,徐徐加入氨水(密度0.91 g/mL)(3.2.7)至成微碱性。此时,铁应以氢氧化铁沉淀析出,溶液应为无色。用滤纸过滤,用热水洗涤6次～7次,集滤液及洗液于烧杯中,蒸浓至约为20 mL,移入50 mL容量瓶中,用少量水漂洗烧杯3次,洗液也倾入容量瓶中。

向容量瓶中加入1 mL酒石酸钾钠溶液(3.2.4),5 mL氨水(3.2.7),1 mL新配制的淀粉溶液(3.2.5),混合均匀后,加入5 mL二乙基二硫代氨基甲酸钠溶液(3.2.3),加水稀释至容量瓶刻度,摇匀。

3.5.2.3 吸收值的测量

倾出一定量试样溶液于1 cm比色皿中,用空白参比溶液将仪器的吸收值调节为0后,立即按3.5.1.3的规定测量试样溶液的吸收值。

3.6 结果计算

试样的铜含量X以mg/kg表示,按式(1)计算:

$$X=\frac{m_1}{m_0}\times 1\,000 \qquad \cdots\cdots(1)$$

式中:

X——试样的铜含量,单位为毫克每千克(mg/kg);

m_1——由标准曲线所查得的试样溶液的含铜质量,单位为毫克(mg);

m_0——试样的绝干量,单位为克(g)。

用两次测定的平均值,取一位小数报告结果。

4 方法B 火焰原子吸收分光光度法

4.1 原理

将试样灰化,并把残余物(灰分)溶解于盐酸中。将试样溶液吸入一氧化二氮-乙炔或空气-乙炔火焰中,测量试样溶液对铜空心阴极灯所发射的324.7 nm谱线的吸收值。

4.2 试剂

分析时应使用分析纯的试剂和蒸馏水或相当纯度的水。蒸馏水的铜含量应低于0.01 mg/kg。

4.2.1 盐酸溶液约6 mol/L。

4.2.2 标准铜溶液Ⅰ:0.1 g/L按方法A中的3.2.1规定制备。

4.2.3 标准铜溶液Ⅱ:0.01 g/L按方法A中的3.2.2规定制备。

4.3 仪器

4.3.1 一般实验室仪器。

4.3.2 原子吸收分光光度计,配备有一氧化二氮-乙炔燃烧器或空气-乙炔燃烧器。

4.3.3 铜空心阴极灯。

4.4 样品的采取和制备

按方法A中3.4进行。

4.5 试验步骤

4.5.1 校准曲线的绘制

4.5.1.1 标准比较溶液的制备

分别向5个50 mL的容量瓶中加入10 mL盐酸溶液(4.2.1)和表1所示的一定体积的标准铜溶液Ⅱ。然后用蒸馏水稀释至容量瓶刻度,并混合均匀。

4.5.1.2 校正仪器

将铜空心阴极灯安装在原子吸收分光光度计的灯座上,按仪器规定的操作步骤开动仪器,接通电流，并使电流稳定。根据仪器测定铜的条件，调节并固定波长为 324.7 mm。然后调节电流、灵敏度狭缝、燃烧头高度、燃气/助燃气比、气流速度以及吸入量等。

安全须知：若采用一氧化二氮-乙炔时，应特别注意安全，防止爆炸。应使用一氧化二氮-乙炔燃烧头，在接通一氧化二氮-乙炔前需先用空气-乙炔将燃烧器点燃。

4.5.1.3 吸收值测量

待仪器正常，火焰燃烧稳定后，依次将标准比对溶液吸入火焰中，并测量每一个溶液的吸收值。测量时应以空白试样溶液作对照，将仪器的吸收值调节为 0，然后测量其余待测标准溶液。在标准曲线的制备过程中，应注意保持仪器使用条件的恒定。每次测量之后，应吸蒸馏水清洗燃烧器。

4.5.1.4 绘制曲线

以铜的质量(mg)作为横坐标，以相应标准溶液的吸收值作为纵坐标，绘制标准曲线。

4.5.2 样品的测定

4.5.2.1 试样的称取和灰化

按方法 A 中 3.5.2.1 进行。

4.5.2.2 残余物(灰分)的溶解和试样溶液的制备

按方法 A 中 3.5.2.2 进行后，用蒸馏水稀释至容量瓶刻度，并混合均匀。如果溶液中含有悬浮物，则可待其下沉后对其清液进行吸收值的测量。

4.5.2.3 校正仪器

校正仪器与 4.5.1.2 同。

4.5.2.4 吸收值的测量

吸收值的测量与 4.5.1.3 同。

4.6 结果计算

试样的铜含量 X 以 mg/kg 表示，按式(2)计算：

$$X=\frac{m_1}{m_0}\times 1\,000 \qquad \cdots\cdots(2)$$

式中：

X——试样的铜含量，单位为毫克每千克(mg/kg)；

m_1——由标准曲线所查得的试样溶液的含铜质量，单位为毫克(mg)；

m_0——试样的绝干质量，单位为克(g)。

用两次测定的平均值，取一位小数报告结果。

5 试验报告

a) 本部分编号；

b) 完整鉴定样品所必需的全部资料；

c) 本部分的参考文献以及所使用的方法(A 或 B)；

d) 如果多于两次测定，应说明测定次数；

e) 如果标准方法有所更改，应报告标准步骤的任何变更情况；

f) 测定结果；

g) 试验过程中观察到的任何异常情况；

h) 本部分或规范性引用文件中未规定的并可能影响结果的任何操作。

附　录　A
（资料性附录）
本部分与 ISO 778:2001 的技术性差异及其原因

表 A.1 给出了本部分与 ISO 778:2001 的技术性差异及其原因。

表 A.1　本部分与 ISO 778:2001 的技术性差异及其原因

本部分的章条编号	技术性差异	原　因
第 3 章	二乙基二硫代氨基甲酸钠分光光度法	由于考虑到国内原子吸收光谱仪和等离子发射光谱仪的普及率很低，因此增加了二乙基二硫代氨基甲酸钠分光光度法

附　录　B
（资料性附录）
本部分章条编号与 ISO 778:2001 章条编号对照

表 B.1 给出了本部分章条编号与 ISO 778:2001 章条编号对照。

表 B.1　本部分章条编号与 ISO 778:2001 章条编号对照

本部分章条编号	对应的国际标准章条编号
方法 B	方法 B
1	1
2	2
—	3
4.1	4
4.2	5
4.2.1	5.1
4.2.2	5.3
4.2.3	5.4
4.4	7
4.5	8
4.5.1	9
4.5.2	10
4.6	11

ICS 85.060
Y 30

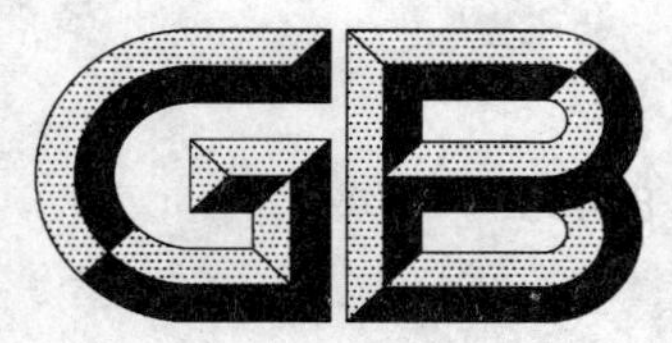

中华人民共和国国家标准

GB/T 8943.2—2008
代替 GB/T 8943.2—1988

纸、纸板和纸浆 铁含量的测定

Paper, board and pulps—Determination of iron

(ISO 779:2001, MOD)

2008-01-04 发布　　　　2008-09-01 实施

中华人民共和国国家质量监督检验检疫总局
中国国家标准化管理委员会　发布

前　言

GB/T 8943 分为四个部分：

——GB/T 8943.1《纸、纸板和纸浆　铜含量的测定》；

——GB/T 8943.2《纸、纸板和纸浆　铁含量的测定》；

——GB/T 8943.3《纸、纸板和纸浆　锰含量的测定》；

——GB/T 8943.4《纸、纸板和纸浆　钙、镁含量的测定》。

本部分为 GB/T 8943 的第 2 部分，对应国际标准 ISO 779:2001《纸、纸板和纸浆　铁含量的测定》。本部分是对 GB/T 8943.2—1988《纸浆、纸和纸板铁含量的测定法》的修订。

本部分修改采用国际标准 ISO 779:2001。

本部分与国际标准 ISO 779:2001 相比有如下变化：

——增加了新的试验方法 A(见本部分的第 3 章)。

本部分与 ISO 779:2001 的技术性差异在附录 A 中列出。

本部分与 ISO 779:2001 的结构对比在附录 B 中列出。

本部分代替 GB/T 8943.2—1988。

本部分与 GB/T 8943.2—1988 相比有如下变化：

——增加了规范性引用文件(见本版的第 2 章)；

——增加了新的试验方法(见本版的第 4 章)；

——调整了试剂中的顺序(见本版的 3.2、4.2)；

——修改了仪器中的内容(见本版的 3.3)；

——调整了试验步骤的顺序和内容(见本版的 3.5、4.5、3.5.2.2)。

本部分的附录 A 和附录 B 均为资料性附录。

本部分由中国轻工业联合会提出。

本部分由全国造纸工业标准化技术委员会(SAC/TC 141)归口。

本部分由天津轻工业造纸技术研究所负责起草。

本部分主要起草人：聂俊红。

本部分所代替标准的历次版本发布情况为：

——GB/T 8943.2—1961、GB/T 8943.2—1981、GB/T 8943.2—1988。

本部分由全国造纸工业标准化技术委员会负责解释。

纸、纸板和纸浆　铁含量的测定

1　范围

GB/T 8943 的本部分规定了两种测定纸张铁含量的试验方法，即 1,10-菲罗啉分光光度法和火焰原子吸收光谱法(或等离子喷射光谱法)。

本部分适用于各种纸、纸板和纸浆中铁含量的测定。

2　规范性引用文件

下列文件中的条款通过 GB/T 8943 的本部分的引用而成为本部分的条款。凡是注日期的引用文件，其随后所有的修改单(不包括勘误的内容)或修订版均不适用本部分。然而，鼓励根据本部分达成协议的各方研究是否可使用这些文件的最新版本，凡是不注日期的引用文件，其最新版本适用于本部分。

GB/T 462　纸和纸板　水分的测定(GB/T 462—2003,ISO 287:1985,MOD)

GB/T 741　纸浆　分析试样水分的测定(GB/T 741—2003,ISO 638:1978,MOD)

GB/T 742　纸、纸板和纸浆　残余物(灰分)的测定(900 ℃)(GB/T 742—2003,ISO 2144:1997,MOD)

3　方法 A:1,10-菲罗啉分光光度法

3.1　原理

灰化样品，然后将灰溶解于盐酸中，用氯化羟胺(盐酸羟胺)还原三价铁。在缓冲介质溶液中，二价铁与 1,10-菲罗啉形成一种络合物，在波长 510 nm 下对此络合物进行光度测定。

3.2　试剂

除非另有说明，在分析中应使用分析纯试剂和蒸馏水或相同纯度的水。

3.2.1　乙酸钠三水化合物($NaCOOCH_3 \cdot 3H_2O$)溶液:540 g/L。

3.2.2　盐酸溶液:约 6 mol/L。

3.2.3　0.1 g/L 标准铁溶液Ⅰ:将纯铁丝 0.100 g 放在 1 000 mL 容量瓶中，溶解于尽可能少的盐酸(密度 1.19 g/mL)中。然后用水稀释至刻度，并混合均匀。

1 mL 这种标准溶液，含有 0.1 mg 铁。

3.2.4　0.01 g/L 标准铁溶液Ⅱ:移取标准铁溶液Ⅰ(3.2.3)100 mL 于 1 000 mL 容量瓶中，用水稀释至刻度并混合均匀。

1 mL 这种标准溶液，含有 0.01 mg 铁。此溶液不稳定，应当天用当天配。

3.2.5　氯化羟胺(盐酸羟胺)($HONH_3Cl$)溶液:20 g/L。

3.2.6　盐酸 1,10-菲罗啉($C_{12}H_8N_2 \cdot HCl \cdot H_2O$)溶液:10 g/L。

该试剂可用相当数量的 1,10-菲罗啉代替。

贮存此溶液时，避免光线照射。应注意只使用无色溶液。

3.3　仪器

一般实验室仪器及

3.3.1　分光光度计，或

3.3.2　光电比色计，配备了在波长 500 nm～520 nm 之间有最大透过率的滤光片和带盖的比色皿。

3.4　试样制备

将风干试样撕成适当大小的碎片，不应采用剪切、冲孔刀具或其他可能发生金属污染的工具制备样品。

3.5 步骤

3.5.1 标准曲线的绘制

3.5.1.1 空白参比溶液的制备

测定试样的同时，进行空白试验。空白试验时不放试样，但其所有试验步骤及试剂用量，与测定试样时完全相同。

3.5.1.2 标准比色溶液的制备

分别向5个50 mL容量瓶中移取如表1所示的一定体积的标准铁溶液Ⅱ(3.2.4)。再向每个容量瓶中加入盐酸溶液(3.2.2)10 mL，氯化羟胺(盐酸羟胺)溶液(3.2.5)1 mL，盐酸1,10-菲罗啉溶液(3.2.6)1 mL，乙酸钠三水化合物溶液(3.2.1)15 mL。然后用水稀释至刻度，混合均匀，并放置15 min。

表1

标准铁溶液Ⅱ(3.2.4)体积/mL	相当铁的质量/mg
0[a]	0
5.0	0.05
10.0	0.10
15.0	0.15
20.0	0.20

[a] 标准曲线用的空白参比溶液。

3.5.1.3 吸收值测定

用分光光度计(3.3.1)在510 nm波长下，或用配有适宜滤光片的光电比色计(3.3.2)，以空白参比溶液作对照，将仪器的吸收值调节为0，然后分别测定试验溶液的吸收值。

3.5.1.4 绘制曲线

以铁的质量(mg)为横坐标，以相应的吸收值为纵坐标，绘制标准曲线。

3.5.2 试样测定

3.5.2.1 试样灰化

称取两份10 g(称准至0.01 g)试样，如果已知试样的铁含量大于20 mg/kg，则只称取5 g。同时按GB/T 741或GB/T 462测定试样的水分。

将称好的试样放在洁净无铁的蒸发皿或坩埚(瓷、石英或铂质)中，按GB/T 742将其灼烧成灰。

注：检查蒸发皿无铁的方法：存蒸发皿中加热约2 mL盐酸(3.2.2)，并用约10 mL水稀释。待溶液冷却后加入1 mL氯化羟胺(盐酸羟胺)溶液(3.2.5)，1 mL盐酸1,10-菲罗啉溶液(3.2.6)和10 mL乙酸钠三水化合物溶液(3.2.1)，此时溶液不应显红色。

3.5.2.2 溶解试样并制备试验溶液

向灰中加入5 mL盐酸溶液(3.2.2)，并在蒸汽浴上蒸发至干。如此重复一次，然后再用5 mL盐酸溶液处理残渣，并在蒸汽浴上加热5 min。

用蒸馏水将蒸发皿中的内容物移入50 mL容量瓶中，为保证抽提完全，再向蒸发皿中的残渣加入5 mL盐酸溶液，并在蒸汽浴上加热。然后用蒸馏水将最后的内容物移入容量瓶中，与主要的试样溶液合并在一起，并用蒸馏水稀释至刻度，且混合均匀。

向试验溶液中按顺序加入1 mL氯化羟胺(盐酸羟胺)溶液，1 mL盐酸1,10-菲罗啉溶液和15 mL乙酸钠三水化合物溶液，调节pH值至3～6(用pH试纸检查)。然后用蒸馏水稀释至刻度，混合均匀，然后放置15 min。如果溶液混浊，可用玻璃过滤器过滤或离心分离。

3.5.2.3 光谱测定

显色后，先以空白参比溶液作对照，将仪器的吸收值调节为0。然后按3.5.1.3的规定，对试验溶液进行光谱测定。

3.5.3 结果表示

按式(1)计算铁含量 X,并用 mg/kg 表示。

$$X = \frac{m_1}{m_0} \times 1\,000 \quad \cdots\cdots(1)$$

式中：

X——试样的铁含量,单位为毫克每千克(mg/kg)；

m_1——由标准曲线查得的试样溶液的含铁质量,单位为毫克(mg)；

m_0——试样的绝干质量,单位为克(g)。

用两次测定的平均值表示结果,并保留一位小数。

4 方法 B:火焰原子吸收光谱法(或等离子喷射光谱法)

4.1 原理

试样灰化后用 6 mol/L 的盐酸溶液处理,然后将试验溶液吸入一氧化二氮-乙炔或空气-乙炔的火焰中,并按以下步骤测定铁含量。

——测定由铁空心阴极灯所发射的 248.3 nm 谱线的吸收值,或

——测定由等离子体所发射的 248.3 nm 谱线的吸收值。

4.2 试剂

分析时,应使用分析纯试剂和蒸馏水或相同纯度的水。

4.2.1 盐酸溶液:约 6 mol/L。

4.2.2 标准铁溶液:0.01 g/L,按(3.2.4)的规定制备。

4.3 仪器

一般实验室仪器及

4.3.1 原子吸收光谱仪,配备有一氧化二氮-乙炔燃烧器或空气-乙炔燃烧器。或

4.3.2 等离子喷射光谱仪。

4.4 试样制备

见 3.4。

4.5 步骤

4.5.1 标准曲线的绘制

4.5.1.1 空白参比溶液的制备

见 3.5.1.1。

4.5.1.2 标准比色溶液的制备

分别向 5 个 50 mL 容量瓶中加入 10 mL 盐酸溶液(4.2.1)和表 2 所示的一定体积的标准铁溶液(4.2.2)。然后用蒸馏水稀释至刻度,并混合均匀。

表 2

标准铁溶液(4.2.2)体积/mL	相当铁的质量/mg
0[a]	0
5.0	0.05
10.0	0.10
15.0	0.15
20.0	0.20

a 标准曲线用的空白参比溶液。

4.5.1.3 吸收值测定

按顺序将标准比色溶液(4.5.1.2)吸入火焰中,并测定每个溶液的吸收值。测定时应以空白参比溶液作对照,将仪器的吸收值调节为0。在整个测定过程中,应保持恒定的吸入速度。每次测定后,应喷水清洗燃烧器。

4.5.1.4 绘制曲线

以铁的质量(mg)为横坐标,以相应的吸收值为纵坐标,绘制标准曲线。

4.5.2 试样测定

4.5.2.1 试样灰化

见3.5.2.1。

4.5.2.2 溶解试样并制备试验溶液

见3.5.2.2。

如果溶液中含有悬浮物,应待悬浮物下沉后,用清液进行吸收值的测定。

4.5.2.3 光谱测定

见3.5.2.3。

4.5.3 结果表示

按式(2)计算铁含量 X,并用 mg/kg 表示。

$$X = \frac{m_1}{m_0} \times 1\,000 \qquad \cdots\cdots(2)$$

式中:

X——试样的铁含量,单位为毫克每千克(mg/kg);

m_1——由标准曲线查得的试验溶液的含铁质量,单位为毫克(mg);

m_0——试样的绝干质量,单位为克(g)。

用两次测定的平均值表示结果,并保留一位小数。

5 试验报告

试验报告应包括以下项目:

a) 本部分编号;

b) 完整鉴定样品所必需的全部资料;

c) 本部分的参考文献以及所使用的方法(A或B);

d) 如果多于两次测定,应说明测定次数;

e) 如果标准方法有所更改,应报告标准步骤的任何变更情况;

f) 测定结果;

g) 试验过程中观察到的任何异常情况;

h) 本部分或规范性引用文件中未规定的并可能影响结果的任何操作。

附　录　A
（资料性附录）
本部分与 ISO 779:2001 的技术性差异及其原因

表 A.1 给出了本部分与 ISO 779:2001 的技术性差异及其原因。

表 A.1　本部分与 ISO 779:2001 的技术性差异及其原因

本部分章条编号	技术性差异	原　因
第 3 章方法 A	ISO 779:2001 只规定了火焰原子吸收光谱法和等离子喷射光谱法。而在 GB/T 8943.2—2008 中增加了 1,10-菲罗啉分光光度法	由于考虑到国内原子吸收光谱仪和等离子喷射光谱仪的普及率很低，因此增加了 1,10-菲罗啉分光光度法

附　录　B
（资料性附录）
本部分章条编号与 ISO 779:2001 章条编号对照

表 B.1 给出了本部分章条编号与 ISO 779:2001 章条编号对照。

表 B.1　本部分章条编号与 ISO 779:2001 章条编号对照

本部分章条编号	对应国际标准章条号
1	1
2	2
3	—
4.1	4
4.2	5
4.2.1	5.1
4.2.2	5.3
4.3	6
4.3.1	6.3
4.3.2	6.4
4.4	7
4.5	8
4.5.1	—
4.5.1.1	8.2
4.5.1.2	9
4.5.1.3	10
4.5.1.4	—
4.5.2	—
4.5.2.1	8.1
4.5.2.2	—
4.5.2.3	—
4.5.3	11
5	13

ICS 85.060
Y 30

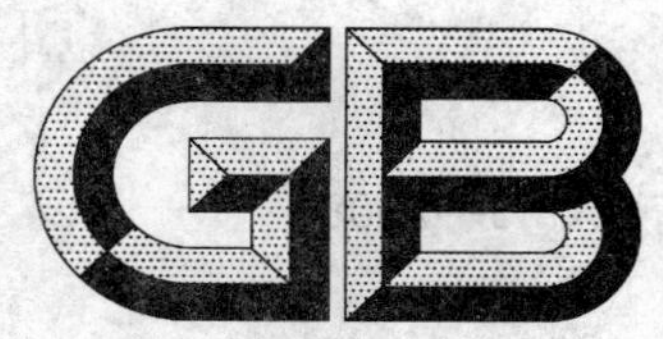

中华人民共和国国家标准

GB/T 8943.3—2008
代替 GB/T 8943.3—1988

纸、纸板和纸浆　锰含量的测定

Paper, board and pulp—Determination of manganese

(ISO 1830:2005, MOD)

2008-01-04 发布　　　　2008-09-01 实施

中华人民共和国国家质量监督检验检疫总局
中国国家标准化管理委员会　发布

前 言

GB/T 8943 分为四个部分：

——GB/T 8943.1《纸、纸板和纸浆　铜含量的测定》；

——GB/T 8943.2《纸、纸板和纸浆　铁含量的测定》；

——GB/T 8943.3《纸、纸板和纸浆　锰含量的测定》；

——GB/T 8943.4《纸、纸板和纸浆　钙、镁含量的测定》。

本部分是 GB/T 8943 的第 3 部分，对应国际标准 ISO 1830：2005《纸、纸板和纸浆　锰含量的测定》。本部分是对 GB/T 8943.3—1988《纸浆、纸和纸板锰含量的测定法》的修订。

本部分修改采用国际标准 ISO 1830：2005。

本部分与 ISO 1830：2005 的技术性差异在附录 A 中列出。

本部分与 ISO 1830：2005 的结构对比在附录 B 中列出。

本部分代替 GB/T 8943.3—1988。

本部分与 GB/T 8943.3—1988 相比有如下变化：

——增加了警告语；

——增加了规范性引用文件；

——修改了部分叙述语句。

本部分的附录 A 和附录 B 均为资料性附录。

本部分由中国轻工业联合会提出。

本部分由全国造纸工业标准化技术委员会归口。

本部分起草单位：浙江省纸张质量监督检验站、中国制浆造纸研究院。

本部分主要起草人：潘勇、余德清、干海华、高君。

本部分所代替标准的历次版本发布情况为：

——GB/T 8943.3—1961；GB/T 8943.3—1981；GB/T 8943.3—1988。

本部分由全国造纸工业标准化技术委员会负责解释。

纸、纸板和纸浆 锰含量的测定

警告！在 GB/T 8943 的本部分所规定的方法中，需要使用某些危险化学药品，它们与空气可以形成爆炸性气体，因此必须注意保证遵守有关的安全预防措施。

1 范围

GB/T 8943 的本部分规定了两个方法，即高碘酸钠分光光度法（方法 A）和火焰原子吸收分光光度法（方法 B），测定纸浆、纸和纸板中锰的含量。

本部分适用于各种纸、纸板和纸浆中锰含量测定。A、B 两种测定方法具有同等效力。

2 规范性引用文件

下列文件中的条款通过 GB/T 8943 的本部分的引用而成为本部分的条款。凡是注日期的引用文件，其随后所有的修改单（不包括勘误的内容）或修订版均不适用于本部分，然而，鼓励根据本部分达成协议的各方研究是否可使用这些文件的最新版本。凡是不注日期的引用文件，其最新版本适用于本部分。

GB/T 450 纸与纸板试样的采取（GB/T 450—2002，eqv ISO 186:1994）

GB/T 462 纸与纸板 水分的测定（GB/T 462—2003，ISO 287:1985，MOD）

GB/T 740 纸浆 试样的采取（GB/T 740—2003，ISO 7213:1991，IDT）

GB/T 741 纸浆 分析试样水分的测定（GB/T 741—2003，ISO 638:1978，MOD）

GB/T 742 纸、纸板和纸浆 残余物（灰分）的测定（900 ℃）（GB/T 742—2003，ISO 2144:1997，MOD）

3 方法 A：高碘酸钠分光光度法

3.1 原理

将样品灰化，并把残余物（灰分）溶解于盐酸中，用高碘酸钠在磷酸存在的条件下将二价锰氧化为七价锰，然后用分光光度计在 525 nm 波长下进行测量。

3.2 试剂

本部分测试用的所有试剂应是分析纯级（AR），测试用的水应是蒸馏水或去离子水。

3.2.1 亚硫酸钠溶液：50 g/L。

3.2.2 盐酸溶液（HCl）：约 6 mol/L。

3.2.3 高碘酸钠-磷酸溶液：密度 1.70 g/mL，每升含有 50 g 高碘酸钠（$NaIO_4$）和 200 mL 磷酸（H_3PO_4）。

3.2.4 0.1 g/L 标准锰溶液Ⅰ：称取 0.274 9 g 已于 450℃下烘干的硫酸锰（$MnSO_4$），用蒸馏水溶解后，移入 1 000 mL 的容量瓶中，再用蒸馏水稀释至容量瓶刻度，并混合均匀。该溶液的 1 mL 标准溶液中含 0.1 mg 锰。

3.2.5 0.01 mg/mL 标准锰溶液Ⅱ：量取 100 mL 标准锰溶液Ⅰ于 1 000 mL 的容量瓶中。用蒸馏水稀释至容量瓶刻度，并混合均匀。该 1 mL 标准溶液中含 0.01 mg 锰。此溶液不稳定，使用时间应不超过 24 h。

3.3 仪器

3.3.1 一般实验室仪器。

3.3.2 分光光度计。

3.3.3 坩埚或蒸发皿，需要用盐酸浸泡反复洗涤干净。最好用铂金器皿，其污斑应用细砂擦洗干净。

3.4 试样的采取和制备

纸浆试样的采取按照 GB/T 740 进行。纸和纸板试样的采取按照 GB/T 450 进行。

将风干样品撕成适当大小的碎片，但不应采用剪切或冲孔或其他可能发生金属污染的工具制备样品。

3.5 试验步骤

3.5.1 标准曲线的绘制

分别向 8 个 25 mL 容量瓶中移入表 1 所示的一定体积的标准锰溶液Ⅱ。

表 1

序　号	标准锰溶液Ⅱ体积/mL	相当锰的质量/mg
1	0	0
2	1.0	0.01
3	2.0	0.02
4	3.0	0.03
5	4.0	0.04
6	6.0	0.06
7	8.0	0.08
8	10.0	0.10

不经稀释，直接将容量瓶放入水浴中使溶液加热，并向每一个容量瓶中加入 1 mL 高碘酸钠-磷酸溶液(3.2.3)。继续在水浴中将各容量瓶加热 5 min，取出后向各容量瓶中加入 6 mol/L 盐酸(3.2.2) 5 滴，立即用水稀释至刻度，并混合均匀。使其冷却至室温再用水稀释至刻度。各容量瓶间溶液的温差应不大于 3℃。用分光光度计于波长 525 nm 的条件下测量吸收值。以不放标准锰溶液Ⅱ的补偿溶液作参比溶液，将仪器的吸收值调节为 0，再测量其余容量瓶的吸收值。以 25 mL 溶液所含的锰质量(mg)作为横坐标，以相应的吸收值作为纵坐标绘制标准曲线。

3.5.2 样品的测定

3.5.2.1 试样的称取和灰化

称取两份 10 g(称准至 0.01 g)试样，如果已知试样的锰含量超过 5 mg/kg，则只称取 5 g。同时按 GB/T 741 或 GB/T 462 测定试样的水分。

将称好的试样放在蒸发皿或坩埚中，对有争议的样品，应用铂金器皿仲裁。然后将试样按 GB/T 742 灼烧成残余物(灰分)。

3.5.2.2 试样残余物(灰分)的处理

向试样残余物(灰分)中加入 3 滴亚硫酸钠溶液(3.2.1)，并溶解于最多不超过 5 mL 的盐酸溶液(3.2.2)中。将坩埚放在蒸气浴上蒸发至干，滴 5 滴 6 mol/L 盐酸，将坩埚中的内容物用蒸馏水移入 25 mL 容量瓶中。

将容量瓶置于水浴中加热，加 1 mL 高碘酸钠-磷酸溶液(3.2.3)于容量瓶中，然后继续在水浴中加热 5 min。用蒸馏水稀释至刻度，摇匀。使其冷却至室温，再用蒸馏水稀释至刻度。此溶液的温度与标准比色溶液温度相差应不超过 ±3 ℃。如果溶液混浊，用离心法除去混浊物，但不应过滤溶液。

3.5.2.3 吸收值测量

用分光光度计于波长 525 nm 的条件下测量吸收值。测量方法和步骤与标准曲线绘制(3.5.1)的方法和步骤相同。

3.6 结果计算

试样的锰含量 X 以 mg/kg 来表示，按式(1)计算：

$$X = \frac{m_1}{m_0} \times 1\,000 \quad \cdots\cdots(1)$$

式中：

X——试样的锰含量，单位为毫克每千克(mg/kg)；

m_1——由标准曲线所查得试样溶液的含锰质量，单位为毫克(mg)；

m_0——试样的绝干质量，单位为克(g)。

用两次测定的平均值，取准至一位小数报告结果。

4 方法 B：火焰原子吸收分光光度法

4.1 原理

将试样灰化，并把残余物(灰分)溶解于盐酸中。将试样溶液吸入一氧化二氮-乙炔或空气-乙炔的火焰中，测量试样溶液对锰空心阴极灯所发射的 279.5 nm 谱线的吸收值。

4.2 试剂

本部分测试用的所有试剂应是分析纯级(AR)，测试用的水应是蒸馏水或去离子水。

4.2.1 过氧化氢溶液：浓度 30%。

4.2.2 盐酸溶液(HCl)：约 6 mol/L。

4.2.3 标准锰溶液Ⅰ：与方法 A 中 3.2.4 相同。

4.2.4 标准锰溶液Ⅱ：与方法 A 中 3.2.5 相同。

4.3 仪器

4.3.1 一般实验室仪器。

4.3.2 原子吸收分光光度计，配备有锰空心阴极灯和一氧化二氮-乙炔燃烧器或空气-乙炔燃烧器。

4.3.3 坩埚或蒸发皿，需要用盐酸浸泡反复洗涤干净。最好用铂金器皿，其污斑应用细砂擦洗干净。

4.4 试样的采样和制备

与方法 A 中 3.4 相同。

4.5 试验步骤

4.5.1 标准曲线的绘制

4.5.1.1 标准比较溶液的制备

分别向 5 个 50 mL 容量瓶中加入 6 mol/L 的盐酸溶液(4.2.2)10 mL 和表 1 所示的一定体积的标准锰溶液Ⅱ。然后用蒸馏水稀释至容量瓶刻度，并混合均匀。

4.5.1.2 校正仪器

将锰空心阴极灯安装在原子吸收分光光度计的灯座上，按仪器规定的操作步骤开启仪器，接通电流，并使电流稳定。根据仪器测定锰的条件，调节并固定波长为 279.5 nm，调节电流、灵敏度、狭缝、燃烧头高度、燃气/助燃气比、气流速度、吸入量等。

安全须知：若采用一氧化二氮-乙炔，应特别注意安全，防止爆炸。应使用一氧化二氮-乙炔燃烧头，在接通一氧化二氮-乙炔前需先用空气-乙炔将燃烧器点燃。

4.5.1.3 吸收值测量

待仪器正常，火焰燃烧稳定后，依次将标准比较溶液吸入火焰中，测量每一个溶液的吸收值。测量时应以空白试样溶液作对照，将仪器的吸收值调节为 0，然后测量其余的试样溶液。在制备标准曲线的制备过程中，应注意保持仪器使用条件的恒定。每次测量之后，应吸蒸馏水清洗燃烧器。

标准曲线系列吸收值的测定应与试样溶液吸收值的测定同时进行，以克服试验条件变化引起的误差。

4.5.1.4 绘制标准曲线

以每 50 mL 标准溶液所含锰的质量(mg 计)作为横坐标,以相应的吸收值作为纵坐标,绘制标准曲线。

4.5.2 样品的测定

4.5.2.1 试样的称取和灰化

与 3.5.2.1 同。

4.5.2.2 试样残余物(灰分)的处理

先向试样残余物(灰分)中加入几滴蒸馏水,润湿后再加入 5 mL 盐酸溶液(4.2.2),并在蒸气浴上蒸发至干。如此重复操作一次,然后再用 5 mL 盐酸溶液(4.2.2)处理残渣,并在蒸气浴上加热 5 min。

用蒸馏水将坩埚里的内容物移入 50 mL 容量瓶中。为了保证完全抽提,再向每只坩埚中的残渣加入 5 mL 盐酸溶液(4.2.2),并在蒸气浴上加热,用蒸馏水将此最后的一部分内容物移入容量瓶中,与主要试样溶液合并在一起,用蒸馏水稀释至容量瓶刻度,并混合均匀。如果溶液中含有悬浮物,则可待沉淀物下沉后用清液进行吸收值的测定。

4.5.2.3 校正仪器

与 4.5.1.2 同。

4.5.2.4 吸收值的测量

与 4.5.1.3 同。

4.6 结果计算

试样的锰含量 X 以 mg/kg 来表示,按式(2)计算:

$$X = \frac{m_1}{m_0} \times 1000 \qquad \cdots\cdots(2)$$

式中:

X——试样的锰含量,单位为毫克每千克(mg/kg);

m_1——由标准曲线所查得的试样溶液的含锰质量,单位为毫克(mg);

m_0——试样的绝干质量,单位为克(g)。

用两次测定的平均值,取准至一位小数报告结果。

注:测试纸中的锰含量时,由于残余物(灰分)中可能烧成二氧化锰,若发现加 6 mol/L 盐酸;有不溶解的棕色沉淀物,可以滴 30% 过氧化氢助溶,然后放在蒸气浴上蒸干。

5 试验报告

a) 本部分编号;

b) 完整鉴定样品所必需的全部资料;

c) 本部分的参考文献以及所使用的方法(A 或 B);

d) 如果多于两次测定,应说明测定次数;

e) 如果标准方法有所更改,应报告标准步骤的任何变更情况;

f) 测定结果;

g) 试验过程中观察到的任何异常情况;

h) 本部分或规范性引用文件中未规定的并可能影响结果的任何操作。

附 录 A
（资料性附录）
本部分与 ISO 1830:2005 的技术性差异及其原因

表 A.1 给出了本部分与 ISO 1830:2005 的技术性差异及其原因。

表 A.1 本部分与 ISO 1830:2005 的技术性差异及其原因

本部分章条编号	技术性差异	原 因
方法 A、方法 B	ISO 1830:2005 规定了火焰原子吸收光谱法和等离子发射光谱法。而在本部分中规定了火焰原子吸收光谱法和高碘酸钠分光光度法	由于考虑到国内等离子发射光谱仪的普及率很低，而高碘酸钠分光光度法比较常用，因此保留高碘酸钠分光光度法，而没有采用等离子发射光谱法

附 录 B
（资料性附录）
本部分章条编号与 ISO 1830:2005 章条编号对照

表 B.1 给出了本部分章条编号与 ISO 1830:2005 章条编号对照。

表 B.1 本部分章条编号与 ISO 1830:2005 章条编号对照

本部分章条编号	对应的国际标准章条编号
1	1
2	2
3	—
—	3
4.1	4
4.2	5
4.3	6
4.4	7
4.5.2.1、4.5.2.2	8
4.5.1.1	9
4.5.1.2、4.5.1.3、4.5.1.4、4.5.2.3、4.5.2.4	10
4.6	11
—	12
5	13
附录 A	—
附录 B	—

ICS 85.060
Y 30

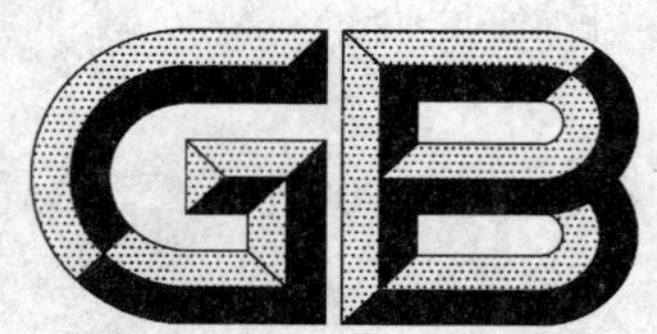

中华人民共和国国家标准

GB/T 8943.4—2008
代替 GB/T 8943.4—1988

纸、纸板和纸浆 钙、镁含量的测定

Paper, boaęd and pulp—Determination of calcium and magnesium

(ISO 777:2001, MOD)

2008-01-04 发布 2008-09-01 实施

中华人民共和国国家质量监督检验检疫总局
中国国家标准化管理委员会 发布

前　言

GB/T 8943 分为四个部分：

——GB/T 8943.1《纸、纸板和纸浆　铜含量的测定》；

——GB/T 8943.2《纸、纸板和纸浆　铁含量的测定》；

——GB/T 8943.3《纸、纸板和纸浆　锰含量的测定》；

——GB/T 8943.4《纸、纸板和纸浆　钙、镁含量的测定》。

本部分是 GB/T 8943 的第 4 部分，对应国际标准 ISO 777:2001《纸、纸板和纸浆　钙含量的测定法》。本部分是对 GB/T 8943.4—1988《纸浆、纸和纸板钙、镁含量的测定法》的修订。

本部分修改采用国际标准 ISO 777:2001。

本部分与国际标准 ISO 777:2001 相比有如下变化：

——增加了新的试验方法(见本部分的第 3 章)。

本部分与 ISO 777:2001 的技术性差异在附录 A 中列出。

本部分与 ISO 777:2001 的结构对比在附录 B 中列出。

本部分代替 GB/T 8943.4—1988。

本部分与 GB/T 8943.4—1988 相比有如下变化：

——增加了警告语；

——增加了规范性引用文件；

——修改了部分叙述语句。

本部分的附录 A 和附录 B 均为资料性附录。

本部分由中国轻工业联合会提出。

本部分由全国造纸工业标准化技术委员会归口。

本部分由浙江省纸张质量监督检验站负责起草。

本部分主要起草人：潘勇、余德清、干海华。

本部分所代替标准的历次版本发布情况为：

——GB/T 8943.4—1961；GB/T 8943.4—1981；GB/T 8943.4—1988。

本部分由全国造纸工业标准化技术委员会负责解释。

纸、纸板和纸浆　钙、镁含量的测定

警告！在 GB/T 8943 的本部分所规定的方法中，需要使用某些危险化学药品，它们与空气可以形成爆炸性气体，因此必须注意保证遵守有关的安全预防措施。

1　范围

GB/T 8943 的本部分规定了两个方法，即 EDTA 络合滴定法（方法 A）和火焰原子吸收分光光度法（方法 B），测定纸、纸板和纸浆中钙、镁的含量，仲裁时应采用火焰原子吸收分光光度法（方法 B）。

当纸、纸板和纸浆中钙、镁各自含量大于 200 mg/kg 时，可以采用 EDTA 络合滴定法（方法 A）。

本部分适用于各种纸、纸板和纸浆中钙、镁含量的测定。

2　规范性引用文件

下列文件中的条款通过 GB/T 8943 的本部分的引用而成为本部分的条款。凡是注日期的引用文件，其随后所有的修改单（不包括勘误的内容）或修订版均不适用于本部分，然而，鼓励根据本部分达成协议的各方研究是否可使用这些文件的最新版本。凡是不注日期的引用文件，其最新版本适用于本部分。

GB/T 450　纸和纸板试样的采取（GB/T 450—2002，eqv ISO 186：1994）

GB/T 462　纸和纸板　水分的测定（GB/T 462—2003，ISO 287：1985，MOD）

GB/T 740　纸浆　试样的采取（GB/T 740—2003，ISO 7213：1991，IDT）

GB/T 741　纸浆　分析试样水分的测定（GB/T 741—2003，ISO 638：1978，MOD）

GB/T 742　纸、纸板和纸浆　残余物（灰分）的测定（900℃）（GB/T 742—2003，ISO 2144：1997，MOD）

3　方法 A：EDTA 络合滴定法

3.1　原理

将样品灰化，把残余物（灰分）溶解于盐酸中，并稀释到一定体积。取其中的一部分溶液调节至 pH＝12，以钙指示剂，用 EDTA 标准溶液滴定，由标准溶液的消耗量来计算样品的钙含量。

另取一部分溶液用氨缓冲液调至 pH＝10。以 KB 指示剂（一种酸性铬蓝 K 的混合指示剂）用 EDTA溶液滴定，消耗 EDTA 溶液的体积为钙、镁消耗量的总和。

由总量与钙所消耗 EDTA 量的差值来计算样品的镁含量。

3.2　试剂

测试用的所有试剂应是分析纯级（AR），测试用的水应是蒸馏水或去离子水。

3.2.1　EDTA 标准溶液：c(EDTA)＝1/56 mol/L，溶解 6.635 g 的 EDTA $C_{10}H_{14}O_8N_2Na_2 \cdot 2H_2O$)（GB 1401）于蒸馏水中，并稀释至 1 L。

3.2.2　锌标准溶液：称 1 g 分析纯金属锌粒（称准至 0.1 mg）于 150 mL 锥形瓶中，加入 6 mol/L 盐酸溶液 10 mL～20 mL 使其完全溶解，移入 1 L 容量瓶中，用蒸馏水稀释至刻度，并按式(1)计算锌标准溶液的浓度。

$$c = \frac{m}{65.38} \qquad \cdots\cdots (1)$$

式中：

c——锌标准溶液的浓度，单位为摩尔每升(mol/L)；

m——称取金属锌粒的质量，单位为克(g)。

3.2.3 EDTA 标准溶液浓度的标定：吸取 20.00 mL 锌标准溶液于 250 mL 锥形瓶中，加蒸馏水约 50 mL，加几滴氨水至微弱氨味，再加入 10 mL 氨缓冲溶液和 0.2 g 左右的 KB 指示剂，在不断摇荡下，用 EDTA 溶液滴定至蓝色，并计算其浓度。

3.2.4 KB 指示剂：1 g 的酸性铬蓝 K，2.5 g 萘酚绿 B 和 175 g 的氯化钠研磨均匀，贮存于棕色瓶中。

3.2.5 钙红指示剂：1 g 的钙红指示剂，即：2-羟基-1-(2 羟基-4 磺酸基-1 萘基)偶氮-3-萘甲酸与 100 g 的硫酸钠研磨均匀，贮于棕色瓶中。

3.2.6 三乙醇胺溶液：50 mL 的三乙醇胺加 50 mL 的蒸馏水稀释。

3.2.7 盐酸羟胺溶液：溶解 5 g 的盐酸羟胺，并用蒸馏水稀释至 250 mL。

3.2.8 氢氧化钾溶液：约 8 mol/L 贮于聚乙烯塑料瓶中。

3.2.9 氨缓冲溶液：54 g 的氯化铵和 350 mL 的浓氨水溶解混合，并用蒸馏水稀释至 1 L。

3.2.10 盐酸溶液：约 $c(HCl)=6$ mol/L。

3.2.11 硝酸溶液：约 $c(HNO_3)=5$ mol/L，量取 325 mL 浓硝酸，$\rho_{20}=1.4$ g/mL，用 500 mL 蒸馏水稀释。

3.3 仪器

3.3.1 一般实验室仪器。

3.3.2 坩埚或蒸发皿：需要用盐酸浸泡反复洗涤干净。最好用铂金器皿，其污斑应用细砂擦洗干净。

3.4 试样的采取和制备

纸浆试样的采取按照 GB/T 740 进行，纸样的采取按照 GB/T 450 进行。

将风干样品撕成适当大小的碎片，制备样品时应戴上手套，不应采用剪切、穿孔或其他可能发生金属污染的工具制备样品。

3.5 试验步骤

3.5.1 试样的称取和灰化

每个样品称取 10 g(准确至 0.01 g)试样两份，同时按 GB/T 741 或 GB/T 462 测定试样的水分。将称好的试样放在坩埚中，按 GB/T 742 灼烧成残余物(灰分)。

3.5.2 试液的制备

向样品残余物(灰分)中加入约 10 mL 水，然后加 3 mL 盐酸溶液(3.2.10)，将坩埚置于蒸气浴上加热 5 min～10 min。如果产生二氧化锰的棕色沉淀，则用滤纸将坩埚中的内容物滤入 100 mL 的容量瓶中，并用水洗涤。如果未发现不溶残渣或残渣为无色时，则不必过滤。在这种情况下，可直接用水将坩埚中的内容物洗至 100 mL 的容量瓶中，并用水稀释至容量瓶刻度。

3.5.3 钙的测定

用移液管移取一定量的试液(20 mL 或 25 mL)于 250 mL 锥形瓶中，并加入 5 mL 氢氧化钾溶液(3.2.8)。5 min 后，在不时摇动锥形瓶的情况下，加入 5 mL 三乙醇胺溶液(3.2.6)、2 mL 的盐酸羟胺溶液(3.2.7)和大约 0.1 g 的钙红指示剂(3.2.5)，再用 EDTA 标准溶液(3.2.1)进行滴定，使溶液的颜色由酒红色变成纯蓝色为止，记下消耗 EDTA 标准溶液的体积 V_1。

3.5.4 镁的测定

用移液管移取一定量的试液(20 mL 或 25 mL)于 250 mL 锥形瓶中，并加入 10 mL 的氨缓冲溶液(3.2.9)。在不时摇动锥形瓶的情况下，加入 5 mL 三乙醇胺溶液(3.2.6)、2 mL 的盐酸羟胺溶液(3.2.7)和大约 0.1 gKB 指标剂(3.2.4)，再用 EDTA 标准溶液(3.2.1)进行滴定，使溶液的颜色由酒红色变成纯蓝色为止，记下消耗 EDTA 标准溶液的体积 V_2。V_2 为钙、镁消耗 EDTA 标准溶液的总和。由 V_2 减去 V_1 得出 V_3，V_3 为试液中镁消耗 EDTA 的体积。

3.5.5 空白测定

在测定试样的同时,应进行空白试验。空白试验应采用与测定试样时的同样步骤,和测定试样时同样数量的所有试剂,只是试样溶液用同体积的蒸馏水代替。然后分别测定钙、镁空白试验所消耗的EDTA标准溶液体积,钙空白时消耗的EDTA的体积记作V_4;镁空白时消耗EDTA的体积记作V_5。

3.6 结果的表示

试样中钙和镁的含量以mg/kg表示,按式(2)和式(3)计算:

$$X_1=\frac{(V_1-V_4)\cdot c\times 40.08\times 10^3}{m_0} \qquad \cdots\cdots(2)$$

$$X_2=\frac{(V_3-V_5)\cdot c\times 24.31\times 10^3}{m_0} \qquad \cdots\cdots(3)$$

式中:

X_1——试样的钙含量,单位为毫克每千克(mg/kg);

X_2——试样的镁含量,单位为毫克每千克(mg/kg);

V_1——测定钙时消耗EDTA标准溶液体积,单位为毫升(mL);

V_3——测定镁时消耗EDTA标准溶液体积,单位为毫升(mL);

V_4——测定钙空白时消耗EDTA标准溶液体积,单位为毫升(mL);

V_5——测定镁空白时消耗EDTA标准溶液体积,单位为毫升(mL);

c——EDTA标准溶液的浓度,单位为摩尔每升(mol/L);

m_0——试样的绝干质量,单位为克(g)。

以两次测定结果的平均值,按表1的规定报告钙、镁含量的结果。

表1

单位为毫克每千克

结果平均值	报告的精确单位
≤100	1
>100~500	5
>500	10

注1:例行检测可以用瓷坩埚,仲裁有争议的样品时应用铂金坩埚。

注2:溶解试样的残余物(灰分)用盐酸或硝酸均可。对于锰含量高的试样,用硝酸比较好,可以分离出二氧化锰沉淀,有助于消除锰在滴定中的干扰。

注3:当样品中含铜量超过0.03 mg时,指示剂变化将会不明显,甚至失效。在这种情况下,滴定时可以加入1 g/L的氰化钾溶液5 mL,以掩蔽所存在的铜,或加入浓度为2 g/L的硫化钠溶液5 mL,使铜生成硫化铜沉淀,以消除铜的干扰。

安全须知:氰化钾属于极毒化学药品,使用时应严格遵守有关的安全预防措施。

4 方法B:火焰原子吸收分光光度法

4.1 原理

将样品灰化,并把残余物(灰分)溶解于盐酸中。在加入锶离子(或镧离子)抑制某些干扰物质后,将试样溶液吸入一氧化二氮-乙炔或空气-乙炔火焰中。测定由钙空心阴极灯所发射的422.7 nm谱线的吸收值,以及由镁空心阴极灯所发射的285.2 nm谱线的吸收值。

4.2 试剂

测试用的所有试剂应是分析纯级(AR),测试用的水应是蒸馏水或去离子水。

4.2.1 盐酸溶液:约$c(HCl)=6$ mol/L。

4.2.2 氯化锶溶液:5%,称取152.14 g氯化锶($SrCl_2\cdot 6H_2O$)(AR或优级纯)置于250 mL烧杯中,用

水溶解后转移至1 000 mL容量瓶中，再用水稀释至刻度，并混合均匀。

此溶液用于抑制一氧化二氮-乙炔火焰法中钙的电离。

当使用空气-乙炔火焰法时，不需要此溶液。

4.2.3　氧化镧溶液：约50 g/L。用水润湿59 g氧化镧（La_2O_3），缓慢而仔细地加入250 mL浓盐酸（$\rho_{20℃}=1.19\ g/cm^3$），使氧化镧溶解。在1 000 mL容量瓶中用水稀释至刻度，并混合均匀。

此溶液用于消除空气-乙炔火焰法测定钙含量中的磷酸盐的干扰。

当使用一氧化二氮-乙炔火焰法时不需要此溶液。

4.2.4　500 mg/L标准钙溶液Ⅰ：称取已于温度不超过200℃干燥过的碳酸钙1.249 g±0.001g置于1 000 mL的容量瓶中，加50 mL水，然后一滴一滴地加入使碳酸钙完全溶解的最小体积的盐酸（大约10 mL），再用水稀释至容量瓶刻度，并混合均匀。

1 mL此标准溶液含有0.500 mg钙。

4.2.5　50 mg/L标准钙溶液Ⅱ：移取100 mL标准钙溶液Ⅰ于1 000 mL容量瓶中，用水稀释至容量瓶刻度，并混合均匀。

1 mL此标准溶液含有0.050 mg钙。

4.2.6　500 mg/L标准镁溶液Ⅰ：称取0.500 0 g的镁条于1 000 mL的容量瓶中，加入50 mL的6 mol/L盐酸，再用水稀释至容量瓶刻度，并混合均匀。

1 mL此标准溶液含有0.500 mg镁。

4.2.7　10 mg/L标准镁溶液Ⅱ：移取20 mL标准镁溶液Ⅰ于1 000 mL的容量瓶中，再用水稀释至容量瓶刻度，并混合均匀。

1 mL此标准溶液含有0.010 mg镁。

4.3　仪器

4.3.1　一般实验室仪器。

4.3.2　原子吸收分光光度计，配备有钙、镁空心阴极灯和乙炔器。

注：多元素灯也可使用。

4.3.3　坩埚或蒸发皿：需要用盐酸浸泡反复洗涤干净。最好用铂金器皿，其污斑应用细砂擦洗干净。

4.4　试样的采取和制备

与方法A中3.4相同。

4.5　试验步骤

4.5.1　试样的称取和灰化

与方法A中3.5.1相同。

4.5.2　试样残余物（灰分）的处理

先向试样残余物（灰分）中加入几滴蒸馏水，润湿后再加入5 mL盐酸溶液（4.2.1），并在蒸气浴上蒸发至干。如此重复操作一次，然后再用5 mL盐酸溶液（4.2.1）处理残渣，并在蒸气浴上加热5 min。

用水将坩埚里的内容物移入100 mL的容量瓶中。为了保证完全抽提，再向每只坩埚中的残渣加入5 mL盐酸溶液（4.2.1），并在蒸气浴上加热。用水将此最后一部分内容物移入容量瓶中，与主要的试样溶液合并在一起，用水稀释至容量瓶刻度，并混合均匀。

4.5.3　标准比较溶液的制备

分别向六个100 mL的容量瓶中加入5%氯化锶溶液（4.2.2）4 mL或氧化镧溶液（4.2.3）20 mL，再加盐酸溶液（4.2.1）10 mL，再按表2所示的体积分别加入钙标准溶液Ⅱ（4.2.5）或者镁标准溶液Ⅱ（4.2.7）。

4.5.4　试液的配制

用移液管移取一定体积V_x的试液于50 mL的容量瓶中，使钙（或镁）含量符合表2的规定范围。如果不知道样品的钙、镁含量，V_x值可通过原子吸收预先测量，如移1.0 mL、2.0 mL或5.0 mL与标准比较溶液一起进行初步测量，或者移出 20 mL 用方法 A 测定出大概含量。

表 2

序号	钙标准溶液Ⅱ		镁标准溶液Ⅱ	
	体积/mL	相当钙的质量/mg	体积/mL	相当镁的质量/mg
1[a]	0	0	0	0
2	2	0.10	2	0.02
3	4	0.20	4	0.04
4	6	0.30	6	0.06
5	8	0.40	8	0.08
6	10	0.50	10	0.10

[a] 标准曲线用的试剂空白试验。

然后加 5%氯化锶溶液(4.2.2)2 mL 或 10 mL 氧化镧溶液(4.2.3)，再加 5 mL 盐酸溶液(4.2.1)，用水稀释至容量瓶刻度。如果溶液中有悬浮物，需待悬浮物下沉后再进行光谱测量。

4.5.5 校正仪器

将钙(或镁)空心阴极灯安装在原子吸收分光光度计的灯座上，按仪器规定的操作步骤开启仪器，接通电流并使电流稳定。根据仪器测定条件调节波长。钙在 422.7 nm，镁在 285.2 nm，在其波长范围内调节至最大吸收值。

然后根据仪器特性(每台仪器都提供有测试参考条件)将电流、灵敏度、狭缝、燃烧头高度、燃气/助燃气比、气流速度、吸入量等调至测试的规定条件。

安全须知：若采用一氧化二氮-乙炔时，要特别注意安全，防止爆炸。应使用一氧化二氮-乙炔燃烧头，在接通一氧化二氮-乙炔前需先用空气-乙炔燃烧器点燃。

4.5.6 吸收值测量

待仪器正常且火焰燃烧稳定后，依次将标准比较溶液吸入火焰中，并测量每一个溶液的吸收值。测量时应以空白溶液作对照，将仪器的吸收值调节为零，然后测量其余的试样溶液。在标准曲线的制备过程中，应注意保持仪器使用条件的恒定。每次测量之后，应吸蒸馏水清洗燃烧器。

标准曲线系列吸收值的测定应与试样溶液吸收值的测定同时进行，以克服实验条件变化引起的误差。

4.5.7 绘制曲线

以每 100 mL 标准比较溶液所含有的钙(或镁)的质量(以 mg 计)作为横坐标，所得的相应吸收值为纵坐标，绘制标准曲线。

4.6 结果计算

由试样溶液吸收值在标准曲线上查得对应的钙(或镁)质量(mg)，并按式(4)计算钙(或镁)的含量，以 mg/kg 表示。

$$x = 50\,000 \times \frac{m}{V \cdot m_0} \qquad \cdots\cdots\cdots\cdots(4)$$

式中：

x——试样中钙(或镁)的含量，单位为毫克每千克(mg/kg)；

50 000——释样和换算因子；

m——标准曲线所查得试样溶液的含钙(或镁)质量，单位为毫克(mg)；

V——移取试样溶液进行吸收值测量的体积，单位为毫升(mL)；

m_0——试样的绝干质量，单位为克(g)。

用两次测定结果的平均值，按表3的规定报告结果。

表3 单位为毫克每千克

结果平均值	报告的精确单位
≤100	1
>100～500	5
>500	10

5 试验报告

a) 本部分编号；

b) 完整鉴定样品所必需的全部资料；

c) 本部分的参考文献以及所使用的方法(A或B)；

d) 如果多于两次测定，应说明测定次数；

e) 如果标准方法有所更改，应报告标准步骤的任何变更情况；

f) 测定结果；

g) 试验过程中观察到的任何异常情况；

h) 本部分或规范性引用文件中未规定的并可能影响结果的任何操作。

附　录　A
（资料性附录）
本部分与 ISO 777:2001 的技术性差异及其原因

表 A.1 给出了本部分与 ISO 777:2001 的技术性差异及其原因。

表 A.1　本部分与 ISO 777:2001 的技术性差异及其原因

本部分的章条编号	技术性差异	原　因
第 3 章	EDTA 络合滴定法	由于考虑到国内原子吸收光谱仪和等离子发射光谱仪的普及率很低，因此增加了 EDTA 络合滴定法

附　录　B
（资料性附录）
本部分章条编号与 ISO 777:2001 章条编号对照

表 B.1 给出了本部分章条编号与 ISO 777:2001 章条编号对照。

表 B.1　本部分章条编号与 ISO 777:2001 章条编号对照

本部分章条编号	对应的国际标准章条编号
方法 B	
1	1
2	2
—	3
4.1	4
4.2	5
4.2.1	5.1
4.2.4	5.2
4.2.5	5.3
4.2.3	5.4
4.2.2	5.5
4.3	6
4.4	7
4.5	8
4.5.1	8.1
4.5.3	9
4.5.6	10
4.6	11

ICS 85-010
Y 30

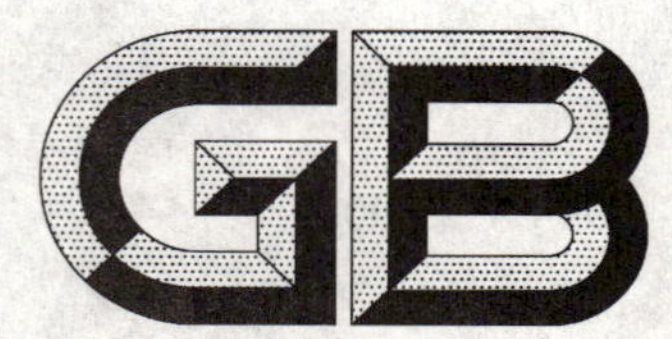

中华人民共和国国家标准

GB/T 8944.1—2008
代替 GB/T 8944.1—1988,GB/T 8944.2—1988

纸浆　成批销售质量的测定 第1部分:浆板浆包及浆块(急骤干燥浆)浆包

Pulps—Determination of saleable mass in lots—Part 1:Pulp baled in sheet form or pulps (such as flash-dried pulps) baled in slabs

(ISO 801-1:1994,Pulps—Determination of saleable mass in lots—Part 1:Pulp baled in sheet form,ISO 801-2:1994,Pulps—Determination of saleable mass in lots—Part 2:Pulps(such as flash-dried pulps) baled in slabs,MOD)

2008-08-19 发布　　2009-05-01 实施

中华人民共和国国家质量监督检验检疫总局
中国国家标准化管理委员会　发布

前　言

GB/T 8944《纸浆　成批销售质量的测定》分为两个部分：

——第1部分：浆板浆包及浆块(急骤干燥浆)浆包；

——第2部分：组合浆包。

本部分为GB/T 8944的第1部分。

本部分修改采用ISO 801-1:1994《纸浆　成批销售质量的测定　第1部分：浆板浆包》和ISO 801-2:1994《纸浆　成批销售质量的测定　第2部分：浆块(急骤干燥浆)浆包》。

本部分与ISO 801-1:1994和ISO 801-2:1994的主要差异为：

——取消了ISO 801-2:1994第2章规范性引用文件；

——取消了ISO 801-2:1994的附录B(资料性附录)调查报告；

——将ISO 801-1:1994、ISO 801-2:1994两项国际标准的内容合并为本部分，本部分与ISO 801-1:1994、ISO 801-2:1994的章条编号对照参见附录A。

本部分代替GB/T 8944.1—1988《纸浆　成批销售质量的测定法　第一部分：浆板浆包》和GB/T 8944.2—1988《纸浆　成批销售质量的测定法　第二部分：浆块(急骤干燥浆)浆包》。

本部分与GB/T 8944.1—1988和GB/T 8944.2—1988相比，主要变化如下：

——增加了前言部分。

——第1章是将GB/T 8944.1—1988和GB/T 8944.2—1988第1章进行合并。

——第2章是将GB/T 8944.1—1988和GB/T 8944.2—1988第2章进行合并。

——第3章包括了GB/T 8944.1—1988的第3章、第4章、第5章、第6章、第7章内容；其中3.2中磅秤的精确度、天平的精确度和感量作了修改；3.4.3中增加了恒定角度取样法，并给出具体的操作步骤；3.4.4中样品从烘箱中移出和称量的间隔由“1 min”改为“30 s”。

——第4章包括了GB/T 8944.2—1988的第3章、第4章、第5章、第6章、第7章内容；其中4.4.5中样品从烘箱中移出和称量的间隔由“1 min”改为“30 s”。

——第5章是将GB/T 8944.1—1988和GB/T 8944.2—1988第8章内容进行合并。

本部分的附录A、附录B、附录C、附录D均为资料性附录。

本部分由中国轻工业联合会提出。

本部分由全国造纸工业标准化委员会(SAC/TC 141)归口。

本部分起草单位：中华人民共和国天津出入境检验检疫局、中国制浆造纸研究院。

本部分主要起草人：栗建永、赵黎华、张慧、石雯。

本部分所代替标准的历次版本发布情况为：

——GB/T 8944.1—1988、GB/T 8944.2—1988。

本部分委托全国造纸工业标准化技术委员会负责解释。

纸浆　成批销售质量的测定
第1部分:浆板浆包及浆块(急骤干燥浆)浆包

1　范围

GB/T 8944 的本部分详细地说明了测定浆板浆包、浆块(急骤干燥浆)浆包干度,并计算该批浆销售质量的方法。

本部分适用于各种浆板浆包和浆块浆包。本部分适用于大多数纸浆,每个浆包大约 200 kg,由完全相同且厚度相近的 4 个～6 个(或叠)浆块组成。本部分也适用于虽不是由浆块组成,但易于分层的浆包。钻孔时,如果由于摩擦作用导致钻孔装置显著发热,则该方法不适用,例如某些强韧化学浆或半化学浆会出现这种现象。

本部分不适用于组合浆包。

2　术语和定义

下列术语和定义适用于 GB/T 8944 的本部分。

2.1

批　lot

具有相同性质的纸浆浆包的总体,浆包数量由货单或双方订立的合同规定。

如果一批浆包的每个包都附有原始合格证,则认为该批浆包具有证明书。原始合格证可以是如下两种情况:

——浆包的毛重(2.2)和浆包的绝对干度(2.4);

——浆包的销售质量(2.7)。

2.2

毛重　gross mass

一包浆、一批浆或一批中一部分浆的总质量。包括:包装内容物、包装物(浆或纸)、打包的铁丝或捆包带。

2.3

绝干质量　oven-dry mass

纸浆在 105 ℃±2 ℃干燥至恒重得到的质量。

2.4

绝对干度　absolute dryness

绝干质量(2.3)与未烘干前质量的比,以质量分数表示。

2.5

风干质量　air-dry mass

纸浆水分含量与周围空气平衡时浆的质量。

2.6

商业规定干度　theoretical commercial dryness

传统的习惯值,根据国家和/或商业协议一般为 90%或 88%。如风干度为 90%,则表明纸浆中含有 90%的绝干纤维和 10%的水;如风干度为 88%,则表明纸浆中含有 88%的绝干纤维和 12%的水。所有比例均为质量分数。

2.7

销售质量　saleable mass

毛重乘以绝对干度,除以理论商业干度,通常它接近风干质量。

2.8

货单质量　invoiced mass

由卖方在货单上标明的销售质量。

3　浆板浆包销售质量的测定

3.1　原理

从成批纸浆中按滑动标尺抽取样本浆包,其数量由该批浆包总数决定。分别称取这些样本浆包的质量,并将每 6 个样本浆包组成一组。

注:可以将样本浆包毛重的平均值视为整批中浆包毛重的平均值。

在规定条件下,从每个样本浆包中抽取 5 张试样浆板。按 3.4 所述,从每个试样浆板中切取一个三角形试样。称取试样质量,并将试样烘干至恒重,以测定其绝干质量(2.3),然后计算这批浆的销售质量(2.7)。

3.2　设备

3.2.1　磅秤:适于称量浆包质量,应精确至 1/1 000 kg。

3.2.2　天平:适于称量试样质量,该天平应至少能称量 5 kg,感量为 0.1 g。其称量盘应足够大,以防止试样过大露在盘外。

注:在热的状态下称取试样,可能会在称量盘周围形成向上的气流,从而导致天平产生读数误差。如果称量盘足够大,没有任何试样超出盘外,则该误差会降至最小。

3.2.3　定位装置:用于确定所选试样浆板的位置(参见附录 D)和从试样浆板中选取的试样位置,以及切取试样的设备。

3.2.4　贮样装置:至少能贮存 30 个试样,可避免试样质量在称量前发生变化。

3.2.5　烘箱:通风良好,能将温度控制在 105 ℃±2 ℃。

3.3　样本浆包

3.3.1　所有样本浆包应能代表一批浆,这些样本浆包应是从整批浆中随机抽取的。在双方没有任何协议的情况下,一批浆中的受检验部分应不少于整批浆的一半。

3.3.2　如果浆包的标识编号涉及到若干批,则所取样本浆包的数量应尽可能地与每批浆包的数量成正比。

3.3.3　样本浆包应完整,损坏应尽可能小,且不应出现以下情况:

3.3.3.1　呈现出明显干燥或潮湿迹象的浆包,该浆包可能在浆垛的外层。

3.3.3.2　浆包或其包装已损坏,或其局部明显受潮或破损。

3.3.3.3　有曾被取样痕迹的浆包。

3.3.3.4　证明书中没有浆包编号,或编号模糊。

3.3.4　样本浆包的数量在表 1 中给出。超过 5 000 包时,抽取样本浆包的最少数量为 100 包加上超过 5 000 包那部分的 1%,抽取样本浆包的最多数量为 200 包加上超过 5 000 包数量的 1%。一般情况下,样本浆包的总数应为 6 的倍数。

表 1

单位为包

成批浆包的总数	样本浆包的数量	
	最　少	最　多
100 以下	12	24
101～200	18	36
201～300	24	48
301～400	24	48
401～500	24	48
501～600	30	60
601～700	30	60
701～800	36	72
801～900	36	72
901～1 000	42	84
1 001～2 000	48	96
2 001～3 000	60	120
3 001～4 000	72	144
4 001～5 000	96	192

3.3.5　当一批浆比较均匀，且不良浆包的数量(不包括浆垛最外面的浆包)不超过抽取浆包最少数量的10%时(见表 1)，可按最少数量取样。否则检验人员应按表 1 限定的数量来决定样本浆包的抽取数量。对于冷藏浆，应在浆包解冻之后才能取样，以便能在浆板中切取满意的试样。

3.4　试验步骤

3.4.1　样本浆包称量

分别测定每个样本浆包的毛重，并以 1/500 kg～1/1 000 kg 的精确度报告结果。如果可能，按称量顺序报告它们的标记和参考符号。在称量前和称量过程中应检查磅秤(3.2.1)。

如果包装物的水分含量与浆包内浆板的水分含量明显不同，或包装物单独销售，则应按 3.5.2 分别进行测定。

3.4.2　试样浆板采取

3.4.2.1　称量后，按如下规定尽快从每个样本浆包中抽取 5 张试样浆板。

在从每个样本浆包中抽取 5 张试样浆板时，所取试样浆板之间的距离是恒定的，等于浆包总厚度的五分之一[1)]。不应从每个样本浆包的相同位置抽取试样浆板，而应按以下方法及图 1 进行取样。在Ⅰ号样本浆包中，第一张试样浆板距其顶端 1 cm 处，最后一张试样浆板(第 5 张)与其底部的距离为浆包总厚度的五分之一。在Ⅱ、Ⅲ、Ⅳ、Ⅴ、Ⅵ号样本浆包中，每张试样浆板应比前一包相应的浆板稍低(实际上，距离差值为浆包总厚度的五十分之一)。因此，在Ⅵ号样本浆包中，第一张试样浆包应从其顶端开始，在浆包高度的十分之一处抽取，最后一张试样浆板应在距其底部的十分之一浆包高度处抽取。Ⅶ号样本浆包又重新开始循环，取样方法与Ⅰ号样本浆包相同。

1)　如果浆包由折叠或并列浆板组成，浆板经两次或多次折叠后，形成大小一致的浆包。在这种情况下，浆板一词仅适用于折叠浆板中的一层浆板。若将多张浆板折成一叠，按上述规定从试样浆板中切取试样，则建议将一叠浆板沿折叠处切开，以确定抽取试样浆板的准确位置。

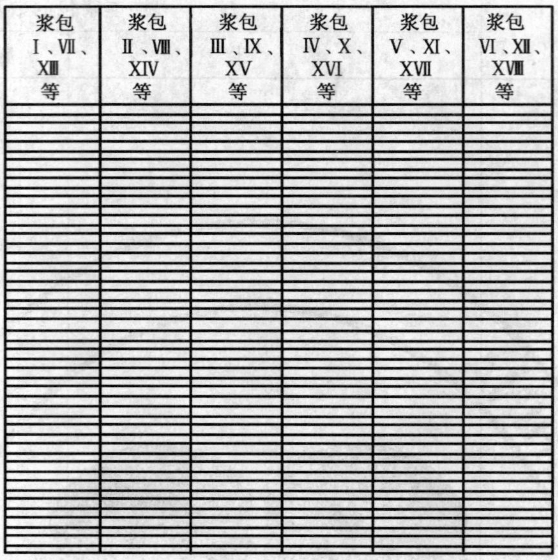

浆包 Ⅰ、Ⅶ、ⅩⅢ 等	浆包 Ⅱ、Ⅷ、ⅩⅣ 等	浆包 Ⅲ、Ⅸ、ⅩⅤ 等	浆包 Ⅳ、Ⅹ、ⅩⅥ 等	浆包 Ⅴ、Ⅺ、ⅩⅦ 等	浆包 Ⅵ、Ⅻ、ⅩⅧ 等

图 1　采取试样浆板的示意图

如果浆包是由并列在同一平面的两个相邻浆板拼接而成的，则应将两张并列浆板看成是一张浆板。应仔细选取所有试样浆板，特别是那些距浆包顶端或底部不到 5 cm 的浆板。

3.4.2.2　用一个带适当分度的测量杆(附录 D)，能很容易地选取试样浆板。将测量杆斜靠浆包的侧面，使其下端与浆包底面相平，其上线与浆包顶端相平。测量杆的 6 个面与一组浆包中的 6 个包相对应，而每面上的线对应于该浆包中的 5 张试样浆板。

如果用数字或其他标记确定浆包的顶端和底部，应从 6 个样本浆包第一组的顶端和第二组的底部开始选取试样浆板，剩下的各组则按交错方法取样。

3.4.3　取样

3.4.3.1　概述

在选取的每张试样浆板上，切取一个三角形试样。这些三角形[1)]均有一个顶点是浆板的中心，且该顶点对应的底边在浆板的一条边上。试验中所使用的试样，均有相同面积或恒定的 24°顶角。

切取试样时，每个试样浆板均应与下面的浆板保持接触，同时当试样暴露在外时，应在同一浆包内进行试样的切取。这两点是非常重要的。将试样放入贮样装置(3.2.4)中，以防止水分的变化，直至积累到称量一次所要求的数量。

3.4.3.2　方法 1：恒定面积法

从一组 6 个样本浆包的第一包起，按如下步骤进行。

以试样浆板的中心为顶点，切取三角形试样，该三角形的底边长度为：

$$\frac{l_1}{7.5} \text{ 和 } \frac{l_2}{7.5}$$

1)　经过充分研究，可选用两种方法切取三角形试样。

方法 1：恒定面积切取试样的方法。

方法 2：恒定顶角切取试样的方法，试样面积会因选取试样的位置不同而变化。

从理论上讲，方法 1 切取的试样更具有代表性，但在实际操作中会有些困难，而方法 2 则较易操作。根据所收集到的数据表明，两种取样方法所得结果间的误差可以忽略不计，因此这两种方法都是可行的。

式中：

l_1——试样浆板长边的长度，单位为毫米(mm)；

l_2——试样浆板短边的长度，单位为毫米(mm)。

从第一张试样浆板切取的试样，有一边与浆板的对角线重合(在图2中注明了起始点)。

如果试样浆板的定量不同，其厚度也会不同。因此，从较厚的浆板上切取较窄的试样，从较薄浆板上切取较宽的试样。

按图2所示，依次从试样浆板上切取试样。将5个三角形的试样合在一起，作为1号样本浆包的试样。

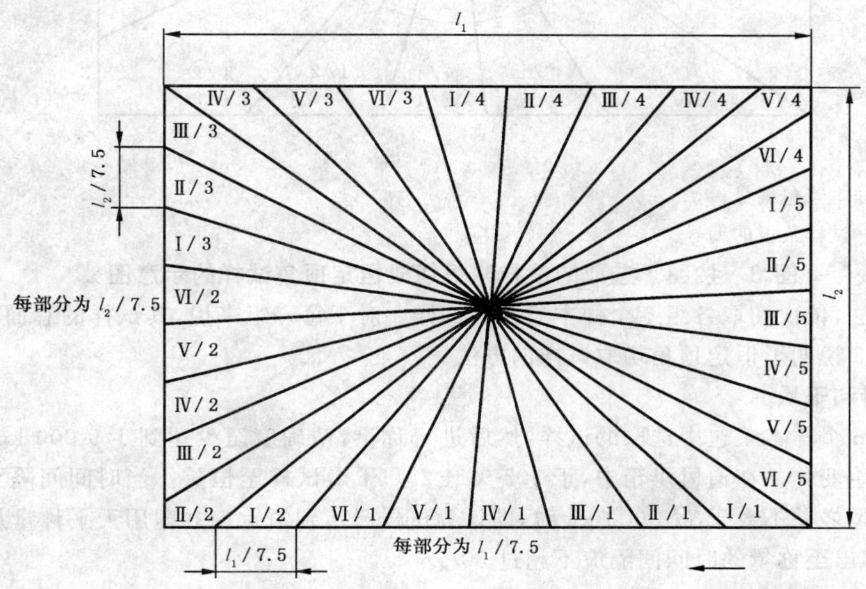

罗马数字——样本浆包的编号；

阿拉伯数字——试样浆板的编号。

图2　按图1选取的试样浆板切成恒定面积试样的示意图

在Ⅱ号样本浆包中，从与Ⅰ号样本浆包试样的顺时针相邻的位置切取Ⅱ号样本浆包的试样。然后继续切取Ⅲ、Ⅳ、Ⅴ、Ⅵ号样本浆包试样。用相同的方法，切取各组6个样本浆包的试样。

对于每一组来说，其试样的总面积应相当于一整张浆板。如果浆板的性质和形状导致切取试样有困难，则每一试样也可切取双倍面积。图2说明了恒定面积切取试样的方法。

3.4.3.3　方法2：恒定顶角法

从一组6个样本浆包的第一包起，按如下步骤进行。

以试样浆板的中心为顶点，切取顶角恒定为24°的三角形试样。从第一张试样浆板切取的试样，有一边与浆板的对角线重合(在图3中注明了起始点)。按选取试样浆板的顺序，从顶角平分线开始沿逆时针转动72°切取试样。将5个三角形试样合在一起，作为Ⅰ号样本浆包的试样。在Ⅱ号样本浆包中，按同样方法切取试样，但其顶角位置为Ⅰ号样本浆包的试样逆时针转动24°。而Ⅲ号样本浆包试样的切取，是相对Ⅱ号样本浆包的试样同样逆时针转动24°。Ⅳ、Ⅴ和Ⅵ号样本浆包的试样位置，分别与Ⅰ、Ⅱ和Ⅲ号样本浆包的试样位置相同。

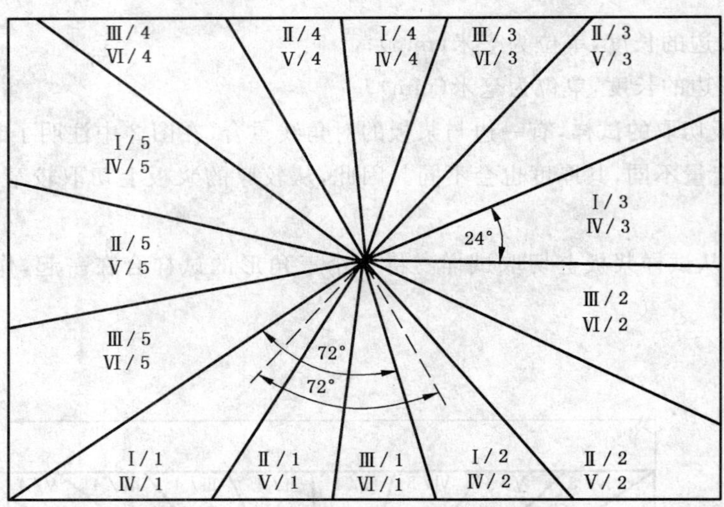

罗马数字——样本浆包编号；

阿拉伯数字——试样浆板的编号。

图 3　按图 1 选取的试样浆板切成恒定顶角试样的示意图

用相同的方法，依次切取各组 6 个样本浆包的试样。对于每一组来说，其试样的总面积应相当于 2 个整张浆板。图 3 说明了恒定顶角切取试样的方法。

3.4.4　试样称量和干燥

收集从一组 6 个样本浆包中选取的试样，然后进行称量，精确度至少达到 1/5 000 kg。称量前，应防止试样质量发生变化。在通风烘箱中，于 105 ℃±2 ℃干燥试样至恒重。当时间间隔至少 1 h 的两次连续称量的质量之差不大于 1/5 000 kg 时，即认为试样已达到恒重。立即用天平称量从烘箱中取出的试样，试样从移出至称量的时间间隔应不超过 30 s。

注：如果试样从移出至称量的时间间隔过长，则可能会引起试样质量偏重，这是由于试样从周围的空气中吸收了水分。

3.5　结果的表示

3.5.1　无包装物和证明书的浆包

用式(1)计算成批浆包的销售质量 X[商业规定干度 c(%)]，单位为千克：

$$X=\left(m_1\frac{a_1}{100}+m_2\frac{a_2}{100}+\cdots\cdots+m_n\frac{a_n}{100}\right)\times\frac{N_1}{N_2}\times\frac{100}{c}$$

$$=\frac{(m_1a_1+m_2a_2+\cdots\cdots+m_na_n)\times N_1}{N_2\times c}\qquad\cdots\cdots(1)$$

式中：

$m_1,m_2,\cdots\cdots,m_n$——每组 6 个样本浆包的毛重(2.2)(6 个浆包的总质量)(见 3.4.1)，单位为千克(kg)，准确至 0.5 kg；

$a_1,a_2,\cdots\cdots,a_n$——每组 6 个样本浆包的绝对干度(2.4)，%，准确至一位小数；

N_1——成批浆包的总数；

N_2——样本浆包的数量；

c——商业规定干度(2.6)，%。

以上计算结果准确至 1 kg。

3.5.2　用浆板或纸板包装的浆包

如果包装物要单独称量，应先完整无损地称量整个浆包的质量，然后拆除包装物(包装物包括所有折叠在侧面的浆板及包在外面的浆板)分别称量。包装物的毛重包括铁丝或铁带,应从完整无损的浆包毛重中减去,以测定浆包内容物的质量。

从每组6个浆包的包装物中,选取包装物试样。包装物按对角线切取100 mm宽的浆板条组成试样,应按与三角形试样相同的方法,测定包装物试样的绝对干度(2.4)。

内容浆板应按无包装浆包的方法进行取样。浆包的销售质量是每组6个浆包分别测得的包装物与内容浆板的销售质量之和。

3.5.3 浆包附有证明书的浆批

样本浆包的平均销售质量(根据生产厂的证明书,用样本浆包的总销售质量除以样本浆包的个数得出)应不超过整批浆包规定的平均销售质量的±0.5%(用整批浆包的总销售质量除以整批浆包的个数得出)。

在这种情况下,附有完整证明书的一批浆,其销售质量Y[商业规定干度c(%)]应按式(2)计算:

$$Y=\left(m_1\frac{a_1}{100}+m_2\frac{a_2}{100}+\cdots\cdots+m_n\frac{a_n}{100}\right)\times\frac{d}{e}\times\frac{100}{c}$$

$$=\frac{(m_1a_1+m_2a_2+\cdots\cdots+m_na_n)\times d}{ec} \qquad\cdots\cdots(2)$$

式中:

$m_1,m_2,\cdots\cdots,m_n$——每组6个样本浆包的毛重(2.2)(6个浆包的总质量),单位为千克(kg),准确至0.5 kg;

$a_1,a_2,\cdots\cdots,a_n$——每组6个样本浆包的绝对干度(2.4),%,准确至一位小数;

c——商业规定干度(2.6),%;

d——根据证明书,该批浆的销售质量[商业规定干度c(%)],单位为千克(kg);

e——按证明书计算的样本浆包的销售质量,单位为千克(kg)。

以上计算结果准确至1 kg。

3.5.4 混合组

如果由于某些原因,要从一组以上的样本浆包中选取试样,混合成批进行称量,则式(1)和式(2)中的相应各项规定如下:

$m_1,m_2,\cdots\cdots,m_n$——混合组6个样本浆包的毛重(2.2),单位为千克(kg),准确至0.5kg;

$a_1,a_2,\cdots\cdots,a_n$——混合组6个样本浆包的绝对干度(2.4),%,准确至一位小数。

4 浆块(急骤干燥浆)浆包

4.1 原理

从成批纸浆中按滑动标尺抽取样本浆包,其数量由该批浆包总数决定。分别称取这些样本浆包的质量,并将其分成若干个包数相同的组。从每个试样浆块(或叠)中切取一个圆形试样。先称取这些试样的质量,然后将试样烘干至恒重,以测定其绝干质量(2.3),并计算该批浆的销售质量(2.7)。

4.2 设备

4.2.1 磅秤:适于称量浆包质量,应精确度至1/1 000 kg。

4.2.2 天平:适于称量试样质量,该天平应至少能称量5 kg,感量为0.1 g。其称量盘应足够大,以防止试样过大露在盘外。

注:在热的状态下称取试样,可能会在称量盘周围形成向上的气流,从而导致天平产生读数误差。如果称量盘足够大,没有任何试样超出盘外,则该误差会降至最小。

4.2.3 切取圆形试样的设备:包括一个大约1 kW的工业手钻,一个钻台,一个切削工具(见图4)。

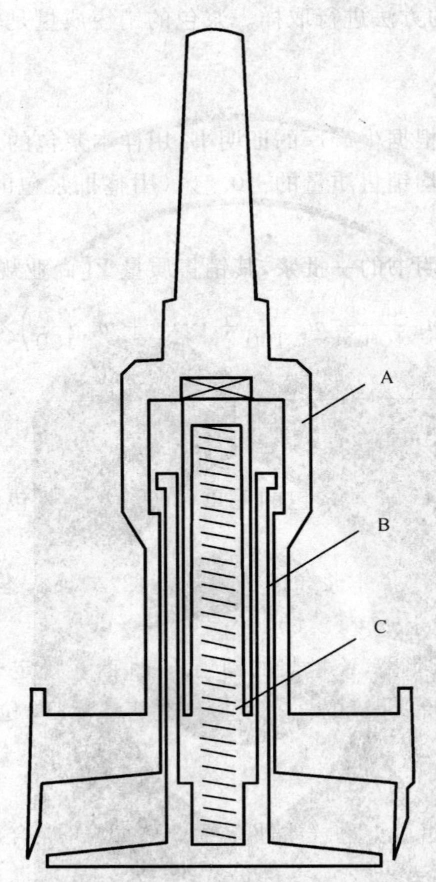

A——外部转动部件,包括一个锥体、一个配有用于固定两个切割刀的四个臂的外壳、两个切片破碎器;

B——内部固定部件,包括一个圆形底盘、一个配有弹簧座和球轴承的内壳;

C——弹簧圈,位于转动部件和固定部件之间。

图 4 切削工具

4.2.4 由 35 张卡片组成的采样卡:指示从每个试样浆块(或叠)中切取圆形试样位置的顺序(见 4.4 和图 5)。按采样卡指示的位置,从每个试样浆块中切取一个试样。剪去采样卡的一个角,以确保定位正确。准备 35 张卡片,并在每张卡片上标出一个取样位置,因此每张卡片代表一个试样浆块的表面。卡片的尺寸应为 100 mm×75 mm。将卡片在一个方向上分成宽度相等的 7 条,在另一个方向上分成宽度相等的 5 条,于是每个试样浆块的整个表面上给出了 35 个取样位置。

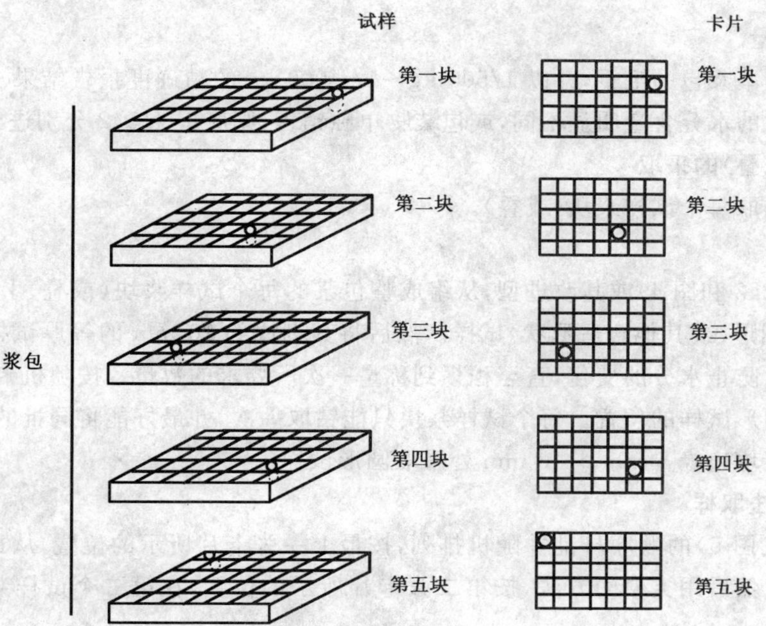

图 5　随机卡片法(见 4.2.4)

4.2.5　贮样设备:至少能贮存 30 个试样,可避免试样质量在称量前发生变化。

4.2.6　烘箱:通风良好,能将温度控制在 105 ℃±2 ℃。

4.2.7　干燥器:配有网子。

4.3　样本浆包

有关样本浆包和取样的说明,见 3.3。样本浆包的数量在表 1 中已作规定,但从样本浆包中取出试样浆块的总数应尽可能接近 35 的整数倍。在表 2 中给出了应用该原理的最常见情况(每包 4 块浆、5 块浆或 6 块浆)。

表 2

成批浆包总数	样本浆包的数量					
	4 块/包		5 块/包		6 块/包	
	最少	最多	最少	最多	最少	最多
100 及 100 以下	18	36	14	28	12	24
101～200	27	54	21	42	18	36
201～300	36	72	28	56	24	46
301～400	36	72	28	56	24	48
401～500	36	72	28	56	24	48
501～600	45	90	35	70	30	60
601～700	45	90	35	70	30	60
701～800	54	108	42	84	36	72
801～900	54	106	42	84	36	72
901～1 000	63	126	49	98	42	84
1 001～2 000	72	144	56	112	48	96
2 001～3 000	90	180	70	140	60	120
3 001～4 000	108	216	84	168	72	144
4 001～5 000	144	288	112	224	96	192
注:超过 5 000 包时,应在给出的 5 000 包最少或最多数量的基础上,加上超过 5 000 包那部分数量的 1%。抽取的试样浆块的总数,应尽可能接近 35 的倍数。						

4.4 试验步骤

4.4.1 样本浆包称量

分别测定每个样本浆包的毛重，并以 1/500 kg～1/1 000 kg 的精确度报告结果。如果包装物的水分含量与浆包内浆块的水分含量明显不同，或包装物单独销售，则应按 4.5.2 分别进行测定。

4.4.2 试样浆块(或叠)的采取

在样本浆包中采取每个试样浆块(或叠)。

4.4.3 取样

用切削工具(4.2.3 和图 4)或其改进型，从组成整包浆的每个试样浆块(或叠)上，切取一个直径为 100 mm±2 mm 的圆形(或其他合适形状)试样。然后将其剥成约 20 mm 的等厚试样。将试样放进贮样设备(4.2.5)中，以防止水分的变化，直至积累到称量一次所要求的数量。按随机卡片法(4.2.4)在每个试样浆块上确定圆形试样的位置。每个试样浆块只能钻取一次，并最好能将同批的试样收集在一起。注意应在距离试样浆块边缘 5 mm ～10 mm 处采取圆形试样。

4.4.4 按随机卡片法取样

将 35 张卡片(见图 5)的顺序打乱并随机排列，按最上一张卡片所示的位置，从最上面的试样浆块上采取第一份试样。然后用类似的方法，按第二张卡片所示的位置，在第二个试样浆块上采取第二份试样。

继续上述步骤，从样本浆包的每个试样浆块上取样，直至 35 张卡片所示的位置均已取完样。然后将这套卡片重新打乱顺序，再按最上一张卡片所示的位置采取下一个试样。继续该步骤，不需考虑样本浆包中试样浆块的数量。

注：使用有标记的采样卡，可以准确判断取样位置。如果操作者愿意，还可使用一个有用的方法，做一个与试样浆块尺寸相同、且与卡片上方格数量一致的格子。将格子放在被钻取的试样浆块的表面，待位置固定后切取圆形试样。

4.4.5 试样称量和干燥

收集所得到的试样，试样浆块的数量应尽可能地接近 35 的倍数。将试样浆块合成一组，从这样一组试样浆块中采取试样，然后进行称量，精确度至少应达到 1/5 000 kg。

注：称量前，应防止试样质量发生变化。

干燥器(4.2.7)底部的网子应足够密，以确保能够留住从某些易碎干燥浆(如急骤干燥磨木浆)上掉下来的小浆片。在烘箱(4.2.6)中于 105 ℃±2 ℃干燥试样至恒重。当时间间隔至少 1 h 的两次连续称量的质量之差不大于 1/5 000 kg 时，即认为试样已达到恒重。立即用天平称量从烘箱中取出的试样，试样从移出至称量的时间间隔应不超过 30 s。

注：如果试样从移出至称量的时间间隔过长，则可能会引起试样质量偏重，这是由于试样从周围的空气中吸收了水分。

4.5 结果表示

4.5.1 无包装物和证明书的浆包

用式(3)计算成批浆包的销售质量 X[商业规定干度 c(%)]，单位为千克(kg)：

$$X=\left(m_1\frac{a_1}{100}+m_2\frac{a_2}{100}+\cdots\cdots+m_n\frac{a_n}{100}\right)\times\frac{N_1}{N_2}\times\frac{100}{c}$$

$$=\frac{(m_1a_1+m_2a_2+\cdots\cdots+m_na_n)\times N_1}{N_2\times c} \quad\cdots\cdots\cdots(3)$$

式中：

$m_1,m_2,\cdots\cdots,m_n$——每组样本浆包的毛重(2.2)(见 4.4.1)，单位为千克(kg)，准确至 0.5 kg；

$a_1,a_2,\cdots\cdots,a_n$——每组 6 个样本浆包的绝对干度(2.4)，%，准确至一位小数；

N_1——成批浆包的总数；

N_2——样本浆包的数量；

c——商业规定干度(2.6)，%。

计算结果准确至 1 kg。

4.5.2 用浆板或纸板包装的浆包

如果包装物要单独销售，应先完整无损地称量整个浆包的质量，然后拆除包装物(包装物包括所有折叠在侧面的浆板及包在外面的浆板)分别称量。包装物的毛重包括铁丝或铁带，应从完整无损的浆包毛重中减去，以测定浆包内容物的质量。

从每组浆包的全部包装物中切取试样测定包装物的绝对干度(2.4)，试样由对角切取的 100 mm 宽的浆板条组成。测定方法与圆形试样相同。包装内容物应按无包装浆包的方法进行取样。

浆包的销售质量是分别测得的包装物与包装内容物的销售质量之和。

4.5.3 附有证明书的浆批

浆批的证明书包括每个浆包的风干质量或绝干质量，或每个浆包的毛重和绝对干度。

对于未附有证明书的浆批，则应尽可能地保证选取的样本浆包具有代表性。样本浆包的平均销售质量(根据生产厂的证明书，用样本浆包的总销售质量除以样本浆包的个数得出)应不超过整批浆包规定的平均销售质量的±0.5%(用整批浆包的总销售质量除以整批浆包的个数得出)。

附有完整证明书的一批浆，其销售质量 Y[商业规定干度 c(%)]应按式(4)计算：

$$Y=\left(m_1\frac{a_1}{100}+m_2\frac{a_2}{100}+\cdots\cdots+m_n\frac{a_n}{100}\right)\times\frac{d}{e}\times\frac{100}{c} \quad (4)$$

式中：

$m_1,m_2,\cdots\cdots,m_n$——每组样本浆包的毛重(2.2)，单位为千克(kg)，准确至 0.5 kg；

$a_1,a_2,\cdots\cdots,a_n$——每组样本浆包的绝对干度(2.4)，%，准确至一位小数；

d——根据证明书，该批浆的销售质量[商业规定干度 c(%)]，单位为千克(kg)；

e——按证明书计算的样本浆包的销售质量，单位为千克(kg)；

c——商业规定干度(2.6)，%。

以上计算结果准确至 1 kg。

4.5.4 混合组

如果由于某些原因，要从一组以上的样本浆包中选取试样，混合成批进行称量，则式(3)和式(4)中的相应各项规定如下：

$m_1,m_2,\cdots\cdots,m_n$——混合组的样本浆包的毛重(2.2)，单位为千克(kg)；

$a_1,a_2,\cdots\cdots,a_n$——混合组的样本浆包的绝对干度(2.4)，%，准确至一位小数。

5 试验报告

试验报告应包括以下内容：

a) GB/T 8944 的本部分编号；

b) 为鉴定成批浆样所必需的全部说明；

c) 成批浆的销售质量，以千克(kg)表示；

d) 切取试样的方法；

e) 试验过程中观察到的任何异常现象；

f) 本部分中未规定的或可选择的，但对试验结果可能有影响的任何操作。

试验结果报告单的典型格式参见附录 B 和附录 C。

附 录 A
（资料性附录）
本部分与 ISO 801-1:1994 和 ISO 801-2:1994 章条编号对照

表 A.1 给出了本部分与 ISO 801-1:1994 和 ISO 801-2:1994 章条编号对照的一览表。

表 A.1 本部分与 ISO 801-1:1994 和 ISO 801-2:1994 章条编号对照

本部分章条编号	对应国际标准章条编号
第 1 章	ISO 801-1:1994 和 ISO 801-2:1994 的第 1 章
第 2 章	ISO 801-1:1994 的第 2 章和 ISO 801-2:1994 的第 3 章
第 3 章	ISO 801-1:1994 的第 3 章～第 7 章
3.1	ISO 801-1:1994 的第 3 章
3.2	ISO 801-1:1994 的第 4 章
3.3	ISO 801-1:1994 的第 5 章
3.4	ISO 801-1:1994 的第 6 章
3.5	ISO 801-1:1994 的第 7 章
第 4 章	ISO 801-2:1994 的第 4 章～第 8 章
4.1	ISO 801-2:1994 的第 4 章
4.2	ISO 801-2:1994 的第 5 章
4.3	ISO 801-2:1994 的第 6 章
4.4	ISO 801-2:1994 的第 7 章
4.5	ISO 801-2:1994 的第 8 章
第 5 章	ISO 801-1:1994 的第 8 章和 ISO 801-2:1994 的第 9 章
附录 A	—
附录 B	ISO 801-1:1994 的附录 A
附录 C	ISO 801-2:1994 的附录 A
附录 D	ISO 801-1:1994 的附录 B

附 录 B
（资料性附录）
一份完整的化验证明和相关计算的实例（浆板浆包）

B.1 化验证明

兹证明，第12345号定单是200包优等未漂硫酸盐浆，已进行取样，并测定了该批浆的销售质量。

标记：	AAA蓝
贮存地点：	EFGH厂
贮存方法：	室内
卖方和买方的姓名及地址：	MAMOE-DURAND-PAPETERIE DUPONT
鉴定该批浆的文件资料：	生产编号、生产日期、逐包干度说明
运输方式：	船
取样日期：	1978-11-15
取样地点：	ABCD
试验前的全部浆包数量(大约)：	200包
浆包的状况：	良好
包装物类型：	浆板

按照本部分要求，以恒定面积法或恒定顶角法[1]切取试样进行分析。

样本浆包的数量：	36包
整批浆的总包数：	200包
计算样本浆包的绝干质量：	5 300.7 kg
根据证明书(当可用时)，	
计算得出的样本浆包的销售质量(90%)：	(5 881.7)kg[2]
根据发货单(当可用时)，	
整批浆的销售质量(90%)：	(32 676)kg
化验得出的整批浆的销售质量(90%)：	32 720 kg
如需要：	
a) 短缺或超出(根据发货单质量)，kg：	超出44 kg
b) 短缺或超出(根据发货单质量)，%：	超出0.135%

样本浆包和试样的详细说明见第B.2章。

证明人：	(姓名)
日期：	

---

1) 删除未采用的部分。

2) 括号内的数值是根据证明书计算得出的相应数值。

B.2 样本浆包和试样的详细说明(表 B.1)

表 B.1

组号	浆包		试样			分组样本浆包/kg	
	编号	毛重/kg	原质量/g	绝干质量/g	绝对干度/%	计算的绝干质量按照	
						试验	证明书
	25 912	199.2					(155.1)
	25 867	199.0					(153.5)
	25 789	198.6					(150.5)
	25 748	198.4					(146.3)
1	25 707	199.2					(153.7)
	25 826	199.0					(152.9)
	合计	1 193.4				921.2	(924.0)
	包装物	14.0	142.2	120.9	85.0	11.9	(12.0)
	浆板	1 179.4	858.7	662.3	77.1	909.3	(912.0)
	25 670	198.0					(150.5)
	25 625	198.2					(148.3)
	25 587	199.2					(153.7)
	25 550	199.0					(151.3)
2	24 309	197.0					(129.1)
	24 268	197.2					(131.0)
	合计	1 188.6				868.1	(875.9)
	包装物	15.0	137.8	115.7	84.0	12.6	(12.0)
	浆板	1 173.6	921.0	671.6	72.9	855.5	(863.9)
	22 491	197.8					(130.3)
	22 292	197.2					(140.3)
	22 454	197.2					(133.5)
	22 413	198.0					(138.3)
3	22 255	197.4					(138.3)
	22 210	197.6					(138.7)
	合计	1 185.2				838.4	(831.4)
	包装物	15.6	152.4	124.5	81.7	12.7	(12.0)
	浆板	1 169.6	990.8	699.5	70.6	825.7	(819.4)
	21 354	197.2					(135.3)
	22 131	197.4					(137.3)
	22 173	198.0					(136.7)
	22 095	197.6					(142.7)
4	21 317	196.2					(132.5)
	21 276	197.0					(134.5)
	合计	1 183.4				823.1	(831.0)
	包装物	14.8	140.8	114.7	81.5	12.1	(12.0)
	浆板	1 168.6	966.0	670.4	69.4	811.0	(819.0)

表 B.1(续)

组号	浆包		试样			分组样本浆包/kg	
	编号	毛重/kg	初始质量/g	绝干质量/g	绝对干度/%	计算的绝干质量按照试验	计算的绝干质量按照证明书
5	21 239	197.0					(126.9)
	18 506	198.8					(150.5)
	18 469	199.0					(145.5)
	18 428	198.2					(149.9)
	18 151	199.4					(154.9)
	18 106	199.2					(143.3)
	合计	1 191.6				897.1	(883.0)
	包装物	14.6	140.7	115.8	82.3	12.0	(12.0)
	浆板	1 177.0	877.3	659.7	75.2	885.1	(871.0)
6	26 671	198.2					(154.9)
	26 708	199.2					(151.7)
	26 786	193.4					(159.5)
	26 749	199.2					(156.5)
	26 868	199.2					(156.1)
	26 831	198.8					(157.5)
	合计	1 193.0				952.8	(948.2)
	包装物	13.8	149.0	127.4	85.5	11.8	(12.0)
	浆板	1 179.2	853.2	680.9	79.8	941.0	(936.2)
					合计	5 300.7	(5 293.5)
注:浆包毛重的计算应准确至 0.2 kg。							

B.3 计算

B.3.1 没有证明书

$$\left(m_1\frac{a_1}{100}+m_2\frac{a_2}{100}+\cdots\cdots+m_n\frac{a_n}{100}\right)$$

$$=921.2+868.1+838.4+823.1+897.1+952.8=5\,300.7(\text{kg})$$

$$X=\frac{5\,300.7\times 200\times 100}{900\times 36}=32\,720.3(\text{kg})$$

$$X=3\,272(\text{kg})$$

B.3.2 有证明书

根据证明书计算得出的样本浆包的绝干质量

$$=924.0+875.9+831.4+831.0+883.0+948.2=5\,293.5(\text{kg})$$

$$e=\frac{5\,293.5\times 100}{90}=5\,881.7(\text{kg})$$

$$Y=\frac{5\,300.7\times 32\,676\times 100}{90\times\dfrac{5\,293.5\times 100}{90}}=\frac{5\,300.7\times 32\,676\times 100}{90\times 5\,881.7}=32\,720.4(\text{kg})^{1)}$$

短缺或超出的数量: +0.135%或 44 kg。

1) 如果不计算 e,Y 的第一步计算可简化。

附 录 C
（资料性附录）
一份完整的化验证明和相关计算的实例（浆块浆包）

C.1 化验证明

兹证明，第 12345 号定单是 200 包优等未漂硫酸盐浆，已进行取样，并测定了该批浆的销售质量。

标记：	AAA 蓝
贮存地点：	EFGH 厂
贮存方法：	室内
卖方和买方的姓名及地址：	MAMOE-DURAND-PAPETERIE DUPONT
鉴定该批浆的文件资料：	生产编号、生产日期，逐包干度说明
运输方式：	船
取样日期：	1978-11-15
取样地点：	ABCD
试验前的全部浆包数量（大约）：	200 包
浆包的状况：	良好
包装物类型：	纸

按照本部分的要求切取试样进行分析。

样本浆包的数量：	35 包
每包浆块的数量：	5 块
整批浆的总包数：	200 包
计算样本浆包的绝干质量：	5 134.6 kg

根据证明书（当可用时），

计算得出的样本浆包销售质量（90%）：	（5 720.2 kg）[1)]

根据发货单（当可用时），

整批浆的销售质量（90%）：	（32 687）kg
化验得出的整批浆的销售质量（90%）：	32 601 kg

如需要：

a) 短缺或超出（根据发货票质量），kg：	短缺 86 kg
b) 短缺或超出（根据发货票质量），%：	短缺 0.263%

样本浆包和试样的详细说明见第 B.2 章。

证明人：	（姓名）
日期：	

1) 括号内的数值是根据证明书计算得出的相应数值。

C.2 样本浆包和试样的详细说明(表 C.1)

表 C.1

组号	包		试样			分组样本浆包/kg	
						计算的绝干质量按照	
	编号	毛重/kg	原质量/g	绝干质量/g	绝对干度/%	试验	证明书
1	26 671	198.2					(156.9)
	26 708	199.2					(153.7)
	26 786	198.4					(161.5)
	26 749	199.2					(158.5)
	26 868	199.2					(158.1)
	26 831	198.8					(159.5)
	25 912	199.2					(157.1)
	合计	1 392.2	858.7	681.8	79.4	1 105.4	(1 105.3)
2	25 867	199.0					(155.5)
	25 789	198.6					(152.5)
	25 748	198.4					(148.3)
	25 707	199.2					(155.7)
	25 826	199.0					(154.9)
	25 670	198.0					(152.5)
	25 625	198.2					(150.3)
	合计	1 390.4	921.0	700.0	76.0	1 056.7	(1 069.7)
3	25 587	199.2					(155.7)
	25 550	199.0					(153.3)
	24 309	197.0					(131.1)
	24 268	197.2					(133.0)
	22 491	197.8					(132.3)
	22 292	197.2					(142.3)
	22 454	197.2					(135.5)
	合计	1 384.6	990.8	700.5	70.7	978.9	(983.2)
4	22 413	198.0					(140.3)
	22 255	197.4					(130.3)
	22 210	197.6					(140.7)
	21 354	197.2					(137.3)
	22 131	197.4					(139.3)
	22 173	198.0					(138.7)
	22 095	197.6					(114.7)
	合计	1 383.2	966.0	685.9	71.0	982.1	(981.3)
5	21 317	196.2					(134.5)
	21 276	197.0					(136.5)
	21 237	197.0					(128.9)
	18 506	198.8					(152.5)
	18 469	199.0					(147.5)
	18 428	1987.2					(151.9)
	18 151	199.4					(156.9)
	合计	1 385.6	877.3	640.4	73.0	1 011.5	(1 008.7)
					合计	5 134.6	(5 148.2)
注：浆包毛重的计算应准确至 0.2 kg							

C.3 计算

C.3.1 没有证明书

$$\left(m_1 \frac{a_1}{100} + m_2 \frac{a_2}{100} + \cdots\cdots + m_n \frac{a_n}{100}\right) = 1105.4 + 1\ 056.7 + 978.9 + 982.1 + 1\ 011.5 = 5\ 134.6(\mathrm{kg})$$

$$X = \frac{5\ 134.6 \times 200 \times 100}{90 \times 35} = 32\ 600.6(\mathrm{kg})$$

$$X = 3\ 260(\mathrm{kg})$$

C.3.2 有证明书

根据证明书计算得出的样本浆包的绝干质量

$$= 1\ 105.3 + 1\ 069.7 + 983.2 + 981.3 + 1\ 008.7 = 5\ 148.2(\mathrm{kg})$$

$$e = \frac{5\ 148.2 \times 100}{90} = 5\ 720.2(\mathrm{kg})$$

$$Y = \frac{5\ 134.6 \times 32\ 687 \times 100}{\frac{5\ 148.2 \times 100}{90}} = \frac{5\ 134.6 \times 32\ 687 \times 100}{90 \times 5\ 720.2} = 32\ 600.8(\mathrm{kg})^{1)}$$

$$Y = 32\ 601(\mathrm{kg})$$

短缺或超出的数量：−0.263%或 86 kg

1) 如果不计算 e,Y 的第一步计算可简化。

附 录 D
(资料性附录)
在样本浆包中确定试样浆板位置的装置(浆板浆包)

可以使用各面均有适当分度的三个直尺,如果使用六边形的测量尺则更为方便,其每面均有分度对应于每组 6 个浆包中的一包。

例如,长度为 60 cm 的测量尺(不包括手柄),其每个面上的分度距离对应于表 D.1,且各分度是由最上端的刻度开始的。

表 D.1 单位为毫米

浆包编号	试样浆板的编号				
	1	2	3	4	5
Ⅰ	0[a]	120	240	360	480
Ⅱ	12	132	252	372	492
Ⅲ	24	144	264	384	504
Ⅳ	36	156	276	396	516
Ⅴ	48	168	288	408	528
Ⅵ	60	180	300	420	540

[a] 建议不选取最顶端的浆板,因为该浆板不能代表浆包内容物的真实水分,所以第一张试样浆板应在距其顶部大约 1 cm 处选取。

ICS 85-010
Y 30

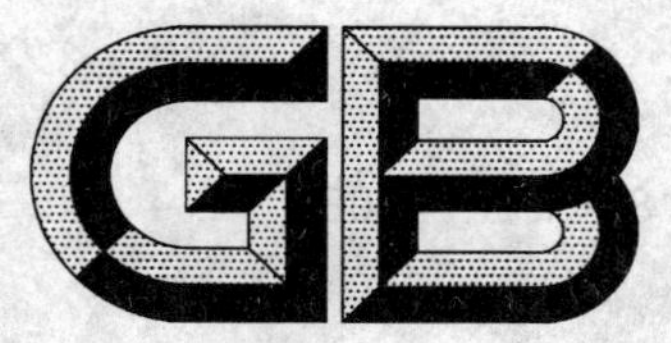

中华人民共和国国家标准

GB/T 8944.2—2008

纸浆　成批销售质量的测定
第2部分:组合浆包

Pulps—Determination of saleable mass in lots—
Part 2:Unitized bales

(ISO 801-3:1994,Pulps—Determination of saleable mass in lots—
Part 3:Unitized bales,MOD)

2008-12-30 发布　　　　2009-09-01 实施

中华人民共和国国家质量监督检验检疫总局
中国国家标准化管理委员会　发布

前　言

GB/T 8944《纸浆　成批销售质量的测定》分为两个部分：

——第1部分：浆板浆包及浆块（急聚干燥浆）浆包；

——第2部分：组合浆包。

本部分为GB/T 8944的第2部分。

本部分修改采用ISO 801-3:1994《纸浆　成批销售质量的测定　第3部分：组合浆包》（英文版）。

本部分与ISO 801-3:1994相比，主要差异如下：

——删除了范围中装运浆包的内容；

——更改了“组合浆包”的定义；

——增加了规范性引用文件。

本部分的附录A、附录B为资料性附录。

本部分由中国轻工业联合会提出。

本部分由全国造纸工业标准化委员会（SAC/TC 141）归口。

本部分起草单位：中华人民共和国天津出入境检验检疫局、中华人民共和国广东出入境检验检疫局、中国制浆造纸研究院。

本部分主要起草人：栗建永、赵黎华、郭仁宏、张慧。

纸浆　成批销售质量的测定
第2部分:组合浆包

1　范围

GB/T 8944的本部分规定了测定成批组合浆包的干度,并计算其销售质量的方法。

本部分适用于各种浆板浆包组合。

本部分不适用于成批浆块浆包或单个装运浆包。

2　规范性引用文件

下列文件中的条款通过GB/T 8944的本部分的引用而成为本部分的条款。凡是注日期的引用文件,其随后所有的修改单(不包括勘误的内容)或修订版均不适用于本部分,然而,鼓励根据本部分达成协议的各方研究是否可使用这些文件的最新版本。凡是不注日期的引用文件,其最新版本适用于本部分。

GB/T 8944.1　纸浆　成批销售质量的测定　第1部分:浆板浆包及浆块(急聚干燥浆)浆包(GB/T 8944.1—2008;ISO 801-1:1994,MOD;ISO 801-2:1994,MOD)

3　术语和定义

下列术语和定义适用于GB/T 8944的本部分。

3.1

批　lot

具有相同性质的组合浆包的总体,浆包数量由货单或双方订立的合同规定。

如果一批浆包的每个包都附有原始合格证,则认为该批浆包具有证明书。原始合格证应包括以下两项内容之一:

——浆包的毛重(3.4)和浆包的绝对干度(3.6);

——浆包的销售质量(3.9)。

3.2

组合浆包　unitized bales

拴在一起的一捆浆包。一捆通常由8个浆包组成,每个浆包单独用包装物和铁丝打捆,然后再用钢带捆扎在一起,以便于装运。

3.3

浆包　pulp bale

将浆板捆扎成的一个包。

3.4

毛重　gross mass

一包浆、一批浆或一批中一部分浆的总质量,包括:

——包装内容物;

——包装物(浆或纸);

——打包的铁丝或捆包带。

3.5

绝干质量　oven-dry mass

纸浆在105 ℃±2 ℃干燥至恒重的质量。

3.6

绝对干度　absolute dryness

绝干质量(3.5)与未干燥前质量的比,以百分数表示。

3.7

风干质量　air-dry mass

水分含量与周围空气平衡时浆的质量。

3.8

商业规定干度　theoretical commercial dryness

传统的习惯值,根据国家和/或商业协议一般为88%或90%。

如风干度为90%,则表明纸浆中含有90%的绝干纤维和10%的水。如风干度为88%,则表明纸浆中含有88%的绝干纤维和12%的水。所有比例均为质量分数。

3.9

销售质量　saleable mass

毛重(3.4)乘以绝对干度(3.6),除以商业规定干度(3.8)。销售质量通常接近风干质量(3.7)。

3.10

货单质量　invoiced mass

由卖主在货单上标明的销售质量。

4　原理

从成批纸浆中抽取样本浆包,其数量由该批浆包总数决定。分别称取这些样本浆包的质量,并将同组浆包放在一起。

注:可以将样本浆包毛重的平均值视为整批浆包毛重的平均值。

在规定条件下,从每个样本浆包中抽取5张试样浆板。从每张试样浆板上切取一个三角形的试样,如第6章所述。先称取这些试样的质量,然后将试样烘干至恒重,以测定其绝干质量,并计算该批浆的销售质量(3.9)。

5　设备

5.1　磅秤

适于称量浆包质量,应准确至1/1 000 kg。

5.2　天平

适于称量试样质量,应准确至1/5 000 g。该天平应至少能称量5 kg,感量为0.1 g。其称量盘应足够大,以防止试样过大露在盘外。

注:在热的状态下称取试样,可能会在称量盘周围形成向上的气流,从而导致天平产生读数误差。如果称量盘足够大,没有任何试样超出盘外,则该误差会降至最小。

5.3　定位和切取设备

用于确定所选试样浆板位置(参见附录B)和从试样浆板中选取试样位置,以及切取试样的设备。

5.4　贮样设备

至少能贮存40个试样,可避免试样质量在称量前发生变化。

5.5　烘箱

通风良好,能将温度控制在105 ℃±2 ℃。

6 样本浆包

6.1 所有样本浆包应能代表一批浆，这些样本浆包应是从整批浆中随机抽取的。在双方没有任何协议的情况下，一批浆中的受检验部分应不少于整批浆的一半。

6.2 如果浆包的标识编号涉及到若干批，则所取样本浆包的数量应尽可能地与每批浆包的数量成正比。

6.3 样本浆包应完整，损坏应尽可能地小，且不应出现以下情况：

a) 呈现出明显干燥或潮湿迹象的浆包，该浆包可能在浆垛的外层；

b) 浆包或其包装已损坏，或其局部明显受潮或破损；

c) 有曾被取样痕迹的浆包；

d) 没有浆包编号，或编号模糊。

6.4 样本浆包数量的确定：

a) 不超过 650 组合浆包时，从浆包中抽取 n 个样本组合浆包，按式(1)计算：

$$n = \sqrt{N} \qquad \cdots\cdots(1)$$

N——一批中组合浆包的总数。

b) 超过 650 组合浆包时，抽取样本浆包的基数为 25 组合包。超过 650 组合浆包的那部分，每增加 100 个组合浆包，则多抽取 1 个样本组合浆包。样本组合浆包的数量在表 1 中给出。对于冷藏浆，应等到浆包解冻之后才能取样，以便在浆板中切取满意的试样。

注：如果按照上述方法确定样本浆包的数目，对于类似的批，样本浆包的数目将与 GB/T 8944.1 中样本浆包的最大数目相同。实践证明，GB/T 8944.1 所述的最小浆包数目很难达到良好的精度。其中的一个原因是，目前浆包的毛重并不能稳定在 200 kg，而偏差可达到 10%。

表 1 抽取样本组合浆包的组数

成批浆包的组总数	样本浆包的组数量	成批浆包的组总数	样本浆包的组数量
≤12	3	241～270	16
13～20	4	271～305	17
21～30	5	306～340	18
31～40	6	341～380	19
41～55	7	381～420	20
56～70	8	421～460	21
71～90	9	461～505	22
91～110	10	506～550	23
111～130	11	551～600	24
131～155	12	601～650	25
156～180	13	651～750	26
181～210	14	751～850	27
211～240	15	851～950	28

7 步骤

7.1 样本浆包的称量

分别测定每个样本浆包的毛重，并以 1/500 kg～1/1 000 kg 的精确度报告结果。如果可能，按称量顺序报告它们的标记和参考符号。在称量前和称量过程中应检查磅秤(5.1)。如果包装物的水分含量与浆包内浆板的水分含量明显不同，或包装物单独销售，则应按 8.2 分别进行测定。

7.2 试样浆板采取

称量后，按如下规定尽快从每个样本浆包中抽取 5 张试样浆板。

从每个样本浆包中抽取5张试样浆板时，所取试样浆板之间的距离是恒定的，等于浆包总厚度的五分之一(见图1)。不应从每个样本浆包的相同位置抽取试样浆板，而应按以下方法及图1进行取样。如果一捆中浆包的数量不是8包，则从第一包开始编号，并按图1抽取试样浆板。在Ⅰ号样本浆包中，第一张试样浆板距其顶端1 cm处，最后一张试样浆板(第5张)与其底部的距离为浆包厚度的五分之一。在Ⅱ、Ⅲ、Ⅳ、Ⅴ、Ⅵ、Ⅶ、Ⅷ号样本浆包中，每张试样浆板都应比前一包相应的浆板稍低(实际上，距离差值为浆包厚度的1/70)。因此，在Ⅷ号样本浆包中，第一张试样浆板应从距其浆包顶端的十分之一处抽取，最后一张试样浆板应在距其底部的十分之一浆包高度处抽取。Ⅸ号样本浆包又重新开始循环，取样方法与Ⅰ号样本浆包相同。应仔细选取所有试样浆板，特别是那些距浆包顶端或底部不到5 cm的浆板。

用一个带适当分度的测量杆(参见附录B)，能很容易地选取试样浆板。将测量杆斜靠浆包的侧面，使其下端与浆包底面相平，其上线与浆包顶端相平。测量杆的8个面与一组浆包中的8个包相对应，而每面上的线对应于该浆包中的5张试样浆板。

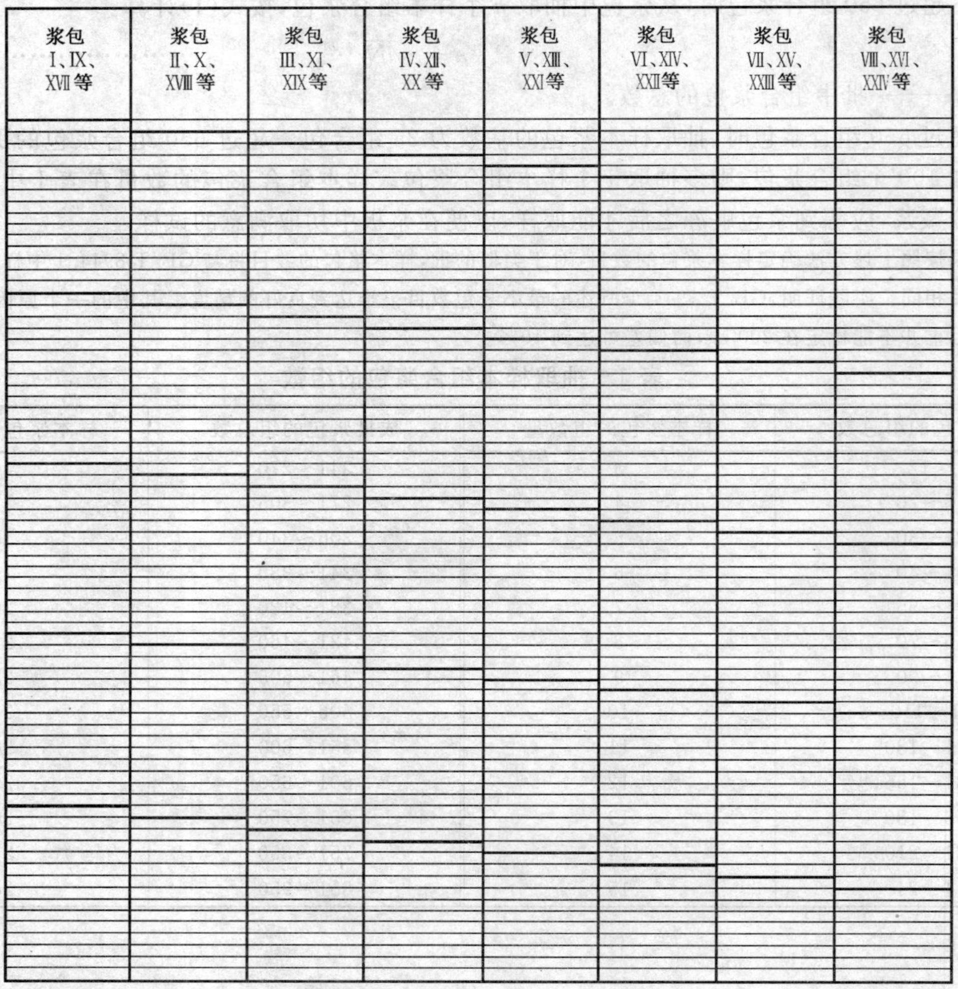

浆包 Ⅰ、Ⅸ、ⅩⅦ等	浆包 Ⅱ、Ⅹ、ⅩⅧ等	浆包 Ⅲ、Ⅺ、ⅩⅨ等	浆包 Ⅳ、Ⅻ、ⅩⅩ等	浆包 Ⅴ、ⅩⅢ、ⅩⅪ等	浆包 Ⅵ、ⅩⅣ、ⅩⅫ等	浆包 Ⅶ、ⅩⅤ、ⅩⅩⅢ等	浆包 Ⅷ、ⅩⅥ、ⅩⅩⅣ等

图1 采取试样浆板的示意图

7.3 取样

7.3.1 概述

在选取的每张试样浆板上，切取一个三角形试样。这些三角形均有一个顶点是浆板的中心，且该顶点对应的底边在浆板的一条边上。试验中所使用的试样，均有恒定的18°顶角。切取试样时，每个试样浆板均应与下面的浆板保持接触，同时当试样暴露在外时，应在同一浆包内进行试样的切取。这两点是非常重要的。

7.3.2 恒定顶角法

从每组样本浆包的第一包起，以试样浆板的中心为顶点，切取顶角恒定为18°的三角形试样。

7.3.2.1 从第一张试样浆板切取的试样，有一边与浆板的对角线重合(在图2中注明了起始点)。按选取试样浆板的顺序，从顶角平分线开始沿逆时针转动72°切取试样。将5个三角形试样合在一起，作为Ⅰ号样本浆包的试样。

7.3.2.2 在Ⅱ号样本浆包中，按同样方法切取试样，但其顶角位置为Ⅰ号样本浆包的试样逆时针转动18°。而Ⅲ号样本浆包试样的切取，是相对Ⅱ号样本浆包的试样同样逆时针转动18°。而Ⅳ号样本浆包试样的切取，是相对Ⅲ号样本浆包的试样同样逆时针转动18°。Ⅴ、Ⅵ、Ⅶ和Ⅷ号样本浆包的试样位置，分别与Ⅰ、Ⅱ、Ⅲ和Ⅳ号样本浆包的试样位置相同。

7.3.2.3 用相同的方法，依次从各个样本浆包切取试样。如果一组中试样浆板的数量不是8，则从第一张开始编号后切取试样。图2说明了恒定顶角切取试样的方法。

注：采用较小角度的原因完全是为了切合实际。当一捆由8个浆包组成时，通常需要从其中取出40张试样浆板。采用较小角度取样，三角形试样的总面积等于两张试样浆板的面积，这与GB/T 8944.1的取样面积相同。实践表明这很接近于大批量检验时所能处理的最大量。

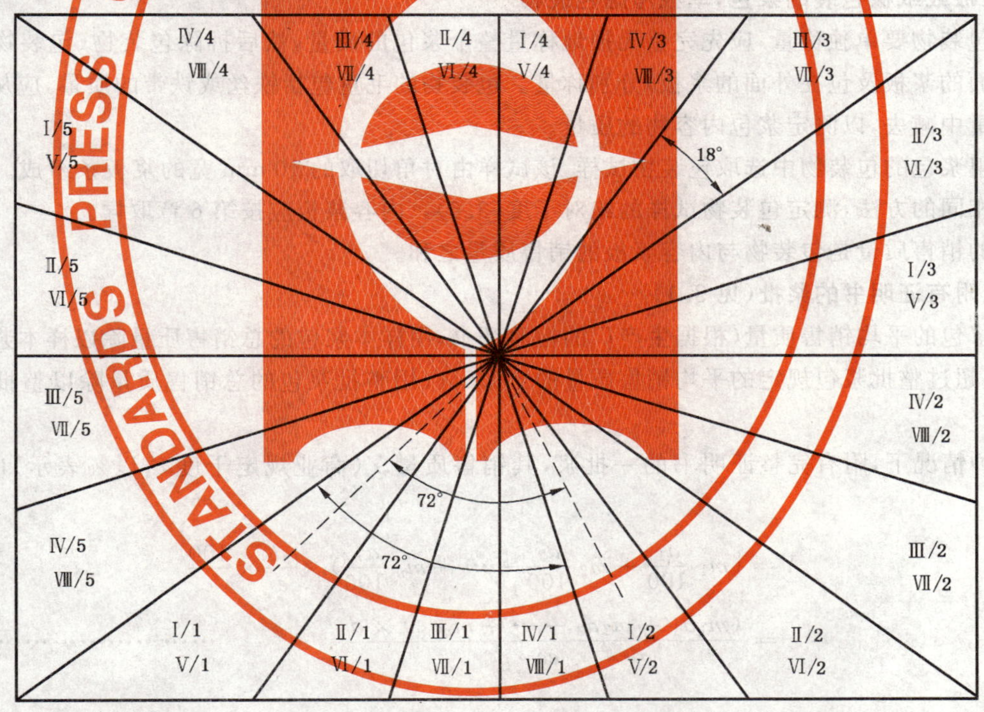

注：罗马数字表示样本浆包的编号，阿拉伯数字表示试样浆板的编号。

图2 按图1选取的试样浆板切成恒定顶角试样的示意图

7.4 试样的称量和干燥

收集选取的试样，然后进行称量，应至少准确至1/5 000 g。称量前，应防止试样质量的变化。

在烘箱(5.5)中于105 ℃±2 ℃干燥试样至恒重。当时间间隔至少1 h的两次连续称量，试样质量之差不大于1/5 000 g时，即认为试样已达到恒定质量。立即用天平称量从烘箱中取出的试样，试样从移出至称量的时间间隔应不超过30 s。

注：如果试样从移出至称量的时间间隔过长，则可能会引起试样质量偏重，这是由于试样从周围的空气中吸收了水分。

8 结果的表示

8.1 用浆板或纸板包装的浆包，不单独考虑包装物

用式(2)计算成批浆的销售质量 X(商业规定干度 c，以%表示)，单位为千克。

$$X=(m_1\frac{a_1}{100}+m_2\frac{a_2}{100}+\cdots+m_n\frac{a_n}{100})\times\frac{N_1}{N_2}\times\frac{100}{c}$$
$$=\frac{(m_1a_1+m_2a_2+\cdots+m_na_n)\times N_1}{N_2\times c} \qquad\cdots\cdots(2)$$

式中：

$m_1,m_2,\cdots\cdots,m_n$——每组中各样本浆包的毛重(3.4)，单位为千克(kg)；

$a_1,a_2,\cdots\cdots,a_n$——每组中各样本浆包的绝对干度(3.6)，%，精确至一位小数；

N_1——成批浆包的总数；

N_2——样本浆包的数量；

c——商业规定干度(3.8)，%。

计算结果精确至 1 kg。

8.2 用浆板或纸板包装的浆包，单独考虑包装物

如果包装物要单独称量，应先完整无损地称量整个浆包的质量，然后拆除包装物(包装物包括所有折叠在侧面的浆板及包在外面的浆板)分别称量。包装物的毛重包括铁丝或铁带的质量，应从完整无损的浆包毛重中减去，以测定浆包内容物的质量。

从每组浆包的包装物中选取包装物试样，该试样由对角切取的 10 mm 宽的浆板条组成。应按与三角形试样相同的方法，测定包装物试样的绝对干度(3.6)。内容浆板应按第 6 章取样。

浆包的销售质量是包装物与内容浆板的销售质量之和。

8.3 浆包附有证明书的浆批(见 3.1)

样本浆包的平均销售质量(根据生产厂的检验证书，用样本浆包的总销售质量除以样本浆包的个数得出)应不超过整批浆包规定的平均销售质量的±0.5%(用整批浆包的总销售质量除以整批浆包的个数得出)。

在这种情况下，附有完整证明书的一批浆，其销售质量 Y(商业规定干度 c，以%表示)应按式(3)计算：

$$Y=(m_1\frac{a_1}{100}+m_2\frac{a_2}{100}+\cdots+m_n\frac{a_n}{100})\times\frac{d}{e}\times\frac{100}{c}$$
$$=\frac{(m_1a_1+m_2a_2+\cdots+m_na_n)\times d}{ec} \qquad\cdots\cdots(3)$$

式中：

$m_1,m_2,\cdots\cdots,m_n$——每组中各样本浆包组的毛重(3.4)(6 个浆包的总质量)，单位为千克(kg)；

$a_1,a_2,\cdots\cdots,a_n$——每组中各样本浆包组的绝对干度(3.6)，%，精确至一位小数；

c——商业规定干度(3.8)，%；

d——根据发货单，该批浆的销售质量(c，以%表示)，单位为千克(kg)；

e——按证明书计算的样本浆包的销售质量，单位为千克(kg)。

以上计算结果精确至 1 kg。

9 试验报告

试验报告应包括以下项目：

a) GB/T 8944 的本部分编号；

b) 为鉴定成批浆样所必需的全部说明；

c) 成批浆的销售质量，以千克(kg)表示；

d) 试验过程中观察到的任何异常现象；

e) 本部分中未规定的或可选择的，但对试验结果可能有影响的任何操作。

附 录 A
（资料性附录）
一份完整的化验证明和相关计算的实例

A.1 化验证明

兹证明，第 12345 号定单是 20 包优等未漂硫酸盐浆，已进行取样，并测定了该批浆的销售质量。

标记： AAA

贮存地点： EFGH 厂

贮存方法： 室内

卖方和买方的姓名及地址： MAMOE-DURAND-PAPETERIE DUPONT

鉴定该批浆的文件资料： 生产编号、生产日期、逐包干度说明

运输方式： 船运

取样日期： 1978-11-15

取样地点： ABCD

试验前的全部浆包数量（大约）： 20

浆包的状况： 良好

包装物类型： 浆板

按照本部分规定，以恒定顶角法切取试样进行分析。

样本浆包的数量： 4

整批浆的总包数： 20

计算样本浆包的绝干质量： 4 676.9 kg

根据证明书（当可用时）

计算得出的样本浆包的销售质量（90%） （5 173.2）kg[1)]

根据发货单（当可用时）

整批浆的销售质量（90%）： （25 866）kg

化验得出的整批浆的销售质量（90%）： 25 983 kg

如需要

a） 短缺或超出（根据发货单质量）： 超出 117 kg

b） 短缺或超出（根据发货单质量）： 超出 0.452%

样本浆包和试样的详细说明见第 A.2 章。

证明人：（姓名）

日期：

A.2 样本浆包和试样的详细说明

样本浆包和试样的详细说明见表 A.1。

1） 括号内的数值是根据证明书计算得出的相应数值。

表 A.1　样本浆包和试样的详细说明

组号	浆包		试样			分组样本浆包 计算的绝干质量根据	
	编号	毛重/kg	原质量/g	绝干质量/g	绝对干度/%	试验/kg	证明书/kg
1	25 912	199.2					(155.1)
	25 867	199.0					(153.5)
	25 789	198.6					(150.5)
	25 748	198.4					(146.3)
	25 707	199.2					(153.7)
	25 826	199.0					(152.9)
	25 670	198.0					(150.5)
	25 625	198.2					(148.3)
	合计	1 589.6				1 227.0	(1 226.8)
	包装物	18.6	189.1	160.8	85.0	15.8	(16.0)
	浆板	1 571.0	1 142.1	880.9	77.1	1 211.2	(1 210.8)
2	2 2491	197.8					(130.3)
	22 292	197.2					(140.3)
	22 454	197.2					(133.5)
	22 413	198.0					(138.3)
	22 255	197.4					(138.3)
	22 210	197.6					(133.7)
	24 309	197.0					(129.1)
	24 268	197.2					(131.0)
	合计	1 579.4				1 153.6	(1 095.5)
	包装物	20.0	183.7	154.7	84.0	16.8	(16.0)
	浆板	1 559.4	1 228.0	895.5	72.9	1 136.8	(1 079.5)
3	21 354	197.2					(135.3)
	22 131	197.4					(137.3)
	22 173	198.0					(136.7)
	22 095	197.6					(142.7)
	21 317	196.2					(132.5)
	21 276	197.0					(134.5)
	25 587	199.2					(153.7)
	25 550	199.0					(151.3)
	合计	1 581.6				1 100.1	(1 140.0)
	包装物	19.7	187.7	152.9	81.5	16.1	(16.0)
	浆板	1 561.9	1 288.0	893.9	69.4	1 084.0	(1 124.0)
4	2 1239	197.0					(126.9)
	18 506	198.8					(150.5)
	18 469	199.0					(145.5)
	18 428	198.2					(149.9)
	18 151	199.4					(154.9)
	18 106	199.2					(143.3)
	26 671	198.2					(154.9)
	26 708	199.2					(151.7)
	合计	1 589.0				1 196.2	(1 193.6)
	包装物	19.5	187.6	154.4	82.3	16.0	(16.0)
	浆板	1 569.5	1 169.7	879.6	75.2	1 180.2	(1 177.6)
						合计　4 676.9	(4 655.9)

注：浆包毛重的计算应精确至 0.2 kg。

A.3 计算

A.3.1 无证明书

没有证明书的,按以下方式计算样本浆包的绝干质量和整批浆包的销售质量(X)。

$$m_1\frac{a_1}{100}+m_2\frac{a_2}{100}+\cdots+m_n\frac{a_n}{100}$$

$$=1\ 227.0+1\ 153.6+1\ 100.1+1\ 196.2=4\ 676.9\ (\text{kg})$$

$$X=\frac{4\ 676.9\times20\times100}{90\times4}=25\ 983(\text{kg})$$

A.3.2 有证明书

根据证明书计算得出的样本浆包的绝干质量:

$$1\ 226.8+1\ 095.5+1\ 140.0+1\ 193.6=4\ 655.9(\text{kg})$$

$$e=\frac{4\ 655.9\times100}{90}=5\ 173.2(\text{kg})$$

$$Y=\frac{4\ 676.9\times25\ 866\times100}{90\times\frac{4\ 655.9\times100}{90}}=\frac{4\ 676.9\times25\ 866\times100}{90\times5\ 173.2}=25\ 982.8(\text{kg})$$ [1)]

$$Y=25\ 983(\text{kg})$$

短缺或超出的数量:+0.452%或 117 kg。

1) 如果不计算 e,Y 的第一步计算可简化。

附 录 B
(资料性附录)
在样本浆包中确定试样浆板位置的装置

可以使用各面均有适当分度的四个直尺，如果使用八边形的测量尺则更为方便，其每面均有分度对应于各浆包。

例如，长度为 56 cm 的测量尺(不包括手柄)，其每个面上的分度距离对应于表 B.1，且各分度是由最上端的刻度开始的。

表 B.1 从最上端刻度到试样浆板的距离

单位为毫米

浆包编号	试样浆板的编号				
	1	2	3	4	5
Ⅰ	0[a]	112	224	336	448
Ⅱ	8[a]	120	232	344	456
Ⅲ	16	128	240	352	464
Ⅳ	24	136	248	360	472
Ⅴ	32	144	256	368	480
Ⅵ	40	152	264	376	488
Ⅶ	48	160	272	384	496
Ⅷ	56	168	280	392	504

[a] 建议不选取最顶端的浆板，因为该浆板不能代表浆包内容物的真实水分，所以第一张试样浆板应在距其顶部大约 10 mm 处选取。

ICS 59.080.40
Y 47

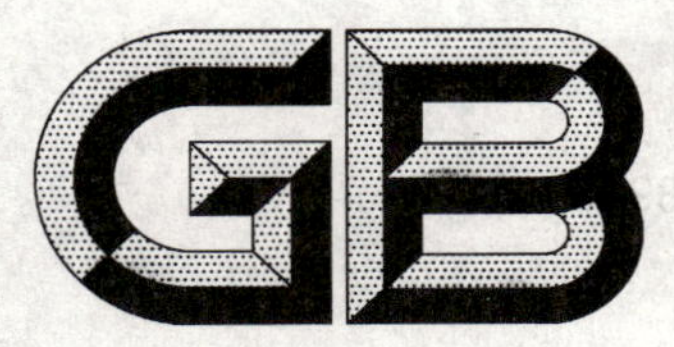

中华人民共和国国家标准

GB/T 8948—2008
代替 GB/T 8948—1994

聚氯乙烯人造革

Polyvinyl chloride artificial leather

2008-08-19 发布　　2009-05-01 实施

中华人民共和国国家质量监督检验检疫总局
中国国家标准化管理委员会　发布

前 言

本标准代替 GB/T 8948—1994《聚氯乙烯人造革》。

本标准与 GB/T 8948—1994 相比主要变化如下：

——本标准增加按涂层是否发泡进行分类：发泡革和不发泡革。

——本标准重新调整 4.1.2 指标，按厚度不同确定不同指标。

——本标准要求中的 4.1.4、4.2、4.3 指标不分等级，统一采用原标准的一等品指标。

——本标准根据物理力学性能对产品的重要程度分为通用物理力学性能（4.3）和协商物理力学性能（4.4）。

——把原标准中的耐折牢度、粘着性、低温耐折牢度、耐揉搓性和耐顶破强度列入协商物理力学性能，增加耐光性、硫化性两项指标。

——本标准在试验方法中增加耐光性、硫化性的试验方法，同时把低温耐折牢度、耐揉搓性和耐顶破强度的试验方法由附录改为正文。

——老化性试验温度不分等级，统一采用原标准的一等品指标。

本标准由中国轻工业联合会提出。

本标准由全国塑料制品标准化技术委员会归口。

本标准由佛山塑料集团股份有限公司双龙分公司起草，无锡双象超纤材料股份有限公司参与起草。

本标准主要起草人：吴静华、高翩、曾秀明、张庆荣、赵梅。

本标准所代替标准的历次版本发布情况为：

——GB 8948—1988，GB/T 8948—1994。

聚氯乙烯人造革

1 范围

本标准规定了聚氯乙烯人造革的产品分类、要求、试验方法、检验规则及标志、包装、运输、贮存。

本标准适用于以平纹布或斜纹布为底基，在聚氯乙烯树脂中加入增塑剂和其他添加剂经压延或涂覆等方法而制成的聚氯乙烯人造革。

本标准不适用于针织布基聚氯乙烯人造革。

2 规范性引用文件

下列文件中的条款通过本标准的引用而成为本标准的条款。凡是注日期的引用文件，其随后所有的修改单(不包括勘误的内容)或修订版均不适用于本标准，然而，鼓励根据本标准达成协议的各方研究是否可使用这些文件的最新版本。凡是不注日期的引用文件，其最新版本适用于本标准。

GB/T 250—2008 纺织品 色牢度试验 评定变色用灰色样卡

GB/T 1040.3—2006 塑料 拉伸性能的测定 第3部分:薄膜和薄片的试验条件

GB/T 1539—2007 纸板耐破度的测定

GB/T 2828.1—2003 计数抽样检验程序 第1部分:按接收质量限(AQL)检索的逐批检验抽样计划

GB/T 2918—1998 塑料试样状态调节和试验的标准环境

GB/T 3920—2008 纺织品 色牢度试验 耐摩擦色牢度

GB 7565—1987 纺织品色牢度试验 棉和粘纤标准贴衬织物规格

GB/T 8808—1988 软质复合塑料材料剥离试验方法

HG/T 2-162—1965 塑料 薄膜低温伸长试验方法

QB/T 2714—2005 皮革 物理和机械试验 耐折牢度的测定

QB/T 2727—2005 皮革 色牢度试验 耐光色牢度:氙弧

3 分类

3.1 产品按布基纺织方法分类见表1。

表1 产品分类方法

类别	布基品种
A	平纹布
B	斜纹布

3.2 按涂层是否发泡分为发泡革和不发泡革。

4 要求

4.1 规格

4.1.1 宽度及极限偏差应符合表2规定。

表2 宽度极限偏差

单位为毫米

宽度	极限偏差
≤1 000	±20
>1 000	±25

4.1.2 厚度及极限偏差应符合表 3 规定。

表 3 厚度极限偏差

单位为毫米

类别		厚度	极限偏差
A	发泡革	0.70～1.00	±0.10
		1.10～1.60	±0.15
	不发泡革	0.35～0.65	±0.05
		0.70～1.20	±0.10
B	发泡革	0.70～1.00	±0.10
		1.10～1.60	±0.15
	不发泡革	0.70～0.90	±0.10
		1.00～1.20	±0.15
注：厚度不在上述范围时，厚度极限偏差由供需双方协商确定。			

4.1.3 每卷长度的极限负偏差为 0.1 m。

4.1.4 每卷段数和最小段长应符合表 4 规定。

表 4 段数和最小段长

每卷长度/m	指标	
	每卷段数	最小段长/m
≤30	≤2	≥4
≥30	≤3	
注：一段以上，每增加一段应增加 0.1 m。		

4.2 外观

外观应符合表 5 的规定。

表 5 外观

项目	指标
花纹及色差	花纹清晰、深浅一致、无色差
边陷	每边宽度≤1 cm，长度≤40 cm。20 m 或 20 m 以下一卷的不多于 1 处，20 m 至 30 m(不含 20 m)一卷的不多于 2 处，30 m 以上(不含 30 m)一卷的不多于 3 处
料块、焦巴、杂质	不应存在
气泡	不应存在
道痕	长度≤50 cm，20 m 或 20 m 以下一卷的不多于 1 处，20 m 至 30 m(不含 20 m)一卷的不多于 2 处，30 m 以上(不含 30 m)一卷的不多于 3 处
油渍、污渍和色渍	2.5 cm^2 以下，20 m 或 20 m 以下一卷的不多于 2 处，20 m 至 30 m(不含 20 m)一卷的不多于 3 处，30 m 以上(不含 30 m)一卷的不多于 4 处
布折	不应存在
布基透油	不应存在
底基破裂	不应存在
注：以上缺陷，每出现一处应加 0.1 m。	

4.3 物理力学性能

4.3.1 通用物理力学性能

通用物理力学性能应符合表6规定。

表6 通用物理力学性能

项目		指标	
		A类	B类
拉伸负荷/N	经向	≥200	≥400
	纬向	≥150	≥300
断裂伸长率/%	经向	≥4	≥8
	纬向	≥10	≥13
撕裂负荷/N	经向	≥12	≥20
	纬向	≥12	≥20
剥离负荷/N		≥15	≥18
表面颜色牢度/级		≥4	
耐寒性		表面不裂	
老化性		表面不裂	

4.3.2 协商物理力学性能

协商物理力学性能指由供需双方协商确定的物理力学性能项目。协商物理力学性能应符合表7规定。

表7 协商物理力学性能

项目	指标	
	A类	B类
耐顶破强度/MPa	≥1.0	≥1.2
耐折牢度	3万次表面不裂	
低温耐折牢度	3万次表面不裂	
耐揉搓性	表面无裂纹、损伤或布基与涂层分离等现象	
耐光性/级	≥4	
硫化性/级	≥4	
粘着性	表面无异状	

5 试验方法

5.1 试样制备

从产品上沿经向裁取1 m以上作为样品。样品纬向两端各除去宽50 mm后进行试样制备，试样的裁取数量及尺寸按表8和图1规定进行。

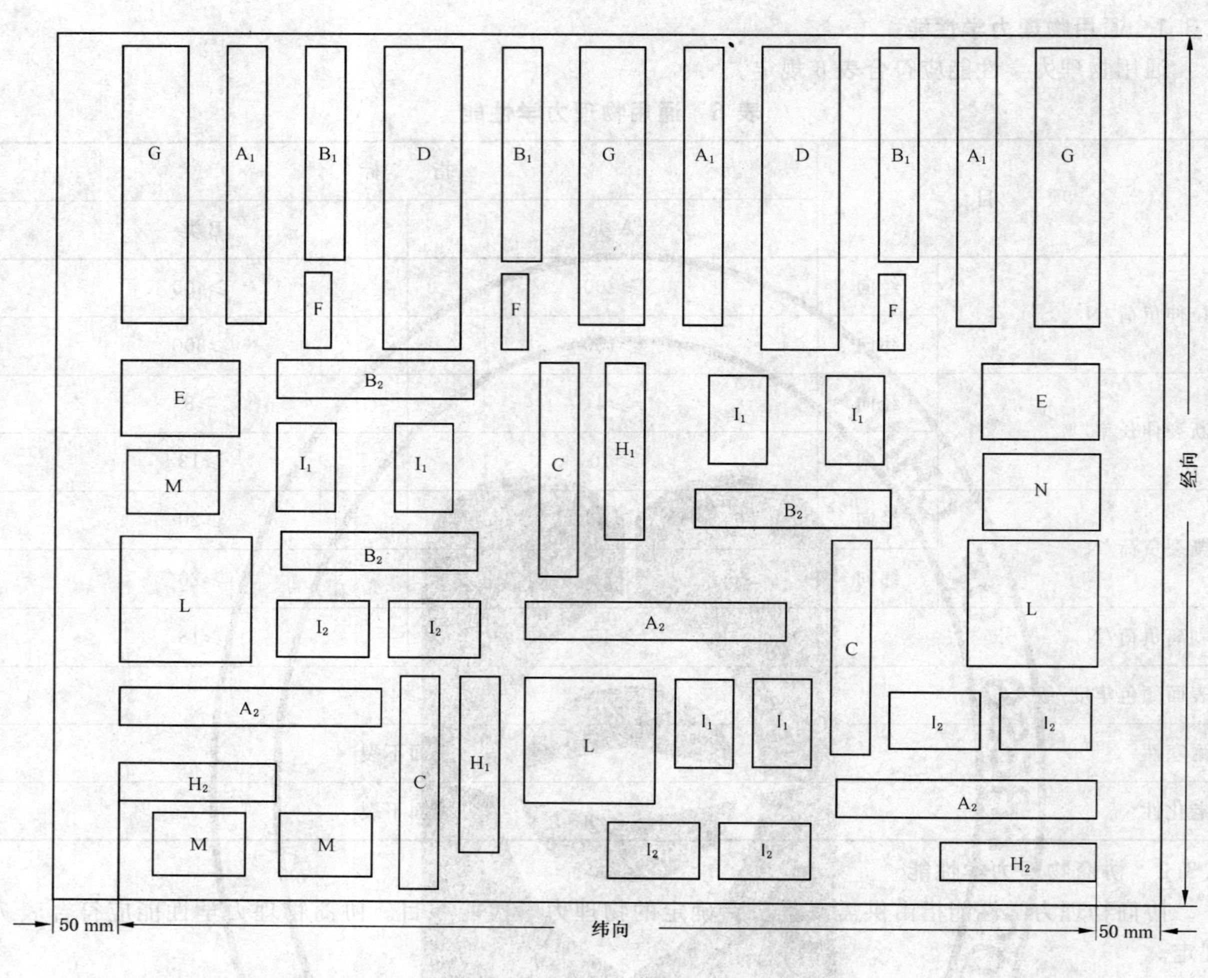

A_1、A_2——拉伸负荷及断裂伸长率试样；

B_1、B_2——撕裂负荷试样；

C——剥离负荷试样；

D——表面颜色牢度试样；

E——粘着性试样；

F——耐寒性试样；

G——老化性试样；

H_1、H_2——耐揉搓性试验试样；

I_1、I_2——耐折牢度及低温耐折牢度试样；

L——耐顶破强度试样；

M——耐光性试样；

N——硫化性试样。

图1　试样制备图

表 8 试样尺寸及数量

序号	试样名称		记号	试样大小(长×宽)/mm	数量/块
1	拉伸负荷及断裂伸长率	经向	A_1	200×30	3
		纬向	A_2	200×30	3
2	撕裂负荷	经向	B_1	150×30	3
		纬向	B_2	150×30	3
3	剥离负荷	经向	C	150×30	3
4	表面颜色牢度	经向	D	220×60	2
5	粘着性	经向	E	90×60	2
6	耐寒性	经向	F	60×20	3
7	老化性	经向	G	200×50	3
8	耐揉搓性	经向	H_1	120×30	2
		纬向	H_2	120×30	2
9	耐折牢度及低温耐折牢度	经向	I_1	70×45	6
		纬向	I_2	70×45	6
10	耐顶破强度		L	100×100	3
11	耐光性		M	70×50	3
12	硫化性		N	90×60	1

5.2 试样状态调节和试验的标准环境

按 GB/T 2918—1998 规定的温度(23±2)℃、相对湿度(50%±10%)标准环境和正常偏差范围进行,试样状态调节时间不少于 4 h,并在此条件下进行试验。

5.3 宽度

用精度为 1 mm 的钢卷尺或仪表沿长度方向任意测量 3 处,结果取最小值,精确至 1 mm。

5.4 厚度

5.4.1 仪器

百分表测厚仪,应符合下列规定:

a) 测力:0.8 N~1.5 N;

b) 测头直径:7 mm~10 mm;

c) 分度值:0.01 mm。

5.4.2 试验步骤

用百分表测厚仪沿产品宽度方向左、中、右 3 点测量,测量结果以算术平均值表示,精确至 0.01 mm。

5.5 长度

用合适的量具或仪表测量,结果精确至 1 cm。

5.6 外观

在自然光线下目测和用相应的量具测量。

5.7 拉伸负荷及断裂伸长率

按 GB/T 1040.3—2006 的规定进行。采用 2 型试样，试样标线间距为 100 mm，拉伸速度为 200 mm/min。

5.8 撕裂负荷

在试样宽度的中心线处沿平行于长度方向切开 75 mm，将切开的两端成相反方向夹在符合 5.7 规定的拉伸试验机夹具上，以 200 mm/min 速度进行试验，记录试样最大撕裂负荷，试验结果以经、纬向各 3 块试样的算术平均值表示，精确至 0.1 N。

5.9 剥离负荷

按 GB/T 8088—1988 的规定进行。

5.10 表面颜色牢度

按 GB/T 3920—2008 的规定进行，其中摩擦用标准贴衬织物应符合 GB/T 7565－1987 的规定。试验结果按 GB/T 250—2008 的规定进行评定。

5.11 耐寒性

按 HG/T 2-162—1965 规定进行，试验温度为(－10±1)℃。以最差的试验数据作为试验结果。

5.12 老化性

5.12.1 仪器

热老化试验箱：带转动试样架和鼓风装置。

5.12.2 试验步骤

将试样悬挂在温度为(100±2)℃的热老化试验箱中，在试样架转动和鼓风条件下保持 24 h 后取出，在室温下冷却 0.5 h 以上，然后从每个试样上裁取长 60 mm，宽 20 mm 的试样 1 块，在温度为(－5±1)℃的低温液中保持 5 min，按 HG/T 2-162—1965 规定进行试验。以最差的试验数据作为试验结果。

5.13 耐顶破强度

5.13.1 试验仪器

缪伦式破裂强度试验机，应符合 GB/T 1539—2007 的规定。

5.13.2 试验步骤

将试样涂层面朝下，用环形夹具夹紧，缓慢加压至试样被顶破为止。耐顶破强度用试样被顶破时的压力表示，试验结果取 3 块试样的算术平均值，精确至 0.1 MPa。

5.14 耐折牢度

按 QB/T 2714—2005 的规定进行。

5.15 低温耐折牢度

5.15.1 试验仪器

低温耐折牢度试验机，应符合 QB/T 2714—2005 的规定。

5.15.2 试验步骤

以试样长度的中心线为准，涂层向内对折，将对折试样的一端放入仪器的上夹内，使顶端与螺丝接触，折线与夹的底边平齐。再将试样的另一端布基向内对折，并插入下夹内。然后调整箱内温度为(－10±2)℃，当计数器达到 3 万次时，停止试验。观察受折部分的变化情况，以最差的试验数据作为试验结果。

5.16 耐揉搓性

5.16.1 试验仪器

斯科特型揉搓试验机。

5.16.2 试验步骤

将同一方向的2块试样布面相互重合，然后装入夹具间隔为30 mm的揉搓试验机夹具中。逐步缩小夹具的距离，使2块试样的布面轻轻接触后施加载荷，间距缩小到载荷为9.8 N为止。在频率为120次/min，行程为50 mm的条件下，往复1 000次，观察人造革表面有无裂纹、损伤或布基与涂层分离等现象。如果有1块试样有上述现象，则判该试样的耐揉搓性不合格。

5.17 耐光性

按QB/T 2727—2005的规定进行。曝晒方法采用方法3，以3个试样中变褪色程度最严重的作为最终的变褪色等级予以记录。

5.18 硫化性

把试样浸在一直通有硫化氢气体的硫化氢饱和水溶液中5 min，然后取出试样，并立即用水冲洗干净，按GB/T 250—2008的规定判定试样的变色等级。

5.19 粘着性

5.19.1 仪器

带鼓风装置的恒温烘箱。

5.19.2 试验步骤

将2块试样的聚氯乙烯涂层面相互贴合在一起，用2块长、宽约60 mm的平滑玻璃使之与试样的宽度对齐，然后把试样夹在2块玻璃之间。再用底面长、宽各60 mm，载荷为30 N的重物压在玻璃板上，一同放置在(70±2)℃的恒温烘箱内，24 h后取出，除去重物，在室温下冷却1 h。然后慢慢地将2块试样剥开，观察膜面有无损伤等异状产生。

6 检验规则

6.1 检验分类、项目

6.1.1 出厂检验

出厂检验项目为要求中4.1、4.2、4.3.1的项目。

6.1.2 型式检验

有下列情况之一时，应进行型式检验：

a) 新产品的定型鉴定或老产品的转厂生产时；
b) 正式生产后，如结构、材料、工艺有较大变化，可能影响产品性能时；
c) 正常生产三个月以上时；
d) 因故停产三个月以上，恢复生产时；
e) 出厂检验结果与上次型式检验有较大差异时；
f) 国家质量监督检验机构提出进行型式检验要求时。

型式检验的项目为本标准规定的全部项目。

6.2 出厂检验

6.2.1 组批与抽样

6.2.1.1 组批

人造革应按批验收，同一布基、同一颜色、同一花纹、同一规格的产品为一批，每一批数量不超过15 000 m。

6.2.1.2 抽样

规格及外观的检验采用GB/T 2828.1—2003中规定的一般检查水平Ⅱ、接收质量限AQL为6.5的二次抽样方案，其批量、样本及判定数组见表9。

物理力学性能为每交付批随机抽取一卷进行检验。

表9 出厂检验抽样方案

批量 卷	样本	样本大小 n	累计样本大小	AQL=6.5	
				接收数 Ac	拒收数 Re
16～25	第一	5	5	0	2
	第二	5	10	1	2
26～50	第一	5	5	0	2
	第二	5	10	1	2
51～90	第一	8	8	0	3
	第二	8	16	3	4
91～150	第一	13	13	1	3
	第二	13	26	4	5
151～280	第一	20	20	2	5
	第二	20	40	6	7
281～500	第一	32	32	3	6
	第二	32	64	9	10
501～1 200	第一	50	50	5	9
	第二	50	100	12	13

6.2.2 判定规则

6.2.2.1 合格项的判定

规格、外观样本单位的判定，分别按4.1和4.2的规定进行。样本单位的检验结果若符合表9规定，则判规格、外观合格。

物理力学性能检验结果中若有不合格项，应在原批中重新双倍取样，对不合格项进行复验，复验结果若全部合格，则判物理力学性能合格。

6.2.2.2 合格批的判定

检验结果若全部项目合格，则判该批产品合格。若有不合格项，则判该批产品为不合格。

6.3 型式检验

6.3.1 抽样

从出厂检验合格的产品中任意抽取一卷用于外观及规格的检验，取1 m用于物理力学性能检验。

6.3.2 判定规则

规格、外观按4.1和4.2的规定进行。若不合格，应在原产品中重新任取3卷，进行复验，复验结果全部合格，则判规格、外观合格。

物理力学性能检验结果中若有任一项不合格，应在原产品中重新双倍取样，对不合格项进行复验，复验结果若全部合格，则判物理力学性能合格。

检验结果全部项目合格，判该次型式检验合格。

7 标志、包装、运输、贮存

7.1 标志

每卷产品应附有合格证，并具有以下标志：

a) 制造厂名称及地址；

b) 产品名称；

c) 产品类别；

d) 产品规格(厚度、宽度、长度、颜色、花纹等)；

e) 生产日期及生产批号；

f) 商标；

g) 执行的产品标准编号；

h) 检验员代号。

7.2 包装

产品应涂层向内，用卷芯卷成整齐圆卷，用塑料薄膜或纸包装。也可由供需双方商定。

7.3 运输

产品运输时应防止碰撞或接触锐利的物体，轻装轻卸、不能重压，切勿日晒雨淋，保持包装完整。

7.4 贮存

产品应贮存在清洁、干燥、通风、温度适宜的库房内，避免阳光照射，距热源不小于1 m，堆放合理。产品贮存期为自生产之日起18个月。

ICS 59.080.40
Y 47

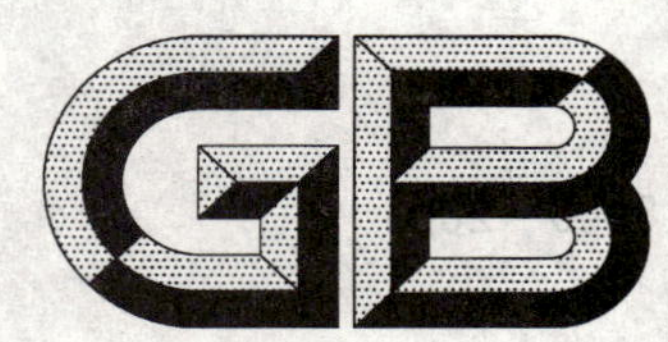

中华人民共和国国家标准

GB/T 8949—2008
代替 GB/T 8949—1995

聚氨酯干法人造革

Polyurethane dry-processing artificial leather

2008-08-19 发布　　　　2009-05-01 实施

中华人民共和国国家质量监督检验检疫总局
中国国家标准化管理委员会　发布

前　言

本标准代替 GB/T 8949—1995《鞋面用合成革》。

本标准与 GB/T 8949—1995 相比主要变化为：

——本标准产品分类由原标准按用途分为 A 类、B 类、C 类三类改为按布基分类分为 A 类、B 类两类；

——本标准在 4.1.3 每卷长度及其极限偏差由原标准的长度一般为 50 m/卷，极限偏差为＋0.1 m 改为　长度由供需双方协商确定，长度不能为负偏差；

——本标准 4.1.4 按每卷长度确定不同的指标；

——本标准取消产品质量分级；

——本标准根据物理力学性能对产品的重要程度分为通用物理力学性能（4.3.1）和协商物理力学性能（4.3.2）；

——本标准 5.2 由原标准从产品上沿经向裁取 0.65 m 以上作为样品改为产品沿经向裁取 0.8 m；

——本标准增加耐揉搓性，耐顶破强度、耐黄变、低温耐折的要求。

本标准自实施之日起，代替 GB/T 8949—1995。

本标准由中国轻工业联合会提出。

本标准由全国塑料制品标准化技术委员会归口。

本标准由无锡双象超纤材料股份有限公司起草，佛山塑料集团股份有限公司双龙分公司、浙江禾欣实业集团股份有限公司参与起草。

本标准主要起草人：顾宇霆、田为坤、邹惠忠、金梅、邹永华。

本标准所代替的历次版本发布情况为：

——GB/T 8949—1988，GB/T 8949—1995。

聚氨酯干法人造革

1 范围

本标准规定了聚氨酯干法人造革的产品分类、要求、试验方法、检验规则及标志、包装、运输、贮存。

本标准适用于以针织布基和机织布基为底基，经干法聚氨酯涂层工艺制造的人造革。

2 规范性引用文件

下列文件中的条款通过本标准的引用而成为本标准的条款。凡是注日期的引用文件，其随后所有的修改单(不包括勘误的内容)或修订版均不适用于本标准，然而，鼓励根据本标准达成协议的各方研究是否可使用这些文件的最新版本。凡是不注日期的引用文件，其最新版本适用于本标准。

GB/T 250—2008 纺织品 色牢度试验 评定变色用灰色样卡

GB/T 1040.1—2006 塑料 拉伸性能的测定 第1部分：总则

GB/T 1040.3—2006 塑料 拉伸性能的测定 第3部分：薄膜和薄片的试验条件

GB/T 1539—2007 纸板耐破度的测定

GB/T 2828.1—2003 计数抽样检验程序 第1部分：按接收质量限(AQL)检索的逐批检验抽样计划

GB/T 2918—1998 塑料试样状态调节和试验的标准环境

GB/T 3920—2008 纺织品 色牢度试验 耐摩擦色牢度

GB 7565—1987 纺织品色牢度试验 棉和粘纤标准贴衬织物规格

QB/T 2714—2005 皮革 物理和机械试验 耐折牢度的测定

HG/T 2-162—1965 塑料 薄膜低温伸长试验方法

HG/T 3689—2001 鞋类耐黄变试验方法

3 产品分类

产品按布基分类，见表1。

表1 产品分类

类 别	布 基
A类	针织布基
B类	机织布基

4 要求

4.1 规格

4.1.1 产品厚度及其极限偏差

应符合表2规定。

表2 产品厚度及极限偏差

单位为毫米

厚 度	极限偏差
<0.6	±0.05
0.6～0.9	±0.07
>0.9	±0.10

4.1.2 产品宽度及其极限偏差

应符合表 3 规定。

表 3 产品宽度及其极限偏差

单位为毫米

宽　度	极限偏差
≥1370	−10
<1370	−8
注：其他宽度由供需双方协商确定。	

4.1.3 每卷长度及其极限偏差

每卷长度由供需双方协商确定，不能为负偏差。

4.1.4 每卷段数及最小段长

应符合表 4 规定。

表 4 每卷段数及最小段长

每卷长度/m	每卷段数	最小段长/m
≤25	≤3	≥2
25～40	≤4	
≥40	≤5	
注：一段以上，每增加一段应增加 0.1 m。		

4.2 外观

应符合表 5 要求。

表 5 外观

序　号	项　目	要　求
1	色泽	基本一致
2	花纹	清晰
3	脱层(包括气泡、空壳及贴合不良)	不应存在
4	针孔	不应存在
5	道痕、皱纹	不应存在
6	油污、杂质及其他缺陷	不应存在

4.3 物理力学性能

4.3.1 通用物理力学性能

通用物理力学性能应符合表 6 规定。

表 6 通用物理力学性能

序　号	项　目		指　标			
			A类		B类	
			<0.6	≥0.6	<0.6	≥0.6
1	拉伸负荷/N	经向	≥200	≥250	≥200	≥250
		纬向	≥100	≥100	≥120	≥300
2	断裂伸长率/%	经向	≥90	≥100	≥15	≥25
		纬向	≥100	≥200	≥20	≥35
3	撕裂负荷/N	经向	≥20	≥25	≥14	≥20
		纬向	≥12	≥18	≥14	≥25
4	剥离负荷/N		≥18	≥20	≥15	≥18

表 6（续）

序　号	项　目	指　标			
		A类		B类	
		<0.6	≥0.6	<0.6	≥0.6
5	表面颜色牢度/级	≥4			
6	抗粘连性/级	≥4			

4.3.2　协商物理力学性能

协商物理力学性能指由供需双方协商确定的物理力学性能项目。协商物理力学性能应符合表7规定。

表 7　协商物理力学性能

序　号	项　目		指　标	
			A类	B类
1	耐折牢度/级	23 ℃，2.5万次	无裂口	
		−10 ℃，5 000次	无裂口	
2	耐寒性		无裂口	
3	耐揉搓性		表面无裂纹、损伤或布基与涂层分离等现象	
4	耐顶破强度/MPa		—	≥1
5	耐黄变/级		≥4	

5　试验方法

5.1　试样状态调节和试验环境

按GB/T 2918—1998规定的温度23 ℃±2 ℃、相对湿度50%±10%的标准环境与一般偏差范围进行，试样状态调节时间不少于4 h，并在此条件下进行试验。

5.2　取样

从产品上沿经向裁取0.8 m以上作为样品。在宽度方向的两边各除去50 mm，试样裁取的尺寸如表8所示，排列如图1所示。

表 8　试样裁取数量及尺寸

序号	试样名称		记号	试样大小(长×宽)/mm	数量/块
1	拉伸负荷及断裂伸长率	经向	A_1	200×30	3
		纬向	A_2	200×30	3
2	撕裂负荷	经向	B_1	150×30	3
		纬向	B_2	150×30	3
3	剥离负荷	经向	C	200×30	3
4	表面颜色牢度	经向	D	220×60	2
5	抗粘连性	经向	E	60×60	3
6	耐折牢度及低温耐折牢度	经向	F_1	70×45	6
		纬向	F_2	70×45	6
7	耐寒性	经向	G	60×20	3
8	耐揉搓性	经向	H_1	120×30	3
		纬向	H_2	120×30	3
9	耐顶破强度	经向	I	100×100	3
10	耐黄变	经向	J	60×90	3

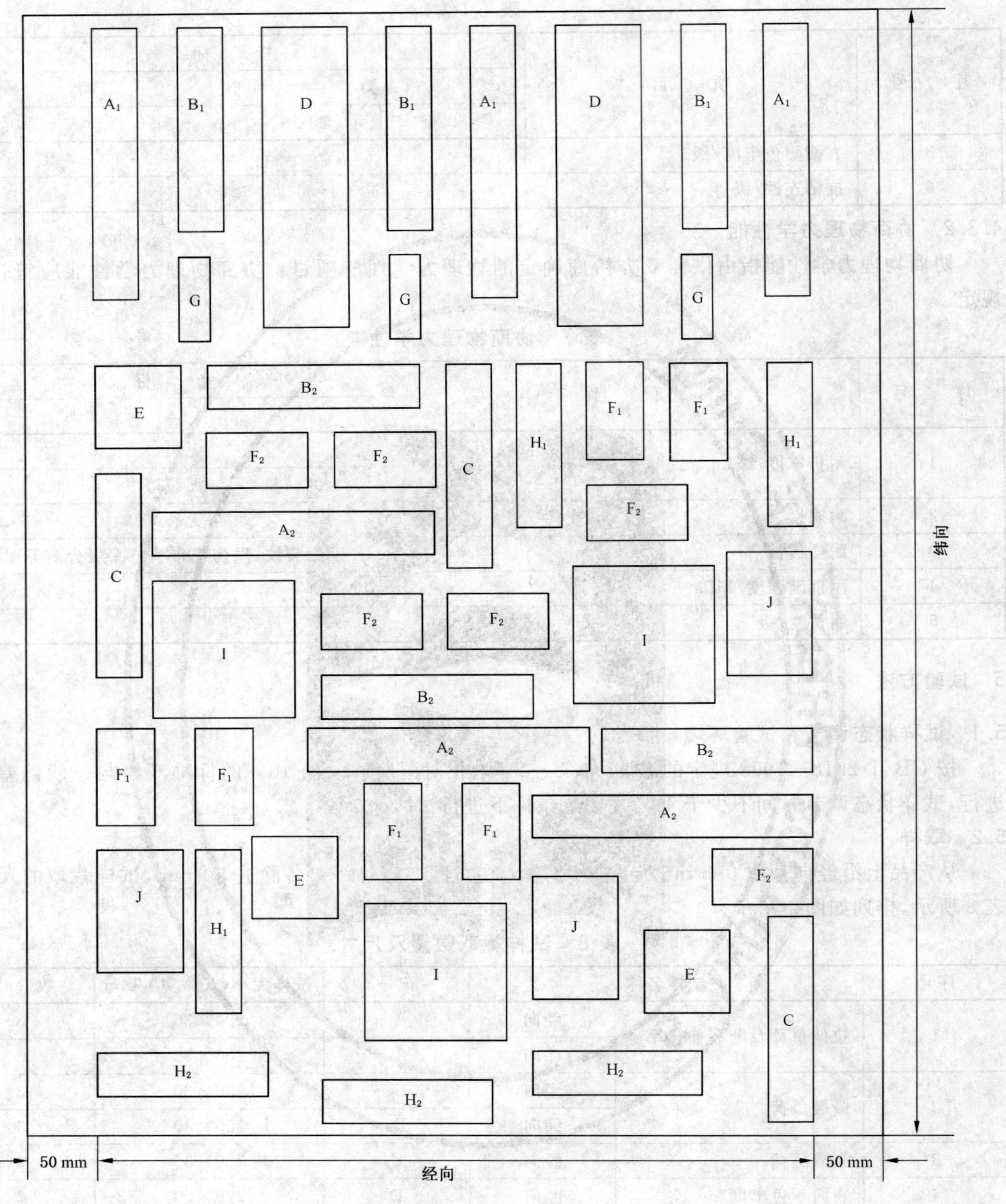

A1、A2——拉伸负荷及断裂伸长率试样(长 200 mm,宽 30 mm);

B1、B2——撕裂负荷试样(长 150 mm,宽 30 mm);

C——剥离负荷试样(长 150 mm,宽 30 mm);

D——表面颜色牢度试样(长 220 mm,宽 60 mm);

E——抗粘连性试样(长 60 mm,宽 60 mm);

F1——耐折牢度(常温)试样(长 70 mm,宽 45 mm);

F2——耐折牢度(低温)试样(长 70 mm,宽 45 mm);

G——耐寒性试样(长 60 mm,宽 20 mm);

H——耐揉搓性试样(长 120 mm,宽 30 mm);

I——耐顶破强度试样(长 100 mm,宽 100 mm);

J——耐黄变试样(长 60 mm,宽 90 mm)。

图 1　试样制备图

5.3 厚度

5.3.1 仪器

百分表测厚仪,应符合下列规定:

a) 测力:0.8 N~1.5N;

b) 测头直径:7 mm~10 mm;

c) 分度值:0.01 mm。

5.3.2 试验步骤

用百分表测厚仪沿产品宽度方向左、中、右 3 点测量,测量结果以算术平均值表示,精确至 0.01 mm。

5.4 宽度

用精度为 1 mm 的钢卷尺或仪表沿长度方向任意测量 3 处,结果取最小值,精确至 1 mm。

5.5 长度

用合适的量具或仪表测量,结果精确至 1 cm。

5.6 外观

自然光下目测。

5.7 拉伸负荷及断裂伸长率

拉伸试验机应符合 GB/T 1040.3—2006 中 5.1.2~5.1.5 的规定,试验步骤及结果按GB/T 1040.3—2006 中的第 9 章规定进行,其中样品标线间距离为 100 mm,试验速度为 200 mm/min±10 mm/min。

5.8 撕裂负荷

在试样宽度的中心线处沿平行于长度方向切开 75 mm,将切开的两端成相反方向夹在符合 5.7 规定的拉伸试验机夹具上,以 200 mm/min±10 mm/min 速度进行试验,记录试样最大撕裂负荷,试验结果以经、纬向各 3 块试样的算术平均值表示,精确至 0.1 N。

5.9 剥离负荷

5.9.1 仪器

5.9.1.1 拉伸试验机,应符合 GB/T 1040.3 的规定。

5.9.1.2 带鼓风装置的恒温烘箱。

5.9.2 试验步骤

取试样 3 块,用适量粘结胶将涂层与同类革涂层粘贴在一起(试样必须粘合牢固),再将贴合好的试样置于 135 ℃±5 ℃,恒温 2 h 后,对贴合处理后的试样进行手剥,试样的涂层与基布分开至 50 mm,再将分开的两端分别夹在拉伸试验机的夹具上,以 200 mm/min 的速度进行剥离,记录试样剥离的最大负荷。

5.9.3 试验结果

5.9.3.1 取每组试样的算术平均值,精确至 1 N;

5.9.3.2 试样涂层全部断裂,以最大读数为该试样的剥离负荷;

5.9.3.3 试样的涂层与基布用手不能剥开,该试样剥离负荷为合格。若一组试样全剥不开,该项测试结果为合格。

5.10 表面颜色牢度

按 GB/T 3920—2008 的规定进行,其中摩擦用标准贴衬织物应符合 GB/T 7565—1987 的规定。试验结果按 GB/T 250—2008 的规定进行评定。

5.11 抗粘连性

5.11.1 仪器

带鼓风装置的恒温烘箱。

5.11.2 试验步骤

取试样6块,涂层与涂层对合共3组。将3组试样分别夹在两块60 mm×60 mm×3 mm的玻璃夹片中,并在夹片上压10 N载荷的重物,放入温度为(80±2)℃的带鼓风装置的恒温烘箱中,恒温3 h后取出试样,置于室温下30 min,然后用手揭开对合的试样。

5.11.3 试验结果

试验结果的判定按以下方法进行。

5级:能轻轻剥开。

4级:稍用力剥开。

3级:用一定的力才能剥开,表面未破坏。

2级:在重力下剥离,并出现不完整剥离。

1级:不能剥离。

取三组试样的最低值做为试验结果。

5.12 耐折牢度

按QB/T 2714—2005的规定进行。

5.13 耐寒性

按HG/T 2-162规定进行,试验温度－10 ℃。试验结果中,3块试样中若有一块破裂,则耐寒性为不合格。

5.14 耐揉搓性

5.14.1 试验仪器

斯科特型揉搓试验机。

5.14.2 试验步骤

将同一方向的2块试样布面相互重合,然后装入夹具间隔为30 mm的揉搓试验机夹具中。逐步缩小夹具的距离,使2块试样的布面轻轻接触后施加载荷,间距缩小到载荷为1 kg为止。在频率为120次/min,行程为50 mm的条件下,往复1 000次,观察人造革表面有无裂纹、损伤或布基与涂层分离等现象。如果有1块试样有上述现象,则判该试样的耐揉搓性不合格。

5.15 耐顶破强度

5.15.1 试验仪器

缪伦式破裂强度试验机,应符合GB/T 1539—2007的规定。

5.15.2 试验步骤

将试样涂层面朝下,用环形夹具夹紧,均匀加压至试样被顶破为止。顶破强度用试样被顶破时的压力表示,试验结果取3块试样的算术平均值,精确至0.1 MPa。

5.16 耐黄变性

5.16.1 试验装置

试验装置应符合HG/T 3689—2001中4.1的规定。

5.16.2 试验方法

按HG/T 3689—2001中7.1A法的规定进行试验,其中照射时间为24 h。

5.16.3 试验结果

按HG/T 3689—2001中第8章的规定判定试验结果。

6 检验规则

6.1 组批

产品应按批验收,同一原料、同一规格、同一工艺的产品为一批,每批数量不超过15 000 m。

6.2 出厂检验

出厂检验项目为4.1、4.2、表6的全部项目。

6.3 型式检验

型式检验项目为4.1、4.2、表6、表7的全部项目。

出现下列情况之一时，进行型式检验：

a） 新产品或老产品转厂生产的试制鉴定；

b） 正式生产后，结构、材料、工艺有较大差异时；

c） 正常生产12个月时；

d） 停产6个月以上再生产；

e） 出厂检验结果与上次型式检验出现较大差异时。

6.4 抽样

规格及外观的检验采用GB/T 2828.1—2003中规定的一般检查水平Ⅰ、接收质量限AQL为6.5的一次正常抽样方案，其批量、样本、判定数组见表9，物理力学性能为每交付批随机抽取一卷进行检验。

表9 出厂检验抽样方案

批量范围/卷	样本大小/卷	AQL＝6.5	
		接收数 Ac	拒收数 Re
2～8	2	0	1
9～15	2	0	1
16～25	3	0	1
26～50	5	1	2
51～90	5	1	2
91～150	8	1	2
151～280	13	2	3
281～500	20	3	4
501～1200	32	5	6

6.5 判定规则

6.5.1 合格项的判定

规格、外观以卷为样本单位，分别按表2、表3、表4及表5的规定进行，样本单位的检验结果若符合6.4的规定，则判规格外观合格。

物理力学性能检验结果中若有不合格项，应在原批中重新双倍取样，对不合格项进行复验，复验结果若全部合格，则判物理力学性能合格。

6.5.2 合格批的判定

检验结果若全部项目合格，则判该批产品合格。若有不合格项，则判该批产品为不合格。

7 标志

每卷产品包装应有下列标志：

a） 制造厂名称及地址；

b） 产品名称及本标准号；

c） 产品规格（厚度、宽度、长度、颜色、花纹等）；

d） 生产日期及生产批号；

e） 商标；

f） 检验员代号；

g） 防压、防潮等标志；

h） 用途；

i） 使用注意事项；

j） 保质期或贮存期。

8 包装、运输、贮存

8.1 包装

产品一般用卷芯卷成整齐圆卷，用塑料薄膜或包装纸包装。

8.2 运输

产品运输中要轻装轻卸，不能重压、切勿日晒雨淋，保持包装完整。

8.3 贮存

产品应贮存清洁、干燥、通风、温度适宜的库房内，防挤压、防晒、远离热源。产品贮存期为自生产之日起，不超过18个月。

ICS 59.060.20
W 52

中华人民共和国国家标准

GB/T 8960—2008
代替 GB/T 8960—2001

涤纶牵伸丝

Polyester drawn yarn

2008-08-06 发布　　2009-06-01 实施

中华人民共和国国家质量监督检验检疫总局
中国国家标准化管理委员会　发布

前　言

本标准是对 GB/T 8960—2001《涤纶牵伸丝》的修订，其主要修订内容如下：

1. 范围部分

由总线密度 40 dtex～340 dtex、单丝线密度 1.0 dtex～5.6 dtex、圆形截面、本色及半消光的涤纶牵伸丝，覆盖到总线密度为 15 dtex～340 dtex、单丝线密度 0.3 dtex～5.6 dtex 的圆形截面、半消光涤纶牵伸丝。

2. 规范性引用文件部分

增加引用了 GB/T 14189《纤维级聚酯切片(PET)》，并保证所引用的相关文件在本标准出版时均为最新版本。

3. 术语和定义

a) 增加了名义线密度、单丝线密度的定义。

b) 增加了术语名称的英文对应词。

4. 分类和标记

此部分内容为新增。

5. 要求部分

a) 物理指标仍按单丝线密度分 2 档，但将原先的 1.0 dtex≤dpf＜1.7 dtex 及 1.7 dtex≤dpf＜5.6 dtex 这两档合并为一档，另外增加 0.3 dtex≤dpf＜1.0 dtex 这档，用于针对细旦、超细旦产品。

b) 对优等品、一等品、合格品的名称分别按实际情况进行了备注，其分别称为 AA 级、A 级、B 级。低于合格品的为等外品，也可称为 C 级品。

c) 物理指标中线密度偏差、线密度不匀率(CV)、断裂强度、断裂强度不匀率(CV)、断裂伸长不匀率(CV)、沸水收缩率、染色均匀度等项目的考核指标均有一定幅度的提高。

d) 对考核指标中所述不匀率 CV 值，特别指明是取自于测试值的 CV_b 值。

6. 试验方法部分

a) 在 6.2 外观检验部分增加了 6.2.1.1、6.2.1.2 的内容。

b) 删去了有关照度表的内容。

c) 删去了有关在自动检验台上检验产品外观的内容，并将检验步骤进行了综合。

7. 检验规则部分

a) 修改了 7.2.2，增加了“但生产日期超过 90 天的产品不能按同一批号使用”的内容。

b) 取消了对复验规则中染色试验卷装数的相关规定。

8. 标志、标签部分

增加了需在包装箱上标明“包装日期”的内容，删除了“生产日期”。

9. 包装、运输和贮存部分

对 9.3 进行了修改，将“仓库内”改为“场所”。

本标准由中国纺织工业协会提出。

本标准由上海市纺织工业技术监督所归口。

本标准起草单位：江苏盛虹化纤有限公司、上海市纺织工业技术监督所、中国石化仪征化纤股份公司、江苏华亚化纤有限公司、江苏恒力化纤有限公司。

本标准主要起草人：辛婷芬、陆秀琴、高国洪、管晓燕、王金香、蔡玉丽。

本标准所代替标准的历次版本发布情况为：

——GB/T 8960—1988、GB/T 8960—2001。

涤纶牵伸丝

1 范围

本标准规定了涤纶牵伸丝的定义、技术要求、试验方法、检验规则和标志、标签、包装运输和贮存的要求。

本标准适用于总线密度为15 dtex～340 dtex、单丝线密度0.3 dtex～5.6 dtex的圆形截面、半消光涤纶牵伸丝。其他类型的涤纶牵伸丝可参照使用。

2 规范性引用文件

下列文件中的条款通过本标准的引用而成为本标准的条款。凡是注日期的引用文件，其随后所有的修改单(不包括勘误的内容)或修订版均不适用于本标准，然而，鼓励根据本标准达成协议的各方研究是否可使用这些文件的最新版本。凡是不注日期的引用文件，其最新版本适用于本标准。

GB/T 250 纺织品 色牢度试验 评定变色用灰色样卡

GB/T 1250 极限数值的表示方法和判定方法

GB/T 2828.1—2003 计数抽样检验程序 第1部分:按接收质量限(AQL)检索的逐批检验抽样计划

GB/T 3291.1 纺织 纺织材料性能和试验术语 第1部分:纤维和纱线

GB/T 3291.3 纺织 纺织材料性能和试验术语 第3部分:通用

GB/T 4146 纺织名词术语(化纤部分)

GB/T 6502 化学纤维 长丝取样方法

GB/T 6505 化学纤维 长丝热收缩率试验方法

GB/T 6508 涤纶长丝染色均匀度试验方法

GB/T 8170 数值修约规则

GB/T 14189 纤维级聚酯切片(PET)

GB/T 6504 化学纤维 含油率试验方法

GB/T 14343 化学纤维 长丝线密度试验方法

GB/T 14344 化学纤维 长丝拉伸性能试验方法

FZ/T 50001 合成纤维长丝网络度试验方法

3 术语和定义

GB/T 3291.1、GB/T 3291.3和GB/T 4146中确立的以及下列术语和定义适用于本标准。

3.1

名义线密度 nominal linear density

在销售合同、发票或包装上注明的产品线密度。

3.2

单丝线密度 linear density of monofilament

复丝中每根单丝的线密度，用dpf表示。

3.3

生产批 product lot

原料、化工料、辅料、工艺条件和产品规格相同、连续生产的产品批号，即大批号。

3.4

检验批 test lot

为检验连续生产过程中产品质量的稳定性，在一定范围内采用周期性取样的检验批号。

4 分类和标记

4.1 产品规格以线密度(dtex)和单丝根数(f)表示。例如线密度为83 dtex，单丝根数为48的涤纶牵伸丝，其产品规格表示为83 dtex/48 f。

4.2 产品型号按产品规格、生产工艺来标识。例如：83 dtex/48 f FDY，或83 dtex/48 f DT。

5 要求

5.1 产品分等

涤纶牵伸丝产品分为优等品(AA级)、一等品(A级)、合格品(B级)三个等级，低于合格品为等外品(C级)。

5.2 物理机械性能和染化性能指标

见表1。

表1 涤纶牵伸丝机械性能和染化性能指标

序号	项目		单丝线密度					
			0.3 dtex<dpf≤1.0 dtex			1.0 dtex<dpf≤5.6 dtex		
			优等品(AA级)	一等品(A级)	合格品(B级)	优等品(AA级)	一等品(A级)	合格品(B级)
1	线密度偏差率/%		±2.0	±2.5	±3.5	±1.5	±2.0	±3.0
2	线密度不匀率(*CV*)/%	≤	1.50	2.00	3.00	1.00	1.30	1.80
3	断裂强度/(cN/dtex)	≥	3.5	3.3	3.0	3.8	3.5	3.1
4	断裂强度不匀率(*CV*)/%	≤	7.00	9.00	11.0	5.00	8.00	11.0
5	断裂伸长率/%		$M_1\pm4.0$	$M_1\pm6.0$	$M_1\pm8.0$	$M_1\pm3.0$	$M_1\pm5.0$	$M_1\pm7.0$
6	断裂伸长不匀率(*CV*)/%	≤	15.0	18.0	20.0	8.00	15.0	17.0
7	沸水收缩率/%	≤	$M_2\pm0.8$	$M_2\pm1.0$	$M_2\pm1.5$	$M_2\pm0.8$	$M_2\pm1.0$	$M_2\pm1.5$
8	染色均匀度(灰卡)/级	≥	4	4	3-4	4-5	4	3-4
9	含油率/%		$M_3\pm0.2$	$M_3\pm0.3$	$M_3\pm0.3$	$M_3\pm0.2$	$M_3\pm0.3$	$M_3\pm0.3$
10	网络度/(个/m)		$M_4\pm4$	$M_4\pm6$	$M_4\pm8$	$M_4\pm4$	$M_4\pm6$	$M_4\pm8$
11	筒重/kg		定重或定长	≥1.0	—	定重或定长	≥1.5	—

注1：M_1 为断裂伸长率中心值，具体由生产厂与客户协商确定，一旦确定后不得任意变更。

注2：M_2 为沸水收缩率中心值，具体由生产厂与客户协商确定，一旦确定后不得任意变更。

注3：M_3 为含油率中心值，由生产厂与客户协商确定，一旦确定后不得任意变更。

注4：M_4 为网络度中心值，应在8个/m以上，具体由生产厂与客户协商确定，一旦确定后不得任意变更。

注5：表中项目不匀率 *CV* 值均取自于相应指标项目的 CV_b 值。

5.3 外观项目与指标

由供需双方根据后道产品的要求协商确定。

6 试验方法

6.1 物理机械性能和染化性能指标检验

6.1.1 线密度试验按 GB/T 14343 规定,其中线密度计算按其式(2)。

6.1.2 断裂强力和断裂伸长试验按 GB/T 14344 规定。

6.1.3 沸水收缩率试验按 GB/T 6505 规定。

6.1.4 染色均匀度试验按 GB/T 6508 规定。

6.1.5 含油率试验按 GB/T 6504 规定,仲裁时采用萃取法。

6.1.6 网络度试验按 FZ/T 50001 规定,仲裁时采用移针计数法。

6.1.7 二氧化钛含量按 GB/T 14189 规定。

6.1.8 试验结果的数据处理按 GB/T 8170 规定,要求保留的小数位数见表 1。

6.2 外观检验

6.2.1 设备

可采用移动光源、固定光源或分级台进行外观检验。

6.2.1.1 移动光源:要求照度大于或等于 600 lx,无强烈的其他干扰光源。

注:移动光源根据实际情况选用,可以是充电灯或手电或其他能达到照度要求的任意一种。

6.2.1.2 固定光源:以平行排列的两支 40 W 普通荧光灯,悬挂于离地高度为 180 cm～200 cm 的空中,丝车在正下方能轻松观察到卷装上面积≥0.5 cm^2 的淡黄色油污为宜。

6.2.1.3 分级台:黑色台面,高度 75 cm～80 cm。上面平行挂两支 D_{65} 高显色荧光灯(或 40 W 普通荧光灯),周围环境应无其他散射光和反射光。工作点的照度大于或等于 600 lx。

6.2.2 检验步骤

6.2.2.1 仔细观察卷装的两个端面和一个柱表面。

6.2.2.2 对每个被检卷装进行外观检验,并记录。

7 检验规则

7.1 出厂检验

7.1.1 检验项目

7.1.1.1 表 1 中物理指标项目均为考核项目,并按 6.1 规定的试验方法进行试验。

7.1.1.2 外观检验项目按 5.3 规定,并按 6.2 规定的试验方法进行检验。

7.1.2 组批规定

在一定范围内采用周期性取样组成检验批号。一个生产批可由一个检验批组成,也可由很多检验批组成。

7.1.3 取样规定

7.1.3.1 表 1 中各项目试验的实验室样品按 GB/T 6502 规定取样。其中染色均匀度和筒重试验逐筒取样。

7.1.3.2 外观检验逐筒取样。

7.1.4 检验结果评定

7.1.4.1 物理指标项目的测定值或计算值按 GB/T 1250 中修约值比较法与表 1 的物理指标的极限数值比较,评定等级。其中染色均匀度应逐筒检验,根据染色极差(含同一段袜带内的深浅条纹)按 GB/T 250 评定等级。

7.1.4.2 外观检验按 5.2 规定,逐筒评定等级。

7.1.4.3 产品综合等级的评定,以检验批中物理指标和外观指标中最低项的等级定为该产品的等级。

7.2 复验规则

一批产品到收货方三个月内，作为验收或对质量有异议时可提请复验。若该批产品的数量使用了三分之一以上时，不得申请复验。但如果收货方可以出示相关证据证明该批产品确实影响到后加工产品的质量，并造成严重损失时，应分析原因，明确双方责任，协商处理。

7.2.1 检验项目

同7.1.1。

7.2.2 组批规定

按原生产批号组批，但生产日期超过90天的产品不能按同一批号组批。

7.2.3 取样规定

7.2.3.1 物理指标项目的实验室样品按GB/T 6502规定取样。

7.2.3.2 外观项目根据批量范围按GB/T 2828.1—2003中一般检查水平Ⅱ规定确定样本大小(字码)。

7.2.4 检验结果的评定

7.2.4.1 物理指标项目的测定值或计算值按GB/T 1250中修约值比较法与表1的物理指标的极限数值比较，评定等级。其中染色均匀度根据所有样品卷装的极差(含同一段袜带内的深浅条纹)按GB/T 250评定等级。

7.2.4.2 外观项目按7.2.3.2样本大小根据GB/T 2828.1—2003中正常检查一次抽样方案AQL值为4.0确定合格判定数Ac和不合格判定数Re，并按供需双方合同指标评定，当不合格的卷装数≤Ac时为原等级，当不合格的卷装数≥Re时，按原等级降低一个等级。

7.2.4.3 复验产品综合等级的评定，以物理项目和外观项目中最低项的等级定为该产品的等级。

8 标志

包装箱上应标明产品名称、规格、等级、批号、净重、毛重、卷装个数、包装日期、产品标准编号、商标、生产企业名称、详细地址等相关信息以及防潮、小心轻放等警示标志。

9 包装、运输和贮存

9.1 包装

9.1.1 每个卷装都应套一个塑料袋后放入包装箱。包装箱内应有定位装置(定位器或定位孔板等)固定卷装，包装的质量应能保证卷装不受损伤。

9.1.2 每个包装箱内的卷装要求大小尽量均匀。不同品种、规格、批号、等级要分别装箱，严禁混装。

9.1.3 每批产品应附质量检验单。

9.2 运输

运输过程中禁止损坏包装箱和受潮。

9.3 贮存

包装箱按批堆放，贮存在干燥、清洁、通风的场所。

ICS 71.100.20
G 86

中华人民共和国国家标准

GB/T 8979—2008
代替 GB/T 8979—1996,GB/T 8980—1996

纯氮、高纯氮和超纯氮

Pure nitrogen and high purity nitrogen and ultra pure nitrogen

2008-05-15 发布 2008-11-01 实施

中华人民共和国国家质量监督检验检疫总局
中国国家标准化管理委员会 发布

前　言

本标准代替 GB/T 8979—1996《纯氮》和 GB/T 8980—1996《高纯氮》。

本标准与 GB/T 8979—1996 和 GB/T 8980—1996 相比主要变化如下：

——调整了规范性引用文件(本版的第 2 章,GB/T 8979—1996 的第 2 章和 GB/T 8980—1996 的第 2 章)；

——修改了纯氮、高纯氮的技术要求(本版的表 1,GB/T 8979—1996 的表 1 和 GB/T 8980—1996 的表 1)；

——修改了氢、氧、一氧化碳、甲烷的测定方法(本版的 4.3,GB/T 8979—1996 和 GB/T 8980—1996 的 4.3、4.4、4.6)；

——增加了氩含量的测定方法(本版的 4.5)。

本标准由中国石油和化学工业协会提出。

本标准由全国气体标准化技术委员会归口。

本标准起草单位:西南化工研究设计院、武汉钢铁集团氧气公司。

本标准主要起草人:何道善、陈雅丽、田明勇、李红。

本标准所代替标准的历次版本发布情况为：

——GB/T 8979—1988、GB/T 8979—1996；

——GB/T 8980—1988、GB/T 8980—1996。

纯氮、高纯氮和超纯氮

1 范围

本标准规定了纯氮、高纯氮和超纯氮产品的技术要求、检验方法以及包装、标志、贮运、安全警示等。

本标准适用于空气分离或经净化得到的气态或液态的纯氮、高纯氮和超纯氮，主要用作保护气、置换气、反应气等。

分子式：N_2

相对分子质量：28.0134(按2005年相对原子质量)

2 规范性引用文件

下列文件中的条款通过本标准的引用而成为本标准的条款。凡是注日期的引用文件，其随后所有的修改单(不包括勘误的内容)或修订版均不适用于本标准，然而，鼓励根据本标准达成协议的各方研究是否可使用这些文件的最新版本。凡是不注日期的引用文件，其最新版本适用于本标准。

GB/T 3864—2008 工业氮

GB/T 5832.1 气体湿度的测定 第1部分：电解法

GB/T 5832.2 气体中微量水分的测定 露点法

GB/T 6285 气体中微量氧的测定 电化学法

GB/T 8981 气体中微量氢的测定 气相色谱法

GB/T 8984.1 气体中一氧化碳、二氧化碳和碳氢化合物的测定 第1部分：气体中一氧化碳、二氧化碳和甲烷的测定

GB/T 14605 氧气中微量氩、氮和氪的测定 气相色谱法

HG/T 2686 惰性气体中微量氢、氧、甲烷、一氧化碳的测定 氧化锆检测器气相色谱法

3 要求

纯氮、高纯氮和超纯氮技术要求应符合表1的规定。

表1 纯氮、高纯氮和超纯氮技术要求

项目		指标		
		纯氮	高纯氮	超纯氮
氮气(N_2)纯度(体积分数)/10^{-2}	≥	99.99	99.999	99.999 9
氧(O_2)含量(体积分数)/10^{-6}	≤	50	3	0.1
氩(Ar)含量(体积分数)/10^{-6}	≤	—	—	2
氢(H_2)含量(体积分数)/10^{-6}	≤	15	1	0.1
一氧化碳(CO)含量(体积分数)/10^{-6}	≤	5	1	0.1
二氧化碳(CO_2)含量(体积分数)/10^{-6}	≤	10	1	0.1
甲烷(CH_4)含量(体积分数)/10^{-6}	≤	5	1	0.1
水(H_2O)含量(体积分数)/10^{-6}	≤	15	3	0.5

4 试验方法

4.1 检验规则

4.1.1 瓶装氮气按表2规定随机抽样检查。当检查结果有任何一项指标不符合本标准规定时，则自同批产品中重新加倍抽样检查。若仍有任何一项指标不符合本标准规定时，则该批产品不合格。

表2 瓶装氮气抽样检查表

产品批量/瓶	1～2	3～8	9～15	16～25	26～50	≥51
抽样瓶数/瓶	1	2	3	4	5	6

4.1.2 管道输送氮气的检验规则按GB/T 3864—2008中4.1.4的规定执行。

4.1.3 液态氮、集装格装氮气及瓶装超纯氮的检验规则按GB/T 3864—2008中4.1.5的规定执行。

4.2 纯度

氮气纯度按式(1)计算：

$$\phi = 100 - (\phi_1 + \phi_2 + \phi_3 + \phi_4 + \phi_5 + \phi_6) \times 10^{-4} \quad \cdots\cdots(1)$$

式中：

ϕ——氮气纯度(体积分数)，10^{-2}；

ϕ_1——氧含量(体积分数)，10^{-6}；

ϕ_2——氢含量(体积分数)，10^{-6}；

ϕ_3——一氧化碳含量(体积分数)，10^{-6}；

ϕ_4——二氧化碳含量(体积分数)，10^{-6}；

ϕ_5——甲烷含量(体积分数)，10^{-6}；

ϕ_6——水含量(体积分数)，10^{-6}。

4.3 氮中氢、氧、一氧化碳、二氧化碳、甲烷含量的测定

采用带有氧化锆检测器和氢火焰离子化检测器的气相色谱仪测定氮中的氢、氧、一氧化碳、甲烷和二氧化碳。

纯氮和高纯氮中的氢、氧、一氧化碳、甲烷的测定按HG/T 2686执行。检测限0.1×10^{-6}。

超纯氮中氢、氧、甲烷的测定按HG/T 2686执行；一氧化碳、二氧化碳的测定按GB/T 8984.1执行，检测限：0.05×10^{-6}。

氧含量允许采用GB/T 6285规定进行测定。氢含量允许采用GB/T 8981规定进行测定。

4.4 水含量的测定

按GB/T 5832.1或GB/T 5832.2执行，当测定结果有异议时，以GB/T 5832.2规定的方法为仲裁方法。

4.5 氩含量的测定

原则和一般要求按GB/T 14605执行。推荐选择带有HID或DID检测器、脱氧装置和主峰切割流程的色谱仪，检测限：0.2×10^{-6}。色谱柱：长约3 m，内装5A或13X分子筛。在氩峰留出后将主峰氮切出，其余操作按仪器说明书。

4.6 标准样品

以氮为底气配制。氢、氧组分的含量各为1×10^{-6}～10×10^{-6}(体积分数)，一氧化碳、二氧化碳、甲烷含量各1×10^{-6}～5×10^{-6}(体积分数)，氩含量2×10^{-6}～5×10^{-6}(体积分数)。

5 包装、标志、贮运及安全警示

5.1 纯氮、高纯氮、超纯氮的包装、标志、贮运及安全警示按GB/T 3864—2008第5章执行。

5.2 包装氮的容器应标上黄色的“纯氮”、“高纯氮”、“超纯氮”字样。

ICS 71.040.40
G 86

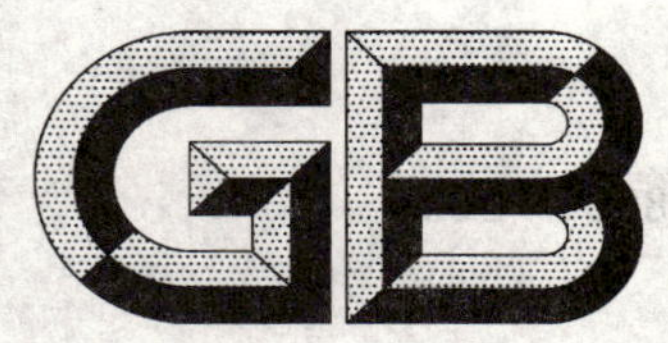

中华人民共和国国家标准

GB/T 8981—2008
代替 GB/T 8981—1988

气体中微量氢的测定　气相色谱法

Determination of trace hydrogen in gases—Gas chromatographic method

2008-05-15 发布　　2008-11-01 实施

中华人民共和国国家质量监督检验检疫总局
中国国家标准化管理委员会　发布

前　言

本标准代替 GB/T 8981—1988《气体中微量氢的测定　气相色谱法》。

本标准与 GB/T 8981—1988 比较，主要差异如下：

——修改了适用范围(见第 1 章)；

——增加了检测限确认(本标准的 8.3)。

本标准由中国石油和化学工业协会提出。

本标准由全国气体标准化技术委员会归口。

本标准起草单位：西南化工研究设计院。

本标准主要起草人：何道善、陈雅丽、张军、代高立。

本标准所代替标准的历次版本发布情况为：

——GB/T 8981—1988。

气体中微量氢的测定 气相色谱法

1 范围

本标准规定了气体中的微量氢的气相色谱测定方法。

本标准适用于氮、氩、氧、空气、氦、氙及灯泡用氩等气体中微量氢的测定，也适用于医学和电力等领域。测定范围为 $0.02 \sim 100 \times 10^{-6}$(体积分数)。

当待测样品中含有 200×10^{-6}(体积分数)以上的氖或 1000×10^{-6}(体积分数))以上的氦时，将对氢的测定产生干扰。此时需将氢与氦、氖分离之后本标准方能适用。

2 规范性引用文件

下列文件中的条款通过本标准的引用而成为本标准的条款。凡是注日期的引用文件，其随后所有的修改单(不包括勘误的内容)或修订版均不适用于本标准，然而，鼓励根据本标准达成协议的各方研究是否可使用这些文件的最新版本。凡是不注日期的引用文件，其最新版本适用于本标准。

GB/T 3723 工业用化学产品采样安全通则(GB/T 3723—1999,idt ISO 3165:1976)

GB/T 6680 液体化工产品采样通则

GB/T 6681 气体化工产品采样通则

3 方法提要

本法采用气敏半导体(气敏电阻)作为色谱检测器。被检测组分氢被载气带入色谱柱分离后进入检测器，引起气敏半导体电导率的变化，给出的电压信号在一定范围内与氢的含量成正比。将样品中氢的信号与标准样品中氢的信号相比较而定量。

4 仪器

采用带有气敏半导体检测器的气相色谱仪。检测限：0.02×10^{-6}(体积分数)。

仪器的色谱流程如图1所示。

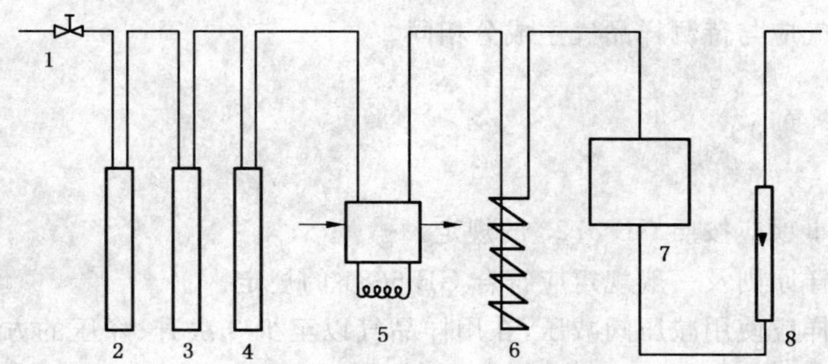

1——调节阀；

2,4——变色硅胶干燥管；

3——AgX 分子筛(氧化态)净化管；

5——进样器；

6——色谱柱；

7——检测器；

8——流量计。

图1 色谱流程图

5 测定条件

5.1 载气:空气(或氧气),流速 20 mL/min～40 mL/min。也可以采用惰性气体作载气。

5.2 色谱柱:长约 1.5 m,内径 3 mm～4 mm 不锈钢柱,内装 0.25 mm～0.4 mm 5A 分子筛。

5.3 仪器的操作条件按仪器使用说明书和检测灵敏度选定。

5.4 样品体积:0.5 mL～2 mL。

5.5 检测器及色谱柱温度:室温。

6 准备工作

6.1 硅胶干燥管的准备

将变色硅胶于烘箱中在略高于 100℃温度下干燥脱水至完全变为蓝色,装入干燥管备用。

6.2 AgX 分子筛净化管的准备

将 AgX 分子筛置于马福炉中,按 AgX 分子筛使用说明书,缓慢升温至约 500℃,保持约 2 h 后取出,置于干燥器中冷却,装入净化管备用。

6.3 色谱柱的准备

将 425 μm～250 μm 的 5A(或 13X)分子筛于马福炉中在约 500℃下活化 4 h～6 h,取出置于干燥器中冷至室温,装入色谱柱备用。或将装有分子筛的色谱柱在约 300℃下通干燥氩(或氮)气活化 6 h～8 h,冷却后备用。

6.4 仪器的准备

将已准备好的干燥管、净化管、色谱柱按色谱流程图接入色谱仪。开启载气并调节流速至选定值。开启仪器电源,按仪器使用说明书和检测灵敏度的要求选定仪器操作条件,至仪器工作稳定。

7 标准样品

7.1 测定用标准样品通常为定值组分氢和稀释气组成的二元混合气。也可使用三元以上混合气,但其余组分应对氢的测定不产生干扰。

7.2 标准样品中氢的含量应与待测样品中氢的浓度相近,通常不大于被测样品中氢含量的 200%,也不小于被测样品中氢含量的 50%。

7.3 标准样品的稀释气应与待测样品气主成分相同。

8 测定步骤

8.1 采样

8.1.1 采样中的安全事项应按照 GB 3723 的规定。

8.1.2 气态样品的采样原则及一般规定应符合 GB 6681 的规定。

8.1.3 压缩气体的采样应使用减压阀减压,在用样品气以至少 3 次升、降压的方法充分置换之取得代表样后,经采样管直接送入分析仪器。

8.1.4 液化气体采样应符合 GB 6680 的规定。将所采样品汽化后直接送入分析仪器。

8.1.5 管道输送气体在采样点采取试样,经采样器或采样管将试样送入色谱仪。

8.1.6 常压或负压样品采用抽吸器将样品直接送入分析仪器。

8.2 标定

将标准样品经采样管与仪器连接。开启试样充分吹扫取样系统直至取得代表样后,转动取样阀,向仪器进样。测量仪器响应值(峰面积或峰高)。重复进样至少 3 次,直至响应值偏差小于 5%时取其平均值 A_s(或 h_s)。

8.3 确认仪器检测限

按下述步骤确认仪器检测限符合要求：

a) 在标定条件下，测量仪器噪声 N。

b) 按式(1)计算仪器对氢的检测限：

$$D=\frac{2N\times\phi_s}{h} \qquad (1)$$

式中：

D——检测限(体积分数)，10^{-6}；

N——标定条件下仪器噪声，单位为毫米(mm)；

ϕ_s——标准样品中氢的含量(体积分数)，10^{-6}；

h——标定条件下标准样品中氢的响应值，单位为毫米(mm)。

8.4 测定

将样品气经取样管与仪器连接。开启试样充分吹扫取样系统直至取得代表样后，转动取样阀向仪器进样。测量仪器响应值(峰面积或峰高)。重复进样至少 3 次，直至响应值相对偏差小于 5%时取其平均值 A_i(或 h_i)。

9 结果处理

样品气体中氢的含量以体积分数表示，按式(2)计算：

$$\phi_i=\phi_s\times\frac{A_i(\text{或 } h_i)}{A_s(\text{或 } h_s)} \qquad (2)$$

式中：

ϕ_i——样品气中氢的含量(体积分数)，10^{-6}；

ϕ_s——标准样品中氢的含量(体积分数)，10^{-6}；

A_i(或 h_i)——样品气中氢的色谱峰面积，单位为平方毫米(mm^2)[或峰高，单位为毫米(mm)]；

A_s(或 h_s)——标准样品中氢的色谱峰面积，单位为平方毫米(mm^2)[或峰高，单位为毫米(mm)]。

10 报告

报告至少应包括下列内容：

a) 有关样品的全部信息，例如样品的名称、编号、采样点、采样日期和时间等；

b) 分析结果：以体积分数表示的氢在试样中的含量；

c) 分析日期；

d) 分析员姓名和审核者姓名；

e) 测定条件及测定时观察到的异常及说明；

f) 不包括在本标准中的其他操作及其说明；

g) 执行本方法标准代号等。

ICS 71.040.40
G 86

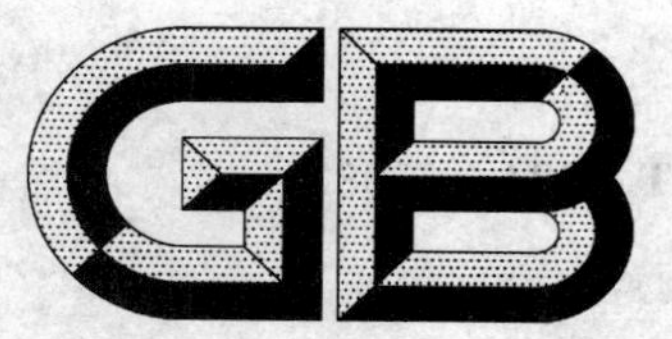

中华人民共和国国家标准

GB/T 8984—2008
代替 GB/T 8984.1—1997, GB/T 8984.2—1997, GB/T 8984.3—1997

气体中一氧化碳、二氧化碳和碳氢化合物的测定　气相色谱法

Determination of carbon monoxide, carbon dioxide and hydrocarbon in gases—Gas chromatographic method

2008-05-15 发布　　2008-11-01 实施

中华人民共和国国家质量监督检验检疫总局
中国国家标准化管理委员会　发布

前　言

本标准代替 GB/T 8984.1—1997《气体中微量一氧化碳、二氧化碳和碳氢化合物的测定　第 1 部分:气体中一氧化碳、二氧化碳和甲烷的测定　气相色谱法》、GB/T 8984.2—1997《气体中微量一氧化碳、二氧化碳和碳氢化合物的测定　第 2 部分:气体中一氧化碳、二氧化碳和碳氢化合物总量的测定　气相色谱法》、GB/T 8984.3—1997《气体中微量一氧化碳、二氧化碳和碳氢化合物的测定　第 3 部分:气体中总烃的测定　火焰离子化法》。

本标准与 GB/T 8984.1—1997、GB/T 8984.2—1997 和 GB/T 8984.3—1997 比较,主要差异如下:

——本标准为将 GB/T 8984.1、GB/T 8984.2 和 GB/T 8984.3 三个部分合并而成;

——增加了仪器检测限的确认(本标准的 7.3);

——增加了典型应用实例(本标准的附录 A)。

本标准的附录 A 为资料性附录。

本标准由中国石油和化学工业协会提出。

本标准由全国气体标准化技术委员会归口。

本标准起草单位:西南化工研究设计院。

本标准主要起草人:何道善、陈雅丽、代高立、张军。

本标准所代替标准的历次版本发布情况为:

——GB/T 8984—1988、GB/T 8984.1—1997;

——GB/T 8985—1988、GB/T 8984.2—1997;

——GB/T 14606—1993、GB/T 8984.3—1997。

气体中一氧化碳、二氧化碳和碳氢化合物的测定　气相色谱法

1　范围

本标准规定了气体中一氧化碳、二氧化碳和碳氢化合物的气相色谱测定方法。

本标准适用于氢、氧、氮、氦、氖、氩、氪和氙等气体中一氧化碳、二氧化碳和甲烷组分的分项测定，一氧化碳、二氧化碳和碳氢化合物总量(总碳)的测定和总烃的测定。

2　规范性引用文件

下列文件中的条款通过本标准的引用而成为本标准的条款。凡是注日期的引用文件，其随后所有的修改单(不包括勘误的内容)或修订版均不适用于本标准，然而，鼓励根据本标准达成协议的各方研究是否可使用这些文件的最新版本。凡是不注日期的引用文件，其最新版本适用于本标准。

GB/T 3723　工业用化学产品采样安全通则(GB/T 3723—1999,idt ISO 3165:1976)

GB/T 6680　液体化工产品采样通则

GB/T 6681　气体化工产品采样通则

3　方法提要

采用气相色谱法测定气体中微量的一氧化碳、二氧化碳和碳氢化合物。

样品气中一氧化碳、二氧化碳和碳氢化合物经甲烷化转化器转化为甲烷，用氢火焰离子化检测器(FID)进行测定。转化反应如下：

$$CO+3H_2 \xrightarrow[\text{Ni 催化剂}]{350℃\sim380℃} CH_4+H_2O$$

$$CO_2+4H_2 \xrightarrow[\text{Ni 催化剂}]{350℃\sim380℃} CH_4+2H_2O$$

$$C_mH_n+\frac{4m-n}{2}H_2 \xrightarrow[\text{Ni 催化剂}]{350℃\sim380℃} mCH_4$$

注：C_mH_n 为饱和烃或不饱和烃。

当分项测定一氧化碳、二氧化碳、甲烷时，试样进样后先经色谱柱分离，再进入甲烷化转化器转化；当测定一氧化碳、二氧化碳和碳氢化合物总量时，样品进样后先经甲烷化转化器转化，再进入色谱柱分离；当测定总烃时，样品不转化也不分离。

4　材料、设备

载气：氮、氩、氢、氧、空气等均可用作载气。通常，选择的载气与试样主组分相同，例如测定氢中杂质时可用氢作载气。载气与主组分也可以不同，但试样主组分不应产生大的干扰信号。载气中待测定组分含量应比试样中该组分的含量低约一个数量级，否则应对载气进行纯化处理。

燃气：高纯氢。

转化气：高纯氢。

助燃气：空气(压缩空气)，经分子筛干燥。

标准样品：补充气应与待测样品主组分相同。目的组分含量与待测试样相近，通常为 $1\times10^{-6}\sim5\times10^{-6}$(摩尔分数)。

纯化器:当载气不符合要求时,应使用纯化器以脱除其中的一氧化碳、二氧化碳和碳氢化合物。

5 仪器

5.1 仪器描述

采用配有火焰离子化检测器和甲烷化转化器的气相色谱仪。检测限:0.05×10^{-6}。各典型应用的色谱流程参见附录A。

5.2 色谱柱

柱1:长约40 cm,内径约2 mm,内装粒度为0.4 mm~0.25 mm的TDX-01碳分子筛,或其他等效的色谱柱。该柱用于一氧化碳、二氧化碳、甲烷的分项测定和总碳的测定。

柱2:不分离柱,长约1 m,内径约2 mm,内装粒度为0.2 mm~0.25 mm的6201红色载体,或硅烷化玻璃微球载体,或其他等效柱。该柱用于总烃的测定。

5.3 甲烷化转化柱

采用长20 cm~30 cm,内径约3 mm,内装粒度为0.4 mm~0.25 mm的镍催化剂的不锈钢柱。转化温度:350℃~380℃。转化率应不低于95%。测定总烃时,不使用该转化柱。

5.4 取样阀

气体取样阀,定量管容积通常为3 mL~5 mL。

6 采样

采样中的安全事项应符合GB/T 3723规定。

气态样品的采样原则及一般规定应符合GB/T 6681规定。

压缩气体应使用针形阀减压后经采样管直接送入色谱仪。

液化气体的采样应符合GB/T 6680中的规定,将所采样品汽化后经采样管直接送入色谱仪。

管道输送气体在采样点采取试样,经采样器或采样管将试样送入色谱仪。

常压或负压样品采用抽吸器将样品直接送入色谱仪。

7 测定步骤

7.1 准备:按仪器使用说明书开启仪器,设定仪器各项操作参数至仪器基线稳定正常。典型应用操作参数参见附录A。

7.2 标定:将标准样品经采样管与仪器连接。开启试样充分吹扫取样系统直至取得代表样后,转动取样阀,向仪器进样。测量仪器响应值(峰面积或峰高)。重复进样至少2次,直至响应值偏差小于5%时取其平均值A_s(或h_s)。

7.3 按下述步骤确认仪器检测限应符合本标准要求:

a) 在标定条件下,测量仪器噪声N。

b) 按式(1)计算仪器对氢的检测限:

$$D_i=\frac{2N\times\phi_i}{h_i} \qquad\cdots\cdots(1)$$

式中:

D_i——组分i的检测限(体积分数),10^{-6};

N——标定条件下仪器噪声,单位为毫米(mm);

ϕ_i——标准样品中组分i的含量(体积分数),10^{-6};

h_i——标定条件下标准样品中组分i的响应值,单位为毫米(mm)。

7.4 测定:在与标定完全相同的条件下进行。将样品气经取样管与仪器连接。开启试样充分吹扫取样系统直至取得代表样后,转动取样阀,向仪器进样。测量仪器响应值(峰面积或峰高)。重复进样至少

2 次，直至响应值相对偏差小于 5%时取其平均值 A_i(或 h_i)。

8 结果表示

8.1 组分含量按式(2)计算：

$$\phi_i = \phi_s \times \frac{A_i(\text{或 } h_i)}{A_s(\text{或 } h_s)} \quad \cdots\cdots(2)$$

式中：

ϕ_i——样品气中组分 i 的含量，10^{-6}；

ϕ_s——标准样品中组分 i 的含量，10^{-6}；

A_i(或 h_i)——样品中组分 i 的响应平均值[峰面积，单位为平方毫米(mm^2)或峰高，单位为毫米(mm)]；

A_s(或 h_s)——标准样品中组分 i 的响应平均值[峰面积，单位为平方毫米(mm^2)或峰高，单位为毫米(mm)]。

8.2 以两次平行测定结果的算术平均值作为最终分析结果。两次测定值相对偏差不大于±10%。

9 报告

报告至少应包括下列内容：

——有关样品的全部信息，例如样品的名称、编号、采样点、采样日期和时间等；

——分析结果：以体积分数表示的各测定组分在试样中的含量；

——分析日期；

——分析员姓名和审核者姓名；

——测定条件及测定时观察到的异常及说明；

——不包括在本标准中的其他操作及其说明；

——执行本方法标准代号等。

附 录 A
（资料性附录）
典型应用实例

A.1 氮中一氧化碳、二氧化碳和甲烷的测定

A.1.1 色谱流程示意图（见图 A.1）

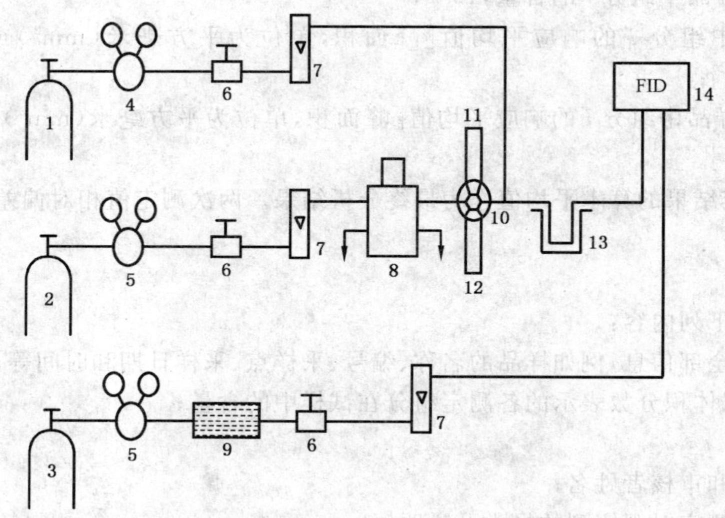

1——氢气钢瓶；
2——载气钢瓶（氩或氮）；
3——空气钢瓶；
4——氢气表；
5——氧气表；
6——稳压阀；
7——流量计；
8——具有定量管的六通阀；
9——干燥净化管；
10——六通阀；
11——TDX-01 色谱柱；
12——13X 分子筛色谱柱；
13——甲烷化转化器；
14——氢火焰离子化检测器。

图 A.1 CO、CO_2、CH_4 测定色谱流程

A.1.2 参考操作参数

色谱柱：柱 1（TDX-01），柱温：约 40℃；

检测器温度：100℃±2℃；

甲烷化转化器温度：350℃～380℃；

载气：氮或氩，流量约 35 mL/min；

燃气：高纯氢，流量约 35 mL/min；

助燃气：压缩空气，流量：400 mL/min～500 mL/min。

A.2 氩中一氧化碳、二氧化碳和碳氢化合物总含量的测定

A.2.1 色谱流程示意图（见图 A.2）

A.2.2 参考操作参数

载气：氩，流量约 35 mL/min；

燃气：氢，流量约 35 mL/min；

助燃气：压缩空气，流量：400 mL/min～500 mL/min；

色谱柱：TDX-01 碳分子筛，柱温：约 40℃；

检测器温度:100℃±2℃;

甲烷化转化器温度:350℃～380℃。

1——氢气钢瓶;
2——氩气钢瓶;
3——空气钢瓶;
4——氢气表;
5——氧气表;
6——稳压阀;
7——流量计;
8——具有定量管的六通阀;
9——干燥净化管;
10——甲烷化转化器;
11——色谱柱;
12——氢火焰离子化检测器。

图 A.2 氩中总碳测定色谱流程

A.3 氧气中总烃的测定

A.3.1 色谱流程图(见图 A.3)

1——氧气钢瓶;
2——氮气钢瓶;
3——氢气钢瓶;
4——空气钢瓶;
5——减压阀;
6——针形阀;
7——流量计;
8——具有定量管的六通阀;
9——色谱柱;
10——氢火焰离子化检测器。

图 A.3 氧中总烃测定的色谱流程

A.3.2 参考操作参数

载气:高纯氧,流量 4.8 mL/min～10 mL/min;

稀释气:高纯氮,流量 20 mL/min～60 mL/min;

燃气:高纯氢,流量 33 mL/min～60 mL/min;

助燃气:压缩空气,流量 380 mL/min～400 mL/min;

载气氧的净化柱:长 20 cm,内径 4 cm,把相对于载体 0.3%的铂、钯混合物载附于 γ-氧化铝载体上,在 350℃下使用;

不分离柱:柱 2(6201 红色载体),柱温约 60℃;

检测器温度约 100℃。

A.4 氢中总烃的测定

A.4.1 色谱流程图(见图 A.4)

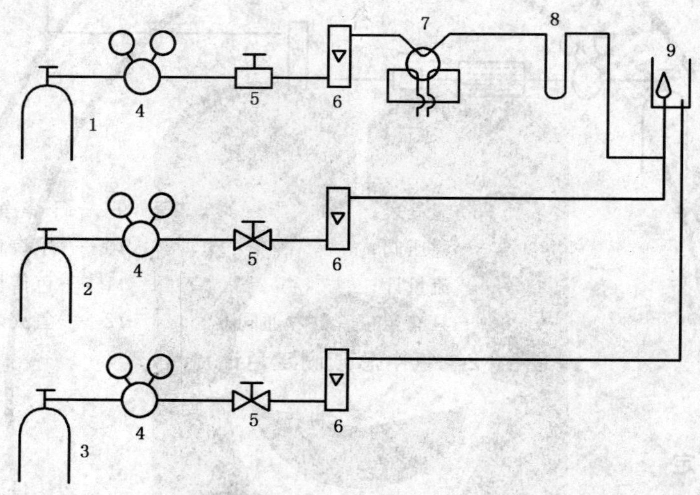

1——载气钢瓶;
2——稀释气钢瓶;
3——空气钢瓶;
4——减压阀;
5——稳压阀、针形阀;
6——流量计;
7——具有定量管的六通阀;
8——色谱柱;
9——氢火焰离子化检测器。

图 A.4 氢中总烃测定的色谱流程

A.4.2 参考操作参数

载气:氢,流量:55 mL/min～60 mL/min;

稀释气:氩或氮,流量:40 mL/min～60 mL/min;

助燃气:压缩干燥空气,流量:300 mL/min～450 mL/min;

不分离柱:柱 2(6201 红色载体),柱温约 60℃;

检测器温度约 60℃。

ICS 37.080
A 14

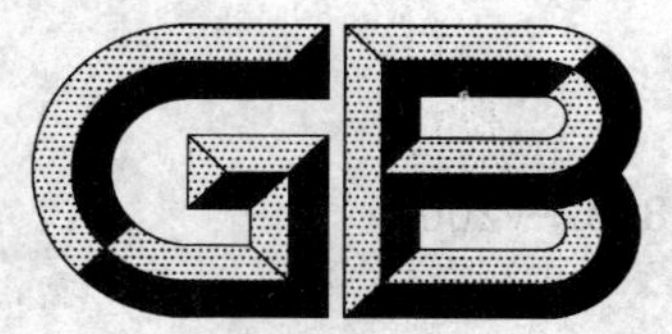

中华人民共和国国家标准

GB/T 8987—2008
代替 GB/T 8987—1988

缩微摄影技术　缩微摄影时检查负像光学密度用测试标板

Micrographics—Test target for checking optical density of negative microimages in microfilming

2008-07-16 发布　　2009-01-01 实施

中华人民共和国国家质量监督检验检疫总局
中国国家标准化管理委员会　发布

前　言

本标准代替 GB/T 8987—1988《缩微摄影技术　缩微摄影时检查负像光学密度用测试标板》。

本标准与 GB/T 8987—1988 相比重大技术改变如下：

——增加了应按 GB/T 12356—2008《缩微摄影技术　16 mm 平台式缩微摄影机用测试标板的特征及其使用》另拍摄一个画幅的说明；

——修改了对本标准规定标板使用方法的说明。

本标准由全国文献影像技术标准化技术委员会(SAC/TC 86)提出并归口。

本标准起草单位：全国文献影像技术标准化技术委员会一分会、北京电影机械研究所。

本标准主要起草人：白雨龙、何伟、李铭。

本标准所代替标准的历次版本发布情况为：

——GB/T 8987—1988。

缩微摄影技术　缩微摄影时检查负像光学密度用测试标板

1　范围

本标准规定了检查缩微摄影负像光学密度用的测试标板及其使用方法。

本标准适用于16 mm平台式缩微摄影机和A6缩微平片缩微摄影机的缩微摄影。

本标准不适用于轮转式缩微摄影机和COM记录器。

2　规范性引用文件

下列文件中的条款通过本标准的引用而成为本标准的条款。凡是注日期的引用文件，其随后所有的修改单(不包括勘误的内容)或修订版均不适用于本标准，然而，鼓励根据本标准达成协议的各方研究是否可使用这些文件的最新版本。凡是不注日期的引用文件，其最新版本适用于本标准。

GB/T 6159.1—2003　缩微摄影技术　词汇　第1部分:一般术语(ISO 6196-1:1993,MOD)

GB/T 6159.6—2003　缩微摄影技术　词汇　第6部分:设备(ISO 6196-6:1993,MOD)

GB/T 6159.7—2000　缩微摄影技术　词汇　第七部分:计算机缩微摄影技术(eqv 6196-7:1992)

GB/T 6159.8—2003　缩微摄影技术　词汇　第8部分:应用(ISO 6196-8:1998,MOD)

GB/T 12356—2008　缩微摄影技术　16 mm平台式缩微摄影机用测试标板的特征及其使用

3　术语和定义

GB/T 6159.1—2003、GB/T 6159.6—2003、GB/T 6159.7—2000和GB/T 6159.8—2003确立的术语和定义适用于本标准。

4　A4幅面的密度测试标板

4.1　总则

A4幅面的密度测试标板应由四个幅面为A6的灰区和一个缩率测试尺构成，布局见图1。

4.2　灰区

四个A6幅面的灰区应分别具有下列反射率或光学密度：

——一个灰区的反射率为$R_{457}=80\%+5\%$，相当于漫反射密度为$D_{457}=0.071\sim0.097$；

——一个灰区的反射率为$R_{457}=6\%\pm0.4\%$，相当于漫反射密度为$D_{457}=1.194\sim1.252$；

——其余两个灰区的反射率为$R_{457}=50\%\pm3\%$，相当于漫反射密度为$D_{457}=0.276\sim0.328$。

注：R_{457}和D_{457}表示测定反射率或漫反射密度时，所用滤色片透过光的中心波长为457 nm，测量光源为A光源。

4.3　缩率测试尺

缩率测试尺的宽度应为(10±1)mm，长度应为(100±1)mm，并按毫米划分标度。

4.4　标板尺寸

A4幅面密度测试标板的外形尺寸应为297 mm×210 mm。

单位为毫米

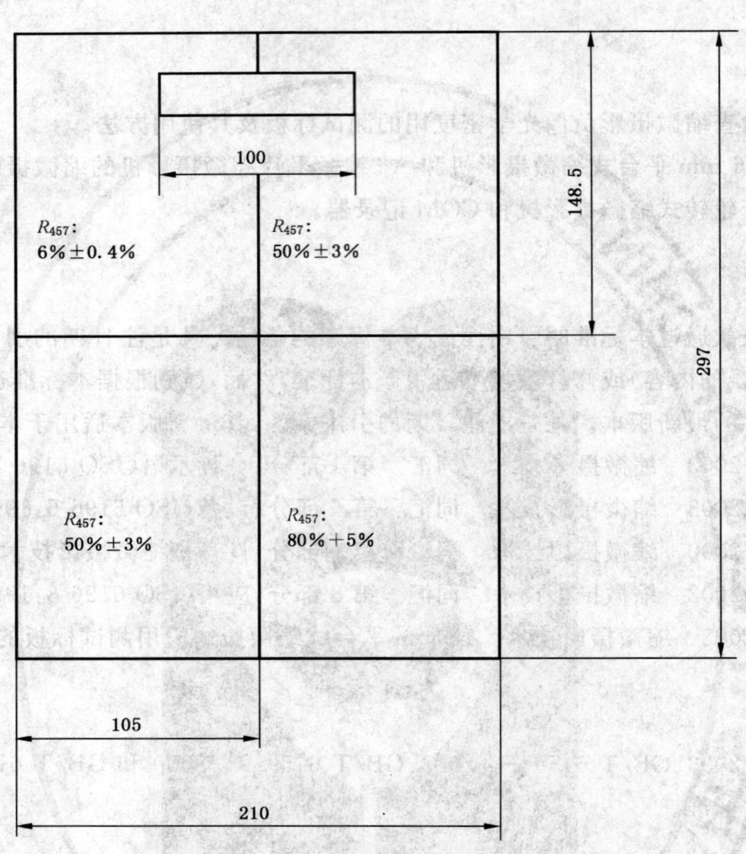

图 1　A4 幅面的密度测试标板

5　A3 幅面的密度测试标板

A3 幅面的密度测试标板的尺寸应由两块 A4 幅面的密度测试标板组成，外形尺寸为 297 mm×420 mm。两块 A4 幅面标板应按相反方向排列（见图 2）。

单位为毫米

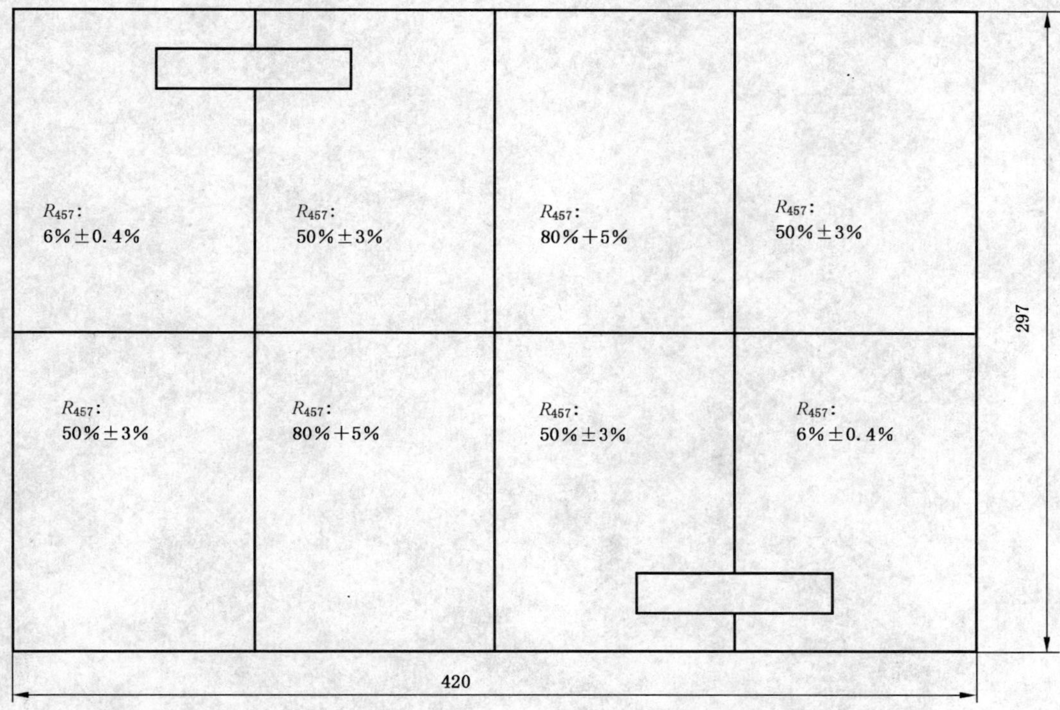

图 2 A3 幅面的密度测试标板

6 使用方法

6.1 测试标板的应用

在检查平台式缩微摄影系统性能时，应按照 GB/T 12356—2008 中 5.1 规定的方法，另拍摄一个画幅，用于解像力或可读性的测试。

6.2 负像光学密度的检测

测量反射率 80%灰区的影像密度，用以代表优质原件画幅影像中的背景密度；测量反射率 50%灰区的影像密度，用以代表质量较差原件画幅影像中的背景密度；测量反射率 6%灰区的影像密度，用以代表画幅影像中的信息密度。

6.3 缩率的检测

用带测微计的显微镜测量缩微影像中缩率测试尺的长度(单位为毫米)，将测得的值除以 100 mm，即得到实际缩率的值(一般换算成 1∶R'的形式)。

示例：经测量，缩微影像中缩率测试尺的长度为 5 mm，则缩率 R 为：

$R=5/100=1/20$

即实际缩率为 1∶20。

ICS 27.120
F 81

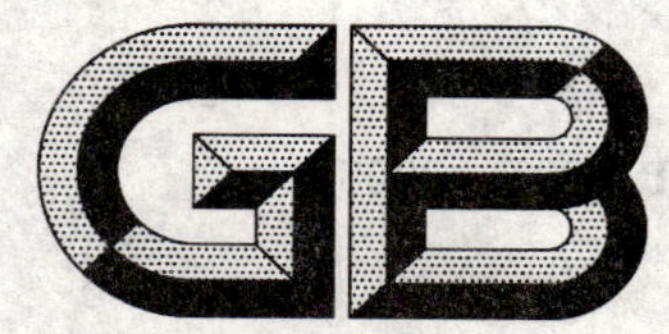

中华人民共和国国家标准

GB/T 8995—2008
代替 GB/T 8995—1988

核反应堆中子注量率测量堆芯仪表

In-core instrumentation for neutron fluence rate measurements in nuclear reactors

2008-07-18 发布　　　　2009-04-01 实施

中华人民共和国国家质量监督检验检疫总局
中国国家标准化管理委员会　发布

前言

本标准参照采用IEC标准IEC 60568-2006,Nuclear power plants—Instrumentation important to safety—In-core instrumentation for neutron fluence rate (flux) measurements in power reactors的有关技术内容。

本标准代替GB/T 8995—1988《核反应堆中子注量率测量堆芯仪表》。

本标准与GB/T 8995—1988相比主要变化如下:

——第3章“术语和定义”增加了术语“主要信号”、“附加信号”、“输出误差的限值”和“变换函数”;

——增加了探测器电缆安装的一般原则(见4.8);

——增加了移动式探测器中子注量率测量堆芯仪表的处理功能要求(见6.7);

——增加了第13章“退役”。

本标准由中国核工业集团公司提出。

本标准由全国核仪器仪表标准化技术委员会归口。

本标准起草单位:中国核动力研究设计院。

本标准主要起草人:李文平、刘艳阳、李高、吕渝川。

本标准所代替标准的历次版本发布情况为:GB/T 8995—1988。

核反应堆中子注量率测量堆芯仪表

1 范围

本标准规定了核反应堆中子注量率测量堆芯仪表的设计原则和要求。

本标准适用于在线堆芯中子探测器及为反应堆安全重要目的(保护、信息或控制)所设计的堆芯中子注量率测量部件和仪表。常用的探测器是直流电离室、裂变电离室和自给能中子探测器。

2 规范性引用文件

下列文件中的条款通过本标准的引用而成为本标准的条款。凡是注日期的引用文件,其随后所有的修改单(不包括勘误的内容)或修订版均不适用于本标准,然而,鼓励根据本标准达成协议的各方研究是否可使用这些文件的最新版本。凡是不注日期的引用文件,其最新版本适用于本标准。

GB/T 4083 核反应堆保护系统安全准则

GB/T 7164 用于核反应堆的辐射探测器 特性及其测试方法

3 术语和定义

下列术语和定义适用于本标准。

3.1

堆主包壳 primary envelope

一个包含燃料元件和主冷却剂的高度完整的闭合容器。

3.2

功率密度 power density

反应堆堆芯内单位体积所产生的热功率。

3.3

堆芯中子探测器 in-core neutron detector

用于测量堆芯或堆主包壳内某确定点或某区域的中子注量率或中子注量的固定的或可移动的探测器。

3.4

离线中子探测器 off-line neutron detector

一种仅在移出测量位置之后才可以读出输出信号的探测器。探测器受中子照射的部分可能是一定体积的气体或液体,或是丝状、球状等形状的固体。受照射后,中子诱发的那部分放射性在另一场所用适当方法测出。

3.5

在线中子探测器 on-line neutron detector

一种置于测量位置时就产生代表中子注量率的电信号的探测器。

3.6

自给能中子探测器 self-powered neutron detector

无需外加电源,通过其发射体(灵敏材料)与中子的作用,将入射辐射转化为电信号的探测器。

3.7

探测器的灵敏度 sensitivity of a detector

探测器对被测辐射的灵敏度由以下公式得出:

$$S = \frac{输出量的变化(探测器响应)}{输入量的变化(被测辐射)}$$

如果探测器是线性的，并且输入为零时输出可以不计，则：

$$S = \frac{输出量(探测器响应)}{输入量(被测辐射)}$$

3.8

主要信号　main signal

输出值中由被测值(即中子注量率)产生的部分。

3.9

附加信号　additional signal

附加的(本底)信号是输出值中与被测量值不直接相关的部分(例如，中子注量率探测器的γ辐射效应、自给能中子探测器的部分传输导线电流)。

3.10

输出误差的限值　limit of output error

整个设计运行时间内，在正常运行条件下，探测器输出信号相比于真值的可能的最大偏差值。

3.11

中子探测器的灵敏材料　sensitive material of a neutron detector

某些中子探测器(例如涂层式和充气式)所用的材料，中子与此材料发生核反应而生成直接致电离粒子。

3.12

变换函数　transformation (transmission, response) function

输出信号相对于输入信号的数学关系。

3.13

中子探测器的燃耗寿命　burn-up life of a neutron detector

探测器受到一定能量分布的中子注量照射后，其灵敏材料消耗到探测器性能超出某一特定容差时的中子注量估计值。

3.14

中子探测器的使用寿命　useful life of a neutron detector

在规定范围内的辐射和环境条件下，探测器特性指标超过规定的偏差时的工作寿命。可用入射粒子的注量、产生的脉冲计数等来表示。

3.15

被扰动的中子注量率　perturbed neutron fluence rate

中子探测器置于测量位置时该处空间的平均中子注量率。其数值为探测器输出除以它的灵敏度，实际上近似于探测器全表面的平均中子注量率。

3.16

未被扰动的中子注量率　unperturbed neutron fluence rate

在中子探测器未装在某位置时该处的平均中子注量率。

4　一般原则

4.1　由于运行操作的缘故，不仅监测整个堆芯的中子注量率平均值是重要的，而且监测其空间分布也是重要的。堆芯内特定位置的局部测量常常同局部控制功能相结合，其目的是保证保护系统参数有足够的安全裕度，或保证燃料的最佳利用。这种测量采用相对的还是绝对的基准，视堆型而定。

4.2　由于安全的缘故，在某些情况下测量堆芯局部的中子注量率是必需的。例如，为了避免冷却剂流的局部扰动或局部功率密度的瞬变对燃料元件造成的损坏。用堆芯外部测量方法即使有足够高的灵敏度，也不一定能发现这种异常状态。此时，通常宜将堆芯测量装置接到反应堆保护系统。

4.3 中子注量率堆芯仪表还可根据中子注量率数据提供有关反应堆或有关部件性能的更全面的信息。例如，堆芯部件的振动、液体冷却剂中的沸腾现象、个别燃料组件上总的中子注量等。

4.4 在某些反应堆上，堆主包壳外的中子注量率仪表不能用于启动和中间功率的操作运行。因此，可用堆芯中子探测器提供部分或全部所要求的量程范围，对反应堆总功率和局部功率进行测量与控制。

4.5 可用专用的堆芯仪表，定期地校准4.1～4.4所述的中子注量率仪表。同位素活化技术和可移动的堆芯探测器均可用于实现校准目的。

4.6 堆芯仪表系统的某些部分可能被置于非常恶劣的环境中。中子和γ射线的强辐射容易引起所使用材料的变形和结构变化，从而影响到设备的机械性能和电性能。因此，应特别注意选择合适的材料。在很多情况下，设计应考虑高环境压力、压力循环、高温、温度梯度、温度循环和环境腐蚀的各种影响。

4.7 仪表系统中安装在堆主包壳内的部分，通常难以接近维修且更换周期较长，所以，应采用冗余配置，通过探测器的空间分布，确保在允许的、一定数量的探测器出现故障时，系统具有足够的可用性。

4.8 某些类型的探测器电缆是外径较粗且柔性不足的无机绝缘电缆。这些电缆常常需要连接到安装在靠近堆主包壳贯穿件位置处的专用接线盒和连接器，而且在维修和更换探测器时需要人员接近。反应堆屏蔽和腔体设计应特别考虑这些位置的适宜性。同时，还应注意对这些电缆的制造、安装和试验的方法加以考虑。

5 系统设计的一般要求

5.1 应仔细评估安装在堆芯的仪表对反应堆运行特性的可能影响。尤其应评估由设备失常引起的最大反应性瞬变、冷却剂流在正常及异常工况下的可能扰动、设备干扰安全动作执行的任何风险，以及可能使反应堆主包壳完整性受到损坏的风险。

5.2 评估时应考虑堆芯设备更换的步骤。这种步骤的选择应在不降低规定的安全要求的条件下，优先保证电站的可利用率。应考虑所需的备用部件或反应堆功率状态下更换探测器的能力。

5.3 对于采用探测器沿堆芯移动和抽出的中子注量率测量系统，探测器信号和位置的处理功能应能够输出与其他在线中子注量率测量相关的、并能作为其补充的不同轴向层面以及沿轴向平均的堆芯径向的中子注量率分布。应根据安全重要性对这些功能进行分级。对探测器进行定位，以及对来自定位系统和探测器的信号进行处理，可能需要用到计算机设备。任何在线计算机设备和软件均应遵守与其分级对应的相关规定的要求。离线计算应满足适当的验证要求。

5.4 如果将堆芯仪表用于反应堆保护动作或其他必需的反应堆安全操作，则应按GB/T 4083设计。

5.5 系统中位于堆芯的部件，其材料性能应适用于堆芯的环境条件。特别应明确中子与γ长期辐照、长期温度效应及温度循环对材料特性的影响，这些特性宜取自定型试验或取自对实验数据的分析。

5.6 在选择堆芯部件和设计堆主包壳贯穿件时，应考虑设备故障对反应堆造成的后果。例如，若堆芯电缆外壳破裂，则电缆的绝缘物质不得与周围物质起有害反应。

5.7 仪表系统应设计成便于在反应堆运行期间进行堆芯部件的功能试验。

5.8 预定作为功率分布测量的仪表系统，应通过理论计算确定整个燃料循环期间所有正常反应堆条件下在堆芯各个不同部分的中子探测器所产生的信号与功率密度之间的关系。因为不同的探测器类型可能有不同的中子谱响应，这种关系将影响探测器类型的选择和功率分布的测量精度。

5.9 应明确用于功率分布测量系统的每一个中子探测器的灵敏度在其整个工作寿期内与参考值的关系。为此，在工作期间应能够对探测器进行校准，除非在达到极高中子注量之前，探测器校准系数基本与辐照无关，或者探测器燃耗对灵敏度的影响可由计算方法得出。上述工作应达到一定精度(典型的、相对于参考灵敏度不超过±3%)，并且校准的时间间隔应与整个系统的要求相一致。

5.10 用于总功率控制或反应堆安全的中子测量系统应具有足够短的响应时间，测量装置典型的响应时间约为0.2 s。仅用于功率分布手动控制的测量装置可有较慢的响应。

5.11 如果参数的测量误差随时间或运行条件变化,则安全和控制设定值也应相应地变化。

5.12 在堆芯测量条件下,燃耗、辐照热、活化等可能引起测量误差的变化。对于用于堆芯注量率测量的所有类型的探测器,都应确定其反应堆辐照效应误差。

5.13 对于在线探测器,其信号通常包含了不同来源的本底分量,例如来自反应堆燃料元件的γ辐射、来自堆芯结构或探测器自身诱发放射性的辐射。其中一部分本底信号与堆功率不成比例或明显地滞后于中子注量率。若探测器信号中本底含量相对很大时,应明确它在不同反应堆运行条件下的比例情况。探测器寿期结束前的信号与总本底之比在5∶1量级时,还可用于满功率测量装置。

5.14 堆芯探测器装置的使用寿命与探测器特性以及装置设计和电子部件的选择有关,应大于规定的反应堆停堆维修周期。

5.15 系统设计应确保辐射的泄漏或照射不会导致维修过分地困难。

6 在线堆芯中子探测器的一般要求

6.1 不同类型的在线探测器用来满足反应堆不同的运行要求。在低功率以及中间功率区,为了改善对γ本底的甄别,探测器以脉冲计数或均方方式工作,而在高功率区通常以直流方式工作。通常使用的探测器类型有直流电离室、裂变电离室和自给能探测器。

6.2 大多数在线中子注量率探测器将中子注量率转换成电信号。应对中子注量率产生电信号的过程进行详细描述。除了真实的信号,堆芯探测器通常还会产生由γ辐射、温度和振动等引起的附加输出。应对这些附加的信号进行估算,并应对确定估算值和总的信号扰动最小值的各种因子进行描述。

6.3 堆芯探测器的尺寸不得对堆芯中子注量率的分布和冷却剂流态产生重大的扰动。

6.4 由中子活化在堆芯探测器中产生的长寿命γ和(或)β活性将导致探测器信号中的本底效应增大,并将造成装卸过程中的辐射防护问题。应仔细考虑这些效应,尽可能通过结构材料的选择和探测器的机械设计使其达到最小。对于在维修时要装卸的机构等亦应有相似的考虑。对于装卸和维修过程中的人员的辐射防护应进行严格的监控。

6.5 当探测器在高功率水平工作时,探测器所吸收的辐射会导致探测器发热,甚至会导致探测器温度明显超过环境温度,在探测器设计及其安装中应考虑这种效应。

6.6 在反应堆低功率使用的堆芯探测器可通过适当方式安装于堆芯,使其当反应堆运行于高功率时能够从堆芯抽出,以尽量减少6.4和6.5所述效应,并可延长探测器的使用寿命。应确保探测器抽拔机构能够对探测器进行正确定位,并应向电厂操作人员提供能够确认其位置的指示装置。

6.7 为了精确测量高功率水平下的中子注量率分布,可采用一个或多个移动式堆芯探测器。每个探测器在堆芯内移动以获得一定时间间隔内的功率密度分布。因为探测器仅在短时间内受强中子辐照,所以由灵敏材料的燃耗引起灵敏度的变化非常小。这种技术亦可用于在反应堆运行期间校准固定式堆芯探测器。由于移动式探测器抽插机构的故障可能造成由定位错误引起的巨大误差,因此,应评估其可能的误差范围,并计入到整个系统的预计误差。

6.8 属于堆芯探测器整体部件的电缆和连接件,应满足6.3、6.4和6.5的要求。探测器制造厂应说明它们在堆芯工作条件下的性能。

6.9 探测器灵敏度应考虑其使用环境下中子注量率的能谱特性。可将灵敏度合理并准确地表达为对有效热中子能谱的响应(通过v=2 200 m/s的中子速度表征)。

6.10 宜采用灵敏材料中每个原子核的中子反应率作为堆芯仪表设计的参数。

7 机械特性

7.1 探测器结构应具有足够的完整性,以确保其足以承受所处的环境条件,并应由探测器制造厂提供证明。应特别关注探测器及其配套部件在要求的寿命期内承受堆内环境的能力,并应提供正式的书面证明。

7.2 堆芯中子探测器及其整体部件的下述机械特性应由制造厂作书面说明:

a) 带有公差的外形图,其中给出探测器尺寸、灵敏长度和灵敏区位置;
b) 堆芯探测器电缆的外径、外壳厚度和芯线直径及弯曲数据(弯曲次数和半径等);
c) 探测器结构主要材料,电缆及包括锡焊或铜焊的电缆端接的材料;
d) 在c项所述材料中的主要杂质元素,特别是可能会引起探测器过大的附加信号、引起探测器本体辐照后活性或热中子吸收的那些杂质元素;
e) 探测器灵敏材料的标称化学成分和总量;
f) 需要时,列出气体探测器的充气压力和主要成分;
g) 抗冲击和振动。

8 电特性及核特性

下述电特性及核特性,在适用的情况下,应由制造厂作书面说明:

a) 工作方式;
b) 电压极性,推荐的工作范围和最大允许值;
c) 甄别器的特性;
d) 饱和特性;
e) 每个中子俘获所产生的电荷平均值;
f) 电荷收集时间;
g) 对于拟在一种或多种方式下工作的探测器,应给出在25 ℃和最高工作温度下对给定的中子能谱(受扰动)的灵敏度。如果用户需要精确的能谱,则可进行协商;
h) 产生信号的核反应机制,描述这一过程的数学公式,以及具有相当信号变换时间的探测器(如活性探测器)的常数;
i) 探测器对γ辐射的灵敏度或拟在给定条件下(例如典型的堆芯γ谱或^{60}Co谱)一种或多种工作方式的γ辐射的影响;
j) 在与g)和i)项相同的条件下,每单位长度堆芯探测器电缆对中子和γ照射的灵敏度(电信号);
k) 在规定限值内,探测器与其刻度特性相一致的量程范围;
l) 长期中子照射后,探测器与电缆各自的剩余电流特性;
m) 需要时,则应按其灵敏长度给出探测器每单位长度中子灵敏度的最大变化;
n) 在规定的电压及以下条件下,给出探测器自身电极间、电极与外壳、电极与屏蔽(若用的话)之间的漏电流:
   1) 25 ℃及无辐射场;
   2) 最高工作温度及无辐射场。如果电缆包括在内,应规定受热长度和温度曲线。
o) 在规定电压和n)项列举的环境条件下,给出电缆(作为探测器整体的一部分)各芯线之间、信号芯线与电缆外壳(把其余芯线都接到外壳上)之间的漏电流;
p) 信号输出电极对外壳的电容;
q) 满足性能要求所需的电缆的其他物理和电气特性;
r) 电缆连接点和连接件的形式和参数。

9 运行条件的范围

以下运行限值,在适用的情况下,应由制造厂对探测器和电缆及连接件作书面说明:

a) 连续工作时的最高环境温度；
b) 最高允许温度；
c) 瞬时极限温度；
d) 最大中子注量率；
e) 需要时，最大 γ 注量率；
f) 最大 γ 注量；
g) 探测器的燃耗寿命；
h) 最大工作环境压力；
i) 使用寿命；
j) 最大温度变化率。

10 定型试验

10.1 堆芯中子探测器和电缆的定型试验应考虑第 7 章和第 8 章所列的所有特性及第 9 章中有关特性，应着重给出在堆芯条件下长期工作的性能。应尽可能通过切合实际的试验说明机械特性及电气特性的长期稳定性，例如，探测器气体压力和成分，电绝缘和抗电干扰。此外，这些试验应考虑本底信号的产生、γ 热效应及由于燃耗或所充气体损耗引起的灵敏度变化。堆芯环境条件下的试验结果，应能说明探测器的设计是否能满足在反应堆上应用的故障概率的要求。

10.2 移动式探测器装置，通常包括安装在堆芯外的驱动系统。定型试验不仅应考虑堆芯部分的工作性能，而且应考虑驱动系统的可能故障形式。应证明该系统及其控制和位置指示能使探测器的定位精度达到预期功能要求。特别应注意给出温度梯度对探测器及其导向管的影响，压力循环及磨损对移动部件的影响。

11 产品试验

堆芯中子探测器和探测器组件应经受最终的产品试验，保证设计与制造的一致性。应用时，详细试验方法见 GB/T 7164。用于堆芯时，应特别考虑下述特性：

a) 机械抗冲击和振动（颤噪试验或相应工作环境条件的其他试验）；
b) 电缆外壳和探测器包壳的密封性（氦气、蒸气或静水压试验）；
c) 焊接的质量；
d) 在规定的堆外条件下，在 25 ℃和最高工作温度时，输出端的绝缘电阻；
e) 需要时可给出饱和特性或甄别器特性。在探测器元件可追踪的情况下，上述特性可用大量产品有效的统计取样来给出；
f) 热中子灵敏度（可用 e 项的取样技术）；
g) γ 灵敏度（^{60}Co 或乏燃料谱，可用 e 项的取样技术）。

注：对于现行设计的堆芯探测器，通常可按照 e 及 f 项在低的辐照场进行试验，以使得活化效应保持在低于装卸和运输所能接受的水平，不得采用一批不打算交货的样品进行试验。

12 运行前的系统试验

12.1 堆芯设备在安装后的机械完整性应按照规定的堆主包壳内所有部件总的运行前试验程序进行检查。

12.2 对安装后的堆芯探测器组件的电气试验程序应能暴露出安装期间引起的任何缺陷。试验程序可包括常温下的绝缘试验和在模拟运行条件下探测器信号中电干扰测量。为了尽可能切合实际，可借助于中子源来检查中子探测器的正确响应。

12.3 整个堆芯中子注量率仪表系统的性能试验应是综合性的，包括机械设备和电气设备。应考虑外部电干扰和机械振动的影响、位置系统的精度及所有系统参数的整定值，例如甄别器阈值、报警水平、信号放大器增益等等。

13 退役

在设计阶段应对退役的手段加以考虑，并且装卸规程中应包括合理的建议。

ICS 13.280
F 84

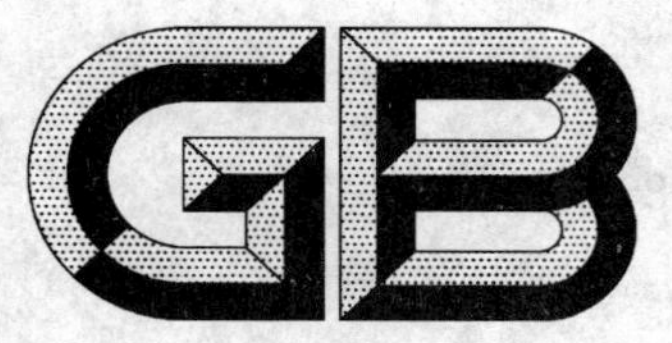

中华人民共和国国家标准

GB/T 8997—2008
代替 GB/T 8997—1988

α、β表面污染测量仪与监测仪的校准

Calibration for alpha, beta and alpha/beta surface contamination meters and monitors

2008-07-02 发布　　　　2009-04-01 实施

中华人民共和国国家质量监督检验检疫总局
中国国家标准化管理委员会　发布

前　言

本标准代替 GB/T 8997—1988《α、β 表面污染测量仪与监测仪的校准》。

本标准与 GB/T 8997—1988 相比主要变化如下：

——删除了原标准的术语“校准”、“准确度”、“调整”、“能量响应”、“干扰辐射”和“检查源”；

——将“专项校准”修改为“特殊校准”；将“校准的项目和要求”修改为“校准项目”（1988 年版第 3 章，本版第 4 章）；将“校准条件”单列一章（本版第 5 章）；

——删除了“温度和湿度的影响”（1988 年版 4.11）、“参考读数的获取及经常性的检查”（1988 年版 4.12）和“过载特性试验”（1988 年版 4.10）以及“校准周期”（1988 年版第 5 章）；

——修改了表面发射率响应的测定（6.3）；相对固有误差的确定（6.4）；报警阈漂移的检验（仅对于探测装置）（6.5）；探测器表面的响应变化（6.6）；表面发射率响应随辐射能量的变化（6.7）和对其他电离辐射的响应（6.8）；

——将原标准的附录 A 改在“相对固有误差的确定”中（6.4）；

——删除了原标准附录 B“校准证书首页格式”。

本标准由中国核工业集团公司提出。

本标准由全国核能标准化技术委员会（SAC/TC 58）归口。

本标准起草单位：中国原子能科学研究院。

本标准主要起草人：陈细林、汪建清、姚艳玲、刁立军、袁大庆、李玮。

本标准所代替标准的历次版本发布情况为：

——GB/T 8997—1988。

α、β表面污染测量仪与监测仪的校准

1 范围

本标准规定了校准α、β表面污染测量仪与监测仪的一般要求、校准项目、校准条件、校准方法以及校准证书要求。

本标准适用于辐射防护领域中使用的便携式或固定式α、β和α/β表面污染测量仪与监测仪的校准(测量的β最大能量大于60 keV);也适用于那些有特殊用途的仪器和为测量特殊性质表面而设计的仪器的校准。

本标准不适用于β粒子的最大能量小于60 keV辐射监测仪或测量仪的校准。

2 规范性引用文件

下列文件中的条款通过本标准的引用而成为本标准的条款。凡是注日期的引用文件,其随后所有的修改单(不包括勘误的内容)或修订版均不适用于本标准,然而,鼓励根据本标准达成协议的各方研究是否可使用这些文件的最新版本。凡是不注日期的引用文件,其最新版本适用于本标准。

GB/T 4960.6 核科学技术术语 核仪器仪表

GB/T 5202 辐射防护仪器 α、β和α/β(β能量大于60 keV)污染测量仪与监测仪

EJ/T 1204.1—2006 电离辐射测量探测限和判断阈的确定 第1部分:忽略样品处理影响的计数测量(ISO 11929-1:2000,IDT)

3 术语和定义

在GB/T 4960.6中确立的术语和定义适用于本标准。

3.1

有效量程 effective range of measurement

测量仪或监测仪性能在被测量值范围内满足GB/T 5202要求的被测量值范围。

3.2

源表面发射率 surface emission rate of a source

$q_{2\pi}$

单位时间内从源前表面出射的高于某一能量的给定类型的粒子数。

3.3

源效率 source efficiency

ε_s

单位时间内从源或其窗口的前表面出射的高于某一能量的给定种类粒子数(表面发射率)与单位时间内从源(对于薄源)或其饱和层厚度(对于厚源)中产生或释放的同一种类粒子数之比。

3.4

高效率源 high efficiency source

包括被反散射的粒子在内,其中能量大于5.9 keV的粒子的效率大于0.25的放射源。(该定义适用于最大能量在150 keV以上的β发射体)。

3.5

小面积源 small area source

放射性表面积最大线性尺寸不超过1 cm的源。

3.6

表面发射率响应(仪器效率)　surface emission rate response(instrument efficiency)

根据厂商指定的条件(探测器的灵敏面积、源的灵敏面积以及源和探测器之间的距离),连同与装置一块使用的探测器的表面发射率(效率)为探测到的粒子数 N(如:经过本底 N_b 修正的单位时间的计数)与放射源在同样的时间间隔内出射的同种类型的粒子数 N_s(表面发射率约定真值)之比,见式(1)。

$$R = \frac{N - N_b}{N_s} \quad \cdots\cdots(1)$$

3.7

(测量装置的)响应时间　response time(of a measuring assembly)

从被测量发生阶跃变化后到输出信号的变化第一次达到最终值的某一给定百分数(通常为 90%)时所需的时间。

注:对于积分测量装置,响应时间是指示值一阶导数或斜率平衡值的 90%。

3.8

探测器的灵敏面积　sensitive area of the detector

在制造厂确定的探测器面积中,具有对小面积源的探测效率超过最大效率的 50%的探测面积。

3.9

总等效厚度　total equivalent thickness

指从污染表面正常发射的(α 或 β)粒子达到探测器灵敏体积所需穿过的厚度,通常以单位面积的质量表示。

注:厚度包括空气中的距离加上探测器窗的厚度,有时还包括为防止污染探测器窗而设置的保护屏厚度。

3.10

指示值误差　indication error

在测量点上,一个量的指示值(M_i)与该量的约定真值(M_t)之差,以 M_i-M_t 表示。

3.11

响应　response

R

监测仪或测量仪的指示值与约定真值之比,见式(2)。

$$R = \frac{M_i}{M_t} \quad \cdots\cdots(2)$$

3.12

指示值相对误差　relative error of indication

I

被测量指示值误差与该量的约定真值之比,可用百分数表示,见式(3)。

$$I = \frac{M_i - M_t}{M_t} \times 100\% \quad \cdots\cdots(3)$$

3.13

相对固有误差　relative intrinsic error

在规定的参考条件下受到一个规定的参考辐射时,对一个参考物理量(M_r),仪器指示值(M_i)的相对误差。

3.14

变异系数　coefficient of variation

V

一组 n 次测量值(x_i)的标准偏差(s)与其算术平均值($\overline{x}$)之比(V),见式(4)。

$$V = \frac{s}{\bar{x}} = \frac{1}{\bar{x}}\sqrt{\frac{1}{n-1}\sum_{i=1}^{n}(x_i - \bar{x})^2} \qquad (4)$$

3.15

单位面积表面发射率的探测限　detection limit of the surface emission rate per unit area

单位面积表面发射率按照 EJ/T 1204.1—2006 给出的方法导出。

注：如果有计数率和适当的计数时间，应使用简化的公式计算探测下限计数率。在预先选定时间和已知本底计数率的情况下，使用式(5)计算：

$$R_n = (k_{1-\alpha} + k_{1-\beta})\sqrt{R_o\left(\frac{1}{t_o} + \frac{1}{t_b}\right)} \qquad (5)$$

式中：

R_n——探测下限的净计数率；

R_o——本底计数率；

t_o——本底计数的预选时间；

t_b——测量的预选时间；

$k_{1-\alpha}$——第一类错误正态分布的分位数；

$k_{1-\beta}$——第二类错误正态分布的分位数。

例如，$\alpha=\beta=0.05$，$(k_{1-\alpha})=(k_{1-\beta})=1.645$，计算见式(6)：

$$R_n = (1.645 + 1.645)\sqrt{R_o\left(\frac{1}{t_o} + \frac{1}{t_b}\right)} \qquad (6)$$

对特定核素的表面发射率探测下限变为：

$$DL = \frac{R}{S_{(\text{nuclide})}A} \qquad (7)$$

式中：

$S_{(\text{nuclide})}$——表面发射率响应(见 3.6)；

A——探测器的灵敏面积。

单位面积的表面发射率应以 $s^{-1}\cdot cm^{-2}$ 为单位表示。

3.16

量的约定真值　conventionally true value of a quantity

一个量的约定真值是该量的最佳估计值。

注：这个值通常是次级或主标准的测量值或者是可溯源到次级或主标准的值或者是用次级标准或主标准校准过的参考仪器的测量值。

4　校准项目

校准项目分为：常规校准项目和特殊校准项目。

常规校准项目包括：变异系数的测量、表面发射率响应的测定、相对固有误差和报警阈漂移的检验。

特殊校准项目包括：探测器表面的响应变化、表面发射率响应随辐射能量的变化以及对其他电离辐射的响应。

5　校准条件

5.1　参考条件和标准实验条件

参考条件和标准实验条件列于表 1。参考条件是规定仪器特性的限制条件。规定条件给出了参考条件在实际校准工作中所允许的量值范围。

常规校准应该在规定校准条件下进行。型式试验校准，除某一影响量变化外，其他影响量应该保持在规定的允许范围内。如果校准实验室的个别参量不具备规定校准条件，则应在仪器校准证书中注明校准时的实际条件。

表1 参考条件和规定校准条件

参 量	参 考 条 件	规定校准条件
预热时间/min	15	≥15
环境温度/℃	20	18～22
相对湿度/%	65	55～75
环境γ辐射/(μGy·h^{-1})	空气比释动能率小于0.2	空气比释动能率小于0.25
仪器的取向	由制造厂说明	规定取向±2°
放射性物质的污染	忽略不计	忽略不计

5.2 校准设备

5.2.1 α、β标准平面源

5.2.1.1 要求

校准用的α、β标准平面源应符合相关国家标准的规定。

源的表面发射率分布是均匀的，任意10 cm^2 范围的单位面积表面发射率与整个面积的单位面积表面发射率之差不大于测量结果合成不确定度的6%。标准源表面发射率的约定真值应已知并且扩展不确定度小于10%($k=2$)。

5.2.1.2 α参考核素

^{241}Am或^{239}Pu。

5.2.1.3 β参考核素

除了测量能量小于200 keV的β粒子探测器以外，参考核素为^{36}Cl或^{204}Tl。

如果探测器用于测量最大能量小于200 keV的β粒子，参考核素为^{14}C。

5.2.2 其他试验用核素

5.2.2.1 γ密封源核素：

^{137}Cs。

5.2.2.2 表面发射率响应随辐射能量的变化试验适合的β核素有：

^{14}C (最大β能量：0.155 MeV，半衰期：5 730 a)；

^{147}Pm (最大β能量：0.22 MeV，半衰期：2.6 a)；

^{60}Co (最大β能量：0.31 MeV，半衰期：5.271 a)；

^{36}Cl (最大β能量：0.714 MeV，半衰期：301 000 a)；

^{204}Tl (最大β能量：0.77 MeV，半衰期：3.8 a)；

^{90}Sr/^{90}Y (最大β能量：0.51 MeV，半衰期：29 a)，^{90}Y(最大β能量：2.26 MeV)。

5.2.3 校准架

应能使探测器的灵敏面积放置在距检测表面的距离小于5 mm(α探测器)和小于10 mm(β探测器)的位置。

6 校准方法

6.1 一般要求

6.1.1 仪器的接收检查

校准前，仪器应办理接收手续，包括必要的检查，如：仪器外观、开机检查、技术说明书、前一次校准证书和产品合格证等。

6.1.2 本底计数率测量

在每一项校准工作进行之前，要测量仪器的平均本底计数率(在仪器被校准的位置上)，并在校准时，由仪器对标准源的指示值中扣除本底计数率的贡献。

6.1.3 统计涨落的影响

在进行校准时，由于辐射的随机性，仪器的指示值有较大的统计涨落，因此，应取足够多的读数，求它们的平均值，以减少统计涨落对测量值的影响。为了保证每个读数在统计上是独立的，各读数之间的时间间隔应大于仪器的三倍时间常数。

6.2 变异系数的测量

选择一块放射源，其活度应使仪器的读数在最灵敏量程(线性标度)或最灵敏十进位(对数标度或数字显示)满度值的1/3～1/2之间。仪器在放射源照射下，连续获取20个独立的读数，计算仪器的变异系数V。如果仪器有“时间常数”选择开关，允许选用一合适的时间常数使仪器的变异系数满足GB/T 5202的规定。

6.3 表面发射率响应的测定

6.3.1 测量仪器的平均本底计数率。

6.3.2 使用合适的放射源。

6.3.3 应使用可照射整个探测器灵敏面积的高效率源来测量探测器的仪器效率。标准源应符合5.2.1.1的要求。

6.3.4 连续获取20个读数并计算平均计数率。

6.3.5 计算仪器的表面发射率响应。

6.3.6 如果源的面积不能满足6.3.3的要求，可以使用比探测器灵敏面积小的源。在这种情况下，应使用该源在不同的位置接连进行多次测量，确保覆盖探测器的每一部分，但相邻区域不能有重叠。

6.4 相对固有误差的确定

6.4.1 常规校准

对线性刻度的仪器，例行校准应在每个量程的最大刻度的50%～75%之间取一个点进行。对数刻度或数字显示的仪器，例行校准应在有效量程内的每个十进位中取一个点进行。

6.4.2 特殊校准

对于线性刻度的仪器，型式试验应在所有量程上进行相对固有误差的测量，在每一量程上至少取三个点，即在最大刻度的75%、50%和25%附近测量。

对于对数刻度或数字显示仪器，至少在有效测量量程内每个十进位位中取三个点进行试验。

如果仪器使用了一种以上的刻度方式，每一种刻度都应符合要求。

测量装置、测量仪和监测仪都应进行本项试验。假设除了死时间(已进行处理)以外，探测器具有线性响应。

至少在相应于最高指示值和最低指示值处，应用放射源对测量仪和监测仪进行试验，其他位置可以用输入电脉冲的方法进行试验。

对于本项试验，可以使用除5.2.1规定的参考源以外的辐射进行。在这种情况下，应建立说明该辐射响应与参考源辐射响应之间差异的转换因子，以确定实际的相对固有误差。

6.4.3 电校准方法

电信号形状应尽可能能模拟探测器的信号，并在可以测试除探测器本身外的整个仪器(例如，使用随机脉冲发生器)的某个点上输入电信号。

当仪器测量放射源时，假设仪器指示的计数率为I，然后输入一个电信号产生相同的指示值I。令这个电信号为Q。

又假设一个输入q产生另一指示值i，那么，相对固有误差E(以%计)由式(8)给出：

$$E=\left(\frac{iQ}{qI}-1\right)\times 100 \qquad \cdots\cdots(8)$$

如果使用电信号方法校准，应在随带文件中说明。

6.5 报警阈漂移的检验(仅对于探测装置)

将探测装置与合适的计数设备连接。β探测器应使用^{36}Cl放射源或α探测应使用^{241}Am放射源。按照制造厂规定的探测器高压加工作高压,记录计数率;改变脉冲触发阈值10%(可能的情况下双向改变),计数率的增加或减少应不超过±2%;凡是测量低能β的设备,应使用^{14}C源代替^{36}Cl源进行试验。

6.6 探测器表面的响应变化

6.6.1 使用小面积源来检查探测器整个面积上响应的一致性。探测器对小面积源的响应(在检查时通常位于表面)随源相对于探测器的位置和网格的透射特性而变化。

6.6.2 规定源和探测器窗之间的距离,理想距离为3 mm～4 mm。

6.6.3 应将探测器的灵敏面积分成近乎相等的块。每块的线性尺寸尽可能接近25 mm。例如,尺寸为x(mm)乘以y(mm)的矩形灵敏面积,每块的面积应该为$\frac{x}{m}$(mm)乘以$\frac{y}{n}$(mm),其中:

$$25m < x < 25(m+1) \quad 和 \quad 25n < y < 25(n+1)$$

式中:m和n是正整数。

6.6.4 圆形探测器应根据探测器的半径r来划分。每个径向切面应由$r-25a$和$r-25(a+1)$确定,其中$a=0$或整数,使得$r-25(a+1)$为正数。每个圆环划分为n个扇区,其中:

$$25n < 2\pi(r-25a) < 25(n+1)$$

6.6.5 中央留下一个小圆,其半径为25 mm或更小,把它作为一个单独附加的面积。要不然,将其分为三个独立的块。

6.6.6 应尽可能将参考核素的小面积源置于靠近每个块的中心并测量响应。

6.6.7 对于很大的探测器(灵敏面积超过625 cm^2),面积数目可以减少到100个,每个面积尽可能相同。

6.7 表面发射率响应随辐射能量的变化

6.7.1 除了6.3规定的测量之外,还应使用以下至少三种不同最大能量分布的β发射体测量仪器的效率:

——小于0.2 MeV;

——在0.2 MeV～0.5 MeV之间;

——大于0.5 MeV。

6.7.2 所用的对每一个核素的表面发射率响应的测量方法应符合6.3的要求。每当有合适的放射源时,应按6.3.3规定的试验方法进行。在其他情况下,应按6.3.6规定的试验方法进行。

6.8 对其他电离辐射的响应

6.8.1 对γ辐射的响应

6.8.1.1 **α污染测量(或监测)仪(本条目不适用于测量和区分α、β粒子的功能)**

首先,整个探测器置于不小于10 mGy·h^{-1}的空气比释动能率下照射,并记录指示的计数率;然后,应用一个α源对探测器进行照射,α源的活度大小应能使仪器的最灵敏量程产生指示值(对数刻度仪器在最低十进位以内,数字仪器在第二个最低重要十进位以内)并记录计数率。最后,应在α检验源照射探测器的同时,给它施加不小于10 mGy·h^{-1}的空气比释动能率。上述测量应使用相同结构的源。应用密封的^{137}Cs源提供上面的空气比释动能率。

在许多场合,γ射线的效应在低能时更加显著,因此,应使用不小于100 μGy·h^{-1}空气比释动能率的^{241}Am的γ射线反复进行上述试验。

6.8.1.2 **β污染测量(监测)仪和用双路α/β测量(监测)仪监测α**

应使用不小于10 μGy·h^{-1}的空气比释动能率照射探测器并记录计数率。应给出对10 μGy·h^{-1}空气比释动能率的以单位时间计数表示的结果,这里对每一个探测器通道都适用。以活度或单位面积活度表示的读数，应说明是等效活度还是等效单位面积活度。上述给出的空气比释动能率可用密封的^{137}Cs源提供。

6.8.2 对β辐射响应

本项试验适用于α污染测量仪、监测仪和探测器，不适用于同时测量α和β辐射的仪器。

使用的$^{90}Sr/^{90}Y$源活度可接近但不超过370 kBq、横向尺寸小于20 mm。

首先，将α检验源放置在探测器正面，距离尽可能接近5 mm但小于5 mm，记录从α源得到的计数率。对于本项试验，α源的尺寸比探测器窗面积小且源的活度要足够低，以便在线性刻度仪器的最灵敏量程、对数刻度仪器的最灵敏十进位或数字显示仪器的第二个最灵敏十进位内进行读数。接着，在探测器和α辐射源都不移动的情况下，将β源贴近探测器正面。对于能同时测量α和β的仪器，上述试验应仅使用β源，结果应以β放射源每单位活度的计数被给出来。以活度或单位面积活度表示的读数，应说明是等效活度还是等效单位面积活度。

6.8.3 对α辐射的响应

本项试验仅适用于探测器窗厚小于5 mg·cm^{-2}的β污染测量仪和监测仪。将α薄源(例如：^{241}Am)置于距探头表面不超过10 mm处。如果源有覆盖物，其总等效厚度应小于1.5 mg·cm^{-2}。响应宜以计数率每单位表面α发射率表示或者以活度或单位面积活度表示读数，以单位面积的活度每单位表面α发射率表示。

注：如果使用^{241}Am，可能有59 keV的γ辐射对响应的贡献。在可以测定的情况下，应扣除光子的贡献并应该给出这种影响较小的响应。

6.8.4 对中子的响应

中子响应试验不是强制性的，仅在有这种要求时才进行试验。

7 校准证书

校准证书应包括以下信息：

7.1 被校准仪器的名称、型号、生产厂、出厂日期及系列编号；

7.2 委托校准单位名称；

7.3 校准条件：如环境温度、湿度；

7.4 依据的标准文件和校准方法；

7.5 校准时仪器的工作条件：如探测器工作高压、源表面到探测器窗表面的距离等；

7.6 校准结果：包括本底计数率、表面发射率响应、相对固有误差、变异系数等进行了校准的项目结果；

7.7 校准日期；

7.8 校准实验室印章和校准、核验和批准工作人员签字等。

ICS 33.020
M 40

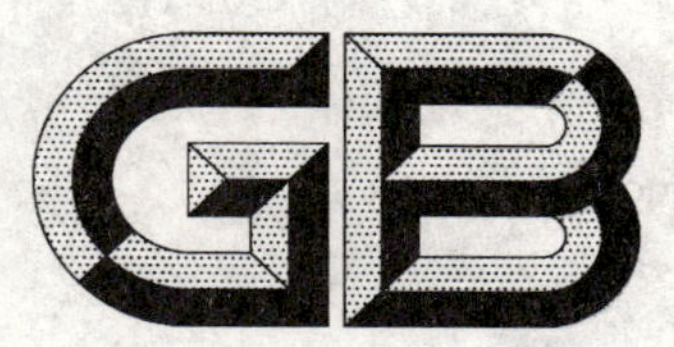

中华人民共和国国家标准

GB/T 9043—2008
代替 GB/T 9043—1999

通信设备过电压保护用气体放电管通用技术条件

General technical requirements of gas discharge tubes for the over-voltage protection of telecommunications installations

2008-03-31 发布 2008-11-01 实施

中华人民共和国国家质量监督检验检疫总局
中国国家标准化管理委员会 发布

前　言

本标准与国际电信联盟 ITU-T K.12 建议书《电信装置保护用气体放电管的特性》(2006 年)的一致性程度为非等效并根据我国通信技术的发展、放电管生产技术的提高和实际需要，进行了一定的补充和完善，使标准具有科学性，更好的可操作性和实用性。

本标准代替 GB/T 9043—1999《通信设备过电压保护用气体放电管通用技术条件》。

本标准与 GB/T 9043—1999 的主要技术差异如下：

——将气体放电管的标称直流击穿电压进行了更细类别的划分(见表 1)。

——增加了低冲击击穿电压类别的气体放电管的击穿电压要求(见表 2)。

——修改了击穿电压合格评定方法(见表 3)。

——增加了寿命试验的测试等级，并增加了测试类别(见表 4)。

——明确了电容测试的测试电压(见 6.5)。

——增加了大功率放电管的电压范围及耐流试验推荐方案(见附录 B)。

本标准的附录 A 为规范性附录，附录 B 为资料性附录。

本标准由中华人民共和国信息产业部提出。

本标准由中国通信标准化协会归口。

本标准由中国电信集团公司(广州研究院)、爱普科斯电子(孝感)有限公司、信息产业部电信研究院起草。

本标准主要起草人：石莹、陈健儿、陈少川、洪家平、韩镝。

通信设备过电压保护用
气体放电管通用技术条件

1 范围

本标准规定了二极和三极气体放电管(以下简称放电管)的有关定义、分类与命名、要求、关于放射性物质、试验方法、环境试验、检验规则、标志、包装、贮存及运输等基本要求。

本标准适用于通信设备过电压保护用的二极和三极气体放电管。

本标准未涉及放电管的设计、结构、几何尺寸、安装使用、传输质量及其保护效果。

2 规范性引用文件

下列文件中的条款通过本标准的引用而成为本标准的条款。凡是注日期的引用文件,其随后所有的修改单(不包括勘误的内容)或修订版均不适用于本标准,然而,鼓励根据本标准达成协议的各方研究是否可使用这些文件的最新版本。凡是不注日期的引用文件,其最新版本适用于本标准。

GB/T 2423.1 电工电子产品环境试验 第2部分:试验方法 试验A:低温(GB/T 2423.1—2001,idt IEC 60068-2-1:1990)

GB/T 2423.2 电工电子产品环境试验 第2部分:试验方法 试验B:高温(GB/T 2423.2—2001,idt IEC 60068-2-2:1974)

GB/T 2423.4 电工电子产品环境试验 试验Db:交变湿热试验方法 (GB/T 2423.4—1993,eqv IEC 60068-2-30:1980)

GB/T 2423.6 电工电子产品环境试验 第2部分:试验方法 试验Eb和导则:碰撞(GB/T 2423.6—1995,idt IEC 60068-2-29:1987)

GB/T 2423.10 电工电子产品环境试验 第2部分:试验方法 试验Fc和导则:振动(正弦)(GB/T 2423.10—1995,idt IEC 60068-2-6:1982)

GB/T 2423.23 电工电子产品环境试验 试验Q:密封

GB/T 2423.28 电工电子产品环境试验 第2部分:试验方法 试验T:锡焊

GB/T 2423.29 电工电子产品基本环境试验规程 试验U:引出端及整体安装件强度(GB/T 2423.29—1999,idt IEC 60068-2-21:1992)

GB/T 2828.1 计数抽样检验程序 第1部分:按接收质量限(AQL)检索的逐批检验抽样计划(GB/T 2828.1—2003,ISO 2859-1:1999,IDT)

3 术语和定义

下述术语与定义适用于本标准。

3.1

气体放电管 gas discharge tube

GDT

由密封于气体放电介质中的(不处在大气压力下的空气中)一个或一个以上放电间隙组成的器件。用于保护设备和(或)人身免遭高电压的危害。

3.2

击穿 breakdown;spark-over

放电管的放电间隙发生电击穿,亦称"点火"或"着火"。

3.3

击穿电压　spark-over voltage

在放电管极间施加的使其发生击穿的电压。

3.4

直流击穿电压　DC spark-over voltage

直流电压缓慢增加时使放电管发生击穿的电压值，亦称“直流点火电压”。

3.5

标称直流击穿电压　nominal DC spark-over voltage

放电管直流击穿电压的标称值。由生产厂家规定的直流击穿电压的额定值，并且指出它在被保护设备的使用条件下的应用范围。

3.6

冲击击穿电压　impulse spark-over voltage

从施加给定波形的冲击起直至开始有电流流通的这段时间内，放电管极间出现的最高电压。

3.7

冲击横向电压　impulse transverse voltage

含有一个以上间隙的放电管，在有放电电流流过期间，接至通信回路两根导线上的两个间隙的放电电压之差值。

3.8

过保持电压　holdover voltage

在规定的电路条件下，放电管经一次冲击放电后，可望清除并恢复至高阻抗绝缘状态时放电管两端子上最大直流电压。

3.9

续流遮断时间　current turn-off time

在规定的电路条件下，放电管经冲击放电后，从低阻抗导通状态恢复到高阻抗绝缘状态所需要的时间。

3.10

放电电流　discharge current

放电管击穿时流过放电间隙的电流。

3.11

交流放电电流　discharge current alternating

流经放电管放电间隙的近似交流电流的有效值。

3.12

标称电流　nominal current

放电管交流放电电流的额定值(由生产部门按表4选定)。

3.13

冲击放电电流　impulse discharge current

流经放电管放电间隙的冲击电流峰值。亦称“脉冲放电电流”或“浪涌放电电流”。

3.14

续流　follow current

在放电管电流流过期间及后续时间内，从所接电源出来的经过放电管的电流。

3.15

低冲击击穿电压类　GDT low impulse spark-over voltage type GDT

此类型 GDT 具有更快的响应时间，因而可在较高辉光电压和弧光电压下实现较低的冲击击穿电压。但由于此类型 GDT 的设计所限，与同样尺寸的普通类 GDT 相比，它按照表 4 所能达到的通流容量通常要低得多。

4　分类与命名

4.1　放电管型号的构成

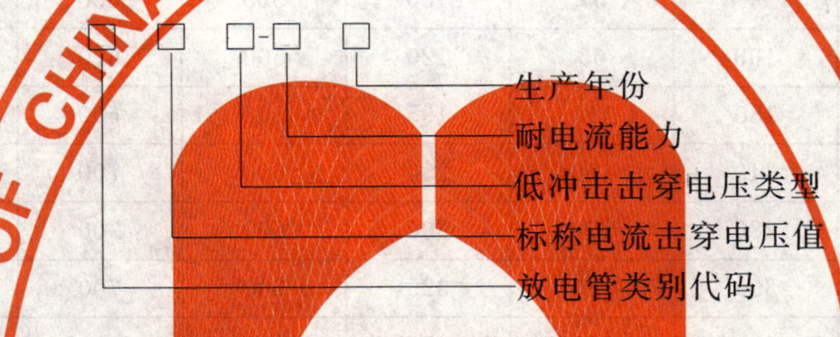

4.2　管子类别代码：

二极放电管：2R；

三极放电管：3R。

4.3　标称直流击穿电压值，按表 1(或表 2)的数值。

4.4　低冲击击穿电压类型标识

如果放电管为低冲击击穿电压类，需增加类别标识。

4.5　耐电流能力

按表 4 中的耐电流能力等级来编写。

4.6　生产年份

采用能够表征制造年份的代码来编写。

5　技术要求

5.1　环境条件

放电管的工作环境条件：

温度：－40℃～ ＋85℃；

相对湿度：最大 95％(40℃时)。

5.2　外观检查

a)　用手触摸时应光滑、平整，引线规范；

b)　若外表使用绝缘涂料时，颜色应基本一致；

c)　印字清晰、完整，符合本标准 9.1 的要求。

5.3　击穿电压

普通类型的放电管的直流击穿电压和冲击击穿电压应符合表 1 和表 3 的规定。

低冲击击穿电压类型的放电管的直流击穿电压和冲击击穿电压应符合表 2 和表 3 的规定。

表 1　普通类型的 GDT 的击穿电压值

击穿电压/V								
直流击穿电压值					冲击击穿电压上限值			
					标称 100 V/μs 上升速率		标称 1 000 V/μs 上升速率	
标称直流击穿电压	初测值		耐电流能力试验后		初测值	耐电流能力试验后	初测值	耐电流能力试验后
	(1)		(2)		(3)	(4)	(5)	(6)
	最小	最大	最小	最大				
75	57	93	57	100	500	600	600	700
90	72	108	65	120	500	600	600	700
150	120	180	110	195	500	600	600	700
200	160	240	150	250	600	700	700	800
230	184	280	170	300	600	700	700	800
250	200	300	180	325	600	700	700	800
350	280	420	260	455	900	1 000	1 000	1 100
420	300	500	300	550	900	1 000	1 000	1 100
470	376	564	352	588	1 100	1 200	1 200	1 300
500	400	600	400	650	1 100	1 200	1 200	1 300
600	480	720	450	780	1 300	1 400	1 400	1 500
800	640	960	600	1 000	1 400	1 700	1 600	2 000
900	720	1 080	675	1 125	1 500	1 800	1 700	2 200
1 000	800	1 200	750	1 250	1 700	1 900	2 000	2 500
1 200	960	1 440	900	1 500	1 900	2 100	2 400	3 000
1 600	1 280	1 920	1 200	2 000	2 400	2 600	2 800	3 400

表 2　低冲击击穿电压类的 GDT 的击穿电压值

击穿电压/V								
直流击穿电压允许偏差范围					冲击击穿电压上限值			
					标称 100 V/μs 上升速率		标称 1 000 V/μs 上升速率	
标称直流击穿电压	初测值		耐电流能力试验后		初测值	耐电流能力试验后	初测值	耐电流能力试验后
	最小	最大	最小	最大				
200	160	240	150	250	350	450	450	550
230	184	280	170	300	450	550	500	700
300	240	360	225	375	600	700	700	800
350	265	455	265	600	700	800	800	900
420	300	500	300	650	750	850	800	1 000
470	370	570	350	650	750	850	800	1 000

表 2（续）

击穿电压/V								
直流击穿电压允许偏差范围					冲击击穿电压上限值			
					标称 100 V/μs 上升速率		标称 1 000 V/μs 上升速率	
标称直流击穿电压	初测值		耐电流能力试验后		初测值	耐电流能力试验后	初测值	耐电流能力试验后
	最小	最大	最小	最大				
500	400	600	400	700	750	950	850	1 050
600	480	720	420	800	900	1 100	1 000	1 200
800	640	960	600	1 000	1 200	1 300	1 300	1 500
900	720	1080	675	1 260	1 300	1 500	1 400	1 600
1000	800	1200	750	1 400	1 400	1 600	1 500	1 700
1200	960	1440	900	1 680	1 500	2 200	1 600	2 500

表 3　击穿电压评定方法

	电压初测值数据	
	在允许偏差范围内的概率	数据区间
直流击穿电压	99.7%	$U+3S\leqslant$上限值 $U-3S\geqslant$下限值
冲击击穿电压	99.7%	$U+3S\leqslant$上限值 $U-3S\geqslant$下限值
注 1：U——统计平均值，S——标准偏差。 注 2：三极放电管两线电极之间的直流击穿电压值不得小于直流击穿电压的下限值。		

5.4　绝缘电阻

放电管绝缘电阻在耐电流能力试验前应$\geqslant 10^9\ \Omega$，在耐电流能力试验后应$\geqslant 10^8\ \Omega$。

5.5　极间电容

放电管各极间电容应不大于 10 pF。

5.6　过保持电压

放电管过保持电压的直流试验电压分为 52 V、80 V 和 135 V 三档，若过保持电压值超出上述范围，则按需要另行决定。

放电管的过保持电压（见 6.6 及图 4、图 5）以其续流遮断时间来衡量。放电管进行表 6 或表 7 中的一项或多项过保持电压试验时，任何规格的放电管续流遮断时间都应小于 150 ms，标称直流击穿电压值为 75 V 和 90 V 的放电管不考核此项指标。

5.7　冲击横向电压

冲击横向电压（三极放电管）以两个放电间隙不同时击穿的时间差来衡量，该时间差应不大于 200 ns。

5.8　耐电流能力

放电管耐电流能力包括耐交流（48 Hz～52 Hz）电流能力和耐四种冲击电流能力等五项电流试验（见表 4）。

a)　若放电管使用于总配线架（MDF）及类似的设备或通过电缆对与线路连接时，可仅进行表 4 中规定的耐交流电流能力试验和耐 10/1000 μs、100 A，300 次冲击电流能力试验。若还可用在明线时，尚需做表 4 中规定的耐冲击电流能力试验，即五项试验。

b)　各种类型的放电管应根据各自的标称电流值确定耐交流电流能力试验和耐冲击电流能力试

验的电流等级。

c) 在各项电流试验完成之后，放电管绝缘电阻应符合 5.4 的规定，直流及冲击击穿电压应符合表 1 和表 3 规定。

表 4 耐电流能力试验电流值

等级	交流电流	冲击电流			
	50 Hz	8/20 μs	10/350 μs	10/1 000 μs	10/1 000 μs
	10 次	10 次	1 次	300 次	1 500 次
	A(rms)	kA(峰值)	kA(峰值)	A(峰值)	A(峰值)
1	1.5	1	—	10(注)	—
2	2.5	2.5	0.5	50	10
3	5	5	1	100	10
4	10	10	2.5	100	10
5	20	10	4	100	10
6	20	20	4	200	10
注：该测试的试验次数仅为 10/1 000 μs，100 次。					

5.9 放射性物质

放电管内不应使用放射性物质，生产厂家应提供未使用任何放射性物质的声明。

6 试验方法

6.1 试验的标准大气条件

温度：15℃～35℃

相对湿度：45%～75%

气压：86 kPa～106 kPa

6.2 直流击穿电压

试验电路如图 1 所示。试验电源的直流电压标称上升速率为 100 V/s。试验电压波形应在图 2 阴影所框定的范围内，U_{max}应大于放电管直流击穿电压上限值，而小于其下 限值的三倍，其放电电流限制在 5 mA～15 mA。试样在试验前至少在黑暗环境（如密闭的不透明室，下同）中静置 24 h，并且在整个试验过程始终置于黑暗环境中。每个二极放电管试样的放电电极间都应测正、反极性击穿电压各两次，同一试样相邻两次测试的时间间隔不小于 3 min。三极放电管的每对电极（线与地、线与线电极）按二极放电管方法分别测试，与测试无关的电极应悬空。

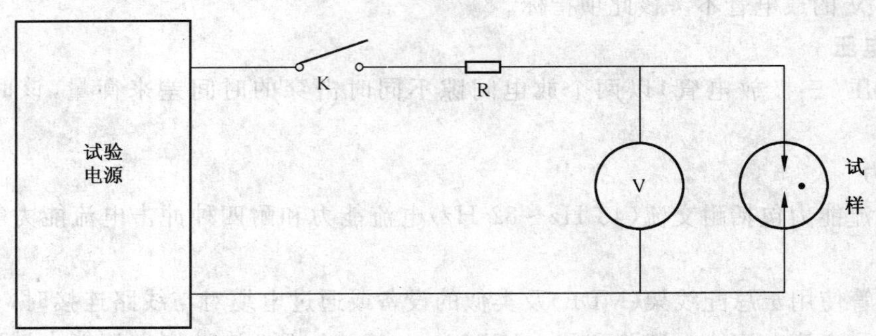

R——限流电阻。

图 1 直流击穿电压试验电路图

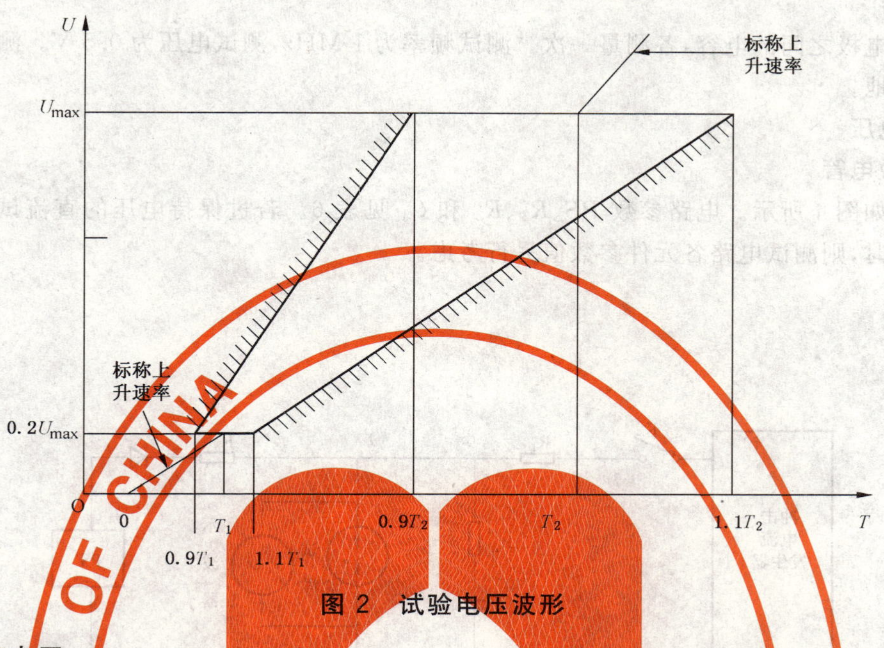

图 2　试验电压波形

6.3　冲击击穿电压

试验电压的标称上升速率为 1 kV/μs，其波形亦在图 2 阴影所框定的范围内，电原理图如图 3 所示。当试样的冲击击穿电压最大值高于 1 100 V 时，图 3 中主电容器 C_1 的充电电压高于 5 kV，直至图 2 中 U_{max} 值高于被测试样的冲击击穿电压最大值（调试冲击电压峰值和波形时，图 3 中试样应断开）。以保证波形上升速率满足上述要求。

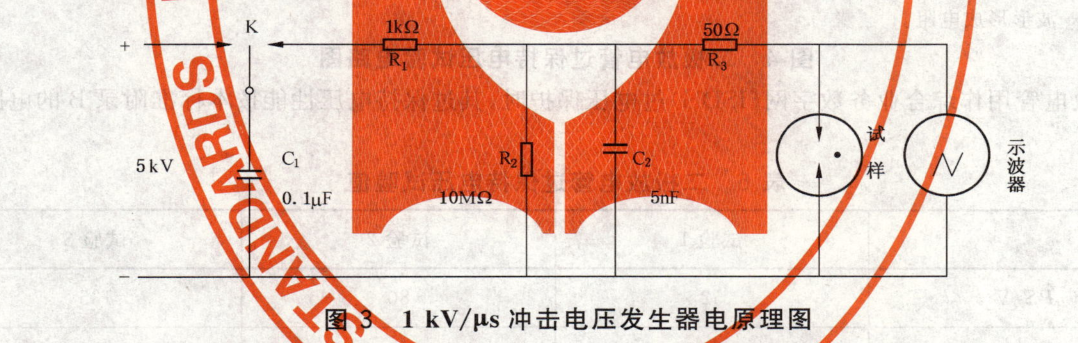

图 3　1 kV/μs 冲击电压发生器电原理图

试样试验前至少在黑暗环境中静置 15 min，整个试验过程始终置于黑暗环境中。每个试样应分别测试其正、反极性的冲击击穿电压各 5 次，同一试样相邻两次测试的时间间隔不小于 3 min，三极放电管的测试方法同二极放电管，与测试无关的电极应悬空。

6.4　绝缘电阻

绝缘电阻从放电管的每对电极间测得。测量时与测试无关的电极应悬空，测试电压见表 5，测试短路电流应限制在 10 mA 以内。每对电极测试一次。

表 5　绝缘电阻试验值

<table>
<tr><th>标称直流击穿电压/V</th><th>测试电压/V</th></tr>
<tr><td>75</td><td>25</td></tr>
<tr><td>90</td><td rowspan="2">50</td></tr>
<tr><td>150</td></tr>
<tr><td>>150 V</td><td>100</td></tr>
</table>

6.5 极间电容

试样每对电极之间的电容，各测量一次。测试频率为 1 MHz，测试电压为 0.5 V。测量时与测试无关的电极应接地。

6.6 过保持电压

6.6.1 二极放电管

试验电路如图 4 所示。电路参数 PS、R_2、R_3 和 C_1 见表 6。若过保持电压的直流试验电源 PS 值超过表 7 范围时，则测试电路各元件参数值另行考虑。

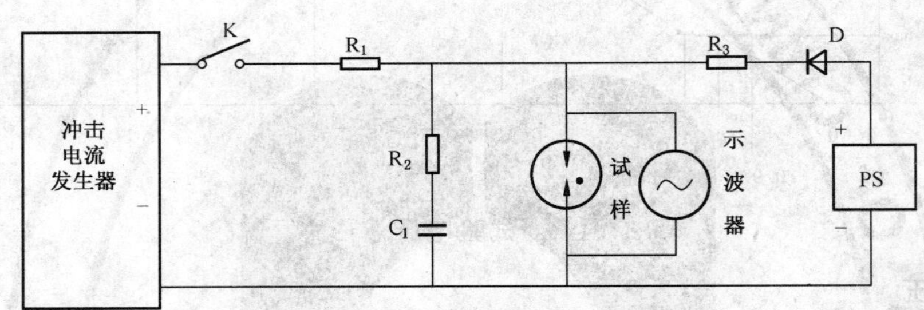

PS——过保持电压的直流试验电源；

D——隔离二极管；

R_1——波形形成电阻。

图 4 二极放电管过保持电压试验电路图

当放电管用作综合业务数字网（ISDN）过电压保护时，其过保持电压性能按本标准附录 B 的电路进行测试。

表 6 二极放电管过保持电压试验值

	试验 1	试验 2	试验 3
PS/V	52	80	135
R_3/Ω	260	330	1 300
R_2/Ω	—	150	150
C_1/nF	—	100	100

冲击电流发生器的冲击电流波形为 10/1 000 μs，电流峰值为 100 A（试样短路时）。冲击电流的极性与 PS 电流极性相同。每个试样的正、反极性各冲击三次。两次冲击之间的时间间隔不大于 1 min，并测量出每次的续流遮断时间。

6.6.2 三极放电管

三极放电管试验电路如图 5 所示。电路参数 PS_1、PS_2、R_2、R_3、R_4、C_1 和 C_2 见表 7。若过保持电压的直流试验电源 PS_1、PS_2 值要求超出表 7 范围时，则测试电路各元件参数值另行考虑。冲击电流发生器的冲击电流波形为 10/1 000 μs、电流峰值为 100 A（试样短路时）。冲击电流发生器的极性与 PS_1、PS_2 的电流极性相同。每个试样的正、反两个极性冲击各三次。两次冲击之间的时间间隔不大于 1 min。并测量出每次的续流遮断时间。

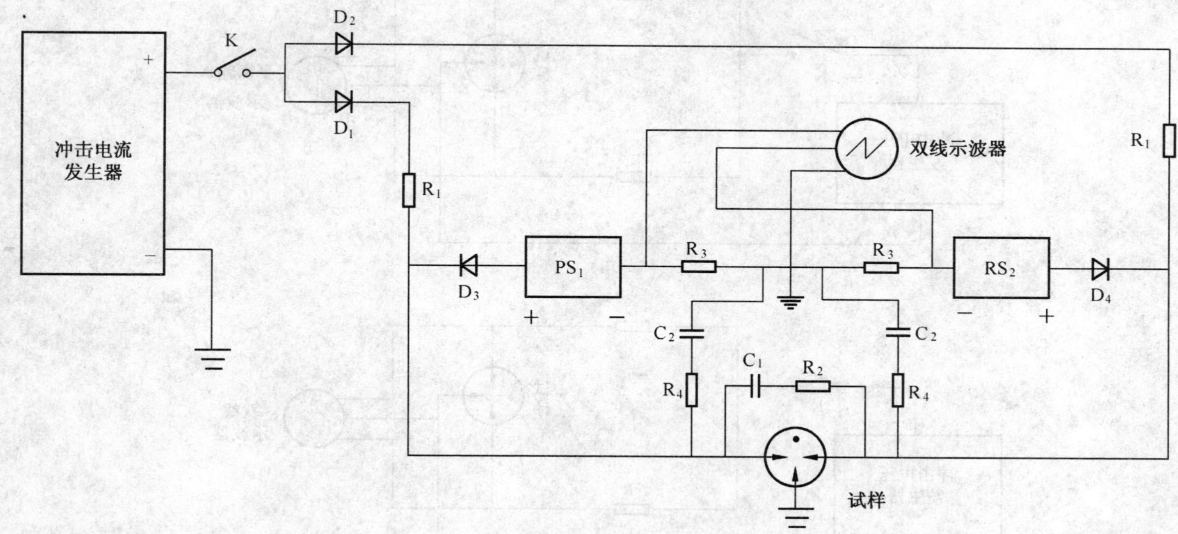

D_1、D_2、D_3、D_4——隔离二极管；

PS_1、PS_2——过保持电压的直流试验电源；

R_1——波形形成电阻。

图 5　三极放电管过保持电压试验电路图

表 7　三极放电管过保持电压试验值

	试验 1	试验 2	试验 3
PS_1/V	52	80	135
PS_2/V	0	0	52
R_2/Ω	—	150	150
R_3/Ω	260	330	1300
R_4/Ω	136	136	136
C_1/nF	—	100	100
C_2/nF	83	83	83

6.7　冲击横向电压

试验电路如图 6 所示。冲击电压发生器以 1 kV/μs 上升速率的脉冲同时施加到试样的两个放电间隙上，用示波器测出其横向电压的持续时间。试样在试验前至少在黑暗环境中静置 15 min，并在整个试验过程始终置于黑暗环境中。每个试样分别在图 6 电阻 R 为 50 Ω 和 800 Ω 情况下正、反极性各测 4 次，两次冲击之间的时间间隔不小于 15 min。

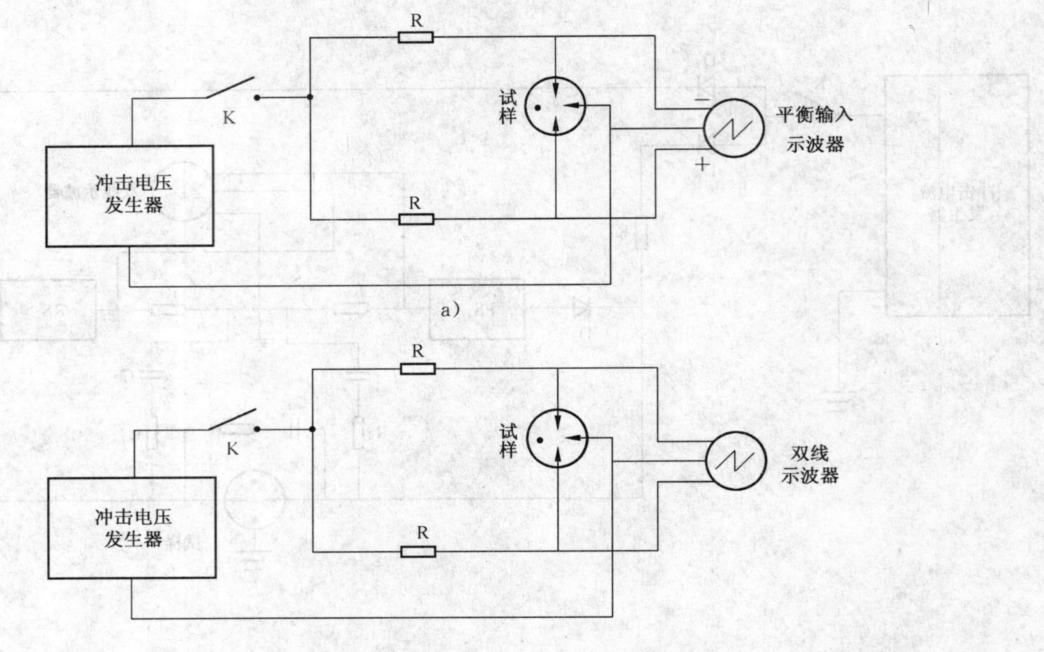

图 6　三极放电管冲击横向电压试验电路图

6.8　耐电流能力

6.8.1　耐交流电流能力

试验电路如图 7 和图 8 所示。将经测试符合 5.3、5.4 和 5.5 要求的试样，按表 4 标称电流值选择相应的试验电流等级，进行耐交流电流能力试验。交流试验电源的交流电压（有效值）应不小于试样直流击穿电压允许最大值的 1.5 倍。试验持续时间 1 s。试验应符合 5.3、5.4 和 5.5 要求。

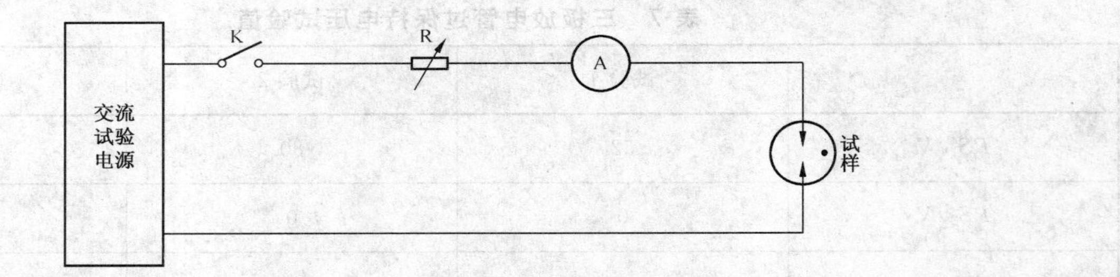

R——限流电阻。

图 7　二极放电管交流电流试验电路图

对于三极放电管应各自以规定的电流值独立地施加至两个线电极上，并同时向公共电极放电。

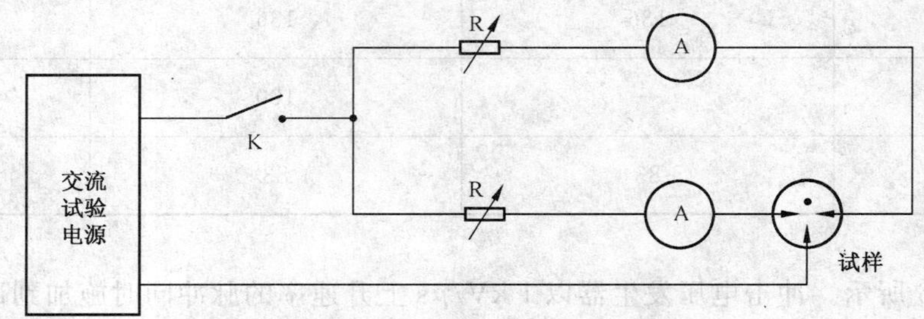

R——限流电阻。

图 8　三极放电管交流电流试验电路图

6.8.2 耐冲击电流能力

6.8.2.1 冲击电流试验 1

将经测试符合 5.3、5.4 和 5.5 要求的试样施加波形为 10/1 000 μs 的冲击电流波，电流峰值按表 4 相应的电流等级选取。冲击电流源的充电电压值应不小于试样最大冲击击穿电压的 1.5 倍。试验脉冲应分别用正、反两种极性(每次极性正、反交替)，各冲击 150 次。试验后，试样应符合 5.3、5.4 和 5.5 要求。对于三极放电管，试验时两个电极应同时对公共电极放电，电流相等。

6.8.2.2 冲击电流试验 2

对试样施加波形为 8/20μs 的冲击电流波，电流峰值按表 4 相应的电流等级选取，正、反极性各冲击 5 次，其他要求同冲击电流试验 1。试验间隔时间为 3 min。

6.8.2.3 冲击电流试验 3

对试样施加波形为 10/350 μs 的冲击电流波，电流峰值按表 4 相应的电流等级，冲击 1 次，其他要求同冲击电流试验 1。

6.8.2.4 冲击电流试验 4

对试样施加波形为 10/1 000 μs，10 A 的冲击电流波。冲击电流源的充电电压值应不小于试样最大冲击击穿电压的 1.5 倍。试验脉冲应分别用正、反两种极性(每次极性正、反交替)，各冲击 750 次。试验后，试样应符合 5.3、5.4 和 5.5 要求。对于三极放电管，试验时两个电极应同时对公共电极放电，电流相等。

7 环境试验

试样应能承受下列基本环境试验。

7.1 引出端强度

带引线的样品按 GB/T 2423.29 试验 U 的规定，选择相应的试验方法。

7.2 焊接性能

7.2.1 可焊性 带焊接端子的样品按 GB/T 2423.28 试验 Ta 方法 1 的要求进行试验。

7.2.2 耐焊接热 带焊接端子的样品按 GB/T 2423.28 试验 Tb 方法 1B 的要求进行试验。

试验后外观检查符合 5.2 要求，击穿电压应符合本标准 5.3 和 5.4 的要求。

7.3 振动

试样按 GB/T 2423.10 试验 Fc：振动(正旋)试验方法进行试验，频率：10 Hz～500 Hz、位移幅值：0.15 mm，沿放电管径向和轴向各振动 45 min。试验后应符合本标准 5.3、5.4 和 5.5 的要求。

7.4 碰撞

试样按 GB/T 2423.6 试验 Eb 碰撞试验方法进行试验，加速度：100 m/s^2，脉冲持续时间：16 ms，频率：60 次～80 次/min、放电管的径向各碰撞 1 000 次。试验后符合本标准 5.3、5.4 和 5.5 的要求。

7.5 交变湿热

试样按 GB/T 2423.4 试验 Db 方法进行试验，试验持续时间为 2 d。试验后在标准大气条件下恢复 1 h，其绝缘电阻应不小于 10^8 Ω。

7.6 密封

试样按 GB/T 2423.23 试验 Qk 方法的小漏气率密封试验进行，严酷度等级：600 h，用氦气检验，测量漏气率应低于 0.01 Pa · cm^3/s。试样通过 Qk 试验后，还应通过试验 Qc 方法 1 的粗检漏试验。

7.7 高温

试样按 GB/T 2423.2 试验 Bb 方法进行试验，温度：+85℃，持续时间：2 h。试验后在标准大气条件下恢复 1 h，应符合本标准 5.3 和 5.4 的要求。

7.8 低温

试样按 GB/T 2423.1 试验 Ab 方法进行试验，温度：−40℃，持续时间：2 h。试验后在标准大气条件下恢复 1 h，应符合本标准 5.3 和 5.4 的要求。

8 检验规则

放电管产品的检验分为交收检验和型式检验。

8.1 交收检验

交收检验的抽样方案按 GB/T 2828.1 规定，采用正常检验一次抽样方案进行，其交收项目、顺序、检验水平(IL)和接收质量限(AQL)应符合表 8 规定，或供需双方商定。

表 8 交收检验

序 号	检验项目	要 求	试验方法	AQL	IL
1	外观检查	5.2	目测和手感	0.65	I
2	直流击穿电压	5.3、5.4	6.2	注 1	—
3	冲击击穿电压	5.3、5.4	6.3	注 2	—
4	绝缘电阻	5.5	6.4	0.65	

注 1：按表 1(或表 2)电流能力试验前要求评定。

注 2：按表 1(或表 2)电流能力试验前要求评定。

8.2 型式检验

8.2.1 型式检验是全面考核产品性能是否满足技术要求的试验，在下列任一情况下均应进行型式检验。

a) 新设计的产品需要定型生产时；

b) 已成批生产的放电管，当工艺有导致影响性能的改变时；

c) 成批生产的放电管任一种材料改变时；

d) 成批生产的放电管每年至少检验一次；

e) 停产半年以上再恢复生产时；

f) 质量技术监督部门提出要求时；

g) 转产时。

8.2.2 具有不同标称直流击穿电压值的几种放电管，当其结构几何尺寸、原材料和工艺完全相同，并同期或连续生产时，原则上可任意抽取一种放电管的环境试验结果代替。

8.2.3 型式检验的样品应从交收检验的合格批中随机抽取，并按表 9 所示的项目进行检验及评定。

表 9 型式检验

<table>
<tr><th colspan="2" rowspan="2">检 验 项 目</th><th rowspan="2">D 或 ND</th><th rowspan="2">要求</th><th rowspan="2">试验条件
及方法</th><th colspan="2">样本大小和合格判定数</th></tr>
<tr><th>n</th><th>c</th></tr>
<tr><td rowspan="4">0 组</td><td>外观检查</td><td rowspan="4">ND</td><td>5.2</td><td>目测和手感</td><td rowspan="4">150(不含环境试验)
250(含环境试验)</td><td>1</td></tr>
<tr><td>直流击穿电压</td><td>5.3(5.4)</td><td>6.2</td><td>注 3</td></tr>
<tr><td>冲击击穿电压</td><td>5.3(5.4)</td><td>6.3</td><td>注 4</td></tr>
<tr><td>绝缘电阻</td><td>5.5</td><td>6.4</td><td>0</td></tr>
<tr><td rowspan="2">1 组</td><td>极间电容</td><td rowspan="2">ND</td><td>5.6</td><td>6.5</td><td rowspan="2">20</td><td>0</td></tr>
<tr><td>过保持电压</td><td>5.7</td><td>6.6</td><td>1</td></tr>
<tr><td>2 组</td><td>耐交流电流能力</td><td>D</td><td>5.9</td><td>6.8.1</td><td>20</td><td>注 5</td></tr>
<tr><td>3 组</td><td>耐冲击电流能力 1</td><td>D</td><td>5.9</td><td>6.8.2.1</td><td>20</td><td>注 5</td></tr>
<tr><td>4 组</td><td>耐冲击电流能力 2</td><td>D</td><td>5.9</td><td>6.8.2.2</td><td>20</td><td>注 5</td></tr>
<tr><td>5 组</td><td>耐冲击电流能力 3</td><td>D</td><td>5.9</td><td>6.8.2.3</td><td>20</td><td>注 5</td></tr>
</table>

表 9（续）

检验项目		D 或 ND	要求	试验条件及方法	样本大小和合格判定数	
					n	*c*
6 组	耐冲击电流能力 4	D	5.9	6.8.2.4	20	注 5
7 组	冲击横向电压(三极管)	ND	5.8	6.7	10	注 5
8 组	高温、低温	D	5.3、5.4	7.7、7.8	20	注 3、注 4
	交变湿热		5.5	7.5		0
9 组	引出端强度	D	5.3、5.4	7.1	10	0
10 组	焊接性能	D	5.3、5.4	7.2	10	注 3、注 4
	振动	D	5.3、5.4、5.5	7.3	10	
	碰撞、密封			7.4、7.6	10	

注 1：D——破坏性试验；ND——非破坏性试验；*n*——样本大小；*c*——合格判定数。

注 2：1 组～10 组的样品分别取自 0 组。

注 3：直流击穿电压按表 1(或表 2)耐流能力试验前要求判定。

注 4：冲击击穿电压按表 1(或表 2)耐流能力试验前要求判定。

注 5：直流击穿电压按表 1(或表 2)耐流能力试验后要求判定。
冲击击穿电压按表 1(或表 2)耐流能力试验后要求判定。

9 标志、包装、贮存和运输

9.1 标志

放电管产品上，应具备清晰、耐久的生产单位(代码、缩写或商标)、能够表征制造年份的代码、标称直流击穿电压等标识。如果空间允许，也可增加耐冲击电流能力等级、生产批号等标志。

9.2 包装

包装材料整洁、干燥，对放电管无腐蚀。包装箱(盒)内装有合格证、说明书；包装箱(盒)应标明生产单位、产品名称、型号、数量及生产日期。

9.3 贮存

包装好的放电管应置于干燥、通风和无腐蚀的环境中。

9.4 运输

包装好的放电管应适应任何交通工具运输。

附 录 A
(规范性附录)
用于 ISDN 保护的过保持电压测试

放电管用作综合业务数字网(ISDN)过电压保护时,测试其过保持电压,使用如图 A.1 的电路。其过保持电压试验电路特性见图 A.2。

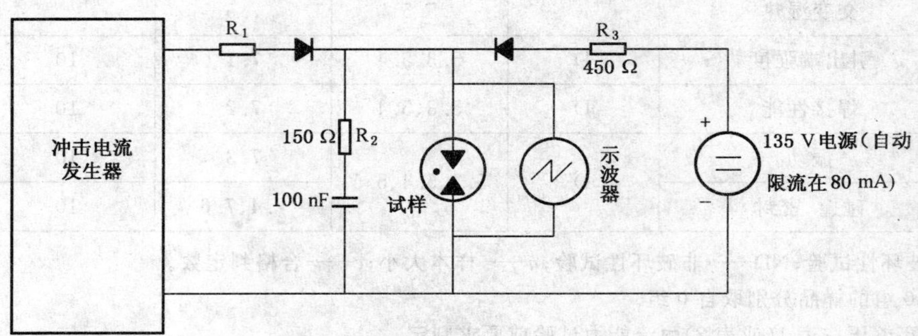

图 A.1 ISDN 过保持电压试验电路图

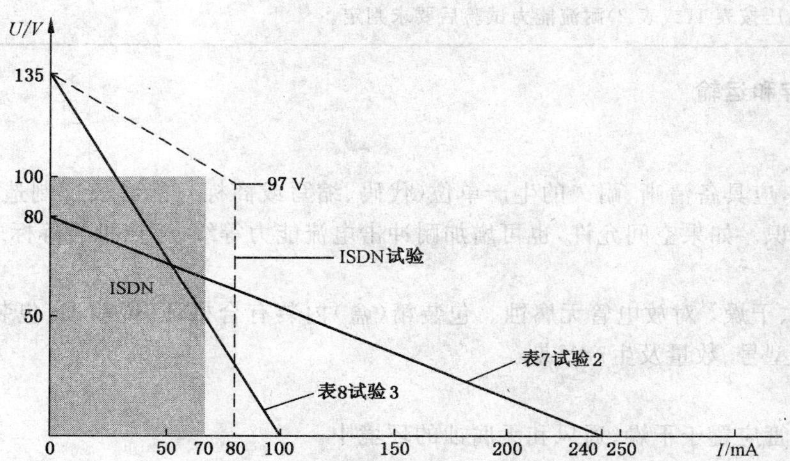

图 A.2 ISDN 过保持电压试验电路特性

附　录　B
（资料性附录）
大功率放电管的电压范围及耐流试验推荐方案

大功率放电管的电压范围及耐流试验推荐方案见表 B.1 和表 B.2：

表 B.1　大功率气体放电管的击穿电压

标称直流击穿电压/V	直流击穿电压				冲击击穿电压上限值			
					标称 1 kV/μs 上升速率		标称 5 kV/μs 上升速率	
	初测值		耐电流能力试验后		初测值	耐电流能力试验后	初测值	耐电流能力试验后
	最小值 (V)	最大值 (V)	最小值 (V)	最大值 (V)	(V)	(V)	(V)	(V)
230	180	280	150	300	600	800	800	1 000
350	350	500	350	500	700	1 000	900	1 200
500	500	850	500	1 500	1 100	1 500	1 300	1 500
800	600	1 200	600	1 500	1 300	1 500	1 500	1 500

表 B.2　大功率气体放电管的耐电流试验电流值

等级	标称交流放电电流 50 Hz			标称冲击放电电流 8/20 μs		标称冲击放电电流 8/20 μs		标称冲击放电电流 10/350 μs	
	A(rms)	次数	持续时间(s)	kA(峰值)	次数	kA(峰值)	次数	kA（峰值）	次数
1	300	1	0.2	20	1	4	各 1 次	—	—
						10			
						20			
						30			
						40			
2	300	1	0.2	40	1	6	各 1 次	1.2	各 1 次
						15		3	
						30		6	
						45		12	
						60		—	
3	300	1	0.2	50	1	10	各 1 次	5	各 1 次
						25		12.5	
						50		25	
						75		37.5	
						100		50	
4	300	1	0.2	100	1	10	各 1 次	10	各 1 次
						25		25	
						50		50	
						75		75	
						100		100	

ICS 23.080
J 71

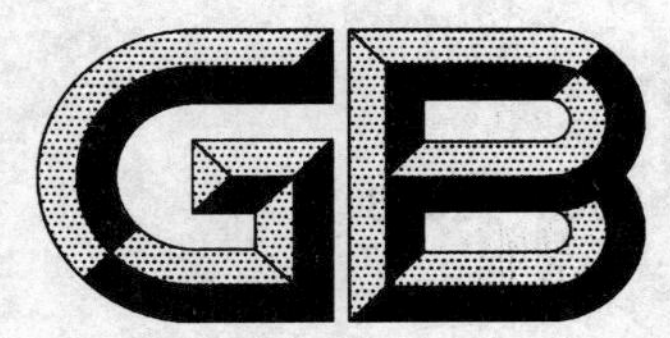

中华人民共和国国家标准

GB/T 9069—2008
代替 GB/T 9069—1988

往复泵噪声声功率级的测定 工程法

Determination of sound power level for noise emitted by reciprocating pump—Engineering method

2008-06-25 发布　　　　2009-02-01 实施

中华人民共和国国家质量监督检验检疫总局
中国国家标准化管理委员会　发布

前言

本标准是对 GB/T 9069—1988《往复泵噪声声功率级的测定　工程法》的修订。

本标准与 GB/T 9069—1988 相比，主要变化如下：

——在声功率的标准声源的测试方法(比较法)中，增加了移动传声器测试方法测定混响室内噪声声功率级的测定；

——将原标准中附录 D 中的多点测试方法改为参考资料。

本标准的附录 B、附录 C 为规范性附录，附录 A、附录 D 为资料性附录。

本标准自实施之日起代替 GB/T 9069—1988。

本标准由中国机械工业联合会提出。

本标准由全国泵标准化技术委员会(SAC/TC 211)归口。

本标准起草单位：合肥通用机械研究院。

本标准主要起草人：林泽安。

本标准所代替标准的历次版本发布情况为：

——GB/T 9096—1988。

往复泵噪声声功率级的测定　工程法

1　范围

本标准规定了一个反射平面上自由声场条件下噪声声功率级的工程测定法和混响室内噪声声功率级工程测定法。本标准中混响室内噪声声功率级的测定，采用标准声源比较法中移动传声器测试方法，多点测试方法参见附录A。

本标准适用于包括原动机在内的往复泵机组(以下简称泵机组)噪声声功率级的测定。

2　规范性引用文件

下列文件中的条款通过本标准的引用而成为本标准的条款。凡是注日期的引用文件，其随后所有的修改单(不包括勘误的内容)或修订版均不适用于本标准，然而，鼓励根据本标准达成协议的各方研究是否可使用这些文件的最新版本。凡是不注日期的引用文件，其最新版本适用于本标准。

GB 3102.7　声学的量和单位(GB 3102.7—1993，eqv ISO 31-7:1992)

GB/T 3241　倍频程和分数倍频程滤波器

GB/T 3767　声学　声压法测定噪声源的声功率级　反射面上方近似自由场的工程法(GB/T 3767—1996，eqv ISO 3744:1994)

GB 3785　声级计的电、声性能及测试方法

GB/T 3947　声学名词术语

GB/T 6881.2　声学　声压法测定噪声源的声功率级　混响场中小型可移动声源工程方法　第1部分：硬壁测试室比较方法(GB/T 6881.2—2002，ISO 3743-1:1994，IDT)

GB/T 6881.3　声学　声压法测定噪声源的声功率级　混响场中小型可移动声源工程方法　第2部分：专用混响测试室法(GB/T 6881.3—2002，ISO 3743-2:1994，IDT)

JJG 176　声校准器检定规程

JJG 188　声级计检定规程

JJG 277　标准声源检定规程

IEC 61183　电声学-声级计的无规定射声场及扩散声场的校正

3　术语和定义

GB/T 3947和GB 3102.7确立的术语和定义适用于本标准。

4　需测定的量及其测量的误差

4.1　需测定的量

A计权声功率级和其中心频率在125 Hz～8 000 Hz之间的七个倍频程声功率级。

4.2　测量误差

按照本标准进行测量，A计权声功率级的标准偏差不大于2 dB；倍频程声功率级的标准偏差不大于表1规定的值。

表 1 倍频程声功率级的标准偏差

倍频程中心频率/Hz	标准偏差/dB
125	3.0
250～500	2.0
1 000～4 000	1.5
8 000	2.5
注：测量误差系指由于各种因素所造成的累计标准偏差；但不包括各次测量中因机器安装和运行状态改变，所引起的机器本身声功率的变化。	

5 测量环境

5.1 测量环境要求

5.1.1 自由声场

理想的测量环境应是一个反射平面上的自由声场。反射面上方近似自由场的测量环境应符合 GB/T 3767 的规定。反射平面应由混凝土、沥青或同样坚实的其他材料构成，尺寸应大于测量表面在其上的投影。对测量环境有如下要求：

a) 提供一个反射平面上方自由声场的实验室，如半消声室。

b) 具有上述反射平面的室外场地，在距测点位置 10 m 之内没有声反射物。

c) 环境修正值 K 不大于 2.2dB 的场地，如普通房间和不满足 b)要求的户外，这些场地要求具有上述性质和反射平面，并按附录 B 规定的方法确定环境修正值 K，以便使测量值修正到半自由场条件下的结果。

注：声反射物主要指建筑物和一些较大的设备，若靠近声源的物体的宽度（如桩或支撑构件的直径）大于它距声源距离的十分之一时，则认为这个物体是声反射物。

5.1.2 混响声场

按本标准测定声功率用的混响室应足够大，室内总的声吸收足够低，使在所需考虑的频率范围内对所有频带都提供合适的混响声场。对测量环境有如下要求：

a) 混响室应符合 GB/T 6881.2 和 GB/T 6881.3 等有关标准的规定；

b) 混响室的容积应为 180 m^3～400 m^3；

c) 反射面的吸声系数应小于 0.06，任一面的吸声系数应在 0.5 $\bar{\alpha}$～1.5 $\bar{\alpha}$ 之间（$\bar{\alpha}$为房间总的平均吸声系数）；

d) 机组体积应小于混响室体积的 1%；

e) 测量中为防止测量室中空气吸声的过多变化，要求环境空气的温度和相对湿度的变化分别不应超过±5℃和±5%。

5.2 背景噪声要求

测量应在安静的环境中进行，在整个测量过程中，泵机组工作时各测点测得的声压级与背景噪声声压级之差不小于 6 dB。

5.3 风速

测量时测点附近的风速应小于 6 m/s（相当于四级风），当风速大于 1 m/s 时应使用风罩。

6 测试仪器

6.1 概述

测试仪器使用 GB 3785 中规定的 1 型或 1 型以上的声级计以及精度相当的其他测试仪器。声级计或其他测试仪器与传声器之间，应使用延伸杆。倍频程滤波器应符合 GB/T 3241 中的有关规定。混响室内测试时，传声器应按 IEC 61183 规定的作无规入射的校准。标准声源应是符合 JJG 277 规定，能发射恒定宽带噪声，有足够声功率级的稳态声源。

6.2 校准

每次测量前后，应用精度高于±0.5 dB 的声级校准器，在一个或多个频率上对整个测试仪器系统进行校准。若测量前后两次校准值相差超过 1 dB，则测量无效。声级校准器应按 JJG 176、声级计及其测试仪器应按 JJG 188 的规定定期检定，以保证测试仪器的准确度。标准声源应按 JJG 277 的规定定期检定。

7 泵机组的安装和运转

7.1 泵机组的安装

7.1.1 泵机组应按有关技术条件的规定安装，所有的附件都应安装完整，但不应额外增加隔声或吸声部件。混响室内测量时，泵机组置于地面离任何墙面至少 1.5 m，在混响室为矩形地面情况下，泵机组应置于地面上不对称的位置。

7.1.2 出口节流阀、容器等应安装在离泵机组较远处或采取适当措施，使其所辐射的噪声不致影响声功率级的测定。

7.1.3 吸入管路和排出管路噪声过大时亦应采取适当措施，使其所辐射的噪声不致影响声功率级的测定。

7.1.4 应减少来自其他试验设备的噪声，以保证声功率级的测量精度。

7.2 泵机组的运转

7.2.1 泵机组应在额定工况下连续运转，稳定后进行噪声测量；若在其他工况条件下测量，则应在测试报告中详细记录。

7.2.2 测试时介质为清水，如用其他介质应在测试报告中说明。

8 声压级的测量

8.1 自由声场中声压级的测量

8.1.1 基准体

为确定测量表面和传声器的位置，应取一个正好包络被测泵组（见附录 C 的图 C.3～图 C.8）并位于反射平面上的最小矩形六面体作为基准体。确定基准体时，对泵机组凸出的小部件如手柄、连接管等这类声功率的非主要辐射体不予考虑。

8.1.2 测量表面

测量表面分为半球测量表面（见图 C.1）和矩形六面体测量表面（见图 C.2），优先选用半球测量表面。

8.1.2.1 半球测量表面

8.1.2.1.1 半球测量表面的中心是基准体几何中心在反射平面上的投影，半球测量表面的半径 r 应大于特性距离的两倍（r 优先选取 1 m 或 2 m）。

特性距离 d_o 由式(1)计算：

$$d_o = [(0.5l_1)^2 + (0.5l_2)^2 + l_3^2]^{1/2} \qquad \cdots\cdots(1)$$

式中：

d_o——特性距离，单位为米(m)；

l_1、l_2、l_3——基准体的长、宽、高，单位为米(m)。

8.1.2.1.2 当特性距离 d_o 大于 1 m，则应选用 8.1.2.2 所述的矩形六面体测量表面。

8.1.2.1.3 半球测量表面的面积由式(2)计算：

$$S_1 = 2\pi r^2 \qquad \cdots\cdots(2)$$

式中：

S_1——半球测量表面面积，单位为平方米(m^2)；

r——半球测量表面半径，单位为米(m)。

8.1.2.2　矩形六面体测量表面

8.1.2.2.1　矩形六面体测量表面位于反射平面上，各面与基准体对应面平行，各对应面间的距离为1 m。

8.1.2.2.2　矩形六面体测量表面面积由式(3)计算：

$$S_2 = 4(ab + bc + ac) \quad \cdots\cdots(3)$$

式中：

S_2——矩形六面体测量表面面积，单位为平方米(m^2)；

a、b——矩形六面体测量表面长、宽的一半，单位为米(m)；

c——矩形六面体测量表面高，单位为米(m)。

8.1.3　测点的位置

所有的测点位置都应在8.1.2所确定的测量表面上。

8.1.3.1　半球测量表面上布置10个测点，测点位置与坐标见附录C的图C.1和表C.1。

8.1.3.2　矩形六面体测量表面上的测点分基本测点和附加测点。基本测点为9个，附加测点为8个，测点位置与坐标见附录C的图C.2和表C.2。

以下情况应增加附加测点：

a)　基本测点上测得的声压级最大和最小的分贝值差超过测点数目；

b)　基准体任一边尺寸大于2 m。

8.1.4　测量

测量时传声器应正对被测泵机组方向。声级计应采用"慢"时间计权特性测量。读数时如声级计指针摆动，则读取指针摆动的平均值。中心频率为125 Hz的倍频程，观测时间至少为30 s；A计权的其他的倍频程，观测时间至少为10 s。

8.1.5　背景噪声的修正

8.1.5.1　下列情况之一仅在一个测点位置上测量背景噪声：

a)　背景噪声声压级比机组噪声声压级低10 dB上；

b)　基准体最大尺寸小于1 m。

8.1.5.2　背景噪声按表2进行修正。

表2　背景噪声的修正值　　单位为分贝

测得的泵机组噪声与背景噪声声压级之差	从测得的声压级中减去的修正量
<6	测量无效
6～8	1.0
9～10	0.5
>10	0

8.1.6　测量环境的修正

当测量环境中有不必要的反射物存在时，则必须对测量结果加以修正，确定环境修正值K的方法见附录B。

8.2　混响室内声压级的测量

8.2.1　传声器位置

混响室内用比较法确定泵机组噪声声功率级时，对每个所考虑的频带，被试机与传声器位置的最小距离可按式(4)计算：

$$d_{min} = C_2 \times 10^{(0.1L_{wr}-L_{pr})/20} \quad \cdots\cdots\cdots\cdots\cdots\cdots (4)$$

式中：

d_{min}——声源与传声器间的最小距离，单位为米(m)；

C_2——系数，值为0.4；

L_{wr}——标准声源的已知声功率级，单位为分贝(dB)；

L_{pr}——当标准声源在测试室内运行时的平均声压级，单位为分贝(dB)。

采用连续移动传声器，应满足下列要求：

a) 移动路径上任一点与声源距离不小于d_{min}；

b) 移动路径上任一点与测试室任一表面距离不小于1.0 m；

c) 移动路径上任一点任何时间与旋转扩散体任何表面不小于0.5 m；

d) 传声器路径不处于与房间表面交角小于10°的平面内；

e) 传声器行进路径可以是直线或圆弧或圆，路径长度至少是所考虑最低频带中心频率的波长的3倍。

注：所要求的路径长度可以将它分作两个(或多个)行程来达到，这时，这些行程之间的最小距离应大于所考虑最低频率的半波长。

8.2.2 声压级的测量

在泵机组规定的运行条件下，采用移动传声器方法，在整个传声器路径上测量倍频程时间平均声压级和A计权时间平均声压级。

在中心频率等于或低于160 Hz的频带，测量时间至少30 s，对于中心频率等于或高于200 Hz的频带，测量时间至少10 s。

采用移动传声器时，积分时间应是完整行程的整数倍，并且应至少包括两个满行程。

如果用旋转扩散体，测量时间周期应满足上述要求，并是旋转周期的整数倍，或大于10倍。

8.2.3 背景噪声的修正

泵机组停止运行时，在整个传声器路径上测量倍频程时间平均声压级和A计权时间平均声压级来得到室内背景声压级。测量的时间间隔与泵机组测量时相似。测量应在泵机组测量之前或之后立即进行。

背景噪声按表2进行修正。

9 声功率级的计算

9.1 自由声场中测量表面平均声压级和声功率级的计算

9.1.1 测量表面平均声压级的计算

测量表面平均声压级$\overline{L}_p$按式(5)计算：

$$\overline{L}_p = 10\lg\left(\frac{1}{N}\sum_{i=1}^{N}10^{0.1L_{pi}}\right) \quad \cdots\cdots\cdots\cdots\cdots\cdots (5)$$

式中：

$\overline{L}_p$——测量表面平均A计权或倍频程声压级，单位为分贝(dB)；

L_{pi}——按8.1.5规定对背景噪声修正后的第i点的A计权或倍频程声压级，单位为分贝(dB)；

N——测点总数。

9.1.2 自由声场中声功率级计算

自由声场中声功率级L_w按式(6)计算：

$$L_w = (\overline{L}_p - K) + 10\lg(S/S_0) \quad \cdots\cdots\cdots\cdots\cdots\cdots (6)$$

式中：

L_w——A计权或倍频程声功率级，单位为分贝(dB)；

K——环境修正值，单位为分贝(dB)；

S——测量表面面积，单位为平方米(m^2)，

S_0——基准面积，取为 1 m^2。

9.2 混响室内声功率级测量和计算(比较法)

9.2.1 标准声源的安装

标准声源的位置应安装于地面，离混响室的墙和被测泵机组距离大于 1.5 m。

9.2.2 室内平均声压级的测定

室内平均声压级$\overline{L}_p$按式(7)计算：

$$\overline{L}_p = 10\lg(\frac{1}{N}\sum_{i=1}^{N}10^{0.1L_{pi}}) \quad \cdots\cdots(7)$$

式中：

$\overline{L}_p$——对所有路径平均的 A 计权或倍频程声压级，单位为分贝(dB)；

L_{pi}——按 8.1.5 规定对背景噪声修正后的第 i 个传声器路径的 A 计权或倍频程声压级，单位为分贝(dB)；

N——分离的传声器路径数。

9.2.3 混响室内声功率级测定

泵机组的声功率由标准声源和泵机组在室内的平均声压级由式(8)确定：

$$L_w = L_{wr} + (\overline{L}_p - \overline{L}_{pR}) \quad \cdots\cdots(8)$$

式中：

L_w——泵机组的倍频程或 A 计权声功率级，单位为分贝(dB)；

$\overline{L}_p$——泵机组的倍频程或 A 计权平均声压级，单位为分贝(dB)；

L_{wr}——标准声源标定的倍频程或 A 计权声功率级，单位为分贝(dB)；

$\overline{L}_{pR}$——标准声源在混响室内测量到的倍频程或 A 计权平均声压级，单位为分贝(dB)。

10 记录内容

测试记录应包括如下内容，记录表参见附录 D。

10.1 被测泵机组

a) 泵的型号、名称、制造厂、出厂编号及额定工况等有关参数；

b) 原动机的型式、型号、额定转速和功率；

c) 泵机组的测试工况。

10.2 声学环境

a) 反射面情况并绘制声源位置草图；

b) 室内，包括测试室的体积、总表面积和房间的声学处理情况；

c) 室外，周围环境的描述及风速。

10.3 测试仪器

a) 仪器的型号、名称、出厂编号和生产厂；

b) 仪器系统的校准方法；

c) 声级校准器校准的日期和部门。

10.4 声学数据

a) 基准体的尺寸、测量表面的尺寸和表面积；

b) 测量点位置并绘制草图；

c) 所有测点的 A 声级及倍频程声压级；

d) 测点上背景噪声声压级和相应的修正值，按附录 B 确定的环境修正值 K；

e） 测量表面平均声压级，计算A计权声功率级和倍频程声功率级，并用频谱图表示。

10.5 气象条件

温度、相应湿度的大气压力。

10.6 其他内容

测量人员和测量时间、地点及其他应说明的情况。

11 测试报告

泵机组噪声测定报告应包括如下内容，其形式参见附录D。

——泵的型号、名称、出厂编号和制造厂；

——原动机的型式、型号、转速、功率；

——额定工况和测量工况；

——A声功率和倍频程声功率级；

——注明声功率级是按本标准的方法测定的。

附 录 A
（资料性附录）
混响室内泵机组噪声声功率级其他测定方法

本附录介绍了用已知声功率的标准声源的测试方法（比较法）中，混响室内用多点测试方法确定泵机组噪声声功率级。用房间等效吸声面积的测定方法（直接法）确定被测声源的声功率，可参照GB/T 6881.3等的相关规定。

A.1 测量环境

测量环境应符合 5.1.2 的要求。

A.2 测试仪器

测试仪器应符合第 6 章的要求，但应使用压强型传声器，否则应作无规入射修正。

A.3 泵机组的安装与运转

泵机组的安装与运转的规定应符合第 7 章的要求。

A.4 测定的量与测量误差

测定中心频率在 125 Hz～8 000 Hz 之间的 7 个倍频程声功率级，并按 B.4 的方法计算 A 计权声功率级。

本方法测定的 A 计权声功率级的标准偏差约为 2 dB。倍频程声功率级的标准偏差见表 A.1。

表 A.1 倍频程声功率级的标准偏差

倍频程中心频率/Hz	125	250	500	1 000	2 000	4 000	8 000
标准偏差/dB	5.0	3.0		2.0			3.0

A.5 平均声压级的测量

A.5.1 测点位置

测点离房间表面的距离应大于 1 m，任两个测点间的距离应大于 1 m，测点距机组表面的最小距离按式（A.1）计算：

$$D_{min} = 0.3V^{\frac{1}{3}} \qquad \cdots\cdots\cdots\cdots (A.1)$$

式中：

D_{min}——测点距机组表面的最小距离，单位为米（m）；

V——混响室容积，单位为立方米（m^3）。

选定的测点若在一个平面内，则该平面与房间内表面的夹角应大于 10°。

A.5.2 测点数的确定

按 A.5.1 规定选择 6 个测点位置，根据 6 个测点位置上声压级的分布确定增加测点数，测点数的确定见表 A.2。

表 A.2 测点数的确定

测得的最大声压级与最小声压级之差/dB	≤4	5	6	7	8
测点数	6	8	9	11	13

如果测得的最大与最小声压级之差大于 8 dB,则测量误差可能超过表 D.1 的值。

A.5.3 平均声压级的计算公式

平均声压级由规定测点上测量得到的声压级按式(A.2)计算:

$$\overline{L}_p = 10\lg\left(\frac{1}{N}\sum_{i=1}^{N}10^{0.1L_{pi}}\right) \qquad \cdots\cdots(A.2)$$

式中:

$\overline{L}_p$——倍频程平均声压级,单位为分贝(dB);

L_{pi}——第 i 点上测得的倍频程声压级,单位为分贝(dB);

N——按 D.5.2 确定的测点总数。

A.6 声功率级的计算

倍频程声功率级按式(A.3)计算:

$$L_w = \overline{L}_p + (L_{wr} - \overline{L}_{pR}) \qquad \cdots\cdots(A.3)$$

式中:

L_w——被测机组的倍频程声功率级,单位为分贝(dB);

$\overline{L}_p$——被测机组的倍频程平均声压级,单位为分贝(dB);

L_{wr}——标准声源标定的倍频程声功率级,单位为分贝(dB);

$\overline{L}_{pR}$——标准声源按 D.5 测量到的平均倍频程声压级,单位为分贝(dB)。

A.7 记录内容和测定报告

记录内容和测定报告见第 10 章和第 11 章。

格式参见附录 D。

附 录 B
（规范性附录）
环境修正值*K*的确定

B.1 概述

本附录规定用绝对比较测试法（标准声源法）或混响时间法确定环境修正值 K。

B.1.1 对环境修正值*K*的要求

B.1.1.1 在给定的测试室内，房间吸声量 A 与测量表面的面积之比 A/S 应大于 6，按本附录方法所确定的环境修正值 K 应不大于 2.2 dB。

B.1.1.2 当环境修正值 K 大于 2.2 dB 时，应采用吸声措施或另换测试环境以减少 K 值。

B.1.1.3 当环境修正值 K 大于 2.2 dB 且小于 7 dB 时，按本标准给出的测试程序测定 A 计权声功率级；如用于同类机组在相同的测试环境中声功率级的比较，其标准偏差不大于 3 dB。

B.2 绝对比较法

B.2.1 方法

按 JJG 277 检定合格的标准声源，放置在与被测泵机组相同位置的测试环境中，并按第 8 章和第 9 章的方法测量和计算标准声源的声功率级（不需环境修正项）。在多个位置上放置标准声源时，现场标准声源声功率级的测取应对每个放置点测量，计算出标准声源放置在所有位置上的表面平均声压级的平均值，再求得声功率级。环境修正值 K 由式(B.1)求得：

$$K = L_{w} - L_{wr} \qquad \text{(B.1)}$$

式中：

L_{w}——在现场测量到的标准声源功率级，单位为分贝(dB)；

L_{wr}——标准声源标定的声功率级，单位为分贝(dB)。

B.2.2 标准声源的放置

标准声源的放置分替代法与侧置法两种。

B.2.2.1 当被测泵机组能从测试场地移开时，使用替代法。把标准声源放置在与被测声源相同位置的反射平面上，一般只需放置在几何中心一个位置，对长与宽之比大于 2 的泵机组，标准声源应放置在四个位置上，这四个位置分别为基准体在反射平面上投影的四条矩形边的中点上。

B.2.2.2 当被测声源不能从测试场地移开时，使用侧置法。标准声源放置同 B.2.2.1 中的四个位置，如果泵机组表面附有吸声材料，则侧置法不适用，而使用 B.3 的方法。

B.3 混响时间法

本方法适用于形态近似于立方形的房间，环境修正值 K 按式(B.2)计算：

$$K = 10\lg\left(1 + \frac{4}{A/S}\right) \qquad \text{(B.2)}$$

式中：

S——测量表面的面积，单位为平方米(m^2)；

A——房间的吸声量，单位为平方米(m^2)。

房间的吸声量 A 用测量频程混响时间的方法确定，吸声量 A 由式(B.3)给出：

$$A = 0.16(V/T) \qquad \cdots\cdots(\text{B.3})$$

式中：

V——房间体积，单位为立方米(m^3)；

T——倍频程混响时间，单位为秒(s)。

K 值也可以从图 B.1 中查得：

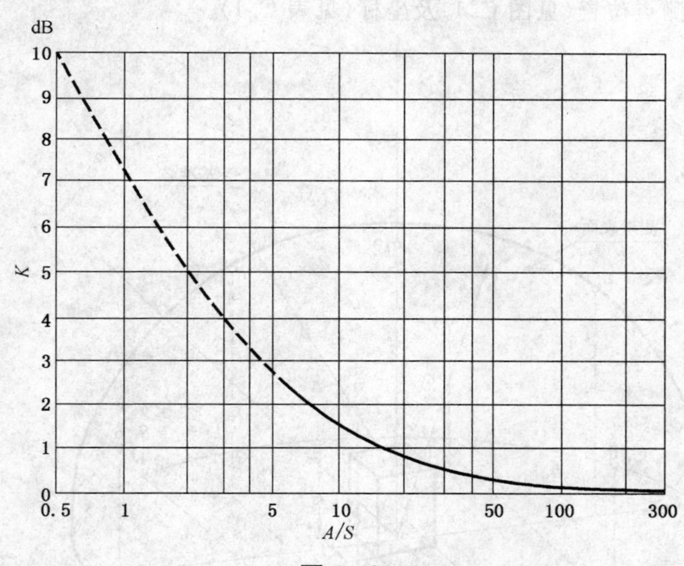

图 B.1

混响时间的测量按有关标准。当采用本方法时，A 计权声功率级由 B.4 规定的方法合成。

B.4 倍频程声功率级合成 A 计权声功率级的计算

按式(B.4)计算：

$$L_{wA} = 10\lg\sum_{i=1}^{7}10^{0.1(L_{wi}+C_i)} \qquad \cdots\cdots(\text{B.4})$$

式中：

L_{wA}——A 计权声功率级，单位为分贝(dB)；

L_{wi}——第 i 个倍频程声功率级，单位为分贝(dB)；

C_i——第 i 个倍频程 A 计权衰减值(见表 B.1)。

表 B.1 A 计权衰减值

i	1	2	3	4	5	6	7
倍频程中心频率/Hz	125	250	500	1 000	2 000	4 000	8 000
A 计权衰减值 C_i/dB	−16.1	−8.6	−3.2	0	+1.2	+1.0	−1.1

附　录　C
（规范性附录）
泵机组的基准体、测量表面、测点位置及几种典型泵机组的基准体图示

C.1　半球测量表面上测点位置(见图 C.1)及坐标(见表 C.1)。

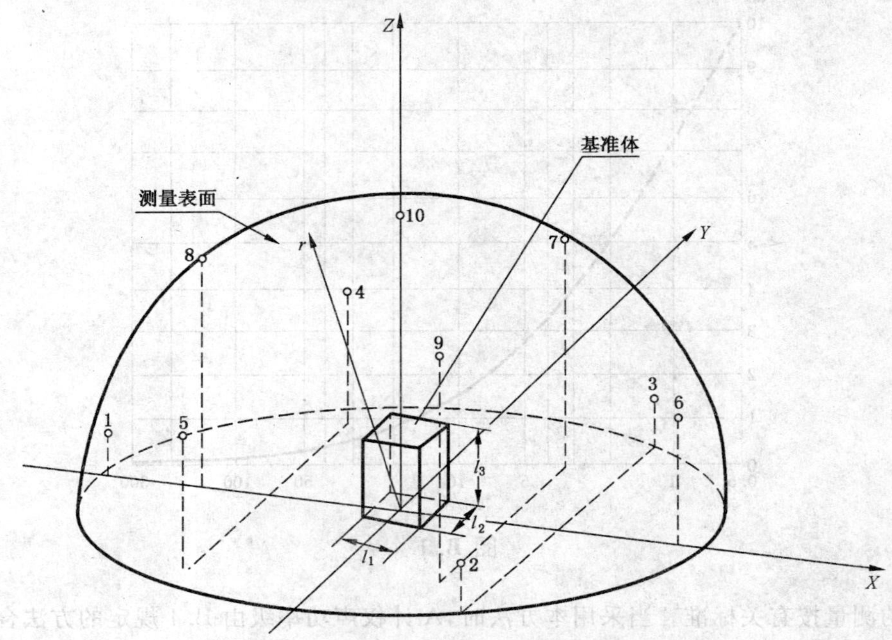

图 C.1　基准体、半球面测量表面的测点位置

表 C.1　半球测量表面上测点坐标

<table>
<tr><th>测点号</th><th>X/r</th><th>Y/r</th><th>Z/r</th></tr>
<tr><td>1</td><td>−0.99</td><td>0</td><td rowspan="3">0.15</td></tr>
<tr><td>2</td><td>0.50</td><td>−0.86</td></tr>
<tr><td>3</td><td>0.50</td><td>0.86</td></tr>
<tr><td>4</td><td>−0.45</td><td>0.77</td><td rowspan="3">0.45</td></tr>
<tr><td>5</td><td>−0.45</td><td>−0.77</td></tr>
<tr><td>6</td><td>0.89</td><td>0</td></tr>
<tr><td>7</td><td>0.33</td><td>0.57</td><td rowspan="3">0.75</td></tr>
<tr><td>8</td><td>−0.66</td><td>0</td></tr>
<tr><td>9</td><td>0.33</td><td>−0.57</td></tr>
<tr><td>10</td><td>0</td><td>0</td><td>1.0</td></tr>
</table>

C.2 矩形六面体测量表面上测点位置(见图 C.2)及坐标(见表 C.2)。

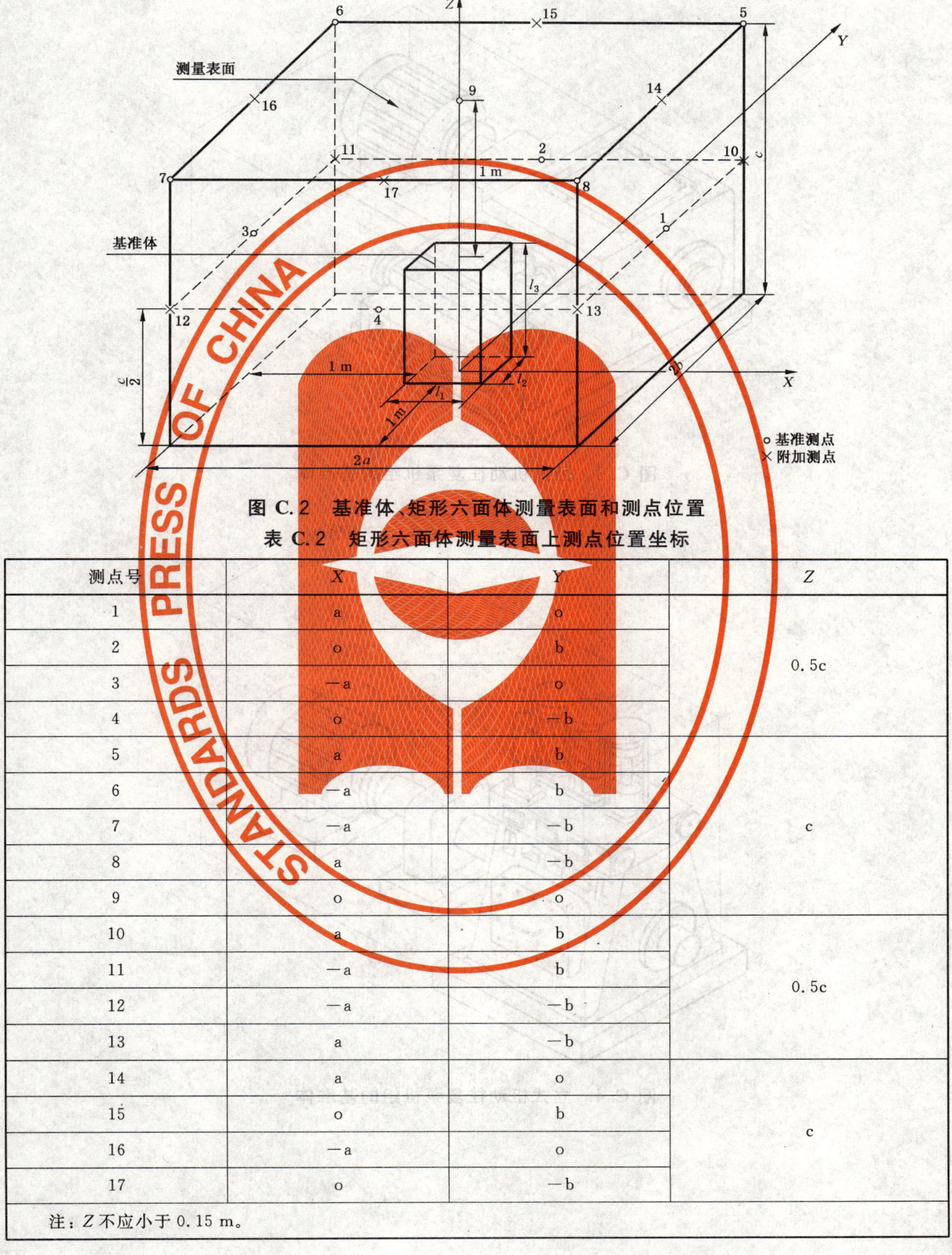

图 C.2 基准体、矩形六面体测量表面和测点位置

表 C.2 矩形六面体测量表面上测点位置坐标

测点号	X	Y	Z
1	a	o	0.5c
2	o	b	
3	—a	o	
4	o	—b	
5	a	b	c
6	—a	b	
7	—a	—b	
8	a	—b	
9	o	o	
10	a	b	0.5c
11	—a	b	
12	—a	—b	
13	a	—b	
14	a	o	c
15	o	b	
16	—a	o	
17	o	—b	
注：Z 不应小于 0.15 m。			

C.3 几种典型泵机组基准体图示(见图 C.3～图 C.8)。

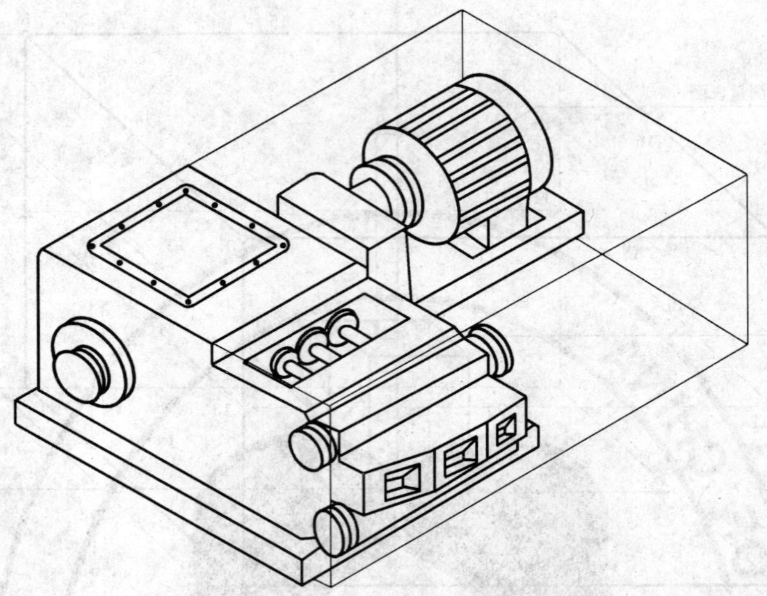

图 C.3 卧式机动往复泵机组的基准体

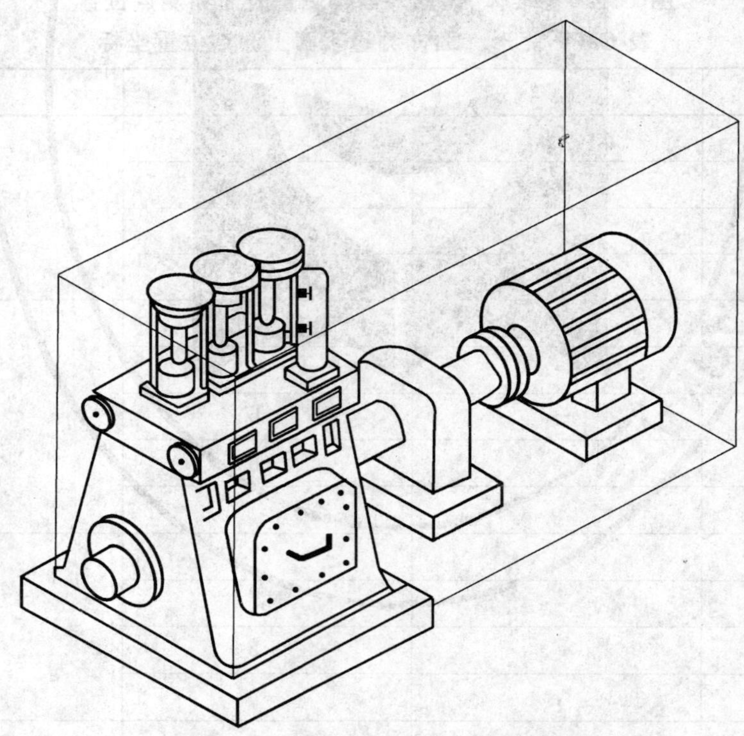

图 C.4 立式机动往复泵机组的基准体

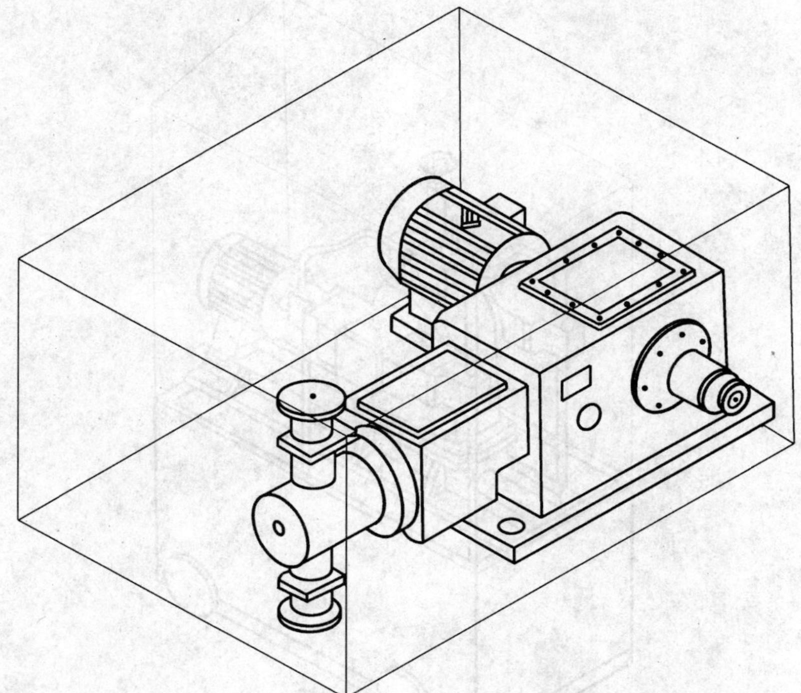

图 C.5 计量泵机组的基准体

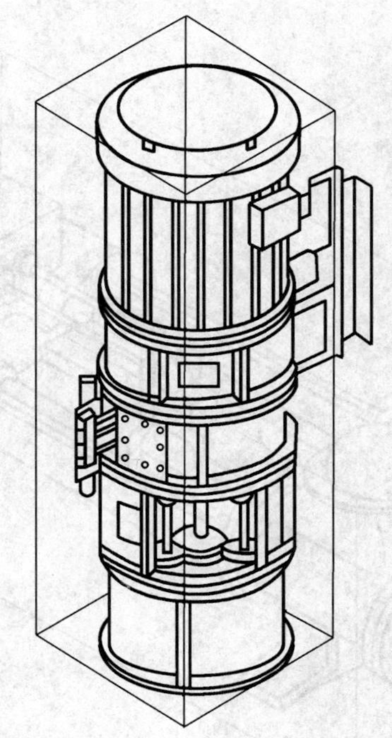

图 C.6 船用泵机组的基准体

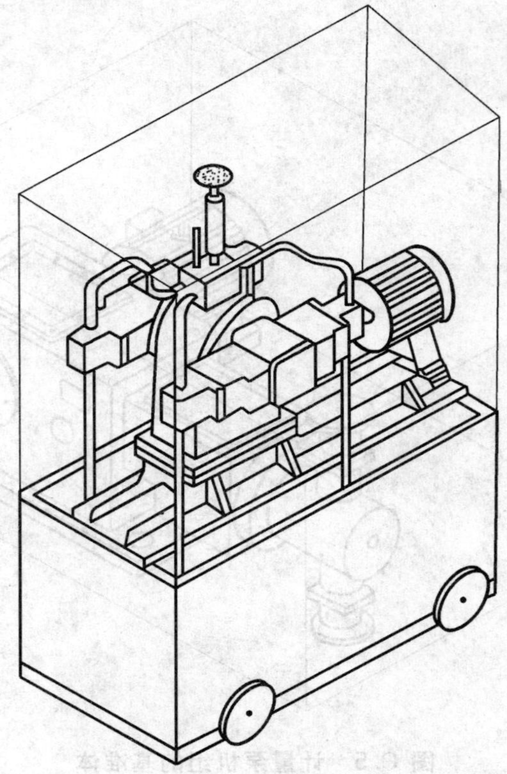

图 C.7　试压泵机组的基准体

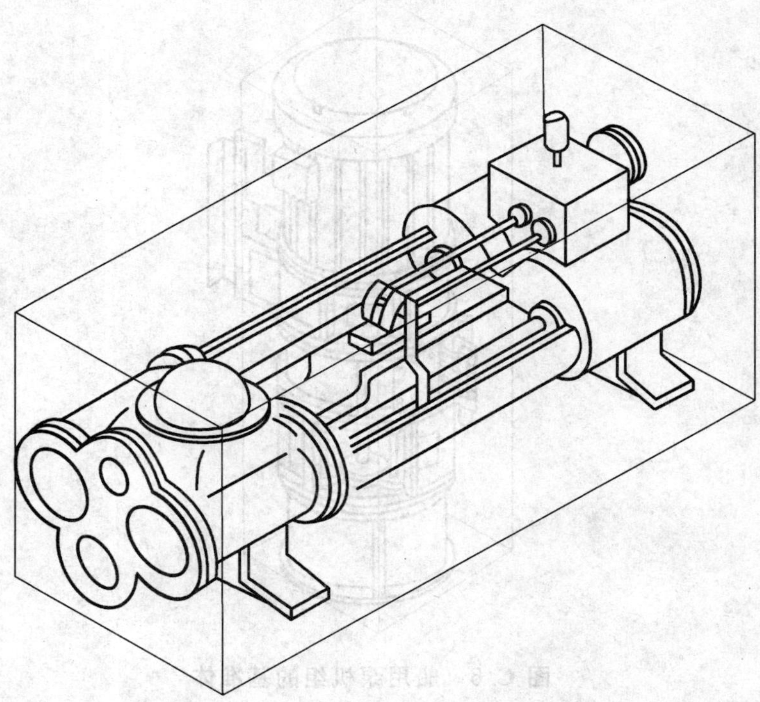

图 C.8　蒸气泵机组的基准体

附 录 D
（资料性附录）
记录表格和测定报告形式

D.1 记录表格见表 D.1。

表 D.1 测定报告记录表格

<table>
<tr><td rowspan="6">泵</td><td colspan="3">型号及名称</td><td colspan="3"></td><td colspan="3">机组外型尺寸</td><td></td></tr>
<tr><td colspan="3">制造厂</td><td colspan="3"></td><td colspan="3">出厂编号</td><td></td></tr>
<tr><td colspan="3">项目</td><td colspan="4">额定工况</td><td colspan="3">测试工况</td></tr>
<tr><td colspan="3"></td><td colspan="4"></td><td colspan="3"></td></tr>
<tr><td colspan="3"></td><td colspan="4"></td><td colspan="3"></td></tr>
<tr><td colspan="3"></td><td colspan="4"></td><td colspan="3"></td></tr>
<tr><td></td><td colspan="3">试验介质</td><td colspan="7"></td></tr>
<tr><td rowspan="2">原动机</td><td colspan="3">型式</td><td colspan="3"></td><td colspan="3">转速/(r/min)</td><td></td></tr>
<tr><td colspan="3">型号</td><td colspan="3"></td><td colspan="3">功率/kW</td><td></td></tr>
<tr><td rowspan="2">基准体尺寸/m</td><td>长</td><td>宽</td><td>高</td><td rowspan="2">测量面尺寸/m</td><td>长</td><td>宽</td><td>高</td><td rowspan="2" colspan="2">测量面积/m²</td><td rowspan="2"></td></tr>
<tr><td></td><td></td><td></td><td></td><td></td><td></td></tr>
<tr><td rowspan="2">气象条件</td><td colspan="3">温度/℃</td><td colspan="3">相对湿度/%</td><td colspan="4">大气压/hPa</td></tr>
<tr><td colspan="3"></td><td colspan="3"></td><td colspan="4"></td></tr>
<tr><td rowspan="6">测量仪器</td><td colspan="3">声级计型号</td><td colspan="3"></td><td colspan="3" rowspan="3">出厂编号</td><td></td></tr>
<tr><td colspan="3">传声器型号</td><td colspan="3"></td><td></td></tr>
<tr><td colspan="3">分析仪型号</td><td colspan="3"></td><td></td></tr>
<tr><td colspan="3">声级校准器型号</td><td colspan="7"></td></tr>
<tr><td colspan="3">其他</td><td colspan="7"></td></tr>
<tr><td colspan="3">仪器校准情况</td><td colspan="7"></td></tr>
<tr><td colspan="5">环境条件(包括规定的反射平面试验环境及试验场地的声学处理情况)</td><td colspan="6"></td></tr>
<tr><td>测量表面及测点位置示意图</td><td colspan="10"></td></tr>
</table>

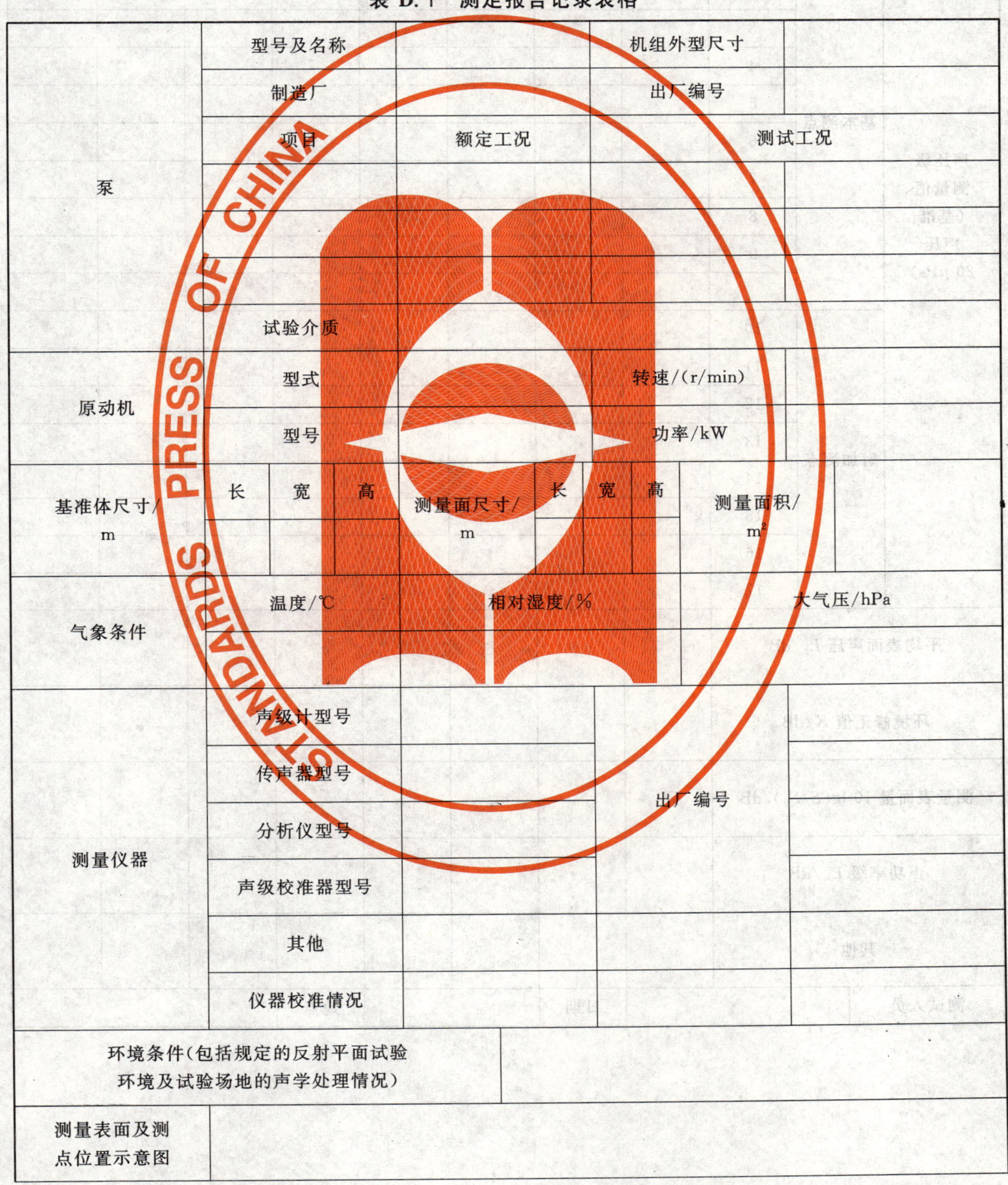

表 D.1（续）

<table>
<tr><td rowspan="2" colspan="3">测点</td><td rowspan="2">A 计权</td><td colspan="7">倍频程中心频率/Hz</td></tr>
<tr><td>125</td><td>250</td><td>500</td><td>1 000</td><td>2 000</td><td>4 000</td><td>8 000</td></tr>
<tr><td rowspan="19">声压级测量值（基准声压 20 μPa）</td><td colspan="2">背影噪声</td><td></td><td></td><td></td><td></td><td></td><td></td><td></td><td></td></tr>
<tr><td rowspan="10">基本测点</td><td>1</td><td></td><td></td><td></td><td></td><td></td><td></td><td></td><td></td></tr>
<tr><td>2</td><td></td><td></td><td></td><td></td><td></td><td></td><td></td><td></td></tr>
<tr><td>3</td><td></td><td></td><td></td><td></td><td></td><td></td><td></td><td></td></tr>
<tr><td>4</td><td></td><td></td><td></td><td></td><td></td><td></td><td></td><td></td></tr>
<tr><td>5</td><td></td><td></td><td></td><td></td><td></td><td></td><td></td><td></td></tr>
<tr><td>6</td><td></td><td></td><td></td><td></td><td></td><td></td><td></td><td></td></tr>
<tr><td>7</td><td></td><td></td><td></td><td></td><td></td><td></td><td></td><td></td></tr>
<tr><td>8</td><td></td><td></td><td></td><td></td><td></td><td></td><td></td><td></td></tr>
<tr><td>9</td><td></td><td></td><td></td><td></td><td></td><td></td><td></td><td></td></tr>
<tr><td></td><td></td><td></td><td></td><td></td><td></td><td></td><td></td><td></td></tr>
<tr><td rowspan="8">附加测点</td><td>10</td><td></td><td></td><td></td><td></td><td></td><td></td><td></td><td></td></tr>
<tr><td>11</td><td></td><td></td><td></td><td></td><td></td><td></td><td></td><td></td></tr>
<tr><td>12</td><td></td><td></td><td></td><td></td><td></td><td></td><td></td><td></td></tr>
<tr><td>13</td><td></td><td></td><td></td><td></td><td></td><td></td><td></td><td></td></tr>
<tr><td>14</td><td></td><td></td><td></td><td></td><td></td><td></td><td></td><td></td></tr>
<tr><td>15</td><td></td><td></td><td></td><td></td><td></td><td></td><td></td><td></td></tr>
<tr><td>16</td><td></td><td></td><td></td><td></td><td></td><td></td><td></td><td></td></tr>
<tr><td>17</td><td></td><td></td><td></td><td></td><td></td><td></td><td></td><td></td></tr>
<tr><td colspan="3">平均表面声压 L_p/dB</td><td></td><td></td><td></td><td></td><td></td><td></td><td></td><td></td></tr>
<tr><td colspan="3">环境修正值 K/dB</td><td></td><td></td><td></td><td></td><td></td><td></td><td></td><td></td></tr>
<tr><td colspan="3">测量表面量 10 lg(S/S_0)/dB</td><td></td><td></td><td></td><td></td><td></td><td></td><td></td><td></td></tr>
<tr><td colspan="3">声功率级 L_w/dB</td><td></td><td></td><td></td><td></td><td></td><td></td><td></td><td></td></tr>
<tr><td colspan="3">其他</td><td></td><td></td><td></td><td></td><td></td><td></td><td></td><td></td></tr>
<tr><td>测试人员</td><td colspan="3"></td><td>日期</td><td colspan="2"></td><td>地点</td><td colspan="3"></td></tr>
</table>

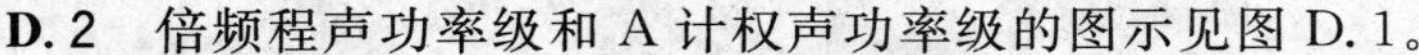

D.2 倍频程声功率级和 A 计权声功率级的图示见图 D.1。

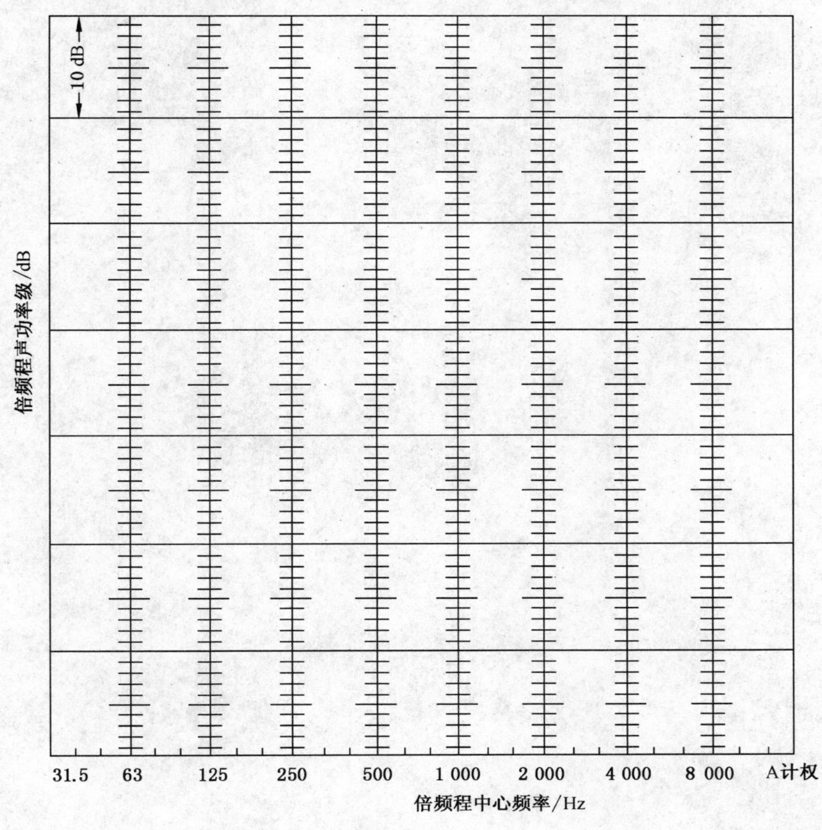

图 D.1

D.3 泵噪声声功率级测定报告推荐形式见表 D.2。

表 D.2 测定报告推荐形式

基准声功率：1 pW

<table>
<tr><td>泵型号、名称</td><td colspan="4"></td><td>出厂编号</td><td colspan="3"></td></tr>
<tr><td>制造厂</td><td colspan="8"></td></tr>
<tr><td>依据标准</td><td colspan="8"></td></tr>
<tr><td>项目</td><td colspan="4">额定工况</td><td colspan="4">测量工况</td></tr>
<tr><td></td><td colspan="4"></td><td colspan="4"></td></tr>
<tr><td></td><td colspan="4"></td><td colspan="4"></td></tr>
<tr><td rowspan="2">原动机</td><td>型式</td><td colspan="3"></td><td>转速/(r/min)</td><td colspan="3"></td></tr>
<tr><td>型号</td><td colspan="3"></td><td>功率/kW</td><td colspan="3"></td></tr>
<tr><td rowspan="2">声功率级/dB</td><td rowspan="2">A 计权</td><td>125</td><td>250</td><td>500</td><td>1 000</td><td>2 000</td><td>4 000</td><td>8 000</td></tr>
<tr><td></td><td></td><td></td><td></td><td></td><td></td><td></td></tr>
<tr><td>测量人员</td><td colspan="4"></td><td>日期</td><td colspan="3"></td></tr>
<tr><td>审核者</td><td colspan="4"></td><td>日期</td><td colspan="3"></td></tr>
</table>

ICS 53.040.20
J 81

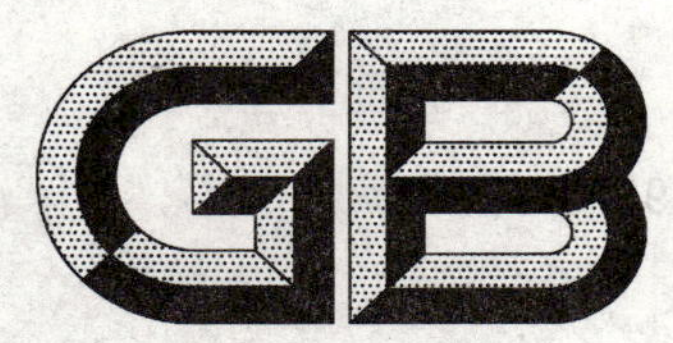

中华人民共和国国家标准

GB/T 9075—2008
代替 GB 9075—1988

索道用钢丝绳检验和报废规范

Code for examination and discard of ropes for ropeway

2008-10-13 发布　　　　2009-05-01 实施

中华人民共和国国家质量监督检验检疫总局
中国国家标准化管理委员会　发布

前 言

本标准代替 GB 9075—1988《架空索道用钢丝绳检验和报废规范》。

本标准与 GB 9075—1988 相比主要变化如下：

——将标准名称由“架空索道用钢丝绳检验和报废规范”变更为“索道用钢丝绳检验和报废规范”；

——增加了客运地面缆车、拖牵索道用钢丝绳检验和报废的规定；

——增加了术语和定义的内容；

——增加了编接尺寸；

——增加了编接区的修复；

——增加了编接区之外的修复；

——增加了特殊情况下外部断丝判定和报废的标准；

——增加了固定末端报废的规定。

本标准的附录 A、附录 B、附录 C 为资料性附录。

本标准由全国索道、游艺机及游乐设施标准技术委员会提出并归口。

本标准起草单位：北京起重运输机械研究所、泰山索道运营中心、泰安市索道安装公司。

本标准主要起草人：张海乔、黄鹏智、李刚、黄越峰、王晓晴、缪勤 、徐培生、云平、王旭。

本标准所代替标准的历次版本发布情况为：

——GB 9075—1988。

索道用钢丝绳检验和报废规范

1 范围

本标准规定了索道用钢丝绳的安装检验、检查、维护保养和报废标准。

本标准适用于客、货运架空索道、地面缆车、拖牵索道用钢丝绳，不适用于临时货运索道及林业索道用钢丝绳。

注：本标准条文中，如未特别指明“货运索道”、“客运架空索道”、“地面缆车”、“拖牵索道”则为四者通用。如未具体说明是“承载索”、“运载索”、“牵引索”、“平衡索”、“张紧索”、“拖牵索”，则为六种钢丝绳通用。

2 规范性引用文件

下列文件中的条款通过本标准的引用而成为本标准的条款。凡是注日期的引用文件，其随后所有的修改单(不包括勘误的内容)或修订版均不适用于本标准，然而，鼓励根据本标准达成协议的各方研究是否可使用这些文件的最新版本。凡是不注日期的引用文件，其最新版本适用于本标准。

GB 8918　重要用途钢丝绳

GB 12141　货运架空索道安全规范

GB 12352—2007　客运架空索道安全规范

GB/T 12738　索道　术语

GB/T 19401　客运拖牵索道技术规范

GB/T 19402　客运地面缆车技术规范

GB/T 20118　一般用途钢丝绳

YB/T 5295　密封钢丝绳

3 术语和定义

GB/T 12738 所确立的以及下列术语和定义适用于本标准。

3.1

报废　discard

表明钢丝绳和固定末端套筒不应继续使用，达到失效的程度。

3.2

相关长度　reference length

计量或估量钢丝绳上具体的特有的长度值，例如：$6\times d$(即 6×钢丝绳公称直径)。

3.3

金属断面缩小值　loss in metallic area(LMA)

表示考虑断丝、腐蚀和磨损的结果后，与钢丝绳的公称金属断面相比所降低的百分数。

3.4

附加的张紧装置　additional tensioning device

当主张紧装置失效的情况下，使钢丝绳的张紧仍然有效的张紧装置。

3.5

夹紧套筒　clamp sockets

股捻钢丝绳末端固定的连接装置。由外部锥形套筒、内锥体、柔性铝丝、锥体固定器、弹性套筒和连接叉组成(见图 1)。俗称缠绕式锚头。

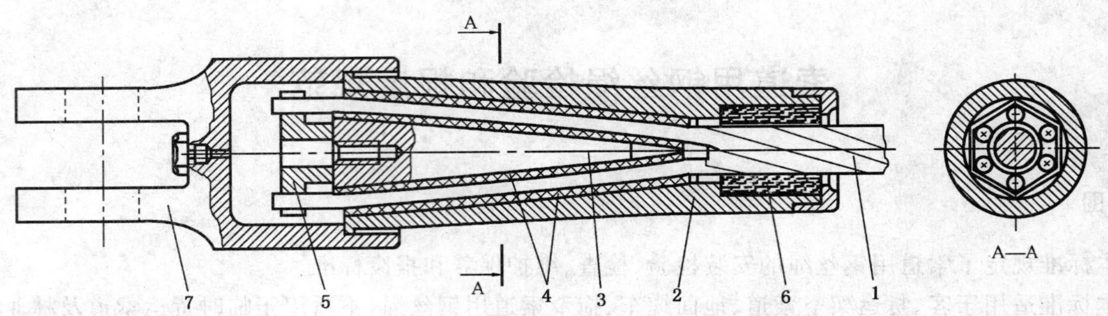

1——钢丝绳；

2——外部锥形套筒；

3——内锥体；

4——柔性铝丝；

5——锥体固定器；

6——弹性套筒；

7——连接叉。

图 1 夹紧套筒

4 一般规定

4.1 审查

钢丝绳选择应依据其工作条件及用途并符合 GB 8918、GB 12141、GB 12352—2007、GB/T 19401、GB/T 19402、GB/T 20118 、YB/T 5295 的有关规定。

4.2 安装的检验

4.2.1 钢丝绳到货后和在安装过程中，应按钢丝绳技术标准或合同中有关事项进行验收。应检查钢丝绳直径、结构、表面和捻制情况以及绳芯和包装质量等。钢丝不应有断丝、交错、折弯、锈蚀和擦伤；绳股不应有松紧不一、塌入和凸起等缺陷，纤维芯不应干燥、腐烂。客运架空索道钢丝绳的安装要求应符合 GB 12352—2007 的有关规定。

4.2.2 更换的钢丝绳应与原安装的钢丝绳同类型、同规格。如采用不同的钢丝绳，应确保更换的钢丝绳的性能不低于原钢丝绳，并与抱索器钳口、绳槽等相关要素相适应。

4.2.3 如所需钢丝绳由较长钢丝绳上切取，应采取防止切口松散的措施。

4.2.4 产品质量证明书和检验记录等应妥善保管。

4.2.5 在安装过程中应防止钢丝绳打环、松股、扭结、弯折、挤压变形，避免粘上杂物和在硬物上摩擦，严禁在水中浸泡。

4.2.6 客运架空索道的承载索不允许有中间接头。

4.2.7 6 股牵引索、运载索和拖牵索的编接尺寸

4.2.7.1 编接接头的长度不应小于钢丝绳公称直径的 1 200 倍。插入长度应大于钢丝绳公称直径的 60 倍。相邻两个编接末端之间的钢丝绳长度不应小于钢丝绳公称直径的 3 000 倍（钢丝绳编接记录的典型示例参见附录 A）。

4.2.7.2 客运索道接头编接直径在张紧后，其编接插入点之间直径增大量不应超过钢丝绳实际直径的 5%；货运索道接头编接直径在张紧后，其编接插入点之间直径增大量不应超过钢丝绳实际直径的 6%。

4.2.7.3 索道张紧后，绳股插入点钢丝绳直径增大量不应超过钢丝绳公称直径的 15%，对脱挂索道，绳股插入点钢丝绳直径增大量不应超过钢丝绳公称直径的 10%。

4.3 检查

4.3.1 日常检查

每个工作日都应对钢丝绳进行观察，以便及时发现损坏与变形情况。

4.3.2 月检查

4.3.2.1 每月应对钢丝绳至少进行一次目检。如遇特殊情况(如脱索、受雷击和受猛烈拉伸时),要立即目检或无损探伤,对于损伤未达到报废标准或无明显损伤继续使用的钢丝绳,应进行损伤劣化趋势监测跟踪管理,跟踪监测期长短和监测频次,根据监测结果进行适时修正,确保受损伤钢丝绳安全运行。

4.3.2.2 当出现疲劳断丝及其他异常情况,应进行追加检查。在原因清楚的情况下,可根据检查结果决定是否缩短检查周期。

4.3.3 目检

4.3.3.1 目检在白天进行,从钢丝绳两侧同时观察。目检时的速度不应超过 0.5 m/s,检查结果应记录并妥善保管。

4.3.3.2 检查时,应采用对钢丝绳没有损伤的机械方法清除钢丝绳表面的油脂及污物。

4.3.3.3 可用无损探伤代替目检,但对受力比较大的部位(鞍座、绳轮等)或已出现损伤的部位还应目检。

4.3.4 无损探伤

4.3.4.1 客运架空索道、客运地面缆车用钢丝绳应进行无损探伤检查。第一次检查应在钢丝绳安装后的 18 个月内进行,将检查结果作为以后检查的基础。

4.3.4.2 探伤周期视钢丝绳使用状况而定。检查结果应记录并归档。

4.3.4.3 客运架空索道承载索窜绳后应进行无损探伤。

4.3.5 检查部位

对钢丝绳作全长检查时,应特别注意下列部位:

——承载索:偏斜鞍座、摇摆鞍座、线路套筒、过渡套筒、末端装置等处;

——牵引索、运载索:接头处、与固定抱索器连接的两端;

——张紧索:合金浇铸套筒处、导向轮上下运行部分;

——平衡索:导向轮上下运行部分。

4.3.6 内部检验

内部检验的办法可参见附录 B,检验结果应做记录。

4.4 维护保养

4.4.1 钢丝绳的维护保养,应根据索道的用途、工作环境、钢丝绳的种类和钢丝绳制造厂的说明而定。每年宜润滑一次。

4.4.2 润滑之前要清除钢丝绳表面污物。如钢丝绳表面有露水和冰霜,待露水和冰霜清除干净后方可进行润滑。润滑时不允许加过多的油脂,不允许用溶剂。

4.4.3 固定抱索器的移位以及无客车制动器往复式索道的牵引索的维护要求见 GB 12352—2007 的 12.3.4 和 12.3.5。

4.5 钢丝绳损伤的修复

4.5.1 只允许对于由已知原因造成的钢丝绳损伤进行修复(例如焊点开裂、机械损伤或由于雷击所造成的局部损伤)。疲劳断裂不应修复。修复处不允许再翻新。

4.5.2 只有将钢丝绳放松并且被取下后,才允许进行修复工作。

4.5.3 对于密封式钢丝绳,如果同一钢丝断口的间隙不超过钢丝绳的直径,此间隙应采用相应的密封材料填充。如果间隙超过钢丝绳的直径,应采用成形钢丝进行修复。

4.5.4 不允许两根断丝邻近。可修复的局部缺陷应达到下列要求:

——任何在钢丝绳中更换的成形钢丝的长度应至少等于钢丝绳直径的 100 倍。

——在运行小车通过的钢丝绳的同一纵断面最多更换三根相邻的钢丝。

4.5.5 6 股牵引索、运载索、拖牵索编接区的修复

修复编接区时只允许更换一股绳股,修复加入的绳股长度应为在原编接长度的基础上两端再各追

加不小于钢丝绳公称直径400倍的长度。

4.5.6 6股牵引索、运载索、拖牵索编接区之外的修复

编接区之外需要修复的绳股，其两个插入点之间的距离应至少为钢丝绳公称直径的200倍。

4.5.7 修复绳股的插入长度应至少为钢丝绳公称直径的100倍。

4.5.8 对于运载索，如果断丝数聚集在接头处，在绳长允许的情况下可断开重接；若聚集在别处亦可断开重接，但修复点之间的距离应大于钢丝绳公称直径的3 000倍。

4.5.9 往复式客运架空索道的牵引索和平衡索一般不应有编接头，在特殊情况下需要编接时，编接末端与锚头距离应大于钢丝绳公称直径的3 000倍。

4.5.10 货运架空索道承载索在 $6d$ 绳长内，其外部断丝超过两根以上时，应用夹板保护，其结构型式应不影响车辆通行。

5 报废标准

5.1 判定钢丝绳的报废或局部更换应注意以下几点：

a) 断面的缩小值；

b) 断丝的局部聚集；

c) 绳股断裂；

d) 断丝的增加率；

e) 如果钢丝绳的损坏是由鞍座、绳轮等存在的缺陷引起的，在换钢丝绳之前应消除这些缺陷；

f) 如果判定钢丝绳的断面缩小值接近报废标准，钢丝绳应报废；

g) 出现外部事件(雷击、脱索等)之后，是否报废应由使用单位报安检机构进行检测，依据检测意见做出决定。

5.2 金属断面的缩小

5.2.1 在相关长度 L(d 的倍数)内，钢丝绳金属断面缩小值与钢丝绳公称金属断面的比值(以百分比计)，其允许的最大金属断面缩小值见表1。

5.2.2 在确定金属断面的缩小值时应考虑：

a) 断丝数；

b) 内部及外部的磨损；

c) 内部及外部的腐蚀；

d) 其他的损坏。

表 1

钢丝绳结构	最大允许的金属断面缩小值		相关长度 L
	客运索道	货运索道	
密封钢丝绳	10%	15%	$200\times d$
	8%	10%	$30\times d$
	5%	7%	$6\times d$
股捻钢丝绳	20%	25%	$200\times d$
	10%	15%	$30\times d$
	6%	8%	$6\times d$

5.3 断丝数

5.3.1 在钢丝绳无任何其他缺陷时所允许的外部断丝数，可根据金属断面所允许的缩小值及外部钢丝断面确定。

5.3.2 在相关长度内由于局部的硬化(马氏体组织构成)钢丝中出现发状细的裂纹,也应视为断丝。松散的钢丝和由焊接或胶合修复的钢丝也应作为断丝。

5.3.3 如果在表1相关长度30×d范围内(见表1),由于断丝造成的断面缩小值超过最大允许断面缩小值的2/3时,就应考虑使用无损探伤仪协助评定钢丝绳的状况。

5.3.4 不论哪种钢丝绳由无损探伤仪探伤或目视,在相关长度内一根多处断裂的钢丝只应算作一根断丝。

5.3.5 因非正常损伤产生的外部可见断丝

5.3.5.1 如果钢丝绳由于特殊的原因使钢丝恶化(例如非正常腐蚀、雷击和其他明显的反常的原因),虽然未达到报废标准,可根据目视的断丝数作为报废标准,最大允许的目视断丝数见表2。

表2

钢丝绳结构	相关长度			
	交互捻		同向捻	
	6×d	30×d	6×d	30×d
6×7	2	4	2	3
6×19S	3	6	3	4
6×25Fi,6×26SW	5	10	4	6
6×31SW,6×36SW,6×41SW	7	14	5	7

5.3.5.2 下列钢丝绳视为例外:

——脱挂式拖牵索道同向捻6×7的拖牵钢丝绳,在相关长度6×d范围内最大允许外部断丝数为3;

——对于张紧索,由可见的外部断丝造成的最大金属断面缩小值应为表1所列值的50%;

——对于货运架空索道的张紧索由可见的外部断丝造成的最大金属断面缩小值应为表1所列值的120%;

——张紧索使用6年或工作18 000 h后(以先到为准)应予以报废;带有附加张紧装置的张紧索8年后报废;

——对于合成纤维的拖牵索和合成纤维的拉绳,任何明显的损坏或变质(例如直径、形状的改变)对进一步安全使用有影响时都可考虑报废。

5.4 内部及外部磨损

内部磨损及压坑:这种损坏是由于钢丝绳内各个绳股和钢丝之间的相互摩擦造成的。

外部磨损:钢丝绳在压力作用下,与托(压)索轮、鞍座、驱动轮、导向轮绳槽接触摩擦造成钢丝绳外层绳股和钢丝表面磨损,使外部钢丝磨成平面状。润滑不足,或不正确的润滑以及灰尘和沙粒都会加剧磨损。

磨损导致钢丝绳的断面缩小、强度降低。断面缩小允许值见表1。

5.5 其他的损坏

钢丝绳由于其他原因造成钢丝和绳股松散、结构变化而使钢丝绳性能减弱,也应计算其断面缩小值。若超过表1中的数值,应局部更换(应满足4.5的有关要求)或报废。

5.6 断丝的局部聚集

5.6.1 客运架空索道密封钢丝绳(承载索)相邻异形钢丝在18d长度内如有两处断裂,其断面缩小值虽未超出表1中的数值也应报废。

5.6.2 索道的运动索(牵引索、平衡索、运载索、拖牵索)在一绳股中如在一个捻距的长度内,外部断丝数大于外层钢丝数的50%,应局部更换(应满足4.5的有关要求)或报废。

5.6.3 索道的运动索张紧时，测量编接区直径小于钢丝绳公称直径的90%，应予以报废。

5.7 断丝的增加率

在某些使用场合，疲劳是引起钢丝绳损坏的主要原因，断丝则是在使用一定时期以后才开始出现，但断丝数逐渐增加，其时间间隔越来越短。在此情况下，为了判定断丝的增加率，应仔细检查并记录断丝增加情况，找出其中规律，并以此确定钢丝绳报废的日期。

5.8 绳股断裂

若整根绳股断裂，应局部更换(应满足4.5的有关要求)或报废。

5.9 钢丝绳的固定末端

5.9.1 钢丝绳固定末端应符合GB 12352—2007的4.3有关规定。对于合金或树脂浇铸的套筒，在接近套筒的钢丝绳段任何断丝或明显的腐蚀都应考虑报废。此外，不考虑钢丝绳状况，固定末端套筒的报废标准见表3。

表3

钢丝绳的型式	固定末端套筒型式	最大使用年限/年
牵引索	合金浇铸套筒	4
牵引索	夹紧套筒	3
缆车牵引索	树脂浇铸套筒	2
张紧索	没有附加张紧装置的固定末端套筒	6
	有附加的张紧装置的固定末端套筒	8
承载索	没有附加张紧装置的固定末端套筒	6
	有附加张紧装置的固定末端套筒	8
如果可用无损探伤仪检查树脂浇铸套筒，它们的使用年限可由2年增加到4年； 附加张紧装置应是对称的并可承受3倍的静张紧力。		

5.9.2 锚固筒

承载索直接在锚固筒上缠绕3圈时(用两圈缠绕降低张紧力)，断丝数造成的最大允许的金属断面缩小值不超过表1所列值的2倍。

6 钢丝绳的使用信息处理

根据检验人员对有关信息所作的有关记录，可预测给定类型的钢丝绳在索道上的有效性能。这些信息可用于调整维修程序和控制备用钢丝绳的库存；但不应因进行了这种预测而放松检验，或将使用期限延长到超出本标准所规定的条件。

7 钢丝绳检验记录

用户对每次定期检验都应做认真详细的记录，检验记录的典型示例参见附录C。

8 钢丝绳的储存

8.1 钢丝绳应存放在通风干燥的室内，防止阳光直射和热气烘烤，放置的地面应垫高300 mm以上。

8.2 钢丝绳如在室外存放时，严禁和地面直接接触，并需搭棚，加覆盖物保护。

8.3 若储存的时间较长，每年要进行一次外观检查，如发现钢丝绳锈蚀要解卷检查，进行除锈，涂油后再重新缠绕，情况严重时要及时处理。

8.4 应对钢丝绳存放期的维护及检查做好记录。

附 录 A
(资料性附录)
钢丝绳编接记录的典型示例

钢丝绳编接记录见表 A.1。

表 A.1

<table>
<tr><td colspan="2">索道型式</td><td colspan="2"></td><td colspan="2">钢丝绳公称直径/mm</td><td></td></tr>
<tr><td colspan="2">使用地点</td><td colspan="2"></td><td colspan="2">钢丝绳实际直径/mm</td><td></td></tr>
<tr><td colspan="2">钢丝绳制造厂</td><td colspan="2"></td><td colspan="2">绳芯材料</td><td></td></tr>
<tr><td colspan="2">测量时钢丝绳张紧并运行的小时数</td><td colspan="2"></td><td colspan="2">公称抗拉强度/MPa</td><td></td></tr>
<tr><td colspan="2">首次编接</td><td colspan="2"></td><td colspan="2">环形绳长/m
(不包括接头长度)</td><td></td></tr>
<tr><td colspan="2">重新编接</td><td colspan="2"></td><td colspan="2">接头实际长度/m</td><td></td></tr>
<tr><td colspan="2">紧绳重编
(截去的绳长)/m</td><td colspan="2"></td><td colspan="2">插入段实际长度/m</td><td></td></tr>
<tr><td colspan="2">其他</td><td colspan="2"></td><td colspan="2"></td><td></td></tr>
<tr><td colspan="7">接头数据(←钢丝绳运行方向)</td></tr>
<tr><td>T1#</td><td>T2#</td><td>T3#</td><td>交接</td><td>T4#</td><td>T5#</td><td>T6#</td></tr>
<tr><td></td><td></td><td></td><td></td><td></td><td></td><td></td></tr>
<tr><td></td><td></td><td></td><td></td><td></td><td></td><td></td></tr>
<tr><td></td><td></td><td></td><td></td><td></td><td></td><td></td></tr>
<tr><td colspan="2">插入段缠绕方式</td><td colspan="2"></td><td colspan="2">填充材料</td><td></td></tr>
<tr><td colspan="2">接头方式</td><td colspan="2"></td><td colspan="2">插入点钢丝绳最大直径/mm</td><td></td></tr>
<tr><td colspan="2">插入点之间钢丝绳最小直径/mm</td><td colspan="2"></td><td colspan="2">插入点之间钢丝绳最大直径/mm</td><td></td></tr>
<tr><td colspan="2">结论</td><td colspan="2"></td><td colspan="2">钢丝绳编接人</td><td></td></tr>
<tr><td colspan="2">公司名称</td><td colspan="2"></td><td colspan="2">编接日期</td><td></td></tr>
</table>

附　录　B
（资料性附录）
钢丝绳的内部检验

B.1　钢丝绳内部损伤主要由于腐蚀和正常的疲劳所造成，通常的外部检验可能发现不了内部损坏的程度，因此应进行内部检验。

内部检验一般由索道安检人员进行。

B.2　检查范围

所有类型的成股钢丝绳均能充分地松开，以便对其内部情况作评定。这对粗钢丝绳较为困难。但只要使钢丝绳所受张力为零时就能进行内部检验。

B.3　检查方法

将两个适当尺寸的夹钳相隔一定的距离牢固地夹到钢丝绳上，朝着与钢丝绳捻向相反的方向对夹钳施加一个力，外层绳股就会散开并脱离绳芯（见图 B.1）。不要使夹钳绕钢丝绳打滑。各绳股的位移也不宜太大。

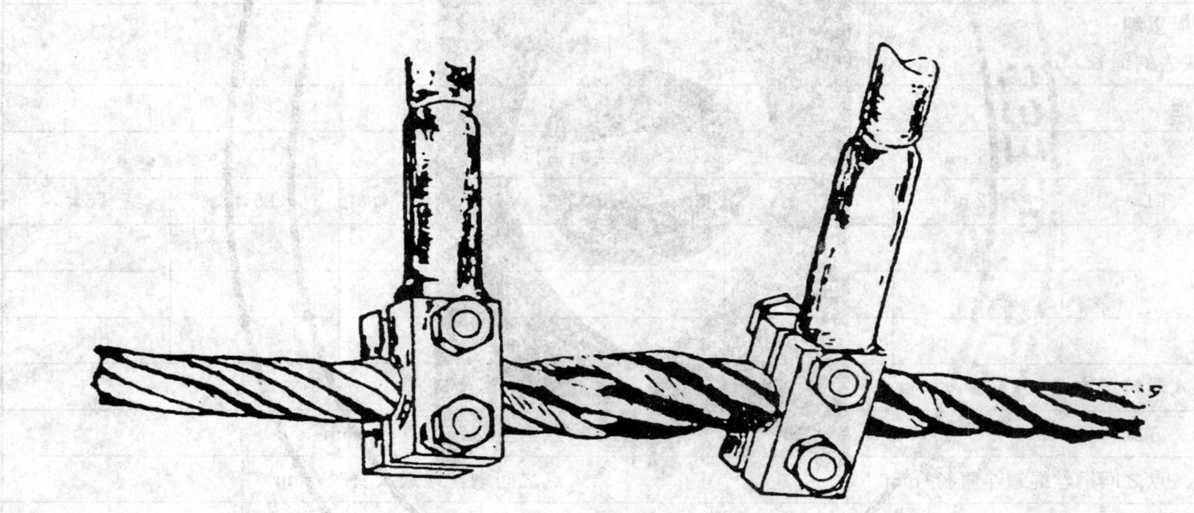

图 B.1　对一段连续钢丝绳作内部检验（张力为零）

当钢丝绳略微拧开时，可用一小探针把妨碍观测钢丝绳内部的润滑脂或碎屑清除掉。

应观测的主要内容是：

a)　内部润滑状态；

b)　腐蚀程度；

c)　由于挤压或磨损引起的钢丝压痕；

d)　有无断丝。

检验之后，在拧开部位放入一些润滑脂，并以适度的力量转动夹钳使绳股在绳芯周围正确复位。卸掉夹钳之后，钢丝绳外表面应涂以润滑脂。

B.4　邻近绳端的钢丝绳段的检查

检验该部位的钢丝绳只需使用单个夹钳，设法将端部固定即可进行检验（见图 B.2）。

B.5　检查部位

参照 4.3.5。

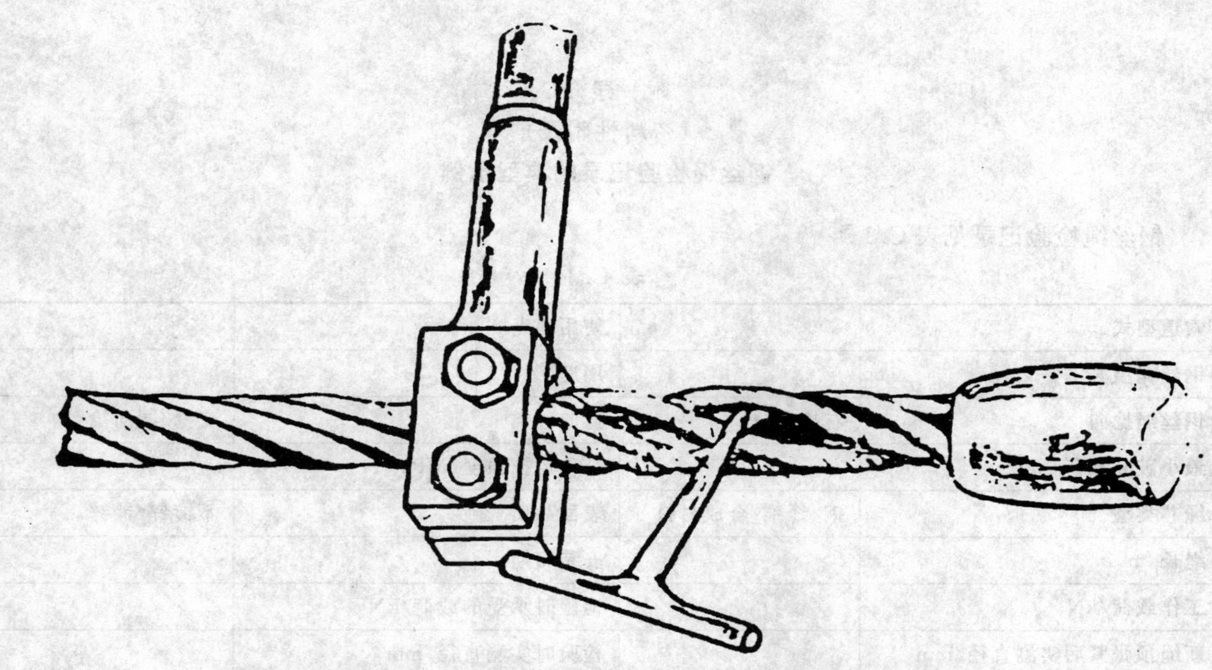

图 B.2　对靠近绳端装置的钢丝绳尾部作内部检查(张力为零)

附 录 C
（资料性附录）
钢丝绳检验记录的典型示例

钢丝绳检验记录见表 C.1。

表 C.1

<table>
<tr><td>索道型式</td><td colspan="2"></td><td>使用地点</td><td colspan="2"></td></tr>
<tr><td>钢丝绳型号</td><td colspan="2"></td><td>用途</td><td colspan="2"></td></tr>
<tr><td>钢丝绳捻向</td><td colspan="2">右捻/左捻</td><td>捻向种类</td><td colspan="2">交捻/同向捻</td></tr>
<tr><td>最小破断载荷/kN</td><td colspan="2"></td><td>公称抗拉强度/MPa</td><td colspan="2"></td></tr>
<tr><td>绳芯类型</td><td colspan="2">钢/纤维/合成材料</td><td>表面品质</td><td colspan="2">不镀锌/镀锌</td></tr>
<tr><td>绳长/m</td><td colspan="2"></td><td>安装日期</td><td colspan="2"></td></tr>
<tr><td>工作载荷/kN</td><td colspan="2"></td><td>检验时承受的载荷/kN</td><td colspan="2"></td></tr>
<tr><td>新绳预张紧后实测直径/mm</td><td colspan="2"></td><td>检验时实测直径/mm</td><td colspan="2"></td></tr>
<tr><td>绳端固定型式</td><td colspan="2"></td><td>钢绳制造厂</td><td colspan="2"></td></tr>
<tr><td>质量证明书号</td><td colspan="2"></td><td>制造编号</td><td colspan="2"></td></tr>
<tr><td colspan="3">钢丝断面缩小/%</td><td rowspan="2">损坏及变形特征</td><td rowspan="2">测量部位</td><td rowspan="2">总的评价损坏程度</td></tr>
<tr><td>6d 内</td><td>30d 内</td><td>200d 内</td></tr>
<tr><td colspan="3"></td><td></td><td></td><td></td></tr>
<tr><td colspan="3"></td><td></td><td></td><td></td></tr>
<tr><td colspan="3"></td><td></td><td></td><td></td></tr>
<tr><td colspan="3"></td><td></td><td></td><td></td></tr>
<tr><td colspan="3"></td><td></td><td></td><td></td></tr>
<tr><td>处理意见</td><td colspan="2"></td><td>工作时数</td><td colspan="2"></td></tr>
<tr><td>其他观察结果</td><td colspan="2"></td><td>报废原因</td><td colspan="2"></td></tr>
<tr><td>签名</td><td colspan="2"></td><td>日期</td><td colspan="2"></td></tr>
<tr><td colspan="6">注：用户可根据本地实际情况增加必要的项目。</td></tr>
</table>

ICS 75.200
E 08

中华人民共和国国家标准

GB/T 9081—2008
代替 GB/T 9081—2001

机动车燃油加油机

Fuel dispensers for motor vehicles

2008-06-26 发布 2009-01-01 实施

中华人民共和国国家质量监督检验检疫总局
中国国家标准化管理委员会 发布

前　言

本标准参照了国际法制计量组织(OIML)的R117《Measuring Systems for Liquids other than Water》(非水液体测量)和R118《Testing procedures and test report format for pattern evaluation of fuel dispensers for motor vehicles》(机动车燃油加油机型式评价检测程序及检测报告),与国际建议接轨并符合我国国情。

本标准代替GB/T 9081—2001《机动车燃油加油机》。

本标准与GB/T 9081—2001相比主要变化如下:

——修改了相关术语和定义(2001年版的3.1、3.3、3.13和3.19;本版的3.1、3.2、3.13和3.18);

——增加了相关术语和定义(见3.3、3.4、3.19、3.22和3.23);

——删除了“产品分类”一章的内容(2001年版的第4章);

——整机技术要求中增加了“防欺骗功能”(见4.1.16);

——部件技术要求中增加了编码器、计控主板的技术要求(见4.2.2和4.2.3);

——修改了加油机使用和检验的环境条件(2001年版的5.1.4和6.1.1;本版的4.1.4和5.1);

——增加了最大流量大于60 L/min的加油机最小被测量和最小体积变量(见4.1.1.2和4.1.1.3);

——删除了有关机械加油机的相关内容(2001年版的5.2.2、5.2.4和6.2.9);

——修改了对税控功能的技术要求(2001年版的5.3.5;本版的4.1.15);

——修改了示值误差的计算方法(2001年版的6.2.4.4;本版的5.3.4.5)。

本标准由中国航天科技集团公司提出。

本标准由中国航天科技集团公司归口。

本标准起草单位:沈阳航天新阳机电有限公司、正星科技有限公司、托肯恒山科技(广州)有限公司、北京三盈联合石油技术有限公司、北京长吉加油设备有限公司、北京拓盛电子科技有限公司、北京英泰赛福软件技术公司、中国航天标准化研究所。

本标准主要起草人:周凤文、李一、陈建明、季鹏、渠高峰、陈建华、关慎敏、冯铁惠。

本标准所代替标准的历次版本发布情况为:

——GB 9081—1988、GB/T 9081—1998、GB/T 9081—2001。

机动车燃油加油机

1 范围

本标准规定了机动车燃油加油机(以下简称加油机)的技术要求、检验项目与检验方法、检验规则以及对标志、封印、包装、运输和贮存的要求。

本标准适用于加油机的设计、制造及验收。

2 规范性引用文件

下列文件中的条款通过本标准的引用而成为本标准的条款。凡是注日期的引用文件,其随后所有的修改单(不包括勘误的内容)或修订版均不适用于本标准,然而,鼓励根据本标准达成协议的各方研究是否可使用这些文件的最新版本。凡是不注日期的引用文件,其最新版本适用于本标准。

GB/T 191—2008 包装储运图示标志(ISO 780:1997,MOD)

GB/T 3768—1996 声学 声压法测定噪声源声功率级 反射面上方采用包络测量表面的简易法(eqv ISO 3746:1995)

GB 3836.1 爆炸性气体环境用电气设备 第1部分:通用要求(GB 3836.1—2000,eqv IEC 60079-0:1998)

GB 3836.2 爆炸性气体环境用电气设备 第2部分:隔爆型“d”(GB 3836.2—2000,eqv IEC 60079-1:1990)

GB 3836.3 爆炸性气体环境用电气设备 第3部分:增安型“e”(GB 3836.3—2000,eqv IEC 60079-7:1990)

GB 3836.4 爆炸性气体环境用电气设备 第4部分:本质安全型“i”(GB 3836.4—2000,eqv IEC 60079-11:1999)

GB 3836.9 爆炸性气体环境用电气设备 第9部分:浇封型“m”(GB 3836.9—2006,IEC 60079-18:2004,IDT)

GB 3836.15 爆炸性气体环境用电气设备 第15部分:危险场所电气安装(煤矿除外)(GB 3836.15—2000,eqv IEC 60079-14:1996)

GB 4943—2001 信息技术设备的安全(idt IEC 60950:1999)

GB 9969.1 工业产品使用说明书 总则

GB 10543—2003 飞机地面加油和排油用橡胶软管及软管组合件(ISO 1825:1996,NEQ)

GB 50058—1992 爆炸和火灾危险环境电力装置设计规范

JJG 443—2006 燃油加油机检定规程

JTG B01—2003 公路工程技术标准

3 术语和定义

下列术语和定义适用于本标准。

3.1

加油机 dispenser

为机动车添加燃油的一种液体体积测量系统,它可以具有IC卡加油、油气回收等功能。

用于国内油品贸易结算的加油机应具有税控功能和防欺骗功能。

3.2

流量测量变换器　measurement transducer of flowrate

将油品的体积量转换为机械转动量的部件。

3.3

编码器　coding device

将流量测量变换器的机械转动量转换为脉冲信号等的部件。

3.4

计控主板　control main board

主要由计量微处理器、监控微处理器、存储器等组成。其功能是接收编码器送来的脉冲信号,生成加油数据并具有其他控制功能。加油数据经监控微处理器处理后送指示装置显示。

3.5

指示装置　indicating device

能连续显示测量结果的部件。

3.6

辅助装置　ancillary devices

用于实现加油机特殊功能的可选设备,主要有:

——回零装置;

——打印装置;

——累计量指示装置;

——视油器;

——预置装置;

——IC 卡读写器等支付装置;

——油气回收装置等。

3.7

回零装置　zero setting device

使指示装置示值回零的机构。可以是手动的,也可以是自动的。

3.8

视油器　gas indicator

主要用来观察加油机油路中是否完全充满油液的装置。

3.9

预置装置　pre-setting device

在测量前可根据需要选定被测量,当选定的被测量达到预置值时,能自动停止液流的装置。预置值可以是被测液体的体积量或付费金额。

3.10

调整装置　adjustment device

用于调整加油机示值误差,保证示值误差在最大允许误差之内的机构。

3.11

附加装置　additional device

用于保证正确测量和简化操作的部件或装置,主要有:

——油气分离器(潜油泵式加油机除外);

——油枪;

——泵(潜油泵式加油机除外);

——过滤器;

——输油软管;

——控制阀等。

3.12

油气分离器　gas separator

用来连续分离并消除被测液体中气体的装置。

3.13

油枪　nozzle

在加注燃料过程中能控制流量的机械装置。

3.14

泵　pump

为加油机提供压力油的装置。它可以是叶片泵、齿轮泵或潜油泵等其他形式的泵。

3.15

额定流量　nominal flowrate

由制造厂商标定的在设计工作条件下，应保证的输出流量。

3.16

最大允许误差　maximum permissible error

允许的误差极限值，一般以相对误差的形式给出。

3.17

最小被测量　minimum measured quantity

按计量要求可以接受的被测量液体的最小体积量。

3.18

最小体积变量　minimum specified volume deviation

指示装置所显示的体积量的最小分辨值。

3.19

最小付费变量　minimum specified charge deviation

与最小体积变量相对应的应付金额。

3.20

计量稳定性　measure stability

加油机在最大流量下连续运转一定时间后，计量准确度的变化情况。

3.21

税控功能　revenue function

加油机中的编码器应能正确生成脉冲信号，经计量微处理器将计量数据真实、可靠、安全地传输到监控微处理器，该数据经监控微处理器处理后存入税控存储器并同时送显。当不能完成上述功能时，加油机应能被自动锁定，即不能进行加油工作。

3.22

防欺骗功能　anti-cheat functions

能防止人为恶意修改参数或修改程序，达到防止作弊效果的功能。

3.23

报税接口　revenue interface

加油机上用来和税务及计量管理设备进行通信的接口。

4　技术要求

4.1　整机要求

4.1.1　计量性能要求

4.1.1.1　流量比

最大流量 Q_{max} 和最小流量 Q_{min} 之比应不小于 10∶1。

4.1.1.2 最小被测量

最大流量不大于 60 L/min 的加油机，最小被测量应不大于 5 L。

最大流量大于 60 L/min 的加油机，最小被测量应由其使用说明书给出。

4.1.1.3 最小体积变量

最大流量不大于 60 L/min 的加油机，其最小体积变量应不大于 0.01 L。

最大流量大于 60 L/min 的加油机，其最小体积变量应不大于 0.1 L。

4.1.1.4 最大允许误差

最大允许误差为±0.30%，其测量重复性应不超过 0.15%。

最小被测量的最大允许误差为±0.50%，其测量重复性应不超过 0.25%。

4.1.1.5 流量中断

在加油过程中油路突然关闭，其体积示值和付费金额示值的准确度应分别满足 4.1.1.4 和 4.1.1.6 的规定。

4.1.1.6 付费金额误差

加油机显示的付费金额与单价和体积示值计算的付费金额之差，应不超过最小付费变量。

4.1.2 额定流量

额定流量 Q 按公式(1)计算。

$$Q = 5 \times n \tag{1}$$

式中：

Q——加油机的额定流量，单位为升每分钟(L/min)；

n——为任一正整数。

4.1.3 计数示值范围

计数示值的范围应满足计量准确度的要求，示值范围如下：

——金额、加油量应不少于 6 位有效数字；

——单价应不少于 4 位有效数字；

——机械累积量应不少于 6 位整数；

——电子累积量应不少于 10 位有效数字。

4.1.4 环境条件

在下列条件下，加油机应在规定极限范围内性能正常。

a) 温度：−25 ℃～55 ℃；

b) 相对湿度：≤95%；

c) 大气压力：86 kPa～106 kPa 。

4.1.5 泵进油口真空度及出油口压力(不含潜油泵)

泵进油口真空度应不小于 54 kPa。

泵出油口压力应不大于 0.3 MPa。

4.1.6 噪声

加油机的噪声应不大于 80 dB(A 声级)。

4.1.7 计量稳定性

加油机在额定流量下连续运转 100 h 后，检测各点示值误差的平均值和测量重复性应符合 4.1.1.4 的要求。

4.1.8 防爆性能

加油机的防爆结构及性能应符合 GB 3836.1、GB 3836.2、GB 3836.3、GB 3836.4、GB 3836.9、GB 3836.15 和 GB 50058—1992 的要求，并应取得具有相应资质的检验单位颁发的防爆合格证和检验报告。

4.1.9 结构与外观

结构和外观应满足如下要求：

a) 整机外观表面涂层应光泽、均匀，无剥落、开裂等缺陷。镀铬件和标牌等外露件不应粘有漆污。表面涂层、镀层不应有明显的机械损伤；

b) 整机内零件间的同形状结合面边缘和门窗、侧板、顶盖之间的结合面边缘应整齐、匀称，不应有明显的错位。外露件、装饰件不应有损伤、剥落、锈蚀等缺陷；

c) 各滑动转动部位运动应轻便、灵活、平稳，无阻滞现象；

d) 液压系统各结合面及进出口管线接头的连接应牢固可靠，无渗漏；

e) 紧固件应连接牢靠、无松动。接插件应接触良好。连接导线应压接或焊接良好；

f) 一把油枪以上的加油机应标注油枪编号；

g) 在流量测量变换器的进口或出口处应安装控制阀；

h) 当多把油枪共用一个流量测量变换器时，其中一把油枪加油时，其他油枪应由控制阀锁定不能加油。

4.1.10 电气安全要求

电气安全性能应满足如下要求：

a) 加油机的接触电流不应超过 3.5 mA；

b) 加油机应有足够的抗电强度，在一次电路与机身之间或一次电路与二次电路之间加有效值为 1 500 V、频率为 50 Hz 的交流试验电压，保持 60 s。试验期间，绝缘不应被击穿；

c) 加油机的保护接地端子和连接端接触的导电零部件应能耐腐蚀；

d) 加油机的保护接地端子或接地接触件与需要接地的零部件之间的连接电阻不应超过 0.1 Ω；

e) 加油机应有良好的导静电性能，油枪口对地的电阻值应小于 1 MΩ。

4.1.11 电源适应能力

加油机应能在标称电压幅度变化为－15%～＋10%、频率变化为±1 Hz 的供电环境中、规定的极限范围内性能正常，且满足 4.1.1.4 的要求。

4.1.12 辅助装置

设有付费金额指示装置、预置装置、打印装置等辅助装置的加油机，其辅助装置不应影响对整机的要求。

4.1.13 电磁兼容性能

4.1.13.1 通则

加油机应进行五项电磁兼容性试验，除静电放电抗扰度和射频电磁场辐射抗扰度试验需整机进行外，其他各项试验可对其电子部件进行。在电磁兼容性试验过程中和试验后应能达到如下要求：

a) 在本标准规定极限范围内性能正常。

b) 数据不应丢失，储存的程序不应有任何变化。计控主板上任何存储器中储存的内容不应有任何变化，不应改变状态，所有接口上的各点电平不应有异常变动。

4.1.13.2 静电放电抗扰度

对操作者容易接触的加油机表面应进行直接静电放电[试验电压为 6×(1±10%)kV]或空气放电[试验电压为 8×(1±10%)kV]试验。

4.1.13.3 射频电磁场辐射抗扰度

在频率为 80 MHz～1 000 MHz，试验场强为 10 V/m 的电磁场下试验。

4.1.13.4 电快速瞬变脉冲群抗扰度

在加油机供电电源端口，开路输出试验电压峰值为 2×(1±10%)kV、脉冲的重复频率为 5×(1±20%)kHz；在 I/O 信号、数据和控制端口(只在数据线、信号线或控制线长度超过 1 m 时进行)，开路输出试验电压峰值为 1×(1±10%)kV、脉冲的重复频率为 5×(1±20%)kHz 的电快速瞬变脉冲群。

4.1.13.5 电压暂降、短时中断和电压变化抗扰度

加油机在交流供电情况下，电压暂降：电压瞬时跌落，一周期内电压幅度减少60%，持续时间为25个周期；电压短时中断：一周期内电压幅度减少100%，持续时间为10个周期。

4.1.13.6 浪涌(冲击)抗扰度

试验等级为3级，开路试验电压为2×(1±10%)kV。

4.1.14 掉电保护和复显

加油机在加油过程中，因故停电而中断加油时，应完整保留所有数据。发生故障时，当次加油量的显示时间不少于15 min，或在故障后1 h内，手动控制单次或多次复显的时间之和不少于5 min。

4.1.15 税控功能

4.1.15.1 硬件和结构要求

硬件和结构要求如下：

a) 加油机应使用统一的监控软件。监控微处理器、税控存储器和实时时钟应与计量微处理器安装在同一块板级组件内，其电路模式和功能应符合JJG 443—2006中附录B和附录C的要求。税控存储器和实时时钟应焊接在板级组件内；
b) 税控存储器受监控微处理器的唯一控制，应符合JJG 443—2006中附录B和附录E的要求，能记录至少7年的税务数据，为每把油枪配置的税控存储器容量应不少于128 kB，并可对其中数据进行查询；
c) 加油机的显示受监控微处理器的唯一监控，确保显示数据与存储数据完全一致，应符合JJG 443—2006中附录D的要求；
d) 加油机应设有报税接口，接口协议应符合JJG 443—2006中附录E的要求。

4.1.15.2 功能要求

加油机主要应具有如下税控功能：

a) 应通过检验单位的税控功能检测，取得税控功能合格报告；
b) 税控存储器中加油量、金额的总累计数不应更改或清零；
c) 应具有标记功能，在初始化之前(出厂调试和安装调试用油及现场第一次检定用油)应标记加油量的详细情况，初始化后此功能自动消失；
d) 初始化内容包括：出厂编号、油枪位编号、纳税人登记证号、油品、日期和时间，初始化与安装后的第一次现场检定应同时进行；
e) 加油机从设计上应保证监控微处理器能锁定加油机，即监控微处理器不能正常工作时，加油机也不能工作；
f) 通过国家税务总局统一的初始化软件进行检测，应符合JJG 443—2006中附录C和附录E的相关要求；
g) 初始化后只有经过税务机关授权方可校准日期和时间，校正方法与初始化前相同，并写入生产企业《使用说明书》中；
h) 在加油机意外断电的情况下，当次加油的数据应存入税控存储器；
i) 当税控功能不能正常实现时，加油机被自动锁定，确保无法进入加油工作状态；其控制口电路应符合JJG 443—2006中附录B的要求。

4.1.16 防欺骗功能

可读取加油机使用的监控微处理器和编码器的序列号。

4.2 部件要求

4.2.1 流量测量变换器

4.2.1.1 外表应进行良好的表面处理，应无可见的毛刺、划痕、裂纹、锈蚀或霉斑等缺陷。

4.2.1.2 在壳体的明显部位应标有流向标志。

4.2.1.3 外表面应有铭牌，铭牌上应注明：

——制造厂名；
——流量测量变换器型号；
——型式批准标志和编号；
——测量范围；
——最大允许误差；
——标称压力；
——出厂编号。

4.2.1.4 最大允许误差为±0.20%，测量重复性应不超过0.07%。

4.2.1.5 流量比应符合4.1.1.1的规定。

4.2.1.6 承受泵出口压力1.5倍的油压时应无渗漏。

4.2.1.7 可配备机械调整装置，以使流经流量测量变换器的实际体积值与显示的体积值相符。其调整装置应有可靠的封印机构，以防止部件被随意调整或更换。

4.2.1.8 对于非连续手动调整装置，其相邻调整幅度应不大于0.05%。

4.2.1.9 连续工作100 h，各点示值误差的平均值和测量重复性应符合4.2.1.4的要求。

4.2.1.10 可单独申请型式批准。

4.2.2 **编码器**

4.2.2.1 编码器应与监控微处理器进行相互验证，当相互验证失败时，加油机应不能工作。

4.2.2.2 初始化或防欺骗功能计量启动后的加油机更换计控主板时，在进行三次加油操作后编码器应停止向计控主板发送脉冲数，编码器应记录和保存更换计控主板的相关信息，只有税务部门对计控主板初始化或计量部门对防欺骗功能解锁后，加油机才可正常工作。

4.2.2.3 当加油量异常(偏离正常脉冲当量的±0.6%)时，在累计加油五次后编码器应停止向计控主板发送脉冲，编码器应记录和保存异常情况的相关信息。

4.2.2.4 编码器与流量测量变换器之间应有可靠的封印机构。

4.2.3 **计控主板**

4.2.3.1 监控微处理器应与编码器进行相互验证，当相互验证失败时，加油机应不能工作。

4.2.3.2 应能识别流量测量变换器的转动方向。

4.2.3.3 计控主板与指示装置的信号传输应可靠，其连接电缆上不应有接插头。

4.2.3.4 计控主板与机壳之间应预留封印机构。

4.2.4 **指示装置**

加油机的指示装置应满足如下要求：
——显示单价、付费金额、交易的体积量；
——显示的体积量应是工况条件下的体积量，体积量的单位为升；
——计数示值范围应符合4.1.3的规定；
——指示装置显示的读数应正确、清晰、易读；
——当有两个以上指示装置显示同一被测值时，两个指示装置显示的示值应一致；
——测量期间，指示装置不能回零。

4.2.5 **油气分离器**

4.2.5.1 加油机在最大流量和最低压力下工作时，油气分离器应能排除混在油液中的气体，并使加油机的最大允许误差符合4.1.1.4的要求。

4.2.5.2 油气分离器排除油液中气体的能力应满足下列要求：
——对黏度低于或等于1 mPa·s的油液，气体相对于油液的体积比应不超过20%；
——对黏度高于1 mPa·s的油液，气体相对于油液的体积比应不超过10%。

4.2.5.3 承受泵出口压力1.5倍的油压时应无渗漏。

4.2.6 **泵(不含潜油泵)**

加油机上配用的泵应满足如下要求：

a) 额定流量应满足4.1.2的要求；
b) 进油口真空度及出油口压力应满足4.1.5的要求；
c) 承受泵出油口压力1.5倍的油压时应无渗漏；
d) 噪声不应超过加油机对噪声的要求。

4.2.7 输油软管

对加油机输油软管的要求如下：

a) 最大流量大于60 L/min且无软管卷轮的加油机，软管内容积变化不应超过40 mL；
b) 最大流量大于60 L/min且配有软管卷轮的加油机，从不带压的卷曲状态到没有任何流动的非卷曲状态，容积的增加不应超过80 mL；
c) 最大流量不大于60 L/min且无软管卷轮的加油机，软管内容积变化不应超过20 mL；
d) 最大流量不大于60 L/min且配有软管卷轮的加油机，从不带压的卷曲状态到没有任何流动的非卷曲状态，容积的增加不应超过40 mL；
e) 输油软管及组件应有良好的导静电性能，导电性能应符合GB 10543—2003中第11章的规定。

4.2.8 视油器

对加油机视油器的要求如下：

a) 应安装在流量测量变换器的下游，观察窗应便于观察油液中是否存有气体；
b) 承受泵出油口压力1.5倍的油压时应无渗漏。

4.2.9 油枪

对加油机油枪的要求如下：

a) 油枪应操作灵活，密封应良好，应在加油机工作压力下无渗漏；
b) 油枪的流量应满足加油机的流量要求。

5 检验条件、检验项目和检验方法

5.1 检验条件

5.1.1 通则

加油机应在零部件装配完整后进行各项检验。

5.1.2 环境温度

环境温度应在−25 ℃～55 ℃范围内，检验过程中温度变化不应超过5 ℃，应在加油机和标准金属量器附近测量。

5.1.3 相对湿度

检验时环境相对湿度不大于95%。

5.1.4 大气压力

大气压力范围为86 kPa～106 kPa。

5.1.5 供电电源

供电电源为标称电压(−15%～+10%)；供电频率为(50±1)Hz。

5.1.6 试验介质

对试验介质有如下规定：

a) 试验介质应与加油机实际使用介质一致或黏度相当；
b) 若加油机用于不同性质的介质，则应对每种介质进行试验；
c) 不应用水做试验介质；
d) 试验时，介质温度与环境温度的最大温差不宜超过10 ℃。如超过10 ℃，标准金属量器应有保温措施。

5.2 检验项目

整机检验见表1，部件检验见表2。

表 1 整机检验

序号	检验项目		技术要求章条号	检验方法章条号	型式检验	出厂检验
1	结构与外观检查		4.1.9	5.3.1	√	√
2	运转试验		4.1.9	5.3.2	√	√
3	流量试验		4.1.2	5.3.3	√	√
4	示值误差试验		4.1.1.4	5.3.4	√	√
5	付费金额误差		4.1.1.6	5.3.5	√	—
6	最小被测量试验		4.1.1.2	5.3.6	√	—
7	流量中断试验		4.1.1.5	5.3.7	√	—
8	防欺骗检查		4.1.16	5.3.8	√	—
9	掉电保护和复显试验		4.1.14	5.3.9	√	√
10	计量稳定性试验		4.1.7	5.3.10	√	—
11	噪声检测		4.1.6	5.3.11	√	—
12	功能试验	税控累计数检查	4.1.15.2b)	5.3.12.2	√	—
		标记检查	4.1.15.2c)	5.3.12.3	√	—
		锁定功能检测	4.1.15.2e)	5.3.12.4	√	—
		防欺骗功能检测	4.2.2	5.3.12.5	√	—
13	防爆性能检查		4.1.8	5.3.13	√	—
14	环境适应性试验	低温试验	4.1.4、4.1.1.4	5.3.14.2	√	—
		高温试验	4.1.4、4.1.1.4	5.3.14.3	√	—
		交变湿热试验	4.1.4	5.3.14.4	√	—
15	电气安全	接地端子	4.1.10c)	5.3.15.1	√	—
		连接电阻	4.1.10d)	5.3.15.2	√	—
		接触电流	4.1.10a)	5.3.15.3	√	—
		抗电强度试验	4.1.10b)	5.3.15.4	√	—
		导静电性能	4.1.10e)	5.3.15.5	√	√
16	电源适应能力试验		4.1.11	5.3.16	√	—
17	电磁兼容性试验	静电放电抗扰度试验	4.1.13.2	5.3.17.1	√	—
		射频电磁场辐射抗扰度试验	4.1.13.3	5.3.17.2	√	—
		电快速瞬变脉冲群抗扰度试验	4.1.13.4	5.3.17.3	√	—
		电压暂降、短时中断和电压变化抗扰度试验	4.1.13.5	5.3.17.4	√	—
		浪涌(冲击)抗扰度试验	4.1.13.6	5.3.17.5	√	—
18	运输适应性试验		4.1.9、4.1.2 4.1.1.4	5.3.18	√	—

注：表中划“√”的项目为应检验项目；划“—”的项目为可不检验项目。

表2 部件检验

序号	检验项目		技术要求章条号	检验方法章条号	型式检验	出厂检验
1	流量测量变换器	结构与外观检查	4.2.1.1～4.2.1.3	5.4.1.1	√	√
		示值误差试验	4.2.1.4	5.4.1.2	√	√
		耐油压试验	4.2.1.6	5.4.1.3	√	√
		计量稳定性试验	4.2.1.9	5.4.1.4	√	—
2	油气分离器	耐油压试验	4.2.5.3	5.4.2.1	√	√
		性能试验	4.2.5.2、4.2.5.1	5.4.2.2	√	—
3	泵	耐油压试验	4.2.6c)	5.4.3.1	√	√
		进油口真空度试验	4.2.6b)	5.4.3.2	√	√
		出油口压力试验	4.2.6b)	5.4.3.3	√	√
		流量试验	4.2.6a)	5.4.3.4	√	√
		噪声检测	4.2.6d)	5.4.3.5	√	—
4	输油软管	软管内容积变化试验	4.2.7a)～d)	5.4.4.1	√	—
		导静电试验	4.2.7e)	5.4.4.2	√	√
注：表中划“√”的项目为应检验的项目；划“—”的项目为可不检验项目。						

5.3 整机检验

5.3.1 结构与外观检查

目测及手动检查加油机的外观、结构和铭牌，其结果应符合4.1.9及7.1的要求。

5.3.2 运转试验

5.3.2.1 运转试验应在最大流量下进行。

5.3.2.2 整机运转1 000 L，在运转过程中应反复完成启动、停机、自动回零等各种动作不少于9次，各零部件应无松动，工作正常、灵活、协调、可靠。

5.3.2.3 在运转过程中液压油路应无渗漏，无异常杂音等现象。

5.3.3 流量试验

5.3.3.1 试验仪器

分度值为0.1 s的秒表。

5.3.3.2 试验方法

加油机启动后，开启油枪，使试验介质在整个系统循环2 min后，将油枪放回原处；再次拿起并开启油枪至最大流量位置，记录1 min计数系统显示的数值，即为被测加油机的流量。该流量不应超过额定流量的±10%。

5.3.4 示值误差试验

5.3.4.1 通则

该试验应在整机运转试验完成后进行。

5.3.4.2 试验仪器

试验所用仪器要求如下：

a) 标准金属量器(以下简称：量器)，可配有消除气泡的导管；量器的容积应不小于加油机的最小体积变量的1 000倍，并不小于检定流量下1 min的排放量，其最大允许误差应不低于±0.05%；

b) 温度计:测量范围为−25 ℃~55 ℃,最小分度值为0.2 ℃;

c) 水平仪:准确度为0.05 mm/m。

5.3.4.3 试验点

试验点按以下两种情况设定:

a) 整机型式检验时,试验点按下列6个流量点进行,即:

$Q(1)=1.00\times Q_{max}$ $0.90\ Q_{max}\leqslant Q(1)\leqslant 1.0Q_{max}$

$Q(2)=0.63\times Q_{max}$ $0.56\ Q_{max}\leqslant Q(2)\leqslant 0.70Q_{max}$

$Q(3)=0.40\times Q_{max}$ $0.36\ Q_{max}\leqslant Q(3)\leqslant 0.44Q_{max}$

$Q(4)=0.25\times Q_{max}$ $0.22\ Q_{max}\leqslant Q(4)\leqslant 0.28Q_{max}$

$Q(5)=0.16\times Q_{max}$ $0.14\ Q_{max}\leqslant Q(5)\leqslant 0.18Q_{max}$

$Q(6)=0.10\times Q_{max}=Q_{min}$ $0.10\ Q_{max}\leqslant Q(6)\leqslant 0.11Q_{max}$

注:Q_{max}为加油机在试验现场所能达到的最大流量。

每个流量点各试验三次。试验应在包括最大单价的不少于2个单价下进行。

b) 整机出厂检验时,对于安装已经试验调整好的流量测量变换器,整机检验的试验点按下列3个流量点进行,即:

$Q(1)=1.00Q_{max}$ $0.90Q_{max}\leqslant Q(1)\leqslant 1.0Q_{max}$

$Q(2)=0.40Q_{max}$ $0.36Q_{max}\leqslant Q(2)\leqslant 0.44Q_{max}$

$Q(3)=0.16Q_{max}$ $0.14Q_{max}\leqslant Q(3)\leqslant 0.18Q_{max}$

每个流量点各试验三次。

5.3.4.4 试验方法

试验步骤如下:

a) 将标准量器放置在坚硬的平地上(若量器安放在运载汽车上或其他支架上,应保证试验时无任何晃动),并使标准量器接地。

b) 进行试运行,启动加油机(有油气回收装置的加油机应同时启动油气回收装置),用油枪将试验介质注入量器内,直至注满。量器被注满后,将油枪放回托架,按量器的检定证书规定的放液时间将量器内的试验介质放净,关闭阀门,使量器处于准备状态。

c) 用水平仪将量器调至水平状态。

d) 提取油枪,启动加油机,使加油机的示值回零,将流量调至按5.3.4.3规定的试验点的流量,向量器内注入试验介质,同时用温度计测量油枪出口处试验介质的温度。当试验介质注满量器时,关闭油枪,读取并记下加油机的示值和加油机显示的付费金额。注试验介质的过程尽可能一次完成。

e) 待量器中试验介质的泡沫和气泡消失后,按要求读取量器的示值,同时测量量器中试验介质的温度。

f) 标准量器示值均以升(L)为单位,取小数点后三位。

g) 各流量试验点重复上述d)、e)和f)项,按各点三次完成全部试验。

5.3.4.5 示值误差和重复性计算

按JJG 443—2006中公式(1)~公式(4)计算各试验点的示值误差,取平均值作为该点的示值误差,在各点的示值误差中取最大值作为加油机的示值误差,其值应符合4.1.1.4的要求。

5.3.5 付费金额误差

在示值误差试验点$Q(1)$记录相关数据,按JJG 443—2006中公式(5)和公式(6)计算加油机的付费金额误差,其值应符合4.1.1.6的要求。

5.3.6 最小被测量试验

按JJG 443—2006中附录A.1.3的规定进行试验。加油机最小被测量的示值误差应符合4.1.1.4的要求。

5.3.7 流量中断试验

按 JJG 443—2006 中附录 A.1.4 的规定进行，加油机在加油过程中当油路突然关闭时，体积示值误差和付费金额误差应符合 4.1.1.5 的要求。

5.3.8 防欺骗检查

将专用 POS 机与报税接口连接，读取加油机中的监控微处理器和编码器的序列号，并记录。

5.3.9 掉电保护和复显试验

5.3.9.1 试验设备

分度值为 0.1 s 的秒表。

5.3.9.2 试验方法

启动加油机使计控主板指示装置计数，切断电源，观察指示装置显示数值的时间。重新上电后，检查税控存储器中存储税务数据的完整性。其结果应符合 4.1.14 的要求。

5.3.10 计量稳定性试验

按 JJG 443—2006 中附录 A.1.7 的规定进行，以确定加油机长期工作计量的稳定性，其结果应符合 4.1.7 的要求。

5.3.11 噪声检测

测试仪器设备和检测方法按 GB/T 3768—1996 的规定进行，其结果应符合 4.1.6 的要求。

5.3.12 功能试验

5.3.12.1 通则

税控功能按下面要求进行检验，IC 卡加油、油气回收等功能按相应的标准进行检验。

5.3.12.2 税控累计数检查

检查税控存储器中加油量总累计数、金额总累计数能否更改和清零。其结果应符合 4.1.15.2 中 b)的要求。

5.3.12.3 标记检查

检查已加油量的标记情况，其结果应符合 4.1.15.2 中 c)的要求。

5.3.12.4 锁定功能检测

通过切断编码器与计控主板之间的信号通道，检查加油机的工作状态，其结果应符合 4.1.15.2 中 e)的要求。

5.3.12.5 防欺骗功能检测

防欺骗功能检测方法如下：

——更换不能与编码器进行相互验证的计控主板，进行加油，其结果应符合 4.2.2.1 的要求；

——更换不能与计控主板进行相互验证的编码器，进行加油，其结果应符合 4.2.2.1 的要求；

——更换未初始化的计控主板，进行加油，其结果应符合 4.2.2.2 的要求；

——更换偏离正常脉冲当量±0.6%的计量微处理器，其结果应符合 4.2.2.3 的要求。

5.3.13 防爆性能检查

检查整机防爆合格证和检测报告及相关附件，对照检查整机使用的防爆电气元器件是否与已经批准的防爆资料一致，其结果应符合 4.1.8 的要求。

5.3.14 环境适应性试验

5.3.14.1 通则

加油机应进行以下三项环境试验，其中 5.3.14.2 和 5.3.14.3 两项应进行实液试验，5.3.14.4 可进行计控主板部件的试验；加油机不应因进行了上述规定的试验而变得危险或不安全。

5.3.14.2 低温试验

按 JJG 443—2006 中 A.1.8.1 的规定进行，温度为−25 ℃的环境下，持续时间 2 h，其结果应符合 4.1.4 和 4.1.1.4 的要求。

5.3.14.3 高温试验

按 JJG 443—2006 中 A.1.8.2 的规定进行，温度为 55 ℃的环境下，持续时间 2 h，其结果应符合 4.1.4和 4.1.1.4 的要求。

5.3.14.4 交变湿热试验

按 JJG 443—2006 中 A.1.8.3 的规定进行，温度 25 ℃～55 ℃、相对湿度 95%、温度循环变化的湿热环境中，持续时间 24 h，其结果应符合 4.1.4 的要求。

5.3.15 电气安全

5.3.15.1 接地端子

接地端子的耐腐蚀性按 GB 4943—2001 中 2.6.5.6 的规定进行检查，结果应符合 4.1.10 中 c)的要求。

5.3.15.2 连接电阻

保护接地端子或接地接触件与需要接地的零部件之间的连接电阻按 GB 4943—2001 中 2.6.3 的规定进行检测，结果应符合 4.1.10 中 d)的要求。

5.3.15.3 接触电流

接触电流按 GB 4943—2001 中 5.1 的规定进行检测，结果应符合 4.1.10 中 a)的要求。

5.3.15.4 抗电强度试验

按 GB 4943—2001 中 5.2 的规定进行检测，结果应符合 4.1.10 中 b)的要求。

5.3.15.5 导静电性能

用欧姆表测量油枪口对地的电阻值，其结果应符合 4.1.10 中 e)的要求。

5.3.16 电源适应能力试验

按 JJG 443—2006 中 A.1.8.9 规定进行。试验过程中和试验后加油机能正常工作，其结果应符合 4.1.11 的要求。

5.3.17 电磁兼容性试验

5.3.17.1 静电放电抗扰度试验

按 JJG 443—2006 中 A.1.10.1 的规定进行，试验过程中和试验后应符合 4.1.13.1a)和 b)的要求。

5.3.17.2 射频电磁场辐射抗扰度试验

按 JJG 443—2006 中 A.1.10.2 的规定进行，试验过程中和试验后应符合 4.1.13.1a)和 b)的要求。

5.3.17.3 电快速瞬变脉冲群抗扰度试验

按 JJG 443—2006 中 A.1.10.3 的规定进行，试验过程中和试验后应符合 4.1.13.1a)和 b)的要求。

5.3.17.4 电压暂降、短时中断和电压变化抗扰度试验

按 JJG 443—2006 中 A.1.10.4 的规定进行，试验过程中和试验后应符合 4.1.13.1a)和 b)的要求。

5.3.17.5 浪涌(冲击)抗扰度试验

按 JJG 443—2006 中 A.1.10.5 的规定进行，试验过程中和试验后应符合 4.1.13.1a)和 b)的要求。

5.3.18 运输适应性试验

将检验合格的加油机置于包装运输条件下，采用卡车运输试验，试验路面配置应按 JTG B01—2003 的规定，即二级公路 200 km，三级公路 100 km，车速为 30 km/h～40 km/h；也可将加油机安放在振动台上做模拟试验。试验后，开箱检验各零部件有无松动和损坏现象，然后按 5.3.1～5.3.4 的规定进行逐项检查，其结果应符合 4.1.9、4.1.2 和 4.1.1.4 的要求。

5.4 部件性能试验

5.4.1 流量测量变换器

5.4.1.1 结构与外观检查

目测检查流量测量变换器的外观、结构和铭牌，其结果应符合 4.2.1.1～4.2.1.3 的要求。

5.4.1.2.2 示值误差试验

5.4.1.2.1 在流量测量变换器的专用试验台上，将流量测量变换器的流量调至70%～100%最大流量范围内运转不少于5 min，检查流量测量变换器运转正常后，再进行示值误差试验。

5.4.1.2.2 示值误差试验按5.3.4的规定进行；流量测量变换器型式试验时，每个流量点检测点至少检测6次，并按JJG 443—2006中公式(A.5)～公式(A.11)计算其示值误差和重复性误差，其结果应符合4.2.1.4的要求。

5.4.1.2.3 对于定型后稳定生产的流量测量变换器，出厂检验时，流量试验点可在最大流量Q_{max}、最大流量Q_{max}×40%和最小流量Q_{min}三点进行，每点各测三次，其示值误差和重复性的计算方法按5.3.4.5进行，其示值误差和重复性应符合4.2.1.4的要求。

5.4.1.2.4 流量测量变换器的示值误差试验要逐台进行。

5.4.1.3 耐油压试验

5.4.1.3.1 试验设备包括油泵、电机、压力表、阀等的专用试验台。

5.4.1.3.2 将流量测量变换器出口阀关闭，由流量测量变换器进口通入泵出口压力1.5倍的压力，待压力稳定后保持3 min，壳体及各密封结合面应无渗漏现象。

5.4.1.4 计量稳定性试验

按JJG 443—2006中附录A.2.2的规定进行试验，其最大允许误差和测量重复性应符合4.2.1.9的要求。

5.4.2 油气分离器

5.4.2.1 耐压试验

向油气分离器通入泵出口压力1.5倍的压力，待压力稳定后保持3 min，观察壳体及各密封面应无渗漏现象。

5.4.2.2 性能试验

5.4.2.2.1 按JJG 443—2006中附录A.1.5的规定进行油气分离试验，保证分离器具有良好的油气分离能力，并应符合4.2.5.2中的要求。

5.4.2.2.2 按5.3.3的规定进行流量试验，其结果应符合4.2.5.1的要求。

5.4.3 泵

5.4.3.1 耐压试验

由泵进油口通入泵出口压力1.5倍的压力，待压力稳定后保持3 min，壳体及各密封结合面应无渗漏现象。

5.4.3.2 进油口真空度试验

5.4.3.2.1 试验仪器设备包括抽真空试验台及真空表。

5.4.3.2.2 试验时将真空表接在泵的进油口处，启动电机待进油后关闭阀门，当真空表稳定后读取真空度示值。真空度示值应符合4.2.6中b)的要求。

5.4.3.3 出油口压力试验

5.4.3.3.1 试验仪器为压力表。

5.4.3.3.2 试验时将压力表接在出油口处，启动电机带动泵工作，观察压力表指示值；同时调整泵的变量机构，使压力表指示值符合4.2.6中b)的要求。

5.4.3.4 流量试验

按5.3.3的规定进行流量试验，其结果应符合4.2.6中a)的要求。

5.4.3.5 噪声检测

按5.3.11规定的进行，其结果应符合4.2.6中d)的要求。

5.4.4 输油软管试验

5.4.4.1 软管内容积变化试验

按 JJG 443—2006 中附录 A.1.6 的规定进行，其结果应符合 4.2.7 中 a)～d)的要求。

5.4.4.2 导电性能试验

按 GB 10543—2003 中 11.2 或 11.3 的规定进行检测，其结果应符合 4.2.7 中 e)的要求。

5.4.5 油枪试验

5.4.5.1 按 5.3.3 的规定进行流量试验，其结果应符合 4.2.9 中 b)的要求。

5.4.5.2 耐油压试验：将油枪出口阀门关闭，在加油机工作压力下，观察各密封结合面无渗漏现象。其结果应符合 4.2.9 中 a)的要求。

5.4.5.3 油枪试验可与整机运转试验同时进行。

6 检验规则

6.1 型式检验

6.1.1 加油机及其主要组成部件，凡属下列情况之一时，应进行型式检验：

——新产品定型投产前；

——产品的设计、工艺和使用材料有重大改变时；

——产品停产一年以上，恢复生产时。

6.1.2 型式检验项目整机检验按表 1，部件检验按表 2。

6.2 出厂检验

6.2.1 出厂检验应逐台进行。

6.2.2 出厂检验项目整机检验按表 1，部件检验按表 2。

6.2.3 出厂产品应附有产品合格证和使用维护说明书，并附带一定的附件和易损备件。

6.2.4 使用维护说明书的编写应符合 GB 9969.1 的规定。

6.3 判定规则

6.3.1 加油机经出厂检验项目检验，均符合本标准及相关技术条件的要求，则认为产品合格。

6.3.2 加油机经型式检验项目检验，均符合本标准及相关技术条件的要求，则认为样机产品合格。

7 标志、封印、包装、运输和贮存

7.1 标志

7.1.1 整机和各防爆电气部件应在明显位置固定铭牌，铭牌字迹应清晰无误，并保证在加油机使用期间不脱落。

7.1.2 整机铭牌的内容应包括：

——制造厂名；

——产品名称及型号；

——制造年、月；

——出厂编号；

——流量范围；

——最大允许误差；

——最小被测量；

——电源电压；

——整机防爆合格证编号及防爆标志；

——CMC 标志及制造计量器具许可证编号。

7.1.3 各防爆电气设备铭牌的内容及标志应按 GB 3836.1 的要求。

7.2 封印

经出厂检验合格的加油机，应同时在下列两个位置加以封印：

a) 流量测量变换器的机械调整装置处；

b) 编码器与流量测量变换器之间。

7.3 包装

7.3.1 加油机的包装应能防雨，且按国家铁路、公路运输规定的运输过程中，应避免加油机的损坏。

7.3.2 包装箱上的文字、标志应清晰、整齐，内容包括：

——发货站及制造厂名；

——收货站及收货单位名称；

——产品名称、型号、规格；

——净质量及毛质量；

——包装箱外型尺寸；

——在包装箱适当位置应按 GB/T 191—2008 的规定，标注“怕雨”和“向上”等标志；

——在包装箱外壁适当位置应标注 CMC 标志及制造计量器具许可证编号。

7.4 运输

运输吊运过程中，包装箱的倾斜度不应超过 30°。

7.5 贮存

包装或未包装的加油机应放置在干燥通风并有遮盖的场所，加油机贮存场所不应有腐蚀金属的有害气体。

ICS 25.140.20
K 64

中华人民共和国国家标准

GB/T 9088—2008
代替 GB/T 9088—1988

电动工具型号编制方法

Organization method for electric tools

2008-04-24 发布 2008-12-01 实施

中华人民共和国国家质量监督检验检疫总局
中国国家标准化管理委员会 发布

前 言

本标准自实施之日起代替 GB/T 9088—1988《电动工具型号编制方法》。

本标准与 GB/T 9088—1988 相比主要技术修改包括：

在表 1 电动工具的大类和品名中删除了铁道类，增加园艺类；在金属切削类增加往复锯、坡口机、曲线锯、斜切割组合锯；在砂磨类增加模具电磨、台式砂轮机、直向盘式砂轮机、立式盘式砂轮机、往复砂光机或抛光机、无轨道不规则作圆周运动砂光机或抛光机；装配类增加冲击扳手；林木类增加插入式圆锯、厚度刨、摇臂锯、平刨；农牧类删除电动修草机、电动割草机；建筑道路类增加金刚石钻、插入式混凝土振动器、枕木电镐、附着式混凝土振动器、石材切割机、带水源的金刚石钻；矿山类增加煤钻；园艺类增加草剪、剪刀型草剪、截枝机、修枝剪、草坪修剪机、草坪修边机、草坪边缘修边机、草坪松砂机、草坪割草机、遮覆式割草机、步行控制的割草机、转盘式割草机、镰刀杆式割草机、连枷式割草机、悬浮式割草机、手持式园艺用吹屑机、手持式园艺用吹吸两用机、手持式园艺用吸屑机、滚筒式割草机、草坪松土机；其他类增加捆扎机、除锈机、胸骨锯。

删除第 3 章本标准列入的电动工具产品及组件，设计单位可按本标准的编制原则提出建议型号，向型号管理单位申请。更改为：3.3“本标准未列入的电动工具产品及组件的型号编制，设计单位可参考本标准实施”

由于现行隶属关系和行政关系的变化，GB/T 9088—1988 附录 A 中 A.1 修改为“全国电动工具标准化技术委员会负责全国电动工具型号的管理工作”。

本标准附录 A 为资料性附录

本标准由中国电器工业协会提出。

本标准由全国电动工具标准化技术委员会(SAC/TC 68)归口并负责解释。

本标准由上海电动工具研究所负责起草。

本标准主要起草人：金铁、刘江、李邦协

本标准制定于 1998 年，本次修订为第一次修订。

电动工具型号编制方法

1 范围

本标准规定了手持式和可移动式电动工具(以下简称工具)及其组件的型号编制原则。凡属电动工具及其组件的型号,需按本标准附录A(资料性附录)电动工具型号申请办法的规定,由设计单位向电动工具型号管理单位申请,经颁发后方始有效。

2 定义

2.1 电动工具产品型号编制方法

电动工具产品的型号组成如下:

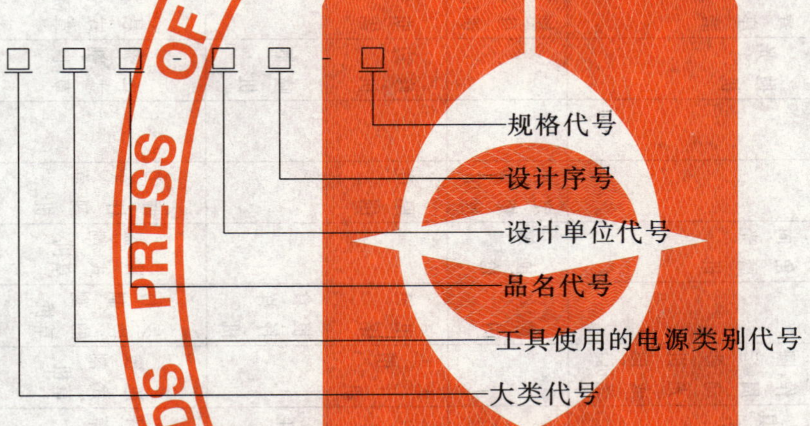

2.1.1 大类代号及品名代号各用一位汉语拼音字母表示,见表1。该字母根据下述原则选出:

a) 尽量采用对象的有代表性的汉语拼音的第一个字母;

b) 如果按上条选用,发生不同产品的大类代号和品名代号都相同时,则采用其他字母。

表 1　电动工具的大类和品名

大类		品名代号																									
名称	代号	A	B	C	D	E	F	G	H	I	J	K	L	M	N	O	P	Q	R	S	T	U	V	W	X	Y	Z
金属切削	J	电绞刀		磁座钻	多用工具		刀锯	型材切割机	电冲剪		电剪刀	电刮刀	往复锯	坡口机			焊缝坡口机	套丝机	双刃剪	攻丝机	带锯	锯管机			斜切割机	斜切割组合锯	电钻
砂磨类	S	盘式砂光机	摆动式砂光机	车床电磨		台式砂轮机	直向盘式砂光机	立式盘式砂轮机	往复砂光机或抛光机		模具电磨	无轨道不规则作圆周运动砂光机或抛光机		角向磨光机			抛光机	汽门座电磨		砂轮机	带式砂光机						
装配类	P		电扳手		定扭矩电扳手			自攻螺丝刀					螺丝刀	拉铆枪	定扭矩螺丝刀			铆螺母拉铆枪			钉钉机	墙板螺丝刀					胀管机
林木类	M	木工带锯	电刨	电插	木工多用工具	修枝机	碎枝机	木工铲刮机			木工车床	木工开槽机	电链锯		厚度刨		修边机	曲线锯	电木铣	木工刃磨机	木工钉钉机	摇臂锯	平刨		木工斜切机	电圆锯	木钻
农牧类	N	采茶剪									剪毛机		粮食扦样机				喷洒机				修蹄机						
园艺类	Y	草剪	剪刀型草剪		修枝剪	草坪修整机	草坪修边机		草坪松砂机		草坪割草机	遮覆式割草机	步行控制的割草机	转盘式割草机	镰刀杆式割草机		连枷式割草机	悬浮式割草机	手持式园艺用吹屑机	手持式园艺用吹吸两用机	手持式园艺用吸屑机	滚筒式割草机		草坪松土机			

表 1(续)

大类		品名代号																									
名称	代号	A	B	C	D	E	F	G	H	I	J	K	L	M	N	O	P	Q	R	S	T	U	V	W	X	Y	Z
建筑道路类	Z	锤钻	地板抛光机	电锤	混凝土振动器	石材切割机	金钢石锯	电镐	夯实机	金刚石钻	冲击电钻		铆胀螺栓扳手	混式磨光机	插入式混凝土振动器		枕木电镐	钢筋切断机	开槽机	地板砂光机	套丝机	附着式混凝土振动器		弯管机		铲刮机	混凝土钻机
矿山类	K																							煤钻		岩石电钻	凿岩机
其他类	Q	塑料电焊枪	热风枪	裁布机	家用水泵	气泵	吹风机	管道清洗机	卷花机	捆扎机	石膏剪	雕刻机	打蜡机	千斤顶	往复式雕刻机	除锈机	电喷枪	水池清洗机	碎纸机	石膏锯	地毯剪	胸骨锯		清洗机	吸枝机	牙钻	骨钻

注:本表所列基本上属一般手持式工具,对某些特殊结构及功能的产品可增加第四个字母以示区别。即:可移式工具加“T”、软轴式工具加“R”,电子调速工具则加“E”。

2.1.2 工具使用的电源类别代号见表2。

表2 电源类别代号

工具使用的电源类别	代号
直流	0
单相交流 50 Hz	1
三相交流 200 Hz	2
三相交流 50 Hz	3
三相交流 400 Hz	4
三相交流 150 Hz	5
三相交流 300 Hz	6

2.1.3 适用于多种电源的工具，电源类别中的各种电源代号均应列出。

设计单位代号一般由设计单位名称的汉语拼音字头组成。

2.1.4 设计序号用数字表示。第一次设计的产品可省略此项。

同品种、同规格产品的再设计，如果外形、性能、结构、技术指标等方面有显著改进和提高的产品可标以新的设计序号。

设计序号仅表示产品的设计先后，并不反映产品的结构和产品水平的高低。

设计序号的改变需与新产品型号一样经申请，颁发后方始有效。

2.1.5 规格代号一般用来表示该产品的主参数，用数字表示。

a) 主参数为一项数字，即以该项数字表示。例如电钻按其能在钢上钻孔的最大公称直径6、10、……表示，圆锯按其所装用的锯片公称直径200、300、……表示；

b) 主参数为多项数字时，各项数字间用乘号相连表示。例如电刨，按其刀片宽度和最大刨削深度表示，刀片宽度为80 mm，最大刨削深度为2 mm，则应表示为80×2；

c) 主参数为一项数字，但在不同条件下数值不相同又必须列出者，在规格代号中可同时列出，各数值间用斜线分开。例如双速电钻按其主轴在不同额定转速时最大钻孔直径表示，高速时为10 mm，低速时为13 mm，则与转速相应的表示为10/13；

d) 具有多种功能的工具，按其主要功能的主参数表示。例如冲击电钻只表示在轻质混凝土或砖上钻孔的最大直径10、12、……表示。

型别代号为规格代号的一个组成部分，列于规格代号的最后，符号由各个产品的产品标准（国家标准、行业标准）规定。

2.1.6 产品型号示例

a) 最大钻孔直径为13mm的A型电钻，使用电源为单相交流50 Hz，该产品由××制造商设计。

型号为：

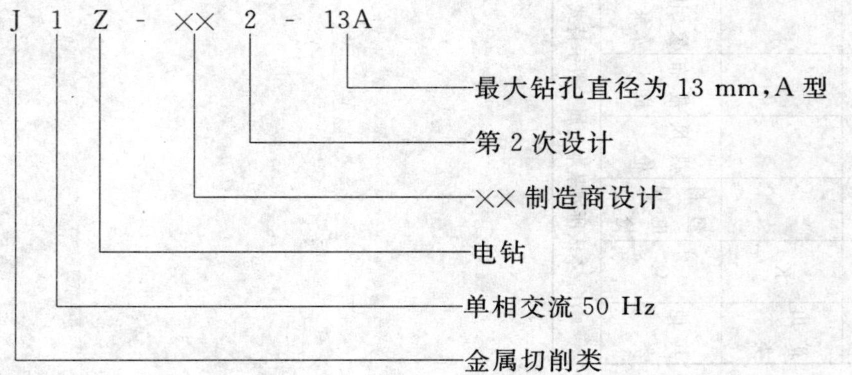

b) 砂盘为 150 mm 的三相 200 Hz 盘式砂光机，由制造商自行设计，该规格是该制造商第 1 次设计的产品。

型号为：

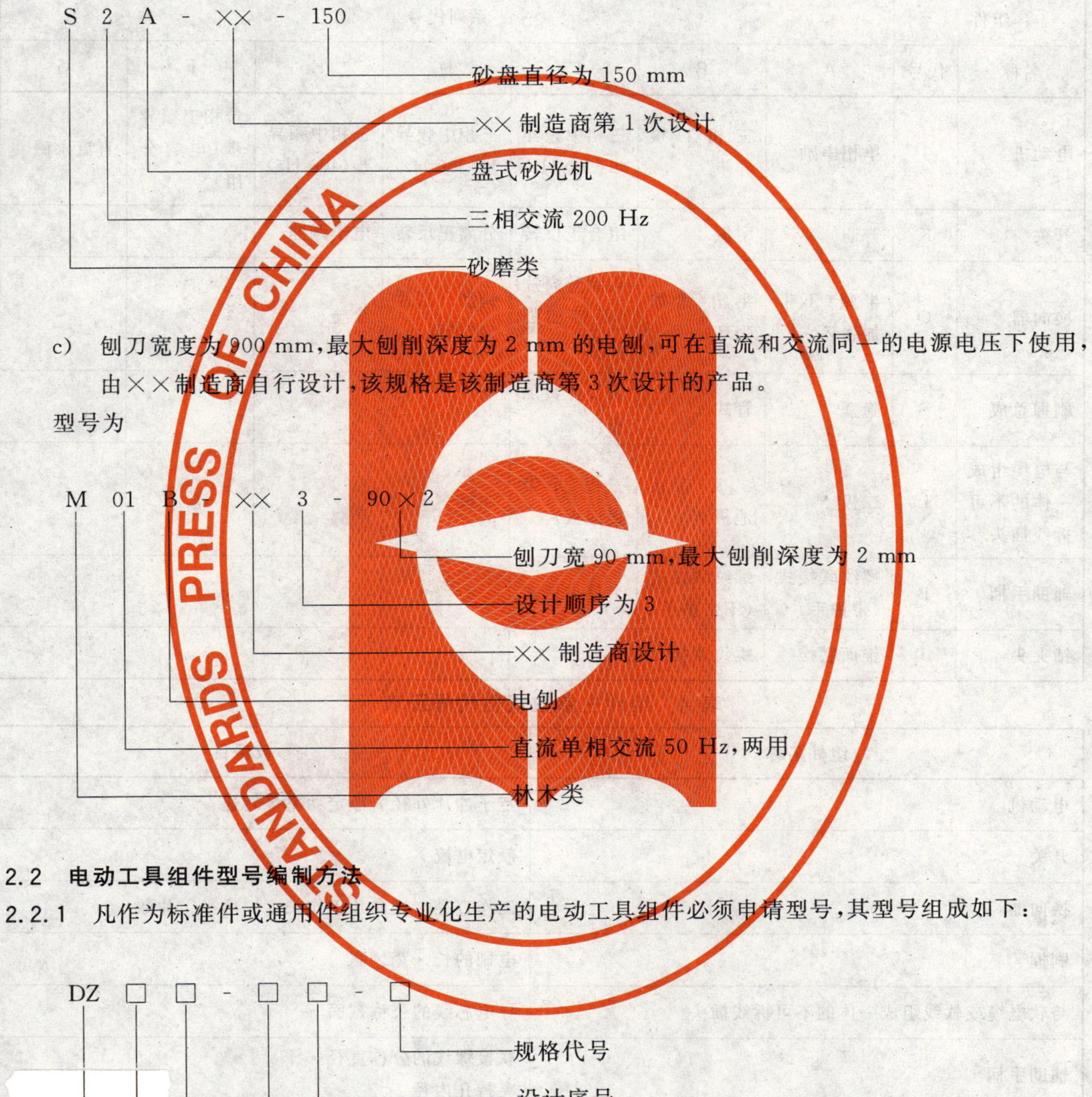

c) 刨刀宽度为 900 mm，最大刨削深度为 2 mm 的电刨，可在直流和交流同一的电源电压下使用，由××制造商自行设计，该规格是该制造商第 3 次设计的产品。

型号为

2.2 电动工具组件型号编制方法

2.2.1 凡作为标准件或通用件组织专业化生产的电动工具组件必须申请型号，其型号组成如下：

DZ □ □ - □ □ - □

- □ 规格代号
- □ 设计序号
- □ 设计单位代号
- □ 系列代号
- □ 组件名称代号
- DZ 电动工具组件

2.2.2 组件名称及系列代号见表 3。

2.2.3 组件主参数规格代号及表示见表4。

2.2.4 设计单位代号规定同3.1.4。

2.2.5 设计序号的编排方法同3.1.5。

表3 组件名称及系列代号

组件		系列代号						
名称	代号	A	B	C	D	E	F	G
电动机	J	单相串励	三相工频异步	三相中频异步(200 Hz)	三相中频异步(300 Hz)	三相中频异步(400 Hz)	单相工频异步(电容分组)	直流永磁
开关	K	普通	耐振	组合正反转	分离正反转	电子调速		
换向器	Q	半塑(不带加强环)	半塑(带加强环)	钩型升高片(不带加强环)	钩型升高片(带加强环)	全塑		
刷握总成	S	隐盒	管式	涡型弹簧加压片				
与电缆组成一体的不可拆线插头	L	二极	二极(带接地极)	三极(不带接地板)	四极			
辅助手柄	B	螺纹联接式(带护手)	螺纹联接式(不带护手)	卡箍夹持式				
钻夹头	T	锥面联接	螺纹联接					

表4 组件主参数规格代号及表示

组件名称	主参数项目
电动机	定子冲片外径×额定功率×转速
开关	额定电流
换向器	工作直径×换向片工作长度×内径×片数
刷握	电刷的长×宽×高
与软电缆或软线组成一体的不可拆线插头	导电芯线的公称截面
辅助手柄	联接螺纹的公称直径 夹持孔内径
钻夹头	能夹持的最大钻头公称直径
接插件	额定电流

2.2.6 电动工具组件型号示例

a) 电动工具用单相串励电动机额定输出功率200 W,额定负载转速15 000 r/min,定子冲片外径56 mm,第1次设计。

型号为：

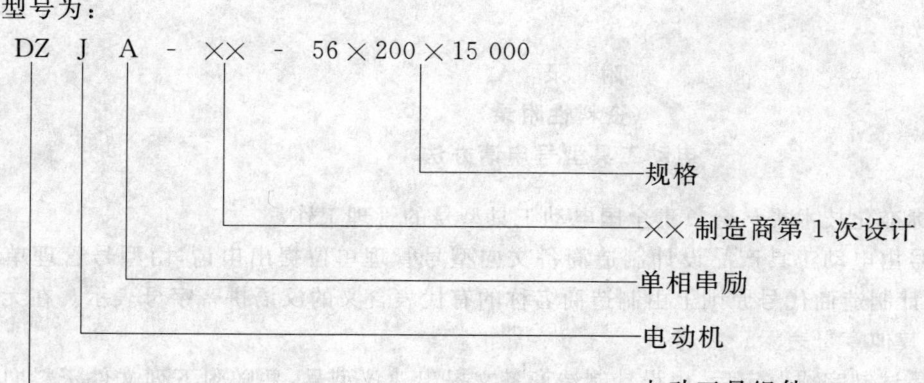

b) 电动工具用普通开关、额定电流4A，××制造商第2次设计。

型号为：

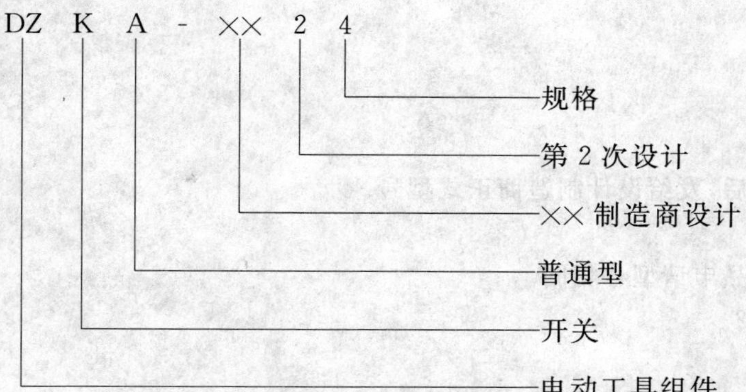

c) 电动工具用螺纹联接钻夹头，能夹持的最大钻头公称直径为13 mm，为××制造商设计，该规格是该制造商第3次设计的产品。

2.3 制造商未涉及产品型号及组件型号的编制

本标准未列入电动工具的产品及组件的型号编制，设计制造商可参考本标准实施。

附 录 A
（资料性附录）
电动工具型号申请办法

A.1 全国电动工具标准化技术委员会负责全国电动工具型号的管理工作。

A.2 设计制造商代号由电动工具产品设计制造商备文向型号管理单位提出申请，由型号管理单位根据申请统一颁发。设计制造商代号原则上由制造商名称的有代表含义的汉语拼音字母表示。在无法按上述原则选出时可用其他字母表示。

A.3 电动工具新产品试制完成鉴定后，由设计制造商备文提出建议型号，并随附下列文件资料向全国电动工具标准化技术委员会申请产品正式型号：

a) 产品标准；
b) 总装图；
c) 使用维护说明书；
d) 型式试验报告；
e) 产品型号申请卡一式二份。

A.4 电动工具型号管理单位审核同意后，发给设计制造商正式型号。

A.5 型号只发给设计单位。

A.6 更改型号或设计序号手续与新产品申请型号相同。

A.7 型号申请卡格式见图 A.1、图 A.2。

电动工具型号申请卡

申请制造商编号：________________

颁发单位编号：________________

申请制造商：________________

产品照片	产品名称
	产品规格
	建议型号
	颁发型号

图 A.1　型号申请卡格式（正面）

<table>
<tr><td colspan="3">简要说明：
（类别、结构、性能、用途）</td></tr>
<tr><td colspan="2">申请日期：　年　月　日</td><td>颁发日期：　年　月　日</td></tr>
<tr><td colspan="2">申请单位(盖章)</td><td>颁发单位(盖章)</td></tr>
<tr><td>备注</td><td colspan="2"></td></tr>
</table>

图 A.2　型号申请卡格式(背面)

ICS 29.020
K 04

中华人民共和国国家标准

GB/T 9089.1—2008/IEC 60621-1:1987
代替 GB/T 9089.1—1988

户外严酷条件下的电气设施
第1部分:范围和定义

**Electrical installations for outdoor sites under heavy conditions—
Part 1: Scope and definitions**

(IEC 60621-1:1987,IDT)

2008-06-18 发布　　2009-03-01 实施

中华人民共和国国家质量监督检验检疫总局
中国国家标准化管理委员会　发布

前言

GB 9089《户外严酷条件下的电气设施》分为如下几个部分：

——第1部分：范围和定义；

——第2部分：一般防护要求；

——第3部分：设备及附件的一般要求；

——第4部分：装置要求；

——第5部分：操作要求。

本部分为GB 9089系列标准的第1部分，等同采用IEC 60621-1:1987《户外严酷条件下(包括露天矿和采石场)的电气设施　第1部分：范围和定义》(英文版)。

按照GB/T 1.1—2000和GB/T 20000.2—2001的规定，对IEC 60621-1的内容，做了如下编辑性修改：

——删除了国际标准的前言；

——“本标准”改为“本部分”。

本部分是对GB/T 9089.1—1988《严酷条件下户外场所电气设施　术语和定义》的修订。

本部分与GB/T 9089.1—1988相比，在文字上有部分改动，一些章条有增加及修订，涉及到的主要差异如下：

——将原标准名称“严酷条件下户外场所电气设施　术语和定义”修改为“户外严酷条件下的电气设施　第1部分：范围和定义”；

——将本部分的术语、定义与GB 7251系列标准在翻译上保持一致，以便低压成套设备行业的使用。例如将以下GB/T 9089.1—1988中定义的术语进行了修改：

外露→裸露(exposed)，导电部分→导电部件(conductive part)，阻挡物→屏障(obstacle)；

——取消对“过电流”、“过载电流”、“短路电流”、“电气独立接地极”、“布线系统”、“安全特低电压”的定义；

——增加了“TN系统”、“TT系统”、“IT系统”、“电缆的防护层”、“架空线”的定义，并增加“中文索引”和“英文索引”。

本部分代替GB/T 9089.1—1988《严酷条件下户外场所电气设施　术语和定义》。

本部分由中国电器工业协会提出。

本部分由全国低压成套开关设备和控制设备标准化技术委员会归口。

本部分起草单位：天津电气传动设计研究所、天津天传电控配电有限公司、北京中煤电气有限公司、临海市耀明电力设备有限公司、北京国电康能科技有限公司。

本部分主要起草人：俞秀文、欧惠安、贺玉德、罗正阳、李志宏。

本部分所替代标准的历次版本发布情况为：

——GB/T 9089.1—1988。

户外严酷条件下的电气设施
第1部分:范围和定义

1 范围

本系列标准适用于户外严酷条件下(包括露天矿、采石场、存料场和类似场所)的电气设备和系统的运行和安装,特别适用于以下电气设备和系统:

a) 采掘、堆取和初加工机械;

b) 二次加工机械;

c) 输送系统;

d) 排水和供水系统;

e) 可移动式铁路系统;

f) 固定铁路系统(仅指运行);

g) 电动卡车;

h) 发电和配电设备;

i) 控制、监测、信号、通信系统;

j) 辅助设备。

本系列标准不适用于暂时或临时的露天工作场地,例如:建筑和运土场所,除非所使用的设备类似于地面采矿设备。

本系列标准的目的是对电气设备和系统的安装和运行提出指导原则。以确保人、畜和设备的安全和保证设备的正常运行。

2 规范性引用文件

下列文件中的条款通过GB/T 9089的本部分的引用而成为本部分的条款。凡是注日期的引用文件,其随后所有的修改单(不包括勘误的内容)或修订版均不适用于本部分,然而,鼓励根据本部分达成协议的各方研究是否可使用这些文件的最新版本。凡是不注日期的引用文件,其最新版本适用于本部分。

GB/T 9089.2—2008 户外严酷条件下的电气设施 第2部分:一般防护要求(IEC 60621-2:1987,MOD)

3 术语和定义

下列定义适用于本系列标准。从IEC 60050出版物:国际电工词汇获得的术语定义,用IEV代号来标注,例如:IEV ×××-××-××。

其他引用术语的定义从IEC 60050出版物及相关IEC出版物获得。

在下列定义中,术语“安全”和“防护”解释如下:

a) 术语“安全”的概念是广义的,它包括对人、畜、财产的安全,其中财产安全又包括那些依赖于供电连续性的场合。

b) 术语“防护”的概念也是广义的,它包括为达到人、畜和设备的安全目的所采用的防护措施,以及实施这些防护措施所使用的工具、设备。

3.1

露天矿 open-cut mine

采掘诸如煤、铝钒土、铁矿等物料或矿物的露天场地。

3.2

采石场 quarry

采掘诸如石灰石、石子、黏土等物料的露天场地。

3.3

电气设施 electrical installation

为实现一个或若干特定目的且具有互相协调特性的电气设备的组合。

3.4

电气设备 electrical equipment

用于发电、变电、输电、配电或用电的任何产品，例如电机、变压器、电器、测量仪表、保护装置、布线系统和用电器具等。 (IEV 826-07-01)

3.5

(正常)操作区域 (normal)operating area

操作人员正常履行职责时可进入的高水平直接接触防护的电气区域。

注：这个区域要求的直接接触防护等级见 GB/T 9089.2 第4章。

3.6

电气操作区域 electrical operating area

只有打开门或移开遮拦才能进入的中等水平直接接触防护的电气区域。这个区域应设置清楚易见的标志。

注：同第3.5条注。

3.7

封闭的电气操作区域 closed electrical operating area

只有使用工具或钥匙才能进入的或者实现了联锁措施的低水平直接接触防护的电气区域。这个区域应设置清楚易见的标志。

注：同第3.5条注。

3.8

普通人员 ordinary persons

未经过规定的训练或缺乏经验，不能预防可能产生的电气危险的人员。

3.9

指定人员 instructed persons

在专业人员指导和管理下，能够预防可能产生的电气危险的人员。

3.10

专业人员 skilled persons

具有规定的技术知识或足够经验，能够预防可能产生电气危险的人员。

3.11

采掘和堆取机械 winning and stacking machinery

用于从地面剥离、开采、挖掘或堆积物料的机械。这些机械可以根据操作要求而变动其位置。它们包括：

a) 挖掘机：包括斗轮挖掘机、斗链挖掘机、拉铲挖掘机、单斗挖掘机及其他挖掘机。物料的复拌机、装载机等；

b) 排土机和堆取料机；

c） 移动式输送桥；

d） 移动式输送机，包括自动倾卸车；

e） 装载站，包括料斗和料仓；

f） 浮式挖泥船；

g） 移动式钻机。

3.12

输送系统　transport conveying system

用于从一个位置到另一个位置连续地搬运物料的可移动式或固定式机械。它包括：

a） 皮带输送机；

b） 链式输送机；

c） 斗式输送机；

d） 桨板式或刮板式输送机；

e） 螺旋输送机；

f） 水力或气动输送系统。

3.13

初加工机械　primary processing machinery

经采掘所得物料在运到二次加工或使用场地之前进行加工所需的机械。

3.14

二次加工机械　secondary processing machinery

把从地下取得的物料运至远离露天矿或采石场之后进行加工所需的机械。

3.15

电动卡车　haulage truck

用以运输物料的，通常带有橡胶轮胎的电动车。它可以具有内装电源，或者具有外部电源。

3.16

便携式设备　portable apparatus

使用时通常握在手里或者可由人携带的设备或设备组合。

3.17

可迁移式设备　mobile apparatus

太重不便携带，但在使用时不切断电源能够移动的设备或设备组合。

3.18

可移动式设备　movable apparatus

太重不便携带，但在切断电源的条件下能够移动的设备或设备组合。

3.19

固定式设备　fixed apparatus

安装在一个确定的地点上，通常不可移动的设备或设备组合。

3.20

内装电源　self-contained power supply

与用电设备装在同一结构内的电源。

3.21

外部电源　external power supply

与用电设备不装在同一结构内的电源。

3.22

TN 系统　TN system

电源系统有接地点直接接地，并且电气设备裸露导电部件通过保护导体连接到此接地点。

注：更多的资料见 GB/T 9089.2。

3.23

TT 系统　TT system

电源系统接地点与电气设备裸露导电部件分别直接接地。

注：同第 3.22 条注。

3.24

IT 系统　IT system

电源系统的接地点不接地，或通过阻抗(电阻或电抗)接地，电气设备裸露导电部件可以用同样的电阻或电抗连接到接地点。

注：同第 3.22 条注。

3.25

带电部件　live part

正常使用中用来传递电流的导体或导电部件，包括中性导体，但不包括 PEN 导体(中性保护导体)。

注：此术语不必考虑电击危险。　(IEV 826-03-01)

3.26

裸露导电部件　exposed conductive part

电气设备的一种可触及的导电部件，它通常不带电，但在故障情况下可能带电。

注：仅在故障条件下通过外部导电部件带电的，不看作是裸露导电部件。

3.27

外部导电部件　extraneous conductive part

不是电气设施的组成部分，但可能具有电位(通常是地电位)的导电部件。　(IEV 826-03-03)

3.28

直接接触　direct contact

人或牲畜与带电部件的接触。　(IEV 826-03-05)

3.29

间接接触　indirect contact

人或牲畜与故障情况下成为带电的裸露导电部件或外部导电部件的接触。

3.30

伸臂范围　arm's reach

从一个人经常站立或走动的面上任何一点算起，在没有他人或物件帮助的情况下，他的手在任何方向所能达到的极限为止的范围。　(IEV 826-03-11)

3.31

遮拦　barrier

能防止来自任一通常接近方向直接接触而设置的部件。　(IEV 826-03-13)

3.32

壳体　enclosure

能防止设备受到某些外界影响，并能防止任何方向的直接接触的部件。　(IEV 826-03-12)

3.33

屏障　obstacle

能防止无意的直接接触，但不能防止有意动作的部件。　(IEV 826-03-14)

3.34

保护系统和装置　protective systems and devices

由过载引起的过电流、故障电流或接地故障电流的情况下，用于防止危及人、畜和损坏设备的系统和装置。

3.35

故障电流　fault current

由绝缘损坏或绝缘丧失所引起的电流。

3.36

接地故障电流　earth fault current

由于绝缘损坏由相导体流向大地、保护导体或保护壳体等的电流。

3.37

泄漏电流(设施内的)　leakage current(in an installation)

在没有故障的情况下，流入大地或流入电路中外部导电部件的电流。

注：此电流可以含有由电容器产生的容性分量。　(IEV 826-03-08)

3.38

剩余电流　residual current

在电气设施的一点上，流经电路中全部带电导体的电流瞬时值的代数和。　(IEV 826-03-09)

3.39

接触电压　touch voltage

在绝缘丧失期间，可触及部件之间同时出现的电压。

注1：通常，该术语仅用在与直接接触防护有关的地方。

注2：有些情况下，接触电压值可能明显地受人体接触这些部件的阻抗影响。　(IEV 826-02-02)

3.40

预期接触电压　prospective touch voltage

电气设施中发生阻抗极低的故障时可能出现的最高接触电压。　(IEV 826-02-03)

3.41

约定接触电压极限　conventional touch voltage limit

U_L

在外部作用的规定条件下，允许长期保持的接触电压最大值。　(IEV 826-02-04)

3.42

保护导体　protective conductor

PE

为防止发生电击危险而与下列任一部件进行电气连接的一种导体：

——裸露导电部件；

——外部导电部件；

——主接地端子；

——接地电极；

——电源的接地点或人为中性点。　(IEV 826-04-05)

3.43

中性导体　neutral conductor

N

与系统的中性点连接，并能够传输电能的一种导体。　(IEV 826-01-03)

3.44

中性保护导体　PEN conductor

PEN

同时具有中性导体和保护导体功能的接地导体。

注：缩写 PEN 是由保护导体的符号 PE 和中性导体符号 N 组合而成。　(IEV 826-04-06)

3.45

等电位联结导体　equipotential bonding conductor

用于确保等电位联结的导体。　(IEV 826-04-10)

3.46

等电位联结　equipotential bonding

使各个裸露导电部件和外部导电部件实际上处于相等电位的电气联结。　(IEV 826-04-09)

3.47

可接地点　earthable point

如果系统接地，电源系统中可用来与大地进行电气连接的点。例如变压器或发电机电源系统的接地点。

注：可接地点可以是取决于电源系统类型的中性点。

3.48

接地导体　earthing conductor

将主接地端子或主接地排与接地极相连接的保护导体。　(IEV 826-04-07)

3.49

主接地端子　main earthing terminal

主接地排　main earthing bar

为将保护导体，包括等电位联结导体和功能接地导体(如果有)与接地部件相连接而设置的端子或接地排。　(IEV 826-04-08)

3.50

接地极　earth electrode

与大地紧密接触并与之形成电气联结的一个或一组可导电部件。　(IEV 826-04-02)

3.51

绝缘监测装置　insulation monitoring device

对地绝缘电阻下降时发出讯号的装置。

3.52

安全电路和装置　safety circuits and devices

用于防止在不正常和意外运行时危及人、畜和损坏设备的电路和装置，但不包括防备由于过载或故障电流造成的电击或热作用的电路和装置。

3.53

可移动式配电电缆　movable distribution cable

可按操作需要随时移动但不一定随机械移动的绝缘电缆。

3.54

卷绕电缆　drum cable

装在可迁移式设备上的电缆卷筒或转线盘中，可频繁卷进拉出的特制绝缘电缆。

3.55

拖曳电缆　trailing cable

由可迁移式设备牵拉的绝缘电缆。

3.56

电缆的防护层　armour

包覆电缆以防止外部机械作用所使用的金属带或线材形成的防护层。

3.57

架空线　overhead line

能保障维持地面以上最小距离的裸导体或绝缘导体的电力线。

3.58

架空配电线(馈电线)　overhead distribution line(feeder)

配电站和负载之间相互连接的架空线。

3.59

架空牵引(车)导线　overhead traction(trolley) wire

通过集电器或导电弓给车辆(例如机车)供电的裸露架空线。

3.60

架空牵引配电线(馈电线)　overhead traction distribution line(feeder)

电源和牵引导线之间互相连接的裸露或绝缘架空线。

3.61

架空集电器线　overhead collector wire

通过集电器给移动的设备(例如复拌机)供电的架空线。

3.62

连续工作制　continuous duty

在无规定期限的时间内基本处于恒载状态的工作制。

3.63

周期工作制　periodic duty

不论是恒载还是变载,总是规律地重复进行的工作制。

中 文 索 引

英 文 索 引

A

B

C

D

E

F

H

I

S

T

W

ICS 29.020
K 09

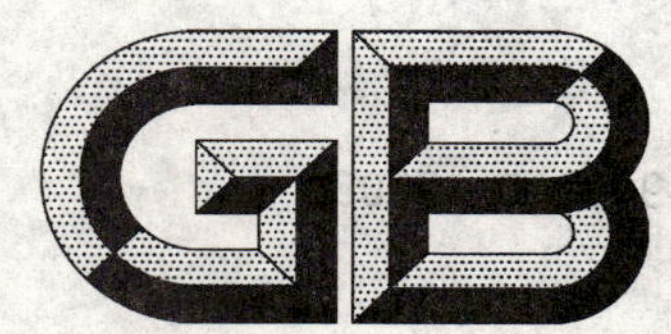

中华人民共和国国家标准

GB/T 9089.2—2008
代替 GB/T 9089.2—1988

户外严酷条件下的电气设施 第2部分：一般防护要求

Electrical installations for outdoor sites under heavy conditions—Part 2: General protection requirements

(IEC 60621-2:1987, MOD)

2008-06-18 发布 2009-03-01 实施

中华人民共和国国家质量监督检验检疫总局
中国国家标准化管理委员会 发布

前　言

GB/T 9089《户外严酷条件下的电气设施》分为如下几个部分：

——第1部分：范围和定义；

——第2部分：一般防护要求；

——第3部分：设备及附件的一般要求；

——第4部分：装置要求；

——第5部分：操作要求。

本部分为GB/T 9089系列标准的第2部分，修改采用IEC 60621-2：1987《户外严酷条件下（包括露天矿和采石场）的电气设施　第2部分：一般防护要求》（英文版）。

本部分是对GB/T 9089.2—1988《严酷条件下户外场所电气设施　一般防护要求》的修订。

本部分与GB/T 9089.2—1988相比，在文字上有部分改动，一些章条有增加及修订，涉及的主要差异如下：

——按照GB/T 1.1—2000和GB/T 20000.2—2001的规定，对GB/T 9089.2—1988内容进行重新编辑。

——将原标准名称"严酷条件下户外场所电气设施　一般防护要求"修改为"户外严酷条件下的电气设施　第2部分：一般防护要求"。

——将本部分的术语、定义与GB 7251系列标准在翻译上保持一致，以便成套设备行业的使用。例如将以下术语进行了修改：

外露→裸露（exposed），导电部分→导电部件（conductive part），阻挡物→屏障（obstacle）。

——将外壳改为壳体（enclosure）。

——表9保护导体最小截面积做了修改。

本部分的附录A为规范性附录。

本部分的附录B为资料性附录。

本部分代替GB/T 9089.2—1988《严酷条件下户外场所电气设施　一般防护要求》。

本部分由中国电器工业协会提出。

本部分由全国低压成套开关设备和控制设备标准化技术委员会归口。

本部分起草单位：天津电气传动设计研究所、深圳市奇辉电气有限公司、天津天传电控配电有限公司、西安中舰配电节能研究所、北京中煤电气有限公司、广东必达电器有限公司、国网武汉高压研究院、临海市耀明电力设备有限公司、北京国电康能科技有限公司。

本部分主要起草人：欧惠安、俞秀文、白宝均、王黎、李春杰、陈少华、刘晓军、李志宏、罗正阳、李峰、李达。

本部分所替代标准的历次版本发布情况为：

——GB/T 9089.2—1988。

户外严酷条件下的电气设施
第2部分:一般防护要求

1 范围

GB/T 9089的本部分规定了户外严酷条件下的电气设备和系统,在正常运行和故障情况下,确保人身安全免遭触电的直接接触防护和间接接触防护(交流)以及保护装置和系统的选择等要求。

本部分规定了户外严酷条件下(包括露天矿、采石场、存料场和类似场所),额定电压不仅为交流至1 000 V,而且适用于户外1 000 V至252 kV的所有电气设施。

对电压为1 000 V以下的装置,如果适用,可以遵循GB/T 16895.21中的要求。

注:户外严酷条件下电气设施的工作条件较为特殊,他们在开敞的场所工作,且担负了重载运输和堆栈任务。在这种场合下使用的电气设施具有如下特点:

——设备和系统要经常变动位置;

——工作场地面积较大且不断延伸;

——特殊环境的影响。

GB/T 9089.1的范围适用于本部分。

2 规范性引用文件

下列文件中的条款通过GB/T 9089的本部分的引用而成为本部分的条款。凡是注日期的引用文件,其随后所有的修改单(不包括勘误的内容)或修订版均不适用于本部分,然而,鼓励根据本部分达成协议的各方研究是否可使用这些文件的最新版本。凡是不注日期的引用文件,其最新版本适用于本部分。

GB 4208 外壳防护等级(IP代码)(GB 4208—2008,IEC 60529:2001,IDT)

GB/T 5582 高压电力设备外绝缘污秽等级(GB/T 5582—1993,neq IEC 60507:1991)

GB/T 9089.1—2008 户外严酷条件下的电气设施 第1部分:范围和定义(IEC 60621-1:1987,IDT)

GB/T 9089.4—2008 户外严酷条件下的电气设施 第4部分:装置要求(IEC 60621-4:1981,IDT)

GB 14050—1993 系统接地的型式及安全技术要求

GB/T 16895.21—2004 建筑物电气装置 第4-41部分:安全防护 电击防护(IEC 60364-4-41:2001,IDT)

3 术语和定义

GB/T 9089.1的术语和定义适用于本部分。

4 直接接触的防护(正常工作条件下的触电防护)

本章描述了电压为1 000 V及以下和1 000 V至252 kV的所有设施的防止直接接触的防护要求。

4.1 一般要求

4.1.1 直接接触防护应遵守本部分4.6及4.2~4.5之一的要求。

4.1.2 当采用了25 V以下的安全特低电压时,则认为可以保证对直接接触的防护(参照GB/T 16895.21)。

4.1.3 对中性导体和保护导体直接接触的防护

当中性导体和保护导体按5.1.1,5.3.5,5.4.1,5.5.2要求安装时,则认为可以保证对直接接触的防护。

4.2 采用遮栏或壳体实现完全防护

4.2.1 带电部件的防护

用遮栏或壳体防止人身或家畜与电气装置的带电部件接触。

现场安装的裸导体之间及这些导体与接地部件(诸如遮栏和壳体)之间的最小空气电气间隙应符合表1或表2。表中给出的电气间隙不适用于电器元件、布线装置或按照其他标准制造的装置。

表1 户内设施的电气间隙

额定工作电压/kV	3	6	10	15	20	35	63	110j	110
带电部件至接地部件之间/mm	75	100	125	150	180	300	550	850	950
不同极的带电部件之间/mm	75	100	125	150	180	300	550	900	1 000

注1:表1中的110j系指中性点直接接地电力网。

注2:海拔超过1 000 m时,表中的值应按每升高100 m增大1%进行修正。

表2 户外设施的电气间隙

额定工作电压/kV	3～10	15～20	35	63	110j	110	220j
带电部件至接地部件之间/mm	200	300	400	650	900	1 000	1 800
不同相的带电部件之间/mm	200	300	400	650	1 000	1 100	2 000

注1:表2中的110j、220j系指中性点直接接地电力网。

注2:海拔超过1 000 m时,表中的值应按每升高100 m增大1%进行修正。

在操作区域,带电导体和接地部件(例如遮栏和壳体)之间的爬电比距,不低于GB/T 5582规定的值。

所有的带电部件应在壳体内或遮栏后面,它们所提供的防护等级至少符合表3的要求。

4.2.2 遮栏和壳体的强度和稳定性

遮栏和壳体应稳固地固定在其位置上。其材料性质、尺寸及它们的安置应具有足够的稳定性和耐久性,以耐受在正常使用中出现的应力变化。

4.2.3 装置的可接近性

在从事某项工作而必须移开遮栏、打开壳体或拆下壳体的部件(门、护套、盖板和类似物)时,应满足下面条件之一:

a) 钥匙或工具

移开遮栏、打开壳体或拆下壳体的部件时必须使用钥匙或工具。

b) 内部联锁装置

应提供内部联锁装置,功能是在不使用钥匙或工具移开遮栏、打开壳体或拆下壳体的部件时必须提前切断遮栏后面或壳体内的所有带电部件。只有在遮栏或壳体复位后,才有可能恢复供电。

当储存在电容器或电缆系统中的能量有可能增加电击的危险性时,应提供一种设备以释放能量。

c) 自动断开

在不使用钥匙或工具移开遮栏、打开壳体或拆下壳体的部件时,电源应自动切断,以免偶然触及遮栏后面或壳体内的带电部件。只有在遮栏或壳体复位后,才有可能恢复供电。

d) 插入式内部网罩

在带电部分与遮栏、壳体之间配备一个插入式内部网罩，以使移开遮栏或壳体时不会触及到带电部件。网罩可以是固定式的，也可以在移开遮栏或壳体时自动滑入，网罩应符合 4.2.1(4.2.3e)的规定除外)和 4.2.2 的要求；必须使用钥匙或工具才能将其拆除。

这种网罩可以是保护闸门(或活门)，它在可分离装置分离时，处于馈线触点前的位置。

表 3 用遮栏或壳体对带电部件作直接接触防护时的最低防护等级要求

额定工作电压(a.c.)	操作区域内	电气操作区域内	封闭的电气操作区域内
50 <U_e≤1 000 V	对于易接近的上表面或遮栏或壳体实行防护等级为 IP2X 或 IP4X 的完全防护。这种防护特别适合那些充当支撑表面的壳体部分[b]	如果 U_e≤660 V 或在伸臂范围内可同时触及的带电部件无压差时，采用防护等级为 IP1X[a] 的部分防护；对于易接近的上表面或遮栏或壳体，如果 U_e>600 V，采用防护等级为 IP2X 的完全防护；当 U_e>660 V 时，采用防护等级为 IP4X 的完全防护，这些特别适合那些充当支撑表面的壳体部分[b]	如果 U_e≤660 V，采用 IP0X 的无防护；如果 U_e>660 V 或在伸臂范围内可同时触及的带电部件无压差时，采用防护等级为 IP1X[a] 的部分防护[b]
U_e>1 000 V	在伸臂范围内，采用 IP5X 的完全防护；超出伸臂范围，采用 IP2X 的部分防护	在伸臂范围内，采用 IP5X 的完全防护；超出伸臂范围，采用 IP1X[a] 的部分防护	采用 IP1X[a] 的部分防护

注 1：关于 IP 防护等级的详细描述见 GB 4208。在本标准中，IP 防护等级仅用来规定人身与带电部件接触的防护。

注 2：表中给出的电压指交流线间额定电压。

a 在电气操作区域和封闭的电气操作区域内，把带电部件放在伸臂达不到的地方或放置遮栏，例如采用防护遮栏或栏杆，可以视为达到了 IP1X 的防护(见 4.4 和 4.5)。

b 可以使用地面上的插头和插座，但插座在不用时应加以遮盖。

e) 接触熔丝或灯

在遮栏后面或壳体内的一些部件偶尔需要进行处理时(例如更换灯泡或保险丝)，只有同时满足了下面两个条件，才能在不使用钥匙或工具，也不切断电源的情况下移开遮栏、打开壳体或拆下壳体的部件：

1) 应在遮栏或壳体内配备一个辅助遮栏以防止人员意外地触及到带电部件。

但是，辅助遮栏不需防止人员有意地用手接触带电部件。不使用钥匙或工具不可能移开辅助遮栏。

2) 辅助遮栏后面的带电部件的电压不应超过 660 V。

4.3 采用绝缘对带电部件实现完全防护

用绝缘防止人员或家畜与电气装置的带电部件接触。

4.3.1 绝缘程度

带电部件应完全用绝缘层包覆，此绝缘层只有采取破坏性手段才能除去。

4.3.2 绝缘类型

绝缘应符合电气设备的相关要求。

4.4 将带电部件置于伸臂范围之外的部分防护

进行设计时，将带电部件安排在接触不到的位置，以防止无意地接触，见表 3。

对应于表 4 所列各级电压，同时可触及的带电部件所处的距离如果不小于表 4 规定的值，带电部件在所有方向都处于伸臂范围之外，则防触电即可得到保证。

如果人的活动范围由一个防护等级低于 IP2X 的遮栏（如栏杆、网屏和部分保护遮栏）限制时，所规定的距离应从遮栏的位置算起。

4.5 设置屏障实现部分防护

设置屏障用来防护无意识接触带电部件，但不能用来防护人们有意识用手越过屏障接触带电部件（见表 4）。

4.5.1 如果屏障可以防止下述情况，则认为可以确保正常工作条件下的防触电：

——防止物体无意识接近带电部件，例如，用屏障栏杆或类似的防护设施来实现。

——防止带电操作设备时无意识触及带电部件，例如，采用对熔断器加设网屏或防护手柄来实现。

不使用钥匙或工具即可移动此屏障，但必须将其固定在其位置上，使其不致被无意移动。

4.6 操作维修通道的安全距离

当出于操作和维修的目的进出通道时，可以提供防止直接接触的最小距离。

4.6.1 户内设施

4.6.1.1 最小距离

户内设施的操作维修通道最小距离应符合表 4 规定。

4.6.1.2 最小宽度

当最小宽度不能满足表 4 规定时，只要提供的防护等级不低于 IP4X，则可以使用小于表 4 给出的宽度值。在此情况下，长度为 2 m 以下的受限通道最小宽度可缩小至 375 mm。

4.6.1.3 出入口

操作维修通道的出入口应符合下述规定：

a） 电压为 1 000 V 及以下

对于额定工作电压不超过 1 000 V 的装置，长度超过 20 m 的通道必须能从两端出入。对于小于 20 m 但超过 6 m 的通道，也可从两端出入。

b） 电压超过 1 000 V

对于额定工作电压超过 1 000 V 的装置，长度超过 6 m 的通道必须能从两端出入。对于非常长的通道，建议增加出入口。

c） 出入口的门

建议通道出入口的门：

1） 向外开；两个相邻配电装置室之间如有门时，则应能向两个方向开。

注：加压室或其他特殊房间的门可以向内开。

2） 不用手可以打开。

3） 门内外应留有至少 1.5 m^2 的空地，长和宽大致相等。

表 4　户内设施操作和维修通道的最小距离

单位为毫米

最大额定工作电压/kV	表 3 中所要求的完全保护					表 3 要求的部分保护或没有保护													
						带电部件一侧带有 IP1X 或 IP0X 保护							带电部件两侧带有 IP1X 或 IP0X 保护						
	遮栏或外壳下面的高度	屏障或开关手柄和壁间的宽度		屏障之间或开关手柄之间的宽度		带电部件在地面以上的高度	壁和带电部件之间的宽度				控制器前的自由通道		带电部件在地面以上的高度	带电部件和两侧导体之间宽度				控制器之间的自由通道	
							维修		操作		维修	操作		维修		操作		维修	操作
		维修	操作	维修	操作		IP1X	IP0X	IP1X	IP0X				IP1X	IP0X	IP1X	IP0X		
1	2 000	700	700	700	700	2 300	1 000	1 000	1 000	1 000	700	700	2 300	1 000	1 000	1 200	1 200	900	1 100
3	2 000	800	1 000	1 000	1 200	2 500	1 000	1 300	1 165	1 500	800	1 000	2 500	1 330	2 000	1 530	2 200	1 000	1 200
6	2 000	800	1 000	1 000	1 200	2 500	1 000	1 300	1 190	1 500	800	1 000	2 500	1 380	2 000	1 580	2 200	1 000	1 200
10	2 000	800	1 000	1 000	1 200	2 500	1 015	1 300	1 215	1 500	800	1 000	2 500	1 430	2 000	1 630	2 200	1 000	1 200
20	2 000	800	1 000	1 000	1 200	2 500	1 115	1 300	1 315	1 500	800	1 000	2 500	1 630	2 000	1 830	2 200	1 000	1 200
35	2 000	800	1 000	1 000	1 200	2 550	1 225	1 325	1 425	1 525	800	1 000	2 550	1 850	2 050	2 050	2 250	1 000	1 200
63	2 000	800	1 000	1 000	1 200	2 800	1 600	1 700	1 800	1 900	800	1 000	2 800	2 600	2 800	2 800	3 000	1 000	1 200
110	2 000	800	1 000	1 000	1 200	3 250	2 000	2 100	2 200	2 300	800	1 000	3 250	3 400	3 600	3 600	3 800	1 000	1 200

4.6.2 户外设施

4.6.2.1 适用范围

户外设施的操作场地裸带电部件与以下各部分之间的最小电气距离：

a) 包围带电部件的护栏(见4.6.2.2)；

b) 人可正常进入的护栏内的区域(见4.6.2.3)；

c) 护栏内用来防止人触及带电部件的屏障(见4.6.2.4)。

最小电气间隙是指从地面算起2 300 mm的活动范围，它可不防止人到达闪络区。

如果带电部件包括架空线，则应采取措施以保证不会由于导体下垂、刮风、短路的电动力或使用复合平行绝缘子串时绝缘损坏等原因而减小最小电气距离。

4.6.2.2 到护栏的最小距离

包围裸带电部件的护栏的高度不应低于1 800 mm。护栏的位置须根据所用护栏的不同类型使带电部件处于图1和表4描述的区域之外。

注：护栏的最小高度和距离带电部件的最小距离是基于对防止直接接触的考虑。必要时可采用附加措施以限制人进入。

4.6.2.3 可进入区域的最小电气距离

在人可进入的区域，例如永久的通道、平台或人一般可能站立的平面内，安装裸带电部件应符合下述条件之一：

a) 安装的高度不应小于表5第2列规定的相应值的区域上；

b) 按照4.6.2.4，安装在限制人接近带电部件的屏障后面。

在遭受暴雪的区域，a)项要求的电气间隙值应根据预计的积雪厚度而增加。

注：对于上文a)项的图解见图2。

表5 户外设施操作场地裸露的带电部件的最小距离 单位为毫米

1	2	3	4	5	6	7
额定工作电压 U_e/kV	在可进入区域，带电部件的最低高度 H	在设施内从带电部件到遮栏的水平距离			从带电部件到外部围栏的水平距离	
		A 板状遮栏的最低高度为1 800	B 筛或网状遮栏，最低高度为1 800	C 第3、4列所述型式高度低于1 800的遮栏或有扶手、链、绳的遮栏，最低高度都是1 100	D 板状围栏，最低高度1 800	E 筛或网状围栏最低高度为1 800
	$H=S+2\ 300$ $H_{min}=2\ 600$	$A=S$	$B=S+100$	$C=S+300$ $C_{min}=600$	$D=S+1\ 000$	$E=S+1\ 500$
1～10	2 600	200	300	500	1 200	1 700
15～20	2 600	300	400	600	1 300	1 800
35	2 600	400	500	700	1 400	1 900
63	2 950	650	750	950	1 650	2 150
110	3 300	1 000	1 100	1 300	2 000	2 500
220j/	4 100	1 800	1 900	2 100	2 800	3 300

注1：S为表2规定的“带电部件至接地部件之间”的电气间隙。

注2：对板状遮栏和围栏，水平距离应从离带电部件最近的面测量。

注3：对链或绳，水平距离必须加上下垂。

4.6.2.4 **到遮栏的最小距离**

如果护栏内的裸带电部件所处的高度小于4.6.2.3a)项要求的最小值，必须安装遮栏以限制人身接近此类带电部件。遮栏的形式、高度和位置应在图3或图4和表4所描述的相关区域以外。无论如何，遮栏的高度不应小于1 100 mm。

单位为毫米

H_1——架空动力线对地最小距离；

D,E——表5的第6列和第7列要求的最小距离；

S——表2规定的“带电部件至接地部件之间”的电气间隙。

图1 带电部件到外部护栏的距离

H——表5第2列要求的，在可进入区域的平面上，带电部件的最小距离。

考虑4.6.2.1和4.6.2.3涉及的情况，可增加距离。

图2 户外设施中在可进入区域的平面上带电部件的最低高度

单位为毫米

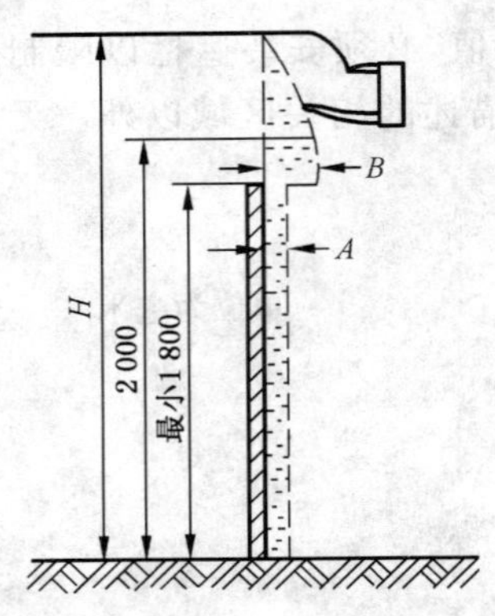

带电部分不得在画点区域之内

a) 板状遮栏

b) 筛或网状遮栏

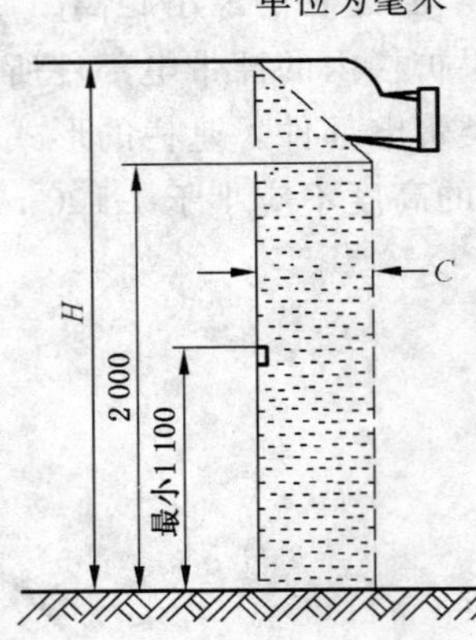

c) 含有扶手、链或绳的遮栏

H——表 5 第 2 列要求的，在可进入区域的平面上带电部件的最小距离。考虑 4.6.2.1 和 4.6.2.3 涉及的情况，可增加距离；

A、B 和 C——表 5 第 3、4 和 5 列分别要求的最小距离。

图 3　额定电压 30 kV 以下(包括 30 kV)的户外设施的带电部件的距离

单位为毫米

带电部分不得在画点区域之内

a) 板状遮栏

b) 筛或网状遮栏

c) 含有扶手、链或绳的遮栏

H——可进入区域的平面上带电部件的最小距离见表 5 第 2 列。考虑 4.6.2.1 和 4.6.2.3 涉及的情况，可增加距离；

A、B 和 C——表 5 第 3、4 和 5 列要求的最小距离；

S——表 2 规定的“带电部件至接地部件之间”的电气间隙。

图 4　额定电压 30 kV 以上的户外设施与带电部件的距离

5　间接接触(交流)防护(故障情况下的防触电)

本章描述了电压为 1 000 V 及以下和 1 000 V 至 252 kV 的所有设施的防止间接接触防护的要求。

5.1　一般要求

5.1.1　所有裸露可导电部件都必须接到保护导体上。

如果电力系统的可接地点接地，就必须接到各自的电力变压器或发电机附近的接地极上。

如果需要保护导体单独接地，接地处必须远离电力系统的接地极。如果有良好的接地设备或接地点，最好把保护导体和它们连接起来，连接点应尽可能地多。多点接地的接地点应尽可能均匀分布，以保证发生故障时，保护导体的电位接近地电位。

保护导体可以是裸导体。

5.1.2　在受保护装置保护的电气设施中，当某部分发生故障时，如果在该电气设施中的任何一点不能把接触电压保持在等于或小于约定接触电压极限 U_L 时，保护装置就必须自动切断发生故障部分的电源。其中 U_L 为 50 V[1]左右(方均根值)。

注：对某些 IT 系统，当出现第 1 次故障时，可不必自动切断电源(见 5.5)。

5.1.3 保护装置和保护措施的特性[2]必须符合下述要求：

a) 对电压为 1 kV 及以下的见表 6 和图 5；

b) 对电压为 1 kV 以上的见表 7 和图 6。

表 6 电压为 1 kV 及以下的系统

预期接触电压/V(方均根)	<50	50	75	90	110	150	220	280
最长动作时间/s	∞	5	1	0.5	0.2	0.1	0.05	0.03

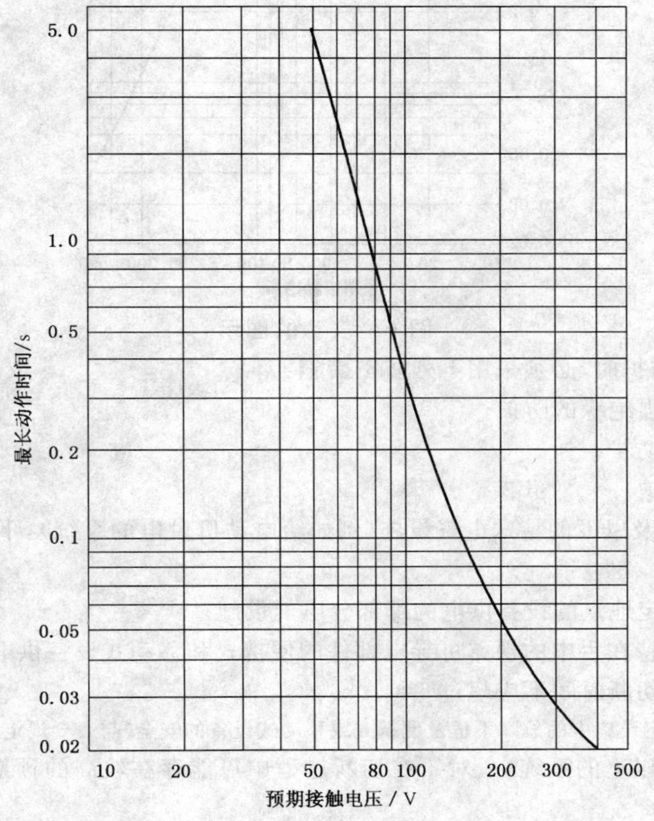

图 5 表 6 的图示

表 7 电压为 1 kV 以上的系统

预期接触电压/V(方均根)	<50	80	120	150	180	300	420	550
最长动作时间/s	∞	5	1	0.5	0.4	0.1	0.05	0.03

1) 对某些应用或在某些地点，例如在潮湿和导电的环境中，需要规定更低的值。

2) 在发电、配电和供电，其面临危险的可能性不大的情况下，允许使用超过表 6 和表 7 的数值。

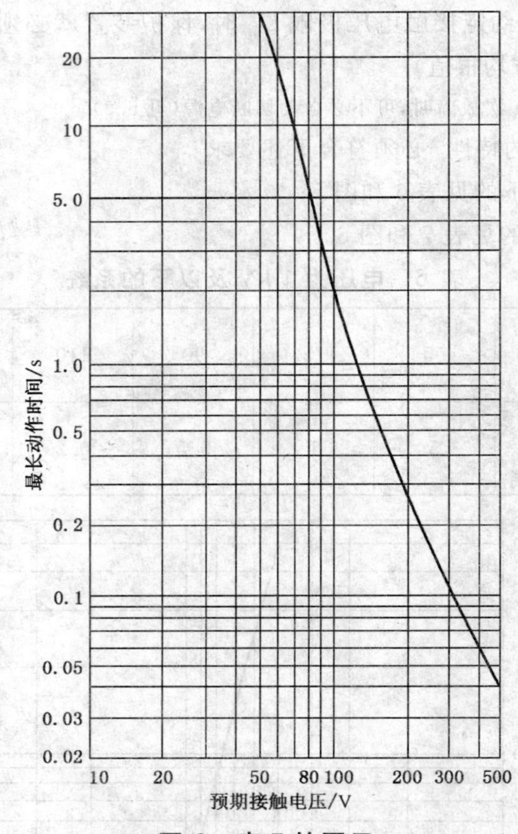

图 6 表 7 的图示

5.1.4 不用保护导体防护时，必须采用下列防护措施：

a) 附加绝缘或加强绝缘的防护；

b) 非导电场所的防护；

c) 电气隔离的防护。

5.1.5 对电压为 1 kV 及以下的特殊电气设施(例如给电动机供电的系统)，下列两者能够明确而永久地区分开来。

a) 只给安装在固定地点的设备供电的那部分电气设施；

b) 用来给具有可持在手中的裸露可导电部件的便携式和移动式设备供电的那部分电气设施。

那么对固定设施的切断时间不应超过 5 s。

注："明确区分"意指固定设施中的故障不危及便携式或移动式设备的安全(与表 6 规定的切断时间有关)。

5.1.6 在电压为 1 kV 以上的系统中，对于在切断过程中可能存在较高的预期接触电压的特殊情况，切断时间必须尽可能地短。

5.1.7 导体的识别

a) PE 保护导体

PE 保护导体应采用绿/黄色。

b) PEN 导体

PEN 导体应采用绿/黄色，其终端为反应中性导体标记的淡蓝色端子；或淡蓝色导体加上绿/黄色的接地端子。

c) 中性导体

中性导体采用淡蓝色。

5.1.8 保护措施需要下述两者互相协调：

a) 电力系统的接地型式

包括：TN(TN-C，TN-S，TN-C-S)，TT，IT 系统(见 GB 14050—1993)。

b) 保护装置的特性。

5.2 各种型式的接地系统

见 GB 14050—1993。

5.3 TN 系统的保护措施

在 TN 系统中，裸露可导电部件通过保护导体与电源系统可接地点连接，在相导体与保护导体或裸露可导电部件之间发生短路时，其短路电流驱动保护装置动作，切断故障设备的电源。

为了保证在发生故障时保护导体和裸露可导电部件与地电位尽可能接近，保护导体应尽可能均匀地多点接地，以得到最低的实际接地阻抗。当相导体与裸露可导电部件之间发生故障时，必须按 5.1 要求限制接触电压。

5.3.1 裸露可导电部件的联结

电气设施中所有裸露可导电部件，必须通过保护导体连接到电源系统可接地点上。

5.3.2 切断故障

保护装置和导体的截面积的选择应保证：如果相导体与保护导体或与之相连接的裸露可导电部件之间的任何一点发生短路时，就应在规定时间内切断。

如果下述条件得到实现，即满足了上述要求：

$$Z_s \cdot I_{a1} \leqslant U_0$$

式中：

Z_s——故障回路阻抗；

I_{a1}——保证保护装置在 5 s 内(对 5.1.5 所述的特殊装置)或按表 6、表 7 规定的时间内切断电源的动作电流；

U_0——额定相电压。

注 1：Z_s 可计算求得，也可以实测确定。

注 2：预期接触电压取决于系统电压及保护电路的阻抗与相导体的阻抗加上电源阻抗之间的关系。

如果不能满足上述条件，则必须按 5.7.6 要求作附加等电位联结。

5.3.3 具有保护导体和中性导体两种功能的导体(以下简称 PEN 导体)

PEN 导体必须符合下述条件：

a) 导体必须是刚性的，并用在固定的电气设施中；

b) 铜导体截面积不得小于 10 mm^2；铝导体截面积不得小于 16 mm^2；

c) 不得在这种导体上装设剩余电流保护装置。

应采用绝缘导体作为 PEN 导体，以防止间接接触之外的危险(如火险)。

5.3.4 PEN 导体的中断

保护导体在使用中不允许中断，只有在 PEN 导体中断的同时也切断相导体，才允许在 PEN 导体上使用过电流保护装置。

5.3.5 如果从电气设施的任何一点将 PEN 导体分离成中性导体和保护导体，那么从该点起至负载处不允许把这两种导体再连接起来。

该中性导体必须绝缘且安装方式必须和相导体一致。

5.3.6 保护装置

推荐采用下列保护装置：

a) 过电流保护装置；

b) 剩余电流动作保护装置。

对于 5.3.3 所述的 PEN 导体，只能使用过电流保护装置。

5.3.7 剩余电流保护装置

在使用剩余电流保护装置时，不需要将裸露可导电部件接到保护导体上，而只需将它们接到其电阻与剩余电流保护装置的动作电流相适应的接地极上，受这种剩余电流保护装置保护的线路，可认为是TT系统，并应符合5.2的要求。

如果没有单独的接地极，就必须把裸露可导电部件接到剩余电流保护装置电源侧的保护导体上。

5.3.8 电压平衡

对相导体与大地间会发生直接故障的1 kV及以下的TN系统（例如带架空线系统），为了保证保护导体或任何与之相连的部分对地电压不超过U_L，必须满足下述条件：

$$\frac{R_B}{R_E} \leqslant \frac{U_L}{U_0 - U_L}$$

式中：

R_B——总接地电阻；

R_E——在出现相导体接地处，不与护导体连接的导电部件的预期最小对地接触电阻；

U_0——额定相电压；

U_L——约定接触电压极限。

推荐的防护措施：

金属框架部分都接到保护导体上。

5.4 TT系统的保护措施

在TT系统中，可接地点（中性点）直接接地，裸露可导电部件通过保护导体单个的，成组的或集中接到独立于电源系统接地极的一个或多个接地极上。

对全部装入移动式或可活动式设备中的系统，金属构架应做为接地极，可接地点应接到金属构架上。

在相导体和裸露可导电部件之间发生故障时，必须按5.1要求限制接触电压。

5.4.1 中性导体的绝缘和安装

如果有中性导体的话，该中性导体必须绝缘且安装方式必须和相导体一致。

5.4.2 裸露可导电部件的联结

受同一保护装置保护的电气设施的所有裸露可导电部件必须用保护导体连接起来，并通过保护导体接到共用接地极上；当几个保护装置串联起来用时，每个保护装置所保护的那部分的裸露可导电部件也必须相互连接起来，并通过保护导体接到各自的共用接地极上。

必须把同时可触及的裸露可导电部件接到共用接地极上。

5.4.3 故障发生后要满足的条件

为了满足5.1.3的要求，必须满足下述条件：

$$I_a \cdot R_A \leqslant U$$

式中：

I_a——保证保护装置按5.1.3表6、表7规定的时间内切断电源的动作电流，如果使用剩余电流保护装置，I_a等于额定剩余动作电流$I\Delta_n$；

U——约定电压极限或预期接触电压（根据具体情况而定）；

R_A——裸露可导电部件的接地极电阻。

如果不能满足上述条件，则必须按5.7.6的要求附加等电位联结。

5.4.4 保护装置

推荐采用下列保护装置：

a) 剩余电流保护装置；

b) 过电流保护装置。

对电压为1 kV及以下的系统允许使用故障电压保护装置。

5.5 IT 系统的保护措施

在 IT 系统中，电源系统可接地点不接地或通过阻抗接地，而其裸露可导电部件单个的，成组的或集中接到一个或多个接地极上。如果发生单一的故障时，流到裸露可导电部件的故障电流值足够低，且又没有超过约定接触电压极限 U_L，则供电电源亦可不断开。如果同时发生两个接地故障(例如相对地，地又对另一相)时，则必须采取措施以避免危险。

如果中性点位移是通过使用接地故障电流的限制装置来实现的，则该装置应符合 5.6 的特殊要求。

5.5.1 电源系统可接地点的隔离或接地

电源系统可接地点可以与地隔离或经过阻抗接地(就是中性点经过阻抗接地)。

为了降低过电压或抑制电压震荡可以使用人工可接地点接地。

5.5.2 中性导体的绝缘和安装

如果有中性导体的话，该中性导体必须绝缘且安装方式必须和相导体一致。

中性导体不得接负载。

5.5.3 裸露可导电部件的联结

所有的裸露可导电部件都应该单个的，成组的或集中地接地，而且可以直接接地。

用保护导体把所有裸露可导电部件接到接地极的总接地电阻值 R_A 应符合下式要求：

$$I_d \cdot R_A \leqslant U_L$$

式中：

I_d——相导体和裸露可导电部件之间出现第一次故障时的故障电流。I_d 值考虑了泄剩余流和电气装置总接地阻抗。

U_L——约定接触电压极限。

5.5.4 在故障情况下保护装置的动作

5.5.4.1 出现第一次故障时

出现第一次故障时，如果预期接触电压超过 U_L(见 5.1.2)，保护装置应按 5.1.3 要求切断电源；如果预期接触电压不超过 U_L 可按下述条件继续运行：

a) 在连续发生故障时，必须具备按 5.5.4.2 要求切断电源的保护措施。

b) 必须安装绝缘监测装置。在发生故障时，该装置应能发出可听和(或)可见的警告信号，以便迅速排除故障。

推荐采用能准确指示发生故障区域的装置，以便切断故障支路。

c) 对故障下继续运行，应考虑到火灾危险，并应符合国家的有关规定，对于具有公共接地极的 IT 系统，当负载为移动式设备时，在发生第一次故障后，应尽快停止运行。

5.5.4.2 连续出现故障

必须具备保护措施，使在发生第一次故障后第二次故障时能切断电源。至于是否按 TN 或 TT 系统规定的条件进行保护和切断，取决于是否用保护导体把所有裸露可导电部件相互连接起来。

必须使用绝缘监测装置。

5.5.5 保护装置

推荐采用下列保护装置：

a) 绝缘监测装置；

b) 过电流保护装置；

c) 剩余电流动作保护装置；

d) 剩余电压动作保护装置(仅限于特殊应用)。

5.6 对限制接地故障电流装置的要求

在使用限制接地故障电流装置的 IT 系统中，其限制接地故障电流的优选值为：

电压小于或等于 1 kV 的系统:10 A、15 A、25 A;

电压大于 1 kV 的系统:10 A、15 A、25 A。

这些装置的额定绝缘电压必须是系统的线电压。

5.6.1 中性点接地的电抗器和消弧线圈

电抗器可以只用于限制接地故障电流,或起消弧线圈的作用,以补偿单相接地故障下的容性电流。

这些消弧线圈可以由一个与电阻相连的独立绕组构成。

5.6.2 限制接地故障电流的中性点位移电抗器(零序电抗器)

限制接地故障电流的中性点位移电抗器用来与三相系统串联使用。可接地点(这时即为中性点)接地。该电抗器对负载电流呈现低阻抗,对零序电流则呈现高阻抗以便把可能出现的单相对地故障电流限制在规定值内。

这类电抗器通常只用于电压为 1 kV 以上的系统。

可用这种电抗器代替隔离变压器以限制接地故障电流。

5.7 接地装置和保护导体

5.7.1 一般要求

5.7.1.1 接地装置的性能必须满足电气设施和该设施中设备的安全和工作要求。根据电气设施的保护和工作要求,可共用或单独使用接地装置。

5.7.1.2 典型接地装置(见图 7)包括接地极,保护导体及满足本部分要求的其他部分。

注 1:实际的接地装置不一定包含图 7 的所有部分。

注 2:如果采取其他方法能满足本条要求(见 GB/T 9089.4),则不必再单独安装接地装置或保护导体。

5.7.1.3 接地装置的设计,选择和安装必须:

a) 满足第 5 章间接接触防护的要求;

b) 满足保护装置的正常工作要求;

c) 设计、安装的接地极和保护导体应满足预定条件下保护要求和工作要求;

d) 能无危险地承受接地故障电流和泄漏电流,特别是由它们所引起的热应力、热机应力和机电应力;

e) 足够坚固或有附加机械保护以适应可能的外部环境影响;

f) 接地电阻值符合电气设施的保护要求和工作要求,并连续有效。

5.7.1.4 必须采取防护措施把对其他金属部件电腐蚀的危害限制在最小范围内。

5.7.2 接地极

5.7.2.1 可使用下列各种型式的接地极:

棒或管;带或线;板或网;埋入基础中的接地极;钢筋混凝土中的钢筋;其他合适的地下构筑物。

必须根据土壤条件和接地电阻值的要求选择一个或多个接地极。

对移动式或可移动式电气设施,必须考虑采用金属构架作为与外界电源隔离的电力系统或自备电源供电的电力系统的接地极。

注 1:接地极是否有效取决于埋置处的土壤条件。当不能满足条件时,可采用诸如爆炸技术或外加化学填充剂等措施,以改善接触。

注 2:在某些情况下(例如高压系统和雷电保护系统),可要求单独的接地装置。

5.7.2.2 接地极的材料及截面积不得低于 5.7.3.1 的规定值。

5.7.2.3 接地极的型式和埋置深度必须做到:土壤的干燥和结冰引起的接地极接地电阻的增加不超过规定值。

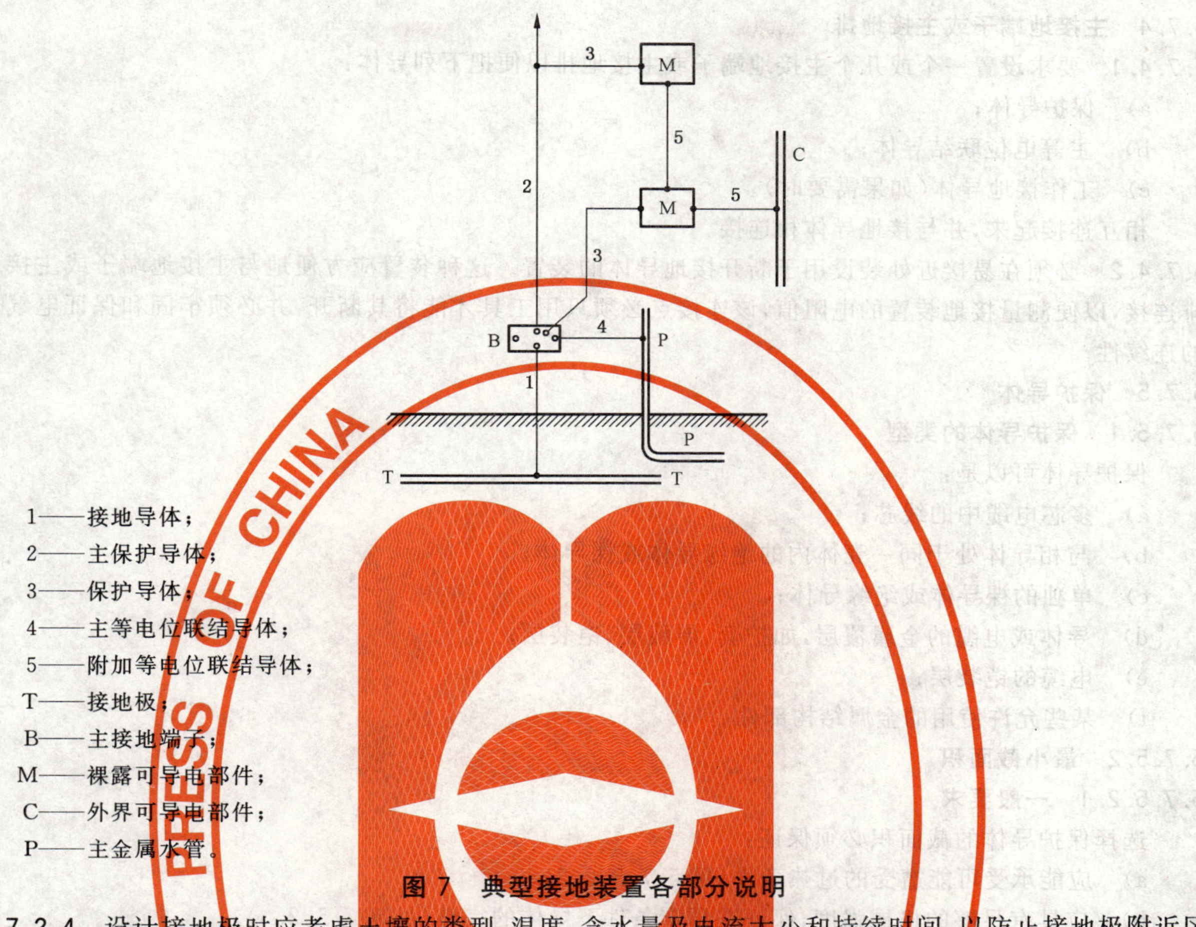

1——接地导体；
2——主保护导体；
3——保护导体；
4——主等电位联结导体；
5——附加等电位联结导体；
T——接地极；
B——主接地端子；
M——裸露可导电部件；
C——外界可导电部件；
P——主金属水管。

图 7　典型接地装置各部分说明

5.7.2.4　设计接地极时应考虑土壤的类型、温度、含水量及电流大小和持续时间，以防止接地极附近区域的土壤干燥。

5.7.2.5　接地极的结构设计、材料的选择和安装应考虑电气设施在使用期间，由于腐蚀可能使接地极遭受破坏或增加接地电阻值。

5.7.2.6　安装接地极时必须测量埋置处的地电阻，以后必须定期测量。

5.7.2.7　不得把用于供水或其他用途(例如可燃液体或气体，供热系统)的金属管道作为保护或工作用接地极。

注：对等电位联结，本要求不排除与金属管道系统的连接。

5.7.2.8　不得把电缆铅护套和其他金属覆层作为保护或工作用接地极。

5.7.3　接地导体

5.7.3.1　应按 5.7.5.2 要求确定接地导体的截面积，但截面积不得小于表 8 规定的值。

表 8　接地导体的最小截面积

单位为平方毫米

	有机械保护的	无机械保护的
防腐蚀的	按 5.7.5.2 确定	铜、钢 16
不防腐蚀的	铜 25、钢 50	
注：在可能产生严重腐蚀的情况下，需要考虑增加导体的截面积。		

5.7.3.2　接地导体与接地极的连接必须完好，且具有良好的电气连续性。在使用线夹的地方，线夹不得损伤接地导体(例如管子)或接地极。

必须防止接地导体与接地极的连接遭受机械损伤和腐蚀。

注：对某些可能使用多个接地极的电气装置，为了便于检测，应使接地极的连接点易于接近。

5.7.4 主接地端子或主接地排

5.7.4.1 要求设置一个或几个主接地端子或主接地排以便把下列导体：

a) 保护导体；

b) 主等电位联结导体；

c) 工作接地导体(如果需要时)。

相互连接起来,并与接地导体相连接。

5.7.4.2 必须在易接近处装设用于断开接地导体的装置。这种装置应方便地与主接地端子或主接地排连接,以便测量接地装置的电阻值,该连接点必须只用工具才能将其断开,并必须牢固和保证电气上的连续性。

5.7.5 保护导体

5.7.5.1 保护导体的类型

保护导体可以是：

a) 多芯电缆中的线芯；

b) 与相导体处于同一壳体内的绝缘导体或裸导体；

c) 单独的裸导体或绝缘导体；

d) 导体或电缆的金属覆层,如护套、屏蔽层、铠装层；

e) 电缆的铠装层；

f) 某些允许使用的金属结构部件。

5.7.5.2 最小截面积

5.7.5.2.1 一般要求

选择保护导体的截面积必须保证：

a) 应能承受可能遭受的过热条件(见 5.7.5.2.2)；

b) 应具有足够的机械强度,保证在预定条件下导体的完整(见 5.7.5.2.3)。

此外,保护导体作为接地装置的一部分,不论是独立的或与接地装置的其他部分连接的,都应满足间接接触防护和保护装置正常工作的要求。

5.7.5.2.2 根据发热确定最小截面积

必须按下述方法计算和选择保护导体最小截面积。

a) 截面的计算：

截面积不得小于由下式确定的值(只适用于切断时间不超过 5 s)。

$$A=\frac{K_1\sqrt{I^2t}}{k} \qquad \cdots\cdots(1)$$

式中：

A——截面积,单位为平方毫米,(mm²)；

I——由阻抗可忽略的故障引起的,能流过保护装置的故障电流(交流有效值),单位为安(A)；

t——切断装置的动作时间,单位为秒(s)；

注:应考虑电路阻抗的限流影响和保护装置的容量(I^2t)限制。

K——取决于保护导体,绝缘和其他部分的材质以及初始和最终温度的一个因数；

K_1——考虑了短路过渡过程中暂态电流影响的一个因数,当 $t\geqslant 0.2$ s 时,K_1 取 1;当 $t<0.2$ s 时,K_1 取 1.3。

K 值的计算见附录 A。

当应用公式计算出的 A 值是非标准尺寸时,则必须选取相邻而较大的标准截面积。

b) 截面的选择

按表 9 选取最小截面积,由此表得出非标准值时,则必须选取相邻而较大的标准截面积。

按表9选取的保护导体截面积，不需要按上述a)检验。

只有当保护导体和相导体的材料相同时，表9所列数值才有效。如果保护导体和相导体材料不同，则选取的保护导体截面积的导电率应与按表9选取的截面积的导电率相同。

表9 保护导体最小截面积(PE、PEN)

单位为平方毫米

电气设施相导体的截面积 A_p	相应保护导体的最小截面积 A
$A_p \leqslant 16$	A_p
$16 < A_p \leqslant 35$	16
$35 < A_p \leqslant 400$	$A_p/2$
$400 < A_p \leqslant 800$	200
$800 < A_p$	$A_p/4$

5.7.5.2.3 根据机械强度确定最小截面积

为保证保护导体具有足够的机械强度，按5.7.5.2.2确定的截面积，不得小于本条a)～d)项规定的相应值。本条规定只适用于铜导体；当采用其他材料的导体时，必须具备等值的机械强度。

a) 单独安装的保护导体：

不用电缆的构成部分或电缆铠装层作为保护导体的，其截面积不得小于下述值。

有机械保护的：2.5 mm^2

无机械保护的：4.0 mm^2

b) 与相导体安装在一起的保护导体：

和截面积不大于2.5 mm^2 的相导体装在同一电缆、导线管、护套或其他保护层内的保护导体，其截面积应与相导体的相同。

c) 高压电气装置的保护导体：

相导体电压超过1 kV的，其保护导体的截面积不得小于16 mm^2。

d) 架空和悬挂的保护导体：

对于架空和悬挂的保护导体，必须根据保护导体的类型和跨度按表10选择其截面积，对于有风或结冰的环境，其截面积应相应增大。

表10 架空和悬挂的保护导体的最小截面积

保护导体类型	跨度 L/m	最小截面积 A/mm^2		
		铜	铝绞线	钢芯铝线
抗风化橡胶或热塑塑料绝缘导体电缆	$L \leqslant 10$	4	16	10
裸导体或被覆冷拔导体	$L \leqslant 25$	4	16	10
	$25 < L \leqslant 50$	6	25	10
	$50 < L \leqslant 75$	16	50	25
注：铝导体截面积仅供参考。				

5.7.5.3 保持保护导体的电气连续性

5.7.5.3.1 必须防护保护导体免受机械的，化学的损蚀和电动力的影响。

5.7.5.3.2 保护导体的连接必须便于检查和测试，但充填绝缘膏的或封装的接头除外。

5.7.5.3.3 严禁在保护导体上装设开关装置，但允许设置供测试用的，并且只有用工具才能将其断开的连接点。

注：在PEN导体上安装开关装置的要求见5.3.4。

5.7.5.3.4 对接地的电气连续性进行电气监测时,不得将动作线圈接入保护导体中。

5.7.5.3.5 应对由外部电源给移动式装置供电用的拖曳电缆的保护导体进行电气连续性监测。

5.7.5.3.6 不得把仪器的裸露可导电部件作为其他设备的保护导体。

5.7.5.4 与过电流装置一同使用的保护导体

在交流系统中使用过电流保护装置进行间接接触防护时,保护导体应与相导体安装在同一布线系统中或将保护导体紧靠相导体。

5.7.6 等电位联结

5.7.6.1 主等电位联结

任何地方只要可能,应安装主等电位联结导体,并与埋置在地下的外部导电部件(如主金属水管、金属构架、基础内的钢筋等)和主接地端子或其等值点进行连接(见图7)。

主等电位联结导体的载流量应不小于电气设施中主保护导体的载流量;对于电压为1 kV及以下的IT系统,当导体为铜时,截面积可不超过25 mm^2,如果采用其他材料的导体,其截面积的载流量应与之相等。

5.7.6.2 附加等电位联结

5.7.6.2.1 如果电气设施或其中一部分在故障条件下不能满足间接接触防护条件时,必须进行附加等电位联结。

这种联结可采用辅助导体,辅助构件或两者来实现。可把附加等电位联结用于整个设施,设施的一部分或装置中的一个设备。

5.7.6.2.2 应把附加等电位联结与下述部分相连接。

a) 同时可触接的裸露可导电部件,例如设备的框架、外罩、裸露电缆铠装层等;

b) 把同时可触接的裸露可导电部件连接到外部导电部件(例如梯子,通道等)。

5.7.6.2.3 附加等电位联结导体的截面积必须符合下述a)和b)的要求,但不得小于表11中规定的有关值。

a) 连接两个裸露可导电部件的导体,其截面积不得小于连接到这两个裸露可导电部件的其中较小的导体截面积。

b) 把裸露可导电部件连接到外部导电部件的导体,其截面积不得小于相应保护导体截面积的一半。

表11 附加等电位联结导体的最小截面积 单位为平方毫米

额定工作电压 U_e/V	最小截面积[a]			
	有机械保护的		无机械保护的	
	铜	铝	铜	铝
$0<U_e\leqslant 1\,000$	2.5	4	4	6
$U_e>1\,000$	10	16	10	16

[a] 如果采用其他材料做附加等电位联结导体,其截面积承受的载流量应与铜导体等值。

5.7.6.2.4 对附加等电位连接的有效性可通过检查阻抗值 Z 是否满足下式来确认:

$$Z\leqslant\frac{U}{I_a}$$

式中:

Z——同时可触接的裸露可导电部件和外界可导电部件的阻抗值;

U——预期接触电压(见5.1);

I_a——保证保护装置按表6、表7规定的时间内切断电源的动作电流。

对于独立电源供电的设备,在其裸露可导电部件间实行附加等电位联结时,涉及到的每个电源必须满足上述条件。

6 过电流和故障电流防护

本章规定过载电流防护和短路电流防护的最低要求，过载和短路电流防护的配合以及这些防护与电气设备和导体的配合。

6.1 一般要求

电气设备和带电导体都必须受到一个或多个保护装置保护，以便在电流过载(按6.3)和短路(按6.4)时，自动切断电源。这些条款中允许的例外不包括在内。

过载和短路电流防护应按6.5规定互相配合。

6.2 保护装置的性质

6.2.1 具有过载电流防护和短路电流防护的装置

这类保护装置必须具备合适的工作电压，且能分断该保护装置安装处包括预期短路电流在内的任何过电流。这类保护装置可以是：

a) 断路器；

b) 熔断器；

c) 带有熔断器的断路器等。

在满足6.4.3.1.1要求的情况下保护装置的分断容量可低于其安装处的预期短路电流值。

6.2.2 只防护过载电流的装置

这类保护装置通常具有反时限保护特性，其分断容量可以低于该保护装置安装处的预期短路电流值。

6.2.3 只防护短路电流的装置

在已采用其他手段实现了过载防护的地方，或按规定允许不安装过载保护装置的地方，可以装设这类保护装置。

这类保护装置必须能分断包括预期短路电流在内的最大短路电流。

这类保护装置可以是：

a) 断路器；

b) 熔断器等。

6.3 过载自动切断保护

6.3.1 一般要求

6.3.1.1 带电导体

带电导体应设有保护装置，以便在过载电流对其绝缘，接头、端子或导体周围的物料造成危险之前，分断过载电流。

本条规定的例外见6.3.1.2。

6.3.1.2 电气设备

对可能产生过载电流的任何电气设备，都应安装过载电流保护装置，以便在过载时自动切断设备的供电。

建议过载保护装置不安装在某些电气设备的供电导体中，以防电流的意外中断会造成危险，对机械或电气设备造成更大的危险。这类电气设备的例子有：

a) 直流或交流(同步)电动机的励磁电路；

b) 起重电磁铁的供电电路；

c) 电流互感器的二次电路；

d) 消防水泵和某些排水泵装置；

e) 升降机；

f） 卷扬机；

g） 特殊水泵；

h） 采掘机主传动装置；

i） 某些输送装置；

j） 某些制动电路；

k） 应急灯光和信号装置。

某些电气设备，例如承受周期性或循环负载的电动机，则不适宜安装过载保护装置。

可以利用设计手段把过载电流限制在一定的持续时间和安全值以内。

6.3.1.3 电气设备和带电体

电气设备及其相关联的电路导体允许使用同一个过载保护装置。

6.3.2 保护装置和导体的额定值

6.3.2.1 保护装置的额定电流

保护装置的额定电流（I_n）不应超过导体的载流量。对电流值可调的保护装置，其额定电流（I_n）即为选定的整定电流值。

6.3.2.2 并联导体的保护

在电气设备经由若干个电气特性（例如材料、安装方法、长度、截面积等）相同的导体并联供电，并且每个并联导体沿线没有任何支路的条件下，则所有并联导体可有同一个保护装置保护，保护装置额定电流值 I_n 取各导体载流量之和。

本要求不排除使用环形电路。

6.3.3 过载保护装置的安装

6.3.3.1 电气设备和带电导体

按 6.3.1.3 安装的用于保护电气设备的任何过载保护装置，如果对有关的电路导体也提供了保护，则应按 6.3.3.2 的要求安装。

6.3.3.2 带电导体

过载保护装置应安装在导体截面减小，导体材料变更，绝缘类型的改变或由于安装方法的变化致使导体载流量降低的地方。但下述情况例外。

6.3.3.2.1 6.3.1.2 的情况

6.3.3.2.2 当载流量较高的导体所使用的过载保护装置能有效地对载流量较低的导体提供保护时。或者，在截面积减小处或其他改变处，当满足 6.3.3.2.3 和 6.3.3.2.4 条件之一时，保护装置可安装在被保护导体沿线的任何位置。

6.3.3.2.3 导体沿线没有支路并按 6.4 实施了短路防护。

6.3.3.2.4 导体长度不超过 3 m 和沿线没有支路，并满足下述条件：

a） 不安装在易燃物料附近；

b） 在预定使用条件下，其结构可以减少由于故障产生的过载危险；

c） 对人不产生危害。

6.4 短路自动切断保护

6.4.1 一般要求

导体及经导体供电的电气设备应当安装短路保护装置，并在短路电流的热效应和机械效应对导体、接头或电气设备产生危害之前，自动分断短路电流。

6.4.2 预期短路电流值的确定

预期短路电流值可以通过适当的计算方法，测量方法及网路分析器确定。

注：如果保护装置安装在电气装置的馈电点，则该点的预期短路电流可以从供电部门取得。

6.4.3 短路保护的运行要求

6.4.3.1 短路保护装置的特性

短路保护装置必须满足下述两个条件。

6.4.3.1.1 保护装置的分断容量的确定应考虑系统电压和保护装置安装处的预期短路电流值等因素，一般不应小于保护装置安装处的预期短路电流值。但下述情况除外：

如果在供电侧已装有具备必要分断容量的其他保护装置，则选用的保护装置的分断容量允许小于预期短路电流。这时，两套保护装置的特性必须加以协调，使电源侧的保护装置允许通过的能量不超过负载侧保护装置和受该保护装置保护的导体所能承受而不致损伤的能量。

注：负载侧选择的保护装置，要考虑诸如动态应力和击穿能量等因素。需要加以协调的特性的具体要求从保护装置的制造厂取得。

6.4.3.1.2 在电路的任意一点上出现短路时，由短路引起的全部电流必须在规定的时间内中断（见6.4.3.2.2）。

6.4.3.2 导体的温度

6.4.3.2.1 对于短路持续时间在0.2 s～5 s以内的绝缘导体，其极限允许温度为：

聚氯乙烯：160 ℃

普通橡胶、黄蜡布和浸漆纸：200 ℃

交联聚乙烯和乙丙橡胶：250 ℃

注：其他绝缘导体的极限允许温度可参阅有关资料。

对于导体的终端，不管是锡焊的，电焊的，机械夹紧的还是压接的，必须考虑故障情况下温度对连接媒质的影响，例如某些锡焊合金不到180 ℃就被软化，导致机械强度降低。故障情况下温度对终端的绕包材料的影响也应考虑在内。

6.4.3.2.2 根据绝热加热的假定，短路电流促使导体从正常工作最高允许温度到极限允许温度所需要的时间 t 可近似用下式计算：

$$\sqrt{t} = K \cdot \frac{A}{I} \qquad \cdots\cdots(2)$$

式中：

t——持续时间，单位为秒(s)；

A——导体截面积，单位为平方毫米(mm^2)；

I——截面积为 A 的导体流过的短路电流有效值，单位为安(A)；

K——与导体材料，绝缘材料，初始工作温度，极限允许温度等有关的一个因数。

对聚氯乙烯绝缘铜导体和铝导体，K 的近似值分别取135和87。

6.4.4 短路保护装置的安装

6.4.4.1 短路保护装置应该安装在导体截面积减小处或由于任何其他变动引起6.4.3.1的特性改变的地方，6.4.4.2规定除外。

6.4.4.2 如果同时满足下列条件，则可省略短路保护装置。

a) 安装在变动处供电侧的保护装置，其运行特性对负载侧的导线可以提供6.4.3.2所规定的短路防护；

b) 安装在变动处负载侧的截面积 S_2 为的长度不超过按图8比例图所确定的值。

6.4.4.3 当在布线上已采取了措施使短路危险减至最小；布线不靠近可燃物料附近两个条件同时得到满足时，则下述情况可以省略短路保护装置：

a) 长度不超过3 m的导体；

b) 某些测量电路；

c) 类似6.3.1.2所列举的，如电源意外中断会引起危险的电气装置的线路。

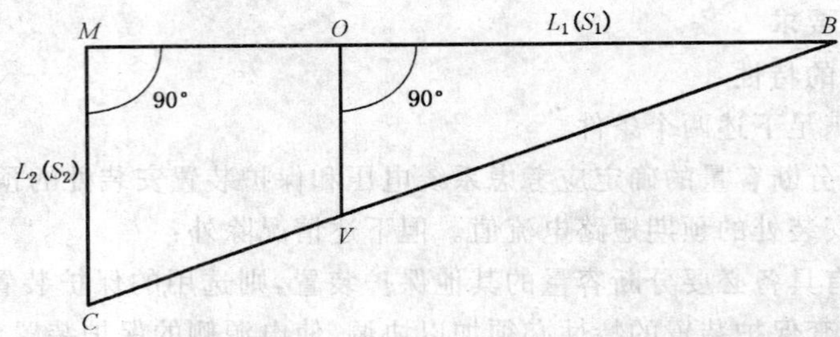

图中：$MB=L_1(S_1)$，是截面积为 S_1 的导线最大长度（它是由装在 M 点的短路保护装置保护的）。

$MC=L_2(S_2)$，是截面积为 S_2 的导线最大长度（它是由装在 M 点的短路保护装置保护的）。

在 O 点岔出的 OV 就是按比例图划法确定的截面积为 S_2 的导体最大长度（它是由装在 M 点的短路保护装置保护的）。

注：L_1、L_2 的长度应根据系统电压，电源阻抗、导线参数和保护装置等因素加以确定。

图 8 截面积减小后负载侧导线长度的确定

6.5 过载保护和短路保护的配合

6.5.1 由一套装置提供的保护

如果根据 6.3.2 的要求确定的过载保护装置的断流容量不小于安装点的预期短路电流值，则可以认为该点负载侧的短路电流也提供了保护。

保护装置的安装要求见 6.3.3.1 和 6.4.4.1。

6.5.2 分别由各自的装置提供的保护

6.3 和 6.4 的规定分别适用于过载保护装置和短路保护装置。

这些装置的特性必须互相配合，以使短路保护装置允许通过的电流容量不超过过载保护装置所能承受的电流容量。

6.6 电源特性和负载的特性对过电流的限制

6.6.1 负载的特性对过电流的限制

如果与设备的连接导线是永久性的，且导线的载流量大于设备电流和满足 6.3.3.2.1 的要求，则可认为该导体受到了过载电流保护。

6.6.2 电源特性对过电流的限制

当供电电源的输出电流不可能超过供电导体载流量时，则可认为这些导体已具备了过载和短路保护（例如某些电铃变压器，某些电焊变压器及某些型式的热力发电机组）。

7 保护装置和保护系统的选择

7.1 一般要求

本章提出按第 5 章、第 6 章要求选择保护装置和保护系统时，应考虑的因素。

按本部分选择的保护装置和保护系统必须对下述现象提供保护：

a) 导体和设备的短路；

b) 导体和设备的过载；

c) 间接接触。

7.2 选择程序

7.2.1 保护系统的选择

保护系统的选择程序如图 9 所示。

如果一个保护装置能对一个以上的电路提供保护，则应只采用一个保护装置。

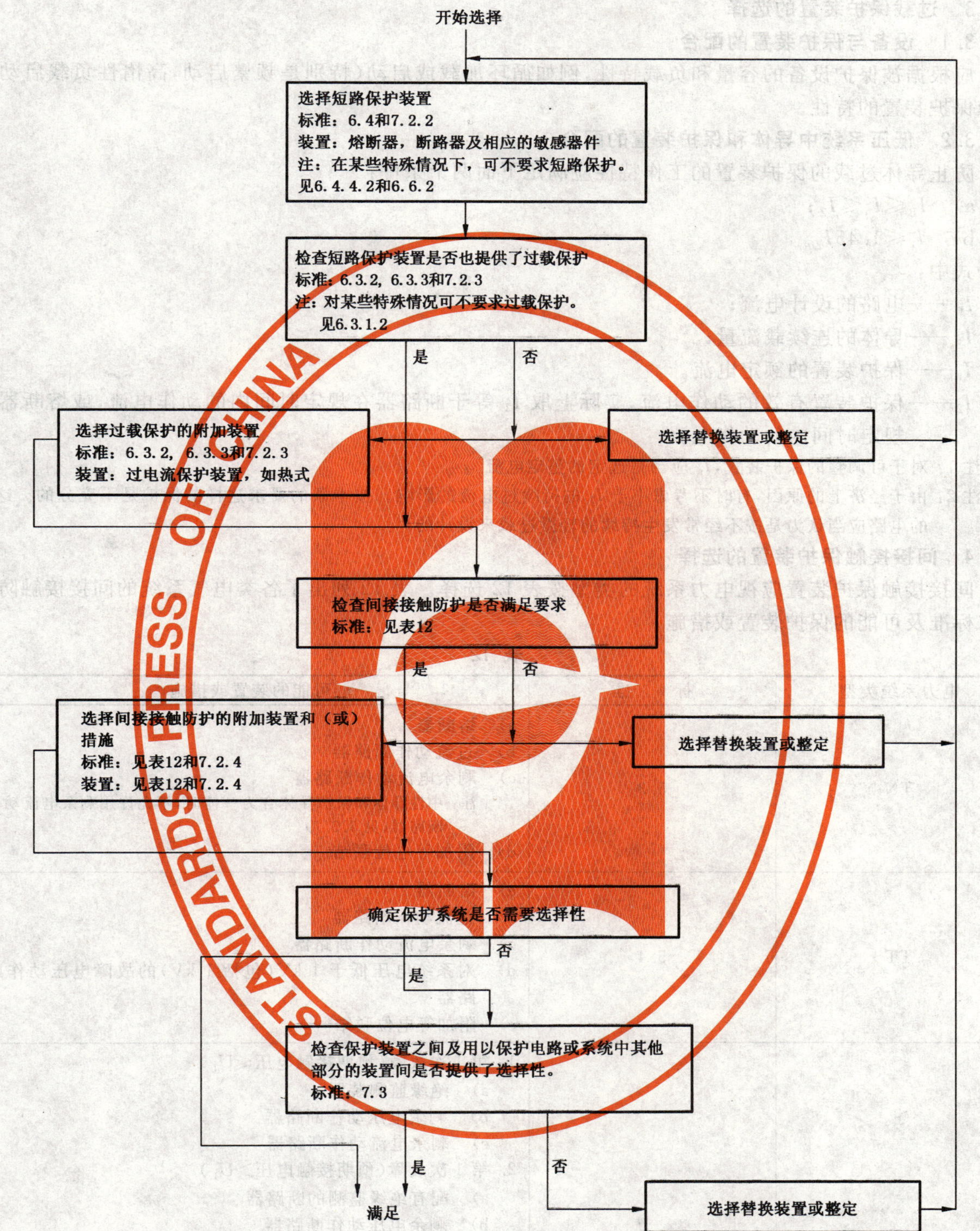

图 9 保护系统选择程序表图(包括可适用的标准和可使用的保护装置的例子)

7.2.2 短路保护装置的选择

选择熔断器、断路器及其附属的敏感和辅助器件作为短路保护装置时应做到：

a) 它们的特性符合 6.4 的要求；

b) 在出现最小预期短路电流时，被保护电路的切断时间应小于 6.4.3 规定的时间。

注：最小预期短路电流是被保护电路最远点短接时的相应电流值。

7.2.3　过载保护装置的选择

7.2.3.1　设备与保护装置的配合

应根据被保护设备的容量和负载特性，例如循环加载或启动(特别是频繁启动，高惰性负载启动)，选择保护装置的特性。

7.2.3.2　低压系统中导体和保护装置的配合

防止导体过载的保护装置的工作特性应满足下面两个条件：

a)　$I_B \leqslant I_n \leqslant I_Z$；

b)　$I_2 \leqslant 1.45 I_Z$。

式中：

I_B——电路的设计电流；

I_Z——导体的连续载流量；

I_n——保护装置的额定电流。

I_2——保护装置有效的动作电流，实际上取 I_2 等于断路器在规定时间内的动作电流，或熔断器在规定时间内的动作电流。

注 1：对于可调整的保护装置，I_n 应当是选定的整定电流。

注 2：由于经济上的原因，有时不考虑小于 I_2 的持续过电流的影响。按本条的要求这样的保护是不充分的。这样的电路应当认为是按不经常发生持续的轻微过载来设计的。

7.2.4　间接接触保护装置的选择

间接接触保护装置应视电力系统的类型按表 12 选择。表 12 列出了各类电气系统的间接接触防护要求标准及可能的保护装置或措施。

表 12

电力系统类型	标　准	可能的装置或措施
TN	5.3	a)　熔断器 b)　过流动作断路器 c)　剩余电流动作断路器 注：中性导体和保护导体合为一体时，不允许用剩余电流动作断路器(见 5.3.7) d)　附加等电位联结
TT	5.4	a)　熔断器 b)　过流动作断路器 c)　剩余电流动作断路器 d)　对系统电压低于 1 kV(包括 1 kV)的故障电压动作断路器 e)　附加等电位联结[a]
IT	5.5	1. 第 1 次故障(预期接触电压≤U_L) a)　绝缘监测装置 b)　剩余电压动作断路器 c)　剩余电流动作断路器 2. 第 1 次故障(预期接触电压＞U_L) a)　配有绝缘监测的断路器 b)　剩余电压动作断路器 c)　剩余电流动作断路器 d)　附加等电位联结[a] 3. 后续故障 a)　熔断器 b)　过流动作断路器 c)　剩余电流动作断路器 d)　附加等电位联结[a]
[a] 附加等电位联结只可与所列保护装置中至少一个配合使用。		

7.3 **保护装置的选择性**

7.3.1 出于安全需要，保护装置应具有选择性，即：

a) 某一被保护电路异常时，仅此电路的保护装置动作；

b) 为安全地消除电路故障，应尽可能少地切断该电力系统的回路。

7.3.2 保护装置的种类

参见附录 B。

附 录 A
（规范性附录）
因数 K 的确定

A.1 K 值的计算

必须根据保护导体的材料，初始温度和最终温度值，按下列公式计算 K 值。

$$对铜导体：K=\sqrt{116\ 000\lg\left(\frac{T_2+234}{T_1+234}\right)}$$

$$对铝导体：K=\sqrt{49\ 000\lg\left(\frac{T_2+228}{T_1+228}\right)}$$

式中：

T_1——导体的初始温度，单位为摄氏度（℃）；

T_2——导体的最终温度，单位为摄氏度（℃）。

A.2、A.3 分别给出初始温度和最终温度的推荐值。

按上述公式求得若干 K 值列于表 A.1，表 A.1 同时给出了钢导体的若干 K 值。

A.2 推荐的初始温度值

A.2.1 对不与相导体邻近的保护导体，初始温度取预期最大环境温度（例如 20 ℃、40 ℃等）。

表 A.1 保护导体最小截面的 K 因数值

初始温度 T_1/℃	最终温度 T_2/℃	对如下导体材料的 K 值		
		铜	铝	钢
20	150	145	94	55
20	160	149	97	58
20	200	165	107	60
20	220	171	112	
20	250	180	117	70
20	300	195	126	
20	500	235	150	85
40	150	131	85	
40	160	136	87	
40	200	152	99	
40	220	160	105	
40	250	170	110	
40	300	183	119	
40	500	223	145	
70	160	114	75	
75	150	105	68	
75	160	111	72	
75	200	131	85	
85	200	125	81	
85	220	133	87	
90	220	130	85	
90	250	142	93	
125	250	123	80	

A.2.2 对与相导体邻近的保护导体，根据相导体的绝缘材料从表 A.2 中选择初始温度。

表 A.2 保护导体的初始温度和最终温度推荐值[a]

单位为摄氏度

相导体的绝缘材料	初始温度 T_1	最终温度 T_2	
		A 列	B 列
聚氯乙烯	75	150	160
普通橡胶	75	200	200
黄蜡布和纸	85	200	200
交联聚乙烯	90	250	250
乙烯丙烯橡胶	90	250	250
硅橡胶	125	250	250
注：当保护导体是电缆的缆芯或屏蔽层时，采用表中 A 列最终温度值。当保护导体是电缆的护套或铠装层，或与电缆接触的其他部分时，则采用表中 B 列最终温度值。			
[a] 表中所列初始温度不作为连续运行的推荐值。			

A.3 推荐的最终温度值

A.3.1 当保护导体是电缆的缆芯或屏蔽层时，则应根据保护导体的绝缘材料从表 A.2 中的 A 列选取最终温度值。

A.3.2 当保护导体是电缆的护套或铠装层或与相导体接触的其他部分时，则应根据相导体的绝缘材料从表 A.2 中的 B 列选取最终温度值。

A.3.3 保护导体是裸导体，并且在规定的最高温度下不触接危险部件，则最终温度值为：

a) 导体在受限区域内，并且是可见的，对铜和钢导体为 500 ℃，对铝导体为 300 ℃；

b) 导体在一般区域内，并且是不可见的，对铜，铝，钢导体均为 200 ℃；

c) 导体在火险区域内，并且是不可见的，对铜，铝，钢导体均为 150 ℃。

附 录 B
（资料性附录）
保护装置的若干类型及其使用说明

B.1 测量互感器

测量用电流和(或)电压互感器可用来减小馈送到保护装置的电流和(或)电压值,或在电源与保护装置间起隔离作用。选用的互感器特性应与保护装置的特性相配合。

B.2 剩余电流动作保护装置

剩余电流动作保护装置通过检测泄漏电流,剩余电流或零序电流判断被保护电路的绝缘损坏情况,并根据整定值,切断被保护电路。

除了中性导体和保护导体合一的TN系统外,剩余电流动作保护装置可用于所有电力系统。

B.3 剩余电压动作保护装置

剩余电压动作保护装置通过检测系统电压矢量相对正常状态的偏移值,或剩余电压值判断被保护电路的绝缘损坏情况,并根据整定值切断被保护电路。

剩余电压动作保护装置广泛用于IT电力系统中。用一个这样的装置便足以检测IT系统中直接连接(而不是通过变压器、电容器或电阻器的连接)的任何部分的接地故障。

B.4 故障电压动作保护装置

故障电压动作保护装置用来检测裸露导电部件和与主接地极完全隔离的独立的接地极之间的电压,并根据整定值切断被保护电路,保护装置的正确动作取决于独立的接地极系统的完整性。

故障电压动作保护装置只局限于在电压低于1 kV的TT系统的小型低容量支路中使用。

B.5 剩余电流/电压综合动作保护装置

由于剩余电流和剩余电压驱动的这种保护装置适用于所有电力系统,测量点可以直接指示接地故障电流的方向。这类装置可以检测持续故障、瞬间故障。必要时可以识别接地故障和线路瞬间故障间的差异。

B.6 绝缘监测装置

绝缘检测装置可以连续检测不接地系统的绝缘电阻值。

应当注意对某些带有整流器或可控硅负载的特殊用途的电力系统,有些绝缘监测装置是不能放映其绝缘故障的。

注:若干个绝缘监测装置的测量电路不能并联(例如,连接供电系统时可能出现并联)。

B.7 距离保护装置

距离保护装置通常用于高压输电系统的相间或相地间短路故障的主保护和后备保护。

距离保护装置可以通过故障电流和装置安装点电压的比较,测出故障点的距离。

合理地选择保护装置的保护区和动作时限将有助于快速消除电力系统中某一特定部位的故障,并进行后备保护。

B.8 差动保护装置

差动保护装置是通过比较安装在被保护区域各末端的电流互感器的电流值来检测故障。

这种保护装置的优点：

a) 灵敏度高；

b) 瞬间检测；

c) 内容能够将被保护区和系统的其他部分介意区别。

这种保护装置对保护区域之外的故障不灵敏。

B.9 过电流保护装置

过电流保护装置通常用于测量和保护由短时间和长时间过电流造成的对线路和设备的热影响。过电流保护装置可以是单向或双向，直接或间接驱动的装置。

常用的过电流保护装置有：

a) 熔断器；

b) 电磁驱动的断路器或开关；

c) 热驱动的断路器或开关；

d) 电流互感器驱动的电磁或热继电器；

e) 电流互感器驱动的固态继电器；

f) 限流电抗器。

a)～e)通常用于短时间过电流保护，c)～f)通常用于长时间过电流保护。

ICS 29.020
K 09

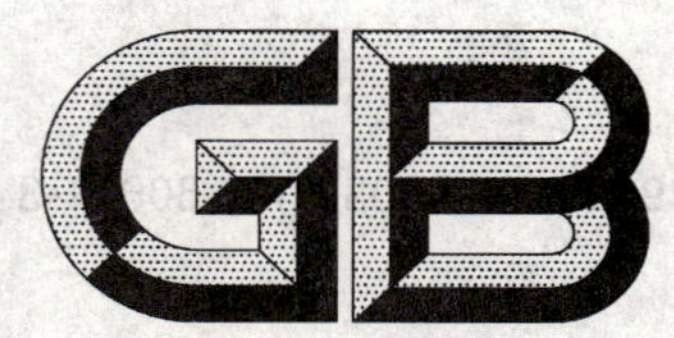

中华人民共和国国家标准

GB/T 9089.3—2008/IEC 60621-3:1986
代替 GB/T 9089.3—1991

户外严酷条件下的电气设施 第3部分:设备及附件的一般要求

Electrical installations for outdoor sites under heavy conditions—
Part 3: General requirements for equipment and ancillaries

(IEC 60621-3:1986, IDT)

2008-06-18 发布 2009-03-01 实施

中华人民共和国国家质量监督检验检疫总局
中国国家标准化管理委员会 发布

前　言

GB/T 9089《户外严酷条件下的电气设施》分为如下五个部分：

——第1部分：范围和定义；

——第2部分：一般防护要求；

——第3部分：设备及附件的一般要求；

——第4部分：装置要求；

——第5部分：操作要求。

本部分为GB/T 9089系列标准的第3部分。等同采用国际标准IEC 60621-3《户外严酷条件下(包括露天矿和采石场)电气设施　第3部分：设备及附件的一般要求》及其修订1(1979年版及其1986年修订1)。GB/T 9089系列标准的第3部分修订1为补充章条。

本部分是对GB/T 9089.3—1991《户外严酷条件下电气装置　设备及附件的一般要求》的修订。

本部分对电气设备和系统的设计安全和运行提出指导原则，以确保人、畜、财产安全及设备正常运行。

本部分的附录A为资料性附录。

本部分代替GB/T 9089.3—1991《户外严酷条件下电气装置　设备及附件的一般要求》。

本部分由中国电器工业协会提出。

本部分由全国低压成套开关设备和控制设备标准化技术委员会归口。

本部分起草单位：天津电气传动设计研究所、成都市产品质量监督检验院、北京国电康能科技有限公司、北京中煤电气有限公司、杭州欣美成套电器制造有限公司、余姚市电力设备修造厂、临海市耀明电力设备有限公司、成都通力集团股份有限公司、

本部分主要起草人：罗重、马亦军、李志宏、李春杰、傅春江、邹奇宏、罗正阳、周继聪。

本部分所替代标准的历次版本发布情况为：

——GB/T 9089.3—1991。

户外严酷条件下的电气设施
第3部分:设备及附件的一般要求

1 范围

GB/T 9089的本部分规定了户外严酷条件下场所电气设备及附件的一般要求。

GB/T 9089.1—2008的范围适用于本部分。

2 规范性引用文件

下列文件中的条款通过GB 9089的本部分的引用而成为本部分的条款。凡是注日期的引用文件,其随后所有的修改单(不包括勘误的内容)或修订版均不适用于本部分,然而,鼓励根据本部分达成协议的各方研究是否可使用这些文件的最新版本。凡是不注日期的引用文件,其最新版本适用于本部分。

GB/T 3048.12—1994 电线电缆电性能试验方法 局部放电试验

GB 3836.1—2000 爆炸性气体环境用电气设备 第1部分:通用要求(eqv IEC 60079-0:1998)

GB 4824—2004 工业、科学和医疗射频设备无线电干扰允许值(CISPR 11:2003,IDT)

GB 4968—1985 火灾分类(idt ISO 3941:1977)

GB/T 9089.2—2008 户外严酷条件下的电气设施 第2部分:一般防护要求(IEC 60621-2:1987,MOD)

GB/T 12826—1991 移动设备用卷绕电缆载流量计算导则

3 电气部件的一般要求

本章对电气部件提出一般要求,对各种电气设备及附件的特殊要求在下面各章规定。

3.1 设计与选择

电气部件的设计与选择应以预期的负载、运行特性和周期工作制为基础,同时考虑在特殊及严酷的工作、运输和存放的环境条件下的防护要求。

如下面列举的某些环境条件:

——海拔;

——低和/或高环境温度;

——电源电压偏差;

——电源频率偏差;

——不稳定供电及瞬变;

——高或低湿度;

——环境(灰尘、风压、海洋大气等);

——可燃性和/或爆炸性物质和/或大气;

——有害动物,包括啮齿类或其他小动物;

——易发生自然灾害的地方;

——生态影响。

为了保证选择正确的设计参数,需方和供方必须就电气部件及附件的技术条件相互协商,达成协议,这类协议必须符合国家的相应规定。

3.2 相关标准

所有电气部件应不低于国家有关电气规范的规定。

3.3 材料

制造电气部件所用的材料，必须能适应于诸如温度、海拔、湿度等环境条件的要求。

3.4 保护

应当具备在正常运行条件下或预期故障条件下防止损坏和/或过热的保护措施。

3.5 工作条件

电气部件的设计应能满足预期工作条件下可能出现的如振动、加速、减速、旋转。

3.6 场所条件

电气部件的安装应使其设计特性如冷却系统不因安装位置、风道阻塞、恶劣环境等外部因素而受影响。

3.7 易燃物质

如易燃物质(例如粉尘和液体)存在的数量足以引起危险，而部件的任何暴露部分有可能与易燃物质接触，那么部件暴露部分的温度应不超过易燃物质已知最低燃烧温度的 90%。

注：应参考 GB 3836.1—2000。

3.8 接地端子

除Ⅱ类设备外，在所有工作电压高于特低电压的部件的封闭外壳上，应提供有效的接地端子。

3.9 噪声限制

设计中，应按国家有关标准限制噪声水平。

4 旋转电机

4.1 机械结构

对高加速、超转速、反转或制动用旋转电机应设计和制造成能耐受预计可能出现的诸如转子绕组、鼠笼、定子、定子端部绕组、转轴和联轴器等部件上的预期应力。

4.2 机械防护

旋转电机的固定或防护应能防止与运动部件的意外接触。

5 变压器

5.1 铁心、线圈和油箱的夹紧结构

安装在可移式、活动式设备上和在支撑结构上经受振动的变压器铁心、线圈、内部引线及油箱的夹紧结构应设计得能够适应这种条件。

5.2 外壳

变压器最好全部封闭，所有的充液变压器都应设置释压装置。

变压器呼吸器或释压装置的安装应使冷却介质(冷却剂)因冷凝而劣化的情况减至最少。

5.3 防尘

干式变压器(包括冷却系统)应能防止灰尘的有害侵入。

5.4 防火

如果变压器的冷却介质燃烧可能危及人身或厂房安全时，应有冷却介质排放的安全措施，同时至少还应采用下列保护措施之一：

——使用干式变压器；

——使用阻燃冷却介质；

——对装有可燃冷却介质的变压器，设置防火室；

——对可燃冷却介质容量超过 1 500 L 的变压器，应当设置带冷却装置和(或)冷却介质排放设备的储油槽。

5.5 冷却介质(冷却剂)的污染

应采取充分预防措施,防止冷却介质溢出造成环境污染,例如:地下水储存设施,港口,水道及类似设施的污染。

被溢出的冷却介质污染的地面不能加以清除时,也应采取防止地面污染的措施,这时可不设置冷却介质储油槽(见5.4)。

使用阻燃冷却介质变压器的场所,装置的安排布置应能防止可能的大气污染及冷却介质的有害影响。

6 静止变流器

6.1 过电压限制

在使用静止变流器的场所,应采取保护措施以防护过电压和瞬时过电压的有害影响。

6.2 对通信和控制系统的干扰

应采取防护或控制措施,以限制变流器的电效应可能对通讯和/或电气控制设备产生有害的干扰。

有关无线电频率抑制和允许谐波电流参见国家标准有关规定。

6.3 电气耦合

如有必要,变流器装置应有适当的措施,以防止由于与其他器件的电气耦合(如电阻性、电感性或电容性)产生误动作。

6.4 接地系统间相互影响的防护

如有必要,变流器装置应有适当的措施,以防止输入、输出和控制电路的接地系统间的相互影响。

6.5 反馈监控

在使用闭环电路控制系统且反馈信号的丢失会引起危险的情况下,建议该系统增设反馈监控或采取其他有效措施以防危险。

7 开关电器

7.1 防止意外动作

开关电器的设计、制造和安装应保证在预期和危险的运行条件下都不产生误动作。

7.2 隔离开关

隔离开关应提供适当措施,使其被锁定在隔离位置上。

7.3 分断能力

不适宜分断负载或故障电流的开关电器应设联锁装置或加标注。

7.4 人身防护

开关电器的安装应能防止电弧及机构自行动作对人身带来的危害。

8 电缆的选择和应用

8.1 相导体

相导体截面积的选择应考虑预期的负载电流、短路电流、故障持续时间、电压降及按预期敷设方式所需的机械强度。电压降的计算应考虑启动和最大负载条件。对于周期性负载供电,其导体载流量应按预期的长时间电流的方均根值计算。

8.2 保护导体

可移动式配电、卷绕和拖曳式多芯电缆均应有保护导体。在高压系统中,必须采取专门措施(下列方法之一)防止接地电路的损坏。

a) 用监视芯线、高频监视或其他装置来监视保护导体的电阻增加;

b) 电缆不论是否在电缆卷筒(盘)上使用,都应按照10.2和10.3的要求进行设计和使用。

保护导体可以是芯线和/或屏蔽层。

只要满足8.3的要求，某些类型的可移动式配电电缆的铠装可用做保护导体。

8.3 做保护导体用的铠装

对于可移动式配电电缆，当绞合股线铠装截面积大于6 mm^2，且铠装防断裂安全率(考虑强度、延伸、绞距等)至少等于所有的导体的防断裂安全率，铠装的导电能力至少等于其被代替的保护导体(要求的标称尺寸)的导电能力时，其铠装可用做保护导体。

8.4 短路条件下的温升限值

选用电缆应保证在预期短路故障条件下导体温度不超过最大允许温度(考虑绝缘类型)。具体规定见GB/T 9089.2—2008。

8.5 局部放电保护

额定电压4 000 V及以上的软电缆，应采取措施把局部放电减至最小，或使这种影响没有造成伤害(例如电场梯度控制)。

应采取措施，减少接触电压和阶跃电压。这些措施包括：

a) 金属屏蔽；

b) 采用带有保护导体的半导体元件。

8.6 半导电层

装有可靠的纵包半导电层(故障时给保护导体提供电流通路)的电缆，应测试半导电元件与保护导体之间的电阻，以保证其能承载预期的故障电流。

注：半导电元件的电阻试验方法按有关规定。

8.7 额定电压1 000 V以上的电缆屏蔽和/或铠装

用手移动的通电软电缆，必须有金属屏蔽和/或铠装，或采用有足够截面积的导电弹性屏蔽，并且在设置上，应能限制电缆发生故障所产生的接触电压和阶跃电压。

对只能用专门绝缘工具移动的电缆，上述条件仅适用于额定电压6 000 V及以上。

8.8 保护导体的识别

a) 额定电压1 000 V及以下的电缆，其保护导体的绝缘或外包带的整个外表应具有清楚的擦拭不掉的绿/黄组合色。在任何15 mm长度上，一种颜色应占30%～70%，余下部分为另一种颜色；

b) 额定电压高于1 000 V的电缆，其保护导体的绝缘或外包带至少在每端按前述要求用绿/黄组合标志，也可加其他合适的补充标志。

8.9 局部放电性能

额定电压6 000 V及以上的可移动配电电缆，卷绕电缆和拖曳电缆的每一生产长度应由制造厂做局部放电试验。放电量应符合有关规定。

试验方法按GB 3048.12—1994。

8.10 软电缆端部连接

软电缆端部连接应避免电缆端部受到应力、拉伸、过度弯曲和压缩。

8.11 电力电缆扭曲限度

如机械正常运行方式要求在两个方向有高达360°内不频繁转动，电缆固定支撑之间的距离应不小于电缆敷设路线中最大电缆直径的50倍。

如机械正常运行方式要求在两个方向有高达360°弧角内频繁转动，电缆固定支撑之间的距离应不小于电缆敷设路线中最大电缆直径的100倍。

为此种用途特殊设计的电缆，上述比例可分别减至25倍和50倍。

8.12 外护套

直接敷设在地上或地下的电缆外护套应按运行条件设计。

有挤包金属外套的电缆，例如铅合金和铝护套电缆或矿物绝缘金属护套电缆，不得在振动、搬运频繁或地面移动可能造成电缆疲劳的地方使用。

8.13 电力和控制缆芯的隔离

8.13.1 单芯电缆

由若干单芯电缆构成的电力和控制线路可以敷设在一个共用的电缆沟、管道或套管中(见8.14)。

所有敷设在电缆沟、管道或套管中的这些电缆(裸接地线除外)应按其中的最高电压绝缘。

当在交流电路中使用单芯电缆时，给定电路中的所有导体应按相同磁路敷设，以抑制合成磁通。

8.13.2 多芯电缆

额定电压1 000 V及以下的多芯电缆可用于不同的电力和控制回路。

额定电压1 000 V以上的多芯电缆中，只有控制线芯才是检查接地连续性的监视线，控制线芯可包含在多芯电缆中。

具有电力和控制线芯的任何多芯电缆应符合下列相应要求：

a) 具有监视、控制线芯的任何电缆应将线芯与电缆的其他导电材料绝缘；

b) 在不接地系统中(IT系统)，工作电压高于1 000 V的电缆应有金属屏蔽或分相导电橡胶屏蔽，把电力线芯与监视线芯分隔开来；

c) 在接地系统中(TT或TN系统)，工作电压1 000 V以上的电缆应有金属屏蔽，把电力线芯与监视线芯分隔开来；

d) 工作电压1 000 V及以下的电缆，应有监视控制线芯。不接地系统中用导电橡胶屏蔽，接地系统中用金属屏蔽与电力线芯分隔，或者对上述两个系统中的监视、控制线芯采用与电力线芯电压水平要求相同的绝缘等级。

8.13.3 卷筒(盘)上的多芯电缆

具有电力、监视、控制线芯的多芯电缆，如为专门设计的卷绕电缆，并符合8.13.2电压限定范围，就可用于卷筒(盘)上。

8.14 电缆架中电缆的隔离

在共用电缆架、电缆槽或管道中敷设的多芯、单芯电力电缆和控制电缆，必须考虑相互间的干扰。

8.15 直径超过25 mm的软电缆的弯曲半径

对于不符合8.5a)、8.5b)规定制造的软电缆，在安装使用时，其移动的最小弯曲半径应取电缆直径的6倍；符合8.5a)、8.5b)规定的软电缆最小弯曲半径应取电缆直径的8倍。

9 电缆连接器

9.1 插接式电缆连接器的使用

额定电压高于1 000 V的插接式连接器应采取下列一项或二项措施，以防止电路带电时连接器插入或脱开。

a) 装设与插接式连接器联锁的隔离开关，防止电路带电时插入或脱开，并防止插接不好时分合电路；

b) 利用监视线芯、高频监控或其他方法监视保护导线。

本条款b)项仅为安全措施，不应作正常隔离用。

9.2 有栓插接连接器或螺栓连接

有栓插接连接器或螺栓连接不需联锁，但必须按规定的操作程序操作。

10 电缆卷筒(盘)及其卷绕电缆

电缆卷筒(盘)及其卷绕电缆的设计应遵照下述规定。

10.1 电缆卷筒(盘)及其卷绕电缆的额定参数

卷绕电缆的设计和选择应保证在预期周期性负载和在卷筒(盘)上电缆缠绕层数最多的条件下,其电缆运行温度不超过正常运行负载下的最高允许工作温度。为此应当选择合适的修正量。

装设在电缆卷筒(盘)上的圆型截面电缆,其最大载流量不超过a)或b)项的规定(以自由空间中电缆额定电流的百分数表示):

a) 辐射型电缆卷筒(盘):通风的:85%

不通风的:75%

b) 通风的圆筒型电缆卷筒(盘)按GB/T 12826—1991的规定。

注1:辐射型电缆卷筒(盘)的轮缘间距较窄,电缆层呈螺旋状排布。轮缘呈整板结构的为不通风的;轮缘适当开孔的为通风的。

注2:通风的电缆卷筒(盘)的轮缘间距较宽,电缆卷筒和轮缘上适当开孔,电缆分层排布在卷筒上。

设计通风的电缆卷筒上的各圈电缆间距时推荐至少为电缆直径的10%。

10.2 电缆张力限度

电缆卷筒(盘)的设计必须满足正常工作条件下,任一缆芯承受的张力上限不超过15 N/mm²。线芯张力瞬时峰值不超过25 N/mm²。

如有必要,电缆卷筒(盘)应设计保护装置,以防止电缆受超张力或欠张力影响。

10.3 软电缆的卷筒(盘)直径

除10.4允许情况外,正常运行的软电缆卷筒(盘)最小直径必须符合表1的要求。

表1 电缆卷筒(盘)直径与电缆直径比值的最小值

电缆结构	最小比值
不按8.5a)或b)项要求制造的电缆	15
按8.5a)或b)项要求制造的电缆	25

如果电缆馈送装置使电缆弯曲时可能受压缩,这种馈送装置的半径应随着卷筒直径而加大。

注:在低温条件下,对于某些材料可能需要适当加大这些最小直径。

10.4 卷筒(盘)直径允许减小

当卷筒(盘)受到某些设备(如采掘机械或运输机械)的空间限制,使其直径无法满足10.3的规定时,可以降低电缆的寿命,减小卷筒(盘)直径。

对专门为某种严酷条件下使用的设备所设计的电缆(如短程料车电缆)或不经常卷绕的电缆,其卷筒(盘)直径也可减小。

10.5 电缆"S"形弯曲和方向变更的要求

从一平面到另一平面的S形弯曲或类似弯曲的两个弯曲部位间的直线部分,至少应等于电缆直径的20倍。

11 制动电路和控制装置

11.1 防止误动作

除非控制装置的复位不会引起设备自行重新起动或这种起动不危及人身安全,否则控制电路和控制装置切断后不能自动复位。

11.2 泄漏电流和电容电流限制——不接地系统的控制电路

对于不接地控制电路,必须采取措施来保证在电路没有故障的正常操作情况下,在开关分断后,流过开关装置闭合线圈的总电流小于开关接通时的维持电流。

该总电流也必须小于开关装置的最小释放电流,总电流包括对地电容电流和泄漏电流、以及控制线芯之间的电容电流和泄漏电流。

必须测量使用中的开关装置的释放电流值，并以这个值为基础决定允许的总电容电流和泄漏电流，该允许值不应超过开关释放电流值的70%。

11.3 绝缘监视——不接地系统的控制电路

对于不接地控制电路(对保证人身和设备安全十分重要)必须提供绝缘监视或其他保证安全的措施。

当使用绝缘监视装置时，应在总电容电流、泄漏电流及附加故障电流之和(如11.2所述)达到释放电流的70%以前发出报警信号，或采用其他有效措施，保证上述各值低于70%释放电流。

绝缘监视装置或其他措施起作用时，必须自动切断有关电路的供电，或采用其他措施停止有关驱动设备或发出信号。

对后一种情况，应采用合适且充分的操作措施。

11.4 泄露电流和电容电流限制——接地控制电路

对使用单极开关操作控制电路的接地控制电路，其开关应装在该装置的相导体中。中性线应与装置的另一端子直接连接。只要相导体和中性线中的开关同时动作，也可用双极开关操作控制装置。

在电路正常运行没有故障的情况下，在开关关断后流过开关装置闭合线圈的总电流应小于维持开关闭合所需要的电流。这个总电流亦应小于开关装置的最小释放电流，总电流包括控制电路线芯间的泄漏电流和电容电流。

应当测定使用中的开关装置的释放电流值，并以此值为基础来决定允许的总电容电流和泄漏电流时，该允许值不应超过开关装置释放电流值的70%。

12 安全电路和安全装置

12.1 一般要求

所有安全电路均应符合故障安全原则的规定，例如12.2、12.3、12.4的规定。

12.2 闭合电路原则

用继电器通电时闭合的触点实现动作执行功能。在线路供电发生故障，继电器触点失效或电路断开时，停止驱动设备，或通过其固有特性，达到自动换接、自动停止等安全目的。

12.3 动作程序验证原则

为确保安全措施起作用，每一功能是否正确执行，应由其接续功能证明。例如，当继电器换接到通电或断开位置时，接续功能可以说明继电器的动作正确。

12.4 固态开关故障安全原则

在使用固态开关的场合，除12.2或12.3要求外，还应提供附加的预防措施，如交叉监视技术。

13 火灾检测和防护系统

本章规定了防止因火灾事故直接或间接地危及人员与设备安全的最低要求。这些火灾可能由于电源或电气装置自身材料燃烧引起或由于危及电气装置的其他外部火源引起。

13.1 目的

本章规定是为了防止人身受到如火焰、有害烟雾、气体、瞬间缺氧等火灾的直接危害，以及可能预见的火灾的间接危害。

防火的首要目的是防止火灾对人身造成伤亡。本部分规定的防护措施适用于人身安全可能受到危害的场所。

很多情况下，造成财产损失的火灾可能会危及人身安全，这时，财产的防护也是必须的。当火灾仅危及财产而不危及人身安全时，防护是非强制性的。

13.2 一般防护要求

在电气设备的安装中应当采取相应的火灾检测措施，并提供用于人身和财产(必要时)的防护设备。

13.2.1 防护分析

应对电气设备和装置加以认真分析,以确定相应的消防和防护措施。

应就火灾的发生和蔓延,火灾产生的烟雾、毒气或瓦斯,爆炸或其他危及人身安全和财产损失的情况作出评估。

应就火灾探测与警报,人员的正常与紧急撤离火区制定措施,设置阻止或抑制火灾蔓延的遮拦或壳体,确定合适的消防人员及灭火设备的种类和数量。

一个单独的消防系统可用于防护某一区域中一种以上的火险。

附录 A 列举了一种分析方法。

13.2.2 防护措施

13.2.2.1 疏散通道防护

疏散通道是指从火灾现场撤到安全地带的路线,该路线应有明显、充分的标明出口方向的标志及照明。必要时可设置备用疏散通道设施,要提供固定的或手提的紧急照明指示(即诱导灯)。

13.2.2.2 简便的防护

有些火灾采用简便的消防器具,例如手提式灭火器,手推车式灭火器、人工操作的灭火介质(如水、砂、石、化学粉剂等)加以安全熄火或控制。这种防护适合于防止被保护对象暴露于火灾之中,及人员在火灾条件下的安全疏散。

应能在整个火灾区域内,得到适合于预期火灾类别的这类简便的器具,并应放置在易见、易取、易于向安全地带搬移的地方。

器具的放置要牢固,有封记,防止滥用。

13.2.2.3 用遮拦和/或壳体防护

用耐燃材料制成遮拦和/或壳体以便在一定的时间内阻止或抑制火势蔓延。可以认为这种防护措施能够防止保护对象陷入火灾中,且实现人员的安全疏散。

13.2.2.4 手控灭火系统防护

对不便接近和不便使用简便消防器具的消防区域,且在有人正常值班的情况下,可安装固定的手控灭火系统。人工释放装置的设置应便于在火灾条件下安全操作。

13.2.2.5 自控灭火系统防护

对不便接近和不便使用简便消防器具的消防区域,且在无人正常值班的情况下,可装设自控灭火系统。自控系统应能人工释放。人工释放装置在火灾情况下应便于使用并应能在安全的地方操作。

13.3 探测、报警、灭火系统及设备

所有探测、报警、灭火系统及设备的选择和安装应适应于预期的火灾种类、工作条件和区域特点。设备和系统应当由专业人员或在他们的指导下进行。

注:灭火分类及其定义见 GB 4968—1985 火灾分类。

所有安装完毕的探测、报警、灭火设备及系统都要做功能试验以保证正常运行,试验时可不释放灭火剂。

对于电监控、电报警和电控设备应提供可靠的电源(如蓄电池供电系统),其电气线路应考虑采用防火电线电缆。

火灾探测可利用人的感官(视、听、嗅觉)及感温、感烟、感光等器具。

在确定探测器的布置、类型、灵感度及数量时,应考虑被防护区域空间的大小及外形轮廓、气流方式、障碍物及其他特征。

在火灾期间,探测器应能在由于燃烧产生温度升高、烟、水蒸汽、气体和辐射等条件下正常工作。

探测器、探测系统和灭火系统应符合相应的国家标准及规定。

13.4 消防措施的应用

13.4.1 一般要求

在危及人身安全的所有火灾危险场所,都应酌情采用本部分 13.2.2 规定的防护措施。

13.4.2 消防设备的配置

对危及人身安全的火灾危险区域中的电气设备,都应配备与该设备可能发生的火灾类别相适应的简便灭火器具。

对贮存可燃液体、气体,可能对人造成火灾直接危害的电气设备,应当配备与预计火灾类别相适应的简便灭火器。并应考虑配备手控灭火系统或自控灭火系统。

在火灾条件下,对由于结构薄弱,设备误动作等可能对人员造成间接危险的所有设备,应当配备简便的灭火器具和自动报警系统。报警系统应能人工启动。应当考虑配备手动灭火系统和自控灭火系统。

13.4.3 有效灭火剂数量

在火灾特别危险区域配备的有效灭火剂数量应与选用的灭火器类型、对人身危害程度及灭火剂释放方式相匹配。

对简便灭火器而言,由于受灭火剂贮量限制,在必要的地方处可增配灭火器数量。

当要求采用手控或自控系统全淹没灭火方式时,配备的灭火剂体积应超过被保护封闭空间的50%。

13.4.4 安装注意事项

在带电设备区应配备不导电的灭火剂,规定允许使用导电介质者除外。

某些泡沫、干粉和气体灭火剂会使人窒息、中毒,或因有限的能见度对人造成伤害。在采用上述灭火剂的全淹没灭火方式的防火系统中,其手控或自控系统都应配装报警设备,并应提供充分的延迟释放灭火剂的时间,以便人员撤离现场。在人员不便迅速疏散的区域,应配备能解除灭火系统的措施。

在二氧化碳类灭火剂的集中使用区域,二氧化碳会使人丧失知觉或窒息。因此,在有人的地方应采用其他灭火剂,或在灭火剂释放之前发出疏散警报。

选用灭火剂时,要考虑周围环境温度。

在高火灾危险的区域,应备灭火毯,以闷息人身上的火。

应考虑在火灾发生时关闭带电设备通风系统或改变通风方向的要求。

13.5 附加要求

13.5.1 灭火设备位置的指示

指示灭火设备位置的告示、标记应置于醒目的地方。

13.5.2 偏远位置的设备或厂房

为减少偏远位置设备或厂房的火灾危险,可采取以下措施:

a) 变压器和户外油开关周围设置充满沙砾的事故贮油坑,以便设备外壳破裂时,完全吸收流出的绝缘油;
b) 采用阻燃电缆,防火电缆;在敷设好的电缆上涂以阻燃涂料;电缆(桥)架上设置电缆防火用封闭阻燃槽盒或耐火隔板;
c) 控制室、开关室的四壁、天花板和地面采用耐火材料,或涂以防火涂料。

13.5.3 电气设备的供电切断

应当配设在火灾发生时能立即切断电气线路和设备供电电源的装置。

13.5.4 易燃气体或液体

在使用易燃气体或液体的地方,应备有在火灾时切断供应电源的装置,以防止引起连锁起火爆炸。

13.5.5 辅助灭火设备

当固定式灭火设备临时失去作用时,应有替代的灭火设备。例如简便灭火器具,自压供水贮存系统或自备水泵。

在采用固定式(手控或自控)灭火器的地方,可辅设简便灭火器具。以对小型火灾实施早期控制。

附 录 A
（资料性附录）
防护分析表

表 A.1 给出火灾防护分析表。

表 A.1

设备或区域	人身防护	财产防护	系统		简便灭火器具	探测器类型	灭火剂	注意事项
			自动	手动				

探测器类型：
1） 感温
2） 感烟
3） 感光
4） 可燃气体
5） 复合式

灭火剂：
1） BC 干粉
2） ABC 干粉
3） 水
4） 二氟一氯一溴、甲烷(1211)
5） 三氟一溴甲烷(1301)
6） 二氧化碳
7） 泡沫
8） 其他

ICS 29.020
K 09

中华人民共和国国家标准

GB/T 9089.4—2008/IEC 60621-4:1981
代替 GB/T 9089.4—1992

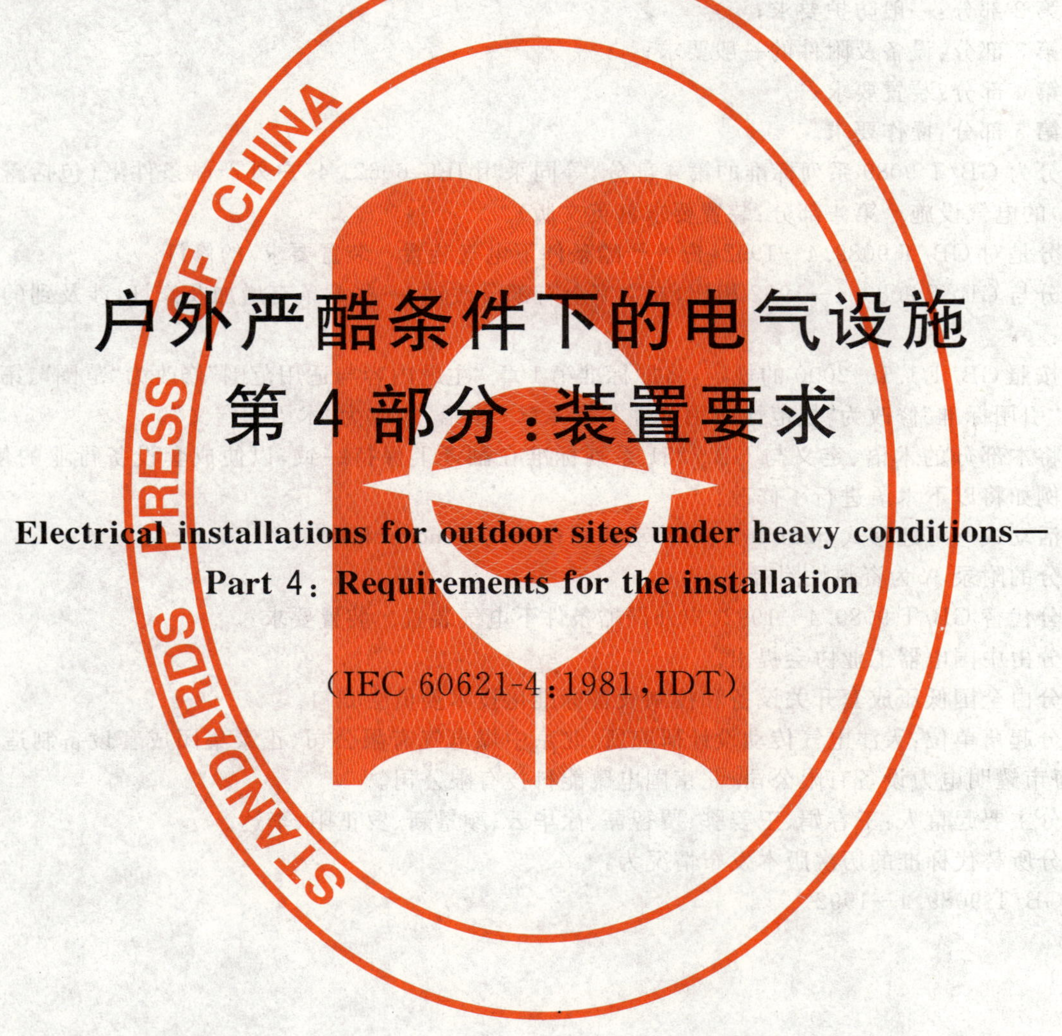

户外严酷条件下的电气设施 第4部分:装置要求

Electrical installations for outdoor sites under heavy conditions—Part 4: Requirements for the installation

(IEC 60621-4:1981,IDT)

2008-06-18 发布

2009-03-01 实施

中华人民共和国国家质量监督检验检疫总局
中国国家标准化管理委员会
发布

前　言

GB/T 9089《户外严酷条件下的电气设施》系列标准分为如下几个部分：

——第1部分：范围和定义；

——第2部分：一般防护要求；

——第3部分：设备及附件的一般要求；

——第4部分：装置要求；

——第5部分：操作要求。

本部分为GB/T 9089系列标准的第4部分，等同采用IEC 60621-4《户外严酷条件下（包括露天矿和采石场）的电气设施　第4部分：装置要求》（英文版）。

本部分是对GB/T 9089.4—1992《户外严酷条件下电气装置　装置要求》的修订。

本部分与GB/T 9089.4—1992相比，在文字上有部分改动，一些章条有增加及修订，涉及到的主要差异如下：

——按照GB/T 1.1—2000的规定，将原标准第1章“主题内容与适用范围”修改为“范围”、第2章“引用标准”修改为“规范性引用文件”、第3章“术语”修改为“术语和定义”。

——将本部分的术语、定义与GB 7251系列标准在翻译上保持一致，以便成套设备行业的使用。例如将以下术语进行了修改：

活动式→可迁移式（mobile）、可移动式→移动式（movable）。

本部分的附录A为资料性附录。

本部分代替GB/T 9089.4—1992《户外严酷条件下电气装置　装置要求》。

本部分由中国电器工业协会提出。

本部分由全国低压成套开关设备和控制设备标准化技术委员会归口。

本部分起草单位：天津电气传动设计研究所、北京中煤电气有限公司、正泰集团成套设备制造有限公司、临海市耀明电力设备有限公司、北京国电康能科技有限公司。

本部分主要起草人：王春娟、王姜骅、贾智磊、徐华云、颜景新、罗正阳、李达。

本部分所替代标准的历次版本发布情况为：

——GB/T 9089.4—1992。

户外严酷条件下的电气设施 第4部分:装置要求

1 范围

GB/T 9089的本部分规定了户外严酷条件下的电气设施——装置的要求,以确保人、畜、财产的安全和设备的正常运行。

本部分适用于户外严酷条件下(包括露天矿、采石场、存料场和类似场所)采掘、堆取、初加工机械及输送系统等电气设施。

GB/T 9089.1—2008的范围适用于本部分。

2 规范性引用文件

下列文件中的条款通过GB/T 9089的本部分的引用而成为本部分的条款。凡是注日期的引用文件,其随后所有的修改单(不包括勘误的内容)或修订版均不适用于本部分,然而,鼓励根据本部分达成协议的各方研究是否可使用这些文件的最新版本。凡是不注日期的引用文件,其最新版本适用于本部分。

GB/T 9089.1—2008 户外严酷条件下的电气设施 第1部分:范围和定义(IEC 60621-1:1987,IDT);

GB/T 9089.2—2008 户外严酷条件下的电气设施 第2部分:一般防护要求(IEC 60621-2:1987,MOD);

GB/T 9089.3—2008 户外严酷条件下的电气设施 第3部分:设备及附件的一般要求(IEC 60621-3:1986,IDT);

GB 9089.5—2008 户外严酷条件下的电气设施 第5部分:操作要求(IEC 60621-5:1987,IDT)。

3 术语和定义

本部分的术语和定义见GB/T 9089.1—2008。

第一篇 对采掘、堆取和初加工机械的要求

4 直接接触和间接接触防护的附加要求

4.1 部件安装

当安装电动机、限流开关和插座时,如果在电气设备的构架和结构部件之间的联结面具有足够的导电面积时,则不要求对装置的结构部件采用专门的保护连接。此情况下仅要求用普通螺栓和螺钉连接。

上述原则也适用于配电柜和端子盒内各种类型电气设备的连接。

用于腐蚀性气体或剧烈震动条件下的设备,应使用单独的保护导体与电动机、限流开关等进行连接。

4.2 远离控制台的可迁移式和移动式辅助设备

对于可迁移式和移动式辅助设备(例如焊接设备、硫化变压器等),当它们的保护导体既未被监视又不明显可见时,应在这类辅助设备和电气设备之间用明显可见的导体进行等电位连接。

4.3 IT系统的绝缘监视器

在IT系统中,由内装电源例如带有电气绝缘线圈的变压器、发电机或蓄电池供电的线路不需配置

绝缘监视器。

4.4 硫化加热板的绝缘监视器

在IT系统中,当硫化加热板由带有电气绝缘线圈的变压器供电时,不需配置绝缘监视器。

5 驱动装置

5.1和5.2的要求适用于周期或循环工作制负载以及某些连续工作制负载的驱动装置。

5.1 电压变化的影响

应考虑设备启动和周期负载产生的电压变化可能造成的设备损坏或失灵,以确保人身和设备的安全。

5.2 供电系统

应考虑供电部门实行限电造成的负载波动对设备的影响。

6 外部电源系统

6.1 系统设计

电源系统的设计应满足周期性负载、电动机启动以及由于负载瞬时变化引起的交流电动机固有振动等条件的要求。

6.2 过电流保护

变压器、电缆等的过载和短路保护应考虑负载启动和周期性特性。

6.3 自动重合闸或自动投切

如果再生发电可能会延迟欠压电器的动作,在配电系统中则不应使用自动重合闸或自动投切器件,除非满足下述条件之一:

a) 这类电器有足够的延时以保证电动机断电;

b) 此电器配有"失步"保护;

c) 供电系统和电动机的性能的配合使其能够自动励磁。

6.4 系统电压

制造商和用户对无负载和满负载条件下的规定电压应达成协议。

7 内装电源系统

7.1 系统设计

电源系统的设计应满足电动机启动、再生发电、尖峰负载、均方根值负载及频率稳定性等方面的要求。

7.2 防火

应根据所使用的材料考虑是否需要采取专门的和/或附加的防火措施(见GB/T 9089.3—2008)。

7.3 接地

如果固定式、可迁移式和移动式设备是采用内装电源供电,而且没有外部电源,这类设备无需接地。

7.4 向远离控制台的设备供电

向远离控制台的可迁移式和移动式设备供电,4.2的要求应适用。

8 控制电路和控制电器

8.1 冲击、振动和电压波动

必须考虑冲击、振动和电压波动对控制电器的影响,以避免控制电器的误动作对人身和设备造成危险。

如果采用机械闭锁控制器,而且断电后恢复供电有可能造成人身和设备的危险时,则应采取措施以使断电时机械闭锁控制器自动跳闸。在保护器件动作时该控制器也应跳闸。

8.2 同步电动机控制

8.2.1 自动切断励磁

当装置的任一部件是由同步电动机驱动的,断电时要求自动切断励磁。

8.2.2 励磁自动控制

当采用同步电动机驱动周期性或循环负载时,推荐采用励磁自动控制。

8.2.3 断电保护

在采用同步电动机驱动负载而且当电源中断后可再生发电时,则应采取措施,使断电时电动机启动开关或进线开关跳闸。推荐采用频率感应器件。在配电系统中采用自动重合闸和自动投切器件时,6.3的要求应适用。

8.3 停机控制

8.3.1 停机控制开关的使用

8.3.2至8.3.4描述的器件不应用作带电部件的隔离和运动部件的制动,本系列标准第5部分允许的情况除外。

8.3.2 停机控制电路

停机控制电路和其他安全保护器件的电路应简单、可靠而且灵敏快捷。

8.3.3 停机控制开关的位置

停机控制开关均应配置在每个启动开关附近,升降呼叫控制除外。可以根据需要增设停机控制开关。

8.3.4 拉线停机控制

停机控制开关的拉线应布置成:在输送轴的任一水平方向操作都能使设备停机。停机控制形式应当是:一次正向的机械动作能使触点跳起,下一次的机械动作刚好使它复位。

8.4 启动器的连锁

如果设备可以在一个以上部位启动,只允许从一个指定位置来操作控制系统,除非满足下述条件之一:

a) 采用启动报警信号装置;

b) 在所有启动位置都能监控到被控设备;

c) 被控设备装有防止误接近的设施。

8.5 防止未经允许的启动

必要时应加设保护措施以防止未经允许的启动。可采用将停机控制开关锁定在断电位置的方式,或要确保只有专业人员才能接近启动开关。

9 紧急停机和紧急停机装置

9.1 紧急停机

应配备断电或其他类似功能的设施以在紧急情况下实现停机,断电设施可以是手动或是远程控制的断路器、接触器等。

也可以采取其他方式实现紧急停机,例如在使用旋转变流器时,如果提供了防自激保护,允许采取断开电源以外的其他方式,但必须符合8.3的要求。

9.2 紧急停机装置

在采用远程控制断路器实现断电时,应设计成串联跳闸系统。如果跳闸装置及其跳闸储能电源能够被监视和定期维护,可以采用并联跳闸装置。

紧急停机装置可以装设在几个不同的电路中实现同时操作。可将数个紧急停机装置成组连接;每组可控制单条电路或多条电路。

在分成多条电路的情况下，各自的触头部件应串联连接。在上述条件不变的情况下，可以采用并联跳闸装置。

紧急停机装置可以采用远程控制系统，例如，采用声频或复式操作，这些要求提供同样的保护以确保操作是可靠而有效的。如果在远程控制系统中同时出现了两个或更多的故障，则不必考虑此方式。

注：附录A的图形对上述条款中关于紧急停机装置的要求进行了说明。

10 电源隔离措施

应配备主电源隔离装置以使电源电路与设备包括控制电路和电机电路隔离，在已采取了保证人员和设备安全的特殊措施后，应为控制电路提供单独的隔离设施以使其在电源电路断开后仍可以保持带电。

注：同时参见GB/T 9089.3—2008关于绝缘子闭锁装置。

第二篇 对输送系统的要求

11 直接接触防护和间接接触防护的附加要求

11.1 部件安装

4.1的要求应适用。

11.2 等电位连接导体和结构部件的导电性

当电压超过50 V的电气设备安装在输送结构上，且连接电气设备的电缆不带有保护导体时，则应为电气设备安装一个等电位连接导体，输送机的结构部件在机械和/或电气连接上非常牢固的情况可以除外。输送机的导电性和牢固程度至少要与等电位连接导体相同。

11.3 可迁移式和移动式辅助设备

4.2的要求应适用。

11.4 IT系统的绝缘监视器

4.3的要求应适用。

11.5 硫化加热板的绝缘监视器

4.4的要求应适用。

12 电缆

当输送机的结构部件或框架上悬挂不带有半导电护套、金属屏蔽或铠装的电缆时，此类结构部件或框架应视为外部导电部件，而且应包含在防止间接接触的整个设计方案中，例如确保所有的金属部件连接在一起。

13 停机控制

13.1 停机控制开关的使用

13.2至13.4描述的器件不应用作带电部件的隔离和运动部件的制动，GB 9089.5—2008允许的情况除外。

13.2 停机程序

停机控制操作应能使输送机停止，并且应：

a） 使所有上游输送机停在负载装卸位置上，或将上游输送机上的物资输送到其他支路上；

b） 初期制动使输送机在安全时间内停止；

c） 防止倒转。

对于一个很长的输送系统，停机区域内的停机控制器的操作不需使区域以外的所有上游输送机停机，例如通过传感器测定上游输送机是空载，则不必停机。

停机控制器即使可以自动复位，重新启动也必须用手操作。

13.3 停机控制开关的位置

应配置停机控制开关。建议将停机控制开关安装在输送机的首端和末端，而且沿输送机的整个长度安装拉线停机控制。拉线停机控制开关上的所有可接近点都可作为停机控制开关。如果使用独立的停机控制开关，应将它们安置在距离输送机可接近点不大于 15 m 的位置上。在输送机的任一侧都应能够接近停机控制开关。

注：手动操作停机控制开关也可用于紧急停机。

附 录 A
（资料性附录）
紧急停机开关接线电路举例

图 A.1～图 A.4 是紧急停机开关接线电路的例子。

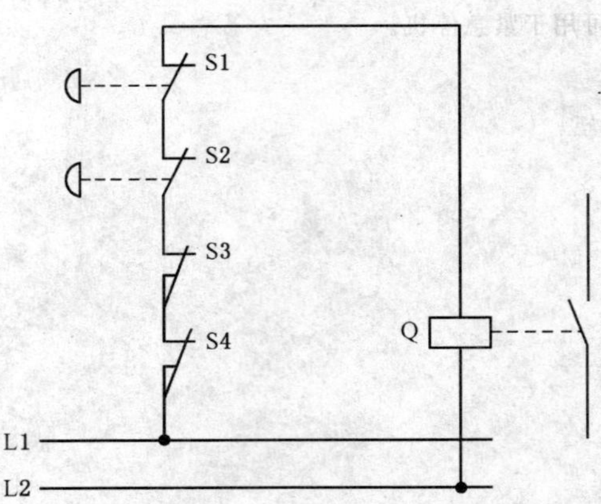

Q——主电路断路器或接触器；
S1、S2——紧急按钮开关；
S3、S4——位置开关(限止开关)。

图 A.1　串联跳闸紧急停机装置的接线图

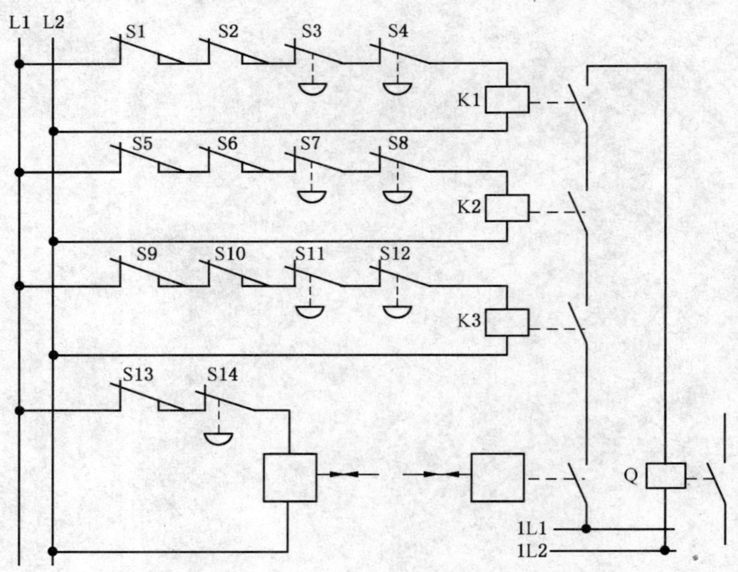

Q——主电路断路器或接触器；
K1、K2、K3——继电器；
S1、S2、S5、S6、S9、S10、S13——位置开关(限止开关)；
S3、S4、S7、S8、S11、S12、S14——紧急按钮开关。

图 A.2　多路串联跳闸紧急停机装置的接线图

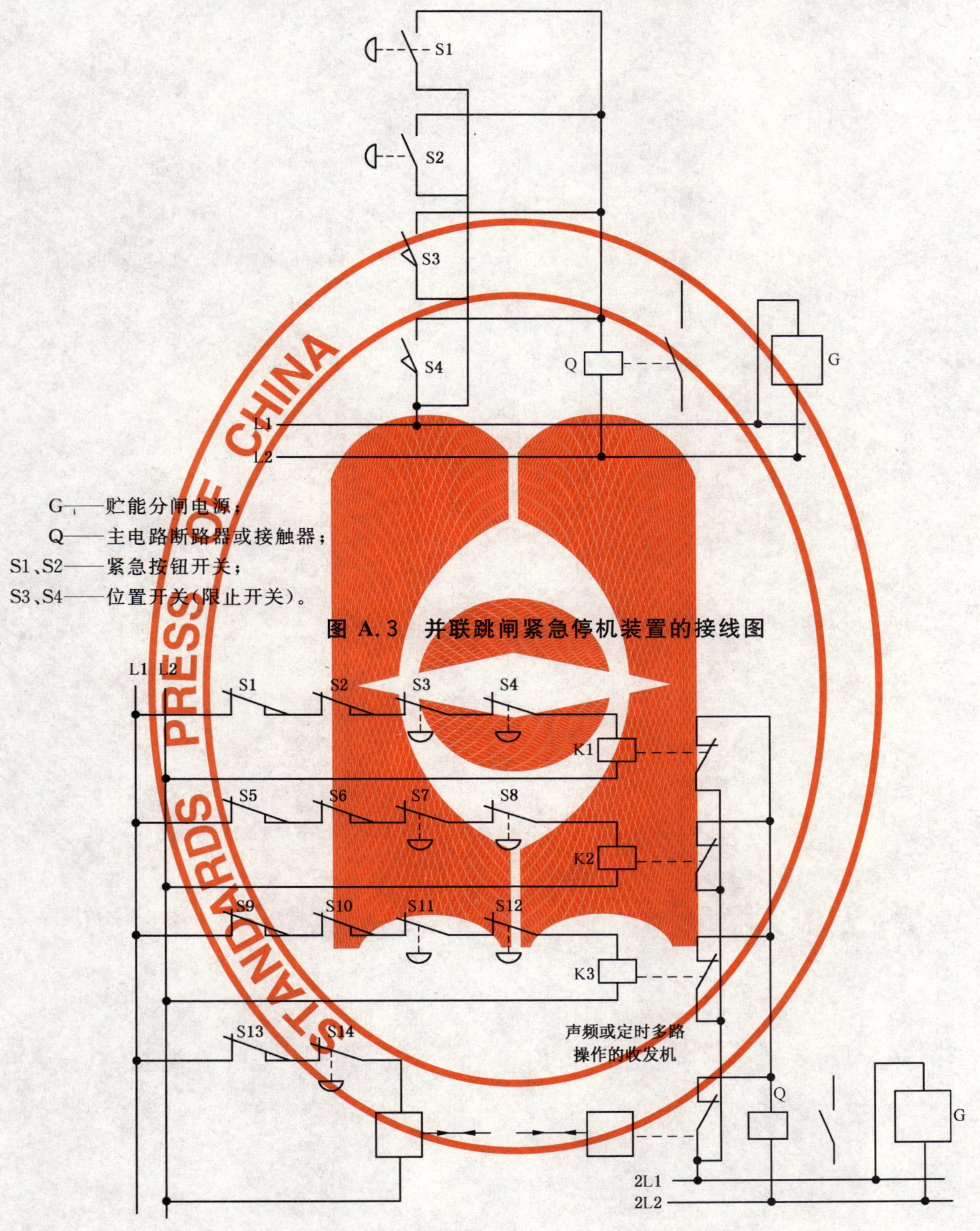

G——贮能分闸电源；

Q——主电路断路器或接触器；

S1、S2——紧急按钮开关；

S3、S4——位置开关(限止开关)。

图 A.3 并联跳闸紧急停机装置的接线图

G——贮能分闸电源；

Q——主电路断路器或接触器；

S1、S2、S5、S6、S9、S10、S13——位置开关(限止开关)；

S3、S4、S7、S8、S11、S12、S14——紧急按钮开关。

图 A.4 多路并联跳闸紧急停机装置的接线图

ICS 29.020
K 09

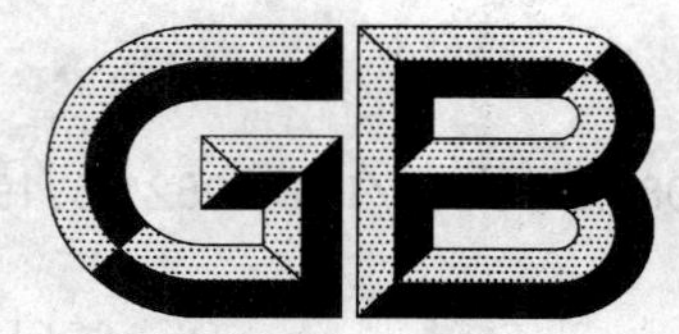

中华人民共和国国家标准

GB 9089.5—2008/IEC 60621-5:1987
代替 GB 9089.5—1995

户外严酷条件下的电气设施
第5部分:操作要求

Electrical Installations for outdoor sites under heavy conditions—Part 5: Operating requirements

(IEC 60621-5:1987,IDT)

2008-06-18 发布　　2009-03-01 实施

中华人民共和国国家质量监督检验检疫总局
中国国家标准化管理委员会　发布

前言

除第1章、第2章、第3章及附录A的内容外,其余内容为强制性。

GB 9089《户外严酷条件下的电气设施》分为如下几个部分:

——第1部分:范围和定义;

——第2部分:一般防护要求;

——第3部分:设备及附件的一般要求;

——第4部分:装置要求;

——第5部分:操作要求。

本部分为GB 9089系列标准的第5部分,等同采用IEC 60621-5:1987《户外严酷条件下的电气设施 第5部分:操作要求》(英文版)。

本部分是对GB 9089.5—1995《户外严酷条件下电气装置 操作要求》的修订。

本部分与GB 9089.5—1995相比,除在文字上有部分改动,涉及到的主要差异如下:

——按照GB/T 1.1—2000和GB/T 20000.2—2001的规定,对GB 9089.5—1995的内容进行重新编辑;

——将原标准名称"户外严酷条件下电气装置 操作要求"修改为"户外严酷条件下的电气设施 第5部分:操作要求";

——将本部分的术语、定义与GB 7251系列标准在翻译上保持一致,以便于成套设备行业的使用;

——增加对在收集器/架空线附近的操作的要求在考虑中;

——对防火目前不要求。

本部分的附录A为资料性附录。

本部分代替GB 9089.5—1995《户外严酷条件下电气装置 操作要求》。

本部分由中国电器工业协会提出。

本部分由全国低压成套开关设备和控制设备标准化技术委员会归口。

本部分起草单位:天津电气传动设计研究所、天津天传电控配电有限公司、北京中煤电气有限公司、杭州欣美成套电器制造有限公司、临海市耀明电力设备有限公司、北京国电康能科技股份有限公司。

本部分主要起草人:俞秀文、欧惠安、王亚智、傅春江、罗正阳 、李达。

本部分所替代标准的历次版本发布情况为:

——GB 9089.5—1995。

户外严酷条件下的电气设施
第5部分:操作要求

1 范围

GB 9089的本部分规定了保证人身安全应执行的正常操作程序。这些程序可以不同于在某些控制条件下执行的系统操作。

GB/T 9089.1—2008的范围适用于本部分。

2 规范性引用文件

下列文件中的条款通过GB 9089的本部分的引用而成为本部分的条款。凡是注日期的引用文件,其随后所有的修改单(不包括勘误的内容)或修订版均不适用于本部分,然而,鼓励根据本部分达成协议的各方研究是否可使用这些文件的最新版本。凡是不注日期的引用文件,其最新版本适用于本部分。

GB/T 9089.1—2008 户外严酷条件下的电气设施 第1部分:范围和定义(IEC 60621-1:1987,IDT)

GB/T 9089.2—2008 户外严酷条件下的电气设施 第2部分:一般防护要求(IEC 60621-2:1987,MOD)

3 术语和定义

GB/T 9089.1—2008的内容适用于本部分。

4 对人员进入操作区域的限制

4.1 进入正常操作区域

任何人员都可以接近正常操作区域中依据GB/T 9089.2—2008中第4章要求设置的所有遮拦和壳体。

GB/T 9089.2—2008中4.2.3b)、c)、d)或e)中描述的类型除外,遮拦或壳体应由专业人员或指定人员才能拆卸移动。当遮拦或壳体被移动并且裸露带电部分未被隔离时,依据本部分5.3,应安装临时遮拦和警告标志。

4.2 进入电气操作区域和封闭的电气操作区域

除非所有裸露带电部分在操作区域已经按照5.3采取了隔离措施,只有下列人员允许进入电气操作区域和封闭的电气操作区域:

a) 专业人员;

b) 指定人员;

c) 由专业人员或指定人员陪同的普通人员。

5 人员在裸露带电部件附近的操作

5.1 一般要求

当需要在额定工作电压大于交流50 V或直流120 V的裸露带电部件附近操作时,应符合下列要求之一:

a) 操作时应遵守5.2规定的最小接近距离;

b) 按照5.3应对裸露带电部件隔离；

c) 指定人员或专业人员应遵守5.4所规定的特殊程序。

5.2 最小接近距离

除5.4允许的情况外，任何人或与人接触的任何物体，接近封闭裸露带电部分的距离见表1，专用的绝缘操作器件除外。

注1：为了遵守最小接近距离的规定，可以采用绳索、遮拦或类似的措施。

注2：表1中规定的最小接近距离是以稳定的工作面和固定就位的裸露带电部件为基础的，在这些情况不适用的地方，考虑到预期的位移，应该增大最小接近距离。

注3：在架空线路附近操作时可能需要增大表1规定的最小接近距离。

当人员在裸露带电部件附近操作，使用长的物件例如：梯子、金属脚架、管子等应特别小心。建议水平移动这些物件时至少要两个人。

表1 人员的最小接近距离[a]

额定工作电压/kV(有效值，相-相)	最小接近距离/mm
1	—
6	90
10	150
20	215
30	325
45	520
60	700
110	1 100
150	1 550
220	2 200
注1：未规定最小接近距离的，要避免与带电部件的接触。 注2：额定工作电压为35 kV和66 kV情况下的最小接近距离可由制造商与用户协商，参照上述数据选取确定。	
[a] 规定的最小接近距离考虑了实际系统电压变化可能达到额定工作电压的20%。	

5.3 裸露带电部分的隔离

当必须在裸露带电部件附近操作的距离小于表1规定的最小接近距离时，应对裸露带电部分的电源隔离。本要求对指定人员或专业人员按5.4规定操作时不适用。

对额定工作电压大于1 000 V的装置，隔离应包括部件的短接和接地连接。专业人员应在确保隔离、短接和接地妥善完成并确认后开始操作。试验时，短接和接地可以在短时拆除，但应采取适当的措施以确保人员安全。

专业人员应确保所有在该区域操作的人员清楚隔离区域的部位和所从事的工作。专业人员应知道由相邻带电导体感应而可能产生的危险电压的部位，必要处应保证采取适当的防护措施。

在裸露导电部分已经实行了隔离，包括对有关部件已短接和接地的临近位置，应清楚地标志并采取防护措施，避免触及相邻的裸露带电部件。

5.4 靠近裸露带电部分的操作

5.4.1 一般要求

当需要在额定工作电压大于1 000 V的裸露带电部件上或其附近操作的位置比表1给出的最小接近距离小并且已经确定不能按照5.3对部件实施隔离时，只要部件的带电处提供5.4.2和5.4.3规定的措施，可以进行操作。

注：对允许在带电部件上操作的，最大电压限值有时适用。

5.4.2 责任人

应指定由专业人员负责操作。在操作开始前，专业人员应执行如下：

a) 准备执行操作的种类和位置的详细说明；

b) 准备执行操作使用的方法和程序的详细计划，包括每个人的具体工作；

c) 保证所有有关人员充分了解各自的责任和注意事项。

专业人员应保证每个有关操作人员在监督下操作。

5.4.3 防护设备

应采用适合的防护设备，并且这些设备应定期检验以确保其持续有效。

注：用于带电线路操作的设备和工具要求见相关规范。

6 架空线路附近的车辆和机械设备的移动

6.1 一般要求

除6.4的特殊情况可以减小距离之外，架空线路附近的车辆和机械设备的移动应遵守6.2和6.3规定的最小距离。

6.2和6.3规定的最小距离应也适用车辆和机械设备上的人员。

架空线路已经按照5.3隔离的，6.2和6.3规定的最小距离不适用。

6.2 垂直间距

当车辆和机械设备通过架空线路的下方，应遵守表2规定的最小间距。间距指车辆或机械设备的最高点到架空线的距离。

当车辆或机械设备因正常工作需要在架空线下方通过(例如指定的交通叉口)，而且可能不满足表2规定的最小间距时，应按照表2为架空线路提供至道路表面上方的最大高度标尺，例如设置门柱。

6.3 水平间距

当车辆或机械设备在架空线附近运行，并且车辆或机械设备的高度不能达到6.2的最小垂直间距规定时，应保持其水平间距不小于表2规定的相应值。当车辆或机械设备水平作业方向不能完全控制时，应保持更大的水平间距。

6.4 允许间距减小的条件

存在下列情况之一，6.2和6.3规定的间距可以减小：

a) 车辆或机械设备在限定的道路上运行，例如：在车辆轨道上运行；

b) 车辆或机械设备在指定人员或专业人员的监督下运行；

c) 车辆或机械设备的间接接触防护符合GB/T 9089.2—2008的规定。

表2 车辆和机械设备在高架线下和附近运行时的最小间距[a]

额定工作电压/kV (有效值，相-相)	最小间距[b]/mm
1	1 000
30	2 300
60	2 500
110	3 000
220	4 000

注：额定工作电压为35 kV和66 kV情况下的最小间距可由制造商与用户协商，参照上述数据选取确定。

[a] 最小规定间距要考虑到实际系统电压的变化，最高可以达到额定工作电压的20%。

[b] 需要考虑可能出现的线路下垂和摆动。

7 在收集器/架空线附近的操作

要求正在考虑中。

8 操作的变动

8.1 防护的保持

当操作发生变动时，应注意确保 GB/T 9089.2—2008 的防护要求。这种变动可以包括延伸工作场地(要求延长动力线或电缆)、施工道路、设备增加等。考虑的情况包括间距、电气安装的防护、保护导体的截面、过载和短路保护、欠压、雷击、预期接触电压等。

8.2 间距的减小

应特别注意要确保不能因为材料的堆放或倾卸、地貌或储物区的形成而使架空线至地面的间距减小到所允许的最小值以下。

8.3 在电气装置附近的采掘作业

对矿物质采掘作业或任何其他用途不应使任何电杆、塔架或其他支架基础的安全性受到影响，也不得妨碍接地导体或接地电极。

8.4 安全电路和安全装置的完善

应采取措施确保安全电路或安全装置不发生失效，除非采取了替代的安全措施。

9 电缆的移动

9.1 可移动式配电电缆

除特殊设计可带电移动的电缆外，所有可移动式配电电缆在移动前应断电。移动电缆应按照制造商建议的最小温度和最小弯曲半径的规定。

在重新连接电缆分线箱前，应对电缆分线箱进行相应的检查和试验，以确保其良好的导电性和绝缘性。

9.2 拖曳电缆和卷绕电缆

对利用机械移动的拖曳电缆和卷绕电缆，应采取措施，防止电缆终端承受直接机械拉力。

建议拖曳电缆在靠近机械处使电缆的长度留有裕量，并以 8 字形或 Z 字形放置备用。

所有拖曳电缆和卷绕电缆放置时，应将岩石、石块等造成的损伤减至最小。应对所有拖曳电缆和卷绕电缆进行定期检查，以确保其自由移动和免除损伤。

当移动拖曳电缆和卷绕电缆需要将其从电缆分线箱上分开时，应将电源隔离方能操作。此要求对低电压、小电流电缆，例如控制电缆不适用。

10 电缆的保护

因车辆和机械移动可能造成损坏的电缆应放置在明显的位置或加以适当的保护。保护方式可采用：

a) 利用斜台或覆盖物；
b) 利用合适的松散物料遮盖；
c) 设置警示旗、标志牌或栅栏；
d) 培设土堤；
e) 埋在指定道路下的管子里；
f) 使用架空电缆桥；
g) 将电缆支撑于地面上方。

11 架空线路的移动

架空线路移动前，应对所有导体按照 5.3 的规定与电源隔离。

在架空线路所在地区出现雷电的情况下，应停止线路的所有操作。

地面上方的所有操作人员应使用安全带并且应在监护下操作。

应采取措施以确保所有的电杆或塔架结构的稳固,导体的卸放不会对其他线段造成影响。

线路在拆卸和安装期间,应避免所有车辆或机械设备穿过架空线路,已经采取了适当的保护措施除外。

电杆位置移动时不得危及有关人员。

所有的电杆在重新竖立之前,应沿电杆的全长进行检查,包括其绝缘件和线担。

应在地基坚固处竖立架空线电杆。

重新架设前,应检查导体以确保适合再次使用。

12 电引爆操作

在使用电引爆装置时,应注意防备由引爆电源以外的任何电能输入引起的误爆或拒爆的危险。

注:由于各种原因流入大地的电流通常称作杂散电流。它可能成为电引爆装置的引爆电源。建议减小电引爆装置可能的误引爆措施参见附录 A。

13 防火

目前不要求。

14 附加要求和预防措施

14.1 雷暴期间预防措施

在可能发生直接雷击或有感应电压危险的地方,雷暴期间不应触摸或检修断电的电缆或架空线。

14.2 预警告示

对可能出现的危险应设置预警告示,并应妥善维护。

14.3 防护物的移动

防护物和壳体应只有在绝对必要并采取了适当的防护时才能移动。应采取措施在操作完成后及时放回这些防护物和壳体。

14.4 有关长金属构件的操作

当长金属构件(例如:可移动式输送设备、管线系统)与架空线并行时,应注意由于感应电压可能产生的危险。

15 设备的临时性操作

临时性设施应遵守 GB/T 9089.2—2008 的一般防护要求。

附 录 A
（资料性附录）
减少电引爆装置可能误爆的推荐措施

A.1 一般预防措施

可用于防止电引爆装置提前引爆的常见措施包括：

a) 使用适用的绝缘防爆电缆。

b) 在一切可能的地方避免电缆接头。

c) 确保在电缆芯附近错开电缆接头并用机械方法紧固并采用良好的绝缘。

d) 只有在要引爆时，才将引爆电缆与引爆装置接通。在其他时间，引爆电缆将短接并与大地绝缘。

e) 使用频率感应引爆计和引爆装置。此种装置仅对高频(15 000 Hz)响应，不受 50 Hz 到 60 Hz 的影响。

A.2～A.9 的建议包括了可以用来减少误引爆可能性的附加措施。

A.2 在第一次故障条件下继续操作的 IT 系统

在第一次故障条件下允许继续操作的任何电气装置的附近，不应存放或使用电引爆装置（见 GB/T 9089.2—2008 中 5.4.4)

A.3 裸露导电部件和外部导电部件

在裸露导电部件和外部导电部件的附近不应使用电引爆装置及其连接电缆，以避免在保护电器动作期间由接地的故障电流引起提前引爆。

A.4 架空线路

在架空线路附近不应使用电引爆装置及其连接电缆。架空线路发生故障时，电缆内能够产生杂散电流。架空线路坠地可能导致其他危险。

A.5 电池效应

当不同的金属相互直接接触或通过导电介质接触，如盐水、碱性钻孔泥浆等，可能产生电池效应。应避免使用金属衬垫、金属棒条或其他导电部件。

A.6 阴极保护

在管线和其他构筑物的地方要配备阴极保护，在管线或构筑物附近不应使用电引爆装置和连接电缆，或在布置和引爆作业时应隔离阴极保护电源。

A.7 电磁辐射

来自无线电、电视、雷达等高频能量能在一定的条件下使电引爆装置引爆。建议在电引爆装置及其连接电缆附近不用便携式无线电发射机。注意观察附近的任何固定发射站。

A.8 静电

尘暴、雪暴、可移动的输送系统、气压载荷系统等都可以产生静电荷。如果形成的电荷容许聚集和/

或储存在人或物体上，电引爆装置可能发生放电的危险。

建议在尘暴或雪暴期间应暂停引爆并应避免由于连接到大地的所有人或设备而带来的静电荷堆积。对地连接电阻高时应足以限制电流流过，而低时足以消耗静电荷，（通常电阻值 $10^6\Omega$ 满足此用途）。用半导电材料制作操作人员的鞋袜、气压载荷系统的软管和传输带，可实现这个建议。

A.9 雷电

天气扰动能够在电引爆线路中感应出电流从而引爆电引爆装置。建议在雷暴期间暂停布设或引爆操作，并将人员撤出该区域。

ICS 17.220.20
N 28

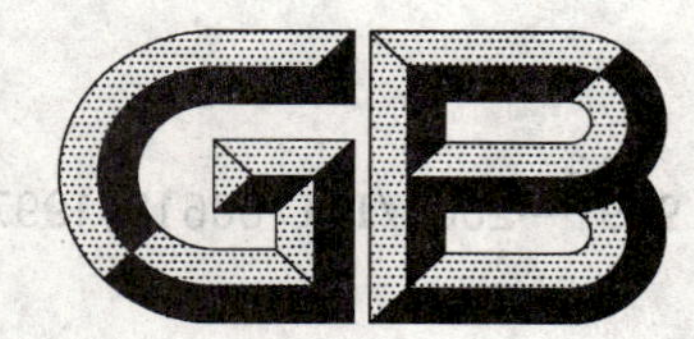

中华人民共和国国家标准

GB/T 9091—2008/IEC 60618:1997
代替 GB/T 9091—1988

感应分压器

Inductive voltage dividers

(IEC 60618:1997,IDT)

2008-08-19 发布　　2009-03-01 实施

中华人民共和国国家质量监督检验检疫总局
中国国家标准化管理委员会　发布

前　言

本标准等同采用国际电工委员会标准 IEC 60618:1997《感应分压器》(英文版),其技术内容和结构与 IEC 60618:1997 完全相同。

本标准代替 GB/T 9091—1988《感应分压器》。

本标准与 GB/T 9091—1988《感应分压器》相比,主要修改如下:

——对信息及标志内容,删去了原试验电压标志,增加了污染等级标志等要求。

本标准的附录 A 是规范性附录。

本标准由中国机械工业联合会提出。

本标准由全国电工仪器仪表标准化技术委员会(SAC/TC 104)归口。

本标准起草单位:上海仪器仪表研究所。

本标准主要起草人:张银福、董亚峰。

本标准所代替标准的历次版本发布情况为:

——GB/T 9091—1988。

感应分压器

1 范围

本标准适用于能在一定的频率范围内提供若干个准确的交流电压比率并且在输出端负载可忽略的条件下使用的感应分压器。

注1：互感器是指为测量目的而向负载提供电能的一种装置，在IEC 60186：电压互感器中叙述。

注2：在某些多盘感应分压器中，其最后一个度盘(最小有效位)的调节线路是电阻性的。

本标准不适用于与感应分压器一起使用的任何辅助设备。

2 术语及定义

下列术语和定义适用于本标准：

2.1

感应分压器 inductive voltage divider(简称"IVD")

是一个或多个相互连接的变压器组成的装置，用开关或其他方法使装置的输出电压等于输入电压的某个选定比例值。

注1："IVD"包括称为"精密自耦变压器"，"十进变压器式分压器"、"感应分压器"和"比率变压器"的装置。

注2：感应分压器的主要特性见附录A。

注3：某些感应分压器使用独立的辅助绕组(励磁绕组)提供铁芯的磁化和损耗，使用该绕组后能大大提高测量绕组的输入阻抗和减小感应分压器的误差，这种分压器被称为"二级感应分压器"。

2.2

传递比率 transfer ratio

感应分压器开路输出电压的复量(相量)与它的输入电压复量(相量)之比。

2.2.1

标称传递比率 nominal transfer ratio

由开关步进或其他的选择比率方法所指示的开路输出电压和输入电压之比。

注：该比率是由仪器的读数盘或类似的指示器所读得的一个数。

2.3

基准值 fiducial value

为规定感应分压器的准确度而用来参比的值。

感应分压器的基准值是1，也就是相当于(或应相当于)开路输出电压等于输入电压时的传递比率。

2.4

传递比率误差 transfer ratio error

由标称传递比率减去实际传递比率所得到的值。

注1：当传递比率误差是用基准值的比表示时，因为基准值是1，所以它的数值是保持不变的。

注2：虽然传递比率误差(e)是一个包含同相分量(e_p)和正交分量(e_q)的复量，但在本标准中仅采用这个复量的模。

传递比率误差的模用数学形式表示为：

$$|e| = \sqrt{e_p^2 + e_q^2} \quad \text{(见附录 A.7)}$$

注3：传递比率误差的模可用基准值的百分数(%)表示，或用基准值的百万分数(ppm)表示，或用基准值比例值的科学标记法表示(见第3章和表1)。

2.4.1

基本传递比率误差　intrinsic transfer ratio error

在参比条件下确定的传递比率误差。

2.5

输入阻抗　input impedance

2.5.1

测量绕组的输入阻抗　input impedance of the measuring winding

在规定的条件下，当感应分压器的输出端开路时，它对电源所呈现的阻抗。

对有独立的励磁绕组（二级）的感应分压器，这个阻抗是测量绕组输入端阻抗，此时，励磁绕组上的激励电压与测量绕组输入端上的电压在幅值和相位上都相同。

注：励磁绕组的阻抗不是测量绕组输入阻抗的一部分。

2.5.2

励磁绕组的输入阻抗　input impedance of the magnetizing winding

在规定的条件下，当测量绕组被一个具有与励磁绕组端上相同幅值和相位的电压激励时，二级感应分压器励磁绕组对电源所呈现的阻抗。

注：测量绕组的阻抗不是励磁绕组输入阻抗的一部分。

2.6

输出阻抗　output impedance

在规定的条件下，当感应分压器的输入两端被阻抗可以忽略的连接线短路连接时，对任何负载所呈现的阻抗。

2.6.1

最大输出电阻　maximum output resistance

开关或其他比率调节组件在任何示值下，输出阻抗的电阻分量最大值。

2.6.2

最大输出电感　maximum output inductance

在特定频率下，开关或其他比率调节组件在任何示值时，输出阻抗的电抗分量最大值所对应的电感。

2.7

影响量　influence quantity

易于引起感应分压器传递比率发生不希望变化的量。

注：通常包括输入电压和频率、周围的温度和湿度等量，这些量有参比范围和标称使用范围，在相应表格中给出。

2.8

改变量　variation

当一个影响量依次取两个不同的规定值时在同一传递比率实际值之间的差。所有其他影响量均应保持在各自的参比条件下。

2.9

参比条件　reference conditions

使感应分压器满足有关基本传递比率误差要求的规定条件。

参比条件可以有以下任何一个内容：

2.9.1

参比值　reference value

影响量的一个规定单值。在指定的允差内，感应分压器应满足有关基本传递比率误差的要求。

2.9.2

参比范围　reference range

影响量的规定数值范围。在此范围内,感应分压器应满足有关基本传递比率误差的要求。

2.10

标称使用范围　nominal range of use

引起的改变量不超过规定极限时,各个影响量能取的数值范围。

2.11

影响量的极限值　limiting values of an influence quantity

不使感应分压器受到损坏或造成永久性变化,以致不再满足其准确度等级要求的影响量能取的最大值。

2.12

线路绝缘电压(标称线路电压)　circuit insulation voltage (nominal circuit voltage)

可以施加于感应分压器的任何线路,而触及感应分压器外壳时不会有触电危险的最高对地电压。

2.13

共模电压　common mode voltage

分别或共同地(按规定)存在于公共输入-输出端钮和接地端钮、泄漏电流屏蔽端钮或静电屏蔽端钮(如果有的话)之间的任何电压。

注:根据规定的连接方法,当输入和输出线路之间没有公共端时,共模电压定义为各个线路规定的某一端和接地端或屏蔽端之间的电压。

2.14

直流串模输入电流　D. C. series mode input current

进入输入端的直流电流值。

2.15

畸变系数　distortion factor

谐波成分的方均根值(有效值)与非正弦量的方均根值(有效值)之比。

2.16

静电屏蔽　electrostatic screen

一个导电的外壳或涂层,用来保护被它所包围的空间不受外界静电的影响。

2.17

泄漏电流屏蔽　leakage current screen

一个防止对地泄漏电流影响测量结果的导电通路。

注:泄漏电流屏蔽端通常称为"防护端"。

2.18

分辨力　resolution

对应于最小步进值或最低值度盘(最小有效位)的最小分度值的传递比率变化。

2.19

辅助设备　auxiliary equipment

能使感应分压器按规定准确安全地工作所必须的附加设备,它可以是或者不是感应分压器整体的组成部分。

2.20

准确度　accuracy

感应分压器的准确度是由基本传递比率误差的模的极限和由影响量所引起该模的改变量极限来确

定(见附录 A.8)。

注 1:准确度可用传递比率误差的模来定义(见 2.4)。实际上,它是对感应分压器实际误差的单一描述。

注 2:感应分压器的准确度也可以用传递比率误差的同相分量来部分描述。但在本标准中不用这一方法定义,对它没有给出要求。然而,在提供的检定证书上给出同相误差分量是有用的,以便使用者验证(见 8.1.2)。

2.20.1

准确度等级　accuracy class

感应分压器的等级,凡符合本标准全部要求的所有感应分压器,可以用相同的数字来表示其准确度。

2.20.2

等级指数　class index

表示准确度等级的数字。

3　分级[1)]

各种感应分压器可以根据 2.20.1 定义的准确度等级作如下分级:

a)　0.000 000 1,0.000 000 2,0.000 000 5,0.000 001,…,0.1。

这些值用基准值的百分数来表示;

b)　0.001 ppm,0.002 ppm,0.005 ppm,0.01 ppm,…,1 000 ppm。

这些值用基准值的百万分数(ppm)来表示;

c)　1×10^{-9},2×10^{-9},5×10^{-9},1×10^{-8},…,1×10^{-3}。

这些值用一位数字乘上 10 的整数幂(科学标记法)作为基准值的比例值来表示。感应分压器的等级指数可用这些分级方法中的任何一种表示。

注:所有等级指数在表 1 中给出。

表 1　用基准值的比表示的基本传递比率误差模的极限

等级指数			基本传递比率误差模的极限		
(%)	(ppm)	科学标记法	(%)	(ppm)	科学标记法
0.000 000 1	0.001	1×10^{-9}	±0.000 000 1	±0.001	$\pm1\times10^{-9}$
0.000 000 2	0.002	2×10^{-9}	±0.000 000 2	±0.002	$\pm2\times10^{-9}$
0.000 000 5	0.005	5×10^{-9}	±0.000 000 5	±0.005	$\pm5\times10^{-9}$
0.000 001	0.01	1×10^{-8}	±0.000 001	±0.01	$\pm1\times10^{-8}$
0.000 002	0.02	2×10^{-8}	±0.000 002	±0.02	$\pm2\times10^{-8}$
0.000 005	0.05	5×10^{-8}	±0.000 005	±0.05	$\pm5\times10^{-8}$
0.000 01	0.1	1×10^{-7}	±0.000 01	±0.1	$\pm1\times10^{-7}$
0.000 02	0.2	2×10^{-7}	±0.000 02	±0.2	$\pm2\times10^{-7}$
0.000 05	0.5	5×10^{-7}	±0.000 05	±0.5	$\pm5\times10^{-7}$
0.000 1	1	1×10^{-6}	±0.000 1	±1	$\pm1\times10^{-6}$
0.000 2	2	2×10^{-6}	±0.000 2	±2	$\pm2\times10^{-6}$
0.000 5	5	5×10^{-6}	±0.000 5	±5	$\pm5\times10^{-6}$
0.001	10	1×10^{-5}	±0.001	±10	$\pm1\times10^{-5}$
0.002	20	2×10^{-5}	±0.002	±20	$\pm2\times10^{-5}$

1)　这里提到的三个方法是通用的,还没有建立国际上的统一协议。

表 1（续）

等级指数			基本传递比率误差模的极限		
(%)	(ppm)	科学标记法	(%)	(ppm)	科学标记法
0.005	50	5×10^{-5}	±0.005	±50	$\pm5\times10^{-5}$
0.01	100	1×10^{-4}	±0.01	±100	$\pm1\times10^{-4}$
0.02	200	2×10^{-4}	±0.02	±200	$\pm2\times10^{-4}$
0.05	500	5×10^{-4}	±0.05	±500	$\pm5\times10^{-4}$
0.1	1 000	1×10^{-3}	±0.1	±1 000	$\pm1\times10^{-3}$

4 基本误差极限

如果制造厂所规定的使用、运输及贮存条件得到遵守，从交货时的检定日期起或制造厂（或负责任的供货者）与用户商定的另一日期起的一年内，感应分压器应符合各自准确度等级规定的有关基本传递比率误差的极限。

注：对感应分压器，传递比率对时间的稳定性是它的重要特性，这里仅规定为一年。然而，经验表明比率基本上与时间无关，但这比率由于使用不小心，或铁芯线圈由于高电平输入的切换而饱和，或直流电流通过感应分压器而使铁芯磁化，或开关上出现过高的接触电阻等原因还是可能发生变化的。

4.1 基本误差允许的极限

当感应分压器在表 2 给出的参比条件下使用时，基本传递比率误差的模应不超过表 1 给出的各等级指数对应的数值。

4.2 可选取的比率

所有可选取的传递比率应有相同准确度等级，除非另有规定。

5 确定基本误差的条件

5.1 各有关影响量的参比条件和允许偏差列于表 2。

表 2 影响量的参比条件和允许偏差

影响量	参比条件（除非制造厂另有规定）	测试时允许偏差[a]
周围温度	标志值[b]	参比温度±10 ℃
相对湿度	10%～60%	—
位置	任意	—
输入电压	参比电压[c]	±5%
交流共模电压	零	输入电压的 1%
频率	参比频率	±2%
直流串流输入电流[d]	零	100 nA
外磁场	全无	地磁场强度值
输入电压畸变系数	零	1%

a 参比范围不给允许偏差。

b 应根据 IEC 60160[2)]，从 20 ℃、23 ℃或 27 ℃中选择。

c 由制造厂规定。

d 这也适用于进入输出端的直流电流。

2) 试验用标准大气条件。

5.2 在测试之前，感应分压器处于影响量的参比值上，并有足够时间达到稳定状态。

5.3 如有必要，制造厂应规定测试前输入电压必需的施加时间，如果没有类似的规定，该时间应为零，但必须按7.2中规定的要求。

5.4 如果有泄漏电流屏蔽，则应根据制造厂的使用说明书连接。如果有与泄漏电流屏蔽分开的静电屏蔽，则应接地，如果外壳是导电的，也应接地。

5.5 任何其他必要的条件应由制造厂规定。

6 允许的改变量

6.1 改变量的极限

当感应分压器在表2给出的参比条件下工作以及某一影响量是根据6.2变化时，该改变量应不超过表3规定的数值。

表3 标称使用范围极限和允许的改变量

影响量	标称使用范围极限 (除非制造厂另有规定)	用等级指数的百分数 表示的允许改变量
周围温度	参比温度±15 ℃	20
相对湿度	10%～75%	30
输入电压	U_f 或 U_c 的5%和100% (选较小的一个电压)[a]	50
交流共模电压	输入电压的0%和100%	50
频率	[b]	100
直流串模输入电流	零和最大值[c]	50
外磁场	零和最大值[c]	50
输入电压畸变系数	5%	10

a 见7.1。

b 范围由制造厂规定。

c 最大值由制造厂规定。

6.2 确定改变量的条件

6.2.1 应对各个影响量确定改变量，在每次测量期间，所有其他影响量均应保持在参比条件下。

6.2.2 改变量确定如下：

6.2.2.1 当对影响量指定一个参比值时，影响量应在该值和表3给出的标称使用范围极限内的任意值之间变化。

6.2.2.2 当对影响量指定一个参比范围和标称使用范围时，影响量应在参比范围的每个极限值和与之相邻的标称使用范围部分内的任意值之间变化。

6.2.3 制造厂可以规定电压和频率的广泛组合及不同组合下的准确度等级。

6.3 由直流串模电流引起的改变量

测定直流串模电流影响的试验，仅按制造厂和用户之间的协议进行。

6.4 由外磁场影响引起的改变量

在制造厂规定的标称使用范围内测试时，改变量应不超过由制造厂规定的极限(见表3)。

测试装置可以按IEC 60051《直接作用模拟指示电测量仪表及其附件》中6.3.4的规定，或者根据制造厂和用户之间的协议，也可使用其他装置，在不放入感应分压器的情况下，产生一个足够的相似磁场。线圈中的电流应依次是各个方向的直流电流和参比频率下的交流电流。在后一种情况,线圈中的电流与感应分压器输入电压之间的相位关系,应能在360°范围内可变。

7 附加的电气和机械要求

7.1 输入电压的极限值

允许的输入电压,应不超过下列两个给定值的任何一个:

a) 由制造厂规定的最大方均根电压 U_c;

b) 在低频时,允许的输入电压与频率成正比,由下式表示:

$$U_f = Kf$$

式中:

U_f——方均根电压,单位为伏特(V);

K——由制造厂规定的常数;

f——频率,单位为赫兹(Hz)。

7.2 输入电压切换

7.2.1 准确度等级为 1×10^{-6},…,1×10^{-3}(0.000 1,…,0.1)(1 ppm,…,1 000 ppm)的感应分压器,其输入端在输入电压波形的任意点上突然施加或降低允许输入电压值的一半,应经得起电压切换而不降低其准确度。

7.2.2 准确度等级为 1×10^{-9},…,5×10^{-7}(0.000 000 1,…,0.000 05)(0.001 ppm,…,0.5 ppm)的感应分压器,制造厂可以规定一个比允许输入电压的一半小一些的数值,在没有这样一个规定时,该数值应如7.2.1给出。

7.3 电压试验和其他安全要求

电压试验和其他安全的要求包含在IEC 61010-1《测量、控制和实验室用电气设备的安全要求　第一部分:通用要求》中,可予参阅。

7.4 绝缘电阻试验

直流绝缘电阻应在500 V±10%或者线路绝缘电压(标称线路电压)±10%的电压(取两电压中较大的一个)下测量,在不作任何连接的任意两点间测得的直流绝缘电阻应不小于1 GΩ。

测量应在施加电压后的1 min～2 min之间进行。

7.5 贮存、运输和使用的极限条件

感应分压器应能在−10 ℃～+50 ℃的环境温度中经受暴露而不损坏,在回复到参比条件后,感应分压器仍应符合本标准的要求,除非制造厂另有规定。

制造厂应规定一些附加的极限条件要求,以确保感应分压器的完好无损。

8 资料、标记和符号

8.1 资料

8.1.1 制造厂应给出下列资料:

a) 制造厂或负责任的供货者名称或商标;

b) 制造厂或负责任的供货者给定的型号;

c) 序号、对于准确度为 1×10^{-6},…,1×10^{-3}(0.000 1,…,0.1)(1 ppm,…,1 000 ppm)的感应分压器,当制造厂和用户有协议时,其序号可以省略;

d) 等级指数;

e) 标称传递比率范围;

f) 分辨力;

g) 参比温度;

h) 如果与表 3 给出的温度不同,应给出温度的标称使用范围;

i) 输入电压的极限值;

j) 参比电压;

k) 频率的参比值(范围);

l) 频率的标称使用范围;

n) U_c 的值[见 7.1a)];

o) K 值,用 V/Hz 表示[见 7.1b)];

p) 允许的切换电压值(见 7.2.2);

q) 必要时,给出参比位置和位置的标称使用范围;

r) 必要时,给出辅助设备的基本参数;

s) 线路图、元件的数值和可替换部件的清单;

t) 在参比条件下,测量绕组的输入阻抗;

u) 在参比条件下,励磁绕组(如果有的话)的输入阻抗;

v) 在参比条件下,最大输出电阻和最大输出电感;

w) 直流串模输入电流的最大值;

x) 外磁场的最大值;

y) 其他的影响量如果与表 2 和表 3 给出的不同,应给出相应的参比值(范围)和标称使用范围;

z) 测量前,施加输入电压所需的持续时间(如果不是零的话);

dd. 测量类别;

ee. 污染等级。

8.1.2 如果检定证书是根据制造厂或负责任的供货者和用户之间的协议提供时,还应包括下列内容:

aa. 传递比率检定值及其不确定度;

bb. 检定日期;

cc. 检定机关章。

8.2 标记、符号及其位置

标记和符号应清楚,不易擦去。

国际单位制及其词头应按 IEC 60027《电气技术中字母符号》中规定的符号标出。必要时,使用表 4 规定的符号。

8.2.1 下列内容应在铭牌或外壳上标出(见 8.1.1):

a),b),c);

d) 使用表 4 中 E—1,E—5 或 E—6 的符号;

g),h),i),j),k),n),o);

q) 使用表 4 中 D—1 至 D—6 的符号;

dd. 使用 IEC 61010-1 第 2 号修订中 5.1.5 符号;

ee. 使用 IEC 61010-1 符号。

另外,还应该标出下列标记和符号:

——“感应分压器”或用其他文字书写的这一名词;

——必要时,用表 4 中的符号 F—33 表示在另给文件中还给出的一些其他重要内容;

——如果标出参比值和参比范围,还应在下面划线以资识别。

8.2.2 各个端钮应标出它的功能。

8.2.3 附加的内容可在铭牌、外壳或另给的文件中给出。

8.3 文件

8.3.1 文件应说明:

——操作方法;

——确定符合本标准性能要求的步骤；

——必要时，介绍日常维修。

8.3.2 文件也应说明 8.1.1 中的：

a)，b)，c)，e)，f)，l)，n)，o)，p)，r)，s)，t)，u)，v)，w)，x)，y)，z)，dd.，ee.。

8.3.3 提供有关 8.1.2 的检定证书时应说明：

a)，b)，c)，aa.，bb.，cc.。

8.4 感应分压器的标记举例

上述标记给出下列内容：

a) 感应分压器的型号 A. B. C. D，序号 12345，由 N. N. 制造；

b) 等级指数为 1×10^{-5}（可用 0.001 或 10 ppm 代替）；

c) 常数值 K 为 0.2 V/Hz；

d) 参比电压为 200 V；

e) 输入电压(U_c)的最大值为 300 V；

f) 参比频率为 1 kHz，频率的标称使用范围为 10 Hz～10 kHz；

g) 温度的参比范围是 20 ℃～26 ℃，温度的标称使用范围从 10 ℃～45 ℃（这些值与表 2 和表 3 给出的不同，所以要标出）；

h) 位置符号（符号 D—4）表示参比位置与支承面垂直，其标称使用范围为垂直线周围 10°；

i) 测量类别：Ⅱ；

j) 污染等级：1 级。

共模电压不同于表 3 给出值，应在单独文件中给出。

表 4 标志感应分压器的符号

（这些符号的大部分取自 IEC 51 中表Ⅺ）

序 号	项 目	符 号
D	使 用 位 置	
D—1	使用的感应分压器与支撑面垂直	

表 4（续）

序　　号	项　　目	符　　号
D—2	使用的感应分压器与支撑面水平	
D—3	使用的感应分压器与水平面倾斜(例如 60°)	60°
D—4	感应分压器按 D—1 符号使用示例 标称使用范围为 80°……100°	80°……90°……100°
D—5	感应分压器按 D—2 符号使用示例 标称使用范围为－1°……＋1°	－1°……0°……＋1°
D—6	感应分压器按 D—3 符号使用示例 标称使用范围为 45°……75°	45°……60°……75°
E	准确度等级	
E—1	用基准值的百分数表示的误差所对应的等级指数 (例如 0.01)	0.01
E—5	以基准值比，以科学标记法表示的误差所对应的等级指数 (例如 1×10^{-4})	1×10^{-4}
E—6	用基准值的百万分数表示的误差所对应的等级指数 (例如 100 ppm)	100 ppm
F	通　用　符　号	
F—27	静电屏蔽	

表 4（续）

序　号	项　目	符　号
F—31	接 地 端	
F—33	参见另给的文件	

附 录 A
(规范性附录)
传递比率和其他特性

A.1 感应分压器基本上是由一个活动抽头的变压器(通常为自耦变压器)组成。该变压器的输出电压与输入电压之比几乎等于输出绕组与输入绕组的匝数比。此外,其输出阻抗低(一般为几欧姆),输入阻抗高(一般为几万或几十万欧姆)。实际上,如果感应分压器使用得当,其稳定性比它的准确度等级所要求的好。如果制造得当,这些特性是能够达到的,不需要作进一步精确的调整。

A.2 传递比率(2.2)是感应分压器的重要特性,它被定义为开路输出电压与输入电压之比。在使用中传递比率几乎总是小于1。

A.3 感应分压器的性能由它的传递比率的不完善性来表征。标称传递比率(2.2.1)指的就是传递比率,通常是由步进盘或匝数比来指示。由于不完善性而造成标称传递比率和真正的传递比率的偏差,称为传递比率误差(2.4)。

对于标称传递比率是0和1之间的感应分压器,传递比率误差的模通常可用图A.1表示。由于该模与标称传递比率是不成比例的,在本标准中,对于某一给定准确度的感应分压器,传递比率误差所允许的模值在所有标称传递比率都是相同的。

A.4 图A.2是一个单盘十进感应分压器的简化线路图,用来说明某些连接问题。X 和 Y 点表示变压器的两个接点,导线是由此两点引出并接到输入端 A 和 B。实际上,连接到"1.0"和"0.0"端(或开关触点)的导线就是连接到 X 和 Y 点的。由于 AX 和 BY 两根连接导线存在阻抗,以及流过绕组的电流在此阻抗上产生一定的压降,因而施加于分压器的电压要略小于输入电压,从而有一定的误差。

A.5 另外一个可能的误差来源是输出电压的测量点不够明确,假如把感应分压器作为一个三端装置,且输出取自 C 和 B 之间,则由于 Y 和 B 之间的电压,输出电压将超过正确值。然而,一个三端的感应分压器有时也提供第四个端钮 E(输出低端),该端连接到输入低端 B。在这种条件下,虽然感应分压器看上去似乎是一个四端装置,但其功能依然是一个三端装置。

如果感应分压器是作为一个四端装置,输出低端 D 连接到 Y,那么,当标称传递比率(示值)为0.0时,输出电压为零。按A.4章说明,被分的电压略小于输入电压。

A.6 实际上,由A.4和A.5章中提到的情况所引入的误差是非常小的,在二级感应分压器上,该误差将进一步减小,当然,二级感应分压器也存在由于其他原因引起的小误差。所有这些评述也适用于多盘十进感应分压器,但由于开关接触电阻和负载影响,其误差要大于单盘十进感应分压器。在这里为方便起见,使用了"十进"这个词,并不意味仅仅是一个具有十个相等步进的装置。

A.7 在电感性的感应分压器中,由于寄生阻抗的存在,使开路输出电压在相位上与输入电压不完全同相。必要时,传递比率误差可分解成一对正交分量,即传递比率的同相误差和传递比率的正交误差,也就是分别相对于输入电压的同相误差分量和正交误差分量(见2.4注2)。

A.8 传递比率误差的模和相移这两个术语,也可以用来描述传递比率误差,以代替同相分量和正交分量。模和相移通常能方便地描述感应分压器的特性。

A.9 当输出端接有负载时,感应分压器输出阻抗的存在将改变其输出电压值。该阻抗通常是由一个很小的电感和几个欧姆的电阻串联来表征。输出阻抗的数值取决于标称传递比率和频率,因此,8.1.1的v)要求制造厂指明在参比条件下(2.9)的最大输出电阻(2.6.1)和最大输出电感(2.6.2)。

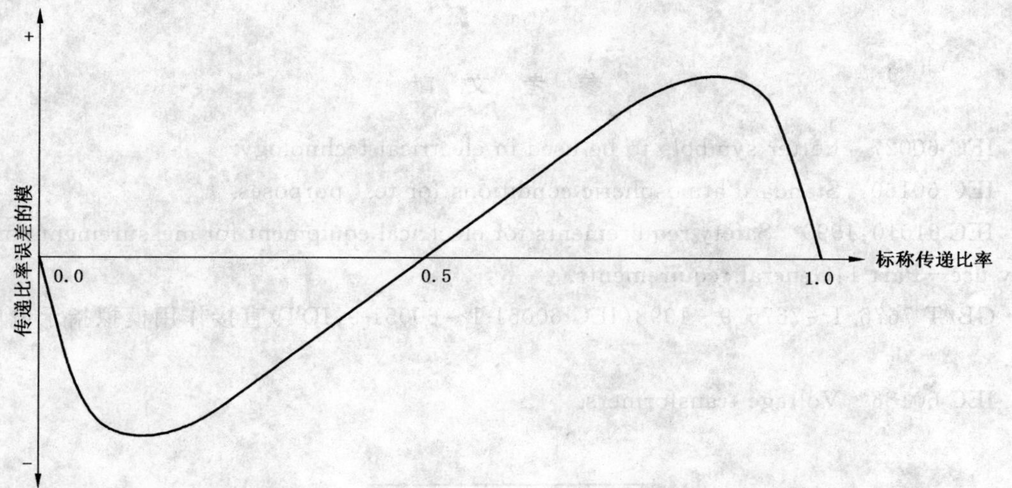

图 A.1 感应分压器的典型误差曲线

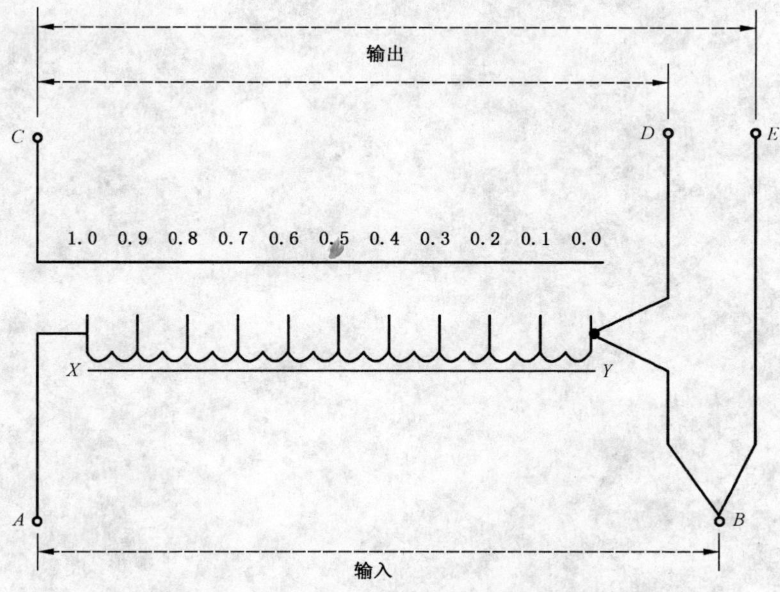

图 A.2 感应分压器的输入和输出连接端

参 考 文 献

[1] IEC 60027 Letter symbols to be used in electrical technology.

[2] IEC 60160 Standard atmospheric conditions for test purposes.

[3] IEC 61010:1990 Safety requirements for electrical equipment for measurement control,and laboratory use—Part 1:General requirements.

[4] GB/T 7676.1～7676.9—1998(IEC 60051-1～60051-9,IDT)直接作用模拟指示电测量仪表及其附件.

[5] IEC 60186 Voltage transformers.

ICS 77.040.20
H 72

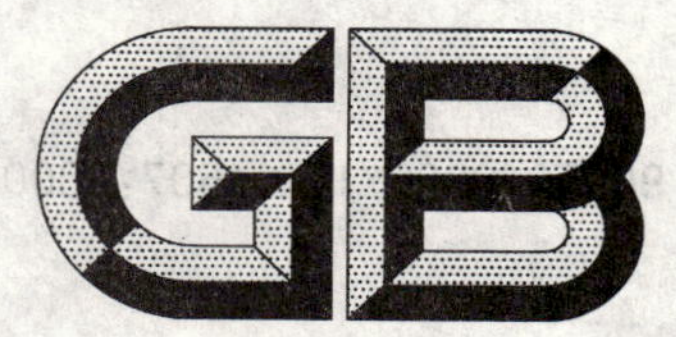

中华人民共和国国家标准

GB/T 9095—2008/ISO 4507:2000
代替 GB/T 9095—1988

烧结铁基材料渗碳或碳氮共渗硬化层深度的测定及其验证

Sintered ferrous materials, carburized or carbonitrided—Determination and verification of case-harding depth

(ISO 4507:2000, Sintered ferrous materials, carburized or carbonitrided—Determination and verification of case-harding depth by a micro-hardness test, IDT)

2008-08-11 发布　　2009-02-01 实施

中华人民共和国国家质量监督检验检疫总局
中国国家标准化管理委员会　发布

前　言

本标准等同采用国际标准 ISO 4507:2000《渗碳或碳氮共渗铁基烧结材料　用显微硬度试验测定有效硬化层深度试验方法及其验证》(英文版)。

本标准与 ISO 4507:2000 的技术差异及编辑性修改如下:

——删除了 ISO 4507:2000 的前言部分。

本标准代替 GB/T 9095—1988《烧结铁基材料　渗碳或碳氮共渗硬化层深度的测定》。

本标准由中国机械工业联合会提出并归口。

本标准起草单位:东睦新材料集团股份有限公司、北京工业大学。

本标准主要起草人:沈周强、苏学宽、聂祚仁、曹阳、沐从文、舒正平。

本标准所代替标准的历次版本发布情况为:

——GB/T 9095—1988。

烧结铁基材料渗碳或碳氮共渗硬化层深度的测定及其验证

1 范围

本标准规定了用显微硬度试验法测定烧结铁基材料渗碳或碳氮共渗的硬化层深度的方法。

本标准适用于淬火的铁基烧结材料。

2 规范性引用文件

下列文件中的条款通过本标准的引用而成为本标准的条款。凡是注日期的引用文件,其随后所有的修改单(不包括勘误的内容)或修订版均不适用于本标准,然而,鼓励根据本标准达成协议的各方研究是否可使用这些文件的最新版本。凡是不注日期的引用文件,其最新版本适用于本标准。

ISO 4498:2005 烧结金属材料不包括硬质合金 表观硬度和显微硬度的测定

3 术语和定义

下列术语和定义适用于本标准。

3.1

硬化层深度 case-hardening depth (*CHD*)

CHD

CHD 表示从硬化层表面至与规定值相当硬度点的距离。

4 规则

根据 ISO 4498 步骤 2,采用维氏试验方法测定显微硬度。测定是在与表面垂直的截面上进行,作出硬度与距表面距离关系曲线,通过图解法确定硬化层深度(方法 A)。从曲线上读取规定的硬度值所对应的硬化层深度,规定的硬度值通常为 550 HV0.1。

有关方可以约定其他的硬度值作为指定值,指定值要用标记 *HG*(标出数值)表示,以区别标准值。

本标准中的 *HG* 是指 550HV0.1 的规定值(这是标准值),用此值标定硬化层深度。

方法 A 可以简化为快速点检测法(方法 B)。在方法 B 中,可在已知大致的硬化层深两侧适当的两个位置进行硬度测量,通过内插法确认硬化层深度。

5 测试仪器

5.1 维氏显微硬度计

规定试验负荷 0.980 7 N(HV0.1),精确度为±1%。

5.2 测试仪器

测量压痕对角线长度的显微镜分度值精度为±0.5 μm。

6 方法

6.1 通则

显微硬度测定时,选取经有关方同意所确定的部位,硬度测定面应是垂直于试样表面的截面。使用维氏金刚石压头,试验负荷为 0.980 7 N(HV0.1)。

6.2 试验准备

为了能准确测定显微硬度压痕，试样要经抛光获得较好的光洁表面。避免破坏试样的边缘，避免试样过热和试样表面改变而导致的孔隙拖尾。

注：可把截取的试样固定在热固化塑料中制备检测样品。

6.3 方法 A——硬化层深度的测定

6.3.1 显微硬度压痕的位置(见图 1)

对于每个深度 d_1、d_2、d_3 等至少测量三个压痕。

如果某点硬度值明显偏低，可排除此点(例如由于孔隙的原因)：如果包含该低值，使得硬度值波动范围超过 2 倍时，也应舍弃该最小值。舍弃该数值后，需另选一点测量。

测量压痕的深度 d_1、d_2、d_3 等应精确到毫米，一般取如下所示数值：

0.05，0.1，0.2，0.3，0.4，0.5，0.75，1，1.5，2，3 mm；此处 d_1 = 0.05 mm。

相邻两压痕之间的距离 S，应不小于压痕对角线长度的 2.5 倍。

压痕必须垂直于表面并且宽度 W = 1.5 mm 的区域内。

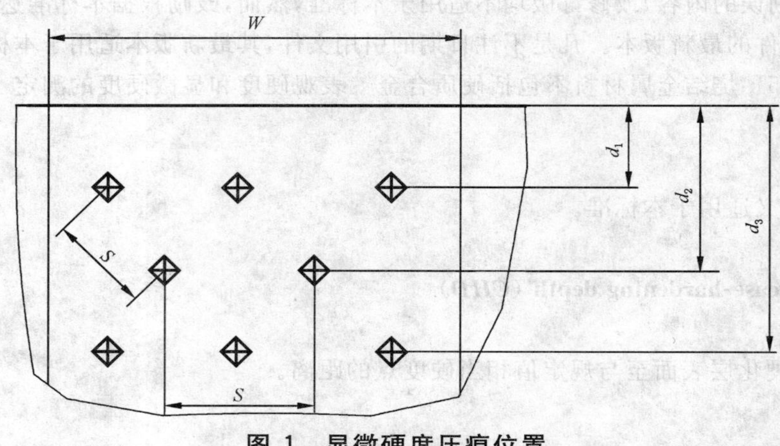

图 1 显微硬度压痕位置

6.3.2 评定

计算出每一深度硬度的算术平均值，并按硬度与距表面深度的关系，在图上将各个点标示出来(见图 2)，通过这些点描出光滑曲线。

在硬度规定值的纵坐标 HG 处引出水平线，水平线与硬度变化曲线的交点对应的深度值，即为有效硬化层深度 CHD。

测定精度取决于各不同深度的压痕数量。

在硬化层深度附近的范围内，可通过增加压痕数量以提高精度。

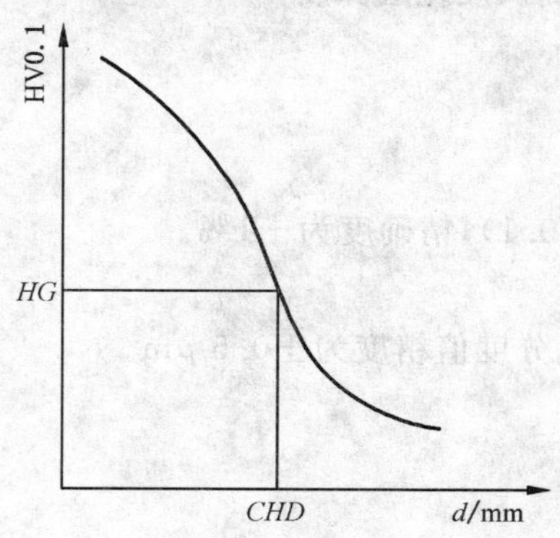

图 2 使用方法 A 测量表面硬度深度

6.4 方法 A 的补充

6.4.1 显微硬度的压痕位置

因显微组织和孔隙等因素而影响预先所选深度处硬度值的读取，则允许作单个硬度值与深度的对应关系曲线。

6.4.2 评定

通过标出的点绘出曲线，在硬度规定值的纵坐标 HG 处引出水平线，读取该水平线与硬度变化曲线的交点对应的横坐标，即为有效硬化层深度 CHD。

6.5 方法 B——硬化层深度的检测

6.5.1 通则

在方法 A 所测得的硬度-深度关系曲线上，假定在指定硬度值附近，硬度与硬化层深度呈线性关系，可采用快速测定方法。

6.5.2 显微硬度的压痕位置

制备与方法 A 相同的截面，但只在截面上测量两个深度（d_1 与 d_2）的显微硬度（见图 3）。选择深度 d_1 与 d_2，使 d_1 小于估计的硬化层深度，使 d_2 大于估计的硬化层深度而小于截面总深度。

根据以往对类似材料的经验或同类型材料显微硬度与硬化层的经验选取 d_1 与 d_2，在每个深度至少都压 5 个以上的压痕。

相邻两压痕之间的距离以及低值的排除与方法 A 相同。

如果在 d_1 和 d_2 测得的硬度值都大于或都小于规定的硬度值 HG，则要应用方法 A 测定。

6.5.3 评定

计算出每一深度硬度的算术平均值，然后采用下述两方法之一得到硬化层深度。

a） 作图法（见图 3）

在硬度与距表面距离的关系坐标图上，分别标出对应于深度 d_1、d_2 的平均硬度值 $\overline{H}_1$ 和 $\overline{H}_2$ 两点，连接两点成一条直线。

过 HG 点作水平线与直线之交点所对应的横坐标值，即为硬化层深度 CHD。

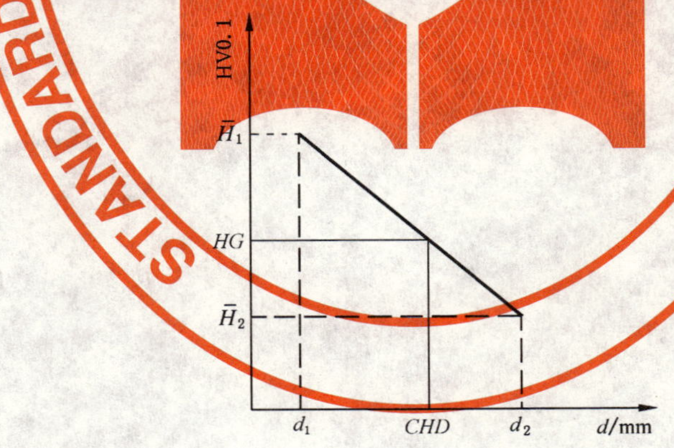

图 3 用方法 B 测定硬化层深度

b） 计算法

硬化层深度 CHD 计算公式如下：

$$CHD = d_1 + \frac{(d_2 - d_1)(\overline{H}_1 - HG)}{\overline{H}_1 - \overline{H}_2}$$

式中：

HG——规定的硬度值；

$\overline{H}_1$，$\overline{H}_2$——d_1 和 d_2 下的硬度算术平均值。

7 精度

测定有效硬化层深度，实验室之间操作上有一些差异，作如下说明：

——重复性：在实验室内，对于已知硬化层深度 0.75 mm，其上下偏差不超过 0.14 mm 的准确率为 95%。

——再现性：对于相同的样品，在两个不同实验室得出的结果，若其上下偏差不超过 0.47 mm，则其准确率为 95%。

8 试验报告

试验报告应包括如下内容：

a) 按照本标准(GB/T 9095—2008)进行试验；

b) 注明检测试样的所有必要的细节(如必要的话，注明热处理工艺)；

c) 试样检测区域；

d) 使用方法(方法 A、补充的方法 A 或方法 B)和对应于硬化层深度的指定硬度值；

e) 实验结果；

f) 所有未被本标准规定的或任何有关的其他操作；

g) 可能影响测定结果的任何偶然问题的细节。

ICS 97.040.30
Y 61

中华人民共和国国家标准

GB/T 9098—2008
代替 GB/T 9098—1996

电冰箱用全封闭型电动机-压缩机

Hermetic motor-compressors for refrigerators

2008-06-26 发布 2009-05-01 实施

中华人民共和国国家质量监督检验检疫总局
中国国家标准化管理委员会 发布

前 言

本标准代替 GB/T 9098—1996《电冰箱用全封闭电动机-压缩机》。

本标准与 GB/T 9098—1996 相比主要技术内容有如下变化：

——适用范围中采用 R600a、R134a 制冷剂压缩机，取代了 R12 制冷剂压缩机；

——增加名义值、变速(变频)压缩机和变容量压缩机的术语和定义；

——产品分类中增加了转速控制分类和容量变化分类；

——规定了压缩机规格和型号表示方法的基本内容；

——在技术要求中增加了产品技术规格书的要求，明示生产企业产品的制冷量、性能系数(*COP*)等各项技术指标名义值及测试条件；

——对压缩机各项性能指标，采用名义制冷量分档代替气缸名义工作容积分挡；

——对压缩机名义性能系数(*COP*)按能效水平划分等级；

——增加变速(变频)压缩机的性能指标、试验方法和考核内容；

——增加压缩机倾斜启动试验的要求；

——规定了未注油压缩机整机残余水分含量和整机内部杂质含量的测定方法；

——增加针对 R134a 制冷剂压缩机毛细管堵塞率的试验方法和考核内容；

——按照 GB 4706.17《家用和类似用途电器的安全　电动机-压缩机的特殊要求》的相关内容，取代对"电机绕组温度"和"壳体温度"的规定；

——增加可燃制冷剂压缩机的防火警告标志。

本标准由中国轻工业联合会提出。

本标准由全国家用电器标准化技术委员会(SAC/TC 46)归口。

本标准起草单位：加西贝拉压缩机有限公司、黄石东贝电器股份有限公司、中国家用电器研究院、中国家用电器协会、中国电器科学研究院、中国质量认证中心、北京恩布拉科雪花压缩机有限公司、广州冷机股份有限公司、扎努西电气机械天津压缩机有限公司、上海珂纳电气机械有限公司、华意压缩机股份有限公司、江苏白雪电器股份有限公司、杭州钱江制冷集团实业有限公司、泰州乐金电子冷机有限公司。

本标准主要起草人：朱金松、舒少仁、龚清华、彭惠兰、朱焰、牟欣强、王雷、陈兰娟、赵宁、刘启星、沈海波、王钰钢、孙茹荣、吴景华、吴春华、章国江、陈翠萍。

本标准所代替标准的历次版本发布情况为：GB/T 9098—1988 为首次发布，GB/T 9098—1996 为第一次修订，本次为第二次修订。

电冰箱用全封闭型电动机-压缩机

1 范围

本标准规定了电冰箱用全封闭型电动机-压缩机的术语和定义、产品分类、技术要求、试验方法、检验规则和标志、包装、运输、贮存的要求。压缩机的安全要求见 GB 4706.17《家用和类似用途电器的安全 电动机-压缩机的特殊要求》。

本标准适用于制冷剂为 R600a 和 R134a 的低背压类* 的家用和类似用途电动制冷器具使用的、其名义制冷量按本标准规定的工况不超过 400 W 的全封闭型电动机-压缩机(以下简称压缩机)。

制冷剂为其他类型的同类压缩机可参照使用。

本标准不适用于车载冰箱压缩机。

2 规范性引用文件

下列文件中的条款通过本标准的引用而成为本标准的条款。凡是注日期的引用文件,其随后所有的修改单(不包括勘误的内容)或修订版均不适用于本标准,然而,鼓励根据本标准达成协议的各方研究是否可使用这些文件的最新版本。凡是不注日期的引用文件,其最新版本适用于本标准。

GB/T 1019 家用和类似用途电器包装通则

GB/T 2828.1—2003 计数抽样检验程序 第1部分:按接收质量限(AQL)检索的逐批检验抽样计划(ISO 2859-1:1999,IDT)

GB/T 2829—2002 周期检验计数抽样程序及表(适用于对过程稳定性的检验)

GB/T 4214.1—2000 声学 家用电器及类似用途器具噪声测试方法 第1部分:通用要求(eqv IEC 60704-1:1997)

GB 4706.17—2004 家用和类似用途电器的安全 电动机-压缩机的特殊要求(IEC 60335-2-34:1999,IDT)

GB/T 5773—2004 容积式制冷剂压缩机性能试验方法(ISO 917:1989,MOD)

GB/T 8059 家用和类似用途的制冷器具

IEC 60335-2-24/A2:2007 家用和类似用途电器的安全 第2-24部分:制冷器具、冰淇淋机和制冰机的特殊要求

3 术语和定义

下列术语和定义适用于本标准。

3.1

名义值 rated parameter

产品技术规格书中标称的数值。

3.2

变速(变频)压缩机 variable speed (variable frequency) compressor

通过使用变速(变频)控制装置使转速改变的压缩机。

3.3

变容量压缩机 variable capacity compressor

通过机械和(或)电气方法使排气容量改变的压缩机。

* 低背压类指蒸发温度范围为−35 ℃(如果需要,可更低)至−15 ℃。

3.4

性能系数 coefficient of performance

COP

压缩机接入制冷系统运行时,制冷量与制冷所消耗功率之比,单位:W/W。

4 产品分类

4.1 按结构型式分类

a) 往复式压缩机;

b) 旋转式压缩机。

4.2 按安装形式分类

a) 卧式压缩机;

b) 立式压缩机。

4.3 按转速控制分类

a) 定速压缩机;

b) 变速(变频)压缩机。

4.4 按容量变化分类

a) 定容量压缩机;

b) 变容量压缩机。

4.5 规格和型号的表示方法

规格和型号的表示至少包含以下内容:

a) 名义制冷量或气缸容积;

b) 制冷剂类型。

5 技术要求

5.1 产品技术规格书

压缩机制造商应根据需求向压缩机用户提供产品技术规格书,产品技术规格书应包括制冷剂名称(或编号),压缩机名义制冷量、性能系数(*COP*)、输入功率、工作电流、噪声值、振动值、额定电压、额定频率及测试条件,电气元件和主要附件清单。

变速(变频)压缩机应至少规定 2 个额定转速(频率),其中应包括最低转速(频率)和 2 倍于最低转速(频率)。其各项性能指标与其额定转速(频率)的名义制冷量相对应。

5.2 压缩机适用于电冰箱工作的电源和环境温度

压缩机电源为单相交流,额定电压不大于 250 V,额定频率不大于 60 Hz,压缩机正常工作的环境温度见 GB/T 8059。

5.3 性能要求

注:下列各条的技术要求仅适用于单相交流、额定电压 220 V、额定频率 50 Hz、制冷剂为 R600a 和 R134a 的低背压类压缩机,对其他电压和频率的压缩机和用其他制冷剂的压缩机仅作参考。

5.3.1 制冷量及性能系数(*COP*)

5.3.1.1 压缩机名义性能系数(*COP*)按能效水平划分为 A 级、B 级、C 级、D 级 4 个等级,D 级为各类压缩机性能系数(*COP*)的最低等级,具体指标见表 1。

5.3.1.2 按 6.2 和 6.4 规定的方法进行试验,在表 6 规定的试验温度条件下,压缩机实测制冷量和性能系数(*COP*)应不小于其名义值的 95%。

注:压缩机的性能系数(*COP*)计算时计入控制装置(如启动器、变频控制器等)的功率损耗。

5.3.1.3 变速(变频)压缩机的制冷量和性能系数(*COP*)在额定转速(频率)进行测试。

5.3.1.4　低电压启动型压缩机的名义性能系数(*COP*)允许比表1的各对应值降低0.05。

注1：在等于或低于75%额定电压能启动的压缩机被认为是低电压启动型压缩机。

表1　压缩机名义性能系数(*COP*)的分级

名义制冷量/W			≤60	＞60～80	＞80～110	＞110～140	＞140～180	＞180～240	＞240～300	＞300
性能系数/(W/W)	R600a制冷剂压缩机	A级	＞1.29	＞1.60	＞1.64	＞1.75	＞1.80	＞1.75	＞1.67	＞1.64
		B级	≥1.11	≥1.37	≥1.40	≥1.50	≥1.56	≥1.50	≥1.43	≥1.40
		C级	≥0.98	≥1.21	≥1.24	≥1.32	≥1.38	≥1.32	≥1.27	≥1.24
		D级	≥0.85	≥1.05	≥1.08	≥1.15	≥1.20	≥1.15	≥1.10	≥1.08
	R134a制冷剂压缩机	A级	＞1.05	＞1.28	＞1.43	＞1.58	＞1.65	＞1.58	＞1.53	＞1.50
		B级	≥0.91	≥1.11	≥1.24	≥1.37	≥1.43	≥1.37	≥1.33	≥1.30
		C级	≥0.81	≥0.98	≥1.09	≥1.21	≥1.27	≥1.21	≥1.17	≥1.15
		D级	≥0.70	≥0.85	≥0.95	≥1.05	≥1.10	≥1.05	≥1.02	≥1.00

注2：变容量压缩机性能系数(*COP*)等级暂不规定。

5.3.2　启动性能

5.3.2.1　定速压缩机按6.3.1规定的方法进行试验，连续通电3次，压缩机均应能正常启动。每通电一次允许过载保护装置跳开2次。

注：变速(变频)压缩机、变容量压缩机此项目不适用。

5.3.2.2　按6.3.2规定的方法进行倾斜启动试验，压缩机在360°范围内的任意方向能正常启动，启动和停机的过程中不应出现撞机现象。

5.3.3　输入功率和工作电流

按6.4规定的方法进行试验，其输入功率实测值应不超过名义值的115%，其工作电流实测值应不超过名义值的110%。

5.3.4　噪声

压缩机运转时，不应有异常声音。

按6.5规定的方法进行试验，压缩机声功率级噪声(A计权)实测值[变速(变频)压缩机噪声值在额定转速(频率)下进行测试]应不大于相应表2中规定的限值。

表2　压缩机噪声的限值

名义制冷量/W		≤60	＞60～80	＞80～110	＞110～140	＞140～180	＞180～240	＞240～300	＞300
噪声值/dB(A)	R600a制冷剂压缩机	38	39	40	41	42	44	46	48
	R134a制冷剂压缩机	39	40	41	42	43	45	47	50

注1：名义噪声值小于表2规定限值3 dB(A)的压缩机被认为是低噪声压缩机。

注2：变容量压缩机名义噪声限值暂不规定。

5.3.5　振动

按6.6规定的方法进行试验，压缩机在其规定的各测量点测得的法向振动加速度最大值[变速(变频)压缩机在额定转速(频率)进行测试]应不大于相应表 3 所规定的限值。

表 3 压缩机振动的限值

名义制冷量/W	≤60	>60～80	>80～110	>110～140	>140～180	>180～240	>240～300	>300
法向最大振动加速度(有效值)/(m/s^2)	0.65	0.70	0.80	0.90	1.00	1.20	1.50	1.80

注:变容量压缩机名义振动限值暂不规定。

5.3.6 压缩机壳体的气密性

按 6.7 规定的方法进行试验,壳体(含被固定在壳体上的密封零件)不应渗漏。

5.3.7 整机残余水分含量

按 6.8 规定的方法进行试验,其未注油压缩机整机残余水分含量应不大于表 4 规定的限值。

表 4 压缩机残余水分的限值

名义制冷量 /W	≤200	>200
整机残余水分含量/mg	100	130

5.3.8 整机内部杂质含量

按 6.9 规定的方法进行试验,其未注油压缩机整机内部杂质含量应不大于 80 mg。

5.3.9 毛细管堵塞率

按 6.10 规定的方法进行试验,毛细管堵塞率不得超过 10%,计算方法为:

$$\text{堵塞率}(\%) = \frac{\text{初测氮气流量} - \text{复测氮气流量}}{\text{初测氮气流量}} \times 100\%$$

注:此项目仅适用于 R134a 制冷剂压缩机。

5.3.10 加速寿命试验

按 6.11 规定的方法进行试验,试验结束后制冷量和性能系数(*COP*)应不低于试验前实测值的 95%;噪声值应不大于试验前实测值 3 dB(A)。

5.3.11 启动耐久性试验

压缩机按 6.12 规定的方法进行试验后,压缩机应能继续工作,不应出现下列故障:

a) 压缩机机械性损坏,试验压比无法维持;

b) 悬挂(或支撑)弹簧损坏,引起噪声明显增加,或导致压缩机启动和停机时,出现撞击;

c) 压缩机内部出现电气短路或断路。

5.4 其他技术要求

5.4.1 压缩机应配备有适合的过载保护装置。

5.4.2 压缩机应配备有适合的电机启动装置。

5.4.3 变速(变频)压缩机应配备有适合的变速(变频)控制装置。

5.4.4 压缩机应配备有适合的减振装置(如减振垫等)。

5.4.5 压缩机成品应封入压力不小于 0.13 MPa(绝对压力)的干燥氮气或空气(露点温度在 −35 ℃以下)。R600a 制冷剂压缩机可采取抽真空方式,内部绝对压力不大于 0.07 MPa。

5.4.6 压缩机通常应按设计要求和规定的注油量注入冷冻机油。

5.4.7 压缩机壳体表面涂漆应均匀一致,不应有漏涂、划痕、锈斑等缺陷。

6 试验方法

6.1 试验条件

6.1.1 环境温度

除特殊规定外，一般试验的环境温度为(20±5)℃。

6.1.2 被测试压缩机周围应是正常使用状态，对于自然冷却的压缩机，其周围空气流速不应大于0.25 m/s；对于采用风扇强制冷却的压缩机，其周围空气流速为带风扇的被测试压缩机在正常工作状态下的空气流速；对于装有油冷却管的压缩机应按技术文件的规定，对润滑油进行冷却。压缩机周围500 mm距离内不应有影响试验的冷热源。

6.1.3 试验用电源的电压波动值和频率波动值均不应大于1%。

6.1.4 变速(变频)压缩机制冷量、性能系数(*COP*)、噪声、振动测试及各项试验时所用的变速(变频)控制装置应按压缩机制造商的要求配置。

6.1.5 测量用仪表应在检定有效期内使用，并附有检定合格证，其类型和测量精度应符合表5的规定。

表5 一般试验仪器仪表的精度

仪表分类	仪表类型	仪表准确度	
		用于型式检验和出厂检验的抽查项目	用于出厂检验的必检项目
温度测量仪表	玻璃水银温度计 热电偶 电阻温度计 温差计	(1) 量热器中的水或盐水的温度测量其标准偏差为：±0.06 ℃。 (2) 冷凝器中的水的温度测量的标准偏差为：±0.06 ℃。 (3) 其他温度测量的标准偏差为：±0.3 ℃	—
压力测量仪表	水银柱压力计 布尔登(管式) 压力计 膜盒压力计	(1) 吸入压力(绝对压力读数)其测量标准偏差为：±1%。 (2) 其他压力(绝对压力读数)其测量标准偏差为：±2%	测量标准偏差均为±2%
电工测量仪表	指示仪表 累计仪表	功率测量仪表(电动机-压缩机和电热量热计)其测量标准偏差为：±1%。 其他电测量测量标准偏差为：±1%	测量标准偏差均为±1.5%
制冷剂流量测量仪表	测量质量或容积的制冷剂液量计 制冷剂液体流量计 制冷剂蒸汽流量计	(1) 制冷剂液量计和制冷剂液体流量计其测量标准偏差为：±1%。 (2) 制冷剂蒸汽流量计其测量标准偏差为：±2%。 不容易计量的流量测量仪表应符合有关标准的要求，测量的标准偏差应写在试验报告中	—
冷却水流量测量仪表	测量质量或容积的液量计 液体流量计	冷却水流量测量标准偏差为：±1%。 不容易计量的流量测量仪表，其流量测量的不确定度评估按有关标准进行	—

表 5（续）

仪表分类	仪表类型	仪表准确度	
		用于型式检验和出厂检验的抽查项目	用于出厂检验的必检项目
氮气流量测量仪表	气体流量计	氮气流量测量标准偏差为：±0.5%	—
速度测量仪表	转数计数器 转速表 闪光测频仪 快速过程(脉冲)记录仪	测量标准偏差为±0.75%	—
时间测量仪表	秒表等	测量标准偏差为±0.1%	测量标准偏差为±0.2%
质量测量仪器	天平	测量标准偏差为±0.5 mg	—
噪声测量仪器	精密声级计等	测量标准偏差为 1 dB 频率范围：20 Hz～12 500 Hz	—
振动测量仪器	测振仪等	测量标准偏差为±0.01 m/s^2 频率响应：10 Hz～1 000 Hz	—
风速测量仪器	热球式风速仪	测量标准偏差为±2%	—

注：加速寿命试验，启动耐久性试验，允许采用低 1 等级的压力测量仪表。

6.2 制冷量试验

按 GB/T 5773—2004 中 5.1 进行第二制冷剂量热器法试验，其试验条件应符合表 6 的规定。需要时，可采用 GB/T 5773—2004 的 5.5 制冷剂液体流量计法或该标准规定的其他方法进行校核试验，其主辅试验结果的差值应不大于 4%。

表 6 制冷量试验条件

冷凝温度/℃	蒸发温度/℃	过冷温度/℃	吸气温度/℃	环境温度/℃
54.4±0.3	−23.3±0.2	32.2±0.3	32.2±3	32.2±1

6.3 启动性能试验

6.3.1 带有全部电气附件的压缩机接入启动性能试验装置（见图 1）。每次试验前其截流阀预先按 6.12 规定的工况调到适合位置。将系统抽真空并充入适量的制冷剂，打开均压阀，压缩机运转 5 min 后停机，调整充入的制冷剂量，使系统达到表 7 规定的平衡压力，关闭均压阀。

表 7 启动性能试验平衡压力

制冷剂	R600a	R134a
系统平衡压力(绝对压力)，MPa	0.30	0.50

a) 升电压启动：在压缩机接线端子处测量的端电压为1.06倍的额定电压时，连续启动压缩机3次。每次启动达到工况后，立即停机，并用均压阀使系统恢复到平衡压力；

b) 降电压启动：在压缩机接线端子处测量的端电压为0.85倍的额定电压（对于低电压启动压缩机，电压为0.75倍的额定电压）时，连续启动压缩机3次。每次启动达到工况后，立即停机，并用均压阀使系统恢复到平衡压力。

带有PTC元件启动装置的压缩机，2次启动之间的停止间隔时间应足够长，以使得PTC元件能恢复启动功能，一般不应少于5 min。

注1：电源变压器应有足够的容量，以保证试验时在压缩机上所测得的闭路试验电压不少于试验电压的98%。

注2：启动性能试验装置的系统管路高压部分内容积至少为50 cm^3。

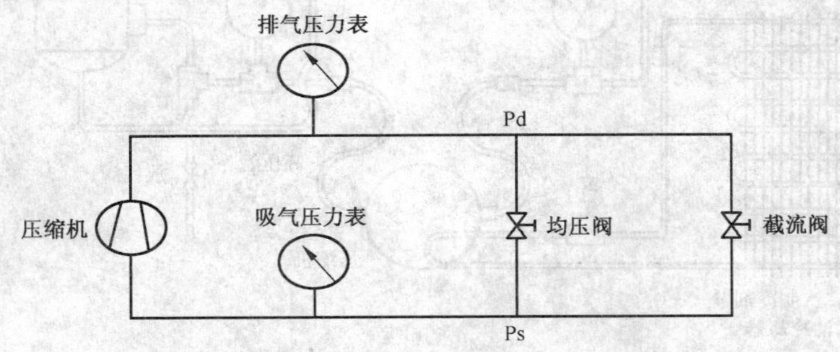

图1 启动性能试验装置

6.3.2 将未接入系统的压缩机放置在倾斜3°可旋转360°的刚性试验座上，在任意2个方向，按额定电压启动压缩机。

6.4 输入功率和工作电流测量

在按6.2规定进行制冷量试验时，用电参数测量仪，测量压缩机在该试验工况条件运行时的输入功率和工作电流值。对于变速（变频）压缩机，测量时应包含控制装置部分的输入功率和工作电流。

6.5 噪声试验

本标准采用GB/T 4214.1—2000的规定作为压缩机A计权声功率级噪声水平的测定方法，且半球面测量表面的半径r，应不小于1.0 m。

被测试压缩机置于符合GB/T 4214.1—2000中4.4.1测试环境要求的场合。测试环境为半消声室，压缩机应装上自身配用的减振垫。将其放置在处于半消声室地面中央的刚性平台上（不带固定螺栓），其刚性平台质量为被测试压缩机质量的10倍以上，压缩机用非刚性连结管接入置于半消声室外的代用制冷系统（图2为推荐的代用制冷系统）。

系统抽真空并充入该压缩机适用的制冷剂，运转压缩机，按表8调整压力使其保持稳定。

系统稳定后（指测试系统按表8规定的试验条件稳定运行至少30 min后），即可开始按GB/T 4214.1—2000的规定，测量各点的A计权声压级噪声值，然后求出测量表面平均A计权声压级噪声值L_p(A)，并计算出压缩机A计权声功率级噪声值L_W(A)。

注：对于采用其他制冷剂的压缩机，排气压力为该制冷剂(50±0.5)℃对应的饱和压力，吸气压力为该制冷剂(−20±0.5)℃对应的饱和压力。

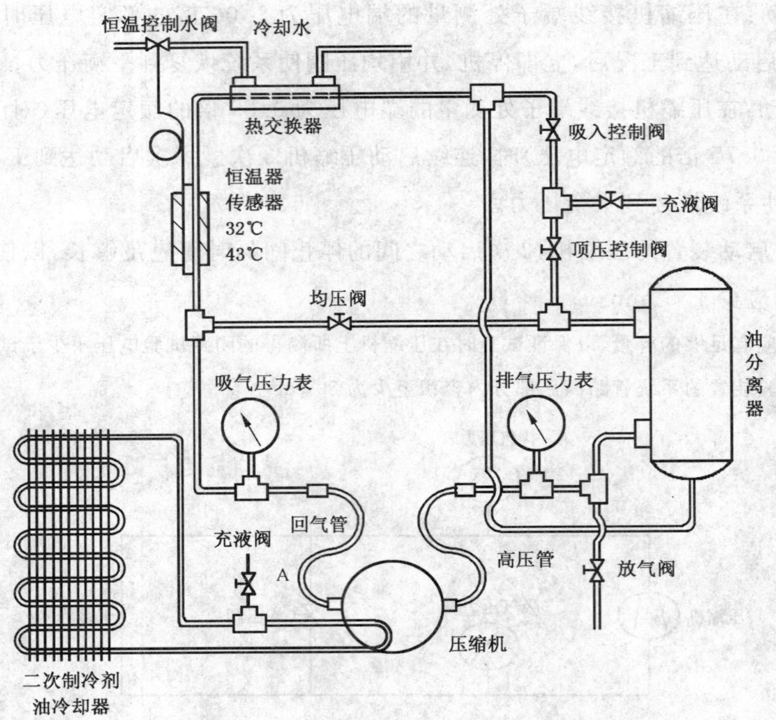

注：A是回气温度测量点；

A与压缩机外壳之间的距离约为30 cm。

图2　推荐的代用制冷系统

表8　噪声试验条件

制冷剂	排气压力(绝对压力)/MPa	吸气压力(绝对压力)/MPa	回气温度/℃
R600a	0.68±0.05	0.072±0.01	32.2±3
R134a	1.32±0.05	0.133±0.01	

6.6　振动试验

在噪声测定后，维持压缩机和代用制冷系统的工作状态不变，用测振仪测量规定点的法向振动加速度。

压缩机的振动加速度测量点：在压缩机高度二分之一的位置截取横截面，在该横截面上过中心点沿活塞运动方向做 X 坐标，过中心点垂直 X 坐标的方向做 Y 坐标，过横截面中心做该面的垂线为 Z 坐标。三个坐标轴与压缩机外壳相交的三点为其测点。

6.7　压缩机壳体的气密性试验

压缩机壳体内充入相应制冷剂在43 ℃对应的饱和压力(压缩机壳体为低压端的压缩机)，或相应制冷剂在65 ℃对应的饱和压力(压缩机壳体为高压端的压缩机)的干燥空气(露点－35 ℃以下)后，浸入温度高于15 ℃的水槽中视检1 min。

6.8　整机残余水分含量测定

将未注油的压缩机置于恒温干燥箱内(如果压缩机中已充了保护气体，则应将保护气体放出，直到压力与环境压力相平衡)。吸排气管同时接入水分测量装置，如图3所示。干燥箱内温度调到(125±5)℃，为了缩短压缩机的加热时间，运行绕组可通入适量的加热电流，使其绕组温度达到箱内温度。在截止阀关闭的状态下，启动真空泵，当系统内绝对压力达到200 Pa以下时，冷凝管放入冰桶(低于－70 ℃)冷浴，然后逐渐打开截止阀，试验应持续4 h，4 h后系统内绝对压力不应超过4 Pa，这时停机。反之试验无效。

停机后，从装置上取下冷凝管，将其管口封好，当冷凝管的温度与环境温度相等时读出(或用分析天平称出)管中水的含量。

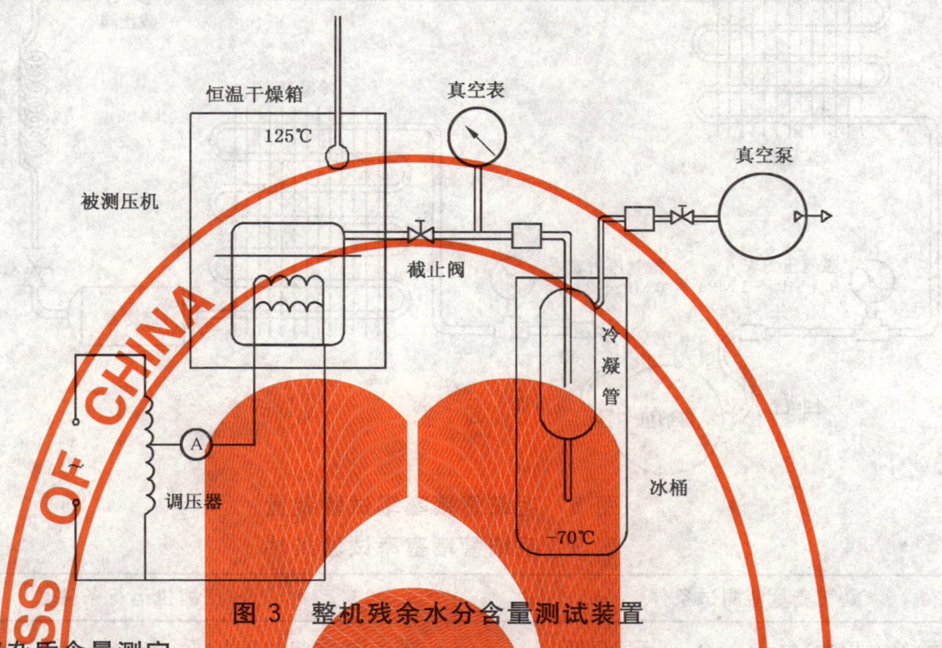

图 3　整机残余水分含量测试装置

6.9　整机内部杂质含量测定

6.9.1　取所需面积的孔隙度为 5 μm 过滤纸或孔径为 5 μm 的 O 型混合纤维树脂微孔滤膜或 5 μm 粉末烧结过滤片，放入烘箱，加温到 60 ℃～70 ℃，保持 10 min，过滤片从烘箱取出，在干燥器中冷却至室温后，称重并记录过滤片质量(可同时烘干若干片，取一片称一片)。然后立即放入干燥皿内保存。

6.9.2　将不少于 0.5 L 已过滤的冲洗液(如正己烷等)灌入未注油压缩机壳体内密封好，将压缩机固定在图 4 所示的冲洗装置上，以 1 r/s 的速度顺时针方向旋转 10 转，逆时针方向旋转 10 转，这样交替进行达 100 s，然后倒出冲洗液，用已知质量的干燥滤片过滤。这样的冲洗过滤程序共进行 3 次，不更换过滤片。最后将带滤出物的滤片按 6.9.1 的方法，烘干、称重。此质量减去滤片质量即为压缩机内部杂质的含量。

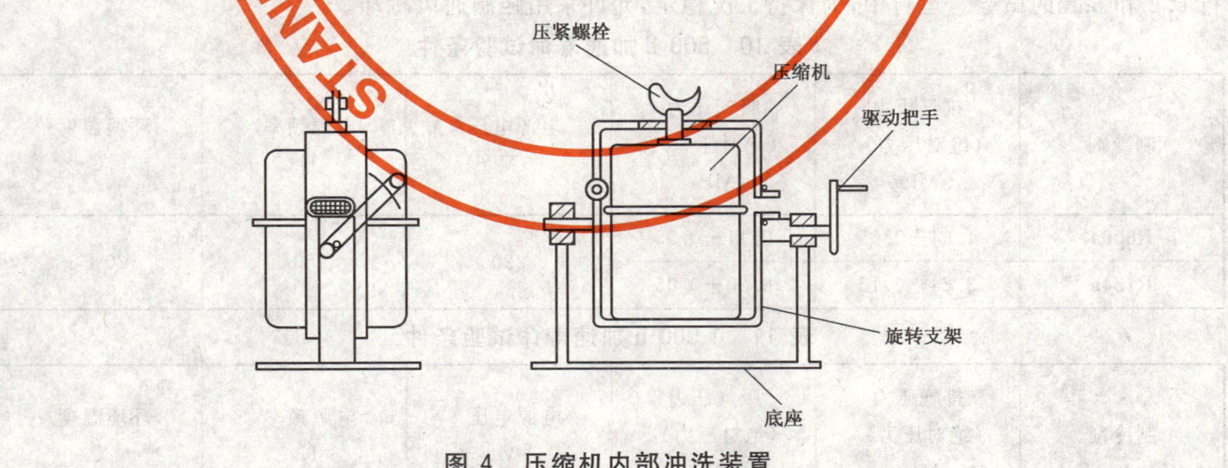

图 4　压缩机内部冲洗装置

6.10　毛细管堵塞率试验

按图 5 连接试验装置。试验用毛细管采用内径为 Φ0.65 mm、长度为 3×10^3 mm。试验前用清洗剂(如正己烷等)冲净，再用氮气吹干。初测氮气流量(氮气压力按表 9 测试条件的规定，试验前后测试压力保持一致)。系统充入 R134a 后，按表 9 压缩机运行条件的规定运行 1 000 h，复测氮气流量，计算毛细管堵塞率应符合 5.3.9 的要求。

注：此试验仅适用于 R134a 制冷剂压缩机。

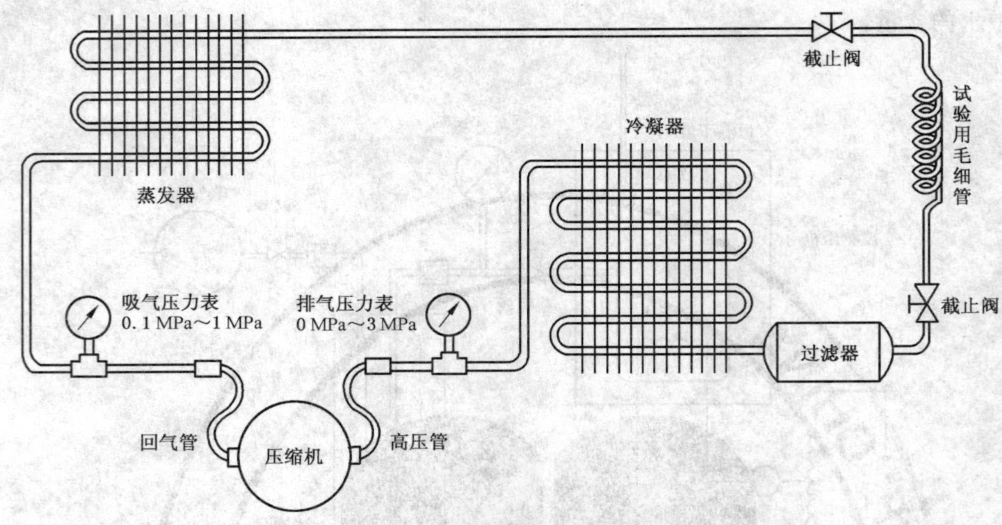

图 5　毛细管堵塞率试验装置

表 9　毛细管堵塞率试验条件

氮气流量值测试条件		压缩机运行条件	
氮气压力(绝对压力)/MPa	环境温度/℃	排气压力(绝对压力)/MPa	绕组温度/℃
0.80±0.02	20±5	1.47±0.1	132±5

6.11　加速寿命试验

6.11.1　定速压缩机加速寿命试验

按 6.2 和 6.5 试验后，将压缩机接入代用制冷系统(参见图 2)，按表 10 所示的条件，连续运行。500 h 后，重新进行 6.2 和 6.5 的试验。运行中，为保持工况稳定，允许采用强制通风冷却。

当压缩机不能按表 10 所示条件维持正常工作，可按表 11 所示的条件连续运行，1 000 h 后，重新进行 6.2 和 6.5 的试验。运行中，为保持工况稳定，允许采用强制通风冷却。

表 10　500 h 加速寿命试验条件

制冷剂	排气压力(绝对压力)/MPa	吸气压力(绝对压力)/MPa	电源电压/V	电源频率/Hz	环境温度/℃
R600a	1.64±0.15	0.11±0.05	220	50	20±5
R134a	3.24±0.15	0.20±0.05			

表 11　1 000 h 加速寿命试验条件

制冷剂	排气压力(绝对压力)/MPa	吸气压力(绝对压力)/MPa	电源电压/V	电源频率/Hz	环境温度/℃
R600a	1.09±0.15	0.11±0.05	220	50	20±5
R134a	2.12±0.15	0.20±0.05			

注 1：在寿命试验过程中，压缩机的绕组温度不得超过规定绝缘等级相应的温度。

注 2：采用其他制冷剂的压缩机，500 h 加速寿命试验条件为：排气压力为该制冷剂在(90±3)℃对应的饱和压力，吸气压力为该制冷剂在(−10±3)℃对应的饱和压力。

注 3：采用其他制冷剂的压缩机，1 000 h 加速寿命试验条件为：排气压力为该制冷剂在(70±3)℃对应的饱和压力，吸气压力为该制冷剂在(−10±3)℃对应的饱和压力。

6.11.2 变速(变频)压缩机加速寿命试验

变速(变频)压缩机按产品技术规格书要求的最低转速(频率)和最高转速(频率)分别进行 6.11.1 的试验，两次试验采用不同的压缩机进行。

6.12 启动耐久性试验

将压缩机接入启动耐久性试验装置(见图 6)，将其抽真空后，充入适量制冷剂，关闭均压阀，启动并运行压缩机，调整截流阀，使压力按表 12 保持稳定，然后停机，试验前的准备工作结束。

表 12 启动耐久性试验条件

制冷剂	排气压力(绝对压力)/MPa	吸气压力(绝对压力)/MPa
R600a	0.68±0.05	0.072±0.01
R134a	1.32±0.05	0.133±0.01

压缩机参照注 2 建议的试验周期进行启动耐久性试验，在每个试验周期中，压缩机运行必须达到或超过上述的试验压比，并维持大约 2 s，然后停机。在压缩机重新启动前，机芯与外壳之间的连接件达到静止状态，系统内的压力应达到平衡(可通过均压阀使系统压力快速平衡)。

试验一直连续进行 20 万次循环为止，或出现故障不能继续试验为止。试验期间，系统内的平衡压力应保持稳定，发现其平衡压力降低时，应及时补充制冷剂。允许压缩机外部采用强制冷却，以避免试验期间过热保护器动作。

变速(变频)压缩机按产品技术规格书要求的最低转速(频率)进行试验。

注 1：对于采用其他制冷剂压缩机，排气压力为该制冷剂(50±5)℃对应的饱和压力，吸气压力为该制冷剂(−20±5)℃对应的饱和压力。

注 2：建议 18 s～25 s 为一个试验周期，这个试验周期可以由 1/2 试验周期的运转时间和 1/2 试验周期的停机时间组成。均压阀为电磁控制，用其可以缩短系统内压力平衡的时间。

注 3：带 PTC 元件启动器的压缩机，可用等效的非 PTC 启动器如重锤式启动器等替代进行试验。

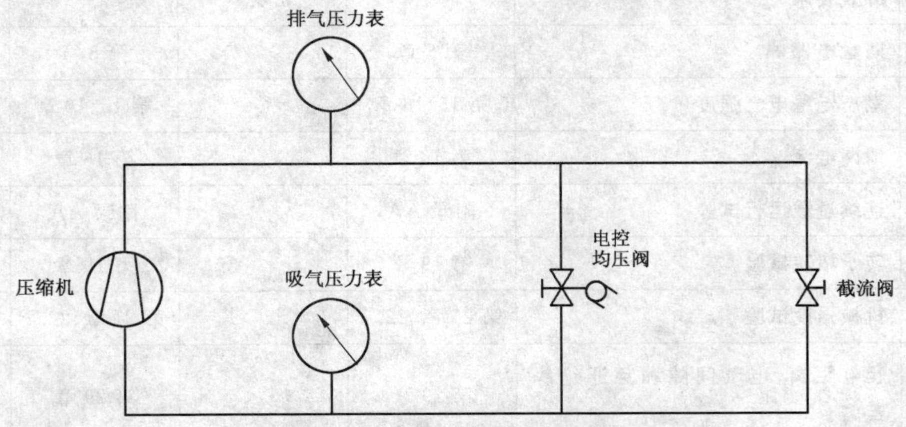

图 6 启动耐久性试验装置

7 检验规则

7.1 出厂检验

7.1.1 凡提出交货的压缩机，均应进行出厂检验。出厂检验项目包括必检项目和抽检项目。

7.1.1.1 出厂检验的必检项目及技术要求和试验方法见表 13 所示的 1 至 4 项。

7.1.1.2 出厂检验的抽检项目及技术要求和试验方法见表13所示的5至6项和14至22项。

7.1.2 出厂检验抽检方案，由制造商质量检验部门自行决定。

7.1.3 出厂检验安全部分的技术要求和试验方法见GB 4706.17的有关规定，必检项目和抽检项目由制造商质量检验部门自行决定。

7.2 型式检验

压缩机在下列情况之一时，应进行型式检验：

a) 新产品或老产品转厂生产的试制定型鉴定时；

b) 正式生产后，如结构、材料、工艺有较大改变，可能影响产品性能时；

c) 连续生产的产品，自上一次型式检验起已连续生产满一年时，或质量不稳定，认为有必要时；

d) 时隔一年以上再生产时。

7.2.1 型式检验应包括本标准表13中除1、3项以外所规定的全部试验项目。

7.2.2 型式检验样品数量及安排见表14。其检验的样品除1台开盖样品、1台堵转样品和2台未注油样品外，均应从交货产品中随机抽取。

7.2.3 出厂检验和型式检验项目及不合格分类见表15的规定，型式检验所采用的抽样方案、判别水平、样本大小、不合格质量水平、合格判定数和不合格判定数见表16的规定。不合格缺陷数以台项计。

第一次抽样的2台样品完成性能试验后，任选其中1台进行安全试验(即致命缺陷试验项目的测试)。在安全试验中，若出现1台项不合格，则判该批产品为不合格。

表13 检验内容一览表

序号	检验项目	技术要求		试验方法	
		GB 4706.17	本标准	GB 4706.17	本标准
1	冷态电气强度	参照16章自定		参照16章自定	
2	接地装置	第27章		第27章(视检)	
3	壳体气密性		5.3.6		6.7
4	外观要求		5.4.7		视检
5	防触电保护	第8章		第8章	
6	潮态绝缘电气强度	第15、16章		第15、16章	
7	泄漏电流	第16章		第16章	
8	连续过载运行试验	附录AA		附录AA	
9	转子堵转试验	第19章		第19章	
10	机械强度试验	第21章、22.7		第21章、22.7	
11	爬电距离、电气间隙和穿通绝缘距离	第29章		第29章	
12	耐热、耐燃和耐漏电起痕	第30章		第30章	
13	其他的安全试验	第22～28、31、32章		第22～28、31、32章	

表 13（续）

序号	检验项目	技术要求		试验方法	
		GB 4706.17	本标准	GB 4706.17	本标准
14	制冷量		5.3.1		6.2
15	性能系数(*COP*)		5.3.1		6.2
16	启动性能试验		5.3.2		6.3
17	输入功率和工作电流		5.3.3		6.4
18	噪声		5.3.4		6.5
19	振动		5.3.5		6.6
20	整机残余水分含量		5.3.7		6.8
21	整机内部杂质含量		5.3.8		6.9
22	毛细管堵塞率试验（仅适用于R134a压缩机）		5.3.9		6.10
23	加速寿命试验		5.3.10		6.11
24	启动耐久性试验		5.3.11		6.12

表 14 型式检验样品安排表

压缩机种类	样品总数（台）	样品类型	样品类型数量（台）	试验项目
定速 R600a 制冷剂压缩机	8	开盖机	1	结构检验
		堵转机	1	堵转试验
		未注油机	2	整机残余水分含量测定 整机内部杂质含量测定
		常规机	4	部分性能检验 部分安全要求检验
定速 R134a 制冷剂压缩机	9	在与定速 R600a 制冷剂压缩机相应 8 台样机的基础上，增加的 1 台常规样品用于毛细管堵塞率试验		
变速（变频）R600a 制冷剂压缩机	9	在定速 R600a 制冷剂压缩机 8 台样机的基础上，增加的 1 台常规样品用于加速寿命试验		
变速（变频）R134a 制冷剂压缩机	10	在定速 R134a 制冷剂压缩机 9 台样机的基础上，增加的 1 台常规样品用于加速寿命试验		

表 15 出厂检验和型式检验项目不合格分类表

序号	检验项目	不合格性质		
		致命缺陷	B类不合格	C类不合格
1	冷态电气强度	√		
2	接地装置	√		
3	壳体气密性		√	
4	外观要求			√
5	防触电保护	√		
6	潮态绝缘电气强度	√		
7	泄漏电流	√		
8	连续过载运行试验	√		
9	转子堵转试验	√		
10	机械强度试验	√		
11	爬电距离、电气间隙和穿通绝缘距离	√		
12	耐热、耐燃、耐漏电起痕	√		
13	其他的安全试验第 22～28、31、32 章	√		
14	制冷量		√	
15	性能系数(*COP*)		√	
16	启动性能试验		√	
17	输入功率		√	
18	噪声		√	
19	振动			√
20	整机残余水分含量		√	
21	整机内部杂质含量		√	
22	毛细管堵塞率试验(仅适用于 R134a 压缩机)		√	
23	加速寿命试验		√	
24	启动耐久性试验		√	

表 16 型式检验判定

判别水平	抽样方案 二次抽样	样本大小	不合格质量水平			
			B类不合格 RQL=80		C类不合格 RQL=100	
			Ac	Re	Ac	Re
Ⅱ	第一次	$n_1=2$	0	2	0	3
	第二次	$n_2=2$	1	2	3	4

7.2.4 抽样的样品分组检验方案见图 7。

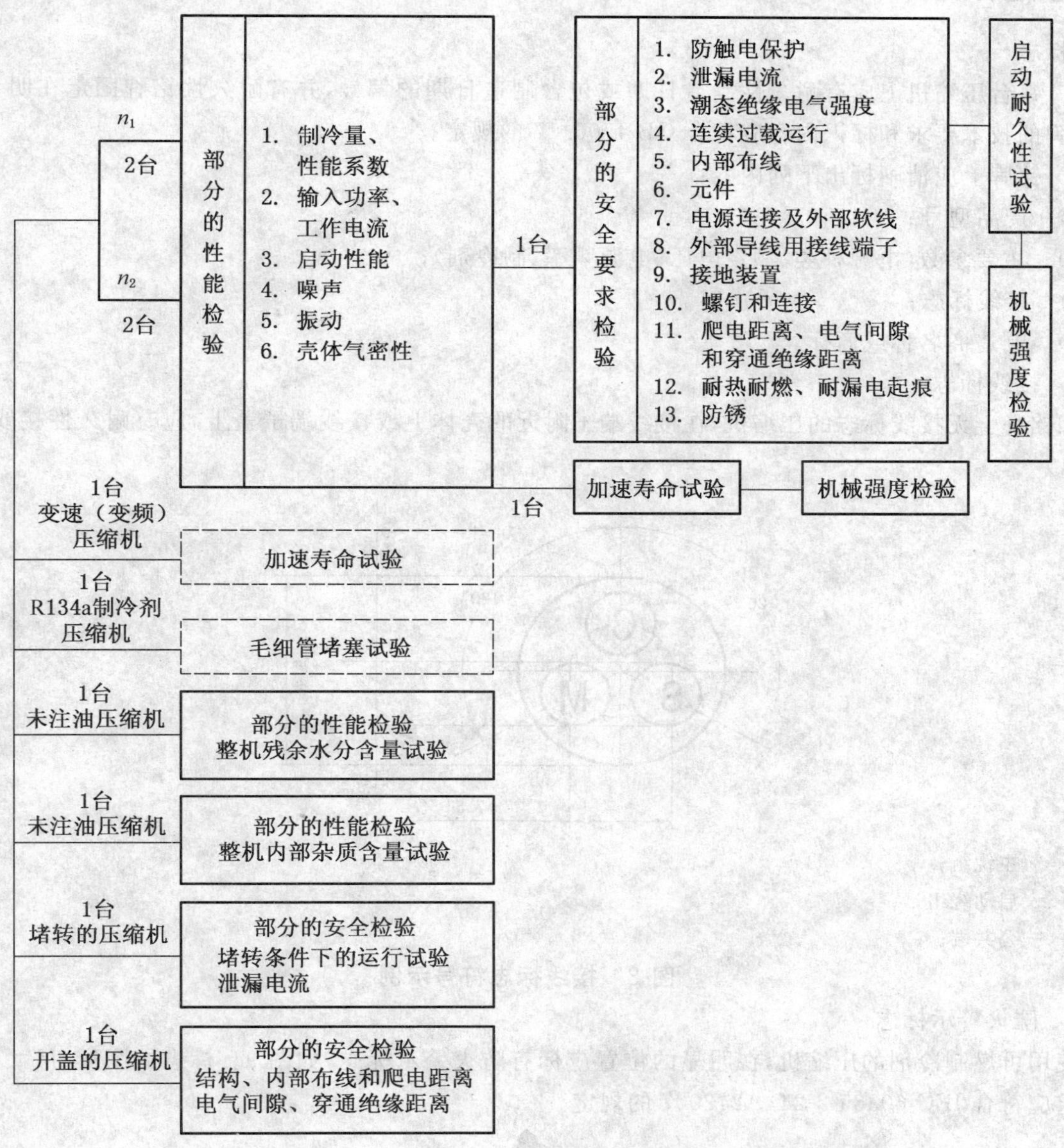

注 1：检验顺序可参考此图的检验顺序进行。

注 2：对于 R134a 制冷剂压缩机，增加的 1 台常规样品用于毛细管堵塞率试验。

注 3：变速(变频)压缩机按 6.11.2 的要求，对 2 台常规样品进行加速寿命试验。

图 7　型式检验的分组检验方案图

7.3 验收

订货方有权检查产品质量。交货时，订货方按出厂检验项目验收。根据订货方的要求，供货方应提供产品型式检验报告。验收的质量指标和抽样方案由制造商和订货方共同商定。如订货方对产品质量有怀疑时，可由双方商定增加型式检验中的部分试验项目或全部试验项目。如仍有争议，则由质量监督部门进行仲裁。

压缩机制造商应保证在供需双方协议规定的期间内，在用户遵守产品技术规格书所示各项规定的条件下，当产品因制造不良而发生损坏和不能正常工作时，制造商应负责更换。

8 标志、包装、运输、贮存

8.1 标志

8.1.1 每台压缩机上应有耐久性制造日期或包含制造日期的编号，并有耐久性铭牌固定在明显的位置，铭牌的技术要求和标识内容应符合 GB 4706.17 的规定。

8.1.2 铭牌上应清晰标出下列内容：

a) 产品型号；

b) 主要参数(电源种类、额定电压、电源频率、制冷剂)；

c) 接线标志；

d) 制造商名称或商标。

8.1.3 接线标志

如铭牌上无接线标志的压缩机，在接线端子附近的壳体上或接线端子盖上，应有耐久性接线标志，见图 8。

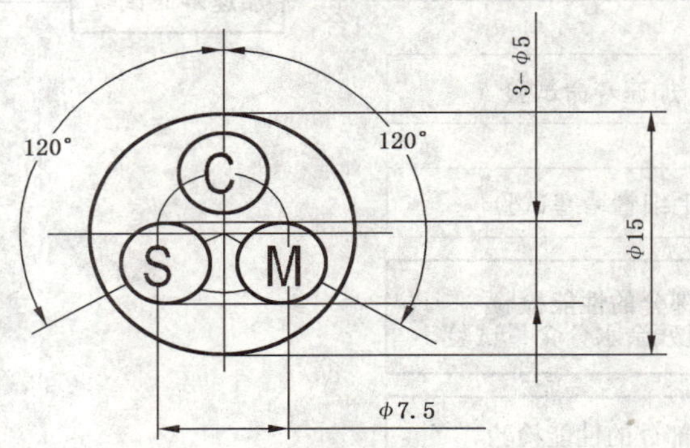

M——主绕组；

S——启动绕组；

C——公共端。

图 8 接线标志符号示例

8.1.4 防火警示标志

使用可燃制冷剂的压缩机，在明显的位置应标有防火警示标志，如图 9。标志的图形、尺寸及颜色等要求应符合 IEC 60335-2-24/A2:2007 的规定。

注：等边三角形的垂直高度至少为 15 mm。

图 9 防火警示标志符号示例

8.2 包装和运输

压缩机包装应符合 GB/T 1019 的有关规定，压缩机的包装和运输，可按订货合同的规定办理。压缩机在包装箱内应固定可靠，并有防潮和防震措施。保证产品在正常运输装卸和保存时，不致损坏和碰伤。包装箱外面应使用不褪色颜料标明下列内容：

a) 产品名称、型号、数量；

b) 产品批号；

c) 净质量(kg)、毛质量(kg)；

d） 包装外形尺寸：长×宽×高(mm×mm×mm)；

e） 制造商名称；

f） 储运注意事项：如“小心轻放”、“不可倒置”、“防潮”等文字或符号。

8.3 贮存

8.3.1 产品应贮存在防雨、通风良好的仓库中，并且周围不应有腐蚀气体存在。

8.3.2 压缩机只有在使用时，才允许拔出密封橡胶堵头，在运输和储存过程中不应出现堵头脱落或松动。

ICS 71.100.40
Y 43

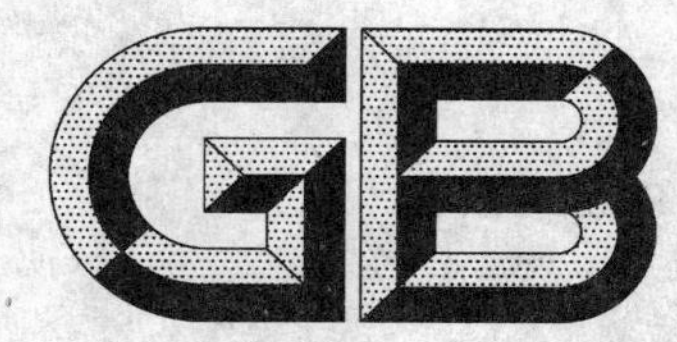

中华人民共和国国家标准

GB/T 9104—2008
代替 GB/T 9104.1～9104.9—1988

工业硬脂酸试验方法

Test methods for industrial stearic acids

2008-05-28 发布 2008-12-01 实施

中华人民共和国国家质量监督检验检疫总局
中国国家标准化管理委员会 发布

前　言

本标准是对 GB/T 9104.1～9104.9—1988 的整合修订。

本标准代替下列国家标准：

GB/T 9104.1—1988《工业硬脂酸试验方法　碘值的测定》；

GB/T 9104.2—1988《工业硬脂酸试验方法　皂化值的测定》；

GB/T 9104.3—1988《工业硬脂酸试验方法　酸值的测定》；

GB/T 9104.4—1988《工业硬脂酸试验方法　色泽的测定》；

GB/T 9104.5—1988《工业硬脂酸试验方法　凝固点的测定》；

GB/T 9104.6—1988《工业硬脂酸试验方法　水分的测定》；

GB/T 9104.7—1988《工业硬脂酸试验方法　无机酸的测定》；

GB/T 9104.8—1988《工业硬脂酸试验方法　灰分的测定》；

GB/T 9104.9—1988《工业硬脂酸试验方法　组成的测定》。

本标准与原系列标准相比，主要变化如下：

——将 GB/T 9104.1～9104.9—1988 整合修订后，分别作为第 4 章、第 5 章、第 6 章、第 7 章、第 8 章、第 9 章、第 10 章、第 11 章、第 12 章的内容；

——增加了测定结果精密度要求；

——增加了试验报告要求；

——修订了原标准中一些编辑性错误。

本标准由中国轻工业联合会提出。

本标准由全国表面活性剂和洗涤用品标准化技术委员会归口。

本标准起草单位：国家洗涤用品质量监督检验中心（太原）、博兴华润油脂化学有限公司、杭州油脂化工有限公司。

本标准主要起草人：梁红艳、佘庆海、靳英。

本标准所代替标准的历次版本发布情况为：

——GB/T 9104.1～9104.9—1988。

工业硬脂酸试验方法

1 范围

本标准规定了工业硬脂酸的试验方法，包括碘值、皂化值、酸值、色泽、凝固点、水分、无机酸、灰分、组成的测定方法。

本标准适用于由动物、植物油脂经水解后用压榨法或蒸馏法精制生产的工业用硬脂酸（主要成分为十八烷酸和十六烷酸）的测定。

2 规范性引用文件

下列文件中的条款通过本标准的引用而成为本标准的条款。凡是注日期的引用文件，其随后所有的修改单（不包括勘误的内容）或修订版均不适用于本标准，然而，鼓励根据本标准达成协议的各方研究是否可使用这些文件的最新版本。凡是不注日期的引用文件，其最新版本适用于本标准。

QB/T 2739—2005 洗涤用品常用试验方法 滴定分析（容量分析）用试验溶液的制备

3 术语和定义

下列术语和定义适用于本标准。

3.1

碘值 iodine value

100 g 硬脂酸试样所吸收的卤素，以相当量碘的克数表示。

3.2

皂化值 saponification value

在规定的试验条件下，皂化 1 g 硬脂酸试样所消耗的氢氧化钾毫克数。

3.3

酸值 acid value

中和 1 g 硬脂酸试样所消耗的氢氧化钾毫克数。

3.4

凝固点 titer

按规定程序，硬脂酸冷却至熔点以下，凝固时达到的最高温度。

4 碘值的测定

4.1 原理

氯化碘与硬脂酸中不饱和酸起加成反应，用硫代硫酸钠标准滴定溶液滴定过剩的氯化碘和碘分子，计算出与硬脂酸中的不饱和酸反应所消耗的氯化碘相当的硫代硫酸钠标准滴定溶液的体积，再计算出碘值。反应式如下：

$I_2 + Cl_2 \rightarrow 2ICl$

$RCH \cdot CHR_2 + ICl \rightarrow RCHI \cdot CHClR_2$

$ICl + KI \rightarrow KCl + I_2$

$I_2 + 2Na_2S_2O_3 \rightarrow 2NaI + Na_2S_4O_6$

4.2 试剂

除非另有说明，在分析中仅使用确认为分析纯的试剂和蒸馏水或去离子水或纯度相当的水。

注：适用于本标准所有试验。

4.2.1 乙酸(GB/T 676)。

4.2.2 碘化钾(GB/T 1272),150 g/L 水溶液。

4.2.3 盐酸(GB/T 622),密度(ρ_{20})约 1.19 g/mL。

4.2.4 环己烷(GB/T 14305)-乙酸:(1+1)混合液(按体积)。

4.2.5 硫酸(GB/T 625)。

4.2.6 碘(GB/T 675)。

4.2.7 氯气(HG1-31),99.8%。

或用盐酸(4.2.3)滴加于高锰酸钾中,使生成的氯气通过盛有硫酸(4.2.5)洗气瓶干燥的方法进行制备。

4.2.8 淀粉指示液(10 g/L),按 QB/T 2739—2005 中 5.3 配制。

4.2.9 硫代硫酸钠(GB/T 601),$c(Na_2S_2O_3)=0.1$ mol/L 标准滴定溶液,按 QB/T 2739—2005 中 4.12 配制和标定。

4.2.10 氯化碘溶液(韦氏溶液):溶解 13 g 碘(4.2.6)于 1 000 mL 乙酸(4.2.1)中(溶解时略加热),然后置于 1 000 mL 棕色瓶中。冷却后,倒出 100 mL~200 mL 于另一棕色瓶中,置阴暗处供调整用。通入氯气(4.2.7)至剩余的800 mL~900 mL 碘溶液中,至溶液由深色渐渐变淡直至呈橘红色透明为止。氯气通入量按校正方法校正后,用预先留存的碘溶液予以调整。

校正方法:分别取碘溶液及新配制的韦氏溶液 25.0 mL,各加入碘化钾溶液(4.2.2)20 mL,再各加入蒸馏水 100 mL,用 0.1 mol/L 硫代硫酸钠标准滴定溶液(4.2.9)滴定至溶液呈淡黄色时,加淀粉指示剂(4.2.8)1 mL,继续滴定至蓝色消失为止。新配制的韦氏溶液所消耗的硫代硫酸钠标准滴定溶液的体积应接近于碘溶液的 2 倍。

4.3 仪器

常用实验室仪器和

4.3.1 碘量瓶,250 mL。

4.3.2 具塞滴定管,25 mL,棕色。

4.3.3 容量瓶,1 000 mL,棕色。

4.3.4 移液管,10 mL,25 mL。

4.4 试验程序

称取干燥试样 2 g~3 g(称准至 0.001 g,根据碘价的高低,称量可增减),置于碘量瓶(4.3.1)中,加入环己烷-乙酸溶液(4.2.4)20 mL。待试样溶解后,用移液管(4.3.4)加入韦氏溶液(4.2.10)25.0 mL,充分摇匀后置于 25℃左右的暗处保存 30 min。然后将碘量瓶从暗处取出,加入碘化钾溶液(4.2.2)20 mL,再加入蒸馏水 100 mL,用硫代硫酸钠标准滴定溶液(4.2.9)滴定,边摇边滴定至溶液呈淡黄色时,加淀粉指示液(4.2.8)1 mL,继续滴定至蓝色消失为止。同时作空白试验。

4.5 结果计算

4.5.1 硬脂酸的碘值(I·V)以克每百克(g/100 g)表示,按式(1)计算:

$$\mathrm{I \cdot V} = \frac{(B-S)\times c\times 0.126\,9}{m}\times 100 \qquad (1)$$

式中:

B——空白试验所消耗硫代硫酸钠标准滴定溶液的体积,单位为毫升(mL);

S——试验份所消耗硫代硫酸钠标准滴定溶液的体积,单位为毫升(mL);

0.126 9——碘原子的毫摩尔质量,单位为克每毫摩尔(g/mmol);

c——硫代硫酸钠标准滴定溶液的浓度,单位为摩尔每升(mol/L);

m——试验份的质量,单位为克(g)。

以两次平行测定结果的算术平均值表示至小数点后两位作为测定结果。

4.5.2 精密度:在重复性条件下获得的两次独立测试结果的绝对差值不大于 0.05 g/100 g,以大于 0.05 g/100 g的情况不超过 5%为前提。

5 皂化值的测定

5.1 试剂

5.1.1 氢氧化钾(GB/T 2306),$c(KOH)=0.5$ mol/L 乙醇溶液,按 QB/T 2739—2005 中 4.2 配制。

5.1.2 盐酸(GB/T 622),$c(HCl)=0.5$ mol/L 标准滴定溶液,按 QB/T 2739—2005 中 4.3 配制和标定。

5.1.3 酚酞指示液(10 g/L),按 QB/T 2739—2005 中 5.1 配制。

5.2 仪器

常用实验室仪器和

5.2.1 锥形瓶,250 mL。

5.2.2 具塞滴定管,50 mL。

5.2.3 恒温水浴或电热板。

5.3 试验程序

称取 2 g 试样(称准至 0.001 g)于锥形瓶(5.2.1)中。用移液管加入氢氧化钾乙醇溶液(5.1.1)50.0 mL,然后装上回流冷凝管,置于水浴或电热板(5.2.3)上维持微沸状态 1 h。勿使蒸气逸出冷凝管。取下后,加入酚酞指示液(5.1.3)6 滴,趁热以盐酸标准滴定溶液(5.1.2)滴定至红色恰消失为止。同时作空白试验。

5.4 结果计算

5.4.1 硬脂酸的皂化值(SV)以毫克每克(mg/g)表示,按式(2)计算:

$$SV=\frac{(V_2-V_1)\times c\times 56.1}{m} \qquad \cdots\cdots(2)$$

式中:

V_2——空白试验所消耗盐酸标准滴定溶液的体积,单位为毫升(mL);

V_1——试验份所消耗盐酸标准滴定溶液的体积,单位为毫升(mL);

c——盐酸标准滴定溶液的浓度,单位为摩尔每升(mol/L);

56.1——试验中以克表示的氢氧化钾的摩尔质量,单位为克每摩尔(g/mol);

m——试验份的质量,单位为克(g)。

以两次平行测定结果的算术平均值表示至小数点后一位作为测定结果。

5.4.2 精密度:在重复性条件下获得的两次独立测试结果的绝对差值不大于 1.0 mg/g,以大于 1.0 mg/g的情况不超过 5%为前提。

6 酸值的测定

6.1 试剂

6.1.1 氢氧化钾(GB/T 2306),$c(KOH)=0.1$ mol/L 乙醇标准滴定溶液,按 QB/T 2739—2005 中 4.2 配制和标定。

6.1.2 95%乙醇(GB/T 679),以酚酞做指示剂,用氢氧化钾溶液中和至淡粉色。

6.1.3 酚酞指示液(10 g/L),按 QB/T 2739—2005 中 5.1 配制。

6.2 仪器

常用实验室仪器和

6.2.1 锥形瓶,200 mL。

6.2.2 滴定管,50 mL。

6.3 试验程序

称取 1 g 试样(称准至 0.000 1 g)于锥形瓶(6.2.1)中。加入乙醇(6.1.2)约 70 mL,加热使其溶解。

加入酚酞指示液(6.1.3)约6滴,立即以氢氧化钾乙醇标准滴定溶液(6.1.1)滴定至呈淡粉色,维持30 s不褪色为终点。

6.4 结果计算

6.4.1 硬脂酸的酸值(A・V)以毫克每克(mg/g)表示,按式(3)计算:

$$A \cdot V = \frac{V \times c \times 56.1}{m} \quad \cdots\cdots\cdots\cdots (3)$$

式中:

V——试验份所消耗氢氧化钾标准滴定溶液的体积,单位为毫升(mL);

c——氢氧化钾标准滴定溶液的浓度,单位为摩尔每升(mol/L);

56.1——试验中以克表示的氢氧化钾的摩尔质量,单位为克每摩尔(g/mol);

m——试验份的质量,单位为克(g)。

以两次平行测定结果的算术平均值表示至小数点后一位作为测定结果。

6.4.2 精密度:在重复性条件下获得的两次独立测试结果的绝对差值不大于0.5 mg/g,以大于0.5 mg/g的情况不超过5%为前提。

7 色泽的测定

7.1 原理

根据脂肪酸与铂-钴标准色号有相似光谱吸收的特性,用分光光度计在一定波长下,测定一系列标准色度的吸光度,绘出工作曲线。在相同波长下测定试样的吸光度,对照已绘出的工作曲线,查得相应的脂肪酸色泽值。以铂-钴色度单位(Hazen)表示之。

7.2 试剂

7.2.1 六水合氯化钴($CoCl_2 \cdot 6H_2O$)(GB/T 1270)。

7.2.2 氯铂酸钾。

7.2.3 盐酸(GB/T 622),密度(ρ_{20})约1.19 g/mL。

7.3 仪器

常用实验室仪器和

7.3.1 分光光度计,波长范围360 nm～800 nm,附有10 cm比色池。

7.3.2 恒温水浴。

7.3.3 烧杯,50 mL。

7.3.4 容量瓶,1 000 mL。

7.4 程序

7.4.1 仪器使用

按使用说明书校正和操作仪器。

7.4.2 标准工作曲线

7.4.2.1 标准色度母液的制备

溶解六水合氯化钴(7.2.1)1.00 g和氯铂酸钾(7.2.2)1.245 g于1 000 mL容量瓶(7.3.4)中,加入盐酸(7.2.3)100 mL,用水稀释至刻度,摇匀。

注:标准色度母液可以用分光光度计以1 cm比色池在波长430 nm处检查其吸光度。吸光度范围应为0.110～0.120。

7.4.2.2 标准色度溶液的制备

将标准色度母液按表1所列的体积数分别移入20只100 mL容量瓶中,用蒸馏水稀释至刻度,摇匀,即成铂-钴标准色度溶液。

表 1 铂-钴标准色度溶液的配制

铂-钴色度单位/Hazen	5	10	15	20	25	30	35	40	50	60
吸取标准母液/mL	1	2	3	4	5	6	7	8	10	12
铂-钴色度单位/Hazen	70	100	150	200	250	300	350	400	450	500
吸取标准母液/mL	14	20	30	40	50	60	70	80	90	100

7.4.2.3 铂-钴色度单位(Hazen)-吸光度(A)标准工作曲线的绘制

将配制的 22 只铂-钴标准色度溶液,逐一置于 10 cm 比色池中。用蒸馏水作参比,以分光光度计在波长 420 nm 处测定其吸光度(A)。以铂-钴色度单位(Hazen)为纵坐标,吸光度(A)为横坐标,分两段绘制标准工作曲线,第一段色度值 0～60,第二段色度值 50～500。

7.4.3 测定

将试样放入干燥洁净的 50 mL 的烧杯中,在水浴上加热至(75±5)℃,待全部熔化后,立即倒入预先在 75℃ 温热过的 10 cm 比色池中,进行测定,读出吸光度数值。以三次重复测定的平均值作为最后测定的结果。

注:因硬脂酸的凝固点较高,为保证试样的透光效果,可做一棉花布套,套在已倒入试样的比色池外,置于 75℃ 恒温烘箱中 10 min,取出后立即在已调节好的分光光度计上测量。

三次测定结果极差不大于 0.005。

7.4.4 结果表示

将所测吸光度(A)平均值,在铂-钴色度单位(Hazen)-吸光度(A)标准工作曲线上,查得相应的色度值;或将吸光度(A)平均值代入直线方程式,求得色度值,此值即为试样的色泽。

8 凝固点的测定

8.1 仪器

测定凝固点所用的仪器设备见图 1。

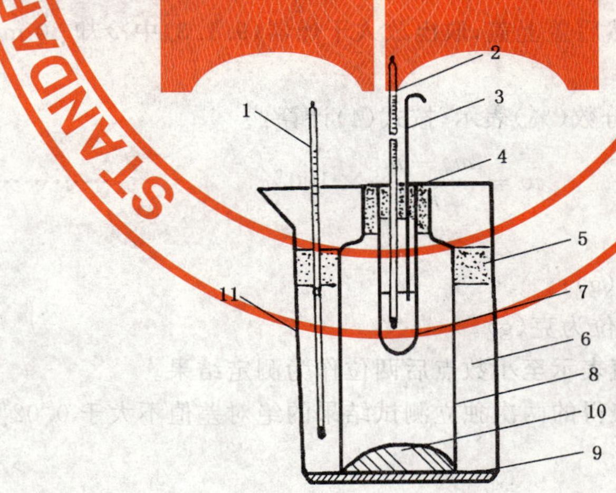

1——温度计;
2——精密温度计;
3——搅拌器;
4、5、9——软木塞(垫);
6——水浴;
7——凝固管;
8——广口瓶;
10——重物;
11——烧杯。

图 1 测定凝固点的仪器设备

8.1.1 温度计,50℃～100℃,分度 0.1℃,需校准。

8.1.2 凝固管,直径约 25 mm,长 100 mm,离底部约 57 mm 处有一刻度,管口配有软木塞,软木塞有两孔,中间一孔插入温度计,另一孔插入玻璃(或不锈钢)搅拌器。

8.1.3 广口瓶,450 mL,瓶颈内径约 38 mm,瓶口配带有直径为 25 mm 孔的软木塞。

8.1.4 搅拌器,玻璃或不锈钢,下端弯成直径为 20 mm 的圆环与杆垂直。

8.2 程序

熔化约 30 g 试样,使其温度至少应高于凝固点 10℃。置于凝固管中至刻度,插入温度计和搅拌器,使温度计的水银球在刻度下约 45 mm 处。

置凝固管于有软木塞的广口瓶中,如图 1。保持水浴温度在 30℃左右,用套在温度计上的搅拌器以上下约 40 mm 的幅度均匀搅拌(约 80 次/min～100 次/min),并注意观察温度。当温度停止下降达30 s时,立即停止搅拌,并仔细观察温度骤然上升。

8.3 结果表示

8.3.1 上升之最高温度,即为该试样的凝固点。

以两次测定结果的算术平均值表示至小数点后一位作为测定结果。

8.3.2 精密度:在重复性条件下获得的两次独立测试结果的绝对差值不大于 0.2℃,以大于 0.2℃的情况不超过 5%为前提。

9 水分的测定

9.1 仪器

常用实验室仪器和

9.1.1 恒温烘箱,可控温 105℃±1℃。

9.1.2 称量瓶,50 mL,低型。

9.1.3 干燥器,内置变色硅胶。

9.2 程序

称取 10 g 试样(称准至 0.001 g)于已恒重的洁净称量瓶(9.1.2)中,放入 105℃±1℃恒温烘箱(9.1.1)中,移开称量瓶盖烘 2 h,然后盖上盖,取出放入干燥器(9.1.3)中冷却 30 min 后称量。

9.3 结果

9.3.1 硬脂酸的水分(w)以质量分数(%)表示,按式(4)计算:

$$w = \frac{m_0 - m_1}{m_0} \times 100\% \qquad (4)$$

式中:

m_0——试样的质量,单位为克(g);

m_1——干燥后试样的质量,单位为克(g)。

以两次测定结果的算术平均值表示至小数点后两位作为测定结果。

9.3.2 精密度:在重复性条件下获得的两次独立测试结果的绝对差值不大于 0.02%,以大于 0.02%的情况不超过 5%为前提。

10 无机酸的测定

10.1 试剂

10.1.1 硫酸(GB/T 625),密度(ρ_{20})1.84 g/mL。

10.1.2 硫酸 $c(H_2SO_4)$=0.001%标准溶液。

量取硫酸(10.1.1)6.0 mL,缓慢倒入少量蒸馏水中,然后稀释至 1 000 mL[$c_0(H_2SO_4)\approx 0.1$ mol/L]。按 QB/T 2739—2005 中 4.4 标定。

将已标定的硫酸按 1/[$c(H_2SO_4)$×0.98]计算所需硫酸溶液的毫升数。量取此计算体积的硫酸溶液，注入 250 mL 容量瓶中，用蒸馏水稀释至刻度，充分摇匀后，再吸取 25.0 mL，注入 1 000 mL 容量瓶中，用蒸馏水稀释至刻度，混匀，即为 0.001%标准溶液。

10.1.3 甲基橙指示液(1 g/L)，按 QB/T 2739—2005 中 5.15 配制。

10.2 仪器

常用实验室仪器和 5 mL 试管(玻璃需无色)。

10.3 程序

称取 5 g 试样(称准至 0.1 g)置于洁净干燥的 50 mL 烧杯中，加热使其熔化。用量筒加入煮沸过的蒸馏水 5 mL，加热搅拌 5 min，冷却使硬脂酸凝固。取出硬脂酸块，将溶液倒入试管中，加入甲基橙指示液(10.1.3)1 滴，在另一试管中加入等体积 0.001%硫酸标准溶液(10.1.2)和等量的指示剂。

10.4 结果表示

目视比较两者的色泽。试样溶液色泽不深于硫酸标准溶液，即视为无机酸低于 0.001%。

11 灰分的测定

11.1 仪器

常用实验室仪器和

11.1.1 瓷坩埚，50 mL。

11.1.2 干燥器，内置变色硅胶。

11.1.3 高温电炉，可控温，可加热至 1 000℃。

11.2 试验程序

称取约 10 g 试样(称准至 0.001 g)于已灼烧至恒重的瓷坩埚(11.1.1)中，在电炉上加热并点火使之完全炭化。然后移入 825℃±10℃的高温电炉(11.1.3)中，灼烧 40 min，取出稍冷移入干燥器(11.1.2)内冷却至室温，称量。

11.3 结果计算

11.3.1 硬脂酸的灰分(A)以质量分数(%)表示，按式(5)计算：

$$A=\frac{m_1-m_0}{m}\times 100\% \qquad \cdots\cdots(5)$$

式中：

m_1——灰分和瓷坩埚的质量，单位为克(g)；

m_0——空瓷坩埚的质量，单位为克(g)；

m——试验份的质量，单位为克(g)。

以两次测定结果的算术平均值表示至小数点后三位作为测定结果。

11.3.2 精密度：在重复性条件下获得的两次独立测试结果的绝对差值不大于 0.005%，以大于 0.005%的情况不超过 5%为前提。

12 组成的测定

12.1 原理

采用气相色谱法，工业硬脂酸经甲酯化后进色谱柱分离，由所得色谱图峰面积用归一化法计算各碳数脂肪酸含量。

12.2 试剂和材料

12.2.1 标准脂肪酸，色谱纯的 C_{16} 和 C_{18} 饱和脂肪酸。

12.2.2 甲醇(GB/T 683)，内装 3A 分子筛脱水。

12.2.3 硫酸(GB/T 625)，密度(ρ_{20})约 1.84 g/mL。

12.2.4 乙醚(GB/T 12591)。

12.2.5 载气,氮气。

12.2.6 燃气,氢气。

12.2.7 助燃气,空气,由钢瓶或空气压缩机供给并经净化处理。

12.3 仪器和设备

常用实验室仪器和

12.3.1 气相色谱仪,具有火焰离子化检测器、程序升温器。

12.3.2 色谱柱,填充柱,长 2 m~3 m,内径 3 mm~4 mm,内装固定相(如在 80 目~100 目白色载体上涂以 DEGS)。

12.3.3 数据处理机或色谱工作站。

12.3.4 微量进样器,1 μL。

12.3.5 容量瓶,5 mL。

12.4 程序

12.4.1 色谱分析条件的设定

a) 柱温,根据所使用的色谱柱而定,DEGS 柱温度为 180℃;

b) 程序升温操作,始温 150℃~180℃,升温速度 3 ℃/min~5 ℃/min,终温 200℃~240℃;

c) 汽化室温度,300℃;

d) 检测器温度,300℃;

e) 载气流量,约 30 mL/min~50 mL/min。

12.4.2 色谱分析

12.4.2.1 甲酯化

取约 0.1 g 试样于 5 mL 容量瓶(12.3.5)中,加入甲醇(12.2.2)2 mL~3 mL。在水浴上加热溶解后,滴加浓硫酸(12.2.3)5 滴~8 滴,充分摇匀,放置约 10 min 后加入蒸馏水 3 mL、乙醚(12.2.4)1 mL,剧烈摇动萃取 1 min,静置分层,取上层醚相作色谱分析。

标准脂肪酸用同法进行甲酯化。

12.4.2.2 分析

用微量进样器(12.3.4)取 0.5 μL 溶液(12.4.2.1)进样进行分析,使得到的色谱峰高度适当。典型的色谱图见图 2。

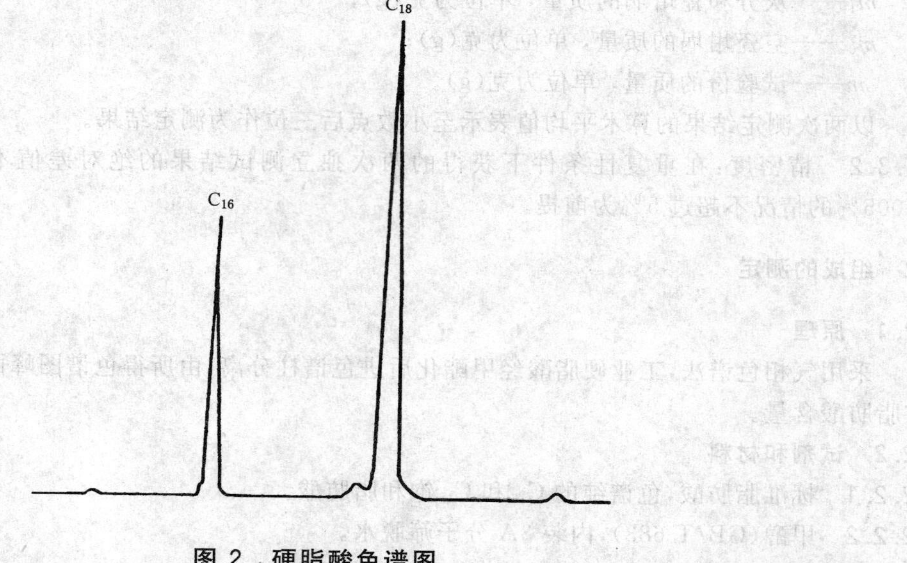

图 2 硬脂酸色谱图

12.4.3 **色谱图检验**

12.4.3.1 **定性分析**

用试样色谱图与标准脂肪酸甲酯的色谱图对照鉴定试样的组成。

12.4.3.2 **定量分析**

各碳数脂肪酸的色谱峰达到良好分离，并出峰完全的情况下，采用面积归一化法定量。

12.5 结果计算

12.5.1 各碳数脂肪酸(B_i)用质量分数(%)表示，按式(6)计算：

$$B_i = \frac{A_i}{A} \times 100\% \quad \cdots\cdots (6)$$

式中：

A_i——i 碳链的脂肪酸色谱图的峰面积；

A——各碳链脂肪酸峰面积之和。

12.5.2 精密度：对 C_{16} 和 C_{18} 脂肪酸，本方法的标准偏差小于±0.306。

13 试验报告

试验报告应包括下列内容：

a) 所用的测定方法(本国家标准编号的引用)；

b) 所得结果及使用的表示方法；

c) 测定时注意到的任何异常现象；

d) 本标准未规定的或任选的任何操作。

ICS 23.040.60
J 15

中华人民共和国国家标准

GB/T 9126—2008
代替 GB/T 9126—2003,GB/T 2502—1989

管法兰用非金属平垫片　尺寸

Dimensions of non-metallic flat gaskets for pipe flanges

2008-08-25 发布　　2009-04-01 实施

中华人民共和国国家质量监督检验检疫总局
中国国家标准化管理委员会　发布

前 言

本标准是 GB/T 9126—2003《管法兰用非金属平垫片 尺寸》和 GB/T 2502—1989《船用法兰软垫圈(四进位)》的整合修订版。

本标准和原标准相比主要变化如下：

——取消Ⅱ型突面管法兰用非金属平垫片尺寸系列；

——增加全平面法兰、突面法兰、凹凸面法兰、榫槽面法兰的型式图；

——将垫片尺寸按公称压力等级 PN 系列和 Class 系列分别列表；

——增加 PN2.5 和 PN6 的 DN600 全平面法兰用垫片尺寸；增加 PN25 全平面法兰用垫片尺寸；

——增加突面法兰用垫片 PN2.5、PN6、PN10 的 DN2200～DN4000 的尺寸；增加 PN63 突面法兰用垫片尺寸；增加 PN10 凹凸面法兰用和榫槽面法兰用垫片的尺寸；增加船舶法兰专用的 DN175，DN225 的系列垫片尺寸；

——参照欧共体标准 EN 1514-1 修改了 PN16 全平面法兰用垫片 DN1600、DN1800 和 DN2000 的螺栓孔径；修改了 PN16 突面法兰用垫片 DN1600、DN1800 和 DN2000 的外径尺寸；修改了 PN25 突面法兰用垫片 DN1200、DN1400、DN1600、DN1800 和 DN2000 的外径尺寸；取消原标准各尺寸表中的表注；

——参照美国标准 ASME B16.21，修改了原标准 PN20(即 Class150)全平面法兰用垫片的外径、螺栓孔中心圆直径；

——增加了标记示例。

本标准由中国机械工业联合会提出。

本标准由全国管路附件标准化技术委员会归口。

本标准起草单位：中机生产力促进中心、浙江国泰密封材料股份有限公司、慈溪市恒立密封材料有限公司。

本标准主要起草人：李俊英、孙锦龙、吴益民、邱宽横、冯峰。

本标准所代替标准的历次版本发布情况为：

——GB 9126—88、GB/T 9126—2003；

——GB 2502—81、GB/T 2502—1989。

管法兰用非金属平垫片 尺寸

1 范围

本标准规定了管法兰用非金属平垫片(以下简称垫片)的型式、尺寸。

本标准适用于公称压力 PN2.5～PN63 和 Class150～Class600 的全平面、突面、凹凸面和榫槽面管法兰用非金属平垫片。

2 规范性引用文件

下列文件中的条款通过本标准的引用而成为本标准的条款。凡是注日期的引用文件,其随后所有的修改单(不包括勘误的内容)或修订版均不适用于本标准。然而,鼓励根据本标准达成协议的各方研究是否可使用这些文件的最新版本。凡是不注日期的引用文件,其最新版本适用于本标准。

GB/T 9129 管法兰用非金属平垫片 技术条件(GB/T 9129—2003,ISO 7483:1991,NEQ)

3 型式与尺寸

3.1 垫片与法兰密封面的配合型式有 4 种,见图 1。

a) 全平面(FF 型)法兰密封面及适用的垫片

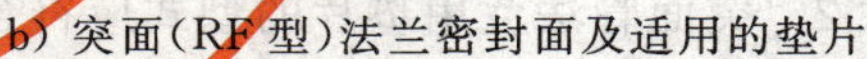

b) 突面(RF 型)法兰密封面及适用的垫片

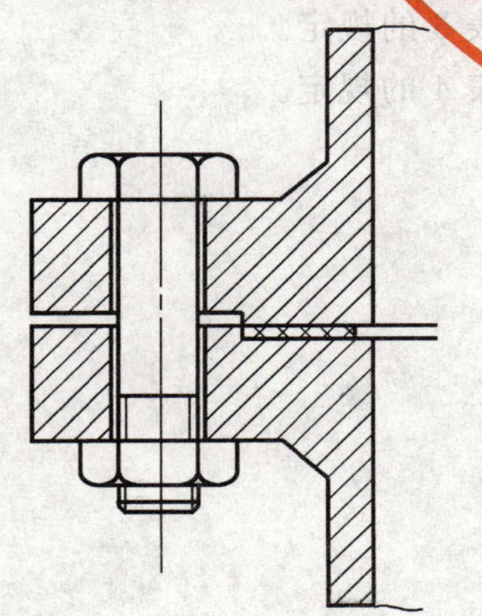

c) 凹凸面(MF 型)法兰密封面及适用的垫片

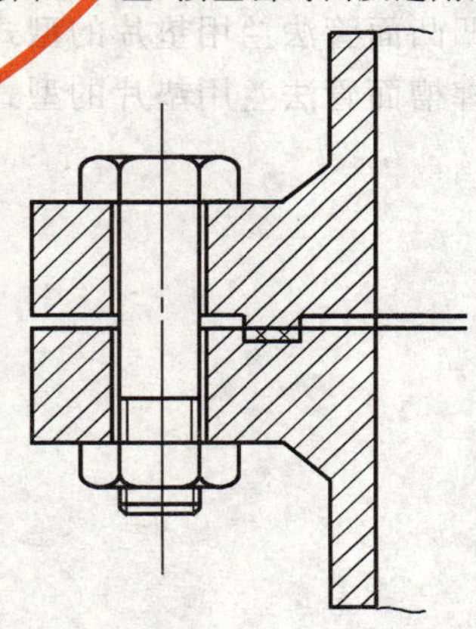

d) 榫槽面(TG 型)法兰封面及适用的垫片

图 1

3.2 全平面(代号为 FF)管法兰用垫片的结构型式见图 2;突面(代号为 RF)、凹凸面(代号为 MF)及榫槽面(代号为 TG)管法兰用垫片的结构型式见图 3。

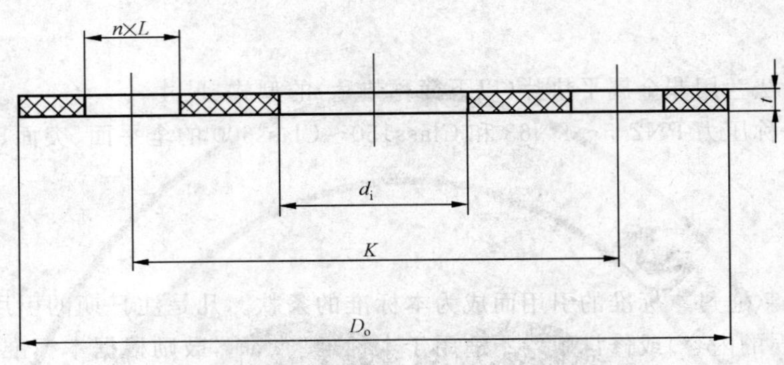

图 2

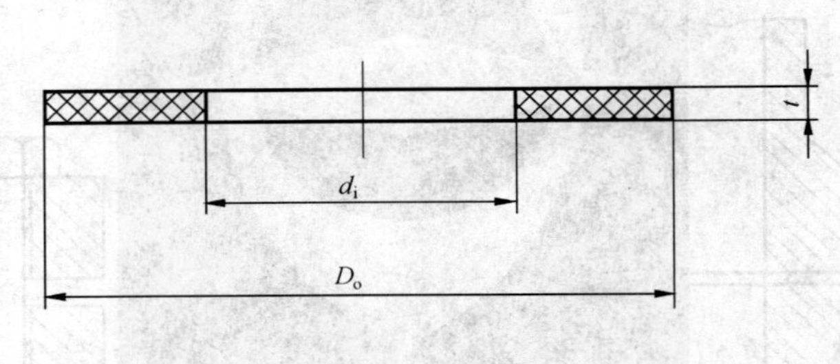

图 3

3.3 公称压力用 PN 标记的管法兰用垫片的型式与尺寸

3.3.1 全平面管法兰用垫片的型式应符合图 2 的规定,尺寸应符合表 1 的规定。

3.3.2 突面管法兰用垫片的型式应符合图 3 的规定,尺寸应符合表 2 的规定。

3.3.3 凹凸面管法兰用垫片的型式应符合图 3 的规定,尺寸应符合表 3 的规定。

3.3.4 榫槽面管法兰用垫片的型式应符合图 3 的规定,尺寸应符合表 4 的规定。

表1　全平面管法兰用垫片尺寸

单位为毫米

公称尺寸DN	垫片内径 d_i	公称压力																								垫片厚度 t
		PN2.5				PN6				PN10				PN16				PN25				PN40				
		垫片外径 D_o	螺栓孔中心圆直径K	螺栓孔径 L	螺栓孔数 n	垫片外径 D_o	螺栓孔中心圆直径K	螺栓孔径 L	螺栓孔数 n	垫片外径 D_o	螺栓孔中心圆直径K	螺栓孔径 L	螺栓孔数 n	垫片外径 D_o	螺栓孔中心圆直径K	螺栓孔径 L	螺栓孔数 n	垫片外径 D_o	螺栓孔中心圆直径K	螺栓孔径 L	螺栓孔数 n	垫片外径 D_o	螺栓孔中心圆直径K	螺栓孔径 L	螺栓孔数 n	
10	18	使用PN6的尺寸				75	50	11	4	使用PN40的尺寸				使用PN40的尺寸				使用PN40的尺寸				90	60	14	4	0.8～3.0
15	22					80	55	11	4													95	65	14	4	
20	27					90	65	11	4													105	75	14	4	
25	34					100	75	11	4													115	85	14	4	
32	43					120	90	14	4													140	100	18	4	
40	49					130	100	14	4													150	110	18	4	
50	61					140	110	14	4													165	125	18	4	
65	77					160	130	14	4													185	145	18	8	
80	89					190	150	18	4													200	160	18	8	
100	115					210	170	18	4	使用PN16的尺寸				220	180	18	8					235	190	22	8	
125	141					240	200	18	8					250	210	18	8					270	220	26	8	
150	169					265	225	18	8					285	240	22	8					300	250	26	8	
200	220					320	280	18	8	340	295	22	8	340	295	22	12	360	310	26	12	375	320	30	12	
250	273					375	335	18	12	395	350	22	12	405	355	26	12	425	370	30	12	450	385	33	12	
300	324					440	395	22	12	445	400	22	12	460	410	26	12	485	430	30	16	515	450	33	16	
350	356					490	445	22	12	505	460	22	16	520	470	26	16	555	490	33	16	580	510	36	16	
400	407					540	495	22	16	565	515	26	16	580	525	30	16	620	550	36	16	660	585	39	16	
450	458					595	550	22	16	615	565	26	20	640	585	30	20	670	600	36	20	685	610	39	20	
500	508					645	600	22	20	670	620	26	20	715	650	33	20	730	660	36	20	755	670	42	20	
600	610					755	705	26	20	780	725	30	20	840	770	36	20	845	770	39	20	890	795	48	20	
700	712	—				—				895	840	30	24	910	840	36	24	960	875	42	24	—				
800	813									1 015	950	33	24	1 025	950	39	24	1 085	990	48	24					
900	915									1 115	1 050	33	28	1 125	1 050	39	28	1 185	1 090	48	28					
1 000	1 016									1 230	1 160	36	28	1 255	1 170	42	28	1 320	1 210	56	28					
1 200	1 220									1 455	1 380	39	32	1 485	1 390	48	32	1 530	1 420	56	32					
1 400	1 420									1 675	1 590	42	36	1 685	1 590	48	36	1 755	1 640	62	36					
1 600	1 620									1 915	1 820	48	40	1 930	1 820	56	40	1 975	1 860	62	40					
1 800	1 820									2 115	2 020	48	44	2 130	2 020	56	44	2 195	2 070	70	44					
2 000	2 020									2 325	2 230	48	48	2 345	2 230	62	48	2 425	2 300	70	48					

表 2 突面管法兰用垫片尺寸

单位为毫米

公称尺寸 DN	垫片内径 d_i	公称压力						垫片厚度 t
		PN2.5	PN6	PN10	PN16	PN25	PN40	
		垫片外径 D_o						
10	18	使用 PN6 的尺寸	39	使用 PN40 的尺寸	使用 PN40 的尺寸	使用 PN40 的尺寸	46	0.8～3.0
15	22		44				51	
20	27		54				61	
25	34		64				71	
32	43		76				82	
40	49		86				92	
50	61		96				107	
65	77		116				127	
80	89		132				142	
100	115		152	162	162		168	
125	141		182	192	192		194	
150	169		207	218	218		224	
(175)[a]	141		182	192	192	194	—	
200	220		262	273	273	284	290	
(225)[a]	194		237	248	248	254	—	
250	273		317	328	329	340	352	
300	324		373	378	384	400	417	
350	356		423	438	444	457	474	
400	407		473	489	495	514	546	
450	458		528	539	555	564	571	
500	508		578	594	617	624	628	
600	610		679	695	734	731	747	
700	712		784	810	804	833	—	
800	813		890	917	911	942		
900	915		990	1 017	1 011	1 042		
1 000	1 016		1 090	1 124	1 128	1 154		
1 200	1 220	1 290	1 307	1 341	1 342	1 364		
1 400	1 420	1 490	1 524	1 548	1 542	1 578		
1 600	1 620	1 700	1 724	1 772	1 764	1 798		
1 800	1 820	1 900	1 931	1 972	1 964	2 000		
2 000	2 020	2 100	2 138	2 182	2 168	2 230		
2 200	2 220	2 307	2 348	2 384	—	—		
2 400	2 420	2 507	2 558	2 594				
2 600	2 620	2 707	2 762	2 794				
2 800	2 820	2 924	2 972	3 014				
3 000	3 020	3 124	3 172	3 228				
3 200	3 220	3 324	3 382	—				
3 400	3 420	3 524	3 592	—				
3 600	3 620	3 734	3 804	—				
3 800	3 820	3 931	—	—				
4 000	4 020	4 131	—	—				

[a] 为船舶法兰专用垫片尺寸。

表 3 凹凸面管法兰用垫片尺寸

单位为毫米

公称尺寸 DN	垫片内径 d_i	公称压力					垫片厚度 t
		PN10	PN16	PN25	PN40	PN63	
		垫片外径 D_o					
10	18	34	34	34	34	34	0.8～3.0
15	22	39	39	39	39	39	
20	27	50	50	50	50	50	
25	34	57	57	57	57	57	
32	43	65	65	65	65	65	
40	49	75	75	75	75	75	
50	61	87	87	87	87	87	
65	77	109	109	109	109	109	
80	89	120	120	120	120	120	
100	115	149	149	149	149	149	
125	141	175	175	175	175	175	
150	169	203	203	203	203	203	
(175)[a]	194	—	—	—	—	233	
200	220	259	259	259	259	259	
(225)[a]	245	—	—	—	—	286	
250	273	312	312	312	312	312	
300	324	363	363	363	363	363	
350	356	421	421	421	421	421	
400	407	473	473	473	473	473	
450	458	523	523	523	523	523	
500	508	575	575	575	575	575	
600	610	675	675	675	675		
700	712	777	777	777	—	—	1.5～3.0
800	813	882	882	882			
900	915	987	987	987			
1 000	1 016	1 092	1 092	1 092			

[a] 为船舶法兰专用垫片尺寸。

表 4　榫槽面管法兰用垫片尺寸

单位为毫米

公称尺寸 DN	垫片内径 d_i	公称压力					垫片厚度 t
		PN10	PN16	PN25	PN40	PN63	
		垫片外径 D_o					
10	24	34	34	34	34	34	
15	29	39	39	39	39	39	
20	36	50	50	50	50	50	
25	43	57	57	57	57	57	
32	51	65	65	65	65	65	
40	61	75	75	75	75	75	
50	73	87	87	87	87	87	
65	95	109	109	109	109	109	
80	106	120	120	120	120	120	
100	129	149	149	149	149	149	0.8～3.0
125	155	175	175	175	175	175	
150	183	203	203	203	203	203	
200	239	259	259	259	259	259	
250	292	312	312	312	312	312	
300	343	363	363	363	363	363	
350	395	421	421	421	421	421	
400	447	473	473	473	473	473	
450	497	523	523	523	523		
500	549	575	575	575	575		
600	649	675	675	675	675		
700	751	777	777	777		—	
800	856	882	882	882			1.5～3.0
900	961	987	987	987	—		
1 000	1 061	1 092	1 092	1 092			

3.4 公称压力用Class标记的管法兰用垫片的型式与尺寸

3.4.1 全平面管法兰用垫片的型式应符合图2的规定,尺寸应符合表5的规定。

3.4.2 突面管法兰用垫片的型式应符合图3的规定,尺寸应符合表6的规定。

3.4.3 凹凸面管法兰用垫片的型式应符合图3的规定,尺寸应符合表7的规定。

3.4.4 榫槽面管法兰用垫片的型式应符合图3的规定,尺寸应符合表8的规定。

表5 全平面管法兰用垫片尺寸

单位为毫米

公称尺寸		公称压力					
		Class 150(PN20)					
NPS	DN	垫片内径 d_i	垫片外径 D_o	螺栓孔数 n	螺栓孔直径 L	螺栓孔中心圆直径 K	垫片厚度 t
1/2	15	22	89	4	16	60.3	1.5～3.0
3/4	20	27	98	4	16	69.9	
1	25	34	108	4	16	79.4	
1¼	32	43	117	4	16	88.9	
1½	40	49	127	4	16	98.4	
2	50	61	152	4	18	120.7	
2½	65	73	178	4	18	139.7	
3	80	89	191	4	18	152.4	
4	100	115	229	8	18	190.5	
5	125	141	254	8	22	215.9	
6	150	169	279	8	22	241.3	
8	200	220	343	8	22	298.5	
10	250	273	406	12	26	362.0	
12	300	324	483	12	26	431.8	
14	350	356	533	12	29	476.3	
16	400	407	597	16	29	539.8	
18	450	458	635	16	32	577.9	
20	500	508	699	20	32	635.0	
24	600	610	813	20	35	749.3	

表6 突面管法兰用垫片尺寸

单位为毫米

公称尺寸		垫片内径 d_i	公称压力		垫片厚度 t
			Class150(PN20)	Class300(PN50)	
NPS	DN		垫片外径 D_o		
1/2	15	22	47.5	54.0	1.5～3.0
3/4	20	27	57.0	66.5	
1	25	34	66.5	73.0	
1¼	32	43	76.0	82.5	
1½	40	49	85.5	95.0	
2	50	61	104.5	111.0	
2½	65	73	124.0	130.0	

表6（续）

单位为毫米

公称尺寸		垫片内径 d_i	公称压力		垫片厚度 t
			Class150(PN20)	Class300(PN50)	
NPS	DN		垫片外径 D_o		
3	80	89	136.5	149.0	1.5～3.0
4	100	115	174.5	181.0	
5	125	141	196.5	216.0	
6	150	169	222.0	251.0	
8	200	220	279.0	308.0	
10	250	273	339.5	362.0	
12	300	324	409.5	422.0	
14	350	356	450.5	485.5	
16	400	407	514.0	539.5	
18	450	458	549.0	597.0	
20	500	508	606.5	654.0	
24	600	610	717.5	774.5	

表7 凹凸面管法兰用垫片尺寸

单位为毫米

公称尺寸		公称压力		
		Class300(PN50)		
NPS	DN	垫片内径 d_i	垫片外径 D_o	垫片厚度 t
1/2	15	22	35.0	0.8～3.0
3/4	20	27	43.0	
1	25	34	51.0	
1¼	32	43	64.0	
1½	40	49	73.0	
2	50	61	92.0	
2½	65	73	105.0	
3	80	89	127.0	
4	100	115	157.0	
5	125	141	186.0	
6	150	169	216.0	
8	200	220	270.0	
10	250	273	324.0	
12	300	324	381.0	
14	350	356	413.0	
16	400	407	470.0	
18	450	458	533.0	
20	500	508	584.0	
24	600	610	692.0	

表 8 榫槽面管法兰用垫片尺寸

单位为毫米

公称尺寸		公称压力		
		Class300(PN50)		
NPS	DN	垫片内径 d_i	垫片外径 D_o	垫片厚度 t
1/2	15	25.5	35.0	0.8～3.0
3/4	20	33.5	43.0	
1	25	38.0	51.0	
1¼	32	47.5	63.5	
1½	40	54.0	73.0	
2	50	73.0	92.0	
2½	65	85.5	105.0	
3	80	108.0	127.0	
4	100	132.0	157.0	
5	125	160.5	186.0	
6	150	190.5	216.0	
8	200	238.0	270.0	
10	250	286.0	324.0	
12	300	343.0	381.0	
14	350	374.5	413.0	
16	400	425.5	470.0	
18	450	489.0	533.0	
20	500	533.5	584.0	
24	600	641.5	692.0	

4 技术要求

垫片的尺寸公差及其他要求应符合 GB/T 9129 的规定。

5 标记

5.1 标记方式

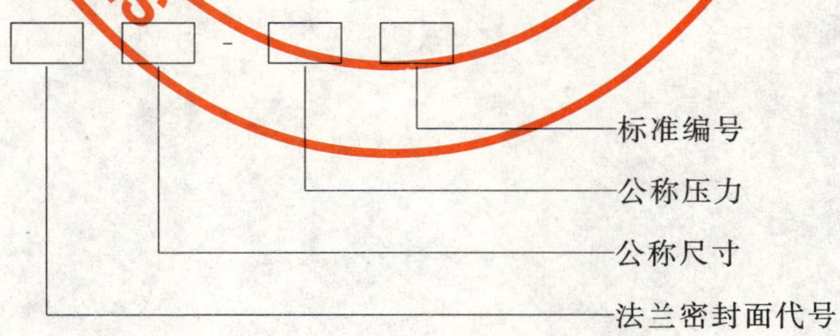

5.2 标记示例

公称尺寸 DN50，公称压力 PN10 的全平面管法兰用非金属平垫片，其标记为：

非金属平垫片　FF　DN50-PN10　GB/T 9126

ICS 53.100
P 97

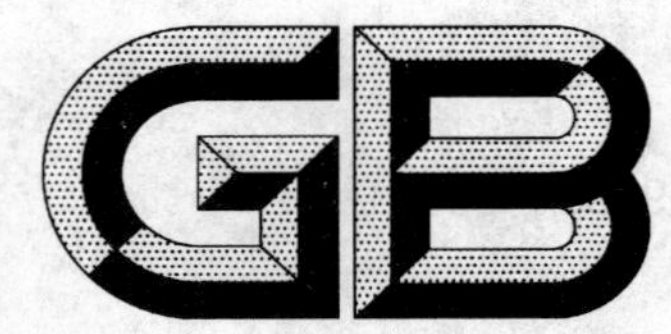

中华人民共和国国家标准

GB/T 9139—2008
代替 GB/T 9139.1—1988,GB/T 9139.2—1996,GB/T 9140—1996

液压挖掘机　技术条件

Hydraulic excavators—Technical specifications

2008-08-26 发布　　2009-02-01 实施

中华人民共和国国家质量监督检验检疫总局
中国国家标准化管理委员会　发布

前　言

本标准代替 GB/T 9139.1—1988《液压挖掘机分类》、GB/T 9139.2—1996《液压挖掘机　技术条件》和 GB/T 9140—1996《液压挖掘机　结构与性能》。

本标准与 GB/T 9139.1—1988、GB/T 9139.2—1996、GB/T 9140—1996 相比主要变化如下：

——三项标准合并为一项标准 GB/T 9139《液压挖掘机　技术条件》；

——增加了工作质量小于或等于 6 t 的液压挖掘机为小型液压挖掘机的定义；

——增加了挖掘机的柴油机排气污染物排放应符合 GB 20891 的要求；

——增加了环保节能要求；

——增加了附录 A；

——对型式检验内容重新进行了规定。

本标准的附录 A 为资料性附录。

本标准由中国机械工业联合会提出。

本标准由全国土方机械标准化技术委员会(SAC/TC 334)归口。

本标准负责起草单位：中国工程机械协会挖掘机械分会、天津工程机械研究院、三一重机有限公司、贵州詹阳动力重工有限公司、徐州徐挖机械制造有限公司、湖南山河智能机械股份有限公司、江西南特工程机械(集团)有限公司、广西玉林玉柴工程机械有限责任公司、广西柳工机械股份有限公司、中国龙工控股有限公司、山东卡特重工有限公司、厦门厦工机械股份有限公司。

本标准参加起草单位：小松山推工程机械有限公司、日立建机(中国)有限公司、成都神钢建筑机械有限公司、斗山工程机械(中国)有限公司、沃尔沃建筑设备有限公司、阿特拉斯工程机械有限公司、现代(江苏)工程机械有限公司、卡特彼勒(中国)投资有限公司、西安黄河挖掘机厂。

本标准主要起草人：陈正利、戴晴华、李宏宝、耿跃海、吕韶文、黄萍、张泓、李蔚苹、叶红珊、吴红丽。

本标准所代替标准的历次版本发布情况为：

——GB/T 9139.1—1988；

——GB 9139.2—1988、GB/T 9139.2—1996；

——GB 9140—1988、GB/T 9140—1996。

液压挖掘机 技术条件

1 范围

本标准规定了液压挖掘机的分类,要求,试验方法,检验规则,标志、包装、运输和贮存。

本标准适用于工作质量不大于200 t的液压挖掘机(以下简称挖掘机)。

2 规范性引用文件

下列文件中的条款通过本标准的引用而成为本标准的条款。凡是注日期的引用文件,其随后所有的修改单(不包括勘误的内容)或修订版均不适用于本标准,然而,鼓励根据本标准达成协议的各方研究是否可使用这些文件的最新版本。凡是不注日期的引用文件,其最新版本适用于本标准。

GB/T 3766 液压系统通用技术条件(GB/T 3766—2001,eqv ISO 4413:1998)

GB 5226.1 机械安全 机械电气设备 第1部分:通用技术条件(GB 5226.1—2002,IEC 60204-1:2000,IDT)

GB/T 6572.1 液压挖掘机 术语(GB/T 6572.1—1997,eqv ISO 7135:1993)

GB/T 7586 液压挖掘机 试验方法

GB/T 8419 土方机械 司机座椅振动的试验室评价(GB/T 8419—2007,ISO 7096:2000,IDT)

GB/T 8498—2008 土方机械 基本类型 识别、术语和定义(ISO 6165:2006,IDT)

GB/T 8499 土方机械 测定重心位置的方法(GB/T 8499—1987,idt ISO 5005:1977)

GB/T 8595 土方机械 司机的操纵装置(GB/T 8595—2008,ISO 10968:2004,IDT)

GB 9656 汽车安全玻璃(GB 9656—2003,ECE R43:2000,NEQ)

GB/T 10913 土方机械 行驶速度测定(GB/T 10913—2005,ISO 6014:1986,MOD)

GB/T 13331 土方机械 液压挖掘机 起重量(GB/T 13331—2005,ISO 10567:1992,IDT)

GB/T 13332 土方机械 液压挖掘机和挖掘装载机 挖掘力的测定方法(GB/T 13332—2008,ISO 6015:2006,IDT)

GB/T 14039—2002 液压传动 油液 固体颗粒污染等级代号(ISO 4406:1999,MOD)

GB 16710.1 工程机械 噪声限值

GB/T 16710.2 工程机械 定置试验条件下机外辐射噪声的测定

GB/T 16710.3 工程机械 定置试验条件下司机位置处噪声的测定

GB/T 16710.4 工程机械 动态试验条件下机外辐射噪声的测定(GB/T 16710.4—1996,eqv ISO 6395:1988)

GB/T 16710.5 工程机械 动态试验条件下司机位置处噪声的测定(GB/T 16710.5—1996,eqv ISO 6396:1992)

GB/T 16936 土方机械 发动机净功率试验规范(GB/T 16936—2007,ISO 9249:1997,MOD)

GB/T 17921 土方机械 座椅安全带及其固定器(GB/T 17921—1999,idt ISO 6683:1981)

GB 19151 机动车用三角警告牌(GB 19151—2003,ECE R27:1992,NEQ)

GB 19517 国家电气设备安全技术规范

GB/T 19929 土方机械 履带式机器 制动系统的性能要求和试验方法(GB/T 19929—2005,ISO 10265:1998,MOD)

GB/T 19930 土方机械 小型挖掘机 倾翻保护结构的试验室试验和性能要求(GB/T 19930—2005,ISO 12117:1997,MOD)

GB/T 19932 土方机械 液压挖掘机 司机防护装置的试验室试验和性能要求(GB/T 19932—2005,ISO 10262:1998,MOD)

GB/T 19933.2 土方机械 司机室环境 第2部分:空气滤清器的试验(GB/T 19933.2—2005,ISO 10263-2:1994,IDT)

GB/T 19933.4 土方机械 司机室环境 第4部分:司机室的空调、采暖和(或)换气试验方法(GB/T 19933.4—2005,ISO 10263-4:1994,MOD)

GB/T 19933.5 土方机械 司机室环境 第5部分:风窗玻璃除霜系统的试验方法(GB/T 19933.5—2005,ISO 10263-5:1994,MOD)

GB/T 20082 液压传动 液体污染 采用光学显微镜测定颗粒污染度的方法(GB/T 20082—2006,ISO 4407:2002,IDT)

GB 20178 土方机械 安全标志和危险图示 通则(GB 20178—2006,ISO 9244:1995,MOD)

GB/T 20418 土方机械 照明、信号和标志灯以及反射器(GB/T 20418—2006,ISO 12509:1995,MOD)

GB 20891 非道路移动机械用柴油机排气污染物排放限值及测量方法(中国Ⅰ、Ⅱ阶段)

GB/T 21152 土方机械 轮胎式机器 制动系统的性能要求和试验方法(GB/T 21152—2007,ISO 3450:1996,IDT)

GB/T 21154 土方机械 整机及其工作装置和部件的质量测量方法(GB/T 21154—2007,ISO 6016:1998,IDT)

GB/T 21935 土方机械 操纵的舒适区域与可及范围(GB/T 21935—2008,ISO 6682:1986,IDT)

GB/T 21938 土方机械 液压挖掘机和挖掘装载机动臂下降控制装置 要求和试验(GB/T 21938—2008,ISO 8643:1997,IDT)

GB/T 21941 土方机械 液压挖掘机和挖掘装载机的反铲斗和抓铲斗 容量标定(GB/T 21941—2008,ISO 7451:2007,IDT)

GB/T 21942 土方机械 装载机和正铲挖掘机的铲斗 容量标定(GB/T 21942—2008,ISO 7546:1983,MOD)

GB/T 22358 土方机械 防护与贮存(GB/T 22358—2008,ISO 6749:1984,IDT)

JB/T 4198.2 工程机械用柴油机 性能试验方法

JB/T 5943 工程机械 焊接件通用技术条件

JB/T 5946 工程机械 涂装通用技术条件

JB/T 5947 工程机械 包装通用技术条件

JB 6030 工程机械 通用安全技术要求

JB/T 10301 土方机械 司机座椅尺寸和要求(JB/T 10301—2001,eqv ISO 11112:1995)

JG 5056 液压挖掘机稳定性 安全技术要求

ISO 5006:2006 土方机械 司机视野 试验方法和性能准则

ISO 6750:2005 土方机械 司机手册 内容和格式

ISO 14401-2:2004 土方机械 监视镜和后视镜的视野 第2部分:性能准则

3 术语和定义

GB/T 6572.1确立的以及下列术语和定义适用于本标准。

3.1

挖掘机标准型 excavator standard type

挖掘机标准型是指挖掘机制造商对外标称的装备在挖掘机上的标准工作装置、标准附属装置、标准上下总成。

3.2

小型挖掘机 compact excavator

工作质量等于或小于 6 000 kg 的挖掘机。

[GB/T 8498—2008,定义 3.1.2]

4 分类

4.1 形式

按行走方式分为:

——履带式挖掘机;

——轮胎式挖掘机。

4.2 型号

挖掘机产品型号由企业名称代号、主参数代号、特征代号及变型更新代号构成,示例如下:

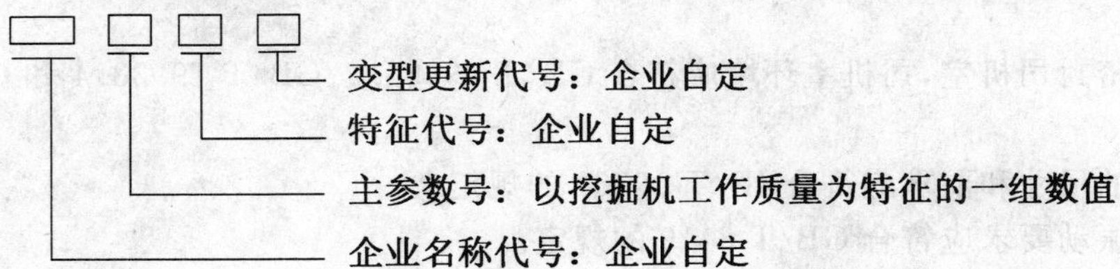

4.3 主参数

挖掘机以工作质量作为主参数。

4.4 基本参数

4.4.1 挖掘机的基本参数是工作质量、标准斗容量和发动机功率。

4.4.2 挖掘机的工作质量相对于挖掘机标称值的变化范围:2 t 以上挖掘机为±5%。

4.4.3 挖掘机的标准斗容量应符合 GB/T 21941 和 GB/T 21942 的规定。

4.4.4 挖掘机的发动机功率应符合 GB/T 16936 和 JB/T 4198.2(12 h 净功率)的规定。

4.5 挖掘机主要参数一览表见附录 A。

5 要求

5.1 基本要求

5.1.1 挖掘机应符合本标准的规定,并按经规定程序批准的图样及技术文件制造。

5.1.2 挖掘机使用说明书的编制可参照 ISO 6750:2005 的规定。

5.1.3 挖掘机的基本参数应符合 4.4 的规定。

5.1.4 挖掘机应能在环境温度为-15 ℃~+40 ℃条件下正常作业。

5.1.5 挖掘机标准型的正铲工作装置应能在密度 2 000 kg/m^3 的物料中正常作业,反铲工作装置应能在密度 1 800 kg/m^3 的物料中正常作业。

5.1.6 挖掘机的焊接质量应符合 JB/T 5943 的规定。

5.1.7 挖掘机应操纵灵活、准确可靠。操纵装置应符合 GB/T 8595 的规定。

5.1.8 液压油的最高温度和最大温升应处于挖掘机正常工作允许范围内。

5.1.9 挖掘机的液压系统油液固体颗粒污染等级应不超过 GB/T 14039—2002 规定的 —/18/15。

5.1.10 挖掘机在按 GB/T 7586 规定的试验条件下,动臂液压缸活塞杆因系统内泄漏引起的位移量不得大于 25 mm/10 min。

5.1.11 新机出厂时,不能出现渗漏。

5.1.12 挖掘机的电气设备或系统应保证传动和控制准确可靠,其设计、安装应符合GB 5226.1和GB 19517的规定。

5.1.13 轮胎式挖掘机的爬坡能力不小于35%,履带式挖掘机的爬坡能力不小于50%。

5.1.14 履带式挖掘机直线行驶的跑偏量不得大于测量距离的7%。

5.1.15 轮胎式挖掘机的制动距离应符合 GB/T 21152 的规定。

5.1.16 整机的稳定性应符合 JG 5056 的规定。

5.1.17 回转机构应保证回转、启动和制动平稳。

5.1.18 液压油箱的设计应符合 GB/T 3766 的规定,其油标位置应易被观察并紧密连接。

5.1.19 工作质量 6 t 以上的挖掘机燃油箱容量应保证整机连续工作 10 h 以上。

5.1.20 有特殊要求的挖掘机,可按用户和制造商的技术协议制造和检测。

5.2 舒适性及外观要求

5.2.1 司机室应具有良好的视野和舒适的操作条件,使司机能够完成各项操作。操纵装置舒适区域与可及范围应符合 GB/T 21935 的规定。

5.2.2 司机室内各操纵构件布置应合理,操作方便。仪表盘面、操作台面或操作部位的光照度应不低于 50 lx。

5.2.3 如配备全密封司机室,司机室环境应符合 GB/T 19933.2、GB/T 19933.4 和 GB/T 19933.5 的规定。

5.2.4 司机座椅的尺寸和要求应符合 JB/T 10301 的规定。

5.2.5 司机座椅振动要求应符合 GB/T 8419 的规定。

5.2.6 挖掘机的涂漆质量应符合 JB/T 5946 的规定。

5.3 环保节能要求

5.3.1 挖掘机的噪声限值应符合 GB 16710.1 的规定。如配备全密封司机室其司机位置处的噪声限值不应大于 85 dB (A)。

5.3.2 挖掘机选用柴油机的排气污染物应符合 GB 20891 的规定。

5.3.3 挖掘机若装有空调,空调的制冷剂应符合国家空调环保的规定。

5.3.4 大于或等于 20 t 的挖掘机应设置节约能耗的作业方式。

5.4 安全要求

5.4.1 电气设备的安全要求应符合 GB 5226.1 和 GB 19517 中的有关规定。

5.4.2 司机室的门、窗玻璃材料应符合 GB 9656 的规定。

5.4.3 工作质量超过 6 t 的挖掘机应装监控装置。

5.4.4 轮胎式挖掘机应装备符合 GB 19151 规定的三角警告牌,三角警告牌在车上应妥善放置。

5.4.5 装有起吊装置进行起吊作业的挖掘机,其起重能力应满足 GB/T 13331 的规定。

5.4.6 挖掘机反铲进行起重作业时,应采用符合 GB/T 21938 要求的动臂下降控制装置。

5.4.7 为了防止机器由于液压系统失效而失稳,支腿液压回路应安装带液压锁的支腿液压缸。

5.4.8 液压管路及燃料管路应固定牢靠,避免因振动和冲击而发生损坏和漏油现象;活动的管路应装有防止磨损的防护装置。

5.4.9 挖掘机应设计并能安装司机防护装置,用户提出需求时制造商可以提供此防护装置,司机防护装置应符合 GB/T 19932 的规定。小型挖掘机的司机防护装置还应符合 GB/T 19930 的规定。

5.4.10 安装翻车保护结构时,司机室内司机座椅应安装安全带,安全带应符合 GB/T 17921 的规定。

5.4.11 设置在挖掘机上的和编制在使用说明书(操作保养手册)中的安全标志和危险图示应符合 GB 20178的规定。

5.4.12 司机的视野能见度应符合 ISO 5006:2006 的规定。为补充直接视野的不足,挖掘机可配备相应的辅助设备。例如,后视镜、监视镜等,后视镜和监视镜应符合 ISO 14401-2:2004 的规定。

5.4.13 司机室前窗应配置刮水器和清洗器;后窗有要求时,也应配置刮水器和清洗器。

5.4.14 电气控制系统中应有确保安全的过载保护装置。

5.4.15 其他安全技术要求应符合 JB 6030 的规定。

6 试验方法

试验方法按 GB/T 7586 的规定。

7 检验规则

7.1 检验分类

挖掘机的检验分为出厂检验和型式检验，检验项目按其重要性可分为关键项目、重要项目和一般项目，见表1。

表 1

检验项目		项目分级	试验方法	出厂检验	型式检验
外观尺寸及质量（定置试验）	整机外形尺寸	C	GB/T 7586		√
	整机及其工作装置和部件的质量	B	GB/T 21154		√
	涂漆外观质量	C	JB/T 5946	√	√
	焊接外观质量	C	JB/T 5943	√	√
	装配的正确性和完整性	A	按产品图样	√	√
作业尺寸参数（定置试验）	铲斗容量	C	GB/T 21941 和 GB/T 21942		√
	作业尺寸	C	GB/T 7586		√
	挖掘力	B	GB/T 13332		√
司机室	司机室环境	B	GB/T 19933.2、GB/T 19933.4、GB/T 19933.5		√
	操纵装置舒适区域与可及范围	B	GB/T 21935		√
	司机座椅	B	JB/T 10301、GB/T 8419		√
接地比压		B	GB/T 7586		√
重心位置		B	GB/T 8499		√
操纵装置操纵力		B	GB/T 7586		√
爬坡能力		B	GB/T 7586		√
轮胎式挖掘机制动距离		A	GB 21152	√	√
履带式挖掘机坡道停车制动		A	GB/T 19929		√
轮胎式挖掘机行走速度		B	GB/T 10913		√
履带式挖掘机行走速度		B	GB/T 10913		√
环保	机外辐射噪声限值	A	GB/T 16710.2、GB/T 16710.4		√
	司机位置处的噪声限值	A	GB/T 16710.3、GB/T 16710.5		√
	排放	A	厂家提供试验报告		

表 1（续）

检验项目		项目分级	试验方法	出厂检验	型式检验
液压系统	动臂油缸活塞杆因系统泄漏引起的位移量	B	GB/T 7586		√
	液压油温升	B	GB/T 7586		√
	液压系统压力	B	GB/T 7586	√	√
	液压系统油液固体颗粒污染等级	B	GB/T 20082		√
	密封性(5.1.11)	C	目测	√	√
安全	玻璃	B	厂家提供试验报告		
	司机保护装置	A			
	司机视野	A	ISO 5006:2006		√
	照明、信号装置	A	GB/T 20418	√	√
	电气设备或系统	A	GB 5226.1、GB 19517		√
	起重量	A	GB/T 13331		√
	稳定性	A	JG 5056		√
	安全标志、危险图示	A	GB 20178	√	√
空运转试验		B	GB/T 7586	√	
轮胎式挖掘机的制动性能		A	GB/T 19929、GB/T 21152	√	√
工业性试验		A	GB/T 7586		√
注：A——关键项目，B——重要项目，C——一般项目。					

7.1.1　**出厂检验**

每台挖掘机应经制造商的质量检验部门检验合格后方可出厂。

7.1.2　**型式检验**

型式检验项目包括性能检验和工业性试验。

新产品或老产品转厂生产或长期停产后恢复生产的产品，应进行型式检验。若上述产品已经进行了型式检验并通过鉴定的机型，其变型产品可不再重复进行型式检验，同一机型配置不同作业机具的也可视为变型产品。型式检验应按标准进行，不得简化、缩减内容或另列条款。

7.2　抽样

型式检验的样机为新产品试制的样机或在受检当月(季)的投入批量中随机抽取一台。新产品鉴定型式检验的样机应在不少于两台中抽取一台。

7.3　判定规则

7.3.1　出厂检验项目的指标应100%达到要求方为合格。

7.3.2　型式检验项目中，关键项目应100%达到要求方为合格。

8　标志、包装、运输和贮存

8.1　标志

8.1.1　产品标牌应固定在挖掘机机身的明显位置。

8.1.2　产品标牌的内容应包括下列项目：

a) 制造商名称和地址；

b) 产品名称和型号；

c) 产品基本参数和外形尺寸；

d) 出厂日期；

e) 出厂编号。

8.1.3 在挖掘机的明显位置，应设置操纵指示标志、安全标志和润滑示意图。

8.2 包装

8.2.1 挖掘机及其附件的包装应符合 JB/T 5947 或合同的约定。

8.2.2 挖掘机分解包装运输按包装图样进行包装。

8.3 运输

8.3.1 挖掘机的运输应符合铁路、公路和河运等交通运输部门的规定。

8.3.2 挖掘机运输时，回转机构应处于锁紧状态。

8.4 贮存

挖掘机防护与贮存应符合 GB/T 22358 的规定。

8.5 随机文件

挖掘机出厂时，应向用户提供下列文件：

a) 产品合格证明书；

b) 使用说明书；

c) 装箱单；

d) 随机工具、易损件、附件、备件的目录。

附　录　A
（资料性附录）
挖掘机主要参数一览表

表 A.1　挖掘机主要参数表

性能参数		单位
基本参数	标准斗容量	m^3
	工作质量	t
	额定功率/额定转速	kW/(r/min)
液压系统参数	设定压力(工作装置)	MPa
	加力压力(工作装置)	MPa
	设定压力(回转)	MPa
	设定压力(行走)	MPa
	流量	L/min
作业范围参数	最大挖掘半径	mm
	最大挖掘深度	mm
	最大垂直挖掘深度	mm
	最大挖掘高度	mm
	最大卸载高度	mm
整机性能参数	最大挖掘力(斗杆/铲斗)	kN
	回转速度	r/min
	行走速度	km/h
	爬坡能力	(°)(%)
	最大牵引力	kN
	接地比压	kPa
	司机位置处噪声	dB(A)

表 A.1（续）

性 能 参 数		单 位
外形尺寸	运输时全长	mm
	运输时全宽	mm
	运输时全高	mm
	司机室高度	mm
	履带全长	mm
	履带轨距	mm
	轮距	mm
	履带板宽度	mm
	前部最小回转半径	mm
	后端回转半径	mm